空间机器人捕获翻滚目标的动力学与控制

Dynamics and Control of Space Robots Capturing Tumbling Targets

罗建军　宗立军　王明明　余　敏　著

国防工業出版社

·北京·

图书在版编目（CIP）数据

空间机器人捕获翻滚目标的动力学与控制/罗建军等著. —北京：国防工业出版社，2023.6

ISBN 978-7-118-12768-3

Ⅰ. ①空… Ⅱ. ①罗… Ⅲ. ①空间机器人－机械动力学－研究②空间机器人－机器人控制－研究 Ⅳ. ①TP242.4

中国国家版本馆 CIP 数据核字（2023）第 028038 号

※

国防工業出版社出版发行

（北京市海淀区紫竹院南路 23 号 邮政编码 100048）

北京虎彩文化传播有限公司印刷

新华书店经售

*

开本 710×1000 1/16 **印张** 18¾ **字数** 310 千字

2023 年 6 月第 1 版第 1 次印刷 **印数** 1—1500 册 **定价** 158.00 元

国防书店：（010）88540777 书店传真：（010）88540776

发行业务：（010）88540717 发行传真：（010）88540762

致 读 者

本书由中央军委装备发展部**国防科技图书出版基金**资助出版。

为了促进国防科技和武器装备发展，加强社会主义物质文明和精神文明建设，培养优秀科技人才，确保国防科技优秀图书的出版，原国防科工委于 1988 年初决定每年拨出专款，设立国防科技图书出版基金，成立评审委员会，扶持、审定出版国防科技优秀图书。这是一项具有深远意义的创举。

国防科技图书出版基金资助的对象是：

1．在国防科学技术领域中，学术水平高，内容有创见，在学科上居领先地位的基础科学理论图书；在工程技术理论方面有突破的应用科学专著。

2．学术思想新颖，内容具体、实用，对国防科技和武器装备发展具有较大推动作用的专著；密切结合国防现代化和武器装备现代化需要的高新技术内容的专著。

3．有重要发展前景和有重大开拓使用价值，密切结合国防现代化和武器装备现代化需要的新工艺、新材料内容的专著。

4．填补目前我国科技领域空白并具有军事应用前景的薄弱学科和边缘学科的科技图书。

国防科技图书出版基金评审委员会在中央军委装备发展部的领导下开展工作，负责掌握出版基金的使用方向，评审受理的图书选题，决定资助的图书选题和资助金额，以及决定中断或取消资助等。经评审给予资助的图书，由国防工业出版社出版发行。

国防科技和武器装备发展已经取得了举世瞩目的成就，国防科技图书承担着记载和弘扬这些成就，积累和传播科技知识的使命。开展好评审工作，使有限的基金发挥出巨大的效能，需要不断摸索、认真总结和及时改进，更需要国防科技和武器装备建设战线广大科技工作者、专家、教授，以及社会各界朋友的热情支持。

让我们携起手来，为祖国昌盛、科技腾飞、出版繁荣而共同奋斗！

国防科技图书出版基金

评审委员会

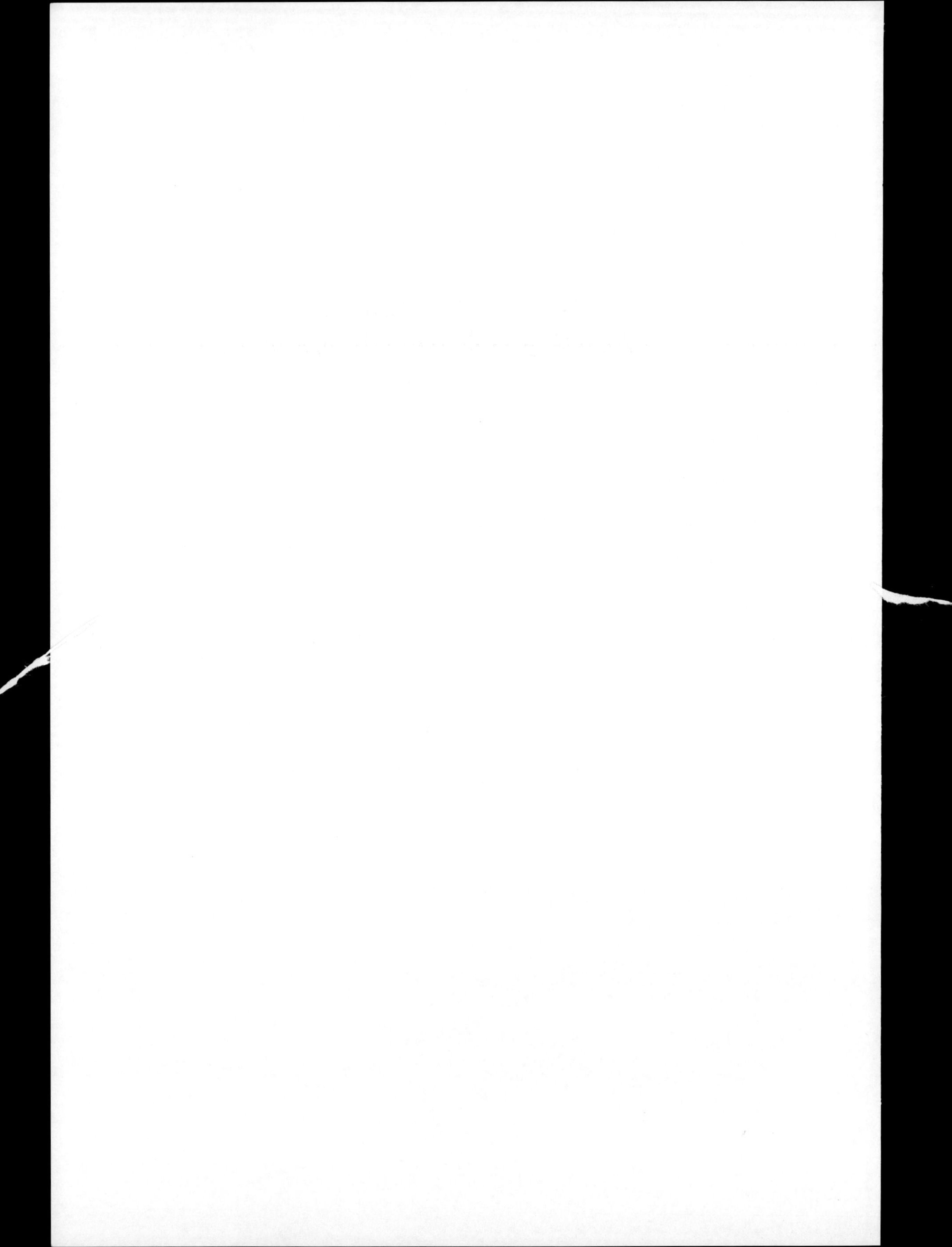

丛书编写委员会

丛 书 序

探索浩瀚宇宙，发展航天事业，建设航天强国，是我们不懈追求的航天梦。近年来，中国航天迎来了一个又一个的惊喜和成就："天问一号"迈出了我国自主开展行星探测的第一步；"北斗三号"全球卫星导航系统成功建成；"嫦娥五号"探测器成功携带月球样品安全返回着陆；中国空间站天和核心舱发射成功，我国空间站进入全面运营阶段。这些重要突破和捷报，标志着我国探索太空的步伐越来越大、脚步将迈得更稳更远。

航天器操控技术作为航天科技的核心技术之一，在这些具有重要意义的事件中，无时无刻不发挥着它的作用。目前，我国已进入了航天事业高速发展的阶段，飞行任务和环境日益复杂，航天器操控技术的发展面临着前所未有的机遇与挑战。航天器操控技术包括星座控制、操控任务规划、空间机器人操控、碰撞规避、精密定轨等，相关技术是做好太空系统运行管理的基础。习近平总书记指出："要统筹实施国家太空系统运行管理，提高管理和使用效益""太空资产是国家战略资产，要管好用好，更要保护好"。这些重要指示，为我们进一步开展深入研究与应用工作提供了根本遵循。

航天器操控技术是做好太空交通管理，实现在轨操作、空间控制、交会控制等在轨操控航天任务的基础。随着航天工程的发展、先进推进系统的应用和复杂空间任务的开展，迫切需要发展航天器操控的新理论与新方法，提高航天器操控系统能力，提升我国卫星进入并占据"高边疆"的技术能力。航天器操控理论与技术的发展和控制科学与工程等学科的发展紧密结合，一方面航天器操控是控制理论重要研究背景和标志性应用领域之一，另一方面控制科学与工程学科取得的成果也推动了先进控制理论和方法的不断拓展。经过数十年的发展，中国航天已经步入世界航天大国的行列，航天器操控理论与技术已取得了长足进步，适时总结航天器操控技术的研究成果很有必要，因此我们组织编写《航天器操控技术丛书》。

丛书由西安卫星测控中心宇航动力学国家重点实验室牵头组织，航天飞行动力学技术国家级重点实验室、国防科技大学等多家单位参与编写，丛书整体分为4部分：动力学篇、识别篇、操控技术篇、规划篇；"动力学篇"部分介绍我国航天器操控动力学实践的最新进展，内容涵盖卫星编队动力学、星座动力学、高轨操控动力学等；"识别篇"部分介绍轨道确定和姿态识别领域的最新研究成果；"操控技术篇”部分介绍了星座构型控制技术、空间操控地面信息系统技术、站网资源调度技术、数字卫星技术等核心技术进展，“规划篇”部分介绍航天任务规划智能优化、可达域、空间机械臂运动规划、非合作目标交会规划、航天器协作博弈规划与控制等领域的研究成果。

总体来看，丛书以航天器轨道姿态动力学为基础，同时包含规划和控制等学科丰富的理论与方法，对我国航天器操控技术领域近年来的研究成果进行了系统总结。丛书内容丰富、系统规范，这些理论方法和应用技术能够有效支持复杂操控任务的实施。丛书所涉相关成果成功应用于我国“北斗”星座卫星、“神舟”系列飞船“风云”“海洋”“资源”“遥感”“天绘”“天问”“量子”等系列卫星以及“高分专项工程”“探月工程”等多项重大航天工程的测控任务，有效保障了出舱活动、火星着陆、月面轨道交会对接等的顺利开展。

丛书各分册作者都是航天器操控领域的知名学者或者技术骨干，其中很多人还参加过多次卫星测控任务，近年来他们的研究拓展了航天器操控及相关领域的知识体系，部分研究成果具有很强的创新性。本套丛书里的研究内容填补了国内在该方向的研究空白，对我国的航天器操控研究和应用具有理论支持和工程参考价值，可供从事航天测控、航天操控智能化、航天器长期管理、太空交通管理的研究院所、高等院校和商业航天企业的专家学者参考。希望本套丛书的出版，能为我国航天事业贡献一点微薄的力量，这是我们“航天人”一直以来都愿意做的事，也是我们一直都会做的事。

丛书中部分分册获得了国防科技图书出版基金项目、航天领域首批重点支持的创新团队项目、国家自然科学基金重大项目、科技创新 2030–新一代人工智能重大项目、173 计划重点项目、部委级战略科技人才项目等支持。在丛书编写和出版过程中，丛书编委会得到国防工业出版社领导和编辑、西安卫星测控中心领导和专家的大力支持，在此一并致谢。

丛书编委会

2022 年 9 月

前言

空间机器人技术与应用是提高空间作业自动化、空间系统自主性与智能化，以及实施空间飞行器在轨服务和维护的重要途径，在失效/失控航天器在轨维修与功能恢复、在轨航天器燃料加注与部件升级、空间大型航天器在轨装配与太空基地建设、空间碎片清理等复杂空间任务中具有重要应用前景。

目前，空间机器人服务和操作的对象大都是合作程度较高的空间合作目标，对空间非合作目标的捕获与操控是空间机器人实施在轨服务亟待突破的关键技术。空间机器人对空间非合作目标的捕获与操控是空间飞行器在轨服务和对空间目标操控的研究重点，也是极具挑战性的航天科技前沿，目前尚存在诸多未解决的科学和技术问题，是当前世界各航天大国航天高新技术的研发重点。我国的空间机器人研究起步较晚，正在运行的空间站机械臂是中国空间站建造、运营、维修及拓展等任务的关键装备之一，正在实施的国家科技创新 2030 重大项目“深空探测及空间飞行器在轨服务与维护系统”也将空间机器人对非合作目标的操控作为重要研究内容。

空间机器人执行在轨服务与操控任务的主要过程有：对空间目标的观测与规划、交会与接近、接触与抓捕，以及抓捕后组合体的稳定和对目标的操作与服务等。由于空间机器人基座和机械臂之间的动力学耦合特性、存在非完整约束和动力学奇异等问题，使得空间机器人接近和操控非合作目标的动力学建模、运动规划与控制等成为具有挑战性的难题。随着空间系统对自主性与智能化程度要求的提高，以及各国对空间飞行器在轨服务与维护国家空间安全的迫切需求，使得空间机器人对空间非合作目标的操控与服务成为世界各航天大国的研究热点和关注重点。

本书以空间机器人捕获与操控空间翻滚目标任务为背景，重点研究和介绍了空间机器人及其与目标形成的组合体的动力学建模、空间目标运动预测与组合体参数辨识、捕获目标的最优轨迹规划与协调控制、使用地面机器人验证空间机器人控制器的实验方法等。全书共分为 9 章，第 1 章为绪论，其余章节分别介绍空间机器人捕获翻滚目标的动力学建模、目标捕获过程中的约束处理与控制策略、空间翻滚目标运动预测与抓捕决策、目标抓捕时机确定和最优抓捕轨迹规划与控制、空间机器人逼近目标和捕获目标后消旋的最优轨迹规划与协调控制、捕获目标后的参数辨识与自适应控制，以及地面验证实验中空间和地面机器人之间的动力学等效条件、控制相似律和动力学等效误差补偿策略等。本书涵盖了空间机器人捕获翻滚目标主要阶段的关键问题及其解决方案，提出了将空间机器人运动分解为系统质心平移运动和系统内部重构运动的协调控制策略；建立了采用标准变分法求解含有状态和输入不等式约束的空间机器人最优控制方法；提出了基于机器学习的翻滚目标运动预测和抓捕决策方法；给出了不依赖持续激励条件的、空间机器人参数辨识的并行学习方法；构建了空间和地面机器人的动力学等效条件和控制相似律，提出了使用地面机器人验证空间机器人控制器的方法。因此，本书内容丰富、新颖，不仅包括新的空间机器人动力学模型、最优轨迹规划方法和参数辨识方法等，还给出了实用的空间机器人地面实验方法；此外，本书还引入了大量具有代表性的仿真案例，使书中内容更具航天特色和实践特性，具有较强的工程应用价值。

本书作者长期从事航天器飞行动力学与控制、航天器在轨服务与空间机器人操控技术研究。本书是作者及其研究生近几年来关于空间机器人动力学与控制、空间机器人执行在轨服务与操控空间非合作目标等方面阶段研究成果的总结。本书由罗建军教授策划和统稿，除本书作者外，参与本书部分章节资料整理的博士生有周逸群、夏鹏程、许若男等。

本书的研究工作得到了国家自然科学基金重大项目“空间翻滚目标捕获过程中的航天器控制理论与方法”及其课题（61690210、61690211、61690212）、国家自然科学基金面上项目（61973256、12072269）的资助，本书的出版得到了国防科技图书出版基金的资助。在此一并表示感谢！

本书适合空间机器人技术与应用、航空宇航科学与技术、控制理论与工程等领域的科学研究和工程技术人员阅读和研究参考，也可作为高等院校相关专业研究生的教材或教学参考书。希望本书对从事空间机器人动力学、运动规划与控制研究，以及地面实验系统研发的学者和工程技术人员有参考价值，并引发更深层次的创新研究与应用，促进我国空间飞行器在轨服务事业的发展。

作　者

2022 年 6 月于西安

目录

Contents

01 第1章 绪论

1.1 研究背景与意义

空间机器人是提高空间作业自动化程度、实施空间飞行器在轨服务和维护的重要手段，因此世界各国都在研发空间机器人技术及其应用[1-2]。自从美国1981年第二次航天飞机任务（STS-2）中首次在太空中使用机械臂以来，世界各国研究机构对在太空中应用机器人技术的兴趣不断增强。随后执行的有人操作空间机器人任务包括捕获、维修、部署失效卫星（如STS-49）以及维护和升级哈勃望远镜（如STS-61，STS-82，STS-103，STS-109，STS-125）等。世界上典型的空间机器人技术验证与应用计划如图1-1所示，典型的空间机器人技术验证计划概览如表1-1所示。虽然一些无人操作空间机器人计划得到了在轨验证，例如日本的工程试验卫星Ⅶ[3]

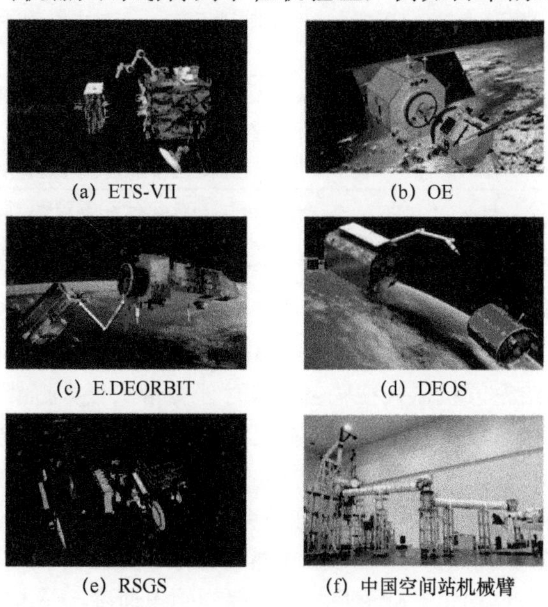
(a) ETS-VII (b) OE
(c) E.DEORBIT (d) DEOS
(e) RSGS (f) 中国空间站机械臂

图1-1 世界上典型的空间机器人技术验证与应用计划

（Engineering Test Satellite-Ⅶ, ETS-Ⅶ，如图 1-1（a）所示）和美国的轨道快车[4]（Orbital Express, OE，如图 1-1（b）所示）。但是，正如表 1-1 所示，这些计划仅为验证空间机器人的一些关键技术。随着航天科技的进步和空间应用任务的发展，空间机器人在在轨燃料加注、在轨维修、在轨建造和空间碎片清理等方面都表现出巨大的潜力，世界航天大国都在大力发展空间机器人技术，近期开展的空间机器人项目包括 E.DEORBIT[5]（如图 1-1（c）所示）、德意志轨道服务任务（Deutsche Orbitale Servicing Mission，DEOS）[6]（如图 1-1（d）所示）、地球同步轨道卫星的机器人服务（Robotic Servicing of Geosynchronous Satellites，RSGS）[7]（如图 1-1（e）所示）和中国空间站机械臂实验系统[8]（如图 1-1（f）所示）等。

表 1-1　典型的空间机器人技术验证计划概览

项目名称	机　构	任务目标	时　间
ETS-Ⅶ	日本宇宙航空研究开发机构（JAXA）	世界上首个无人情况下的自主交会对接和空间机器人遥操作实验	1997 年
OE	美国国防部高级研究计划局（DARPA）	验证先进空间自主交会对接、在轨燃料加注和模块更换、机器人抓捕和服务卫星的技术可行性	2007 年
E.DEORBIT	欧洲空间局（ESA）	以抓捕 Envisat 失效卫星为目标，验证空间机器人对失效卫星的操控和空间垃圾清理技术	2014 年至今
DEOS	德国宇航中心（DLR）	验证空间机器人服务非合作/合作目标的导航、制导与抓捕技术，组合体执行轨道机动和离轨的空间操作	2007 年至今
RSGS	美国国防部高级研究计划局（DARPA）	发展在轨服务地球同步轨道（GEO）卫星的空间机器人技术，对 GEO 卫星进行监测、维修和延长寿命等操作	2016 年至今
中国空间站机械臂	中国，空间技术研究院	空间站在轨组装、在轨维修、货物搬运与转移、辅助航天员出舱活动等	2012 年至今

由于空间机器人及其操作对象的动力学特性复杂，因此空间机器人是一个非线性、非完整多体系统，并存在动力学奇异等问题，而其操作对象可能非合作并具有翻滚行为，这些都给空间机器人在轨自主执行任务带来很大挑战。

例如，火箭末级、失效卫星、失控航天器、空间碎片等空间非合作目标已失去姿态调整能力，且长期在失控状态下运行，受太阳光压、重力梯度等摄动力矩及失效/失控前自身残余角动量等因素影响往往会呈现翻滚运动。根据翻滚程度的不同（翻滚目标运动如图 1-2 所示），可将空间翻滚目标分为三类[9]：单轴自旋目标、单轴平旋目标以及存在章动角的翻滚目标。目标初始角速度与最小、最大惯量轴重合的情形，分别对应单轴自旋及平旋运动状态；当初始角速度向量与惯量轴不重合时，翻滚目标运动表现为自旋轴绕角动量轴圆锥进动。此时，如果目标惯量不对称（$I_x \neq I_y$），且存在惯量积时，自旋轴末端（通常为卫星或火箭末级等目标上发动机主推力喷管所在的理想抓捕位置）轨迹不再是规则的圆锥运动，而是表现出一种章动角变化的复杂翻滚运动。翻滚目标还存在质量大小、质心位置、几何形状等先验信息未知问题，所以使用空间机器人对其实施在轨捕获的难度相当大，是正在解决的世界难题。

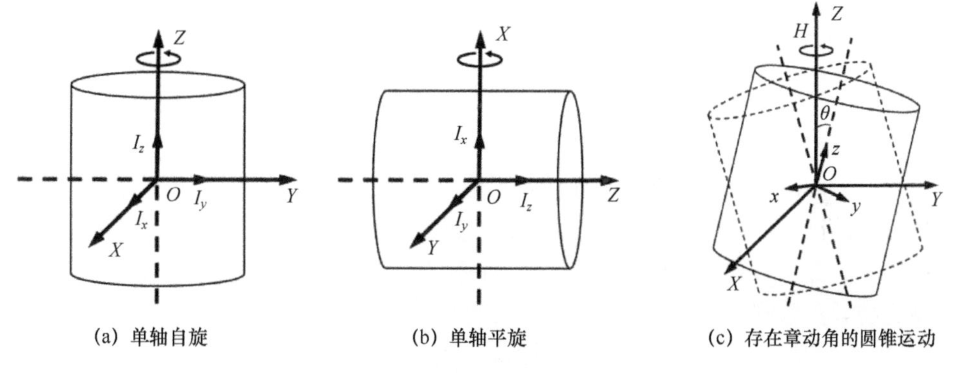

(a) 单轴自旋　　(b) 单轴平旋　　(c) 存在章动角的圆锥运动

图 1-2　翻滚目标运动

上述介绍和大量综述性文献的分析结果表明：空间机器人在失效/失控航天器在轨维修与功能恢复、在轨航天器燃料加注与部件升级、空间大型航天器在轨装配与太空基地建设、空间碎片清理、国家空间安全维护等复杂空间任务中具有重要应用；进入 21 世纪，空间机器人对翻滚目标的捕获与操控是空间飞行器在轨服务和对空间非合作目标操控的研究重点，也是极具挑战性的航天科技前沿，目前尚存在诸多未解决的科学和技术问题；开展空间机器人捕获翻滚目标的理论、方法和技术研究，具有重大意义。

本书面向空间机器人捕获翻滚目标的任务需求，建立空间机器人捕获翻滚目标过程中涉及的空间机器人与翻滚目标的动力学模型，研究和提出对应的控制策略和控制方法；针对翻滚目标参数辨识与运动预测、最优抓捕决策、抓捕时机与抓捕轨迹规划、捕获后翻滚目标消旋以及开展地面实验验证等一系列关键问题，提出解决方案和方法。

1.2 空间机器人捕获翻滚目标过程与需求

1.2.1 捕获过程与挑战

空间机器人捕获目标任务的过程可以划分为抓捕前、抓捕中和抓捕后三个子过程。空间机器人捕获目标的过程包含四个重要的技术阶段：①观测与规划；②最终段接近；③碰撞与抓捕；④抓捕后稳定。空间机器人捕获目标四个技术阶段的示意图如图 1-3 所示[10]。

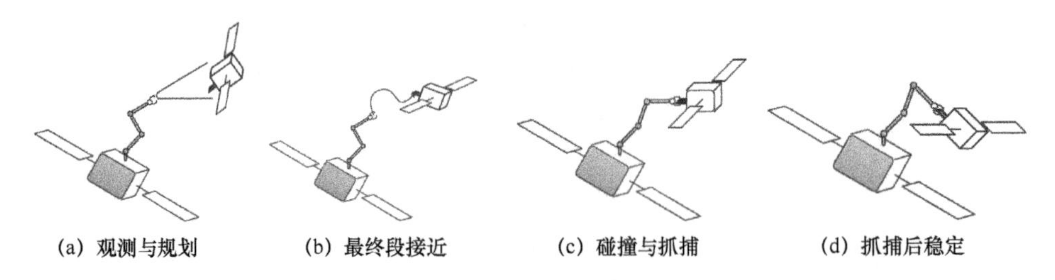

图 1-3 空间机器人捕获目标的四个技术阶段

地面监测显示，空间机器人要捕获的失效航天器、空间碎片等目标大都存在翻滚运动。此外，对象可能是非合作目标，根据非合作程度不同，其几何结构和物理参数可能是已知的但缺少与空间机器人的通信能力，或者目标上的对接接口、要更新和维护的部件位置等三维结构与目标质量和惯量比、质心位置、惯性主轴指向等重要的物理参数都是未知的[11]。因此，在捕获前获取目标的三维结构和惯性参数并据此进一步预测目标的运动对于空间机器人捕获目标至关重要。

在观测与规划阶段，需要利用视觉测量信息和激光雷达点云数据对目标进行三维重构并辨识其惯性参数，据此预测目标将来的运动、规划接近和抓捕的运动轨迹。对于空间机器人的轨迹规划，在抓捕目标前，鉴于其携带的燃料有限，需要找到空间机器人接近目标燃料最省的最优轨迹；在抓捕目标后，需要在最短时间内将目标消旋。此外，需要考虑躲避障碍物、避免动力学奇异以及执行器能力有限等约束。

在接近目标最终段，既需要将空间机器人带至目标附近使目标在空间机器人的工作空间内，又需要展开机械臂做好抓捕准备并保证满足基座控制要求。因而，空间机器人基座和机械臂的动力学耦合特性在该阶段表现尤其明显，给空间机器人的轨迹规划与控制带来了很大复杂性和挑战。

在捕获中和抓捕目标时刻，为避免机械臂末端执行器与目标发生碰撞，必须保证空间机器人控制具有高精确性和强稳定性。为此，通常在抓捕时刻使空间机器人基座执行器处于关闭状态，避免基座脉冲式推进器工作时引起系统抖振，并且在抓捕时刻要求末端执行器与目标抓捕点具有相同的速度，从而最大程度地减小二者间的碰撞。

在抓捕目标后阶段，由于目标动力学参数未知，空间机器人和目标形成的组合体系统具有动力学不确定特性，需要研究组合体的参数辨识方法，并在此阶段构建组合体自适应控制器保证系统的稳定性。当获得组合体精确的动力学参数时，需要设计空间机器人和目标的协调控制器，保证目标跟踪最优的消旋轨迹并满足空间机器人的控制要求，以便实施对目标运动的控制。

1.2.2 捕获目标的技术需求

结合图 1-3 和上述分析，本小节对空间机器人捕获目标的技术需求进行较为详细的分析和讨论。

1. 观测与规划

在观测与规划阶段，首先需要获取目标的运动信息，包括位置、姿态、线速度和角速度，并辨识目标的惯性参数等物理特性。之后需要确定在何时、何处抓捕目标，并规划给出空间机器人接近与抓捕目标的运动轨迹。值得注意的是，失效的卫星或轨道上物体（作为目标）可能具有翻滚运动并且具有未知的运动学和动力学特性。因而，预测目标的运动模式和辨识其运动学和动力学特性是关键。

当空间机器人距离目标较远时，由于缺乏或难以获取目标对象的测距信息，所以需要使用仅测角的导航技术[12]；通常，涉及未知或非合作目标的任务以及需要采用被动估计方法的任务都具有只能测角的约束，即只能得到目标相对于空间机器人追踪器上传感器坐标系的方位角和俯仰角，而获取这些角度信息的测量输入由光学导航相机等传感器在局部坐标系来产生。仅测角导航的任务是估计目标对象的相对位置和速度，以便进行空间机器人轨迹规划和交会来实现近距离观测。现有解决仅测角导航问题的方法大多数是扩展卡尔曼滤波器的形式[13]，值得注意的是，由于多种原因，例如缺少机动的情况[13]或在使用线性化的运动模型下[14]，在只有测角信息时可能出现不可观问题。

在目标已知但非合作的任务场景中，如果有地基的观测和距离估计，就可以使用传统的导航技术。除了地基的测距信息外，当空间机器人追踪器能够配备射频传感器并且没有电磁辐射限制时，射频传感器产生的测量数据也可以消除只能进行仅测角导航的限制。仅测角导航期望获得的输出为被观测目标的相对位置和速度估计，注意在仅测角任务阶段，因为航天器之间距离相对较远，没有必要确定二者之间的相对方位信息。相对位置和速度估计信息随后反馈给空间机器人轨迹规划器和控制器，以便设计和跟踪初始的、较粗糙的交会轨迹。仅测角任务阶段获得的信息也仅在该阶段使用，因而，空间机器人接近捕获目标操作中仅测角阶段相对其他任务阶段独立。

当空间机器人到达一个目标距离可观测区域并且能够使用星载仪器解算目标物体信息时，期望接下来能够获取和处理目标足够的信息，以便满足后续操控阶段对信息的要求，使得后续阶段能够顺利地执行。根据任务场景，所要获取的目标特征包括从相对位姿到更复杂的目标特征信息，如运动模型和目标对象的几何重构。

传统的星载传感器组件可能包括加速度计和陀螺仪（二者组成惯性测量单元）、光学导航相机（用于目标跟踪）、三维深度传感器（如激光雷达或立体相机）、射频测距传感器以及星敏感器（用于惯性方位估计）等。由于目标对象在此时能够完全被空间机器人星载传感器解算，地基观测或从仅测角阶段输出的先验信息主要用于帮助选择初始条件。

根据任务场景的类型和目标的非合作程度，需要以不同的方式利用上述目标的测量信息。与估计相关的最简单的任务场景是处理合作目标。在这种情况下，物理特性、控制输入、状态估计甚至角速度等信息都可以在空间机器人和目标之间共享，从而允许使用很多滤波或平滑算法。

对于被动的或非合作的目标观测场景，空间机器人和目标之间缺乏通信会给估计过程带来额外困难。对于已知但非合作的目标对象，可以利用其三维结构或物理惯性特性等先验信息进行相对导航和位姿估计，并建立目标的运动模型用于后续阶段的导航和规划任务。类似地，不需要在线确定空间机器人和目标对接接口的位置，因为在可用的先验信息中已经包含了对接的足够信息。

最具挑战性的场景是需要与完全未知且非合作的目标对象进行交互。为了收集足够的信息以支持后续的任务阶段，不仅需要执行相对状态估计，还需要执行远距离系统辨识。辨识任务又可以划分为不同的层次。在几何层次上，需要获取目标对象的三维图形表示，来估计与空间机器人的相对位姿，并用于规划算法中。这个问题可以表述为动态环境中的同时定位与地图构建问题，空间机器人需要同时估计与目标的相对状态并不停地逐步构建用于定位的目标的几何表示。现有的方法包括基于激光雷达和基于视觉的观测[15]。

从语义上讲，系统辨识任务要对场景进行分割，并将目标分解为各组成部分。也就是说，不仅要求空间机器人计算与目标的相对位姿，而且要分辨目标物体的重要信息，例如，目标的对接接口在哪里、目标上电池或燃料箱的位置、要维修的部件等。对于这方面的问题，可以在机器学习和计算机视觉文献中找到大量的方法，包括卷积神经网络、编码器-解码器、随机决策森林、支持向量机等算法[16]。

远距离系统辨识任务的最后一个方面是对未知目标物体进行物理和惯性特性辨识。也就是说，需要获得目标的质心位置、惯性主轴指向、相应惯量比等参数的估计值。为了对这组参数进行辨识，提出了诸如基于因子图[17]的平滑和映射方法来将这些参数与目标的几何参数进行联合优化。

上述内容对空间机器人捕获目标过程中的观测要求进行了分析，获得的目标信息随后传递到后续任务阶段和操作中，用于运动规划、制导和控制。其中，将由物理惯性参数描述的目标运动模型传递给空间机器人制导模块，将目标的几何表示及其语义含义传输给空间机器人规划算法，并将相对位姿和状态估计作为空间机器人交会轨迹优化方法的一部分。值得注意的是，由于不同阶段空间机器人需要执行的任务不同，空间机器人每一任务阶段的运动规划要求放在后续小节中分别进行讨论。

2. 最终段接近

该阶段的一个目标是为空间机器人确定一条时变最优轨迹，从而将空间机器人导引至目标航天器的工作空间内。该轨迹可以根据特定任务进行优化。如果推进剂的消耗是主要考虑的问题，则需要规划和执行燃料最优轨迹。如果任务要求空间机器人不考虑燃料成本而是快速与目标对接，则需要找到时间最优轨迹。如果目标被认为是脆弱的，则需要寻求一个最大限度地减少接触力和力矩的轨迹。此外，这些指标的有效组合也可以用来定义轨迹的最优性标准。

该阶段时变轨迹从预定的目标距离开始（如 30m）。在这个距离上，空间机器人将以交会算法定义的方式开始接近目标，例如沿着目标的 R-bar 或 V-bar 方向同步接近。为了与目标交会，空间机器人需要关于目标的一些信息，作为这一阶段任务的输入，包括目标的惯量比、一个预测目标未来姿态的旋转模型、两个航天器的相对位置，以及考虑目标脆弱和安全性抓捕时施加的力和力矩的限制。这些目标信息在 1.2.1 节观测与规划阶段已经获得。

空间机器人最终段接近的目标还包括机械臂末端执行器到达目标上抓捕点附近。该过程所需要的输入包括估计的目标线速度和角速度、目标和空间机器人的相对位姿以及末端执行器将附着的抓捕点位置。对捕获目标来说，最重要的是将接触力和力矩控制在最低限度，以降低损坏目标的风险。这样，在最终的相对状态上会有一些约束，来保证机械臂在其控制能力范围内安全地与目标连接。这个阶段的输出将是目标和机械臂末端执行器相对位姿的变化轨迹，不仅包括基座航天器的相对位置和速度，还包括机器臂在整个运动过程中的状态。

目前，有多种方法可以用于最终段接近的轨迹优化。但是基本都要求使用离线计算，因为计算量太大，无法在飞行任务中在线执行。除此之外，一些路径规划技术已被用于更快速地生成轨迹。这些技术包括通过解决一系列凸规划问题实现的捕获一个翻滚目标的星载算法[18]，使用自适应人工势函数方法的快速路径规划算法，来产生时间或燃料成本次优的运动轨迹[19]，以及航天器交会任务的实时轨迹规划器[20]，其中通过谐波势函数和优化快速搜索随机树算法求得燃料最优轨迹。还有一些研究集中在非合作目标脆弱情况下该阶段中对接操作的优化[21]，该部分的优化除了最大限度地减少燃料消耗，还最小化施加在目标上的接触力和力矩。

目前，该阶段的技术不足和挑战包括如何基于新的或修正的动力学信息进行快速的在线轨迹优化，以及如何考虑柔性动力学。前面提到的目前开发具有实时能力的轨迹规划方法的限制之一是需要减小求解优化问题所需的时间。使用高斯伪谱方法可以很容易地处理该阶段所需要考虑的约束，并且能够保证解的局部最优性，但是解决这些问题所需的时间可能会阻止高斯伪谱方法的实时应用[22]。此外，使用模型预测控制（Model Predictive Control，MPC）理论并将相应的优化问题表示为二次规划形式可以实现更实时的应用。然而，与目标对接时要求 MPC 方法具有鲁棒性，而 MPC 方法的鲁棒性依赖于估计的输入的不确定性的有效边界[23]。因此，更多的研究应该集中在如何在轨迹优化中考虑目标估计信息的不确定性，即如何使轨迹优化方法具有鲁棒性。

在未来应该解决的另外一个关键技术问题是在设计交会或抓捕轨迹时考虑柔性动力学的影响。众所周知，星载控制引起的对空间机器人基座航天器模态的激励会引起较大的控制误差，甚至会导致系统不稳定。为了防止这一点，可以使用点阻滤波器和滑模控制来防止航天器的这些模态被激发。值得注意的是，在为易碎或者带有大型附件的空间机器人跟踪接近轨迹设计控制器，或者为抓捕后组合体机动阶段设计控制器时，尤其需要考虑空间机器人柔性动力学的影响。

3. 碰撞与抓捕

在空间机器人末端执行器抓捕目标时，其与目标可抓捕部位的接触碰撞过程也非常复杂。碰撞产生的碰撞力会给空间机器人系统加载额外的动量，动量的改变会对空间机器人基座的位置和姿态造成影响，甚至造成以卫星为载体的空间机器人系统的姿态失稳。另外，过大的碰撞力也可能造成机械臂操作机构或被抓取目标的破坏。因此，为确保操作安全，必须将机械臂末端执行器与目标间的接触力控制在允许范围之内，以完成对非合作目标的柔顺捕获，避免对服务平台或目标造成意外损坏。

虽然在捕获目标的抓捕前阶段，空间机器人会通过实施对目标的接近、跟踪和机械臂的位形调整等一系列操作来消除空间机器人末端执行器与目标之间的相对速度，并有可能最终实现零冲击抓取。但由于受空间机器人姿态控制精度和姿态稳定度、测量估计误差的影响，空间机器人是很难实现零冲击抓取的。因而，对接触碰撞动力学建模是空间机器人安全抓捕目标的关键，而在实际抓捕目标时，由于接触碰撞过程中存在高度的非线性性质，接触碰撞动力学问题是多刚体动力学中最难的研究内容之一。

选取空间机器人末端执行器与目标的接触模型是建立抓捕碰撞动力学的关键。目前常见的接触模型有刚性接触模型和弹性接触模型。一般地，在刚性接触模型中，由于刚体之间不可压缩并且不可穿透，故接触时会产生一定接触力，并且此时两个刚体的接触点或接触面之间的变形是可以忽略的。刚性接触模型的原理及表达形式较为简单，代入计算时较为快捷，因此应用较广泛。弹性接触模型中，由于物体的弹性或柔顺性，在接触力作用下物体会产生形变，其原理及表达形式远复杂于刚性接触模型。

接触模型不仅表达了物体间的力传递特性，同时还表达了物体间的相对运动关系。在分析上述特性和关系时，需要同时考虑包括几何形状、材料材质及物体的初始运动状态。根据待捕获目标表面与机械臂末端执行器有无相对运动的不同情形，可能存在的接触形式有固定接触和滑动接触。固定接触是指机械臂末端执行器与目标表面之间无相对运动，当目标的翻滚速度较小，机械臂末端与待抓捕目标可形成固定点接触。此时，无须考虑相对运动关系，接触模型也较为简单。滑动接触是指机械臂末端与目标表面之间存在相对滑动，原因是目标的翻滚速度较大，产生的静摩擦力不足以提供足够的扭转力矩，导致机械臂末端与目标表面发生相对滑动。滑动接触模型比固定接触模型更为复杂，机械臂末端与物体之间的相对位姿也会实时变化，对应的接触点和接触力会实时变化，故滑动接触情况下的柔顺控制模型也更加复杂。考虑到待抓捕目标翻滚时，机械臂末端执行器与目标表面的接触形式可能存在多种情况，例如固定接触或滑动接触，不同接触模式下力传递特性与相对运动关系不同，导致空间机器人与目标的抓捕碰撞动力学建模以及闭环协调操作柔顺控制的难度加大。

空间机器人与目标复杂的接触与碰撞动力学特性，给空间机器人抓取操作仿真技术也提出了很高的要求和挑战，而这对于建立和验证空间机器人的接触碰撞动力学模型是非常重要的。20 世纪 90 年代，MDSAR 公司开发了空间机器人接触动力学仿真程序[24]。在该仿真程序中，赫兹（Hertz）接触理论被用于模拟空间机器人与目标之间的接触碰撞力。通过与实验数据对比，该程序的有效性得到了验证。随着现代物理引擎技术的发展，开发更为高效逼真的空间机器人和目标的接触与碰撞仿真系统成为亟需。

4．组合体机动

抓捕后空间机器人和目标的联合运动构成了组合体机动阶段，该阶段必须考虑到被称为组合体的新动态系统的特性。在此阶段，系统底层的动力学特性发生了变化，取决于目标的性质，组合体动力学已知也可能变得未知。组合体机动阶段的目标通常包括对系统的学习（系统辨识）或只是基于新的系统动力学执行轨迹规划与控制。这两个目标之间的权衡取决于任务设计者，其中，如果目标是完全已知的，系统辨识可能完全没有必要。已经完成在轨技术试验的的两个最著名的空间机器人任务是美国的轨道快车和日本的工程试验卫星-Ⅶ，可以看出该阶段的目标根据任务情况有相当大的不同。如果考虑作为辅助系统的自由飞行空间机器人，则该阶段可能涉及其将工具带到一个期望的目标点，而不需要系统辨识。与此同时，要改变一颗出了问题的航天器的位置，可能需要进行大量的不确定性安全分析，需要离线花大量时间计算航天器的轨迹，同时还要考虑系统动力学中的各种复杂现象。

该阶段的一般步骤如下：①抓捕目标后与目标形成刚性连接；②当组合体不确定时，进行系统辨识来满足任务设计者的要求；③组合体按离线优化好的轨迹机动，或执行实时的能够考虑实际不确定性的在线轨迹规划；④组合体遵守系统约束移动到期望的目标状态，包括避开可能存在的障碍物，在这些操作过程中可以进行附加的参数辨识；⑤组合体准备分离，或执行其他操作。

组合体机动与最终段接近阶段有相似之处：其主要目标通常包括实时轨迹优化。但是，不确定性在组合体机动阶段产生的影响会更大，因为该阶段目标特性往往还没有很好地确定。同时，由于不再有一个单一的目标（即与目标对接），系统要实现的目标的种类可能会更多。此外，根据操作环境的不同，可能存在也可能不存在障碍约束。最后，该阶段需要改变系统的动力学描述，除非捕获目标后组合体系统对原系统的惯性特性的改变可以忽略不计。在其最苛刻的要求下，该阶段包含一般的机器人在不确定性下的实时运动规划。

从算法的角度来看，该阶段涉及系统辨识和轨迹优化，都可能要求能够处理不确定性并且是实时的。系统辨识是使用一种估计方法来完成的，例如卡尔曼滤波器的许多变体中的一个。然而，轨迹优化中一个重要的问题是如何产生有助于辨识系统未知参数的运动，从而可以产生方便学习未知参数的最优的运动轨迹，称之为激励轨迹[25]。最新的工作中激励轨迹已经可以实时地生成，例如，有人提出了参数辨识的并行学习方法[10]，通过存储系统的运动信息，并选取系统过去的运动状态与当前时刻系统的运动状态一起用于参数更新。由于避免了参数辨识中对系统未来运动有要求的持续激励条件，可以保证在每一时刻都得到正确更新后的系统参数。

轨迹优化本身对于形成组合体要跟踪的鲁棒的、可执行的、理想的最优路径（轨迹）是必要的。空间机器人方面最近的许多工作都侧重于实现实时轨迹优化，特别是在有障碍物或在动态的任务环境下，例如抓捕翻滚的目标航天器。目前使用的一种关键技术是序列凸规划方法，这是一种快速的非线性优化技术[26]。其他方法更普遍地将非线性优化作为后端的技术，依赖于一种称为非线性模型预测控制的方法，但这种方法可能缺乏安全性方面的保证[23]。另一类规划方法使用基于采样的优化技术[20]。尽管这些成果对动力学系统的轨迹规划方法有一些扩展，但它们也有各种各样的限制，而且往往不够快，因此不能实时使用。最近，人们对在执行轨迹优化时实时地显式处理不确定性也产生了兴趣。许多技术利用平方和优化方法来离线产生很多安全的轨迹，并在在线使用时根据实际情形从中挑选合适的轨迹来使用[27]。这类方法在空间机器人运动规划中属于非常前沿的研究。

该阶段操作中面临的技术不足和挑战对于整个机器人领域来说也是尚待解决的问题，即能够实时地感知并处理不确定性的轨迹规划，目前只在一些特定的任务场景中才能实现。目前的空间系统无法考虑可能遇到的各种航天器动力学方面的不确定性。仿真和地面试验中已经显示出越来越有希望能够在复杂的空间动力学场景中实现快速、实时运动规划。为了确保在该阶段执行各类操作任务时有一种有效的、能够处理不确定性的运动规划方法，未来还有很多的工作需要完成。

1.3 空间机器人捕获翻滚目标动力学与控制研究综述

空间机器人自身是非线性、非完整约束的多体系统，其基座和机械臂存在动力学耦合效应等复杂特性，再加上要捕获空间目标的非合作特性和翻滚行为，使得空间机器人捕获翻滚目标的动力学建模、轨迹规划与控制成为具有挑战性的难题。本书重点关注空间机器人捕获翻滚目标的动力学建模、轨迹规划与控制问题，以及使用地面机器人验证空间机器人的控制器性能，这些方面的工作对于推进空间机器人在轨自主执行任务具有重要意义。

1.3.1 空间机器人动力学建模

空间机器人由航天器基座和至少一个机械臂组成。如果不考虑机械臂和基座上太阳帆板等的柔性效应，空间机器人是一个多刚体组成的非线性系统。根据基座的控制状态，空间机器人的运动模式通常可以分为四种[10]：①基座位姿固定：使用基座执行器抵消机械臂运动造成的扰动。②基座位姿机动：使用基座执行器控制基座质心和姿态按期望轨迹运动，前两种运动方式都需要消耗基座携带的燃料。③自由飞行：仅通过基座执行器控制基座姿态而不考虑基座质心的平移。值得注意的是，由于反作用飞轮等基座姿态执行器只能提供有限的控制力矩，对于较大的基座姿态扰动，如果使用基座喷气装置进行控制，同样会造成燃料消耗。④自由漂浮：基座执行器处于关闭状态，基座位姿会因为机械臂运动产生的反作用力/力矩而运动，但由于没有脉冲式的基座推力，机械臂末端执行器的运动更加平滑，从而更适合对目标进行抓捕。

当空间机器人工作在自由飞行和自由漂浮模式下，基座和机械臂之间存在动力学耦合效应，机械臂的运动会对基座位姿造成扰动，而基座位姿的变化又会对机械臂的运动造成影响。这种基座和机械臂之间的动力学耦合效应给空间机器人的动力学建模和控制带来了难度。此外，当空间机器人捕获目标时，末端执行器与目标间的接触碰撞动力学建模也比较复杂，如果不能正确地描述接触和碰撞过程中的动力学行为，则可能造成系统的损伤或引起系统失稳。

1. 基座-机械臂系统动力学模型

空间机器人是典型的树状开环结构的自由漂浮系统，即无根的多体系统。机械臂的操作运动和基座的漂浮运动间存在着强烈的耦合，系统的动力学方程有着强非线性、时变等特征。目前主要有三种比较常用的方法来获取空间机器人系统的动力学方程：基于分析力学理论的拉格朗日方法，基于向量力学理论的牛顿-欧拉方法，同时基于分析力学和向量力学理论的凯恩方法[28]。针对同一个空间机器人多体系统，通过这三种方法虽然获得的动力学方程的形式不尽一致，但是它们所描述的系统特性及响应计算获取的结果是一样的。

基于拉格朗日方法获取空间机器人系统的动力学模型是基本的途径之一。该建模方法从能量的角度出发，首先利用选取的广义坐标分别将系统的动能和势能表示出来（其中，在空间微重力环境下通常假设空间机器人所受的势能为零），然后求取系统非保守主动力的广义力项，最后将它们代入第二类拉格朗日方程中就可推导获得系统的动力学方程。基于拉格朗日方法建立机器人动力学模型的研究有很多，其最终模型的表达式一般为微分-代数方程，微分形式的方程表示的是广义坐标及其导数与广义力之间的关系，代数形式的方程表示的是多体之间的约束关系。该建模方法的优点是动力学方程的形式相对简洁，缺点是广义坐标如何选择有一定难度。

牛顿–欧拉方法与拉格朗日方法的最大不同之处在于前者所描述的是一个物体的动力学方程，而后者所描述的是多个物体（系统）总的动力学方程。因而，牛顿–欧拉方法所得到的整个空间机器人系统的动力学方程其实是由多个单物体的方程联立而获得的。具体来讲，用牛顿–欧拉方法获取系统动力学方程的主要步骤是：根据牛顿第二定律得到物体质心的平移方程，再根据欧拉定理获取物体质心的转动方程，从而得到单个物体的总的方程，最后根据系统内各物体间的相互运动关系，写出系统总的动力学方程。牛顿–欧拉方法的优点之一是方程建立较为容易，不需要写动能、势能等，优点之二是模型具有递推的形式，可扩展性好；它的缺点是由于约束反力的引入使得模型在理论分析上不如拉格朗日方法导出的封闭形式的模型方便。在空间机器人的动力学建模中，往往需要结合拉格朗日方法和牛顿–欧拉方法来得到空间机器人的动力学方程。如本书第 2 章所述，可以从拉格朗日方程形式简洁的优点出发推导方程，但动力学方程中出现的向心力和科氏力很难得到其解析的表达式，将使用一种递归牛顿–欧拉算法对其进行等效计算。

凯恩方法是通过用广义速度（包括速度和角速度）来表示系统的运动关系，并直接利用达朗贝尔原理得到系统的动力学方程，方程的个数与系统自由度的个数是一样的。它不但物理意义明确，而且还可以避免在动力学方程中出现内力项，达到了简化方程的目的。

在实际工程应用中，空间机器人本质上是强非线性的、刚柔耦合的动力学系统。其柔性主要来源于安装在基座上的柔性附件（如帆板、天线等）、细长臂杆及柔性关节。由于这些部件的质量轻、刚度小、尺寸大，使得系统的动力学建模更加复杂。这些柔性结构的变形常用的描述方法一般有假设模态法、有限元法、集中质量法及有限段法，各方法的具体形式有大量的文献和专著进行说明[29-30]。

总的来说，目前人们关于空间机器人的动力学建模开展了很多的研究，并且取得了很多的研究结果。然而，很多研究并没有考虑柔性帆板等对整个系统动力学特性的影响。随着空间技术的不断深入，航天器的帆板尺寸逐渐增大，柔性问题也将更加突出，机械臂的操作运动不可避免地会导致帆板等的弹性振动，而系统的弹性振动效应反过来也会对机械臂的操作精度带来很大的影响，因此很有必要建立更加准确的空间机器人系统的动力学模型来进行计算分析，这也能为捕获过程中的碰撞分析、路径规划及控制设计等工作提供更加精确的模型。

2. 接触碰撞动力学模型

空间机器人末端执行器与目标的接触碰撞过程动力学复杂，已有的工作考虑不同的重要因素为该过程设计了不同的模型，从而得到了多种效果良好的接触碰撞动力学方程。Dimitar[31]详细建立了空间机器人捕获漂浮目标过程的接触碰撞动力学模型，分析了捕获过程中的动量交换问题，提出了用于捕获操作系统控制的“偏置动量方法”及“分布式动量控制方法”，以减小碰撞冲击对空间机器人基座的影响。Yoshida 等[32]基于动量守恒定律研究了空间机器人捕获漂浮目标的碰撞动力学问题，将碰撞冲击视为瞬间发生的而难以测量冲击力，利用广义状态张量进行动力学建模，避免了测量冲击力。宗立军等[10]研究了空间机器人捕获翻滚目标的动力学问题，其假设捕获操作时末端执行器与目标的相对速度为零，从而认为接触时的碰撞力为零。同时研究了空间机器人系统捕获操作的最优控制策略，使得碰撞冲击对空间机器人系统影响最小化。郭闻昊等[33]利用冲量–动量方程推导了双臂空间机器人抓捕目标的碰撞动力学方程，并利用粒子群算法研究了碰撞前较理想的碰撞构型。贾庆轩等[34]利用等效质量概念，根据不同的操作环境分析碰撞对系统造成的影响，同时提出了多体系统离散碰撞动力学建模和连续碰撞动力学建模方法。

以上的接触碰撞动力学分析都将空间机器人和目标视为刚性系统，考虑基座上的柔性太阳帆板和机械臂柔性效应是目前空间机器人的重要研究方向，对应柔性系统的接触碰撞动力学建模也成为目前受到广泛关注的难点之一。丁希仑等[35]运用空间弹性体理论研究了两柔性杆机械臂的动力学，并利用动力学仿真发现了其关节刚性运动及弹性变形运动之间的耦合影响。董楸煌等在文献[36]中，利用柔性杆弹性变形的假设模态近似描述法及多体系统动力学理论，建立了柔性空间机器人系统的动力学模型；当空间机器人捕获目标过程受碰撞冲击时，基于动量守恒理论，利用动量冲量法评估了碰撞冲击对空间机器人系统运动状态变化的影响效应。乔兵等[37]研究了空间机器人接触/碰撞动力学仿真模型的降阶问题；以刚体近似模型方法建立了空间机器人的接触动力学模型，其中根据赫兹接触理论建立了接触/碰撞力的模型；为了提高空间机器人接触碰撞动力学仿真的计算速度，根据控制理论中主导极点的概念研究了基于系统主导特征值的接触动力学模型降阶方法。

总体而言，空间机器人抓捕目标的接触碰撞动力学建模难点来自考虑接触面的复杂几何特性。然而另一方面，接触碰撞动力学的仿真也非常消耗时间，在保证高仿真度模拟接触碰撞动力学过程的基础上，研究接触碰撞动力学的模型降阶技术也是一个非常困难且有待研究的问题，主要原因在于接触碰撞动力学的高度非线性特性。

1.3.2 空间机器人轨迹规划

当空间机器人工作在自由漂浮模式时，如果没有外力/力矩作用在系统上，系统满足动量守恒方程。其中，角动量守恒方程属于非完整约束，使得自由漂浮空间机器人是一个非完整系统。根据非完整系统的性质，仅通过控制关节的运动也可以使基座姿态和关节角都收敛到期望状态，利用该性质提出了空间机器人关节空间内的非完整路径规划方法。为了使末端执行器跟踪期望轨迹，需要通过求解逆运动学问题将该轨迹分解为基座和机械臂的期望运动。由于基座和机械臂的动力学耦合效应，自由漂浮空间机器人的逆运动学求解过程中可能遇到动力学奇异问题，为此，很多学者研究了空间机器人避免动力学奇异的方法。空间机器人在接近目标过程中往往要求燃料消耗最省，并在捕获翻滚目标后要求最短时间内将其消旋，为此，研究并提出了空间机器人的最优轨迹规划方法。

1. 非完整路径规划

Vafa 和 Dubowsky 研究了一种机械臂特定的周期运动[38]，机械臂运动一个周期后可以实现基座姿态的调整，该运动被称为“自校正运动”。在该方法的应用过程中，当基座姿态偏离期望指向的大小超过特定值后，机械臂就执行周期运动对基座的姿态误差进行校正。然而，该方法假定关节运动足够小，因而，可以忽略系统运动方程中二阶以上的非线性项，带来的不足是机械臂每次周期运动只能产生很小的基座姿态变化。此外，要求基座姿态偏差必须是机械臂一次周期运动对基座姿态纠正量的整数倍。为了解决该问题，Nakamura 和 Mukherjee 没有忽略系统的非线性项，基于李雅普诺夫函数规划机械臂的运动实现机械臂和基座同时向期望状态运动，称为双向规划方法[39]，该方法的缺点是受奇异问题影响，导致规划的关节运动不平滑。Vafa 和 Dubowsky 提出了扰动图概念来最小化机械臂运动引起的基座扰动，其通过图像的方式表示出了关节空间内引起基座最大和最小扰动的机械臂运动，称为扰动图方法，该方法仅应用在简单的两连杆平面空间机器人上。之后，文献[40]提出了扰动图方法的改进形式，称为增强扰动图方法。然而，为了确定引起最小基座扰动的机械臂关节速度，扰动图和增强扰动图方法都需要在机械臂的每个构型处对扰动矩阵进行奇异值分解，具有较大的计算量。此外，基座上最小的扰动对应扰动矩阵最小的奇异值，因而，只有扰动矩阵是奇异的才能实现机械臂运动对基座无扰。另一个实现基座无扰的重要概念叫作反作用零空间[41]，其通过系统角动量守恒方程推导得到。因为相应的机械臂关节运动在基座角速度为零的条件下推导而来，因而，可以实现机械臂运动对基座姿态无扰。所有对基座无扰的机械臂运动集合形成了基座无扰运动流形[41]，而该流形只存在于运动学冗余的空间机械臂中。为了避免机械臂的运动造成基座的扰动，文献[42]提出了一种特定的关节分解技术，称作固定姿态限制运动，可以使机械臂的运动不对基座产生任何反作用力矩。另外，文献[25]提出了利用双臂（即工作臂和平衡臂）中的平衡臂的运动抵消工作臂对基座的扰动，然而，为稳定基座的姿态，该方法需要安装多个机械臂，增加了系统的复杂性。

2. 避动力学奇异

空间机器人末端执行器的运动分为基座参考末端运动和惯性参考末端运动。其中，基座参考末端运动中末端执行器的轨迹在基座本体参考系下描述，该类任务包括操作基座上的物体、在基座上拧螺栓、电器插拔等，末端执行器轨迹规划方法与地面固定基座机械臂的轨迹规划方法相同。本书关注空间机器人的惯性参考末端运动，其中，末端执行器在惯性空间中执行捕获目标等操作。通常，以速度描述的末端执行器的期望轨迹需要通过求解逆运动学问题转化为各关节的期望轨迹。由于基座和机械臂之间的动力学耦合效应，描述关节速度和末端执行器速度的广义雅可比矩阵可能出现奇异现象，称为空间机器人的动力学奇异问题[43]。如何避免动力学奇异是空间机器人轨迹规划中的重要问题。

Papadopoulos 等分析出某点处是否发生动力学奇异与空间机器人的路径有关，并据此提出了路径无关工作空间和路径相关工作空间[43]。为了避免动力学奇异，在路径无关工作空间中找到一个过渡点，末端执行器先由起始点运动至过渡点，在此处关节跟踪闭环轨迹实现对基座姿态的调整，再由过渡点运动至终端点。该方法可以实现末端执行器在笛卡儿空间任意两点间运动，但其计算过于复杂，只能进行离线规划。基座固定机械臂的避免运动学奇异算法已经相对比较成熟，经典的算法包括阻尼最小方差[44]、奇异鲁棒逆[45]和末端执行器任务重构方法[46]。其中，阻尼最小方差和奇异鲁棒逆方法限制产生过大的关节速度，然而牺牲了末端执行器的位姿精度。在运动学奇异点附近，任务重构方法直接修改末端执行器的期望速度轨迹，使得修改后的末端执行器速度对应有适当的关节速度，从而达到避免运动学奇异的目的。随后，有相关研究对阻尼最小方差方法进行了修正，提出了自适应调整阻尼系数和确定最优阻尼系数的方法[47]，使得虽然在奇异点附近导致了末端执行器的位姿偏差，但保证了远离奇异点处末端执行器的位姿精度。Chiaverini 等改进了奇异鲁棒逆方法，只将阻尼系数加在最小奇异值上，进一步保证了末端执行器的位姿精度，但该方法需要每一时刻对雅可比矩阵进行奇异值分解寻找其最小奇异值，计算量较大[48]。目前，上述固定基座机械臂重要的避奇异算法在空间机器人避免动力学奇异问题中得到了应用，如 Zong 等[49]、Anurag 等[50]分别将阻尼最小方差和末端执行器任务重构方法应用到了空间机器人避免动力学奇异的问题中，取得了很好的效果。

3. 最优轨迹规划

由于航天器基座携带的燃料有限以及期望某项任务尽快完成，往往需要研究空间机器人燃料最省或时间最优等最优轨迹规划方法。其中，描述为求解最优控制问题是一种实现最优轨迹规划的重要方式。文献[51]研究了自由飞行空间机器人的最优控制问题，在基座执行器工作状态下将机械臂末端执行器驱动至期望位姿，同时考虑关节限制和避障约束。由于动力学方程和避障约束的非线性，最优控制问题通过序列二次规划方法求解。为了实现双臂空间机器人的轨迹规划，文献[52]使用贝塞尔曲线将关节轨迹参数化，之后使用粒子群优化算法求解优化问题，实现最小化基座姿态扰动并满足关节运动限制和机械臂间避障约束。文献[18]基于凸优化提出了空间机器人逼近并抓捕翻滚目标的制导方法，为了减小计算量，空间机器人运动被分解为系统质心平移运动和系统内部重构运动，并分别给出了两个子运动的最优轨迹规划。文献[23]提出了自由漂浮空间机器人的非线性模型预测控制方法，每一步对包含关节限制和避障约束的有限时域二次规划问题进行迭代求解。文献[53]中通过求解非线性规划问题获取空间机器人抓捕翻滚目标后的关节最优轨迹，使得翻滚目标最短时间内被消旋，同时最小化施加在关节和末端执行器上的负载。其中，使用贝塞尔曲线将目标的消旋轨迹参数化，并使用粒子群优化算法求解参数化的优化问题。上述空间机器人的最优控制方法具有一个共同的特点：使用直接法求解最优控制问题，即首先以某种方式将状态和输入轨迹离散化使得最优控制问题转化为非线性规划问题，之后使用性能良好的优化技术对非线性规划问题进行求解[54]。直接法具有方便处理不等式约束、解的收敛性对其初始猜测值鲁棒性较好等优点。

除了将最优控制问题转化为非线性规划问题，可以使用变分法或庞特里亚金极小值原理推导解的最优性条件，形成微分–代数方程组的两点边值问题，并进一步求解该问题来获取最优解，称为最优控制问题的间接法[54]。间接法的优点是解的精度更高而且在最优解附近数值收敛速度快，由于解的精度很小的提高可能对应航天器较大量的燃料消耗，使得间接法在航天任务中很具有吸引力。文献[55]研究了空间机器人驱动末端执行器抓捕翻滚目标并且最小化基座姿态扰动的最优关节运动轨迹，其中，使用变分法得到了解的最优性条件，并且使用马尔可夫链蒙特卡罗方法求解了初始/终端条件存在不确定性的微分–代数方程组的两点边值问题。文献[56]使用间接法求解了空间机器人抓捕并在抓捕后将目标消旋的最优轨迹。在抓捕前阶段，使用变分法求解了末端执行器的最优轨迹，使其与目标上的抓持装置以同样的速度到达抓捕点，从而减小末端执行器和目标间的碰撞力；在抓捕后阶段，使用庞特里亚金极小值原理求解了目标最优的消旋轨迹，为了避免目标与空间机器人发生碰撞以及对空间机器人和目标造成损伤，提出的方法将翻滚目标在最短时间内消旋并限制抓捕点处末端执行器和目标间的交互力/力矩在一定范围内。通常而言，当最优控制问题中出现状态和/或输入不等式约束，如果使用间接法对其求解，则需要使用庞特里亚金极小值原理。然而，由于需要处理奇异弧和约束弧等问题，使用庞特里亚金极小值原理求解含不等式约束的最优控制问题是不容易的。为此，一些控制理论方面的研究工作使用饱和函数替换最优控制问题中的不等式约束，使得含有不等式约束的最优控制问题可以更方便地使用标准变分法求解，而不必使用庞特里亚金极小值原理。

为了得到空间机器人接近目标燃料最省的轨迹和翻滚目标最短时间消旋的轨迹，本书将上述空间机器人相关的最优轨迹规划描述为求解最优控制问题，其中，在空间机器人接近目标过程中，将躲避障碍物的要求描述为状态不等式约束，将基座推力受限描述为输入不等式约束；在目标消旋过程中，将目标的姿态运动范围描述为状态不等式约束，将抓捕点处的交互力/力矩大小限制描述为目标的输入不等式约束。之后，本书将空间机器人最优控制问题中的状态和输入不等式约束分别表示为扩展的动态子系统和饱和函数，使得转化后的空间机器人最优控制问题可以通过标准变分法求解，具有最优解的精度高和方便求解等优点。

1.3.3 空间机器人控制

由于基座和机械臂之间的动力学耦合效应，为了使二者都能够按期望轨迹运动，需要设计基座和机械臂的协调控制器。当空间机器人抓捕目标后，协调控制的范围扩展到空间机器人和目标组成的组合体系统。而当目标的动力学参数未知时，组合体变成一个不确定系统，一方面，需要提出空间机器人的参数辨识方法来获取其精确的动力学模型；另一方面，需要提出自适应控制或鲁棒控制等保证系统的稳定性。在控制器设计中，还需要考虑执行器能力有限，尤其是反作用飞轮等基座姿态执行器只能提供很有限的控制力矩，为此，需要研究输入受限情形下空间机器人的控制器设计方法。

1. 协调控制

空间机器人控制器的设计需要充分考虑基座和机械臂之间的动力学耦合效应。广义雅可比矩阵是反映基座和机械臂动力学耦合特性的重要概念[57]，基于广义雅可比矩阵提出了空间机器人的分解运动速度控制[57]和转置雅可比控制方法[58]等。其中，分解运动控制方法依赖于广义雅可比矩阵求逆，该方法会在动力学奇异点附近失效。转置雅可比控制方法使用广义雅可比矩阵的转置而避免使用它的逆进行计算，在动力学奇异点附近也可以运行，但会导致末端执行器较大的跟踪误差。文献[59]提出了衡量基座和机械臂动力学耦合程度的指标，称作耦合因子，可以作为空间机器人运动控制设计中的指标。文献[53]和文献[60]利用基座和机械臂之间的动力学耦合效应，专注于设计可以同时驱动基座和机械臂跟踪期望轨迹的关节控制力矩。在文献[60]中，通过求解含等式约束的最小二乘问题，得到了能够同时最小化基座扰动和驱动末端执行器跟踪期望轨迹的关节加速度轨迹。其中，根据机械臂自由度数目相对于基座和末端执行器任务变量是否冗余，详细讨论了能够实现基座无扰或只能最小化基座扰动并能够完全控制末端执行器的关节加速度轨迹。值得注意的是，文献[53]和文献[60]的方法依赖于求解逆运动学问题并且要计算广义雅可比矩阵的导数，可能遇到动力学奇异问题而且广义雅可比矩阵的导数并不能够解析地计算，因而这些方法中除了不能得到解析形式的控制律，还存在计算量较大的问题。

当空间机器人抓捕翻滚目标后，基座、机械臂和目标之间存在动力学耦合效应。因而，设计系统的协调控制器使三者都能够跟踪期望轨迹非常重要。为了使抓捕目标后空间机器人关节跟踪期望轨迹同时对基座稳定控制，文献[61]提出了考虑系统模型不确定性和执行器饱和的基于神经网络的自适应终端滑模控制器，文献[62]提出了有限时间收敛的复合控制器，其将内环的自适应滑模扰动观测器和外环的自适应终端滑模控制器组合使用。此外，为了避免造成空间机器人和目标的损伤，限制抓捕点处末端执行器和目标抓持装置间的交互力/力矩很重要。文献[62]中并没有考虑抓捕点处的交互力/力矩约束，文献[63]将力/力矩测量反馈用来实时修正目标的最短时间消旋轨迹，从而保证在存在目标不确定性的情形下能够满足交互力/力矩约束，然而，并没有分析提出的控制器的稳定性。文献[63]使用反馈线性化技术将空间机器人抓捕翻滚目标后的动力学方程线性化，并使用简单的比例–微分控制计算系统的参考输入，使得目标能够跟踪最优的消旋轨迹，同时还能够调整基座姿态。文献[64]分别设计基于四元数的 PD 控制和比例–积分力控制实现基座姿态的调整和目标沿着期望的力/力矩轨迹消旋而不需要知道它的惯性参数。文献[63]和文献[64]设计 PD 控制器时，使用四元数描述目标和基座的姿态，比例项用误差四元数表示，但微分项中使用了基座角速度而不是误差四元数的导数。

本书基于逆动力学控制方法设计基座、机械臂和目标的协调控制器，建立了空间机器人非线性控制输入和基座、关节状态相关的线性系统控制输入之间的关系。之后，提出了基座、机械臂和目标的参考加速度，将其作为线性系统的控制输入，并进一步根据空间机器人控制输入和线性系统控制输入之间的关系计算前者的大小。其中，参考加速度通过使用空间机器人真实的状态测量信息对系统期望的加速度运动轨迹修正得到，对根据参考加速度设计的基座、机械臂和目标的协调控制器的稳定性进行了证明。

2. 参数不确定系统控制

空间机器人由于自身燃料消耗或者抓捕了动力学参数未知的目标会变为参数不确定系统，为此，需要研究空间机器人的参数辨识方法以及能够处理不确定性的自适应控制器和鲁棒控制器。空间机器人的参数辨识方法大致分为三类：基于视觉[65]、基于力[66]和基于动量[25]的方法。其中，基于视觉和力的方法需要空间机器人安装复杂的传感器，使得参数辨识方法更容易受信号噪声的影响。基于动量的方法根据系统动量守恒方程建立参数辨识方程，并且需要空间机器人产生激励运动进行参数辨识。文献[25]中基于自由漂浮空间机器人线动量/角动量守恒方程推导了其参数辨识模型，但该模型需要系统初始的线动量/角动量为零；因而，文献[25]中进一步使用动量守恒方程的增量形式或者导数形式，使其适应于初始系统动量不为零的情形；之后，提出了基于递归最小二乘算法进行参数辨识，使用截断傅里叶级数将空间机器人激励运动轨迹参数化，之后通过最小化回归矩阵的条件数确定了激励运动轨迹的最优系数。文献[67]使用粒子群算法求解优化问题来辨识系统的惯性参数。其中，通过锁定所有关节使空间机器人变成单体系统和依次解锁一个关节使空间机器人变成二体系统，使得参数辨识只用到简单的动力学方程，参数辨识的激励运动轨迹也更容易设计。使用基于动量的参数辨识方法的主要缺点是系统的激励运动必须满足持续激励条件才能保证参数辨识收敛到真值[68]。然而，持续激励条件对系统每一时刻的包括将来的运动都有要求，使得很难在线判定持续激励条件是否被满足。此外，如果让在轨系统执行额外的机动来满足持续激励条件，则会造成额外的控制消耗并且影响其执行其他的运动控制任务，例如，空间机器人在产生激励运动时必须保证基座姿态稳定来保持对地通信。

文献[69]首次提出了一种参数并行学习方法，该方法不需要依赖持续激励条件，但可以保证参数辨识误差全局以指数速率收敛到零。在每一步更新参数辨识结果时，参数并行学习方法同时使用系统历史的和当前时刻的激励运动信息使参数辨识结果沿参数误差最快速下降的方向变化。文献[69]还提出了系统历史的和当前时刻的激励运动信息要满足的参数辨识收敛条件，并提出了奇异值最大化算法用于选取参数并行学习方法中使用的历史激励运动信息，证明了参数误差的收敛速度可以通过选取合适的历史激励运动信息被提高。直到现在，除本书作者的相关成果外，参数并行学习的思想并没有在航天领域得到应用。此外，现有的参数并行学习方法仅适用于辨识模型中只有一个输出和对应回归向量的问题，而空间机器人基于动量的辨识模型中使用输出向量和回归矩阵，因而，针对空间机器人的参数辨识问题，需要重新设计参数并行学习方法。

本书提出空间机器人参数辨识的并行学习方法，基于动量守恒方程建立了系统的参数辨识模型，并对待辨识的参数进行预处理使它们具有相同的大小数量级，从而保证所有的参数能够在同样的时间内收敛到真值。之后，使用系统历史的和当前时刻的激励运动信息进行参数辨识，使得空间机器人的参数辨识结果可以全局以指数速率收敛到真值，而不需要满足持续激励条件。

结合参数辨识方法，需要设计空间机器人的自适应控制器保证参数辨识过程中系统的稳定性。然而，由于空间机器人的动力学方程无法表示成关于其物理参数的线性形式，设计空间机器人自适应控制器变得很复杂。为此，文献[70]提出了一种扩展的空间机器人模型，由一个虚拟的机械臂和真实的空间机器人的机械臂组成，其中，虚拟的机械臂模拟基座的运动，通过将空间机器人等效为一个扩展的固定基座机械臂可以建立其关于物理参数线性化的动力学方程，并在该动力学方程上设计空间机器人的自适应控制器。文献[71]使用空间机器人自适应的逆动力学和广义的动态回归矩阵设计了其自适应控制策略。基于空间机器人动量守恒方程，文献[72]提出了与参数辨识结合的自适应控制器，然而，并没有显式解决与计算力矩控制相关的非线性参数化问题。通常而言，空间机器人的激励运动信息越丰富越有利于其参数辨识，另外，参数辨识需要的激励运动也不能过多影响空间机器人的其他运动控制任务，例如保持稳定的基座姿态进行对地通信或者限制关节运动范围以免超出其物理限制。文献[25]提出了空间机器人抓捕动力学参数未知的目标变为不确定系统后，可以使基座姿态误差收敛至零的自适应基座无扰控制方法，然而，其中的参数辨识需要满足持续激励条件。上述空间机器人自适应基座无扰控制器的另一个不足是没有考虑关节的运动限制，可能导致规划出的关节运动轨迹无法实现。

另一类处理空间机器人参数不确定性的控制方法是鲁棒控制。文献[73]基于李雅普诺夫函数设计了处理空间机器人内部动力学存在参数不确定问题的鲁棒控制器。文献[74]通过在代价函数中考虑不确定性，将空间机器人的鲁棒控制器转化为最优控制器设计。上述鲁棒控制方法只针对空间机器人动力学参数不确定的情形，没有处理其受到外部扰动的问题。文献[75]针对上述问题提出了空间机器人不需要测量基座位置、线速度和加速度的鲁棒控制器。文献[76]提出了空间机器人可以同时处理参数不确定性和外部扰动的鲁棒控制器。

本书基于李雅普诺夫函数设计了空间机器人的自适应控制器，因为系统的激励运动不需要满足持续激励条件，所以可以专注于实现系统其他的运动控制任务。本书提出的自适应控制器保证机械臂的激励运动不对基座姿态造成扰动，同时，利用机械臂剩余的自由度实现了限制各关节的运动不违反物理限制。

3. 输入受限控制

在真实情形下，空间机器人控制器设计必须考虑其执行器能力有限，尤其是反作用飞轮等基座姿态执行机构提供有限的力矩后就会出现饱和问题。文献[77]提出了一种实用的基座与机械臂的协调控制方法。考虑基座反作用飞轮提供的力矩有限，将机械臂关节的运动轨迹反复规划直至机械臂运动对基座的扰动在反作用飞轮的平衡能力范围内。然而，并没有通过机械臂运动主动地控制基座运动。文献[61]提出了一种有限时间收敛的空间机器人轨迹跟踪控制方法，其中，考虑了模型不确定性、外部扰动和执行器饱和问题。尽管得到的控制输入满足约束，但只在将系统驱动至固定期望状态的问题上验证了方法的有效性。文献[78]提出了空间机器人基座和机械臂的鲁棒自适应协调控制器，推导了包含反作用飞轮动力学规律的空间机器人动力学方程，之后假设航天器上的磁性线圈可以和地球的磁场交互产生力矩并卸载反作用飞轮的负载，从而解决其饱和问题。然而，正如文献中指出，只有有限的反作用飞轮的角动量可以被低地球轨道上工作的磁性线圈卸载。使用基座推进器控制其姿态是解决基座姿态执行器饱和的另一种途径，然而，由于基座携带的燃料有限，这种方式造成的代价很大。利用基座和机械臂之间的动力学耦合效应，可以通过机械臂运动产生适当的反作用力矩控制基座姿态，文献[10]研究了能够同时使基座和末端执行器跟踪期望轨迹的关节运动轨迹。

本书在空间机器人控制器设计中考虑执行器能力有限，在基座和机械臂的协调控制器中，当基座姿态执行器达到饱和时，可以利用机械臂运动产生反作用力矩控制基座姿态。此外，在空间机器人接近目标和目标消旋的最优控制问题中，分别考虑了基座推力和末端执行器在抓捕点处施加给目标的作用力/力矩有限，并通过将输入不等式约束表示为饱和函数使得空间机器人的最优控制问题可以使用变分法求解。

1.3.4 地面实验系统与技术

与其他空间系统一样，空间机器人在发射进入太空前必须首先在地面实验验证其各项关键技术。为此，世界各国研究机构构建了各种实验平台进行空间微重力环境模拟和机器人技术地面实验，典型的空间微重力环境模拟方式包括气浮平台[18,78-80]、中性浮力水池[81-82]、自由落塔[83]、抛物线飞行实验[84]以及地面机器人模拟装置[85-88]等。然而，根据已有文献，很少研究空间机器人与地面原理样机之间的相似性，如几何相似性、运动学相似性和动力学相似性（也称动力学等效性）。只有地面原理样机与空间机器人保持相似性，才能够依据地面原理样机的实验输出结果推算出空间机器人相应的"真实"结果。相似性理论是一门相对成熟的理论[89]，其可以提供相似性准则用于设计和检验原理样机与原型具有或是否具有相似性。以空间机器人和地面实验机器人（简称地面机器人）的动力学等效性为例，依据相似性理论可以得到二者之间的动力学等效条件，在给定空间机器人动力学参数后，根据动力学等效条件可以确定地面机器人的动力学参数，并确保地面机器人和空间机器人的动力学是等效的，从而设计的空间机器人控制器可以在满足动力学等效条件的地面机器人上进行验证。

典型的空间机器人气浮平台实验设备如图 1-4 所示。文献[78]使用气浮平台（图 1-4（a））验证了多个空间机器人完成在轨制造任务的协调控制策略。文献[18]中搭建了基于气浮平台的地面机器人系统（图 1-4（b））来验证空间机器人的基座和机械臂的协调控制策略，然而，文献[78]和文献[18]都没有研究空间机器人和地面实验系统的动力学等效性，协调控制策略在地面实验系统上有效并不能说明其能保证空间机器人的控制性能。文献[79]研究了 6 自由度空间机器人轨迹规划方法的地面实验验证（图 1-4（c）），针对地面机器人受重力影响的问题，提出了合理设计和配置气浮系统的重力平衡策略。文献[80]设计了基于气浮平台的空间机器人的全物理仿真实验系统（图 1-4（d）），采用星上部件、控制软件等，对设计的空间机器人的协调控制方法进行地面实验验证，但没有研究空间机器人和地面机器人实验系统之间的动力学等效条件。

其他典型的空间机器人微重力模拟实验设备如图 1-5 所示。文献[82]中使用中性浮力水池中的多臂水下机器人 Ranger（图 1-5（a））验证空间机器人基座和机械臂之间的交互作用。中性水池实验的优点是基座可以做六自由度运动，但水环境对实验体的动力学影响很难建模和分析。文献[83]中通过自由落塔（图 1-5（b））营造了持续 10s 的微重力环境（$<10^{-5}g$），并在其中验证了空间机器人捕获目标的视觉反馈控制方法。文献[84]中通过飞机做抛物线运动（图 1-5(c,d)）创造了持续 20s 的微重力环境（$<0.02g$），并将一个带 4 自由度机械臂的空间机器人模型放入其中进行实验。落塔实验和抛物线飞行实验的优点是可以创造出较高精度的微重力环境而且很少受其他外力的影响，缺点是每次实验时间较短而且成本较高。

(a) 麻省理工学院

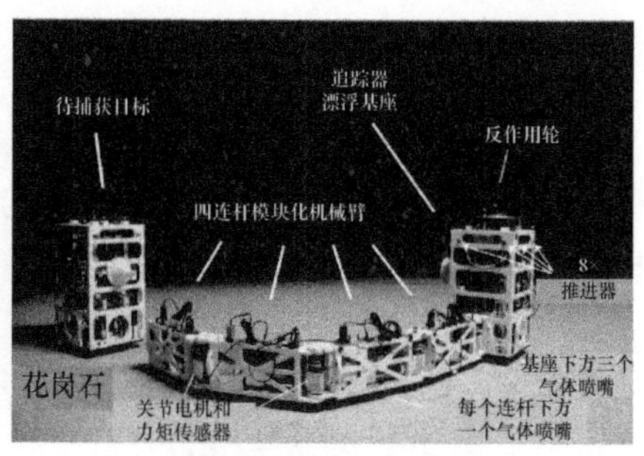

(b) 美国海军研究生学院

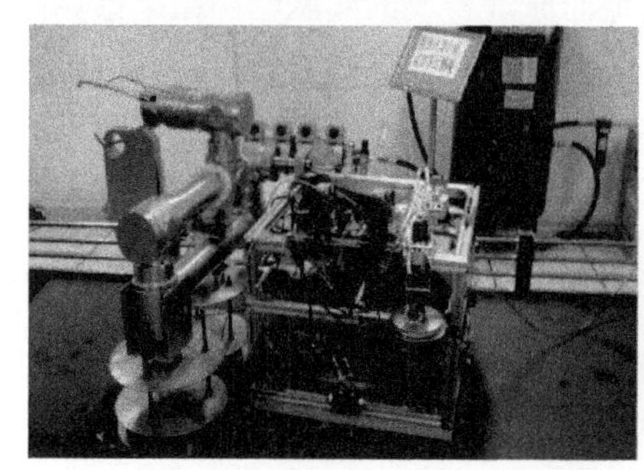

(c) 中国航天科技集团公司第十八研究所

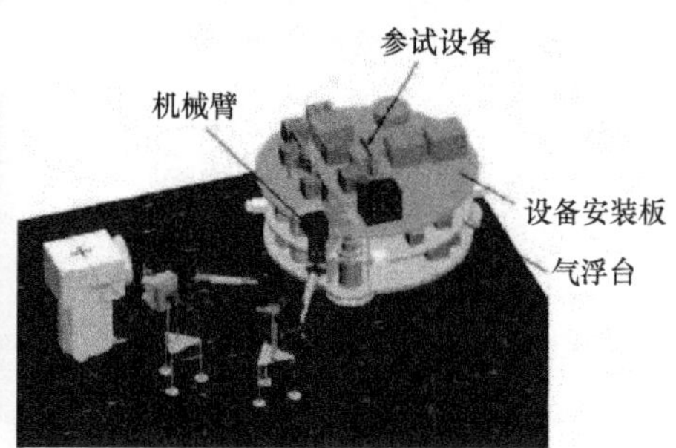

(d) 北京控制工程研究所

图 1-4 典型的空间机器人气浮平台实验设备

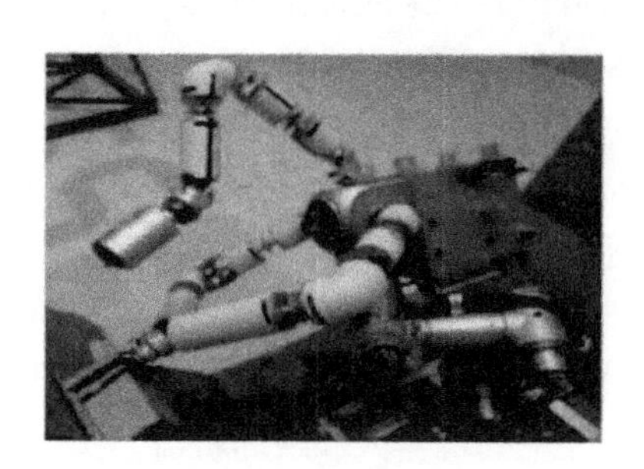

(a) 中性浮力水池，马里兰大学

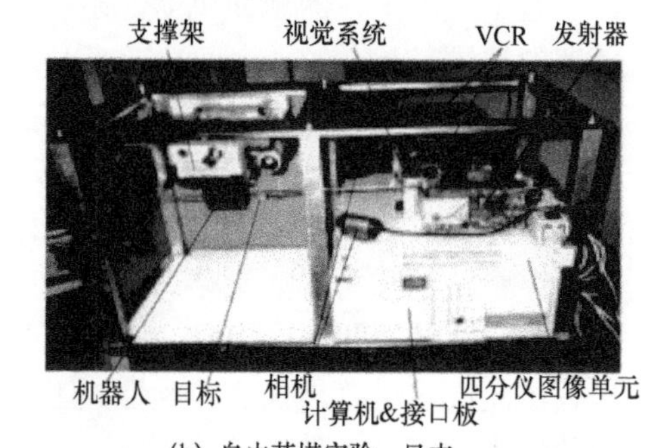

(b) 自由落塔实验，日本

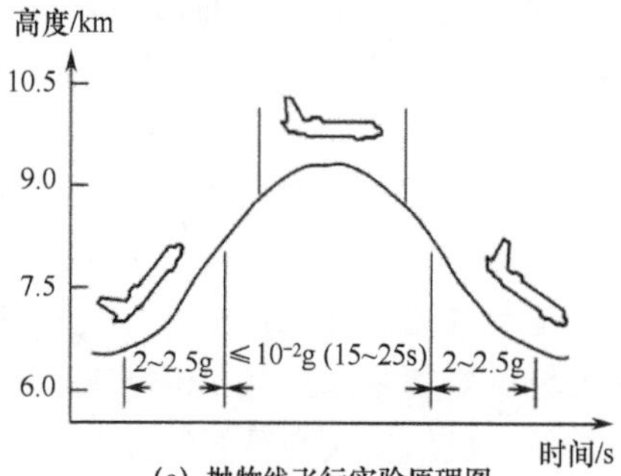

(c) 抛物线飞行实验原理图

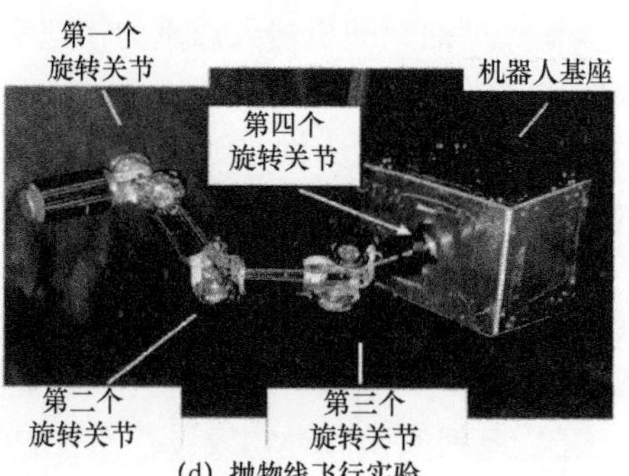

(d) 抛物线飞行实验

图 1-5 其他典型的空间机器人微重力模拟实验设备

在轨服务地面机器人模拟装置如图 1-6 所示。文献[85]中建造了 Stewart 平台加一个 PUMA 机械臂的实验装置，称为第二代载体仿真系统模型（Vehicle Emulation System Model Ⅱ，VES Ⅱ）（图 1-6（a）），其中，Stewart 平台可以模拟空间机器人基座的运动。加拿大航天局（Canadian Space Agency，CSA）开发了机器人设备模拟空间机器人跟踪和抓捕目标的任务场景（图 1-6（b）），其中，一个机械臂抓着目标模型模拟其翻滚运动，另一个机械臂的末端执行器接近并抓捕目标模型[86]。德国宇航中心（German Aerospace Center，DLR）建造了一套双机器人系统（图 1-6（c）），称作欧洲接近操作模拟器（European Proximity Operations Simulator，EPOS），被用作模拟两个航天器之间的逼近、交会和对接任务[87]。该机构还搭建了新的机器人实验装置（图 1-6（d）），称作在轨服务模拟器（On-Orbit Servicing Simulator，OOS-SIM），用于支持空间机器人在轨服务操作技术的研究与实验验证[88]。

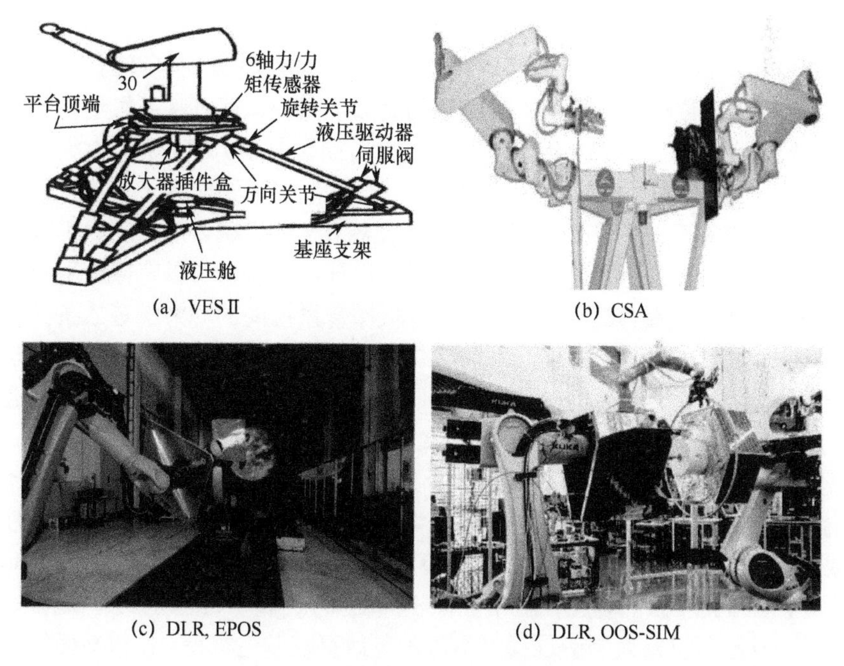

(a) VES Ⅱ　(b) CSA

(c) DLR, EPOS　(d) DLR, OOS-SIM

图 1-6　在轨服务地面机器人模拟装置

尽管已经有这么多实验平台用于验证空间机器人的相关技术，然而，对于空间机器人和地面机器人可能存在基座运动自由度数目不同以及空间和地面产生的动力学环境不同的问题，很少有研究关注空间和地面机器人的动力学等效条件，通过满足该条件，设计的地面机器人将与空间机器人具有等效的动力学行为，从而空间机器人尤其是其控制器的性能才可以在地面机器人上有效验证。

量纲分析理论建立了两个系统相似需要满足的条件，Buckingham Π 理论（简称 Π 理论）是一种进行量纲分析的有效工具，它提供了一种系统的方法来确定能够表征一个系统完整动力学的最小数目的参数，并将这些参数进行无量纲化，称为 π 群。当两个系统动力学参数无量纲化后 π 群一一对应相等时，两个系统被认为是动力学等效的[89]。文献[90]对量纲分析理论在工程问题中的应用进行了综述，给出了结构、冲击和碰撞问题中如何利用量纲分析理论设计与样机动力学等效的模型，并说明了小尺度模型的实验结果通过相似律转化后可以预测大尺度样机的行为。基于量纲分析理论，文献[91]研究了宏–微双边系统的遥操作，在动力学信息最少被损失的条件下，将一个微型系统放大到方便操作的尺度，从而可以通过控制大尺度的系统对微型系统进行遥操作。在地面实验场地大小、机构速度以及运行时间等都与空间的情形不一致下，文献[92]使用量纲分析理论分别研究了如何使用地面实验系统再现航天器绕飞逼近翻滚目标的运动。为在地面气浮实验平台上再现航天器的相对运动，文献[93]使用 Π 理论建立了空间和地面动力学缩放的准则，使得建立的地面实验系统具有与空间系统等效的动力学行为。

量纲分析理论在机器人模型简化和控制器设计与验证方面也得到了广泛应用。文献[94]推导了无量纲坐标系统下机械臂的动力学方程，通过从无量纲化的动力学方程中移除数值较小的参数，得到了一种机械臂简化的动力学方程，大大减小了机械臂逆动力学求解的计算量。应用量纲分析理论，文献[95]研究了单连杆柔性机械臂的动力学等效模型，并推导了连续、离散状态下柔性机械臂及其动力学等效模型的控制相似律，从而在动力学等效模型基础上设计的控制器可以直接应用到真实的柔性机械臂系统。文献[96]研究了刚性连杆机械臂系统间的动力学等效条件和控制相似律，例如如何在地面重力环境下构建与月球上工作的两连杆机械臂动力学等效的机械臂原型，以及为地面机械臂原型设计的滑模控制器如何被相似变换后应用到月球上的机械臂。文献[97]将文献[95]和文献[96]的工作拓展应用到一般的刚、柔连杆机械臂中，提出了一种非线性动力学补偿技术处理系统参数不确定问题。然而，将量纲分析理论应用于构建空间机器人和地面机器人之间的动力学等效条件是具有挑战性的，因为地面机器人工作在重力环境下而空间机器人受到的重力影响可以忽略不计，地面机器人的基座往往不能像空间机器人的航天器基座那样进行 6 自由度运动，以及地面机器人制造过程中不可避免地存在制造误差，使得地面机器人和空间机器人不可能具有完全相同的无量纲动力学参数。

本书面向在轨服务空间机器人操控技术的地面实验验证需求，研究空间机器人和地面机器人之间的动力学等效条件和控制相似律，对于一个空间机器人及其给定的控制律，可以设计与其具有等效的动力学特性的地面机器人，并将空间机器人的控制律相似地变换为地面机器人的控制律，从而空间机器人的控制律可以在设计的地面机器人实验系统上进行验证。在实际应用中，当两个机器人系统无法实现完全动力学等效时，本书同时提出一种动力学误差补偿策略，使得地面机器人和空间机器人具有等效的闭环动力学行为，从而使得空间机器人的控制律可以在地面机器人实验系统进行有效的验证。

1.4 本书内容安排及特色

1.4.1 主要内容及章节安排

本书面向空间飞行器在轨服务对空间机器人操作与控制的需求，以空间机器人捕获翻滚目标的主要过程及其关注的研究问题为主线，重点研究了空间机器人捕获翻滚目标过程中的动力学建模、轨迹规划与控制，以及如何设计与空间机器人动力学等效的地面机器人并用其验证空间机器人的控制器。主要内容包括：空间机器人捕获翻滚目标的动力学建模、目标捕获过程中的约束处理与控制策略、基于机器学习的翻滚目标运动预测与机器人抓捕决策、目标抓捕时机确定和最优抓捕轨迹规划、空间机器人接近目标和捕获目标后消旋的最优轨迹规划与协调控制、捕获目标后的参数辨识与自适应控制，以及空间机器人动力学与控制的地面等效验证方法。

全书共分为9章，各章的主要内容如下：

第1章是绪论。首先，简要介绍研究空间机器人捕获翻滚目标的背景和意义，空间机器人在捕获翻滚的、存在未知参数的目标中面临的问题和挑战。然后，综述和分析了空间机器人动力学建模、轨迹规划、控制和地面验证实验等方面的研究进展及存在的不足。最后，介绍了各章的内容安排和本书特色。

第2章是全书的动力学基础，建立了后续章节空间机器人捕获翻滚目标的动力学模型。为了适应空间机器人捕获翻滚目标任务过程中不同要求下的轨迹规划和控制问题，分别基于牛顿–欧拉方法、拉格朗日方程、将末端执行器视为“虚拟基座”以及非惯性系下，建立了空间机器人的动力学模型，并分析各个模型的优点及其在后续章节中空间机器人控制问题中的应用情况。最后，以拉格朗日方程下建立的动力学模型为例，分析了空间机器人的动力学耦合特性。

第3章是全书的轨迹规划和控制基础，给出了本书空间机器人捕获翻滚目标的最优轨迹规划与协调控制的理论和方法。首先，建立了空间机器人的避障约束和输入约束，并给出了空间机器人一般状态和输入不等式约束的数学形式。然后，介绍了如何将状态和输入不等式约束分别转化为扩展动态子系统和饱和函数，从而使得空间机器人的最优轨迹规划问题可以使用标准变分法求解。最后，给出了空间机器人的闭环逆运动学控制和逆动力学控制方法以及控制器设计过程，为后续章节中设计空间机器人的协调控制器奠定了基础。

第4章研究基于机器学习的空间翻滚目标运动状态预测方法、空间机械臂抓捕决策方法。首先，在不需要目标的动力学模型的条件下，通过目标历史观测数据，利用监督式机器学习理论学习目标从历史运动映射到未来运动的潜在关联，对目标未来有限时域内运动状态进行精确、高效的预测。然后，利用强化学习方法，研究抓捕前空间机械臂与目标之间的动态交互过程，考虑目标运动意图的不确定性，快速决策机械臂抓捕目标的最优动作序列，为空间机器人捕获翻滚目标的运动规划与控制提供先验信息和决策支持。

第 5 章研究空间机器人捕获翻滚目标最终接近段的空间机器人的运动轨迹规划与协调控制。首先，考虑空间机器人避障要求以及执行器能力有限的约束，设计了空间机器人逼近目标燃料最省的接近轨迹和控制器。然后，针对含不等式约束燃料最省最优控制问题，应用第 3 章的约束处理方法将其转化后使用标准变分法求解。最后，设计了空间机器人基座和机械臂的协调控制器，使空间机器人在接近目标的过程中，同时将末端执行器驱动至抓捕点附近并满足基座的控制要求。

第 6 章研究空间机器人捕获翻滚目标的最佳抓捕时机和最优抓捕轨迹与控制，可以使得抓捕发生在空间机器人的路径无关工作空间，并且抓捕时刻末端执行器和目标上抓捕点以相同的速度到达抓捕位置，从而保证了末端执行器以较小的冲击力准确地抓捕目标。为了使末端执行器跟踪最优抓捕轨迹并减小基座姿态扰动，基于第 2 章建立的空间机器人逆链动力学方程，在不需要求解逆运动学问题而直接依赖该方程设计末端执行器的控制器。根据机械臂自由度数目相对基座和末端执行器任务变量是否冗余，研究在基座无扰或最小化基座扰动下控制末端执行器跟踪期望轨迹，并在存在关节力矩约束条件下，将基座和末端执行器的协调控制器描述为求解二次规划问题来处理不等式约束。

第 7 章研究空间机器人捕获翻滚目标后的动力学参数辨识方法和组合体系统的自适应控制。提出使用系统历史和当前时刻的激励运动信息进行参数辨识的并行学习方法，从而实现在不依赖持续激励条件下使参数辨识能够收敛到真值。设计自适应控制器保证在系统产生激励运动信息时，不对基座姿态产生扰动并使各关节角在一定范围内运动而不至于违反关节物理限制。

第 8 章研究空间机器人捕获翻滚目标后的最短时间消旋轨迹规划和空间机器人与目标组合体的协调控制。在最优控制问题形式的消旋轨迹规划中，考虑目标姿态运动范围受限以及抓捕点处的交互力/力矩不能过大，以免引起碰撞或系统损伤；将含不等式约束的目标消旋最优控制问题转化后使用标准变分法求解。组合体的协调控制器保证目标能够跟踪最优消旋轨迹，同时满足空间机器人的柔顺控制要求。

第 9 章研究如何在地面机器人上有效验证空间机器人控制器的问题，建立空间机器人和地面机器人的动力学等效条件和控制相似律。针对地面机器人和空间机器人动力学环境不同、基座运动自由度数目不同以及系统不可避免地制造误差等因素导致的两个机器人系统动力学不等效的问题，提出了一种地面机器人的动力学误差补偿策略，使地面机器人和空间机器人具有等效的闭环动力学行为，从而可以在地面机器人上验证空间机器人的控制器。

1.4.2 特色与创新

本书详细地分析和梳理了空间机器人捕获翻滚目标各个阶段的关键问题，对其现有的研究进展及不足进行了综述，并在空间机器人动力学建模、最优轨迹规划与协调控制、目标运动预测与参数辨识、最优抓捕时机确定和最优抓捕轨迹规划与控制，以及使用地面机器人验证空间机器人控制器等方面提出了独到的解决方案和方法。研究和提出的方法紧密围绕航天器燃料消耗最优、捕获后翻滚目标应该尽快消旋、组合体参数辨识的激励运动应该尽可能简单、空间机器人执行器能力有限以及其控制器需要在地面有效验证等实际任务要求，同时也探索了前沿的机器学习方法在翻滚目标运动预测和空间机器人抓捕决策中的应用。研究工作和结果具有重要的理论意义和应用价值。本书的特色和创新性研究工作包括：

（1）本书呈现了空间机器人多种形式的动力学方程，便于不同操作任务下的建模与控制器设计。

本书在第2章中，推导了空间机器人牛顿–欧拉方程形式、拉格朗日方程形式、逆链形式、非惯性系下等四种形式的动力学方程。相比于其他空间机器人动力学建模的文献和书籍，本书推导的牛顿–欧拉方程形式和拉格朗日方程形式的空间机器人动力学方程更加完整详细，而逆链形式和非惯性系下的空间机器人动力学方程则几乎没有在其他文献中完整出现过。特别是，逆链动力学方程将空间机器人末端执行器视为“虚拟基座”，使末端执行器位姿变量作为广义坐标出现在动力学方程中，从而依赖该方程而无须求解逆运动学问题就可以设计末端执行器的控制器；非惯性系下动力学方程可以使系统内部重构运动不受空间机器人系统质心平移运动的影响，从而可以将空间机器人复杂的动力学解耦，方便控制器的设计。

（2）本书提出了空间机器人接近目标和翻滚目标消旋的最优轨迹规划方法。

考虑到空间机器人基座携带的燃料有限，本书第5章提出了空间机器人接近目标燃料最省的最优轨迹规划方法；为了避免捕获后翻滚目标及其附件与空间机器人发生碰撞，第8章提出了翻滚目标最短时间消旋最优轨迹规划方法。在燃料最省最优控制问题中，考虑基座推力有限和空间机器人躲避障碍物的要求，构建了含状态和输入不等式约束的最优控制问题；在目标最短时间消旋最优控制问题中，考虑限制目标姿态运动范围以免引起与空间机器人发生碰撞，以及抓捕点处末端执行器和目标抓持装置间的交互力/力矩有限以免对系统造成损伤，使得形成的最优控制问题同样包含状态和输入不等式约束。为了使用间接法求解最优控制问题，同时避免使用庞特里亚金极小值原理带来的奇异控制等问题，本书分别将状态和输入不等式约束转化为扩展的动态子系统和饱和函数，使得转化后的最优控制问题可以使用标准变分法求解，并证明了所提出的最优控制方法的解的最优性以及不存在奇异控制问题的优势。

（3）本书系统深入地研究了空间机器人基座、机械臂与目标三者之间的协调控制问题，提出了协调控制策略和控制方法。

在空间机器人捕获目标的过程中，基座往往需要保持稳定的姿态以便完成对地通信等任务，机械臂需要完成产生参数辨识的激励运动或使其末端执行器完成抓捕目标等任务，而目标需要跟踪其消旋轨迹。由于基座、机械臂和目标之间存在动力学耦合，需要设计协调控制器使它们同时满足控制要求。针对上述要求，本书深入地研究了空间机器人基座、机械臂与目标三者之间的协调控制问题，提出了不同阶段和不同情况下的解决方案和协调控制策略。

第 3 章中给出了空间机器人捕获翻滚目标过程中的避障和约束处理方法，以及空间机器人最优轨迹规划问题的求解方法。提出了空间机器人控制器的设计方法：首先使用逆动力学控制方法建立空间机器人真实输入和线性化系统输入之间的非线性关系，之后设计线性系统的输入，并利用非线性关系计算空间机器人的输入。第 5 章至第 8 章分别设计了基座、末端执行器和目标的参考加速度，通过系统实时的位置和速度测量信息对期望的加速度轨迹进行修正得到。通过将得到的参考加速度作为线性系统的输入，可以得到满足要求的空间机器人的控制输入。

第 5 章至第 7 章分别提出了基座姿态无扰和机械臂关节或其末端执行器跟踪期望轨迹的协调控制器。主要区别在于：第 5 章中基座执行器处于工作状态，由于动力学耦合作用，基座推力对基座和关节控制力矩有影响。同时考虑到基座姿态执行器只能提供有限力矩的真实情形，当基座姿态执行器饱和时，使用机械臂运动产生的反作用力矩协助控制基座姿态。第 6 章中空间机器人工作在自由漂浮模式下，只能通过机械臂关节运动控制基座姿态和末端执行器位姿。根据机械臂自由度数目相对于基座和末端执行器任务变量是否有冗余，分别使用拉格朗日乘子法和最小二乘法得到了基座无扰和最小化基座扰动同时使末端执行器跟踪期望轨迹的协调控制器。另外，通过将协调控制器描述为二次规划问题，可以方便地处理关节力矩约束问题。第 7 章针对空间机器人抓捕目标后的协调控制问题，将空间机器人视为不确定系统，基于边辨识边控制的思想，提出了参数并行学习方法辨识空间机器人未知的动力学参数，而不需要依赖持续激励条件；基于李雅普诺夫函数设计了空间机器人的自适应控制器，该控制器使得机械臂运动产生参数辨识需要的激励运动信息，同时保证基座姿态无扰以及各关节在一定范围内运动，实现了参数辨识与控制的一体化。

第 8 章针对空间机器人捕获目标后的消旋轨迹规划与组合体协调控制问题，提出了协调控制器设计的策略，并设计了基座和目标的协调控制器。利用末端执行器和目标间的运动约束将目标的期望运动转化为机械臂的期望运动，从而可以采用与设计基座和机械臂协调控制器类似的方式设计基座和目标的协调控制器。

（4）本书提出了空间未知翻滚目标基于数据的运动预测方法和物理参数辨识方法。

第 4 章分别基于监督式机器学习方法和强化学习理论，提出了空间翻滚目标的运动状态预测方法和机械臂自主动作决策方法。

针对空间翻滚目标运动预测问题，提出了一种兼顾计算效率和预测精度的启发式长期运动预测方法，在较少数据驱动下，高效地预测未来有限时域内目标的运动状态。在稀疏高斯过程回归方法框架下，利用马尔可夫链蒙特卡罗优化算法处理其连续优化过程，克服了由于随机初始值造成的优化过程陷入局部极小值问题，在提高计算效率的同时，保证了目标长期运动预测的精确性。

针对空间机械臂自主决策问题，基于部分可观测马尔可夫决策过程框架，确定机械臂的近似最优动作。在每一次机械臂动作决策之前充分考虑目标意图的不确定性和未来相对态势的推演，实现了空间机器人与翻滚目标之间的动态交互，保证了空间机器人抓捕规划与控制的实时性和鲁棒性。

第 7 章提出了空间机器人参数辨识的并行学习方法。与第 4 章中使用数据驱动的方法不同，第 7 章构建了翻滚目标的物理参数辨识模型，在捕获翻滚目标后边控制边辨识。并行学习参数辨识方法同时使用空间机器人历史的和当前时刻的激励运动信息进行参数辨识，可以在不依赖于持续激励条件的情况下，保证参数辨识误差全局以指数速率收敛至零。参数辨识的收敛条件只需要判断相关矩阵的正定性，方便在线执行。

（5）本书提出了使用地面实验机器人等效验证空间机器人控制器的解决方法。

本书第 9 章面向在轨服务空间机器人操控技术的地面实验验证需求，研究了如何设计并使用地面实验机器人验证空间机器人的控制器。基于量纲分析理论建立了空间机器人和地面机器人的动力学等效条件，给定空间机器人动力学参数后，依据动力学等效条件可以确定与空间机器人动力学等效的地面实验机器人的动力学参数。类似地，基于量纲分析理论建立了一般控制方法下空间机器人和地面实验机器人的控制相似律，并以 PID 控制和滑模控制为例，展示了如何将设计的空间机器人控制器相似转化为地面实验机器人控制器，从而可以在设计的地面实验机器人上进行空间机器人控制器的验证。考虑到地面实验机器人和空间机器人由于动力学环境不同、基座的运动自由度不同以及地面机器人不可避免地存在制造误差等因素，会使得理想的动力学等效条件无法被满足的问题，本书第 9 章还提出了使用地面实验机器人验证空间机器人控制等效性的解决方案。一方面，对空间和地面机器人运动相对于动力学参数的灵敏性进行了分析，从而可以确定某一个动力学参数出现偏差后会对动力学等效性质产生多大的影响，同时针对那些灵敏度较高的参数，在地面机器人实验系统研制时可以追求这些参数更高的制造精度；另一方面，提出了一种地面实验机器人的动力学误差补偿策略，使地面实验机器人和空间机器人具有等效的闭环动力学行为，从而可以在地面机器人实验系统上有效地验证空间机器人的控制器。

参考文献

[1] Flores-Abad A, Ma O, Pham K, et al. A review of space robotics technologies for on-orbit servicing[J]. Progress in Aerospace Sciences, 2014, 68: 1-26.

[2] Papadopoulos E, Aghili F, Ma O, et al. Robotic manipulation and capture in space: a survey[J]. Frontiers in Robotics and AI, 2021(8): 1-36.
[3] Oda M. ETS-Ⅶ, Space robot in-orbit experiment satellite[C]// Proc.of IEEE International Conference on Robotics & Automation, 1996, 1:739-744.
[4] Friend R B. Orbital Express program summary and mission overview[J]. Proceedings of SPIE - The International Society for Optical Engineering, 2008, 6958:2.
[5] Biesbroek R, Innocenti L, Wolahan A, et al. E.deorbit-ESA'sactive debris removal mission[J]. Journal of the British Interplanetary Scoiety, 2017, 70(2-3-4):143-151.
[6] Robin B, Luisa I, Andrew W, and Serrano S M. DEOs: the german robotics approach to secure and de-orbit malfunctioned satellites from low earth orbit[C]// International Symposium on Artificial Intelligence, Robotics and Automation in Space, 2010.
[7] Darpa news. in-space robotic servicing program moves forward with new commercial partner [EB/OL]. (2020-03). https://www.darpa.mil/news-events/2020-03-04.
[8] 佚名. 我国空间站大型机械臂初样力学环境试验成功[J]. 计算机测量与控制, 2015, 205(10):1-1.
[9] 路勇，刘晓光，周宇，等. 空间翻滚非合作目标消旋技术发展综述[J]. 航空学报，2018, 39(1):33-45.
[10] 宗立军. 空间机器人捕获翻滚目标的最优轨迹规划与协调控制[D]. 西安: 西北工业大学, 2020.
[11] Espinoza A T, Hettrick H, Albee K, et al. End-to-end framework for close proximity in-space robotic missions[C]//70th Annual International Astronautical Congress，2019.
[12] Luo J, Gong B, Yuan J, et al. Angles-only relative navigation and closed-loop guidance for spacecraft proximity operations[J]. Acta Astronautica, 2016, 128: 91-106.
[13] Gaias G, DAmico S, Ardaens J S. Angles-only navigation to a noncooperative satellite using relative orbital elements[J]. Journal of Guidance Control and Dynamics, 2014, 37(2):439-451.
[14] Lovell T A, Lee T. Nonlinear observability for relative satellite orbits with angles-only measurements[C]// 24th International Symposium on Space Flight Dynamics, 2014.
[15] 徐文福，梁斌，李成，等. 空间机器人捕获非合作目标的测量与规划方法[J]. 机器人，2010, 32(01): 61-69.
[16] Thoma M. A survey of semantic segmentation[DB/OL]. (2016-05). https://. arXiv preprint arXiv:1602.06541.
[17] Setterfield T P. On-orbit inspection of a rotating object using a moving observer[D]. Cambridge, MA: Massachusetts Institute of Technology, 2017.
[18] Virgili-Llop J, Zagaris C, Zappulla R, et al. A convex programming based guidance algorithm to capture a tumbling object on orbit using a spacecraft equipped with a robotic manipulator[J]. The International Journal of Robotics Research, 2019, 38(1): 40-72.
[19] 高鹏，罗建军. 航天器规避动态障碍物的自适应人工势函数制导[J]. 中国空间科学技术，

2012, 32(05): 1-8.

[20] Zappulla R, Virgili-Llop J, Romano M. Near-optimal real-time spacecraft guidance and control using harmonic potential functions and a modified RRT*[C]// 27th AAS/AIAA Space Flight Mechanics Meeting, 2017.

[21] Zong L, Luo J, Wang M. Optimal detumbling trajectory generation and coordinated control after space manipulator capturing tumbling targets[J]. Aerospace Science and Technology, 2021, 112: 106626.

[22] Boyarko G, Yakimenko O, Romano M. Optimal rendezvous trajectories of a controlled spacecraft and a tumbling object[J]. Journal of Guidance Control & Dynamics, 2015, 34(4): 1239-1252.

[23] Wang M, Luo J, Walter U. A non-linear model predictive controller with obstacle avoidance for a space robot[J]. Advances in Space Research, 2016, 57(8): 1737-1746.

[24] Van V J, Sharf I, Ma O. Experimental validation of contact dynamics simulation of constrained robotic tasks. The International Journal of Robotics Research[J], 2000, 19(12): 1203-1217.

[25] 薛爽爽. 双臂空间机器人捕获翻滚目标后参数辨识和控制技术研究[D]. 西安: 西北工业大学, 2016.

[26] 周鼎. 航天器近距离接近多约束位姿同步规划与控制方法研究[D]. 哈尔滨: 哈尔滨工业大学, 2019.

[27] 高登巍, 马卫华, 袁建平. 采用反馈路径规划的航天器近程安全交会对接[J]. 控制理论与应用, 2018, 35(10): 1494-1502.

[28] 霍伟. 机器人动力学与控制[M]. 北京: 高等教育出版社, 2005.

[29] 张晓宇, 刘晓峰, 蔡国平, 等. 柔性关节柔性连杆机械臂的动力学建模[J]. 动力学与控制学报, 2021.

[30] 张科. 基于逆向有限元法的结构变形重构方法研究[D]. 南京: 南京航空航天大学, 2020.

[31] Dimitar D. Dynamics and control of space manipulators during a satellite capturing operation[D]. Sendai: Department of Aerospace Engineering, Tohoku University, 2005.

[32] Yoshida, Dimitrov, Nakanishi. On the capture of tumbling satellite by a space robot[C]//IEEE/RSJ International Conference on Intelligent Robots and Systems, 2006.

[33] 郭闻昊, 王天舒. 空间机器人抓捕目标星碰撞前构型优化[J]. 宇航学报, 2015, 36(4): 390-396.

[34] 贾庆轩, 张龙, 陈刚, 等. 基于等效质量的太空机械臂多体系统碰撞分析[J]. 宇航学报, 2015, 36(12): 1356-1362.

[35] 丁希仑, 赛里格. 空间弹性变形梁动力学的旋量系统理论方法[J]. 应用数学和力学, 2010, 31 (9): 1118-1132.

[36] 董楸煌, 陈力. 柔性空间机械臂捕获卫星过程的碰撞动力学、镇定控制和柔性振动线性二次最优抑制[J]. 空间科学学报, 2014, 34(3): 367-376.

[37] 乔兵, 吴晓建. 一种空间柔性机械臂接触动力学仿真的模型降阶方法[J]. 四川大学学报(工

程科学版)，2012，7(4): 214-220.

[38] Vafa Z, Dubowsky S. The kinematics and dynamics of space manipulators: the virtual manipulator approach[J]. International Journal of Robotics Research, 1990, 9(4): 3-21.

[39] Nakamura Y, Mukherjee R. Exploiting nonholonomic redundancy of free-flying space robots[J]. IEEE Transaction on Robotics & Automation, 1993, 9(4): 499-506.

[40] Torres M A, Dubowsky S. Minimizing spacecraft attitude disturbances in space manipulator systems[J]. Journal of Guidance Control & Dynamics, 1992, 15(4): 1010-1017.

[41] Zong L, Emami M R, Luo J. Reactionless control of free-floating space manipulators[J]. IEEE Transactions on Aerospace and Electronic Systems, 2019, 56(2): 1490-1503.

[42] Nenchev, D, Umetani, et al. Analysis of a redundant free-flying spacecraft/manipulator system[J]. IEEE Transactions on Robotics and Automation, 1992, 8: 1-6.

[43] Papadopoulos E, Dubowsky S. On the dynamic singularities in the control of free-floating space manipulators[J]. Trans. ASME, Dynamic Syst. and Control, 1989, 15: 45–52.

[44] Wampler C. Manipulator inverse kinematic solutions based on vector formulations and damped least-squares methods[J]. IEEE Transactions on Systems Man & Cybernetics, 1986, 16(1): 93-101.

[45] Nakamura Y, Hanafusa H. Inverse kinematic solutions with singularity robustness for robot manipulator control[J]. Journal of Dynamic Systems Measurement & Control, 1986, 108(3): 163-171.

[46] Kim J, Marani G, Chung W K, et al. Task reconstruction method for real-time singularity avoidance for robotic manipulators[J]. Advanced Robotics, 2006, 20(4):453-481.

[47] Chiaverini S, Siciliano B. Review of damped least squares inverse kinematics with experiments on an industrial robot manipulator[J]. IEEE Transactions on Control Systems Technology, 1994, 2(2): 123-134.

[48] Chiaverini S. Singularity-robust task-priority redundancy resolution for real-time kinematic control of robot manipulators[J]. IEEE Transactions on Robotics and Automation, 1997, 13(3): 398-410.

[49] Zong L, Luo J, Wang M. Optimal concurrent control for space manipulators rendezvous and capturing targets under actuator saturation[J]. IEEE Transactions on Aerospace and Electronic Systems, 2020, 56(6): 4841-4855.

[50] Mithun P, Anurag V V, Bhardwaj M, et al. Real-time dynamic singularity avoidance while visual servoing of a dual-arm space robot[C]// Conference. ACM, 2015: 1-6.

[51] Misra G, Bai X. Optimal path planning for free-flying space manipulators via sequential convex programming[J]. Journal of Guidance Control & Dynamics, 2017, 40(11): 1-8.

[52] Wang M, Luo J, Yuan J, et al. Coordinated trajectory planning of dual-arm space robot using constrained particle swarm optimization[J]. Acta Astronautica, 2018, 146: 259-272.

[53] Wang M, Luo J, Yuan J, et al. Detumbling strategy and coordination control of kinematically redundant space robot after capturing a tumbling target[J]. Nonlinear Dynamics, 2018, 92(3): 1023-1043.

[54] 吕显瑞, 黄庆道. 最优控制理论基础[M]. 北京: 科学出版社, 2008.

[55] Flores-Abad A, Wei Z, Ma O, et al. Optimal control of space robots for capturing a tumbling object with uncertainties[J]. Journal of Guidance, Control, and Dynamics, 2014, 37(6): 2014-2017.

[56] Aghili F. Optimal control for robotic capturing and passivation of a tumbling satellite with unknown dynamics[C]// AIAA Guidance, Navigation and Control Conference, 2008.

[57] Umetani Y, Yoshida K. Resolved motion rate control of space manipulators with generalized Jacobianmatrix[J]. IEEE Transactions onRobotics & Automation, 2010, 5(3): 303-314.

[58] Moosavian S A A, Papadopoulos E. Control of space free-flyers using the modified transpose Jacobian algorithm[C]// IEEE/RSJ International Conference on Intelligent Robots and Systems, 1997.

[59] Zhou Y, Luo J, Wang M. Dynamic coupling analysis of multi-arm space robot[J]. ActaAstronautica, 2019, 160: 583-593.

[60] Jin M, Zhou C, Liu Y, et al. Reaction torque control of redundant free-floating space robot[J]. International Journal of Automation and Computing, 2017, 3(14): 59-70.

[61] Jia S, Shan J. Finite-time trajectory tracking control of space manipulator under actuator saturation[J]. IEEE Transactions on Industrial Electronics, 2019,67(3): 2086-2096.

[62] Zhu Y, Qiao J, Guo L. Adaptive sliding mode disturbance observer-based composite control with prescribed performance of space manipulators for target capturing[J]. IEEE Transactions on Industrial Electronics, 2019, 66(3): 1973-1983.

[63] Aghili F. Optimal control of a space manipulator for detumbling of a target satellite[C]// IEEE International Conference on Robotics & Automation, 2009.

[64] Gangapersaud R A, Liu G, De Ruiter A H J. Detumbling a non-cooperative space target with model uncertainties using a space manipulator[J]. Journal of Guidance Control and Dynamics, 2019, 42(4): 1-11.

[65] 彭键清. 空间翻滚目标的位姿测量及其双臂捕获机器人的轨迹规划[D]. 哈尔滨: 哈尔滨工业大学, 2018.

[66] Wang M, Luo J, Yuan J, et al. An integrated control scheme for space robot after capturing non-cooperative target[J]. Acta Astronautica, 2018, 147: 350-363.

[67] Xu W, Hu Z, Zhang Y, et al. On-orbit identifying the inertia parameters of space robotic systems using simple equivalent dynamics[J]. Acta Astronautica, 2017, 132: 131-142.

[68] 陈复杨, 姜斌. 自适应控制与应用[M]. 北京: 国防工业出版社, 2009.

[69] Chowdhary G, John E. Concurrent learning for convergence in adaptive control without

persistency of excitation [D]. Atlandq: Georgia Institute of Technology, 2011.

[70] Gu Y, Xu Y. A normal form augmentation approach to adaptive control of space robot systems[J]. Dynamics & Control, 1995, 5(3): 275-294.

[71] Wang H. On adaptive inverse dynamics for free-floating space manipulators[J]. Robotics & Autonomous Systems, 2011, 59(10): 782-788.

[72] Wee L B, Walker M W, Mcclamroch N H. An articulated-body model for a free-flying robot and its use for adaptive motion control[J]. IEEE Transactions on Robotics & Automation, 1997, 13(2): 264-277.

[73] Xu Y, Gu Y, Wu Y, et al. Robust control of free-floating space robot systems[J]. International Journal of Control, 1995, 61(2): 261-277.

[74] Huang P, Jie Y, Yuan J, et al. Robust control of space robot for capturing objects using optimal control method[C]// International Conference on Information Acquisition. IEEE, 2007.

[75] Chen Z, Chen L. Robust adaptive composite control of space-based robot system with uncertain parameters and external disturbances[C]// IEEE/RSJ International Conference on Intelligent Robots & Systems. IEEE, 2009.

[76] Xu G, Zhang M, Wang H. Robust controller design for one arm space manipulator with uncertainties compensated[C]// Informatics in Control, Automation and Robotics. Springer, 2011.

[77] Yoshida K. Practical coordination control between satellite attitude and manipulator reaction dynamics based on computed momentum concept[C]// IEEE/RSJ/GI International Conference on Intelligent Robots & Systems 94 Advanced Robotic Systems & the Real World. IEEE, 1994.

[78] Jayakody H S, Shi L, Katupitiya J, et al. Robust adaptive coordination controller for a spacecraft equipped with a robotic manipulator[J]. Journal of Guidance Control Dynamics, 2016, 39(12):2699-2711.

[79] Liu J, Qiang H, Wang Y, et al. A method of ground verification for energy optimization in trajectory planning for six DOF space manipulator[C]// 2015 International Conference on Fluid Power and Mechatronics (FPM). IEEE, 2015.

[80] 王颖, 韩冬, 刘涛. 空间机器人协调控制全物理仿真设计与验证[J]. 空间控制技术与应用, 2015, 41(2): 30-35.

[81] 朱战霞, 袁建平, 等. 航天器操作的微重力环境构建[M]. 北京: 中国宇航出版社, 2013.

[82] Akin D L, Braden J R. Neutral buoyancy technologies for extended performance testing of advanced space suits[J]. SAE Paper, 2003, 01-2451.

[83] Watanabe Y, Nakamura Y. Experiments of a space robot in the free-fall environment[J]. Artificial Intelligence, Robotics and Automation in Space, 1999: 601-606.

[84] Collado A, Langlet C, Tzanova T, et al. Affective states and adaptation to parabolic flights[J]. Actaastronautica, 2017, 134: 98-105.

[85] Dubowsky S, Durfee W, Corrigan T, et al. A laboratory test bed for space robotics: the VES II[C]//IEEE International Conference on Intelligent Robots and Systems, 1994.

[86] Aghili F. A robotic testbed for zero-g emulation of spacecraft[C]// IEEE/RSJ International Conference on Intelligent Robots and Systems. IEEE, 2005.

[87] Boge T, Ou M. Using advanced industrial robotics for spacecraft rendezvous and docking simulation[C]// IEEE International Conference on Robotics & Automation. IEEE, 2011.

[88] Artigas J, Stefano M D, Rackl W, et al. The OOS-SIM: an on-ground simulation facility for on-orbit servicing robotic operations[C]// IEEE International Conference on Robotics & Automation, 2015.

[89] 谈庆明. 量纲分析[M]. 合肥: 中国科学技术大学出版社, 2005.

[90] Coutinho C P, Baptista A J, Rodrigues J D. Reduced scale models based on similitude theory: a review up to 2015[J]. Engineering Structures, 2016, 119: 81-94.

[91] Goldfarb M, Dimensional analysis and selective distortion in scaled bilateral telemanipulation[C]// Proceedings of the 1998 IEEE International Conference on Robotics & Automation, 1998.

[92] 孙施浩，贾英民. 航天器绕飞逼近翻滚目标运动再现的姿轨控制[J]. 智能系统学报，2016, (11): 818-826.

[93] Ciarcià M, Cristi R and Romano M. Emulating scaled clohessy–wiltshire dynamics on an air-bearing spacecraft simulation testbed[J]. Journal of Guidance, Control, and Dynamics, 2017, 40(10): 2496-2510.

[94] Lin Y J, Zhang H Y. Simplification of manipulator dynamic formulations utilizing a dimensionless method[J]. Robotica, 1993, 11(2): 139-147.

[95] Ghanekar M, Wang D, Heppler G R. Scaling laws for linear controllers of flexible link manipulators characterized by nondimensional groups[J]. IEEE Transactions on Robotics & Automation, 2007, 13(1): 117-127.

[96] Ghanekar M, Wang D, Heppler G R. Scaling laws for nonlinear controllers of dynamically equivalent rigid-link manipulators[C]// IEEE International Conference on Robotics & Automation. IEEE, 1998.

[97] Ghanekar M, Wang D, Heppler G R. Dynamic equivalence conditions for controlled robotic manipulators[J]. AIAA Journal, 2003, 41(2): 280-287.

第2章 空间机器人捕获翻滚目标动力学建模

2.1 引言

动力学是物体轨迹规划与控制的基础。本章建立了空间机器人与翻滚目标的动力学模型，分析了空间机器人系统的动力学耦合性，为后续章节空间机器人捕获翻滚目标的轨迹规划、不同抓捕阶段的控制器设计、运动协调控制与性能分析奠定了动力学基础。

目前主要有两种常用的方法来获取空间机器人系统的动力学方程：基于向量力学理论的牛顿–欧拉方法[1]和基于分析力学理论的拉格朗日方法[2]。牛顿–欧拉方法与拉格朗日方法的最大不同之处在于后者从一个系统的角度出发建立动力学方程，而前者所描述的是系统内多个物体总的动力学方程。因而，牛顿–欧拉方法所得到的整个空间机器人系统的动力学方程是由多个单连杆的方程联立而获得的。其优点之一是方程建立较为容易，不需要计算系统动能、势能等；优点之二是模型具有递推的形式，可扩展性好。但其缺点是由于关节处约束反力的引入使得模型在理论分析上不如拉格朗日方法导出的封闭形式的模型方便。基于拉格朗日方法是获取空间机器人系统的动力学模型的基本途径之一，它从能量的角度出发，首先利用选取的广义坐标分别将系统的动能和势能表示出来，然后求取系统非保守主动力的广义力项，最后将它们代入第二类拉格朗日方程中就可获得系统的动力学方程。它的优点是动力学方程的形式相对简洁，缺点是广义坐标选择有一定难度。

本章首先分别基于牛顿–欧拉方法和拉格朗日方法建立空间机器人的动力学模型。在此基础上，考虑到空间机器人抓捕目标后可将目标航天器或末端执行器视为基座，针对拉格朗日方法下广义坐标选择不唯一的特点，将末端执行器视为“虚拟基座”并将其变量作为广义坐标，推导了空间机器人逆链动力学方程。另外，选取空间机器人系统质心位置为广义坐标，推导了其非惯性系下的动力学方程。上述动力学方程为后续章节中空间机器人不同任务要求的控制器设计带来了很大的方便。本章还给出了空间翻滚目标的动力学模型，以及空间机器人捕获翻滚目标后形成的组合体的动力学模型，对空间机器人抓捕翻滚目标前/后的动力学耦合性进行了建模和分析。

2.2 空间机器人动力学模型

空间机器人的示意图如图 2-1 所示。空间机器人由基座航天器和 n-自由度的机械臂组成。本节分别给出空间机器人依据牛顿–欧拉方程[3]、拉格朗日方程[4]、将末端执行器视为“虚拟基座”[4]和在非惯性系下建模[5]的不同形式的动力学模型，并介绍各种模型的优点及其分别适应的不同任务场景，进一步地，说明本章建立的各类模型在后续章节中的应用情况。

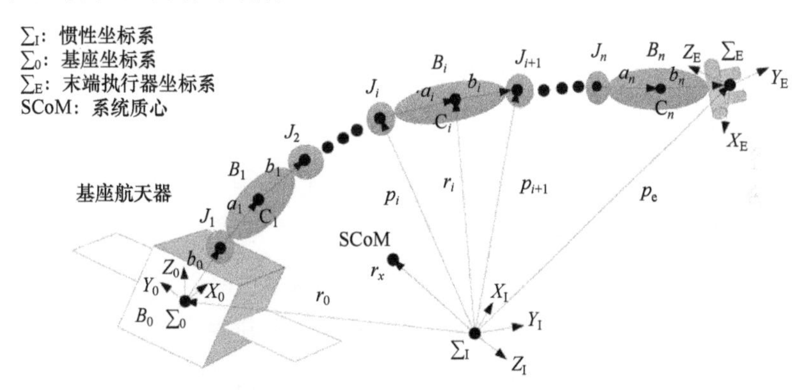

图 2-1 空间机器人的示意图

2.2.1 牛顿–欧拉方程形式动力学模型

如图 2-1 所示，将空间机器人的基座质心在惯性系下的位置和线速度分别表示为 $\left({}^{\mathrm{I}}\boldsymbol{r}_0, {}^{\mathrm{I}}\boldsymbol{v}_0\right)$，连杆 i 质心的位置和线速度分别表示为 $\left({}^{\mathrm{I}}\boldsymbol{r}_i, {}^{\mathrm{I}}\boldsymbol{v}_i\right)$，$i \in \{1,2,\cdots,n\}$。基座的姿态表示为 ${}^{\mathrm{I}}\boldsymbol{R}_0 \in SO(3)$，以及角速度为 ${}^{0}\boldsymbol{\omega}_0$。其中，左上标“I”和“0”分别表示向量在惯性坐标系和基座本体坐标系下的表示，在全书其余章节中，左上标的用法类似。机械臂每个关节的轴向与对应连杆本体坐标系的其中一个坐标轴平行，表示为 ${}^{i}\boldsymbol{\eta}_i, i \in \{1,2,\cdots,n\}$，其中，${}^{i}\boldsymbol{\eta}_i \in \left\{[1,0,0]^{\mathrm{T}}, [0,1,0]^{\mathrm{T}}, [0,0,1]^{\mathrm{T}}\right\}$ 是在连杆 i 本体系下的表示。每个连杆本体坐标系相对于其前一个连杆本体坐标系的姿态表示为

$$ {}^{i-1}\boldsymbol{R}_i = {}^{i-1}\boldsymbol{R}_i(0)\exp\left({}^{i}\boldsymbol{\eta}_i^{\times}\theta_i\right), i \in \{1,2,\cdots,n\} \tag{2-1} $$

式中：θ_i 为第 i 个关节角位移；${}^{i-1}\boldsymbol{R}_i(0)$ 为相邻坐标系在默认构型（$\theta_i = 0$）下的旋转矩阵；右上标“×”表示向量的反对称矩阵形式。连杆关于惯性坐标系的姿态可以表示为

$$ {}^{\mathrm{I}}\boldsymbol{R}_i = {}^{\mathrm{I}}\boldsymbol{R}_{i-1}\, {}^{i-1}\boldsymbol{R}_i, \quad i \in \{1,2,\cdots,n\} \tag{2-2} $$

惯性坐标系下各关节的位置可以通过下式计算

$$\begin{cases} {}^{\mathrm{I}}\boldsymbol{p}_1 = {}^{\mathrm{I}}\boldsymbol{r}_0 + {}^{\mathrm{I}}\boldsymbol{R}_0\,{}^0\boldsymbol{b}_0 \\ {}^{\mathrm{I}}\boldsymbol{p}_{i+1} = {}^{\mathrm{I}}\boldsymbol{p}_i + {}^{\mathrm{I}}\boldsymbol{R}_i\left({}^i\boldsymbol{a}_i + {}^i\boldsymbol{b}_i\right),\ i \in \{1,2,\cdots,n-1\} \end{cases} \tag{2-3}$$

式中：$\boldsymbol{a}_i$、$\boldsymbol{b}_i$ 的定义参见图 2-1。

惯性坐标系下各关节的线速度可以表示为[6]

$$\begin{cases} {}^{\mathrm{I}}\dot{\boldsymbol{p}}_1 = {}^{\mathrm{I}}\boldsymbol{v}_0 + {}^{\mathrm{I}}\boldsymbol{R}_0\left({}^0\boldsymbol{\omega}_0^{\times}\right){}^0\boldsymbol{b}_0 \\ {}^{\mathrm{I}}\dot{\boldsymbol{p}}_{i+1} = {}^{\mathrm{I}}\dot{\boldsymbol{p}}_i + {}^{\mathrm{I}}\boldsymbol{R}_i\left({}^i\boldsymbol{\omega}_i^{\times}\right)\left({}^i\boldsymbol{a}_i + {}^i\boldsymbol{b}_i\right),\ i \in \{1,2,\cdots,n-1\} \end{cases} \tag{2-4}$$

惯性坐标系下连杆质心的位置可以表示为

$${}^{\mathrm{I}}\boldsymbol{r}_i = {}^{\mathrm{I}}\boldsymbol{p}_i + {}^{\mathrm{I}}\boldsymbol{R}_i\,{}^i\boldsymbol{a}_i,\ i \in \{1,2,\cdots,n\} \tag{2-5}$$

惯性坐标系下连杆质心的线速度可以表示为

$${}^{\mathrm{I}}\boldsymbol{v}_i = {}^{\mathrm{I}}\dot{\boldsymbol{p}}_i + {}^{\mathrm{I}}\boldsymbol{R}_i\left({}^i\boldsymbol{\omega}_i^{\times}\right){}^i\boldsymbol{a}_i,\ i \in \{1,2,\cdots,n\} \tag{2-6}$$

基座的角速度为 ${}^0\boldsymbol{\omega}_0$，连杆的角速度为

$${}^i\boldsymbol{\omega}_i = \dot{\theta}_i\,{}^i\boldsymbol{\eta}_i + {}^i\boldsymbol{R}_{i-1}\,{}^{i-1}\boldsymbol{\omega}_{i-1},\ i \in \{1,2,\cdots,n\} \tag{2-7}$$

为了得到动力学模型，关节的线速度式（2-4）重新表示为

$$\begin{cases} {}^{\mathrm{I}}\dot{\boldsymbol{p}}_1 = {}^{\mathrm{I}}\boldsymbol{v}_0 + {}^{\mathrm{I}}\boldsymbol{R}_0\left({}^0\boldsymbol{\omega}_0^{\times}\right){}^0\boldsymbol{b}_0 = {}^{\mathrm{I}}\boldsymbol{v}_1 - {}^{\mathrm{I}}\boldsymbol{R}_1\left({}^1\boldsymbol{\omega}_1^{\times}\right){}^1\boldsymbol{a}_1 \\ {}^{\mathrm{I}}\dot{\boldsymbol{p}}_{i+1} = {}^{\mathrm{I}}\boldsymbol{v}_i + {}^{\mathrm{I}}\boldsymbol{R}_i\left({}^i\boldsymbol{\omega}_i^{\times}\right){}^i\boldsymbol{b}_i \\ \qquad = {}^{\mathrm{I}}\boldsymbol{v}_{i+1} - {}^{\mathrm{I}}\boldsymbol{R}_{i+1}\left({}^{i+1}\boldsymbol{\omega}_{i+1}^{\times}\right){}^{i+1}\boldsymbol{a}_{i+1},\ i \in \{1,2,\cdots,n-1\} \end{cases} \tag{2-8}$$

基座的质量和本体坐标系下其转动惯量矩阵分别记为 m_0、${}^0\boldsymbol{I}_0$，同时，连杆 i 的质量和本体坐标系下该连杆的转动惯量矩阵分别记为 m_i、${}^i\boldsymbol{I}_i, i \in \{1,2,\cdots,n\}$。基座上姿态执行机构（如反作用飞轮等）施加给基座的力矩记为 ${}^0\boldsymbol{n}_{\mathrm{b}} \in \mathbb{R}^3$，通过基座质心的推进器推力为 ${}^0\boldsymbol{f}_{\mathrm{b}}$（其大小为 f_{b}，方向为 ${}^0\boldsymbol{\eta}_0$）。关节力矩大小为 $u_i \in \mathbb{R}, i \in \{1,2,\cdots,n\}$，为了简化使用牛顿–欧拉方程建模的复杂度，关节力矩在相应连杆本体坐标系下表示为 $\boldsymbol{\tau}_i = u_i\,{}^i\boldsymbol{\eta}_i$。前一个连杆施加在连杆 i 的作用力和力矩在该连杆关节（即关节 i）处分别表示为 ${}^{\mathrm{I}}\boldsymbol{f}_i, {}^{\mathrm{I}}\boldsymbol{n}_i \in \mathbb{R}^3, i \in \{1,2,\cdots,n\}$。

空间机器人的牛顿–欧拉方程可以表示为[3]

$$\begin{cases} {}^0\boldsymbol{I}_0\,{}^0\dot{\boldsymbol{\omega}}_0 = {}^0\boldsymbol{n}_b - {}^{\mathrm{I}}\boldsymbol{R}_{\mathrm{I}}\,{}^{\mathrm{I}}\boldsymbol{n}_1 - \left({}^0\boldsymbol{\omega}_0^{\times}\right){}^0\boldsymbol{I}_0\,{}^0\boldsymbol{\omega}_0 - \left({}^0\boldsymbol{b}_0^{\times}\right){}^0\boldsymbol{R}_{\mathrm{I}}\,{}^{\mathrm{I}}\boldsymbol{f}_1 \\ {}^i\boldsymbol{I}_i\,{}^i\dot{\boldsymbol{\omega}}_i = {}^i\boldsymbol{R}_{\mathrm{I}}\,{}^{\mathrm{I}}\boldsymbol{n}_i - {}^i\boldsymbol{R}_{\mathrm{I}}\,{}^{\mathrm{I}}\boldsymbol{n}_{i+1} - \left({}^i\boldsymbol{\omega}_i^{\times}\right){}^i\boldsymbol{I}_i\,{}^i\boldsymbol{\omega}_i - \left({}^i\boldsymbol{b}_i^{\times}\right){}^i\boldsymbol{R}_{\mathrm{I}}\,{}^{\mathrm{I}}\boldsymbol{f}_{i+1} - \left({}^i\boldsymbol{a}_i^{\times}\right){}^i\boldsymbol{R}_{\mathrm{I}}\,{}^{\mathrm{I}}\boldsymbol{f}_i, \\ \qquad i \in \{1,2,\cdots,n-1\} \\ {}^n\boldsymbol{I}_n\,{}^n\dot{\boldsymbol{\omega}}_n = {}^n\boldsymbol{R}_{\mathrm{I}}\,{}^{\mathrm{I}}\boldsymbol{n}_n - \left({}^n\boldsymbol{\omega}_n^{\times}\right){}^n\boldsymbol{I}_n\,{}^n\boldsymbol{\omega}_n - \left({}^n\boldsymbol{a}_n^{\times}\right){}^n\boldsymbol{R}_{\mathrm{I}}\,{}^{\mathrm{I}}\boldsymbol{f}_n \end{cases} \tag{2-9}$$

以及

$$u_i = {}^i\boldsymbol{\eta}_i^{\mathrm{T}}\, {}^i\boldsymbol{R}_{\mathrm{I}}\, {}^{\mathrm{I}}\boldsymbol{n}_i \tag{2-10}$$

$$\begin{cases} m_0 {}^{\mathrm{I}}\dot{\boldsymbol{v}}_0 = {}^{\mathrm{I}}\boldsymbol{R}_0\, {}^0\boldsymbol{\eta}_0 f_{\mathrm{b}} - {}^{\mathrm{I}}\boldsymbol{f}_1 - \dfrac{1}{\left\| {}^{\mathrm{I}}\boldsymbol{r}_0 \right\|^3} c m_0\, {}^{\mathrm{I}}\boldsymbol{r}_0 \\ m_i {}^{\mathrm{I}}\dot{\boldsymbol{v}}_i = -{}^{\mathrm{I}}\boldsymbol{f}_{i+1} + {}^{\mathrm{I}}\boldsymbol{f}_i - \dfrac{1}{\left\| {}^{\mathrm{I}}\boldsymbol{r}_i \right\|^3} c m_i\, {}^{\mathrm{I}}\boldsymbol{r}_i \,,\, i \in \{1,2,\cdots,n-1\} \\ m_n {}^{\mathrm{I}}\dot{\boldsymbol{v}}_n = {}^{\mathrm{I}}\boldsymbol{f}_n - \dfrac{1}{\left\| {}^{\mathrm{I}}\boldsymbol{r}_n \right\|^3} c m_n\, {}^{\mathrm{I}}\boldsymbol{r}_n \end{cases} \tag{2-11}$$

式中：万有引力常数和地球质量的乘积为 $c = GM_1 = 398600.4418\mathrm{km}^3 \cdot \mathrm{s}^{-2}$ 。

式（2-8）的导数给出加速度上的约束

$$\begin{aligned} & -{}^{\mathrm{I}}\dot{\boldsymbol{v}}_0 + {}^{\mathrm{I}}\dot{\boldsymbol{v}}_1 + {}^{\mathrm{I}}\boldsymbol{R}_0 \left({}^0\boldsymbol{b}_0^{\times} \right) {}^0\dot{\boldsymbol{\omega}}_0 + {}^{\mathrm{I}}\boldsymbol{R}_1 \left({}^1\boldsymbol{a}_1^{\times} \right) {}^{\mathrm{I}}\dot{\boldsymbol{\omega}}_1 = {}^{\mathrm{I}}\boldsymbol{R}_1 \left({}^1\boldsymbol{\omega}_1^{\times} \right)^2 {}^1\boldsymbol{a}_1 + {}^{\mathrm{I}}\boldsymbol{R}_0 \left({}^0\boldsymbol{\omega}_0^{\times} \right)^2 {}^0\boldsymbol{b}_0 \\ & -{}^{\mathrm{I}}\dot{\boldsymbol{v}}_i + {}^{\mathrm{I}}\dot{\boldsymbol{v}}_{i+1} + {}^{\mathrm{I}}\boldsymbol{R}_i \left({}^i\boldsymbol{b}_i^{\times} \right) {}^i\omega_i + {}^{\mathrm{I}}\boldsymbol{R}_{i+1} \left({}^{i+1}\boldsymbol{a}_{i+1}^{\times} \right) {}^{i+1}\dot{\boldsymbol{\omega}}_{i+1} = \\ & {}^{\mathrm{I}}\boldsymbol{R}_{i+1} \left({}^{i+1}\boldsymbol{\omega}_{i+1}^{\times} \right)^2 {}^{i+1}\boldsymbol{a}_{i+1} + {}^{\mathrm{I}}\boldsymbol{R}_i \left({}^i\boldsymbol{\omega}_i^{\times} \right)^2 {}^i\boldsymbol{b}_i \,, i \in \{1,2,\cdots,n-1\} \end{aligned} \tag{2-12}$$

式（2-9）、式（2-11）和式（2-12）可以组合为

$$\boldsymbol{T} \begin{pmatrix} \dot{\boldsymbol{\omega}} \\ \dot{\boldsymbol{v}} \\ \boldsymbol{f} \end{pmatrix} = \begin{pmatrix} \boldsymbol{\varGamma} \\ \mathcal{F} \\ \mathcal{G} \end{pmatrix} \tag{2-13}$$

式中

$$\boldsymbol{\omega} = \left({}^0\boldsymbol{\omega}_0^{\mathrm{T}}, {}^1\boldsymbol{\omega}_1^{\mathrm{T}}, \cdots, {}^n\boldsymbol{\omega}_n^{\mathrm{T}} \right)^{\mathrm{T}}, \boldsymbol{v} = \left({}^{\mathrm{I}}\boldsymbol{v}_0^{\mathrm{T}}, {}^{\mathrm{I}}\boldsymbol{v}_1^{\mathrm{T}}, \cdots, {}^{\mathrm{I}}\boldsymbol{v}_n^{\mathrm{T}} \right)^{\mathrm{T}}$$

$$\boldsymbol{f} = \left({}^{\mathrm{I}}\boldsymbol{f}_1^{\mathrm{T}}, {}^{\mathrm{I}}\boldsymbol{f}_2^{\mathrm{T}}, \cdots, {}^{\mathrm{I}}\boldsymbol{f}_n^{\mathrm{T}} \right)^{\mathrm{T}}, \boldsymbol{T} = \begin{bmatrix} \mathcal{J} & \boldsymbol{0} & \mathcal{P} \\ \boldsymbol{0} & \mathcal{M} & \mathcal{I} \\ \mathcal{P}^{\mathrm{T}} & \mathcal{I}^{\mathrm{T}} & \boldsymbol{0} \end{bmatrix}$$

包括 $\mathcal{J} = \mathrm{diag}\left({}^0\boldsymbol{I}_0, {}^1\boldsymbol{I}_1, \cdots, {}^n\boldsymbol{I}_n \right)$， $\mathcal{M} = \mathrm{diag}\left(m_0\boldsymbol{E}_3, m_1\boldsymbol{E}_3, \cdots, m_n\boldsymbol{E}_3 \right)$， $\boldsymbol{E}_3$ 为单位矩阵，

$$\mathcal{I} = \begin{bmatrix} \boldsymbol{E}_3 & \boldsymbol{0} & \cdots & \boldsymbol{0} \\ -\boldsymbol{E}_3 & \boldsymbol{E}_3 & \cdots & \vdots \\ \boldsymbol{0} & -\boldsymbol{E}_3 & \cdots & \boldsymbol{0} \\ \vdots & \vdots & & \boldsymbol{E}_3 \\ \boldsymbol{0} & \cdots & \boldsymbol{0} & -\boldsymbol{E}_3 \end{bmatrix}$$

$$
\mathcal{P}=\begin{bmatrix}
\left({}^{0}\boldsymbol{b}_{0}^{\times}\right)^{0}\boldsymbol{R}_{\mathrm{I}} & \boldsymbol{0} & & \cdots & \boldsymbol{0} \\
\left({}^{1}\boldsymbol{a}_{1}^{\times}\right)^{1}\boldsymbol{R}_{\mathrm{I}} & \left({}^{1}\boldsymbol{b}_{1}^{\times}\right)^{1}\boldsymbol{R}_{\mathrm{I}} & & \cdots & \vdots \\
\boldsymbol{0} & \left({}^{2}\boldsymbol{a}_{2}^{\times}\right)^{2}\boldsymbol{R}_{\mathrm{I}} & \left({}^{2}\boldsymbol{b}_{2}^{\times}\right)^{2}\boldsymbol{R}_{\mathrm{I}} & \cdots & \\
\vdots & \vdots & \vdots & & \boldsymbol{0} \\
 & & & \left({}^{n-1}\boldsymbol{a}_{n-1}^{\times}\right)^{n-1}\boldsymbol{R}_{\mathrm{I}} & \left({}^{n-1}\boldsymbol{b}_{n-1}^{\times}\right)^{n-1}\boldsymbol{R}_{\mathrm{I}} \\
\boldsymbol{0} & \cdots & & \boldsymbol{0} & \left({}^{n}\boldsymbol{a}_{n}^{\times}\right)^{n}\boldsymbol{R}_{\mathrm{I}}
\end{bmatrix}
$$

$$
\boldsymbol{\varGamma}=\begin{pmatrix}
{}^{0}\boldsymbol{n}_{\mathrm{b}}-{}^{0}\boldsymbol{R}_{\mathrm{I}}\,{}^{\mathrm{I}}\boldsymbol{n}_{1}-\left({}^{0}\boldsymbol{\omega}_{0}^{\times}\right){}^{0}\boldsymbol{I}_{0}\,{}^{0}\boldsymbol{\omega}_{0} \\
{}^{1}\boldsymbol{R}_{\mathrm{I}}\,{}^{\mathrm{I}}\boldsymbol{n}_{1}-{}^{1}\boldsymbol{R}_{\mathrm{I}}\,{}^{\mathrm{I}}\boldsymbol{n}_{2}-\left({}^{1}\boldsymbol{\omega}_{1}^{\times}\right){}^{1}\boldsymbol{I}_{1}\,{}^{1}\boldsymbol{\omega}_{1} \\
\vdots \\
{}^{n-1}\boldsymbol{R}_{\mathrm{I}}\,{}^{\mathrm{I}}\boldsymbol{n}_{n-1}-{}^{n-1}\boldsymbol{R}_{\mathrm{I}}\,{}^{\mathrm{I}}\boldsymbol{n}_{n}-\left({}^{n-1}\boldsymbol{\omega}_{n-1}^{\times}\right){}^{n-1}\boldsymbol{I}_{n-1}\,{}^{n-1}\boldsymbol{\omega}_{n-1} \\
{}^{n}\boldsymbol{R}_{\mathrm{I}}\,{}^{\mathrm{I}}\boldsymbol{n}_{n}-\left({}^{n}\boldsymbol{\omega}_{n}^{\times}\right){}^{n}\boldsymbol{I}_{n}\,{}^{n}\boldsymbol{\omega}_{n}
\end{pmatrix}
$$

$$
\mathcal{F}=\begin{pmatrix}
-\dfrac{1}{\left\|{}^{\mathrm{I}}\boldsymbol{r}_{0}\right\|^{3}}cm_{0}\,{}^{\mathrm{I}}\boldsymbol{r}_{0}+{}^{\mathrm{I}}\boldsymbol{R}_{0}\,{}^{0}\boldsymbol{\eta}_{0}f_{\mathrm{b}} \\
-\dfrac{1}{\left\|{}^{\mathrm{I}}\boldsymbol{r}_{1}\right\|^{3}}cm_{1}\,{}^{\mathrm{I}}\boldsymbol{r}_{1} \\
\vdots \\
-\dfrac{1}{\left\|{}^{\mathrm{I}}\boldsymbol{r}_{n}\right\|^{3}}cm_{n}\,{}^{\mathrm{I}}\boldsymbol{r}_{n}
\end{pmatrix}
$$

$$
\mathcal{G}=\begin{pmatrix}
-{}^{\mathrm{I}}\boldsymbol{R}_{0}\left(\left({}^{0}\boldsymbol{\omega}_{0}^{\times}\right)^{2}\right){}^{0}\boldsymbol{b}_{0}-{}^{\mathrm{I}}\boldsymbol{R}_{1}\left(\left({}^{1}\boldsymbol{\omega}_{1}^{\times}\right)^{2}\right){}^{1}\boldsymbol{a}_{1} \\
-{}^{\mathrm{I}}\boldsymbol{R}_{1}\left(\left({}^{1}\boldsymbol{\omega}_{1}^{\times}\right)^{2}\right){}^{1}\boldsymbol{b}_{1}-{}^{\mathrm{I}}\boldsymbol{R}_{2}\left(\left({}^{2}\boldsymbol{\omega}_{2}^{\times}\right)^{2}\right){}^{2}\boldsymbol{a}_{2} \\
\vdots \\
-{}^{\mathrm{I}}\boldsymbol{R}_{n-1}\left(\left({}^{n-1}\boldsymbol{\omega}_{n-1}^{\times}\right)^{2}\right){}^{n-1}\boldsymbol{b}_{n-1}-{}^{\mathrm{I}}\boldsymbol{R}_{n}\left(\left({}^{n}\boldsymbol{\omega}_{n}^{\times}\right)^{2}\right){}^{n}\boldsymbol{a}_{n}
\end{pmatrix}
$$

可以发现，基于牛顿–欧拉方法建立的空间机器人动力学模型具有特定的结构，使得动力学方程式（2-13）中维度为$(9n+6)\times(9n+6)$的矩阵$\boldsymbol{T}$的逆可以通过$(2n+1)$个3×3维矩阵的逆求解得到。对于空间机器人动力学建模而言，只计算$(2n+1)$个3×3维矩阵的逆在计算量上是很大的节省。下面，将空间机器人动力学建模中的上述性质表示为定理 2-1 并加以证明。

定理 2-1 矩阵$\boldsymbol{T}$是可逆的，并且矩阵$\boldsymbol{T}$的逆可以通过计算$(2n+1)$个3×3矩

阵的逆得到，每个3×3矩阵的逆都是${}^{i}\boldsymbol{I}_i$、m_i、${}^{\mathrm{I}}\boldsymbol{R}_i$、${}^{i}\boldsymbol{a}_i$、${}^{i}\boldsymbol{b}_i$的函数。计算过程如下

$$\boldsymbol{T}^{-1}=\begin{bmatrix}\boldsymbol{T}_1 & \boldsymbol{T}_4 & \boldsymbol{T}_5\\ \boldsymbol{T}_4^{\mathrm{T}} & \boldsymbol{T}_2 & \boldsymbol{T}_6\\ \boldsymbol{T}_5^{\mathrm{T}} & \boldsymbol{T}_6^{\mathrm{T}} & \boldsymbol{T}_3\end{bmatrix} \tag{2-14}$$

式中：$\boldsymbol{T}_1=\mathcal{J}^{-1}+\mathcal{J}^{-1}\mathcal{P}\boldsymbol{T}_3\mathcal{P}^{\mathrm{T}}\mathcal{J}^{-1}$，$\boldsymbol{T}_2=\mathcal{M}^{-1}+\mathcal{M}^{-1}\mathcal{I}\boldsymbol{T}_3\mathcal{I}^{\mathrm{T}}\mathcal{M}^{-1}$，$\boldsymbol{T}_3=-\boldsymbol{Q}^{-1}=-\left(\mathcal{P}^{\mathrm{T}}\mathcal{J}^{-1}\mathcal{P}+\mathcal{I}^{\mathrm{T}}\mathcal{M}^{-1}\mathcal{I}\right)^{-1}$，$\boldsymbol{T}_4=\mathcal{J}^{-1}\mathcal{P}\boldsymbol{T}_3\mathcal{I}^{\mathrm{T}}\mathcal{M}^{-1}$，$\boldsymbol{T}_5=-\mathcal{J}^{-1}\mathcal{P}\boldsymbol{T}_3$，$\boldsymbol{T}_6=-\mathcal{M}^{-1}\mathcal{I}\boldsymbol{T}_3$，$\mathcal{J}^{-1}=\mathrm{diag}\left({}^{0}\boldsymbol{I}_0^{-1},{}^{1}\boldsymbol{I}_1^{-1},\cdots,{}^{n}\boldsymbol{I}_n^{-1}\right)$，$\mathcal{M}^{-1}=\mathrm{diag}\left(\frac{1}{m_0}\boldsymbol{E}_3,\frac{1}{m_1}\boldsymbol{E}_3,\cdots,\frac{1}{m_n}\boldsymbol{E}_3\right)$。

$\boldsymbol{T}_3$项可以由如下3×3矩阵的逆计算得到

$$\boldsymbol{T}_3=-\boldsymbol{L}^{-\mathrm{T}}\boldsymbol{D}^{-1}\boldsymbol{L}^{-1} \tag{2-15}$$

式中：$\boldsymbol{L}$和$\boldsymbol{D}$对应矩阵$\boldsymbol{Q}$的$\boldsymbol{LDL}^{\mathrm{T}}$分解，并具有结构$\boldsymbol{D}=\mathrm{diag}\left(\boldsymbol{D}_1,\boldsymbol{D}_2,\cdots,\boldsymbol{D}_n\right)$和

$$\boldsymbol{L}=\begin{bmatrix}\boldsymbol{E}_3 & \boldsymbol{0} & \cdots & & \boldsymbol{0}\\ \boldsymbol{L}_{21} & \boldsymbol{E}_3 & \cdots & & \vdots\\ \boldsymbol{L}_{31} & \boldsymbol{L}_{32} & \boldsymbol{E}_3 & \cdots & \\ \vdots & \vdots & \vdots & & \boldsymbol{0}\\ \boldsymbol{L}_{n1} & \cdots & \cdots & \boldsymbol{L}_{n(n-1)} & \boldsymbol{E}_3\end{bmatrix}$$

$\boldsymbol{D}_i\in\mathbb{R}^{3\times3}$为正定块对角矩阵，$\boldsymbol{L}_{ij}\in\mathbb{R}^{3\times3}$为块下三角矩阵，$\boldsymbol{L}$和$\boldsymbol{D}$中的每一项通过下式计算得到

$$\begin{cases}\boldsymbol{D}_j=\boldsymbol{Q}_{jj}-\sum\limits_{k=1}^{j-1}\boldsymbol{L}_{jk}\boldsymbol{D}_k\boldsymbol{L}_{jk}^{\mathrm{T}}\\ \boldsymbol{L}_{ij}=\left(\boldsymbol{Q}_{ij}-\sum\limits_{k=1}^{j-1}\boldsymbol{L}_{ik}\boldsymbol{D}_k\boldsymbol{L}_{jk}^{\mathrm{T}}\right)\boldsymbol{D}_j^{-1}\end{cases} \tag{2-16}$$

式中

$$\boldsymbol{Q}=\begin{bmatrix}\boldsymbol{Q}_{11} & \boldsymbol{Q}_{12} & \boldsymbol{0} & \cdots & \boldsymbol{0}\\ \boldsymbol{Q}_{12}^{\mathrm{T}} & \boldsymbol{Q}_{22} & \boldsymbol{Q}_{23} & \cdots & \vdots\\ 0 & \boldsymbol{Q}_{23}^{\mathrm{T}} & \boldsymbol{Q}_{33} & \cdots & \boldsymbol{0}\\ \vdots & \vdots & \vdots & & \boldsymbol{Q}_{(n-1)n}\\ \boldsymbol{0} & \cdots & \boldsymbol{0} & \boldsymbol{Q}_{(n-1)n}^{\mathrm{T}} & \boldsymbol{Q}_{nn}\end{bmatrix}$$

具有元素$\boldsymbol{Q}_{ij}\in\mathbb{R}^{3\times3}$。此外，$\boldsymbol{D}^{-1}=\mathrm{diag}\left(\boldsymbol{D}_1^{-1},\boldsymbol{D}_2^{-1},\cdots,\boldsymbol{D}_n^{-1}\right)$，$\boldsymbol{L}^{-1}$通过矩阵分块计算

$$\boldsymbol{L}=\boldsymbol{L}_n=\begin{bmatrix}\boldsymbol{L}_{n-1} & \boldsymbol{0}\\ \boldsymbol{C}_{n-1} & \boldsymbol{E}_3\end{bmatrix}=\begin{bmatrix}\begin{bmatrix}\boldsymbol{L}_{n-2} & \boldsymbol{0}\\ \boldsymbol{C}_{n-2} & \boldsymbol{E}_3\end{bmatrix} & \boldsymbol{0}\\ \boldsymbol{C}_{n-1} & \boldsymbol{E}_3\end{bmatrix}=\cdots$$

$$\Rightarrow \boldsymbol{L}_i=\begin{bmatrix}\boldsymbol{L}_{i-1} & \boldsymbol{0}\\ \boldsymbol{C}_{i-1} & \boldsymbol{E}_3\end{bmatrix}$$

$$\boldsymbol{C}_{i-1}=\left[\boldsymbol{L}_{(i-1)1}\boldsymbol{L}_{(i-1)2}\cdots\boldsymbol{L}_{(i-1)(i-2)}\right], i\in\{2,3,\cdots,n\}$$

式中

$$\boldsymbol{L}_1=\boldsymbol{E}_3, \boldsymbol{L}_2=\begin{bmatrix}\boldsymbol{E}_3 & \boldsymbol{0}\\ \boldsymbol{L}_{21} & \boldsymbol{E}_3\end{bmatrix}$$

则矩阵 $\boldsymbol{L}$ 的逆可以通过如下前向循环计算，直到得到 $\boldsymbol{L}_n^{-1}$，

$$\boldsymbol{L}_i^{-1}=\begin{bmatrix}\boldsymbol{L}_{i-1}^{-1} & \boldsymbol{0}\\ -\boldsymbol{C}_{i-1}\boldsymbol{L}_{i-1}^{-1} & \boldsymbol{E}_3\end{bmatrix}, i\in\{2,3,\cdots,n\} \tag{2-17}$$

证明：将矩阵 $\boldsymbol{T}$ 表示为 2×2 的块矩阵

$$\boldsymbol{T}=\begin{bmatrix}\boldsymbol{A} & \boldsymbol{B}\\ \boldsymbol{C} & \boldsymbol{D}\end{bmatrix}$$

式中

$$\boldsymbol{A}=\begin{bmatrix}\mathcal{J} & \boldsymbol{0}\\ \boldsymbol{0} & \mathcal{M}\end{bmatrix}, \boldsymbol{B}=\begin{bmatrix}\mathcal{P}\\ \mathcal{I}\end{bmatrix}, \boldsymbol{C}=\boldsymbol{B}^{\mathrm{T}}, \boldsymbol{D}=\boldsymbol{0}$$

因为矩阵 $\mathcal{J}$ 和 $\mathcal{M}$ 都是对角正定矩阵，矩阵 $\boldsymbol{A}$ 是可逆的，而且矩阵 $\boldsymbol{T}$ 可以表示为[7]

$$\boldsymbol{T}=\begin{bmatrix}\boldsymbol{E}_{6n+6} & \boldsymbol{0}\\ \boldsymbol{C}\boldsymbol{A}^{-1} & \boldsymbol{E}_{3n}\end{bmatrix}\begin{bmatrix}\boldsymbol{A} & \boldsymbol{0}\\ \boldsymbol{0} & \boldsymbol{D}-\boldsymbol{C}\boldsymbol{A}^{-1}\boldsymbol{B}\end{bmatrix}\begin{bmatrix}\boldsymbol{E}_{6n+6} & \boldsymbol{A}^{-1}\boldsymbol{B}\\ \boldsymbol{0} & \boldsymbol{E}_{3n}\end{bmatrix} \tag{2-18}$$

因而，矩阵 $\boldsymbol{T}$ 的行列式可以计算为

$$\det(\boldsymbol{T})=\det(\boldsymbol{A})\det\left(\boldsymbol{D}-\boldsymbol{C}\boldsymbol{A}^{-1}\boldsymbol{B}\right)=(-1)^{3n}\det(\boldsymbol{A})\det\left(\boldsymbol{C}\boldsymbol{A}^{-1}\boldsymbol{B}\right) \tag{2-19}$$

因为

$$\boldsymbol{C}\boldsymbol{A}^{-1}\boldsymbol{B}=\begin{bmatrix}\mathcal{P}^{\mathrm{T}} & \mathcal{I}^{\mathrm{T}}\end{bmatrix}\begin{bmatrix}\mathcal{J}^{-1} & \boldsymbol{0}\\ \boldsymbol{0} & \mathcal{M}^{-1}\end{bmatrix}\begin{bmatrix}\mathcal{P}\\ \mathcal{I}\end{bmatrix}=\mathcal{P}^{\mathrm{T}}\mathcal{J}^{-1}\mathcal{P}+\mathcal{I}^{\mathrm{T}}\mathcal{M}^{-1}\mathcal{I}$$

是正定的，$\det\left(\boldsymbol{C}\boldsymbol{A}^{-1}\boldsymbol{B}\right)\neq\boldsymbol{0}$，意味着矩阵 $\boldsymbol{T}$ 是可逆的。

逆矩阵 $\boldsymbol{T}^{-1}$ 中的元素 $\boldsymbol{T}_i$ 通过下式计算得到

$$\begin{bmatrix}\mathcal{J} & \boldsymbol{0} & \mathcal{P}\\ \boldsymbol{0} & \mathcal{M} & \mathcal{I}\\ \mathcal{P}^{\mathrm{T}} & \mathcal{I}^{\mathrm{T}} & \boldsymbol{0}\end{bmatrix}\begin{bmatrix}\boldsymbol{T}_1 & \boldsymbol{T}_4 & \boldsymbol{T}_5\\ \boldsymbol{T}_4^{\mathrm{T}} & \boldsymbol{T}_2 & \boldsymbol{T}_6\\ \boldsymbol{T}_5^{\mathrm{T}} & \boldsymbol{T}_6^{\mathrm{T}} & \boldsymbol{T}_3\end{bmatrix}=\begin{bmatrix}\boldsymbol{E} & \boldsymbol{0} & \boldsymbol{0}\\ \boldsymbol{0} & \boldsymbol{E} & \boldsymbol{0}\\ \boldsymbol{0} & \boldsymbol{0} & \boldsymbol{E}\end{bmatrix} \tag{2-20}$$

$$\Rightarrow\begin{cases}\mathcal{J}\boldsymbol{T}_1+\mathcal{P}\boldsymbol{T}_5^{\mathrm{T}}=\boldsymbol{E}\\ \mathcal{M}\boldsymbol{T}_2+\mathcal{I}\boldsymbol{T}_6^{\mathrm{T}}=\boldsymbol{E}\\ \mathcal{P}^{\mathrm{T}}\boldsymbol{T}_5+\mathcal{I}^{\mathrm{T}}\boldsymbol{T}_6=\boldsymbol{E}\\ \mathcal{J}\boldsymbol{T}_5+\mathcal{P}\boldsymbol{T}_3=\boldsymbol{0}\\ \mathcal{M}\boldsymbol{T}_6+\mathcal{I}\boldsymbol{T}_3=\boldsymbol{0}\\ \mathcal{J}\boldsymbol{T}_4+\mathcal{P}\boldsymbol{T}_6^{\mathrm{T}}=\boldsymbol{0}\end{cases}\tag{2-21}$$

由式（2-21）得到，$\boldsymbol{T}_5=-\mathcal{J}^{-1}\mathcal{P}\boldsymbol{T}_3$，$\boldsymbol{T}_6=-\mathcal{M}^{-1}\mathcal{I}\boldsymbol{T}_3$。将$\boldsymbol{T}_5$、$\boldsymbol{T}_6$代入式（2-21），可以得到

$$\boldsymbol{T}_1=\mathcal{J}^{-1}+\mathcal{J}^{-1}\mathcal{P}\boldsymbol{T}_3\mathcal{P}^{\mathrm{T}}\mathcal{J}^{-1}$$

$$\boldsymbol{T}_2=\mathcal{M}^{-1}+\mathcal{M}^{-1}\mathcal{I}\boldsymbol{T}_3\mathcal{I}^{\mathrm{T}}\mathcal{M}^{-1}$$

$$\boldsymbol{T}_3=-\left(\mathcal{P}^{\mathrm{T}}\mathcal{J}^{-1}\mathcal{P}+\mathcal{I}^{\mathrm{T}}\mathcal{M}^{-1}\mathcal{I}\right)^{-1}$$

$$\boldsymbol{T}_4=\mathcal{J}^{-1}\mathcal{P}\boldsymbol{T}_3\mathcal{I}^{\mathrm{T}}\mathcal{M}^{-1}$$

逆矩阵$\mathcal{J}^{-1}=\mathrm{diag}\left({}^0\boldsymbol{I}_0^{-1},{}^1\boldsymbol{I}_1^{-1},\cdots,{}^n\boldsymbol{I}_n^{-1}\right)$（包含$(n+1)$个逆矩阵${}^i\boldsymbol{I}_i^{-1}$）和$\mathcal{M}^{-1}=\mathrm{diag}\left(\frac{1}{m_0}\boldsymbol{E}_3,\frac{1}{m_1}\boldsymbol{E}_3,\cdots,\frac{1}{m_n}\boldsymbol{E}_3\right)$只涉及标量运算。$\boldsymbol{T}_3$的计算涉及大量的矩阵求逆运算，因而对其计算过程进行如下简化：

定义$\boldsymbol{Q}=\mathcal{P}^{\mathrm{T}}\mathcal{J}^{-1}\mathcal{P}+\mathcal{I}^{\mathrm{T}}\mathcal{M}^{-1}\mathcal{I}$，观察可以发现：由于$\mathcal{P}$、$\mathcal{I}$是长方的块两对角线矩阵以及$\mathcal{J}$、$\mathcal{M}$是块对角线矩阵，$\boldsymbol{Q}$具有对称块三对角矩阵结构（通过直接计算可以看出）。矩阵$\mathcal{I}^{\mathrm{T}}\mathcal{M}^{-1}\mathcal{I}$是正定的（参见文献[8]，定理 8.8.18），并且矩阵$\mathcal{P}^{\mathrm{T}}\mathcal{J}^{-1}\mathcal{P}$是半正定的（参见文献[8]，引理 8.6.13.i）。因而，矩阵$\boldsymbol{Q}$是正定的，并且可以保证$\boldsymbol{Q}$的$\boldsymbol{LDL}^{\mathrm{T}}$分解是存在的[9]，使得$\boldsymbol{T}_3=-\boldsymbol{Q}^{-1}$的解析解（使用式（2-15）～式（2-17）求解）包括n个逆矩阵$\boldsymbol{D}_j^{-1}$。因而，$(9n+6)\times(9n+6)$矩阵$\boldsymbol{T}$的逆可以通过$(2n+1)$个3×3矩阵的逆计算得到。**证毕。**

空间机器人动力学行为可以通过状态$\boldsymbol{x}=\left({}^{\mathrm{I}}\boldsymbol{R}_0,\boldsymbol{\theta},{}^{\mathrm{I}}\boldsymbol{r}_0,{}^0\boldsymbol{\omega}_0,\boldsymbol{\Omega},{}^{\mathrm{I}}\boldsymbol{v}_0\right)\in\mathcal{Q}$来描述，其中，$\boldsymbol{\theta}=\left(\theta_1,\theta_2,\cdots,\theta_n\right)^{\mathrm{T}}$，$\boldsymbol{\Omega}=\dot{\boldsymbol{\theta}}$以及$\mathcal{Q}=SO(3)\times\mathbb{T}^n\times\mathbb{R}^{n+9}$（$\mathbb{T}^n$代表$n$维的环面）。接下来的目标是计算力矩${}^{\mathrm{I}}\boldsymbol{n}_i$并将动力学表示为与关节力矩$u_i$、基座力矩${}^0\boldsymbol{n}_{\mathrm{b}}$和基座推力${}^0\boldsymbol{f}_{\mathrm{b}}$有关。

各连杆的角速度${}^i\boldsymbol{\omega}_i$并不是完全独立的，式（2-7）可以重新表述为

$$\boldsymbol{\omega}=\boldsymbol{A}_1\left({}^0\boldsymbol{\omega}_0^{\mathrm{T}},\dot{\boldsymbol{\Omega}}^{\mathrm{T}}\right)^{\mathrm{T}}\tag{2-22}$$

$$
\boldsymbol{A}_1=\begin{bmatrix}
\boldsymbol{E}_3 & \boldsymbol{0} & & \cdots & & \boldsymbol{0} \\
{}^1\boldsymbol{R}_0 & {}^1\boldsymbol{\eta}_1 & \cdots & & & \\
{}^2\boldsymbol{R}_0 & {}^2\boldsymbol{R}_1{}^1\boldsymbol{\eta}_1 & {}^2\boldsymbol{\eta}_2 & \cdots & & \vdots \\
{}^3\boldsymbol{R}_0 & {}^3\boldsymbol{R}_1{}^1\boldsymbol{\eta}_1 & {}^3\boldsymbol{R}_2{}^2\boldsymbol{\eta}_2 & {}^3\boldsymbol{\eta}_3 & \cdots & \\
\vdots & \vdots & \vdots & \vdots & & \boldsymbol{0} \\
{}^n\boldsymbol{R}_0 & {}^n\boldsymbol{R}_1{}^1\boldsymbol{\eta}_1 & {}^n\boldsymbol{R}_2{}^2\boldsymbol{\eta}_2 & \cdots & {}^n\boldsymbol{R}_{n-1}{}^{n-1}\boldsymbol{\eta}_{n-1} & {}^n\boldsymbol{\eta}_n
\end{bmatrix}\in\mathbb{R}^{3(n+1)\times(n+3)}
$$

将式（2-22）对时间求导可以得到

$$
\dot{\boldsymbol{\omega}}=\boldsymbol{A}_1\left({}^0\dot{\boldsymbol{\omega}}_0^{\mathrm{T}},\dot{\boldsymbol{\Omega}}^{\mathrm{T}}\right)^{\mathrm{T}}+\dot{\boldsymbol{A}}_1\left({}^0\boldsymbol{\omega}_0^{\mathrm{T}},\boldsymbol{\Omega}^{\mathrm{T}}\right)^{\mathrm{T}} \tag{2-23}
$$

使用式（2-14）中矩阵$\boldsymbol{T}$的逆，$\dot{\boldsymbol{\omega}}$可以由式（2-13）得到

$$
\dot{\boldsymbol{\omega}}=\boldsymbol{T}_1\boldsymbol{\Gamma}+\boldsymbol{T}_4\boldsymbol{\mathcal{F}}+\boldsymbol{T}_5\boldsymbol{\mathcal{G}}=\boldsymbol{T}_1\boldsymbol{A}_2\boldsymbol{n}+\boldsymbol{G}_1 \tag{2-24}
$$

式中

$$
\boldsymbol{A}_2=\begin{bmatrix}
\boldsymbol{E}_3 & -{}^0\boldsymbol{R}_{\mathrm{I}} & \boldsymbol{0} & \cdots & \cdots & \boldsymbol{0} \\
\boldsymbol{0} & {}^1\boldsymbol{R}_{\mathrm{I}} & -{}^1\boldsymbol{R}_{\mathrm{I}} & \cdots & & \vdots \\
 & \cdots & {}^2\boldsymbol{R}_{\mathrm{I}} & -{}^2\boldsymbol{R}_{\mathrm{I}} & \cdots & \vdots \\
\vdots & & & \vdots & & \boldsymbol{0} \\
 & & & \vdots & {}^{n-1}\boldsymbol{R}_{\mathrm{I}} & -{}^{n-1}\boldsymbol{R}_{\mathrm{I}} \\
\boldsymbol{0} & & \cdots & & \boldsymbol{0} & {}^n\boldsymbol{R}_{\mathrm{I}}
\end{bmatrix}
$$

是可逆的，$\boldsymbol{n}=\left({}^0\boldsymbol{n}_{\mathrm{b}}^{\mathrm{T}},{}^{\mathrm{I}}\boldsymbol{n}_1^{\mathrm{T}},{}^{\mathrm{I}}\boldsymbol{n}_2^{\mathrm{T}},\cdots,{}^{\mathrm{I}}\boldsymbol{n}_n^{\mathrm{T}}\right)^{\mathrm{T}}$，以及

$$
\boldsymbol{G}_1=\boldsymbol{T}_1\begin{pmatrix}
-\left({}^0\boldsymbol{\omega}_0^{\times}\right){}^0\boldsymbol{I}_0{}^0\boldsymbol{\omega}_0 \\
-\left({}^1\boldsymbol{\omega}_1^{\times}\right){}^1\boldsymbol{I}_1{}^1\boldsymbol{\omega}_1 \\
\vdots \\
-\left({}^n\boldsymbol{\omega}_n^{\times}\right){}^n\boldsymbol{I}_n{}^n\boldsymbol{\omega}_n
\end{pmatrix}+\boldsymbol{T}_4\boldsymbol{\mathcal{F}}+\boldsymbol{T}_5\boldsymbol{\mathcal{G}}
$$

$\boldsymbol{A}_2$的逆可以通过定理 2-1 中$\boldsymbol{L}^{-1}$的计算过程得到

$$
\boldsymbol{A}_2^{-1}=\begin{bmatrix}
\boldsymbol{E}_3 & {}^0\boldsymbol{R}_1 & {}^0\boldsymbol{R}_2 & {}^0\boldsymbol{R}_3 & \cdots & {}^0\boldsymbol{R}_n \\
\boldsymbol{0} & {}^{\mathrm{I}}\boldsymbol{R}_1 & {}^{\mathrm{I}}\boldsymbol{R}_2 & {}^{\mathrm{I}}\boldsymbol{R}_3 & \cdots & {}^{\mathrm{I}}\boldsymbol{R}_n \\
 & \cdots & {}^{\mathrm{I}}\boldsymbol{R}_2 & {}^{\mathrm{I}}\boldsymbol{R}_3 & \cdots & {}^{\mathrm{I}}\boldsymbol{R}_n \\
\vdots & & \vdots & \vdots & & \vdots \\
 & & & \vdots & {}^{\mathrm{I}}\boldsymbol{R}_{n-1} & {}^{\mathrm{I}}\boldsymbol{R}_n \\
\boldsymbol{0} & & \cdots & & \boldsymbol{0} & {}^{\mathrm{I}}\boldsymbol{R}_n
\end{bmatrix} \tag{2-25}
$$

为了使用式（2-23）和式（2-24）消除$\boldsymbol{n}$，使用式（2-10）建立力矩$\boldsymbol{n}$和输入$\tilde{\boldsymbol{n}}\left({}^0\boldsymbol{n}_0^{\mathrm{T}},u_1,u_2,\cdots,u_n\right)^{\mathrm{T}}$之间的关系

$$
\tilde{\boldsymbol{n}}=\boldsymbol{A}_3\boldsymbol{n} \tag{2-26}
$$

$$A_3=\begin{bmatrix} E_3 & 0 & \cdots & \cdots & 0 \\ 0 & {}^1\eta_1^{\mathrm{T}}\,{}^1R_{\mathrm{I}} & \vdots & & \vdots \\ \vdots & \cdots & {}^2\eta_2^{\mathrm{T}}\,{}^2R_{\mathrm{I}} & \cdots & \vdots \\ \vdots & & \vdots & \vdots & 0 \\ 0 & \cdots & \cdots & 0 & {}^n\eta_n^{\mathrm{T}}\,{}^nR_{\mathrm{I}} \end{bmatrix}\in\mathbb{R}^{(n+3)\times 3(n+1)} \tag{2-27}$$

进一步地，通过直接计算可以观察到

$$A_3A_2^{-1}=A_1^{\mathrm{T}} \tag{2-28}$$

使式（2-23）和式（2-24）相等

$$A_1\left({}^0\dot{\omega}_0^{\mathrm{T}},\dot{\Omega}^{\mathrm{T}}\right)^{\mathrm{T}}+\dot{A}_1\left({}^0\omega_0^{\mathrm{T}},\Omega^{\mathrm{T}}\right)^{\mathrm{T}}=T_1A_2n+G_1 \tag{2-29}$$

并重新调整各项的位置可以得到

$$A_2^{-1}T_1^{-1}A_1\left({}^0\dot{\omega}_0^{\mathrm{T}},\dot{\Omega}^{\mathrm{T}}\right)^{\mathrm{T}}=n+A_2^{-1}T_1^{-1}G_1-A_2^{-1}T_1^{-1}\dot{A}_1\left({}^0\omega_0^{\mathrm{T}},\Omega^{\mathrm{T}}\right)^{\mathrm{T}} \tag{2-30}$$

在方程两端前边乘以 A_3，得到

$$\begin{aligned}A_3T_2^{-1}T_1^{-1}A_1\left({}^0\dot{\omega}_0^{\mathrm{T}},\dot{\Omega}^{\mathrm{T}}\right)^{\mathrm{T}}=A_3n+A_3A_2^{-1}T_1^{-1}G_1 -\\ A_3A_2^{-1}T_1^{-1}\dot{A}_1\left({}^0\omega_0^{\mathrm{T}},\Omega^{\mathrm{T}}\right)^{\mathrm{T}}\end{aligned} \tag{2-31}$$

将式（2-26）和式（2-28）代入式（2-31），可以得到

$$A_1^{\mathrm{T}}T_1^{-1}A_1\begin{pmatrix}{}^0\dot{\omega}_0\\ \dot{\Omega}\end{pmatrix}=\tilde{n}+A_1^{\mathrm{T}}T_1^{-1}G_1-A_1^{\mathrm{T}}T_1^{-1}\dot{A}_1\begin{pmatrix}{}^0\omega_0\\ \Omega\end{pmatrix} \tag{2-32}$$

式中：$A_1^{\mathrm{T}}T_1^{-1}A_1\in\mathbb{R}^{(n+3)\times(n+3)}$ 为正定矩阵并且 $\mathrm{rank}(A_1)=(n+3)$。式（2-32）所示的动力学方程的结构与欧拉–拉格朗日形式下的方程不同，因为 ${}^0\omega_0$ 不是广义速度且 ${}^0\dot{\omega}_0$ 不能通过欧拉–拉格朗日方程得到。同时，力矩 n（包括机械机构承受的力矩）已经被消除并得到了只依赖于 $\tilde{n}$（即基座力矩 ${}^0n_{\mathrm{b}}$ 和关节力矩 u_i）的动力学模型。

接下来，从线动力学 ${}^{\mathrm{I}}\dot{v}_0$ 中消除 n，考虑如下关系

$$m_0\,{}^{\mathrm{I}}\dot{v}_0+\sum_{i=1}^{n}m_i\,{}^{\mathrm{I}}\dot{v}_0={}^{\mathrm{I}}R_0\,{}^0\eta_0f_{\mathrm{b}}-\sum_{i=0}^{n}\frac{cm_i}{\left\|{}^{\mathrm{I}}r_i\right\|^3}{}^{\mathrm{I}}r_i \tag{2-33}$$

由式（2-4）、式（2-6）、式（2-22）和式（2-23），${}^{\mathrm{I}}\dot{v}_0$ 项可以表示为关于 ${}^{\mathrm{I}}\dot{v}_0$、${}^0\dot{\omega}_0$、$\dot{\Omega}$ 的函数，并进一步将式（2-32）中的 ${}^0\dot{\omega}_0$、$\dot{\Omega}$ 代入可以得到

$$\left(\sum_{i=1}^{n}m_i\right){}^{\mathrm{I}}\dot{v}_0=G_2+{}^{\mathrm{I}}R_0\,{}^0\eta_0f_{\mathrm{b}}-\sum_{i=0}^{n}\frac{cm_i}{\left\|{}^{\mathrm{I}}r_i\right\|^3}{}^{\mathrm{I}}r_i \tag{2-34}$$

式中：G_2 为 x、$\tilde{n}$、f_{b} 的函数。空间机器人动力学模型在关节空间下的表示可以通过式（2-32）和式（2-34）得到

$$\begin{cases} {}^{\mathrm{I}}\dot{\boldsymbol{R}}_0 = {}^{\mathrm{I}}\boldsymbol{R}_0^0\boldsymbol{\omega}_0^{\times} \\ \dot{\boldsymbol{\theta}} = \boldsymbol{\Omega} \\ {}^{\mathrm{I}}\boldsymbol{r}_0 = {}^{\mathrm{I}}\boldsymbol{v}_0 \\ {}^0\dot{\boldsymbol{\omega}}_0 = \boldsymbol{f}_1(\boldsymbol{x}) + \boldsymbol{g}_{11}(\boldsymbol{x})\,{}^0\boldsymbol{n}_{\mathrm{b}} + \boldsymbol{g}_{12}(\boldsymbol{x})\boldsymbol{u} + \boldsymbol{g}_{13}(\boldsymbol{x})f_{\mathrm{b}} \\ \dot{\boldsymbol{\Omega}} = \boldsymbol{f}_2(\boldsymbol{x}) + \boldsymbol{g}_{21}(\boldsymbol{x})\,{}^0\boldsymbol{n}_{\mathrm{b}} + \boldsymbol{g}_{22}(\boldsymbol{x})\boldsymbol{u} + \boldsymbol{g}_{23}(\boldsymbol{x})f_{\mathrm{b}} \\ {}^{\mathrm{I}}\dot{\boldsymbol{v}}_0 = \boldsymbol{f}_3(\boldsymbol{x}) + \boldsymbol{g}_{31}(\boldsymbol{x})\,{}^0\boldsymbol{n}_{\mathrm{b}} + \boldsymbol{g}_{32}(\boldsymbol{x})\boldsymbol{u} + \boldsymbol{g}_{33}(\boldsymbol{x})f_{\mathrm{b}} \end{cases} \tag{2-35}$$

式中：$\boldsymbol{f}_1:\mathcal{Q}\to\mathbb{R}^3$，$\boldsymbol{f}_2:\mathcal{Q}\to\mathbb{R}^n$，$\boldsymbol{f}_3:\mathcal{Q}\to\mathbb{R}^3$为偏移的向量场；$\boldsymbol{g}_{11}:\mathcal{Q}\to\mathbb{R}^{3\times3}$，$\boldsymbol{g}_{12}:\mathcal{Q}\to\mathbb{R}^{3\times n}$，$\boldsymbol{g}_{13}:\mathcal{Q}\to\mathbb{R}^3$，$\boldsymbol{g}_{21}:\mathcal{Q}\to\mathbb{R}^{n\times3}$，$\boldsymbol{g}_{22}:\mathcal{Q}\to\mathbb{R}^{n\times n}$，$\boldsymbol{g}_{23}:\mathcal{Q}\to\mathbb{R}^n$，$\boldsymbol{g}_{31}:\mathcal{Q}\to\mathbb{R}^{3\times3}$，$\boldsymbol{g}_{32}:\mathcal{Q}\to\mathbb{R}^{3\times n}$，$\boldsymbol{g}_{33}:\mathcal{Q}\to\mathbb{R}^3$为控制向量场且$\boldsymbol{u}=(u_1,u_2,\cdots,u_n)$。

本节给出了空间机器人牛顿–欧拉方程形式的动力学方程，在本书后续章节的研究中，牛顿–欧拉方程形式的动力学方程往往与拉格朗日方程形式的动力学方程结合使用，首先从拉格朗日方程出发推导空间机器人的动力学方程，对于其中不易解析表达的向心力与科氏力，使用一种递归牛顿–欧拉算法进行计算[10]。

2.2.2 拉格朗日方程形式动力学模型

2.2.1 节中使用牛顿–欧拉方程建立了空间机器人的动力学方程，可以知道所有连杆生成运动的方向以及大小。然而，可以看出，使用牛顿–欧拉方程建立空间机器人动力学模型的过程太过复杂，动力学方程组涉及大量的微分方程。拉格朗日方法分析动力学是以能量的角度来看待系统的，对于空间机器人这样的多刚体系统，可以首先计算系统的动能，并将其代入拉格朗日方程，就可以得到相应的动力学方程。本节使用拉格朗日方程推导空间机器人的动力学模型。

如图 2-1 所示，空间机器人各连杆质心和末端执行器的位置向量可以表示为

$${}^{\mathrm{I}}\boldsymbol{r}_i = {}^{\mathrm{I}}\boldsymbol{p}_i + {}^{\mathrm{I}}\boldsymbol{a}_i = {}^{\mathrm{I}}\boldsymbol{r}_0 + {}^{\mathrm{I}}\boldsymbol{b}_0 + \sum_{j=1}^{i-1}\left({}^{\mathrm{I}}\boldsymbol{a}_j + {}^{\mathrm{I}}\boldsymbol{b}_j\right) + {}^{\mathrm{I}}\boldsymbol{a}_i, i=1,2,\cdots,n \tag{2-36}$$

$${}^{\mathrm{I}}\boldsymbol{p}_{\mathrm{e}} = {}^{\mathrm{I}}\boldsymbol{r}_n + {}^{\mathrm{I}}\boldsymbol{b}_n = {}^{\mathrm{I}}\boldsymbol{r}_0 + {}^{\mathrm{I}}\boldsymbol{b}_0 + \sum_{j=1}^{n}\left({}^{\mathrm{I}}\boldsymbol{a}_j + {}^{\mathrm{I}}\boldsymbol{b}_j\right) \tag{2-37}$$

空间机器人各连杆质心和末端执行器的线速度可以表示为

$${}^{\mathrm{I}}\boldsymbol{v}_i = {}^{\mathrm{I}}\dot{\boldsymbol{r}}_i = {}^{\mathrm{I}}\boldsymbol{v}_0 + {}^{\mathrm{I}}\boldsymbol{\omega}_0^{\times}\left({}^{\mathrm{I}}\boldsymbol{r}_i - {}^{\mathrm{I}}\boldsymbol{r}_0\right) + \sum_{j=1}^{i}\dot{\boldsymbol{\theta}}\,{}^{\mathrm{I}}\boldsymbol{\eta}_j^{\times}\left({}^{\mathrm{I}}\boldsymbol{r}_i - {}^{\mathrm{I}}\boldsymbol{p}_j\right) \tag{2-38}$$

$${}^{\mathrm{I}}\boldsymbol{v}_{\mathrm{e}} = {}^{\mathrm{I}}\dot{\boldsymbol{p}}_{\mathrm{e}} = {}^{\mathrm{I}}\boldsymbol{v}_0 + {}^{\mathrm{I}}\boldsymbol{\omega}_0^{\times}\left({}^{\mathrm{I}}\boldsymbol{p}_{\mathrm{e}} - {}^{\mathrm{I}}\boldsymbol{r}_0\right) + \sum_{j=1}^{n}\dot{\boldsymbol{\theta}}_j\,{}^{\mathrm{I}}\boldsymbol{\eta}_j^{\times}\left({}^{\mathrm{I}}\boldsymbol{p}_{\mathrm{e}} - {}^{\mathrm{I}}\boldsymbol{p}_j\right) \tag{2-39}$$

式中：${}^{\mathrm{I}}\boldsymbol{\eta}_j$为沿关节$j$轴线并表示在惯性系下的单位向量。

同时，各关节和末端执行器的角速度可以表示为

$$ {}^{\mathrm{I}}\boldsymbol{\omega}_i = {}^{\mathrm{I}}\boldsymbol{\omega}_0 + \sum_{j=1}^{i} \dot{\boldsymbol{\theta}}_j \, {}^{\mathrm{I}}\boldsymbol{\eta}_j \tag{2-40} $$

$$ {}^{\mathrm{I}}\boldsymbol{\omega}_e = {}^{\mathrm{I}}\boldsymbol{\omega}_0 + \sum_{j=1}^{n} \dot{\boldsymbol{\theta}}_j \, {}^{\mathrm{I}}\boldsymbol{\eta}_j \tag{2-41} $$

可以将末端执行器的线速度和角速度统一表示为

$$ \begin{bmatrix} {}^{\mathrm{I}}\boldsymbol{v}_{\mathrm{e}} \\ {}^{\mathrm{I}}\boldsymbol{\omega}_{\mathrm{e}} \end{bmatrix} = \boldsymbol{J}_{\mathrm{b}} \begin{bmatrix} {}^{\mathrm{I}}\boldsymbol{v}_0 \\ {}^{\mathrm{I}}\boldsymbol{\omega}_0 \end{bmatrix} + \boldsymbol{J}_{\mathrm{m}} \dot{\boldsymbol{\theta}} \tag{2-42} $$

式中

$$ \boldsymbol{J}_{\mathrm{b}} = \begin{bmatrix} \boldsymbol{J}_{\mathrm{b}v} \\ \boldsymbol{J}_{\mathrm{b}\omega} \end{bmatrix} = \begin{bmatrix} \boldsymbol{E}_3 & -{}^{\mathrm{I}}\boldsymbol{p}_{0\mathrm{e}}^{\times} \\ 0 & \boldsymbol{E}_3 \end{bmatrix} \in \mathbb{R}^{6\times 6}, {}^{\mathrm{I}}\boldsymbol{p}_{0\mathrm{e}} = {}^{\mathrm{I}}\boldsymbol{p}_{\mathrm{e}} - {}^{\mathrm{I}}\boldsymbol{r}_0 \tag{2-43} $$

$$ \boldsymbol{J}_{\mathrm{m}} = \begin{bmatrix} \boldsymbol{J}_{\mathrm{m}v} \\ \boldsymbol{J}_{\mathrm{m}\omega} \end{bmatrix} = \begin{bmatrix} {}^{\mathrm{I}}\boldsymbol{\eta}_1^{\times}\left({}^{\mathrm{I}}\boldsymbol{p}_{\mathrm{e}} - {}^{\mathrm{I}}\boldsymbol{p}_n\right) & \cdots & {}^{\mathrm{I}}\boldsymbol{\eta}_n^{\times}\left({}^{\mathrm{I}}\boldsymbol{p}_{\mathrm{e}} - {}^{\mathrm{I}}\boldsymbol{p}_n\right) \\ {}^{\mathrm{I}}\boldsymbol{\eta}_1 & \cdots & {}^{\mathrm{I}}\boldsymbol{\eta}_n \end{bmatrix} \in \mathbb{R}^{6\times n} \tag{2-44} $$

式中：$\boldsymbol{J}_{\mathrm{b}}$ 为与基座运动相关的雅可比矩阵；$\boldsymbol{J}_{\mathrm{b}v}$、$\boldsymbol{J}_{\mathrm{b}\omega}$ 为 $\boldsymbol{J}_{\mathrm{b}}$ 的分块矩阵，分别对应基座的线速度和角速度；$\boldsymbol{J}_{\mathrm{m}}$ 为与机械臂运动相关的雅可比矩阵，类似地，$\boldsymbol{J}_{\mathrm{m}v}$、$\boldsymbol{J}_{\mathrm{m}\omega}$ 为矩阵 $\boldsymbol{J}_{\mathrm{m}}$ 的分块矩阵。

拉格朗日方程已经广泛应用于多刚体系统动力学，第二类拉格朗日方程如下

$$ \boldsymbol{Q}_{\mathrm{f}} = \frac{\mathrm{d}}{\mathrm{d}t}\left(\frac{\partial L}{\partial \dot{\boldsymbol{q}}}\right) - \frac{\partial L}{\partial \boldsymbol{q}} \tag{2-45} $$

式中：$\boldsymbol{q}$ 为描述系统位形的独立的广义坐标；$\boldsymbol{Q}_{\mathrm{f}}$ 为广义坐标 $\boldsymbol{q}$ 对应的广义力；L 称为拉格朗日函数，与系统的动能 T 以及势能 V 满足关系

$$ L = T - V \tag{2-46} $$

空间机器人系统处于空间微重力环境中，存在 $V = 0$，空间机器人系统的动能包括基座和各连杆运动产生的动能为

$$ \begin{aligned} T &= \sum_{i=0}^{n} T_i = \sum_{i=0}^{n}\left(\frac{1}{2} m_i \, {}^{\mathrm{I}}\boldsymbol{v}_i^{\mathrm{T}} \cdot {}^{\mathrm{I}}\boldsymbol{v}_i + \frac{1}{2} \, {}^{\mathrm{I}}\boldsymbol{\omega}_i^{\mathrm{T}} \, {}^{\mathrm{I}}\boldsymbol{I}_i \, {}^{\mathrm{I}}\boldsymbol{\omega}_i\right) \\ &= \frac{1}{2}\begin{bmatrix} {}^{\mathrm{I}}\boldsymbol{v}_0^{\mathrm{T}} & {}^{\mathrm{I}}\boldsymbol{\omega}_0^{\mathrm{T}} & \dot{\boldsymbol{\theta}}^{\mathrm{T}} \end{bmatrix} \begin{bmatrix} \boldsymbol{h}_{11} & \boldsymbol{h}_{12} & \boldsymbol{h}_{13} \\ \boldsymbol{h}_{21} & \boldsymbol{h}_{22} & \boldsymbol{h}_{23} \\ \boldsymbol{h}_{31} & \boldsymbol{h}_{32} & \boldsymbol{h}_{33} \end{bmatrix} \begin{bmatrix} {}^{\mathrm{I}}\boldsymbol{v}_0 \\ {}^{\mathrm{I}}\boldsymbol{\omega}_0 \\ \dot{\boldsymbol{\theta}} \end{bmatrix} \end{aligned} \tag{2-47} $$

式中：m_i 包括基座和连杆 i 的质量；${}^{\mathrm{I}}\boldsymbol{I}_i$ 包括基座和连杆 i 在惯性系下的惯性张量。

将式（2-38）和式（2-40）代入式（2-47）展开，得到系统动能中包含以下各项：

①
$$ \sum_{i=0}^{n} m_i \boldsymbol{v}_0^{\mathrm{T}} \boldsymbol{v}_0 = M \boldsymbol{v}_0^{\mathrm{T}} \boldsymbol{v}_0 \quad \Rightarrow \quad \boldsymbol{h}_{11} = M\boldsymbol{E}_3 $$

② $$\sum_{i=0}^{n}\boldsymbol{\omega}_0^{\mathrm{T}} I_i \boldsymbol{\omega}_0 + \sum_{i=0}^{n} m_i \boldsymbol{\omega}_0^{\mathrm{T}} \left(\boldsymbol{r}_i^{\times}\right)^{\mathrm{T}} \left(\boldsymbol{r}_i^{\times}\right) \boldsymbol{\omega}_0 = \sum_{i=1}^{n} \boldsymbol{\omega}_0^{\mathrm{T}} \left[\left(\boldsymbol{I}_i + m_i \left(\boldsymbol{r}_{0i}^{\times}\right)^{\mathrm{T}} \left(\boldsymbol{r}_{0i}^{\times}\right)\right) + \boldsymbol{I}_0\right] \boldsymbol{\omega}_0$$
$$= \boldsymbol{\omega}_0^{\mathrm{T}} \boldsymbol{H}_{\omega} \boldsymbol{\omega}_0 \quad \Rightarrow \boldsymbol{h}_{22} = \boldsymbol{H}_{\omega}$$

③ $$\sum_{i=0}^{n}\left[\left(\sum_{k=1}^{i}\boldsymbol{\eta}_k \dot{\boldsymbol{\theta}}_k\right)^{\mathrm{T}} \boldsymbol{I}_i \sum_{k=1}^{i}\boldsymbol{\eta}_k \dot{\boldsymbol{\theta}}_k\right] +$$
$$\sum_{i=0}^{n}\left\{m_i \left(\sum_{k=1}^{i}\left[\boldsymbol{\eta}_k \times (\boldsymbol{r}_k - \boldsymbol{p}_k)\right]\dot{\boldsymbol{\theta}}_k\right)^{\mathrm{T}} \left(\sum_{k=1}^{i}\left[\boldsymbol{\eta}_k \times (\boldsymbol{r}_k - \boldsymbol{p}_k)\right]\dot{\boldsymbol{\theta}}_k\right)\right\}$$
$$= \sum_{i=0}^{n}\left[\dot{\boldsymbol{\theta}}^{\mathrm{T}} \left(\sum_{k=1}^{i}\boldsymbol{\eta}_k\right)^{\mathrm{T}} \boldsymbol{I}_i \left(\sum_{k=1}^{i}\boldsymbol{\eta}_k\right)\dot{\boldsymbol{\theta}}\right] +$$
$$\sum_{i=0}^{n}\left\{m_i \dot{\boldsymbol{\theta}}^{\mathrm{T}} \left(\sum_{k=1}^{i}\left[\boldsymbol{\eta}_k \times (\boldsymbol{r}_k - \boldsymbol{p}_k)\right]\right)^{\mathrm{T}} \left(\sum_{k=1}^{i}\left[\boldsymbol{\eta}_k \times (\boldsymbol{r}_k - \boldsymbol{p}_k)\right]\right)\dot{\boldsymbol{\theta}}\right\}$$
$$= \dot{\boldsymbol{\theta}}^{\mathrm{T}} \left[\sum_{i=1}^{n}\left(\boldsymbol{J}_{\mathrm{R}i}^{\mathrm{T}} \boldsymbol{I}_i \boldsymbol{J}_{\mathrm{R}i} + m_i \boldsymbol{J}_{\mathrm{T}i}^{\mathrm{T}} \boldsymbol{J}_{\mathrm{T}i}\right)\right]\dot{\boldsymbol{\theta}} = \dot{\boldsymbol{\theta}}^{\mathrm{T}} \boldsymbol{H}_{\mathrm{m}} \dot{\boldsymbol{\theta}} \quad \Rightarrow \boldsymbol{h}_{33} = \boldsymbol{H}_{\mathrm{m}}$$

④ $$\sum_{i=0}^{n} m_i \boldsymbol{v}_0^{\mathrm{T}} \left(\boldsymbol{r}_{0i}^{\times}\right)^{\mathrm{T}} \boldsymbol{\omega}_0 = \boldsymbol{v}_0^{\mathrm{T}} M \left(\boldsymbol{r}_{0\mathrm{g}}^{\times}\right)^{\mathrm{T}} \boldsymbol{\omega}_0 \quad \Rightarrow \boldsymbol{h}_{12} = M\left(\boldsymbol{r}_{0\mathrm{g}}^{\times}\right)^{\mathrm{T}}, \boldsymbol{h}_{21} = \boldsymbol{h}_{12}^{\mathrm{T}} = M\boldsymbol{r}_{0\mathrm{g}}^{\times}$$

⑤ $$\sum_{i=0}^{n} m_i \boldsymbol{v}_0^{\mathrm{T}} \left\{\sum_{k=1}^{i}\left[\boldsymbol{\eta}_k \times (\boldsymbol{r}_k - \boldsymbol{p}_k)\right]\dot{\theta}_k\right\} = \boldsymbol{v}_0^{\mathrm{T}} \sum_{i=0}^{n}\left\{m_i \sum_{k=1}^{i}\left[\boldsymbol{\eta}_k \times (\boldsymbol{r}_k - \boldsymbol{p}_k)\right]\right\}\dot{\boldsymbol{\theta}}$$
$$= \boldsymbol{v}_0^{\mathrm{T}} \boldsymbol{J}_{\mathrm{T}\omega} \dot{\boldsymbol{\theta}} \Rightarrow \quad \boldsymbol{h}_{33} = \boldsymbol{J}_{\mathrm{T}\omega}, \boldsymbol{h}_{31} = \boldsymbol{h}_{13}^{\mathrm{T}} = \boldsymbol{J}_{\mathrm{T}\omega}^{\mathrm{T}}$$

⑥ $$\sum_{i=0}^{n}\left\{\boldsymbol{\omega}_0^{\mathrm{T}} \boldsymbol{I}_i \sum_{k=1}^{i}\left[\boldsymbol{\eta}_k \times (\boldsymbol{r}_k - \boldsymbol{p}_k)\right]\dot{\theta}_k + m_i \boldsymbol{\omega}_0^{\mathrm{T}} \left(\boldsymbol{r}_{0i}^{\times}\right)^{\mathrm{T}} \sum_{k=1}^{i}\left[\boldsymbol{\eta}_k \times (\boldsymbol{r}_k - \boldsymbol{p}_k)\right]\dot{\theta}_k\right\}$$
$$= \boldsymbol{\omega}_0^{\mathrm{T}} \sum_{i=0}^{n}\left\{\boldsymbol{I}_i \sum_{k=1}^{i}\left[\boldsymbol{\eta}_k \times (\boldsymbol{r}_k - \boldsymbol{p}_k)\right] + m_i \left(\boldsymbol{r}_{0i}^{\times}\right)^{\mathrm{T}} \sum_{k=1}^{i}\left[\boldsymbol{\eta}_k \times (\boldsymbol{r}_k - \boldsymbol{p}_k)\right]\right\}\dot{\boldsymbol{\theta}}$$
$$= \boldsymbol{\omega}_0^{\mathrm{T}} \boldsymbol{H}_{\omega\phi} \dot{\boldsymbol{\theta}}$$
$$\Rightarrow \quad \boldsymbol{h}_{23} = \boldsymbol{H}_{\omega\phi},\ \boldsymbol{h}_{32} = \boldsymbol{h}_{23}^{\mathrm{T}} = \boldsymbol{H}_{\omega\phi}^{\mathrm{T}}$$

因而，空间机器人的动能可以重新表述为

$$T = \frac{1}{2}\begin{bmatrix}\boldsymbol{v}_0^{\mathrm{T}} & \boldsymbol{\omega}_0^{\mathrm{T}} & \dot{\boldsymbol{\theta}}^{\mathrm{T}}\end{bmatrix}\begin{bmatrix} M\boldsymbol{E}_3 & M\left(\boldsymbol{r}_{0\mathrm{g}}^{\times}\right)^{\mathrm{T}} & \boldsymbol{J}_{\mathrm{T}\omega} \\ M\boldsymbol{r}_{0\mathrm{g}}^{\times} & \boldsymbol{H}_{\omega} & \boldsymbol{H}_{\omega\phi} \\ \boldsymbol{J}_{\mathrm{T}\omega}^{\mathrm{T}} & \boldsymbol{H}_{\omega\phi}^{\mathrm{T}} & \boldsymbol{H}_{\mathrm{m}}\end{bmatrix}\begin{bmatrix}\boldsymbol{v}_0 \\ \boldsymbol{\omega}_0 \\ \dot{\boldsymbol{\theta}}\end{bmatrix} \tag{2-48}$$
$$= \frac{1}{2}\begin{bmatrix}\dot{\boldsymbol{x}}_0^{\mathrm{T}} & \dot{\boldsymbol{\theta}}^{\mathrm{T}}\end{bmatrix}\begin{bmatrix}\boldsymbol{H}_{\mathrm{b}} & \boldsymbol{H}_{\mathrm{bm}} \\ \boldsymbol{H}_{\mathrm{bm}}^{\mathrm{T}} & \boldsymbol{H}_{\mathrm{m}}\end{bmatrix}\begin{bmatrix}\dot{\boldsymbol{x}}_0 \\ \dot{\boldsymbol{\theta}}\end{bmatrix}$$

式中：$\dot{\boldsymbol{x}}_0 = \left[\boldsymbol{v}_0^{\mathrm{T}}, \boldsymbol{\omega}_0^{\mathrm{T}}\right]^{\mathrm{T}}$ 为基座质心线速度和基座角速度组合的向量。

对于空间机器人系统，$L=T$，代入式（2-45）表示的拉格朗日方程，可以得到空间机器人的一般动力学方程

$$\begin{bmatrix} \boldsymbol{H}_{\mathrm{b}} & \boldsymbol{H}_{\mathrm{bm}} \\ \boldsymbol{H}_{\mathrm{bm}}^{\mathrm{T}} & \boldsymbol{H}_{\mathrm{m}} \end{bmatrix} \begin{bmatrix} \ddot{\boldsymbol{x}}_0 \\ \ddot{\boldsymbol{\theta}} \end{bmatrix} + \begin{bmatrix} \boldsymbol{c}_{\mathrm{b}} \\ \boldsymbol{c}_{\mathrm{m}} \end{bmatrix} = \begin{bmatrix} \boldsymbol{F}_{\mathrm{b}} \\ \boldsymbol{\tau} \end{bmatrix} + \begin{bmatrix} \boldsymbol{J}_{\mathrm{b}}^{\mathrm{T}} \\ \boldsymbol{J}_{\mathrm{m}}^{\mathrm{T}} \end{bmatrix} \boldsymbol{F}_{\mathrm{e}} \tag{2-49}$$

式中：$\boldsymbol{c}_{\mathrm{b}}$、$\boldsymbol{c}_{\mathrm{m}}$ 分别为与基座、机械臂运动相关的非线性力，包括向心力和科氏力；$\boldsymbol{F}_{\mathrm{b}}$ 为作用在基座上的外力 $\boldsymbol{f}_{\mathrm{b}}$ 和外力矩 $\boldsymbol{n}_{\mathrm{b}}$；$\boldsymbol{\tau}$ 为机械臂关节的输入力矩；当机械臂末端执行器和目标发生碰撞时，$\boldsymbol{F}_{\mathrm{e}}$ 为碰撞产生的外力 $\boldsymbol{f}_{\mathrm{e}}$ 和外力矩 $\boldsymbol{n}_{\mathrm{e}}$。值得注意的是，本小节并没有给出将空间机器人动能代入拉格朗日方程来得到动力学方程式（2-49）的详细过程，比如没有给出相应的广义坐标 $\boldsymbol{q}$ 和广义力 $\boldsymbol{Q}_{\mathrm{f}}$ 的定义。原因在于避免内容重复，类似的过程将在 2.2.3 节中使用拉格朗日方程建立空间机器人更一般的动力学方程时给出详细解释。

2.2.3 逆链动力学模型

通常使用的空间机器人的动力学模型以基座姿态、基座质心位置和关节角作为广义坐标，如空间机器人动力学模型式（2-49）。近年来，空间双足机器人和在轨服务操作技术得到了快速发展，空间双足机器人在作业过程中基座和末端执行器没有严格的区分；同时考虑到空间机器人抓捕目标后，也可将目标航天器或末端执行器视为基座、基座航天器视为末端执行器，本小节将空间机器人的末端执行器视为“虚拟基座”，而将基座航天器视为“虚拟执行器”，建立将末端执行器视为虚拟基座的空间机器人逆链动力学模型。

将末端执行器视为虚拟基座的空间机器人示意图如图 2-2 所示，图 2-2 中给出了相关坐标系、相关变量及其关系的定义。

如果将末端执行器视为“虚拟基座”，而将基座航天器视为“虚拟执行器”，则真实末端执行器的位姿变量可以作为一部分广义坐标直接出现在建立的系统动力学模型中，使得不需要求解逆运动学问题，而可以更容易地直接依赖建立的动力学方程设计末端执行器的控制器[4]。然而，在以航天器和末端执行器作为基座/“虚拟基座”时，分别关注对航天器质心和末端执行器端点位置的控制。因而，在将末端执行器视为“虚拟基座”时，不能简单地将式（2-49）用作系统的动力学方程，因为其以基座质心而非其端点作为广义坐标。

如图 2-2 所示，本书在基座（航天器或末端执行器）上定义一个一般的参考点，指定参考点到质心的位置向量为 $\boldsymbol{a}_0$，并在下文中以参考点的位置作为广义坐标推导空间机器人的动力学方程。最后，变量 $\boldsymbol{a}_0$ 将出现在系统的动力学方程中。当航天器作为基座时，选择使 $\boldsymbol{a}_0=\boldsymbol{0}$，则参考点为航天器质心；当末端执行器作为基座时，选择使 $\boldsymbol{a}_0=-\boldsymbol{b}_n$，则参考点为末端执行器端点。因而，选择以参考点位置作为广义坐标下得到的系统动力学方程将同时适用于以航天器或末端执行器为基座的情形。

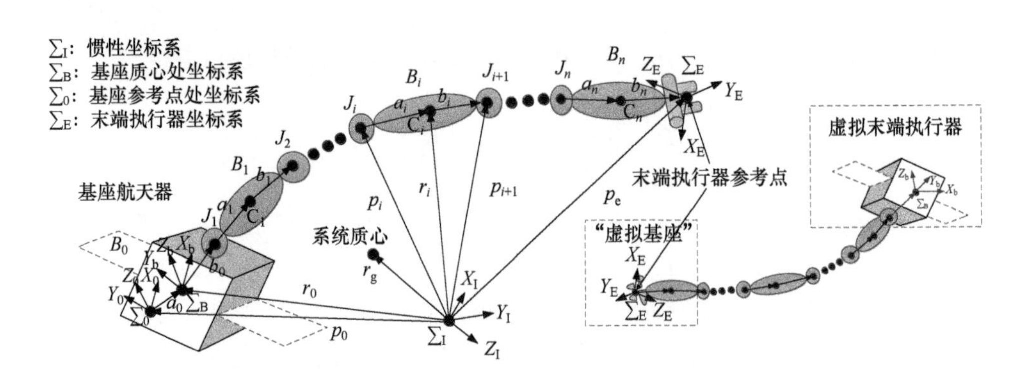

图 2-2　将末端执行器视为"虚拟基座"的空间机器人示意图

根据图 2-2 中坐标系和相关变量及其关系的定义，连杆 i 质心和末端执行器端点的位置在惯性坐标系下可以表示为

$$ {}^{\mathrm{I}}\boldsymbol{r}_i = {}^{\mathrm{I}}\boldsymbol{p}_0 + \sum_{j=0}^{i-1}\left({}^{\mathrm{I}}\boldsymbol{a}_j + {}^{\mathrm{I}}\boldsymbol{b}_j\right) + {}^{\mathrm{I}}\boldsymbol{a}_i \tag{2-50} $$

$$ {}^{\mathrm{I}}\boldsymbol{p}_{\mathrm{e}} = {}^{\mathrm{I}}\boldsymbol{p}_0 + \sum_{j=0}^{n}\left({}^{\mathrm{I}}\boldsymbol{a}_j + {}^{\mathrm{I}}\boldsymbol{b}_j\right) \tag{2-51} $$

相应的线速度为

$$ {}^{\mathrm{I}}\boldsymbol{v}_i = {}^{\mathrm{I}}\boldsymbol{v}_0 + {}^{\mathrm{I}}\boldsymbol{\omega}_0^{\times}\left({}^{\mathrm{I}}\boldsymbol{r}_i - {}^{\mathrm{I}}\boldsymbol{p}_0\right) + \sum_{j=1}^{i}\dot{\theta}_j\,{}^{\mathrm{I}}\boldsymbol{\eta}_j^{\times}\left({}^{\mathrm{I}}\boldsymbol{r}_i - {}^{\mathrm{I}}\boldsymbol{p}_j\right) \tag{2-52} $$

$$ {}^{\mathrm{I}}\boldsymbol{v}_{\mathrm{e}} = {}^{\mathrm{I}}\boldsymbol{v}_0 + {}^{\mathrm{I}}\boldsymbol{\omega}_0^{\times}\left({}^{\mathrm{I}}\boldsymbol{p}_{\mathrm{e}} - {}^{\mathrm{I}}\boldsymbol{p}_0\right) + \sum_{j=1}^{n}\dot{\theta}_j\,{}^{\mathrm{I}}\boldsymbol{\eta}_j^{\times}\left({}^{\mathrm{I}}\boldsymbol{p}_{\mathrm{e}} - {}^{\mathrm{I}}\boldsymbol{p}_j\right) \tag{2-53} $$

连杆 i 和末端执行器在惯性坐标系下的角速度表示为

$$ {}^{\mathrm{I}}\boldsymbol{\omega}_i = {}^{\mathrm{I}}\boldsymbol{\omega}_0 + \sum_{j=1}^{i}\dot{\theta}_j\,{}^{\mathrm{I}}\boldsymbol{\eta}_j \tag{2-54} $$

$$ {}^{\mathrm{I}}\boldsymbol{\omega}_{\mathrm{e}} = {}^{\mathrm{I}}\boldsymbol{\omega}_0 + \sum_{j=1}^{n}\dot{\theta}_j\,{}^{\mathrm{I}}\boldsymbol{\eta}_j \tag{2-55} $$

将式（2-53）和式（2-55）组合，可以将末端执行器的线/角速度表示为与基座线/角速度和关节速度相关的表达式

$$ \begin{bmatrix} {}^{\mathrm{I}}\boldsymbol{v}_{\mathrm{e}} \\ {}^{\mathrm{I}}\boldsymbol{\omega}_{\mathrm{e}} \end{bmatrix} = \boldsymbol{J}_{\mathrm{b}}'\begin{bmatrix} {}^{\mathrm{I}}\boldsymbol{v}_0 \\ {}^{\mathrm{I}}\boldsymbol{\omega}_0 \end{bmatrix} + \boldsymbol{J}_{\mathrm{m}}'\dot{\boldsymbol{\theta}} \tag{2-56} $$

式中：雅可比矩阵 $\boldsymbol{J}_{\mathrm{b}}'$ 和 $\boldsymbol{J}_{\mathrm{m}}'$ 通过下式得到

$$ \boldsymbol{J}_{\mathrm{b}}' = \begin{bmatrix} \boldsymbol{E}_3 & -{}^{\mathrm{I}}\boldsymbol{p}_{0\mathrm{e}}^{\times} \\ 0 & \boldsymbol{E}_3 \end{bmatrix},\quad {}^{\mathrm{I}}\boldsymbol{p}_{0\mathrm{e}} = {}^{\mathrm{I}}\boldsymbol{p}_{\mathrm{e}} - {}^{\mathrm{I}}\boldsymbol{p}_0 \tag{2-57} $$

$$ \boldsymbol{J}_{\mathrm{m}}' = \begin{bmatrix} {}^{\mathrm{I}}\boldsymbol{\eta}_1^{\times}\left({}^{\mathrm{I}}\boldsymbol{p}_{\mathrm{e}} - {}^{\mathrm{I}}\boldsymbol{p}_1\right) & \cdots & {}^{\mathrm{I}}\boldsymbol{\eta}_n^{\times}\left({}^{\mathrm{I}}\boldsymbol{p}_{\mathrm{e}} - {}^{\mathrm{I}}\boldsymbol{p}_n\right) \\ {}^{\mathrm{I}}\boldsymbol{\eta}_1 & \cdots & {}^{\mathrm{I}}\boldsymbol{\eta}_n \end{bmatrix} \tag{2-58} $$

式中：${}^{\mathrm{I}}\boldsymbol{p}_{0\mathrm{e}}$ 为惯性坐标系下从基座参考点到末端执行器端点的位置向量。

系统的动能 T 由下式计算得到

$$T=\frac{1}{2}\left\{m_0\,{}^{\mathrm{I}}\boldsymbol{v}_0^{\mathrm{T}}\,{}^{\mathrm{I}}\boldsymbol{v}_0+{}^{\mathrm{I}}\boldsymbol{\omega}_0^{\mathrm{T}}\,{}^{\mathrm{I}}\boldsymbol{R}_0\boldsymbol{I}_0\,{}^{\mathrm{I}}\boldsymbol{R}_0^{\mathrm{T}}\,{}^{\mathrm{I}}\boldsymbol{\omega}_0+\sum_{i=1}^{n}\left(m_i\,{}^{\mathrm{I}}\boldsymbol{v}_i^{\mathrm{T}}\,{}^{\mathrm{I}}\boldsymbol{v}_i+{}^{\mathrm{I}}\boldsymbol{\omega}_i^{\mathrm{T}}\,{}^{\mathrm{I}}\boldsymbol{R}_i\boldsymbol{I}_i\,{}^{\mathrm{I}}\boldsymbol{R}_i^{\mathrm{T}}\,{}^{\mathrm{I}}\boldsymbol{\omega}_i\right)\right\} \tag{2-59}$$

式中：$\boldsymbol{I}_0$ 和 $\boldsymbol{I}_i$ 分别为基座和连杆 i 在本体系下的惯性张量；${}^{\mathrm{I}}\boldsymbol{R}_0$ 和 ${}^{\mathrm{I}}\boldsymbol{R}_i$ 分别为从基座和连杆 i 本体坐标系到惯性坐标系的旋转变换矩阵。

基座上参考点的线速度 ${}^{\mathrm{I}}\boldsymbol{v}_{\mathrm{b}}$ 和质心的线速度 ${}^{\mathrm{I}}\boldsymbol{v}_0$ 满足如下关系

$${}^{\mathrm{I}}\boldsymbol{v}_0={}^{\mathrm{I}}\boldsymbol{v}_{\mathrm{b}}+{}^{\mathrm{I}}\boldsymbol{\omega}_0^{\times}\,{}^{\mathrm{I}}\boldsymbol{a}_0={}^{\mathrm{I}}\boldsymbol{v}_{\mathrm{b}}-{}^{\mathrm{I}}\boldsymbol{a}_0^{\times}\,{}^{\mathrm{I}}\boldsymbol{\omega}_0 \tag{2-60}$$

将式（2-60）代入式（2-59），系统动能 T 表示为关于 ${}^{\mathrm{I}}\boldsymbol{v}_{\mathrm{b}}$ 的函数

$$\begin{aligned}T=\frac{1}{2}\Bigg\{&m_0\,{}^{\mathrm{I}}\boldsymbol{v}_{\mathrm{b}}^{\mathrm{T}}\,{}^{\mathrm{I}}\boldsymbol{v}_{\mathrm{b}}-2\,{}^{\mathrm{I}}\boldsymbol{v}_{\mathrm{b}}^{\mathrm{T}}\left(m_0\,{}^{\mathrm{I}}\boldsymbol{a}_0^{\times}\right){}^{\mathrm{I}}\boldsymbol{\omega}_0+{}^{\mathrm{I}}\boldsymbol{\omega}_0^{\mathrm{T}}\left\{m_0\left({}^{\mathrm{I}}\boldsymbol{a}_0^{\times}\right)^{\mathrm{T}}\,{}^{\mathrm{I}}\boldsymbol{a}_0^{\times}+{}^{\mathrm{I}}\boldsymbol{R}_0\boldsymbol{I}_0\,{}^{\mathrm{I}}\boldsymbol{R}_0^{\mathrm{T}}\right\}{}^{\mathrm{I}}\boldsymbol{\omega}_0+\\&\sum_{i=1}^{n}\left(m_i\,{}^{\mathrm{I}}\boldsymbol{v}_i^{\mathrm{T}}\,{}^{\mathrm{I}}\boldsymbol{v}_i+{}^{\mathrm{I}}\boldsymbol{\omega}_i^{\mathrm{T}}\,{}^{\mathrm{I}}\boldsymbol{R}_i\boldsymbol{I}_i\,{}^{\mathrm{I}}\boldsymbol{R}_i^{\mathrm{T}}\,{}^{\mathrm{I}}\boldsymbol{\omega}_i\right)\Bigg\}\end{aligned} \tag{2-61}$$

使用式（2-52）和式（2-54）中的关系式，式（2-61）可以表示为

$$T=\frac{1}{2}\begin{bmatrix}{}^{\mathrm{I}}\boldsymbol{v}_{\mathrm{b}}^{\mathrm{T}} & {}^{\mathrm{I}}\boldsymbol{\omega}_0^{\mathrm{T}} & \dot{\boldsymbol{\theta}}^{\mathrm{T}}\end{bmatrix}\begin{bmatrix}M\boldsymbol{E}_3 & \boldsymbol{H}'_{v\omega} & \boldsymbol{J}'_{\mathrm{T}\omega}\\ \boldsymbol{H}'^{\mathrm{T}}_{v\omega} & \boldsymbol{H}'_{\omega} & \boldsymbol{H}'_{\omega\theta}\\ \boldsymbol{J}'^{\mathrm{T}}_{\mathrm{T}\omega} & \boldsymbol{H}'^{\mathrm{T}}_{\omega\theta} & \boldsymbol{H}'_{\mathrm{m}}\end{bmatrix}\begin{bmatrix}{}^{\mathrm{I}}\boldsymbol{v}_{\mathrm{b}}\\ {}^{\mathrm{I}}\boldsymbol{\omega}_0\\ \dot{\boldsymbol{\theta}}\end{bmatrix} \tag{2-62}$$

式中

$$M=m_0+\sum_{i=1}^{n}m_i\in\mathbb{R} \tag{2-63}$$

$$\boldsymbol{H}'_{\omega}=m_0\left({}^{\mathrm{I}}\boldsymbol{a}_0^{\times}\right)^{\mathrm{T}}\,{}^{\mathrm{I}}\boldsymbol{a}_0^{\times}+{}^{\mathrm{I}}\boldsymbol{R}_0\boldsymbol{I}_0\,{}^{\mathrm{I}}\boldsymbol{R}_0^{\mathrm{T}}+\sum_{i=1}^{n}\left\{m_i\left({}^{\mathrm{I}}\boldsymbol{r}_{0i}^{\times}\right)^{\mathrm{T}}\,{}^{\mathrm{I}}\boldsymbol{r}_{0i}^{\times}+{}^{\mathrm{I}}\boldsymbol{R}_i\boldsymbol{I}_i\,{}^{\mathrm{I}}\boldsymbol{R}_i^{\mathrm{T}}\right\}\in\mathbb{R}^{3\times3} \tag{2-64}$$

$$\boldsymbol{H}'_{\mathrm{m}}=\sum_{i=1}^{n}\left(m_i\boldsymbol{J}_{\mathrm{T}i}^{\mathrm{T}}\boldsymbol{J}_{\mathrm{T}i}+\boldsymbol{J}_{\mathrm{R}i}^{\mathrm{T}}\,{}^{\mathrm{I}}\boldsymbol{R}_i\boldsymbol{I}_i\,{}^{\mathrm{I}}\boldsymbol{R}_i^{\mathrm{T}}\boldsymbol{J}_{\mathrm{R}i}\right)\in\mathbb{R}^{n\times n} \tag{2-65}$$

$$\boldsymbol{H}'_{v\omega}=M\left({}^{\mathrm{I}}\boldsymbol{r}_{0\mathrm{g}}^{\times}\right)^{\mathrm{T}}\in\mathbb{R}^{3\times3} \tag{2-66}$$

$$\boldsymbol{H}'_{\omega\theta}=\sum_{i=1}^{n}\left(m_i\,{}^{\mathrm{I}}\boldsymbol{r}_{0i}^{\times}\boldsymbol{J}_{\mathrm{T}i}+{}^{\mathrm{I}}\boldsymbol{R}_i\,\boldsymbol{I}_i\,{}^{\mathrm{I}}\boldsymbol{R}_i^{\mathrm{T}}\boldsymbol{J}_{\mathrm{R}i}\right)\in\mathbb{R}^{3\times n} \tag{2-67}$$

$$\boldsymbol{J}'_{\mathrm{T}\omega}=\sum_{i=1}^{n}m_i\boldsymbol{J}_{\mathrm{T}i}\in\mathbb{R}^{3\times n} \tag{2-68}$$

$$\boldsymbol{J}_{\mathrm{T}i}=\left[{}^{\mathrm{I}}\boldsymbol{\eta}_1^{\times}\left({}^{\mathrm{I}}\boldsymbol{r}_i-{}^{\mathrm{I}}\boldsymbol{p}_1\right),\ \cdots,{}^{\mathrm{I}}\boldsymbol{\eta}_i^{\times}\left({}^{\mathrm{I}}\boldsymbol{r}_i-{}^{\mathrm{I}}\boldsymbol{p}_i\right),0,\cdots,0\right]\in\mathbb{R}^{3\times n} \tag{2-69}$$

$$\boldsymbol{J}_{\mathrm{R}i}=\left[{}^{\mathrm{I}}\boldsymbol{\eta}_1,\ \cdots,{}^{\mathrm{I}}\boldsymbol{\eta}_i,0,\cdots,0\right]\in\mathbb{R}^{3\times n} \tag{2-70}$$

$${}^{\mathrm{I}}\boldsymbol{r}_{0\mathrm{g}}={}^{\mathrm{I}}\boldsymbol{r}_{\mathrm{g}}-{}^{\mathrm{I}}\boldsymbol{p}_0\in\mathbb{R}^3 \tag{2-71}$$

$${}^{\mathrm{I}}\boldsymbol{r}_{0i}={}^{\mathrm{I}}\boldsymbol{r}_i-{}^{\mathrm{I}}\boldsymbol{p}_0\in\mathbb{R}^3 \tag{2-72}$$

定义$\dot{\boldsymbol{\zeta}}=\left[{}^{\mathrm{I}}\boldsymbol{v}_{\mathrm{b}}^{\mathrm{T}},{}^{\mathrm{I}}\boldsymbol{\omega}_0^{\mathrm{T}},\dot{\boldsymbol{\theta}}^{\mathrm{T}}\right]^{\mathrm{T}}\in\mathbb{R}^{6+n}$，式（2-62）可以简化表示为

$$T=\frac{1}{2}\dot{\boldsymbol{\zeta}}^{\mathrm{T}}\boldsymbol{H}'(\chi_0,\boldsymbol{\theta})\dot{\boldsymbol{\zeta}} \tag{2-73}$$

式中

$$\boldsymbol{H}'(\chi_0,\boldsymbol{\theta})=\begin{bmatrix}M\boldsymbol{E}_3 & \boldsymbol{H}'_{v\omega} & \boldsymbol{J}'_{\mathrm{T}\omega}\\ \boldsymbol{H}'^{\mathrm{T}}_{v\omega} & \boldsymbol{H}'_{\omega} & \boldsymbol{H}'_{\omega\theta}\\ \boldsymbol{J}'^{\mathrm{T}}_{\mathrm{T}\omega} & \boldsymbol{H}'^{\mathrm{T}}_{\omega\theta} & \boldsymbol{H}'_{\mathrm{m}}\end{bmatrix} \tag{2-74}$$

式中：$\chi_0=\left[{}^{\mathrm{I}}\boldsymbol{p}_0^{\mathrm{T}},\alpha_0,\beta_0,\gamma_0\right]^{\mathrm{T}}\in\mathbb{R}^6$；$\alpha_0$、$\beta_0$、$\gamma_0$为基座姿态的欧拉角。其中，式（2-63）～式（2-72）中的所有变量都可以在给定χ_0和$\boldsymbol{\theta}$后计算得到。

选取$\boldsymbol{q}=\left[\chi_0^{\mathrm{T}},\boldsymbol{\theta}^{\mathrm{T}}\right]^{\mathrm{T}}\in\mathbb{R}^{6+n}$作为系统的广义坐标，其导数$\dot{\boldsymbol{q}}$和$\dot{\boldsymbol{\zeta}}$满足关系

$$\dot{\boldsymbol{\zeta}}=\boldsymbol{S}\dot{\boldsymbol{q}} \tag{2-75}$$

式中

$$\boldsymbol{S}=\begin{bmatrix}\boldsymbol{E}_3 & \boldsymbol{0}_{3\times3} & \boldsymbol{0}_{3\times n}\\ \boldsymbol{0}_{3\times3} & {}^{\mathrm{I}}\boldsymbol{R}_{\mathrm{b}}\boldsymbol{N} & \boldsymbol{0}_{3\times n}\\ \boldsymbol{0}_{n\times3} & \boldsymbol{0}_{n\times3} & \boldsymbol{E}_n\end{bmatrix} \tag{2-76}$$

以及由“zyx”欧拉角α_0、β_0、γ_0可以得到

$$\boldsymbol{N}=\begin{bmatrix}0 & -\sin\alpha_0 & \cos\alpha_0\cos\beta_0\\ 0 & \cos\alpha_0 & \cos\beta_0\sin\alpha_0\\ 1 & 0 & -\sin\beta_0\end{bmatrix} \tag{2-77}$$

$\boldsymbol{N}$建立了本体系下基座角速度${}^0\boldsymbol{\omega}_0$和欧拉角速率之间的关系

$$\begin{bmatrix}{}^0\omega_{\mathrm{b}x}\\ {}^0\omega_{0y}\\ {}^0\omega_{0z}\end{bmatrix}=\boldsymbol{N}\begin{bmatrix}\dot{\alpha}_0\\ \dot{\beta}_0\\ \dot{\gamma}_0\end{bmatrix} \tag{2-78}$$

因而，将式（2-75）代入式（2-73），系统的动能T可以表示为关于广义速度$\dot{\boldsymbol{q}}$的函数

$$T=\frac{1}{2}\dot{\boldsymbol{q}}^{\mathrm{T}}\boldsymbol{S}^{\mathrm{T}}\boldsymbol{H}'(\chi_0,\boldsymbol{\theta})\boldsymbol{S}\dot{\boldsymbol{q}} \tag{2-79}$$

系统的动力学方程可以通过将系统动能式（2-79）代入如下拉格朗日方程得到（注意考虑系统的势能为零）

$$\boldsymbol{Q}_{\mathrm{f}}=\frac{\mathrm{d}}{\mathrm{d}t}\left(\frac{\partial T}{\partial\dot{\boldsymbol{q}}}\right)-\frac{\partial T}{\partial\boldsymbol{q}} \tag{2-80}$$

可以得到

$$\begin{aligned}\boldsymbol{Q}_{\mathrm{f}} &= \frac{\mathrm{d}}{\mathrm{d}t}\left(\boldsymbol{S}^{\mathrm{T}}\boldsymbol{H}'\boldsymbol{S}\dot{\boldsymbol{q}}\right) - \frac{1}{2}\dot{\boldsymbol{q}}^{\mathrm{T}}\frac{\partial\left(\boldsymbol{S}^{\mathrm{T}}\boldsymbol{H}'\boldsymbol{S}\right)}{\partial\boldsymbol{q}}\dot{\boldsymbol{q}} \\ &= \boldsymbol{S}^{\mathrm{T}}\boldsymbol{H}'\boldsymbol{S}\ddot{\boldsymbol{q}} + \frac{\mathrm{d}}{\mathrm{d}t}\left(\boldsymbol{S}^{\mathrm{T}}\boldsymbol{H}'\boldsymbol{S}\right)\dot{\boldsymbol{q}} - \frac{1}{2}\dot{\boldsymbol{q}}^{\mathrm{T}}\frac{\partial\left(\boldsymbol{S}^{\mathrm{T}}\boldsymbol{H}'\boldsymbol{S}\right)}{\partial\boldsymbol{q}}\dot{\boldsymbol{q}} \\ &= \boldsymbol{S}^{\mathrm{T}}\boldsymbol{H}'\left(\ddot{\boldsymbol{\zeta}} - \dot{\boldsymbol{S}}\dot{\boldsymbol{q}}\right) + \frac{\mathrm{d}}{\mathrm{d}t}\left(\boldsymbol{S}^{\mathrm{T}}\boldsymbol{H}'\boldsymbol{S}\right)\dot{\boldsymbol{q}} - \frac{1}{2}\dot{\boldsymbol{q}}^{\mathrm{T}}\frac{\partial\left(\boldsymbol{S}^{\mathrm{T}}\boldsymbol{H}'\boldsymbol{S}\right)}{\partial\boldsymbol{q}}\dot{\boldsymbol{q}} \\ &= \boldsymbol{S}^{\mathrm{T}}\boldsymbol{H}'\ddot{\boldsymbol{\zeta}} - \boldsymbol{S}^{\mathrm{T}}\boldsymbol{H}'\dot{\boldsymbol{S}}\dot{\boldsymbol{q}} + \frac{\mathrm{d}}{\mathrm{d}t}\left(\boldsymbol{S}^{\mathrm{T}}\boldsymbol{H}'\boldsymbol{S}\right)\dot{\boldsymbol{q}} - \frac{1}{2}\dot{\boldsymbol{q}}^{\mathrm{T}}\frac{\partial\left(\boldsymbol{S}^{\mathrm{T}}\boldsymbol{H}'\boldsymbol{S}\right)}{\partial\boldsymbol{q}}\dot{\boldsymbol{q}}\end{aligned} \tag{2-81}$$

将式（2-81）乘以$\left(\boldsymbol{S}^{\mathrm{T}}\right)^{-1}$，可以得到

$$\begin{aligned}\left(\boldsymbol{S}^{\mathrm{T}}\right)^{-1}\boldsymbol{Q}_{\mathrm{f}} = \boldsymbol{H}'\ddot{\boldsymbol{\zeta}} - \boldsymbol{H}'\dot{\boldsymbol{S}}\dot{\boldsymbol{q}} + \left(\boldsymbol{S}^{\mathrm{T}}\right)^{-1}\frac{\mathrm{d}}{\mathrm{d}t}\left(\boldsymbol{S}^{\mathrm{T}}\boldsymbol{H}'\boldsymbol{S}\right)\dot{\boldsymbol{q}} - \\ \frac{1}{2}\left(\boldsymbol{S}^{\mathrm{T}}\right)^{-1}\dot{\boldsymbol{q}}^{\mathrm{T}}\frac{\partial\left(\boldsymbol{S}^{\mathrm{T}}\boldsymbol{H}'\boldsymbol{S}\right)}{\partial\boldsymbol{q}}\dot{\boldsymbol{q}}\end{aligned} \tag{2-82}$$

将式（2-82）中速度相关的项记为$\boldsymbol{c}'$

$$\begin{aligned}\boldsymbol{c}'\left(\chi_0,\boldsymbol{\theta},\dot{\chi}_0,\dot{\boldsymbol{\theta}}\right) = -\boldsymbol{H}'\dot{\boldsymbol{S}}\dot{\boldsymbol{q}} + \left(\boldsymbol{S}^{\mathrm{T}}\right)^{-1}\frac{\mathrm{d}}{\mathrm{d}t}\left(\boldsymbol{S}^{\mathrm{T}}\boldsymbol{H}'\boldsymbol{S}\right)\dot{\boldsymbol{q}} - \\ \frac{1}{2}\left(\boldsymbol{S}^{\mathrm{T}}\right)^{-1}\dot{\boldsymbol{q}}^{\mathrm{T}}\frac{\partial\left(\boldsymbol{S}^{\mathrm{T}}\boldsymbol{H}'\boldsymbol{S}\right)}{\partial\boldsymbol{q}}\dot{\boldsymbol{q}}\end{aligned} \tag{2-83}$$

式（2-82）可以表示为

$$\left(\boldsymbol{S}^{\mathrm{T}}\right)^{-1}\boldsymbol{Q}_{\mathrm{f}} = \boldsymbol{H}'\left(\chi_0,\boldsymbol{\theta}\right)\ddot{\boldsymbol{\zeta}} - \boldsymbol{c}'\left(\chi_0,\boldsymbol{\theta},\dot{\chi}_0,\dot{\boldsymbol{\theta}}\right) \tag{2-84}$$

广义力$\boldsymbol{Q}_{\mathrm{f}}$对应广义坐标$\boldsymbol{q}$，系统的虚功可以计算为$\delta W = \boldsymbol{Q}_{\mathrm{f}}^{\mathrm{T}}\delta\boldsymbol{q}$，其中，$\delta\boldsymbol{q}$是广义坐标$\boldsymbol{q}$的虚位移，定义为在时间固定下（即$\delta t$）广义坐标$\boldsymbol{q}$虚拟的无穷小的变化量。选取系统另一组虚位移$\delta\boldsymbol{\zeta}$，其包括基座质心位置的虚拟位移、基座姿态绕惯性坐标系坐标轴的虚拟角位移以及关节角的虚拟角位移。定义广义坐标$\delta\boldsymbol{\zeta}$对应的广义力为$\bar{\boldsymbol{Q}}_{\mathrm{f}}$，系统的虚功同样可以计算为$\delta W = \bar{\boldsymbol{Q}}_{\mathrm{f}}^{\mathrm{T}}\delta\boldsymbol{\zeta}$ [11]。容易看出，$\delta\boldsymbol{\zeta} = \boldsymbol{S}\delta\boldsymbol{q}$，因而，可以得到

$$\delta W = \bar{\boldsymbol{Q}}_{\mathrm{f}}^{\mathrm{T}}\delta\boldsymbol{\zeta} = \bar{\boldsymbol{Q}}_{\mathrm{f}}^{\mathrm{T}}\boldsymbol{S}\delta\boldsymbol{q} = \boldsymbol{Q}_{\mathrm{f}}^{\mathrm{T}}\delta\boldsymbol{q} \tag{2-85}$$

由式（2-85）可以得到广义力$\boldsymbol{Q}_{\mathrm{f}}$和$\bar{\boldsymbol{Q}}_{\mathrm{f}}$满足关系式

$$\bar{\boldsymbol{Q}}_{\mathrm{f}} = \left(\boldsymbol{Q}_{\mathrm{f}}^{\mathrm{T}}\boldsymbol{S}^{-1}\right)^{\mathrm{T}} = \left(\boldsymbol{S}^{-1}\right)^{\mathrm{T}}\boldsymbol{Q}_{\mathrm{f}} = \left(\boldsymbol{S}^{\mathrm{T}}\right)^{-1}\boldsymbol{Q}_{\mathrm{f}} \tag{2-86}$$

因而，方程式（2-84）可以表示为

$$\bar{\boldsymbol{Q}}_{\mathrm{f}} = \boldsymbol{H}'\left(\chi_0,\boldsymbol{\theta}\right)\ddot{\boldsymbol{\zeta}} - \boldsymbol{c}'\left(\chi_0,\boldsymbol{\theta},\dot{\chi}_0,\dot{\boldsymbol{\theta}}\right) \tag{2-87}$$

广义力$\bar{\boldsymbol{Q}}_{\mathrm{f}}$使得系统偏离平衡状态，因而可以表示为系统总的外部的广义力与维持

系统平衡的广义力之差

$$\bar{\boldsymbol{Q}}_{\mathrm{f}}=\begin{bmatrix}{}^{\mathrm{I}}\boldsymbol{F}_{\mathrm{b}}'\\ \boldsymbol{\tau}\end{bmatrix}-\begin{bmatrix}-\boldsymbol{J}_{\mathrm{b}}'^{\mathrm{T}}\\ -\boldsymbol{J}_{\mathrm{m}}'^{\mathrm{T}}\end{bmatrix}{}^{\mathrm{I}}\boldsymbol{F}_{\mathrm{e}} \tag{2-88}$$

式中：${}^{\mathrm{I}}\boldsymbol{F}_{\mathrm{b}}'$为作用在基座参考点并表示在惯性坐标系下的总的外力和外力矩。将式（2-88）代入式（2-87）得到

$$\begin{bmatrix}{}^{\mathrm{I}}\boldsymbol{F}_{\mathrm{b}}'\\ \boldsymbol{\tau}\end{bmatrix}+\begin{bmatrix}\boldsymbol{J}_{\mathrm{b}}'^{\mathrm{T}}\\ \boldsymbol{J}_{\mathrm{m}}'^{\mathrm{T}}\end{bmatrix}{}^{\mathrm{I}}\boldsymbol{F}_{\mathrm{e}}=\boldsymbol{H}'\left(\chi_0,\boldsymbol{\theta}\right)\ddot{\boldsymbol{\zeta}}-\boldsymbol{c}'\left(\chi_0,\boldsymbol{\theta},\dot{\chi}_0,\dot{\boldsymbol{\theta}}\right) \tag{2-89}$$

式中的速度相关项$\boldsymbol{c}'$可以通过递归牛顿–欧拉算法求解得到。为了在后续章节中方便设计控制器，系统的动力学方程式（2-89）简记为

$$\begin{bmatrix}{}^{\mathrm{I}}\boldsymbol{F}_{\mathrm{b}}'\\ \boldsymbol{\tau}\end{bmatrix}+\begin{bmatrix}\boldsymbol{J}_{\mathrm{b}}'^{\mathrm{T}}\\ \boldsymbol{J}_{\mathrm{m}}'^{\mathrm{T}}\end{bmatrix}{}^{\mathrm{I}}\boldsymbol{F}_{\mathrm{e}}=\begin{bmatrix}\boldsymbol{H}_{\mathrm{b}}'\left(\chi_0,\boldsymbol{\theta}\right) & \boldsymbol{H}_{\mathrm{bm}}'\left(\chi_0,\boldsymbol{\theta}\right)\\ \boldsymbol{H}_{\mathrm{bm}}'^{\mathrm{T}}\left(\chi_0,\boldsymbol{\theta}\right) & \boldsymbol{H}_{\mathrm{m}}'\left(\chi_0,\boldsymbol{\theta}\right)\end{bmatrix}\begin{bmatrix}{}^{\mathrm{I}}\ddot{\boldsymbol{x}}_0\\ \ddot{\boldsymbol{\theta}}\end{bmatrix}+\begin{bmatrix}\boldsymbol{c}_{\mathrm{b}}'\left(\chi_0,\boldsymbol{\theta},\dot{\chi}_0,\dot{\boldsymbol{\theta}}\right)\\ \boldsymbol{c}_{\mathrm{m}}'\left(\chi_0,\boldsymbol{\theta},\dot{\chi}_0,\dot{\boldsymbol{\theta}}\right)\end{bmatrix} \tag{2-90}$$

式中：${}^{\mathrm{I}}\dot{\boldsymbol{x}}_0=\left[{}^{\mathrm{I}}\boldsymbol{v}_{\mathrm{b}}^{\mathrm{T}},{}^{\mathrm{I}}\boldsymbol{\omega}_0^{\mathrm{T}}\right]^{\mathrm{T}}$，以及

$$\boldsymbol{H}_{\mathrm{b}}'\left(\chi_0,\boldsymbol{\theta}\right)=\begin{bmatrix}M\boldsymbol{E}_3 & \boldsymbol{H}_{v\omega}'\\ \boldsymbol{H}_{v\omega}'^{\mathrm{T}} & \boldsymbol{H}_{\omega}'\end{bmatrix},\boldsymbol{H}_{\mathrm{bm}}'\left(\chi_0,\boldsymbol{\theta}\right)=\begin{bmatrix}\boldsymbol{J}_{\mathrm{T}\omega}'^{\mathrm{T}} & \boldsymbol{H}_{\omega\theta}'^{\mathrm{T}}\end{bmatrix}^{\mathrm{T}} \tag{2-91}$$

因为动力学方程式（2-90）中以基座参考点的位置作为广义坐标，该动力学模型同样适用于空间机器人中将末端执行器视为“虚拟基座”的情形

$$\begin{bmatrix}{}^{\mathrm{I}}\boldsymbol{F}_{\mathrm{e}}\\ \tilde{\boldsymbol{\tau}}\end{bmatrix}+\begin{bmatrix}\tilde{\boldsymbol{J}}_{\mathrm{e}}^{\mathrm{T}}\\ \tilde{\boldsymbol{J}}_{\mathrm{m}}^{\mathrm{T}}\end{bmatrix}{}^{\mathrm{I}}\boldsymbol{F}_{\mathrm{b}}'=\begin{bmatrix}\tilde{\boldsymbol{H}}_{\mathrm{e}}\left(\chi_{\mathrm{e}},\tilde{\boldsymbol{\theta}}\right) & \tilde{\boldsymbol{H}}_{\mathrm{em}}\left(\chi_{\mathrm{e}},\tilde{\boldsymbol{\theta}}\right)\\ \tilde{\boldsymbol{H}}_{\mathrm{em}}^{\mathrm{T}}\left(\chi_{\mathrm{e}},\tilde{\boldsymbol{\theta}}\right) & \tilde{\boldsymbol{H}}_{\mathrm{m}}\left(\chi_{\mathrm{e}},\tilde{\boldsymbol{\theta}}\right)\end{bmatrix}\begin{bmatrix}{}^{\mathrm{I}}\ddot{\boldsymbol{x}}_{\mathrm{e}}\\ \ddot{\tilde{\boldsymbol{\theta}}}\end{bmatrix}+\begin{bmatrix}\tilde{\boldsymbol{c}}_{\mathrm{e}}\left(\chi_{\mathrm{e}},\tilde{\boldsymbol{\theta}},\dot{\chi}_{\mathrm{e}},\dot{\tilde{\boldsymbol{\theta}}}\right)\\ \tilde{\boldsymbol{c}}_{\mathrm{m}}\left(\chi_{\mathrm{e}},\tilde{\boldsymbol{\theta}},\dot{\chi}_{\mathrm{e}},\dot{\tilde{\boldsymbol{\theta}}}\right)\end{bmatrix} \tag{2-92}$$

式中：$\chi_{\mathrm{e}}=\left[{}^{\mathrm{I}}\boldsymbol{p}_{\mathrm{e}}^{\mathrm{T}},\alpha_{\mathrm{e}},\beta_{\mathrm{e}},\gamma_{\mathrm{e}}\right]^{\mathrm{T}}$包含末端执行器端点位置和末端执行器姿态欧拉角；${}^{\mathrm{I}}\dot{\boldsymbol{x}}_{\mathrm{e}}=\left[{}^{\mathrm{I}}\boldsymbol{v}_{\mathrm{e}}^{\mathrm{T}},{}^{\mathrm{I}}\boldsymbol{\omega}_{\mathrm{e}}^{\mathrm{T}}\right]^{\mathrm{T}}$为末端执行器的线速度和角速度。式（2-92）与式（2-90）具有相同的数学结构。然而，式（2-90）中将航天器视为基座，而式（2-92）中将末端执行器视为“虚拟基座”。相应地，式（2-90）中的第i个关节和连杆在式（2-92）中变为第$(n-i+1)$个关节和连杆。为了得到式（2-92）的具体表达式，式（2-90）中航天器、第i个关节和连杆以及末端执行器的参数分别替换为末端执行器、第$(n-i+1)$个关节和连杆以及航天器的参数。值得注意的是，式（2-92）包含末端执行器的位姿变量作为广义坐标，因而末端执行器的控制器可以直接基于动力学方程式（2-92）进行设计（参见 6.3.2 节），而不需要求解逆运动学问题。

2.2.4　非惯性坐标系下动力学模型

本小节在固连在系统质心上的非惯性坐标系下推导空间机器人的动力学方程，该动力学方程将系统内部重构运动与系统质心的平移运动分离开来，因而更易于系

统内部重构运动协调控制器的设计。

定义固连在系统质心处的坐标系 $\sum_{\mathrm{s}}$：原点与系统质心重合，坐标轴与惯性坐标系的坐标轴一一平行。如果系统质心存在加速运动，$\sum_{\mathrm{s}}$ 是非惯性坐标系。根据达朗贝尔原理，通过在系统质心处施加惯性力 $\boldsymbol{f}_{\mathrm{I}}=-\boldsymbol{f}_{\mathrm{s}}$，在坐标系 $\sum_{\mathrm{s}}$ 下建立的系统动力学方程具有与系统在惯性坐标系下的动力学方程相同的形式。

在 2.2.2 节和 2.2.3 节中给出了空间机器人在惯性系坐标下的动力学方程

$$\begin{bmatrix}\boldsymbol{F}_{\mathrm{b}}\\ \boldsymbol{\tau}\end{bmatrix}+\begin{bmatrix}\boldsymbol{J}_{\mathrm{b}v}^{\mathrm{T}}\\ \boldsymbol{J}_{\mathrm{b}\omega}^{\mathrm{T}}\\ \boldsymbol{J}_{\mathrm{m}}^{\mathrm{T}}\end{bmatrix}\boldsymbol{F}_{\mathrm{e}}=\begin{bmatrix}M\boldsymbol{E}_3 & \boldsymbol{H}_{v\omega} & \boldsymbol{J}_{\mathrm{T}\omega}\\ \boldsymbol{H}_{v\omega}^{\mathrm{T}} & \boldsymbol{H}_{\omega} & \boldsymbol{H}_{\omega\theta}\\ \boldsymbol{J}_{\mathrm{T}\omega}^{\mathrm{T}} & \boldsymbol{H}_{\omega\theta}^{\mathrm{T}} & \boldsymbol{H}_{\mathrm{m}}\end{bmatrix}\begin{bmatrix}\dot{\boldsymbol{v}}_0\\ \dot{\boldsymbol{\omega}}_0\\ \ddot{\boldsymbol{\theta}}\end{bmatrix}+\begin{bmatrix}\boldsymbol{c}_{\mathrm{b}v}\\ \boldsymbol{c}_{\mathrm{b}\omega}\\ \boldsymbol{c}_{\mathrm{m}}\end{bmatrix} \tag{2-93}$$

式中

$$\boldsymbol{H}_{\mathrm{b}}=\begin{bmatrix}M\boldsymbol{E}_3 & \boldsymbol{H}_{v\omega}\\ \boldsymbol{H}_{v\omega}^{\mathrm{T}} & \boldsymbol{H}_{\omega}\end{bmatrix}\in\mathbb{R}^{6\times 6},\boldsymbol{H}_{\mathrm{bm}}=\begin{bmatrix}\boldsymbol{J}_{\mathrm{T}\omega}\\ \boldsymbol{H}_{\omega\theta}\end{bmatrix}\in\mathbb{R}^{6\times n},\boldsymbol{H}_{\mathrm{m}}\in\mathbb{R}^{n\times n}$$

分别为基座惯性矩阵、基座–机械臂耦合惯性矩阵以及机械臂惯性矩阵；M 为系统的总质量；$\boldsymbol{v}_0$、$\dot{\boldsymbol{\omega}}_0\in\mathbb{R}^3$ 分别为基座质心的线加速度和基座角加速度；$\ddot{\boldsymbol{\theta}}\in\mathbb{R}^n$ 为机械臂关节角加速度；$\boldsymbol{c}_{\mathrm{b}}=\left[\boldsymbol{c}_{\mathrm{b}v}^{\mathrm{T}},\boldsymbol{c}_{\mathrm{b}\omega}^{\mathrm{T}}\right]^{\mathrm{T}}\in\mathbb{R}^6$ 和 $\boldsymbol{c}_{\mathrm{m}}\in\mathbb{R}^n$ 分别为基座和机械臂与速度相关的非线性项；$\boldsymbol{J}_{\mathrm{b}}=\left[\boldsymbol{J}_{\mathrm{b}v},\boldsymbol{J}_{\mathrm{b}\omega}\right]\in\mathbb{R}^{6\times 6}$ 和 $\boldsymbol{J}_{\mathrm{m}}\in\mathbb{R}^{6\times n}$ 分别为基座和机械臂的雅可比矩阵；$\boldsymbol{F}_{\mathrm{b}}=\left[\boldsymbol{f}_{\mathrm{b}}^{\mathrm{T}},\boldsymbol{n}_{\mathrm{b}}^{\mathrm{T}}\right]^{\mathrm{T}}\in\mathbb{R}^6$ 和 $\boldsymbol{F}_{\mathrm{e}}=\left[\boldsymbol{f}_{\mathrm{e}}^{\mathrm{T}},\boldsymbol{n}_{\mathrm{e}}^{\mathrm{T}}\right]^{\mathrm{T}}\in\mathbb{R}^6$ 分别为作用在基座质心和末端执行器处的外力和外力矩；$\boldsymbol{\tau}\in\mathbb{R}^n$ 为机械臂关节力矩；其余的符号定义可以在 2.2.2 节和 2.2.3 节中找到。

下面，将系统质心处的惯性力 $\boldsymbol{f}_{\mathrm{I}}$ 映射为等效的广义力。根据虚功原理，定义系统质心的虚位移 $\delta\boldsymbol{r}_{\mathrm{s}}$，满足 $\boldsymbol{f}_{\mathrm{I}}^{\mathrm{T}}\cdot\delta\boldsymbol{r}_{\mathrm{s}}=0$。存在运动学关系式

$$\begin{aligned}\dot{\boldsymbol{r}}_{\mathrm{s}}&=\frac{1}{M}\sum_{i=0}^{n}m_i\dot{\boldsymbol{r}}_i\\&=\frac{1}{M}\sum_{i=0}^{n}m_i\left(\boldsymbol{v}_0+\boldsymbol{\omega}_0\times\left(\boldsymbol{r}_i-\boldsymbol{r}_0\right)+\sum_{j=1}^{i}\dot{\boldsymbol{\theta}}_j\boldsymbol{\eta}_j\times\left(\boldsymbol{r}_i-\boldsymbol{p}_j\right)\right)\\&=\boldsymbol{v}_0+\frac{1}{M}\boldsymbol{\omega}_0\times\left(\sum_{i=0}^{n}m_i\boldsymbol{r}_i-M\boldsymbol{r}_0\right)+\frac{1}{M}\sum_{i=1}^{n}\left(m_i\boldsymbol{J}_{\mathrm{T}i}\right)\dot{\boldsymbol{\theta}}\\&=\boldsymbol{v}_0+\boldsymbol{\omega}_0\times\left(\boldsymbol{r}_{\mathrm{s}}-\boldsymbol{r}_0\right)+\frac{1}{M}\sum_{i=1}^{n}\left(m_i\boldsymbol{J}_{\mathrm{T}i}\right)\dot{\boldsymbol{\theta}}\\&=\left[\boldsymbol{E}_3\ \ {}^{\mathrm{s}}\boldsymbol{r}_0^{\times}\ \ \frac{1}{M}\sum_{i=1}^{n}\left(m_i\boldsymbol{J}_{\mathrm{T}i}\right)\right]\begin{bmatrix}\boldsymbol{v}_0\\ \boldsymbol{\omega}_0\\ \dot{\boldsymbol{\theta}}\end{bmatrix}\end{aligned} \tag{2-94}$$

式中：m_i、$\boldsymbol{r}_i$ 分别为连杆 i 的质量和质心位置；$\boldsymbol{p}_j$ 为关节 j 的位置向量。${}^{\mathrm{s}}\boldsymbol{r}_0=\boldsymbol{r}_0-\boldsymbol{r}_{\mathrm{s}}$ 为系统质心在坐标系 $\sum_{\mathrm{s}}$ 下的位置向量。$\boldsymbol{J}_{\mathrm{T}i}$ 定义为 $\boldsymbol{J}_{\mathrm{T}i}=\left[\boldsymbol{\eta}_1\times(\boldsymbol{r}_1-\boldsymbol{p}_1),\cdots,\boldsymbol{\eta}_i\times(\boldsymbol{r}_i-\boldsymbol{p}_i),\boldsymbol{0},\cdots,\boldsymbol{0}\right]\in\mathbb{R}^{3\times n}$。因而，可以得到

$$
\begin{aligned}
&\boldsymbol{f}_{\mathrm{I}}^{\mathrm{T}}\cdot\delta\boldsymbol{r}_{\mathrm{s}}=\boldsymbol{f}_{\mathrm{I}}^{\mathrm{T}}\cdot\dot{\boldsymbol{r}}_{\mathrm{s}}\delta t\\
&=\boldsymbol{f}_{\mathrm{I}}^{\mathrm{T}}\left[\begin{matrix}\boldsymbol{E}_3 & {}^{\mathrm{s}}\boldsymbol{r}_0^{\times} & \dfrac{1}{M}\sum\limits_{i=1}^{n}\left(m_i\boldsymbol{J}_{Ti}\right)\end{matrix}\right]\begin{bmatrix}\boldsymbol{v}_{\mathrm{b}}\delta t\\ \boldsymbol{\omega}_{\mathrm{b}}\delta t\\ \dot{\boldsymbol{\theta}}\delta t\end{bmatrix}=0
\end{aligned}
\tag{2-95}
$$

因为 $\boldsymbol{v}_{\mathrm{b}}\delta t$、$\boldsymbol{\omega}_{\mathrm{b}}\delta t$ 和 $\dot{\boldsymbol{\theta}}\delta t$ 表示空间机器人广义坐标的虚位移，$\left(\boldsymbol{f}_{\mathrm{I}}^{\mathrm{T}}\boldsymbol{E}_3\right)^{\mathrm{T}}$、$\left(\boldsymbol{f}_{\mathrm{I}}^{\mathrm{T}}\,{}^{\mathrm{s}}\boldsymbol{r}_0^{\times}\right)^{\mathrm{T}}$、$\left(\boldsymbol{f}_{\mathrm{I}}^{\mathrm{T}}\dfrac{1}{M}\sum\limits_{i=1}^{n}\left(m_i\boldsymbol{J}_{\mathrm{T}i}\right)\right)^{\mathrm{T}}$ 为惯性力 $\boldsymbol{f}_{\mathrm{I}}$ 分别映射后对应广义坐标的广义力。定义系统质心的雅可比矩阵 $\boldsymbol{J}_{\mathrm{s}}$，其由下式计算得到

$$
\boldsymbol{J}_{\mathrm{s}}=\left[\begin{matrix}\boldsymbol{E}_3 & {}^{\mathrm{s}}\boldsymbol{r}_0^{\times} & \dfrac{\sum\limits_{i=1}^{n}m_i\boldsymbol{J}_{\mathrm{T}i}}{M}\end{matrix}\right]
\tag{2-96}
$$

由惯性力 $\boldsymbol{f}_{\mathrm{I}}$ 映射后的广义力可以表示为

$$
\boldsymbol{f}_{\mathrm{I}}'=\boldsymbol{J}_{\mathrm{s}}^{\mathrm{T}}\boldsymbol{f}_{\mathrm{I}}=-\boldsymbol{J}_{\mathrm{s}}^{\mathrm{T}}\boldsymbol{f}_{\mathrm{s}}
\tag{2-97}
$$

因而，空间机器人系统在坐标系 $\sum_{\mathrm{s}}$ 下的动力学方程可以表示为

$$
\begin{bmatrix}\boldsymbol{F}_{\mathrm{b}}\\ \boldsymbol{\tau}\end{bmatrix}+\begin{bmatrix}\boldsymbol{J}_{\mathrm{b}v}^{\mathrm{T}}\\ \boldsymbol{J}_{\mathrm{b}\omega}^{\mathrm{T}}\\ \boldsymbol{J}_{\mathrm{m}}^{\mathrm{T}}\end{bmatrix}\boldsymbol{F}_{\mathrm{e}}+\boldsymbol{f}_{\mathrm{I}}'=\begin{bmatrix}M\boldsymbol{E}_3 & \boldsymbol{H}_{v\omega} & \boldsymbol{J}_{\mathrm{T}\omega}\\ \boldsymbol{H}_{v\omega}^{\mathrm{T}} & \boldsymbol{H}_{\omega} & \boldsymbol{H}_{\omega\theta}\\ \boldsymbol{J}_{\mathrm{T}\omega}^{\mathrm{T}} & \boldsymbol{H}_{\omega\theta}^{\mathrm{T}} & \boldsymbol{H}_{\mathrm{m}}\end{bmatrix}\begin{bmatrix}{}^{\mathrm{s}}\dot{\boldsymbol{v}}_0\\ \dot{\boldsymbol{\omega}}_0\\ \ddot{\boldsymbol{\theta}}\end{bmatrix}+\begin{bmatrix}{}^{\mathrm{s}}\boldsymbol{c}_{\mathrm{b}v}\\ \boldsymbol{c}_{\mathrm{b}\omega}\\ \boldsymbol{c}_{\mathrm{m}}\end{bmatrix}
\tag{2-98}
$$

式中：左上标“s”表示在坐标系 $\sum_{\mathrm{s}}$ 下的向量，满足 ${}^{\mathrm{s}}\dot{\boldsymbol{v}}_0=\dot{\boldsymbol{v}}_0-\ddot{\boldsymbol{r}}_{\mathrm{s}}$，${}^{\mathrm{s}}\boldsymbol{v}_0=\boldsymbol{v}_0-\dot{\boldsymbol{r}}_{\mathrm{s}}$。${}^{\mathrm{s}}\boldsymbol{c}_{\mathrm{b}v}$ 依赖于基座的线速度。因为坐标系 $\sum_{\mathrm{s}}$ 与惯性系各轴指向一致，存在 ${}^{\mathrm{s}}\dot{\boldsymbol{\omega}}_0=\dot{\boldsymbol{\omega}}_0$，${}^{\mathrm{s}}\boldsymbol{\omega}_0=\boldsymbol{\omega}_0$，以及 ${}^{\mathrm{s}}\ddot{\boldsymbol{\theta}}=\ddot{\boldsymbol{\theta}}$，${}^{\mathrm{s}}\dot{\boldsymbol{\theta}}=\dot{\boldsymbol{\theta}}$。

当机械臂末端执行器不受外力作用，即 $\boldsymbol{F}_{\mathrm{e}}=0$ 时，存在 $\boldsymbol{f}_{\mathrm{b}}=\boldsymbol{f}_{\mathrm{s}}$，其中，$\boldsymbol{f}_{\mathrm{s}}$ 为系统质心处所受的合外力。将式（2-96）、式（2-97）代入式（2-98），可以得到

$$
\begin{bmatrix}\boldsymbol{f}_{\mathrm{s}}\\ \boldsymbol{n}_{\mathrm{b}}\\ \boldsymbol{\tau}\end{bmatrix}-\begin{bmatrix}\boldsymbol{E}_3\\ -{}^{\mathrm{s}}\boldsymbol{r}_0^{\times}\\ \dfrac{\sum\limits_{i=1}^{n}m_i\boldsymbol{J}_{\mathrm{T}i}^{\mathrm{T}}}{M}\end{bmatrix}\boldsymbol{f}_{\mathrm{s}}=\begin{bmatrix}M\boldsymbol{E}_3 & \boldsymbol{H}_{v\omega} & \boldsymbol{J}_{\mathrm{T}\omega}\\ \boldsymbol{H}_{v\omega}^{\mathrm{T}} & \boldsymbol{H}_{\omega} & \boldsymbol{H}_{\omega\theta}\\ \boldsymbol{J}_{\mathrm{T}\omega}^{\mathrm{T}} & \boldsymbol{H}_{\omega\theta}^{\mathrm{T}} & \boldsymbol{H}_{\mathrm{m}}\end{bmatrix}\begin{bmatrix}{}^{\mathrm{s}}\dot{\boldsymbol{v}}_0\\ \dot{\boldsymbol{\omega}}_0\\ \ddot{\boldsymbol{\theta}}\end{bmatrix}+\begin{bmatrix}{}^{\mathrm{s}}\boldsymbol{c}_{\mathrm{b}v}\\ \boldsymbol{c}_{\mathrm{b}\omega}\\ \boldsymbol{c}_{\mathrm{m}}\end{bmatrix}
\tag{2-99}
$$

可以看出，动力学方程式（2-99）将系统内部重构运动与系统质心的平移运动分离开来，因而更易于系统内部重构运动协调控制器的设计。例如，在本书第 5 章中，将基于动力学方程式（2-99）设计空间机器人内部重构运动的协调控制器，大大降

低了控制器的设计难度。

2.3 空间翻滚目标动力学模型

本书将空间翻滚目标视为刚体，研究空间机器人捕获翻滚目标的动力学。本节建立空间翻滚目标的动力学模型，主要用于后续章节中空间机器人在抓捕前预测翻滚目标的运动轨迹，从而安全地将其捕获；以及抓捕后保证翻滚目标对机械臂末端执行器产生的作用力和力矩有限，从而不对机械臂末端执行器和目标造成损伤。除了建立一般刚体翻滚目标的动力学模型外，本节还给出空间常见的轴对称翻滚目标的模型，从而在后续章节遇到这类目标时方便使用。

2.3.1 轴对称刚体翻滚目标

在空间中，有相当一部分翻滚目标是轴对称的或者是近似轴对称的，即其三个主转动惯量中有两个近似相等，如自旋稳定卫星和废弃的火箭推进级等。对于近似轴对称的翻滚目标，其本体坐标系下的惯量张量 $\boldsymbol{I}_{\mathrm{t}}$ 具有如下形式

$$\boldsymbol{I}_{\mathrm{t}}=\begin{bmatrix} I_{xx} & 0 & 0 \\ 0 & I_{yy} & 0 \\ 0 & 0 & I_{zz} \end{bmatrix} \tag{2-100}$$

式中：I_{xx}、I_{yy}、I_{zz} 分别为三个坐标轴方向上主转动惯量的值，且存在关系式 $I_{yy}=I_{xx}+\delta I_{yy}$，$\delta I_{yy}$ 为两个近似相等的主转动惯量之间的微小差值，满足 $\delta I_{yy} \ll I_{xx}$。对于轴对称、质量均匀分布的翻滚目标，在定义的本体主轴坐标系中，各惯量积等于零。

轴对称刚体翻滚目标姿态自由转动的欧拉动力学方程在其本体坐标系中的分量可以表示为

$$\begin{cases} I_{xx}\dot{\omega}_x-\left(I_{yy}-I_{zz}\right)\omega_y\omega_z=0 \\ I_{yy}\dot{\omega}_y-\left(I_{zz}-I_{xx}\right)\omega_z\omega_x=0 \\ I_{zz}\dot{\omega}_z-\left(I_{xx}-I_{yy}\right)\omega_x\omega_y=0 \end{cases} \tag{2-101}$$

在忽略非对称误差 δI_{yy} 的情况下，轴对称翻滚目标的动力学模型可以进一步化简为

$$\begin{cases} \dot{\omega}_x=\omega_y\omega_z\left(I_{xx}-I_{zz}\right)/I_{xx} \\ \dot{\omega}_y=\omega_z\omega_x\left(I_{zz}-I_{xx}\right)/I_{xx} \\ \dot{\omega}_z=0 \end{cases} \tag{2-102}$$

式中：$\boldsymbol{\omega}_{\mathrm{t}}=\left[\omega_x,\omega_y,\omega_z\right]^{\mathrm{T}}$ 为目标的角速度在其本体坐标系中的分量，变量上方的点

表示其相对于时间的导数。

对式（2-102）求积分可得

$$\begin{cases}\omega_x(t)=\omega_{xm}\cos\left[\gamma\omega_{zm}(t-t_0)\right]\\\omega_y(t)=\omega_{xm}\sin\left[\gamma\omega_{zm}(t-t_0)\right]\\\omega_z(t)=\omega_{zm}\end{cases}\tag{2-103}$$

式中：$\gamma=\dfrac{I_{zz}-I_{xx}}{I_{xx}}$ 为主转动惯量之间的比值；ω_{xm}、ω_{zm} 和 t_0 为与初始角速度相关的积分常数，可由任意时刻的角速度求得，即

$$\begin{cases}\omega_{zm}=\omega_z(t)\\t_0=t-\dfrac{\arctan\left(\omega_y(t)/\omega_x(t)\right)}{\gamma\omega_z(t)}\\\omega_{xm}=\begin{cases}\sqrt{\omega_x(t)^2+\omega_y(t)^2},\omega_x(t_0)\geqslant 0\\-\sqrt{\omega_x(t)^2+\omega_y(t)^2},\omega_x(t_0)<0\end{cases}\end{cases}\tag{2-104}$$

使用单位四元数 $\boldsymbol{q}_{\mathrm{t}}=[\eta_{\mathrm{t}},\epsilon_{\mathrm{t}}]^{\mathrm{T}}$ 描述目标的姿态和姿态变换矩阵，其中，η_{t} 和 ϵ_{t} 分别为四元数的标量和向量部分。目标本体坐标系到惯性坐标系的姿态变换矩阵 $\boldsymbol{A}(\boldsymbol{q}_{\mathrm{t}})$ 可以计算如下[12]

$$\boldsymbol{A}(\boldsymbol{q}_{\mathrm{t}})=\begin{bmatrix}1-2\left(\epsilon_{\mathrm{t}}(2)^2+\epsilon_{\mathrm{t}}(3)^2\right) & 2\left(\epsilon_{\mathrm{t}}(1)\epsilon_{\mathrm{t}}(2)-\eta_{\mathrm{t}}\epsilon_{\mathrm{t}}(3)\right) & 2\left(\epsilon_{\mathrm{t}}(1)\epsilon_{\mathrm{t}}(3)+\eta_{\mathrm{t}}\epsilon_{\mathrm{t}}(2)\right)\\2\left(\epsilon_{\mathrm{t}}(1)\epsilon_{\mathrm{t}}(2)+\eta_{\mathrm{t}}\epsilon_{\mathrm{t}}(3)\right) & 1-2\left(\epsilon_{\mathrm{t}}(1)^2+\epsilon_{\mathrm{t}}(3)^2\right) & 2\left(\epsilon_{\mathrm{t}}(2)\epsilon_{\mathrm{t}}(3)-\eta_{\mathrm{t}}\epsilon_{\mathrm{t}}(1)\right)\\2\left(\epsilon_{\mathrm{t}}(1)\epsilon_{\mathrm{t}}(3)-\eta_{\mathrm{t}}\epsilon_{\mathrm{t}}(2)\right) & 2\left(\epsilon_{\mathrm{t}}(2)\epsilon_{\mathrm{t}}(3)+\eta_{\mathrm{t}}\epsilon_{\mathrm{t}}(1)\right) & 1-2\left(\epsilon_{\mathrm{t}}(1)^2+\epsilon_{\mathrm{t}}(2)^2\right)\end{bmatrix}\tag{2-105}$$

其中，由式（2-103）得到目标的角速度后，目标的姿态四元数 $\boldsymbol{q}_{\mathrm{t}}$ 的更新通过下式计算[12]

$$\begin{cases}\dot{\eta}_{\mathrm{t}}=-\dfrac{1}{2}\boldsymbol{\omega}_{\mathrm{t}}^{\mathrm{T}}\epsilon_{\mathrm{t}}\\\dot{\epsilon}_{\mathrm{t}}=\dfrac{1}{2}(\eta_{\mathrm{t}}\boldsymbol{\omega}_{\mathrm{t}}-\epsilon_{\mathrm{t}}\times\boldsymbol{\omega}_{\mathrm{t}})\end{cases}\tag{2-106}$$

2.3.2　一般刚体翻滚目标

在本书的研究中，假定翻滚目标为刚体，将其弹性附件的震动、内部液体晃动、受到的大气阻力、重力扰动以及太阳光压力等微小的内力矩及外力矩的影响，等价为一个服从高斯分布的随机干扰力矩 $\boldsymbol{\varepsilon}$。这样，目标在自身本体系下的欧拉姿态动

力学方程为

$$\dot{\boldsymbol{\omega}}_{\mathrm{t}} = \boldsymbol{I}_{\mathrm{t}}^{-1}\left(-\boldsymbol{\omega}_{\mathrm{t}} \times \boldsymbol{I}_{\mathrm{t}}\boldsymbol{\omega}_{\mathrm{t}}\right) + \boldsymbol{\varepsilon} \tag{2-107}$$

假如目标受到主动的外部控制力和力矩作用，比如捕获后机械臂末端执行器会对翻滚目标施加外力和外力矩将其消旋，此时，翻滚目标还存在质心平移运动，以及质心平移运动和姿态翻滚运动的耦合效应对翻滚目标的姿态运动产生影响。将翻滚目标质心的平移运动和目标的姿态运动描述在同一个方程下，可以得到翻滚目标在自身本体坐标系下的动力学方程[13]

$$\boldsymbol{F}_{\mathrm{t}} = \boldsymbol{H}_{\mathrm{t}}\begin{bmatrix}\dot{\boldsymbol{v}}_{\mathrm{t}}\\ \dot{\boldsymbol{\omega}}_{\mathrm{t}}\end{bmatrix} + \boldsymbol{c}_{\mathrm{t}} \tag{2-108}$$

式中

$$\boldsymbol{H}_{\mathrm{t}} = \begin{bmatrix} m_{\mathrm{t}}\boldsymbol{E}_3 & \boldsymbol{0}_{3\times3}\\ \boldsymbol{0}_{3\times3} & \boldsymbol{I}_{\mathrm{t}}\end{bmatrix}, \boldsymbol{c}_{\mathrm{t}} = \begin{bmatrix}\boldsymbol{\omega}_{\mathrm{t}}^{\times}\cdot m_{\mathrm{t}}\boldsymbol{v}_{\mathrm{t}}\\ \boldsymbol{\omega}_{\mathrm{t}}^{\times}\cdot \boldsymbol{I}_{\mathrm{t}}\boldsymbol{\omega}_{\mathrm{t}}\end{bmatrix} \tag{2-109}$$

分别为目标的惯性矩阵和速度相关项；m_{t} 和 $\boldsymbol{I}_{\mathrm{t}} \in \mathbb{R}^{3\times3}$ 分别为目标的质量和惯性张量；$\boldsymbol{v}_{\mathrm{t}} \in \mathbb{R}^3$ 和 $\boldsymbol{\omega}_{\mathrm{t}} \in \mathbb{R}^3$ 分别为目标质心的线速度和目标的角速度；$\boldsymbol{F}_{\mathrm{t}} \in \mathbb{R}^6$ 为作用在目标质心处的外力和外力矩。值得注意的是，上述各个物理量的取值都是在目标本体坐标系下的表示。右上标“×”表示反对称矩阵

$$\boldsymbol{\omega}_{\mathrm{t}}^{\times} = \begin{bmatrix} 0 & -\omega_z & \omega_y\\ \omega_z & 0 & -\omega_x\\ -\omega_y & \omega_x & 0\end{bmatrix}$$

如 2.3.1 节中所述，对式（2-107）或式（2-108）进行求解得到目标的角速度 $\boldsymbol{\omega}_{\mathrm{t}}$ 后，表示目标姿态的四元数 $\boldsymbol{q}_{\mathrm{t}}$ 可以通过式（2-106）进行更新。

2.4 组合体动力学模型

空间机器人抓捕翻滚目标后形成了一类组合体航天器。在这类组合体航天器中，抓捕目标的机械臂末端执行器与目标之间存在力和力矩。定义机械臂末端执行器对目标施加的力和力矩为 $-\boldsymbol{F}_{\mathrm{e}}$ 。$\boldsymbol{F}_{\mathrm{t}}$ 和 $\boldsymbol{F}_{\mathrm{e}}$ 满足如下关系

$${}^{\mathrm{T}}\boldsymbol{F}_{\mathrm{t}} = -\begin{bmatrix}\boldsymbol{E}_3 & \boldsymbol{0}_{3\times3}\\ {}^{\mathrm{T}}\boldsymbol{\rho}^{\times} & \boldsymbol{E}_3\end{bmatrix}\begin{bmatrix}\boldsymbol{R}_{\mathrm{E}}^{\mathrm{T}} & \boldsymbol{0}_{3\times3}\\ \boldsymbol{0}_{3\times3} & \boldsymbol{R}_{\mathrm{E}}^{\mathrm{T}}\end{bmatrix}\cdot {}^{\mathrm{E}}\boldsymbol{F}_{\mathrm{e}} \tag{2-110}$$

式中：左上标“E”代表向量在末端执行器本体坐标系 $\sum_{\mathrm{E}}$ 中；$\boldsymbol{R}_{\mathrm{E}}^{\mathrm{T}}$ 为由坐标系 $\sum_{\mathrm{E}}$ 到 $\sum_{\mathrm{T}}$ 的旋转矩阵。在本章中，假设末端执行器紧紧抓住目标，即末端执行器与目标间没有相对运动。因而，$\boldsymbol{R}_{\mathrm{E}}^{\mathrm{T}}$ 是常矩阵。$\boldsymbol{\rho}$ 是从目标质心到抓捕点的位置向量。

定义目标的雅可比矩阵为

$$\boldsymbol{J}_{\mathrm{t}}=\begin{bmatrix}\boldsymbol{R}_{\mathrm{T}}^{\mathrm{E}} & -\boldsymbol{R}_{\mathrm{T}}^{\mathrm{E}}\cdot{}^{\mathrm{T}}\boldsymbol{\rho}^{\times}\\ \boldsymbol{0}_{3\times3} & \boldsymbol{R}_{\mathrm{T}}^{\mathrm{E}}\end{bmatrix} \tag{2-111}$$

因而，目标的动力学方程可以表示为

$$-\boldsymbol{J}_{\mathrm{t}}^{\mathrm{T}}\cdot{}^{\mathrm{E}}\boldsymbol{F}_{\mathrm{e}}=\boldsymbol{H}_{t}\begin{bmatrix}{}^{\mathrm{T}}\dot{\boldsymbol{v}}_{\mathrm{t}}\\ {}^{\mathrm{T}}\dot{\boldsymbol{\omega}}_{\mathrm{t}}\end{bmatrix}+\boldsymbol{c}_{\mathrm{t}} \tag{2-112}$$

当空间机器人完成对目标的抓捕后，空间机器人和目标的运动会受到一定约束。假设机械臂末端执行器与目标上的抓捕点固连，这意味着两者的速度和加速度始终相同。给定末端执行器速度的计算公式（2-42）和目标的速度$\boldsymbol{V}_{\mathrm{t}}$，存在关系

$$\boldsymbol{J}_{\mathrm{e}}\dot{\boldsymbol{X}}=\boldsymbol{J}_{\mathrm{t}}\boldsymbol{V}_{\mathrm{t}} \tag{2-113}$$

式中：$\boldsymbol{J}_{\mathrm{e}}=\left[\boldsymbol{J}_{\mathrm{b}},\boldsymbol{J}_{\mathrm{m}}\right]$；$\dot{\boldsymbol{X}}=\left[\boldsymbol{v}_{0}^{\mathrm{T}},\boldsymbol{\omega}_{0}^{\mathrm{T}},\dot{\boldsymbol{\theta}}^{\mathrm{T}}\right]^{\mathrm{T}}$；$\boldsymbol{V}_{\mathrm{t}}=\left[\boldsymbol{v}_{\mathrm{t}}^{\mathrm{T}},\boldsymbol{\omega}_{\mathrm{t}}^{\mathrm{T}}\right]^{\mathrm{T}}$

对式（2-113）求导得

$$\boldsymbol{J}_{\mathrm{e}}\ddot{\boldsymbol{X}}+\dot{\boldsymbol{J}}_{\mathrm{e}}\dot{\boldsymbol{X}}=\boldsymbol{J}_{\mathrm{t}}\dot{\boldsymbol{V}}_{\mathrm{t}}+\dot{\boldsymbol{J}}_{\mathrm{t}}\boldsymbol{V}_{\mathrm{t}} \tag{2-114}$$

式中：由于$\boldsymbol{J}_{\mathrm{t}}$为目标固联的不变量，故将等式右边的$\dot{\boldsymbol{J}}_{\mathrm{t}}\boldsymbol{V}_{\mathrm{t}}$一项忽略。

式（2-113）和式（2-114）是空间机器人抓捕目标后形成的固连组合体系统（以下简称闭环系统）的运动约束方程，它将空间机器人速度、加速度和目标速度、加速度结合了起来。此外，由式（2-112），目标的运动方程为

$$-\boldsymbol{J}_{\mathrm{t}}^{\mathrm{T}}\cdot{}^{\mathrm{E}}\boldsymbol{F}_{\mathrm{e}}=\boldsymbol{H}_{\mathrm{t}}\dot{\boldsymbol{V}}_{\mathrm{t}}+\boldsymbol{c}_{\mathrm{t}} \tag{2-115}$$

注意在闭环系统动力学求解中，存在的未知量有$\ddot{\boldsymbol{X}}$、$\dot{\boldsymbol{V}}_{\mathrm{t}}$和$\boldsymbol{F}_{\mathrm{e}}$。若能解出其中两个，则另一个未知量也能通过简单运算得到。下面推导求解$\ddot{\boldsymbol{X}}$和$\boldsymbol{F}_{\mathrm{e}}$的闭环动力学方程，定义为闭环方程一。

从目标运动方程出发。对式（2-115）两边同时左乘$\boldsymbol{J}_{\mathrm{t}}\boldsymbol{H}_{\mathrm{t}}^{-1}$，得到

$$-\boldsymbol{J}_{\mathrm{t}}\boldsymbol{H}_{\mathrm{t}}^{-1}\boldsymbol{J}_{\mathrm{t}}^{\mathrm{T}}\cdot{}^{\mathrm{E}}\boldsymbol{F}_{\mathrm{e}}=\boldsymbol{J}_{\mathrm{t}}\dot{\boldsymbol{V}}_{\mathrm{t}}+\dot{\boldsymbol{J}}_{\mathrm{t}}\boldsymbol{H}_{\mathrm{t}}^{-1}\boldsymbol{c}_{\mathrm{t}} \tag{2-116}$$

将式（2-116）代入式（2-114），得到

$$\boldsymbol{J}_{\mathrm{e}}\ddot{\boldsymbol{X}}+\boldsymbol{J}_{\mathrm{t}}\boldsymbol{H}_{\mathrm{t}}^{-1}\boldsymbol{J}_{\mathrm{t}}^{\mathrm{T}}\cdot{}^{\mathrm{E}}\boldsymbol{F}_{\mathrm{e}}=-\dot{\boldsymbol{J}}_{\mathrm{e}}\dot{\boldsymbol{X}}-\boldsymbol{J}_{\mathrm{t}}\boldsymbol{H}_{\mathrm{t}}^{-1}\boldsymbol{c}_{\mathrm{t}} \tag{2-117}$$

令$\boldsymbol{P}_{1}=\boldsymbol{J}_{\mathrm{t}}\boldsymbol{H}_{\mathrm{t}}^{-1}\boldsymbol{J}_{\mathrm{t}}^{\mathrm{T}}$，$\boldsymbol{Q}_{1}=-\dot{\boldsymbol{J}}_{\mathrm{e}}\dot{\boldsymbol{X}}-\boldsymbol{J}_{\mathrm{t}}\boldsymbol{H}_{\mathrm{t}}^{-1}\boldsymbol{c}_{\mathrm{t}}$。将式（2-49）和式（2-117）联立可得

$$\begin{bmatrix}\boldsymbol{H} & \boldsymbol{J}_{\mathrm{e}}^{\mathrm{T}}\\ \boldsymbol{J}_{\mathrm{e}} & \boldsymbol{P}_{1}\end{bmatrix}\begin{bmatrix}\ddot{\boldsymbol{X}}\\ \boldsymbol{F}_{\mathrm{e}}\end{bmatrix}=\begin{bmatrix}\overline{\boldsymbol{T}}-\boldsymbol{c}\\ \boldsymbol{Q}_{1}\end{bmatrix} \tag{2-118}$$

式中

$$\boldsymbol{H}=\begin{bmatrix}\boldsymbol{H}_{\mathrm{b}} & \boldsymbol{H}_{\mathrm{bm}}\\ \boldsymbol{H}_{\mathrm{bm}}^{\mathrm{T}} & \boldsymbol{H}_{\mathrm{m}}\end{bmatrix},\boldsymbol{c}=\begin{bmatrix}\boldsymbol{c}_{\mathrm{b}}\\ \boldsymbol{c}_{\mathrm{m}}\end{bmatrix},\overline{\boldsymbol{T}}=\begin{bmatrix}\boldsymbol{F}_{\mathrm{b}}\\ \boldsymbol{\tau}\end{bmatrix}$$

此即为闭环方程一，在大系数矩阵非奇异的情况下，两个未知向量可同时解出，此时大系数矩阵的逆可通过下式得到

$$\bar{\boldsymbol{D}}=\begin{bmatrix}\boldsymbol{D}_{\mathrm{s}} & \boldsymbol{D}_{\mathrm{se}}\\ \boldsymbol{D}_{\mathrm{se}}^{\mathrm{T}} & \boldsymbol{D}_{\mathrm{e}}\end{bmatrix}=\begin{bmatrix}\boldsymbol{H} & \boldsymbol{J}_{\mathrm{e}}^{\mathrm{T}}\\ \boldsymbol{J}_{\mathrm{e}} & \boldsymbol{P}_{1}\end{bmatrix}^{-1} \tag{2-119}$$

式中

$$\begin{cases}\boldsymbol{D}_{\mathrm{s}}=\left(\boldsymbol{H}-\boldsymbol{J}_{\mathrm{e}}^{\mathrm{T}}\boldsymbol{P}_{1}^{-1}\boldsymbol{J}_{\mathrm{e}}\right)^{-1}\\ \boldsymbol{D}_{\mathrm{se}}=-\left(\boldsymbol{H}-\boldsymbol{J}_{\mathrm{e}}^{\mathrm{T}}\boldsymbol{P}_{1}^{-1}\boldsymbol{J}_{\mathrm{e}}\right)^{-1}\boldsymbol{J}_{\mathrm{e}}^{\mathrm{T}}\boldsymbol{P}_{1}^{-1}=-\boldsymbol{D}_{\mathrm{s}}\boldsymbol{J}_{\mathrm{e}}^{\mathrm{T}}\boldsymbol{P}_{1}^{-1}\\ \boldsymbol{D}_{\mathrm{e}}=\boldsymbol{P}_{1}^{-1}+\boldsymbol{P}_{1}^{-1}\boldsymbol{J}_{\mathrm{e}}\left(\boldsymbol{H}-\boldsymbol{J}_{\mathrm{e}}^{\mathrm{T}}\boldsymbol{P}_{1}^{-1}\boldsymbol{J}_{\mathrm{e}}\right)^{-1}\boldsymbol{J}_{\mathrm{e}}^{\mathrm{T}}\boldsymbol{P}_{1}^{-1}=\boldsymbol{P}_{1}^{-1}-\boldsymbol{P}_{1}^{-1}\boldsymbol{J}_{\mathrm{e}}\boldsymbol{D}_{\mathrm{se}}\end{cases} \tag{2-120}$$

注意在空间机器人抓捕目标后，矩阵 $\boldsymbol{P}_1$ 可能出现不满秩的情况，这会使系数矩阵奇异，此时某些求解量是不定的，即存在多组广义变量与末端力的组合满足所有条件。为此，接下来推导求解 $\dot{\boldsymbol{V}}_{\mathrm{t}}$ 和 $\boldsymbol{F}_{\mathrm{e}}$ 的闭环动力学方程，定义为闭环方程二。

从空间机器人动力学方程出发，对式（2-49）两边同时左乘 $\boldsymbol{J}_{\mathrm{e}}\boldsymbol{H}^{-1}$，得到

$$\boldsymbol{J}_{\mathrm{e}}\ddot{\boldsymbol{X}}+\boldsymbol{J}_{\mathrm{e}}\boldsymbol{H}^{-1}\boldsymbol{c}=\boldsymbol{J}_{\mathrm{e}}\boldsymbol{H}^{-1}\left(\bar{\boldsymbol{T}}-\boldsymbol{J}_{\mathrm{e}}^{\mathrm{T}}\boldsymbol{F}_{\mathrm{e}}\right) \tag{2-121}$$

将式（2-121）代入式（2-114），得到

$$\boldsymbol{J}_{\mathrm{t}}\dot{\boldsymbol{V}}_{\mathrm{t}}+\boldsymbol{J}_{\mathrm{e}}\boldsymbol{H}^{-1}\boldsymbol{J}_{\mathrm{e}}^{\mathrm{T}}\boldsymbol{F}_{\mathrm{e}}=\boldsymbol{J}_{\mathrm{e}}\boldsymbol{H}^{-1}\left(\bar{\boldsymbol{T}}-\boldsymbol{c}\right)+\dot{\boldsymbol{J}}_{\mathrm{e}}\dot{\boldsymbol{X}} \tag{2-122}$$

令 $\boldsymbol{P}_2=\boldsymbol{J}_{\mathrm{e}}\boldsymbol{H}^{-1}\boldsymbol{J}_{\mathrm{e}}^{\mathrm{T}}$，$\boldsymbol{Q}_2=\boldsymbol{J}_{\mathrm{e}}\boldsymbol{H}^{-1}\left(\bar{\boldsymbol{T}}-\boldsymbol{c}\right)+\dot{\boldsymbol{J}}_{\mathrm{e}}\dot{\boldsymbol{X}}$。将式（2-115）和式（2-122）联立可得

$$\begin{bmatrix}\boldsymbol{H}_{\mathrm{t}} & \boldsymbol{J}_{\mathrm{t}}^{\mathrm{T}}\\ \boldsymbol{J}_{\mathrm{t}} & \boldsymbol{P}_{2}\end{bmatrix}\begin{bmatrix}\dot{\boldsymbol{V}}_{\mathrm{t}}\\ \boldsymbol{F}_{\mathrm{e}}\end{bmatrix}=\begin{bmatrix}-\boldsymbol{c}_{\mathrm{t}}\\ \boldsymbol{Q}_{2}\end{bmatrix} \tag{2-123}$$

此即为闭环方程二，系数矩阵的逆为

$$\boldsymbol{G}=\begin{bmatrix}\boldsymbol{G}_{\mathrm{t}} & \boldsymbol{G}_{\mathrm{te}}\\ \boldsymbol{G}_{\mathrm{te}}^{\mathrm{T}} & \boldsymbol{G}_{\mathrm{e}}\end{bmatrix}=\begin{bmatrix}\boldsymbol{H}_{\mathrm{t}} & \boldsymbol{J}_{\mathrm{t}}^{\mathrm{T}}\\ \boldsymbol{J}_{\mathrm{t}} & \boldsymbol{P}_{2}\end{bmatrix}^{-1} \tag{2-124}$$

式中

$$\begin{cases}\boldsymbol{G}_{\mathrm{t}}=\left(\boldsymbol{H}_{\mathrm{t}}-\boldsymbol{J}_{\mathrm{t}}^{\mathrm{T}}\boldsymbol{P}_{2}^{-1}\boldsymbol{J}_{\mathrm{t}}\right)^{-1}\\ \boldsymbol{G}_{\mathrm{te}}=-\left(\boldsymbol{H}_{\mathrm{t}}-\boldsymbol{J}_{\mathrm{t}}^{\mathrm{T}}\boldsymbol{P}_{2}^{-1}\boldsymbol{J}_{\mathrm{t}}\right)^{-1}\boldsymbol{J}_{\mathrm{t}}^{\mathrm{T}}\boldsymbol{P}_{2}^{-1}=-\boldsymbol{G}_{\mathrm{t}}\boldsymbol{J}_{\mathrm{t}}^{\mathrm{T}}\boldsymbol{P}_{2}^{-1}\\ \boldsymbol{G}_{\mathrm{e}}=\boldsymbol{P}_{2}^{-1}+\boldsymbol{P}_{2}^{-1}\boldsymbol{J}_{\mathrm{t}}\left(\boldsymbol{H}_{\mathrm{t}}-\boldsymbol{J}_{\mathrm{t}}^{\mathrm{T}}\boldsymbol{P}_{2}^{-1}\boldsymbol{J}_{\mathrm{t}}\right)^{-1}\boldsymbol{J}_{\mathrm{t}}^{\mathrm{T}}\boldsymbol{P}_{2}^{-1}=\boldsymbol{P}_{2}^{-1}-\boldsymbol{P}_{2}^{-1}\boldsymbol{J}_{\mathrm{t}}\boldsymbol{G}_{\mathrm{te}}\end{cases} \tag{2-125}$$

在系数矩阵的右下项 $\boldsymbol{P}_2$ 中，通常在空间机器人关节较多的情况下，满秩的可能性更大。故与闭环方程一（式（2-118））相比，方程二（式（2-123））不仅运算量较小，也更容易避免奇异。

2.5 空间机器人及组合体的动力学耦合性

空间机器人的基座速度、机械臂关节速度或末端速度具有相关性，其相关性同

时取决于运动学和动力学参数，因此称为动力学耦合。本节分别针对抓捕目标前的空间机器人，以及抓捕目标后机器人与目标构成的固连组合体，研究其动力学耦合问题。

2.5.1 动力学耦合性建模

空间机器人的总动量为

$$\boldsymbol{M} = \boldsymbol{H}_{\mathrm{b}}\boldsymbol{V}_0 + \boldsymbol{H}_{\mathrm{bm}}\dot{\boldsymbol{\theta}} \tag{2-126}$$

式中：$\boldsymbol{V}_0 = \left[\boldsymbol{v}_0^{\mathrm{T}}, \boldsymbol{\omega}_0^{\mathrm{T}}\right]^{\mathrm{T}}$。对于自由漂浮空间机器人，基座和关节速度满足动量守恒。不失一般性，假设自由漂浮空间机器人的初始总动量设为零，则有

$$\boldsymbol{H}_{\mathrm{b}}\boldsymbol{V}_0 + \boldsymbol{H}_{\mathrm{bm}}\dot{\boldsymbol{\theta}} = 0 \tag{2-127}$$

式（2-127）可以重写为

$$\boldsymbol{V}_0 = -\boldsymbol{H}_{\mathrm{b}}^{-1}\boldsymbol{H}_{\mathrm{bm}}\dot{\boldsymbol{\theta}} = \boldsymbol{Co}_{\mathrm{bm}}\dot{\boldsymbol{\theta}} \tag{2-128}$$

式中：$\boldsymbol{Co}_{\mathrm{bm}} \in \mathbb{R}^{6\times n}$ 为空间机器人的基座–关节耦合矩阵，包含角耦合项和线耦合项

$$\boldsymbol{V}_0 = \begin{bmatrix} \boldsymbol{v}_0 \\ \boldsymbol{\omega}_0 \end{bmatrix} = \begin{bmatrix} \boldsymbol{Co}_{\mathrm{bm}}^{v} \\ \boldsymbol{Co}_{\mathrm{bm}}^{\omega} \end{bmatrix}\dot{\boldsymbol{\theta}} \tag{2-129}$$

空间机器人的末端速度可以表示为

$$\boldsymbol{V}_{\mathrm{e}} = \boldsymbol{J}_{\mathrm{b}}\boldsymbol{V}_0 + \boldsymbol{J}_{\mathrm{m}}\dot{\boldsymbol{\theta}} \tag{2-130}$$

式中：$\boldsymbol{V}_{\mathrm{e}} = \left[\boldsymbol{v}_{\mathrm{e}}^{\mathrm{T}}, \boldsymbol{\omega}_{\mathrm{e}}^{\mathrm{T}}\right]^{\mathrm{T}}$。将式（2-128）代入式（2-130），得

$$\boldsymbol{V}_{\mathrm{e}} = \left(\boldsymbol{J}_{\mathrm{m}} - \boldsymbol{J}_{\mathrm{b}}\boldsymbol{H}_{\mathrm{b}}^{-1}\boldsymbol{H}_{\mathrm{bm}}\right)\dot{\boldsymbol{\theta}} = \left(\boldsymbol{J}_{\mathrm{m}} + \boldsymbol{J}_{\mathrm{b}}\boldsymbol{Co}_{\mathrm{bm}}\right)\dot{\boldsymbol{\theta}} \tag{2-131}$$

以及

$$\dot{\boldsymbol{\theta}} = \left(\boldsymbol{J}_{\mathrm{m}} + \boldsymbol{J}_{\mathrm{b}}\boldsymbol{Co}_{\mathrm{bm}}\right)^{+}\boldsymbol{V}_{\mathrm{e}} \tag{2-132}$$

式中：上标“+”表示伪逆。将式（2-132）代入式（2-127），得

$$\boldsymbol{V}_0 = \boldsymbol{Co}_{\mathrm{bm}}\left(\boldsymbol{J}_{\mathrm{m}} + \boldsymbol{J}_{\mathrm{b}}\boldsymbol{Co}_{\mathrm{bm}}\right)^{+}\boldsymbol{V}_{\mathrm{e}} = \boldsymbol{Co}_{\mathrm{be}}\boldsymbol{V}_{\mathrm{e}} \tag{2-133}$$

式中：$\boldsymbol{Co}_{\mathrm{be}} \in \mathbb{R}^{6\times 6}$ 为空间机器人的基座–末端耦合矩阵，同样包含角耦合项和线耦合项

$$\boldsymbol{V}_0 = \begin{bmatrix} \boldsymbol{v}_0 \\ \boldsymbol{\omega}_0 \end{bmatrix} = \begin{bmatrix} \boldsymbol{Co}_{\mathrm{be}}^{v} \\ \boldsymbol{Co}_{\mathrm{be}}^{\omega} \end{bmatrix}\boldsymbol{V}_{\mathrm{e}} \tag{2-134}$$

空间机器人抓捕目标后，其总动量由基座、机械臂和目标三项组成，即

$$\boldsymbol{M} = \boldsymbol{H}_{\mathrm{b}}\boldsymbol{V}_0 + \boldsymbol{H}_{\mathrm{bm}}\dot{\boldsymbol{\theta}} + \boldsymbol{I}_{\mathrm{t}}\boldsymbol{V}_{\mathrm{t}} \tag{2-135}$$

不失一般性，可将空间机器人系统的初始总动量设为零，空间机器人与目标满足如下运动约束关系

$$\boldsymbol{J}_{\mathrm{b}}\boldsymbol{V}_0 + \boldsymbol{J}_{\mathrm{m}}\dot{\boldsymbol{\theta}} = \boldsymbol{J}_{\mathrm{t}}\boldsymbol{V}_{\mathrm{t}} \tag{2-136}$$

即末端执行器的运动与目标上的抓捕点运动始终一致。可得

$$\boldsymbol{V}_{\mathrm{t}} = \boldsymbol{J}_{\mathrm{t}}^{-1}\boldsymbol{J}_{\mathrm{b}}\boldsymbol{V}_0 + \boldsymbol{J}_{\mathrm{t}}^{-1}\boldsymbol{J}_{\mathrm{m}}\dot{\boldsymbol{\theta}} \tag{2-137}$$

将式（2-137）代入式（2-135），得到

$$\boldsymbol{H}_{\mathrm{b}}\boldsymbol{V}_0 + \boldsymbol{H}_{\mathrm{bm}}\dot{\boldsymbol{\theta}} + \boldsymbol{I}_{\mathrm{t}}\left(\boldsymbol{J}_{\mathrm{t}}^{-1}\boldsymbol{J}_{\mathrm{b}}\boldsymbol{V}_0 + \boldsymbol{J}_{\mathrm{t}}^{-1}\boldsymbol{J}_{\mathrm{m}}\dot{\boldsymbol{\theta}}\right) = \boldsymbol{0} \tag{2-138}$$

并转化为

$$\boldsymbol{V}_0 = -\left(\boldsymbol{H}_{\mathrm{b}} + \boldsymbol{I}_{\mathrm{t}}\boldsymbol{J}_{\mathrm{t}}^{-1}\boldsymbol{J}_{\mathrm{b}}\right)^{-1}\left(\boldsymbol{H}_{\mathrm{bm}} + \boldsymbol{I}_{\mathrm{t}}\boldsymbol{J}_{\mathrm{t}}^{-1}\boldsymbol{J}_{\mathrm{m}}\right)\dot{\boldsymbol{\theta}} = \boldsymbol{Co}_{\mathrm{bq}}\dot{\boldsymbol{\theta}} \tag{2-139}$$

式中：$\boldsymbol{Co}_{\mathrm{bq}} \in \mathbb{R}^{6\times n}$ 为组合体的基座–关节耦合矩阵，可以分解为

$$\boldsymbol{V}_0 = \begin{bmatrix} \boldsymbol{v}_0 \\ \boldsymbol{\omega}_0 \end{bmatrix} = \begin{bmatrix} \boldsymbol{Co}_{\mathrm{bq}}^{v} \\ \boldsymbol{Co}_{\mathrm{bq}}^{\omega} \end{bmatrix}\dot{\boldsymbol{\theta}} \tag{2-140}$$

由式（2-135）出发，可得

$$\boldsymbol{V}_0 = -\boldsymbol{H}_{\mathrm{b}}^{-1}\boldsymbol{H}_{\mathrm{bm}}\dot{\boldsymbol{\theta}} - \boldsymbol{H}_{\mathrm{b}}^{-1}\boldsymbol{I}_{\mathrm{t}}\boldsymbol{V}_{\mathrm{t}} \tag{2-141}$$

代入式（2-136），得到

$$-\boldsymbol{J}_{\mathrm{b}}\left(\boldsymbol{H}_{\mathrm{b}}^{-1}\boldsymbol{H}_{\mathrm{bm}}\dot{\boldsymbol{\theta}} + \boldsymbol{H}_{\mathrm{b}}^{-1}\boldsymbol{I}_{\mathrm{t}}\boldsymbol{V}_{\mathrm{t}}\right) + \boldsymbol{J}_{\mathrm{m}}\dot{\boldsymbol{\theta}} = \boldsymbol{J}_{\mathrm{t}}\boldsymbol{V}_{\mathrm{t}} \tag{2-142}$$

并转化为

$$\dot{\boldsymbol{\theta}} = \left(\boldsymbol{J}_{\mathrm{m}} - \boldsymbol{J}_{\mathrm{b}}\boldsymbol{H}_{\mathrm{b}}^{-1}\boldsymbol{H}_{\mathrm{bm}}\right)^{+}\left(\boldsymbol{J}_{\mathrm{t}} + \boldsymbol{J}_{\mathrm{eb}}\boldsymbol{H}_{\mathrm{b}}^{-1}\boldsymbol{I}_{\mathrm{t}}\right)\boldsymbol{V}_{\mathrm{t}} \tag{2-143}$$

将式（2-143）代入式（2-139），得到

$$\boldsymbol{V}_0 = \boldsymbol{Co}_{\mathrm{bq}}\left(\boldsymbol{J}_{\mathrm{m}} - \boldsymbol{J}_{\mathrm{b}}\boldsymbol{H}_{\mathrm{b}}^{-1}\boldsymbol{H}_{\mathrm{bm}}\right)^{+}\left(\boldsymbol{J}_{\mathrm{t}} + \boldsymbol{J}_{\mathrm{b}}\boldsymbol{H}_{\mathrm{b}}^{-1}\boldsymbol{I}_{\mathrm{t}}\right)\boldsymbol{V}_{\mathrm{t}} = \boldsymbol{Co}_{\mathrm{bt}}\boldsymbol{V}_{\mathrm{t}} \tag{2-144}$$

式中：$\boldsymbol{Co}_{\mathrm{bt}} \in \mathbb{R}^{6\times 6}$ 为组合体的基座–目标耦合矩阵，可以分解为

$$\boldsymbol{V}_0 = \begin{bmatrix} \boldsymbol{v}_0 \\ \boldsymbol{\omega}_0 \end{bmatrix} = \begin{bmatrix} \boldsymbol{Co}_{\mathrm{bt}}^{v} \\ \boldsymbol{Co}_{\mathrm{bt}}^{\omega} \end{bmatrix}\boldsymbol{V}_{\mathrm{t}} \tag{2-145}$$

2.5.2 动力学耦合性指标

动力学耦合项的衡量有动力学耦合因子和动力学耦合椭球两种形式。这里首先以 $\boldsymbol{Co}_{\mathrm{bm}}^{\omega}$ 为例，介绍用数值方法测量耦合程度的动力学耦合因子。基座角速度与关节速度之比可以表示为

$$\frac{\left\|\boldsymbol{\omega}_0\right\|_2}{\left\|\dot{\boldsymbol{\theta}}\right\|_2} = \frac{\left\langle \boldsymbol{Co}_{\mathrm{bm}}^{\omega}\dot{\boldsymbol{\theta}}, \boldsymbol{Co}_{\mathrm{bm}}^{\omega}\dot{\boldsymbol{\theta}}\right\rangle^{\frac{1}{2}}}{\left\langle \dot{\boldsymbol{\theta}}, \dot{\boldsymbol{\theta}}\right\rangle^{\frac{1}{2}}} = \sqrt{\frac{\dot{\boldsymbol{\theta}}^{\mathrm{T}}\boldsymbol{Co}_{\mathrm{bm}}^{\omega\,\mathrm{T}}\boldsymbol{Co}_{\mathrm{bm}}^{\omega}\dot{\boldsymbol{\theta}}}{\dot{\boldsymbol{\theta}}^{\mathrm{T}}\dot{\boldsymbol{\theta}}}} = \sqrt{\frac{\dot{\boldsymbol{\theta}}^{\mathrm{T}}\boldsymbol{A}_{\mathrm{bm}}^{\omega}\dot{\boldsymbol{\theta}}}{\dot{\boldsymbol{\theta}}^{\mathrm{T}}\dot{\boldsymbol{\theta}}}} \tag{2-146}$$

式中：$\boldsymbol{A}_{\mathrm{bm}}^{\omega} = \boldsymbol{Co}_{\mathrm{bm}}^{\omega\,\mathrm{T}}\boldsymbol{Co}_{\mathrm{bm}}^{\omega} \in \mathbb{R}^{n\times n}$ 为方阵。根据动力学耦合衡量的概念，空间机器人的基座–关节角速度耦合因子定义为[14]

$$w_{\mathrm{bm}}^{\omega} = \sqrt{\det\left(\boldsymbol{A}_{\mathrm{bm}}^{\omega}\right)} = \sqrt{\boldsymbol{\lambda}_1\left(\det\left(\boldsymbol{A}_{\mathrm{bm}}^{\omega}\right)\right)\boldsymbol{\lambda}_2\left(\det\left(\boldsymbol{A}_{\mathrm{bm}}^{\omega}\right)\right)\cdots\boldsymbol{\lambda}_N\left(\det\left(\boldsymbol{A}_{\mathrm{bm}}^{\omega}\right)\right)} \tag{2-147}$$

式中：$\boldsymbol{\lambda}_i\left(\det\left(\boldsymbol{A}_{\mathrm{bm}}^{\omega}\right)\right), i=1,2,\cdots,n$ 为 $\boldsymbol{A}_{\mathrm{bm}}^{\omega}$ 的特征值。该系数在数值上表示基座与关节速度的耦合程度。

式（2-147）的定义存在一定缺陷，对于冗余或奇异构型的机器人，$\boldsymbol{A}_{\mathrm{bm}}^{\omega}$ 不满秩，某些特征值为零，使得耦合因子直接为零，这是不切实际的。为克服这一问题，这里提出基于奇异值的动力学耦合因子。同样以 $\boldsymbol{Co}_{\mathrm{bm}}^{\omega}$ 为例，设 $\boldsymbol{Co}_{\mathrm{bm}}^{\omega}$ 的秩为 r，对其进行奇异值分解得

$$\boldsymbol{Co}_{\mathrm{bm}}^{\omega}=\left[\boldsymbol{U}_1 \quad \boldsymbol{U}_2\right]\begin{bmatrix}\Sigma & \boldsymbol{0}\\ \boldsymbol{0} & \boldsymbol{0}\end{bmatrix}\begin{bmatrix}\boldsymbol{V}_1^{\mathrm{T}}\\ \boldsymbol{V}_2^{\mathrm{T}}\end{bmatrix} \tag{2-148}$$

式中：$\boldsymbol{U}_1\in\mathbb{R}^{3\times r}$，$\boldsymbol{U}_2\in\mathbb{R}^{3\times(3-r)}$，$\boldsymbol{V}_1\in\mathbb{R}^{n\times r}$，$\boldsymbol{V}_2\in\mathbb{R}^{n\times(n-r)}$，$\Sigma=\mathrm{diag}\left(\sigma_1,\sigma_2,\cdots,\sigma_r\right)\in\mathbb{R}^{r\times r}$ 为包含 $\boldsymbol{Co}_{\mathrm{bm}}^{\omega}$ 的所有奇异值的对角矩阵，$\boldsymbol{U}_1$ 的各列表示对应的特征向量。于是基座–关节角速度耦合因子重新定义为

$$w_{\mathrm{bm}}^{\omega}=\sigma_1\left(\boldsymbol{Co}_{\mathrm{bm}}^{\omega}\right)\sigma_2\left(\boldsymbol{Co}_{\mathrm{bm}}^{\omega}\right)\cdots\sigma_r\left(\boldsymbol{Co}_{\mathrm{bm}}^{\omega}\right)=\det\left(\Sigma\left(\boldsymbol{Co}_{\mathrm{bm}}^{\omega}\right)\right) \tag{2-149}$$

其他关联矩阵的耦合因子可通过类似方式定义。关联矩阵与速度所在的坐标系有关，在不同坐标系下表示速度不会影响关联矩阵的奇异值和耦合因子的大小，但会影响特征向量。

动力学耦合因子在数值上给出了动力学耦合的总体测度，但不能直观地反映各方向上的耦合程度。下面借鉴动力学操纵椭球的概念，提出动力学耦合椭球，从几何角度研究动力学耦合性的空间分布。仍以 $\boldsymbol{Co}_{\mathrm{bm}}^{\omega}$ 为例，可得

$$\dot{\boldsymbol{\theta}}=\boldsymbol{Co}_{\mathrm{bm}}^{\omega\,+}\boldsymbol{\omega}_0 \tag{2-150}$$

假设关节速度满足约束 $\left\|\dot{\boldsymbol{\theta}}\right\|_2\leqslant 1$，即

$$\dot{\boldsymbol{\theta}}^{\mathrm{T}}\dot{\boldsymbol{\theta}}\leqslant 1 \tag{2-151}$$

该式在几何上表示一个 n 维单位球，将式(2-150)代入得

$$\boldsymbol{\omega}_0^{\mathrm{T}}\left(\boldsymbol{Co}_{\mathrm{bm}}^{\omega\,+}\right)^{\mathrm{T}}\boldsymbol{Co}_{\mathrm{bm}}^{\omega\,+}\boldsymbol{\omega}_0\leqslant 1 \tag{2-152}$$

该式在几何上则表示一个中心位于基座质心的 3 维椭球，这里定义为基座–关节角速度耦合椭球。它的物理意义为，当关节速度满足式（2-151）所示的椭球约束时，基座角速度会满足式（2-152）所示的椭球约束。椭球的三个半轴的长度即分别为 $\boldsymbol{Co}_{\mathrm{bm}}^{\omega}$ 的三个奇异值，其方向与特征值对应的特征向量相同。如果关联矩阵的奇异值小于 3 个，那么椭球的某些轴长为零，椭球变为二维平面内的椭圆或一对平行面。椭球体积（或椭圆面积）与相应的耦合因子成正比。用类似的方法可以推导出其他情况下的耦合椭球。

根据前面的分析，坐标系选择的不同不会影响椭球的轴长和体积，但可能改变

轴的方向。此外，在实际中，关节速度、末端或目标速度未必满足单位球约束，而是满足一定的最大或最小约束。此时，可利用关节速度、末端速度和目标速度的最大绝对值组成对角规范矩阵，得到规范化后的关节速度、末端速度及目标速度，即

$$\begin{cases}\dot{\boldsymbol{\theta}}=\mathrm{diag}\left(\left|\dot{\boldsymbol{\theta}}_1\right|_{\max},\left|\dot{\boldsymbol{\theta}}_2\right|_{\max},\cdots,\left|\dot{\boldsymbol{\theta}}_n\right|_{\max}\right)\hat{\dot{\boldsymbol{\theta}}}=\boldsymbol{L}_{\mathrm{q}}\hat{\dot{\boldsymbol{\theta}}}\\ \boldsymbol{V}_{\mathrm{e}}=\mathrm{diag}\left(\left|\boldsymbol{V}_{\mathrm{e}}(1)\right|_{\max},\left|\boldsymbol{V}_{\mathrm{e}}(2)\right|_{\max},\cdots,\left|\boldsymbol{V}_{\mathrm{e}}(6)\right|_{\max}\right)\hat{\boldsymbol{V}}_{\mathrm{e}}=\boldsymbol{L}_{\mathrm{e}}\hat{\boldsymbol{V}}_{\mathrm{e}}\\ \boldsymbol{V}_{\mathrm{t}}=\mathrm{diag}\left(\left|\boldsymbol{V}_{\mathrm{t}}(1)\right|_{\max},\left|\boldsymbol{V}_{\mathrm{t}}(2)\right|_{\max},\cdots,\left|\boldsymbol{V}_{\mathrm{t}}(6)\right|_{\max}\right)\hat{\boldsymbol{V}}_{\mathrm{t}}=\boldsymbol{L}_{\mathrm{t}}\hat{\boldsymbol{V}}_{\mathrm{t}}\end{cases} \tag{2-153}$$

式中：$\boldsymbol{L}_{\mathrm{q}}$、$\boldsymbol{L}_{\mathrm{e}}$和$\boldsymbol{L}_{\mathrm{t}}$分别为关节速度、末端速度和目标速度的最大绝对值组成的对角规范矩阵；$\hat{\dot{\boldsymbol{q}}}$、$\hat{\boldsymbol{V}}_{\mathrm{e}}$、$\hat{\boldsymbol{V}}_{\mathrm{t}}$分别为规范化后的关节速度、末端速度及目标速度，可以近似为满足单位球约束。这样，式（2-152）可以重写为

$$\boldsymbol{\omega}_0^{\mathrm{T}}\left(\boldsymbol{Co}_{\mathrm{bm}}^{\omega\,+}\right)^{\mathrm{T}}\boldsymbol{L}_{\mathrm{q}}^{-2}\boldsymbol{Co}_{\mathrm{bm}}^{\omega\,+}\boldsymbol{\omega}_0\leqslant 1 \tag{2-154}$$

或者

$$\boldsymbol{\omega}_0^{\mathrm{T}}\left(\boldsymbol{Co}_{\mathrm{bm}}^{\omega}\boldsymbol{L}_{\mathrm{q}}^2\boldsymbol{Co}_{\mathrm{bm}}^{\omega\,\mathrm{T}}\right)^{-1}\boldsymbol{\omega}_0\leqslant 1 \tag{2-155}$$

式中，规范矩阵的引入使耦合椭球的各轴长度成比例变化，但不会改变轴方向。

2.5.3 动力学耦合性分析

由各关联矩阵的定义可知，动力学耦合性与空间机器人及目标的动力学参数和机械臂构型等因素紧密相关。下面以2关节单臂空间机器人抓捕目标为例，分析空间机器人抓捕目标前以及抓捕目标后所形成的组合体的动力学耦合性。2关节单臂空间机器人参数如表2-1所列。

表2-1 2关节单臂空间机器人参数

编 号	0	1	2	末端执行器
母连杆编号	—	0	1	—
是否为末端	否	否	是	—
关节类型		旋转	旋转	—
质量 m_i/kg	10	10	10	—
惯量 $\boldsymbol{I}_i/(\mathrm{kg\cdot m^2})$	$\mathrm{diag}(1,1,1)$	$\mathrm{diag}(1,1,0.1)$	$\mathrm{diag}(1,0.1,1)$	—
欧拉角 $\alpha_i,\beta_i,\gamma_i$/rad	—	$[0\ \ 0\ \ 0]^{\mathrm{T}}$	$[0\ \ 0\ \ 0]^{\mathrm{T}}$	$[0\ \ 0\ \ 0]^{\mathrm{T}}$
长度 $\boldsymbol{l}_i$/m	—	$[0\ \ 1\ \ 0]^{\mathrm{T}}$	$[0\ \ 1\ \ 0]^{\mathrm{T}}$	$[0\ \ 1\ \ 0]^{\mathrm{T}}$
质心位置 $\boldsymbol{c}_i$/m	—	$[0\ \ 0.5\ \ 0]^{\mathrm{T}}$	$[0\ \ 0.5\ \ 0]^{\mathrm{T}}$	$[0\ \ 0.5\ \ 0]^{\mathrm{T}}$

首先考虑未抓捕目标的空间机器人（开环系统）的动力学耦合性。这里以各刚体（基座和各连杆）的质量为自变量，分别令各刚体质量由 1kg 增加至 200kg（转动惯量按同比例变化），同时其他刚体质量保持为 10kg，观察动力学耦合因子的变化情况，从而研究各刚体动力学参数的变化对基座耦合性的影响。关节配置为 $\boldsymbol{\theta}=\left[-\pi/6,-\pi/3\right]^{\mathrm{T}}$，此时空间机器人在平面内运动，基座有一个角运动自由度和两个线运动自由度。空间机器人动力学耦合因子随质量的变化如图 2-3 所示，可以看出，基座质量的增大均导致耦合因子的减小，总体上基座质量与耦合程度呈负相关关系；各连杆质量对耦合性的影响有所不同，距离基座较近的连杆 1 质量与基座耦合程度呈负相关关系，较远的连杆 2 质量与耦合程度呈正相关关系。

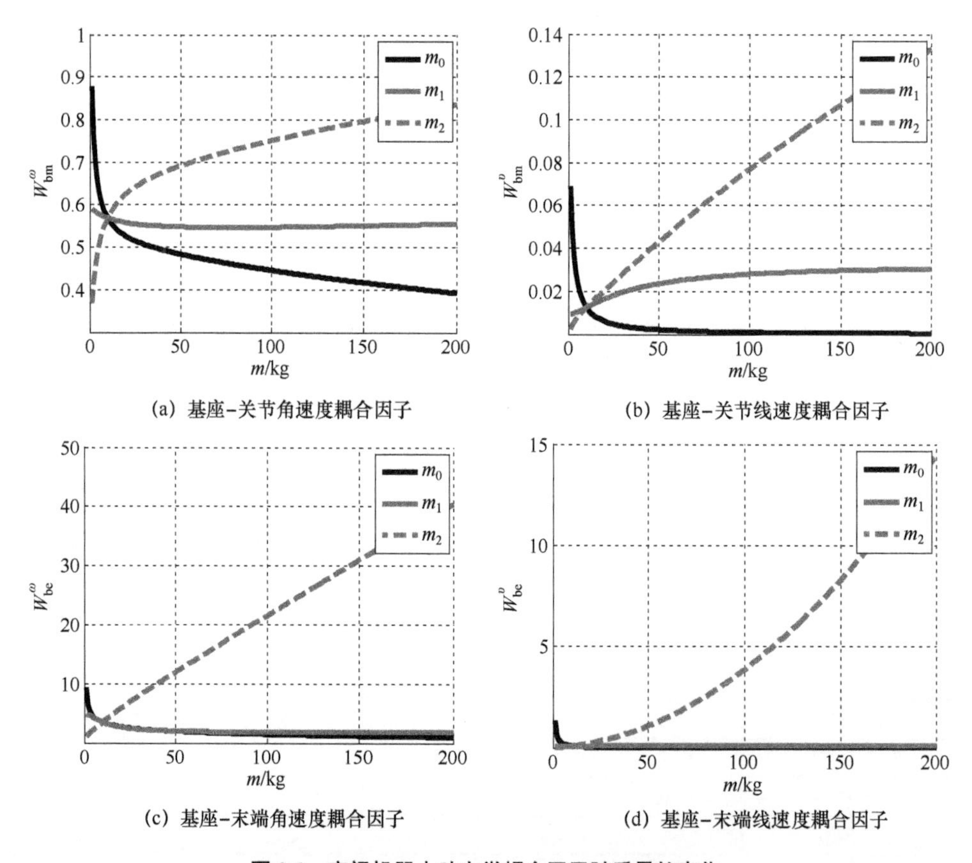

图 2-3 空间机器人动力学耦合因子随质量的变化

组合体由空间机器人和目标组成，其中空间机器人采用如表 2-1 所示的动力学参数。空间机器人动力学参数以同样方式变化，目标质量由 1kg 增加至 200kg（转动惯量按同比例变化），抓捕点与目标质心的距离为 1m，姿态与空间机器人基座坐标系相同。组合体动力学耦合因子随质量的变化如图 2-4 所列。从图 2-4 可以看出，目标质量与耦合程度呈正相关关系。将图 2-4 与图 2-3 对比，发现由于机器人抓捕目标后闭环运动约束关系的引入，基座关节耦合因子相对基座质量及距基座较近的连杆 1 质量产生的变化有所增大，表明动力学耦合性对这两个自变量更为敏感；而对于距基座较远的连杆 2，其质量对耦合因子的影响在抓捕目标后的闭环条件下与未抓捕目标的开环条件下基本相同或略有减小。

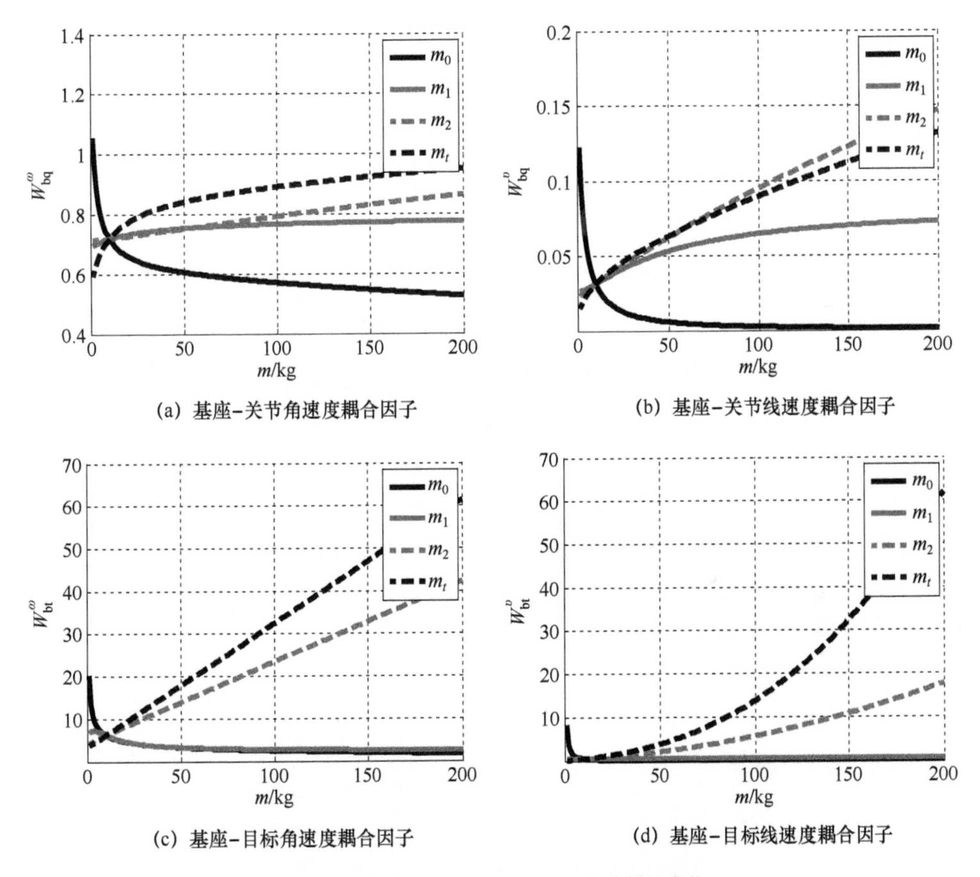

(a) 基座-关节角速度耦合因子　(b) 基座-关节线速度耦合因子

(c) 基座-目标角速度耦合因子　(d) 基座-目标线速度耦合因子

图 2-4　组合体动力学耦合因子随质量的变化

下面运用动力学耦合椭球进一步说明耦合性在空间方向上的变化。由于在平面内运动的机器人基座仅有一个角运动自由度和两个线运动自由度，其对应的角速度和线速度耦合椭球会分别退化为一对平行面和平面椭圆，这里仅考虑线速度耦合性。设定规范矩阵 $\boldsymbol{L}_{\mathrm{q}}=\mathrm{diag}(0.8,0.6)$，$\boldsymbol{L}_{\mathrm{e}}=\mathrm{diag}(1,0.75,0.5,3,2.5,2)$。令基座和各连杆质量依次增大至 100kg，并与初始质量配置下进行比较。未抓捕目标的空间机器人动力学耦合椭球随质量的变化如图 2-5 所示，图中给出了原质量配置（各刚体质量均为 10kg）下的初始椭圆。基座质量为 100kg 时，对应的线速度耦合椭圆面积比初始条件下小；连杆 1 和 2 质量为 100kg 时，对应的线速度耦合椭圆面积比初始条件下大。这与前面利用耦合因子分析得到的结果相符。

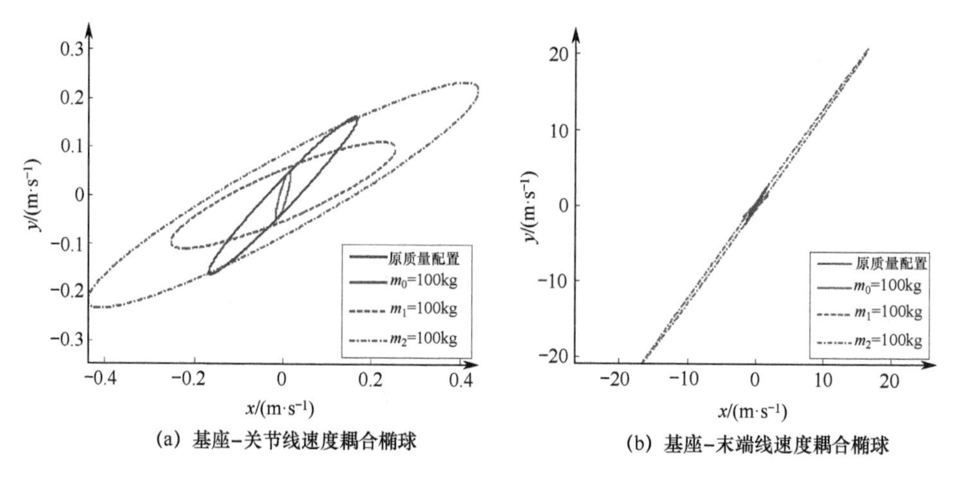

(a) 基座-关节线速度耦合椭球 (b) 基座-末端线速度耦合椭球

图 2-5 空间机器人动力学耦合椭球随质量的变化

在相同关节配置下的组合体中，设定 $\boldsymbol{L}_{\mathrm{t}}=\operatorname{diag}(2,1.5,1,4,3,2)$，令基座和各连杆及目标质量依次增大至 100kg，并与各刚体质量均为 10kg 时的初始耦合椭圆进行比较，组合体动力学耦合椭球随质量变化的仿真结果如图 2-6 所示，图中给出了原质量配置下（刚体质量均为 10kg）的初始椭圆。从图 2-6 可以看出，连杆质量的增加改变了椭圆方向，其中接近末端的连杆 2 质量增大使耦合椭圆面积增大，而接近基座的连杆 1 质量增大则会使其面积减小；基座及目标质量的变化不改变椭圆方向，但分别减小和增大了面积。

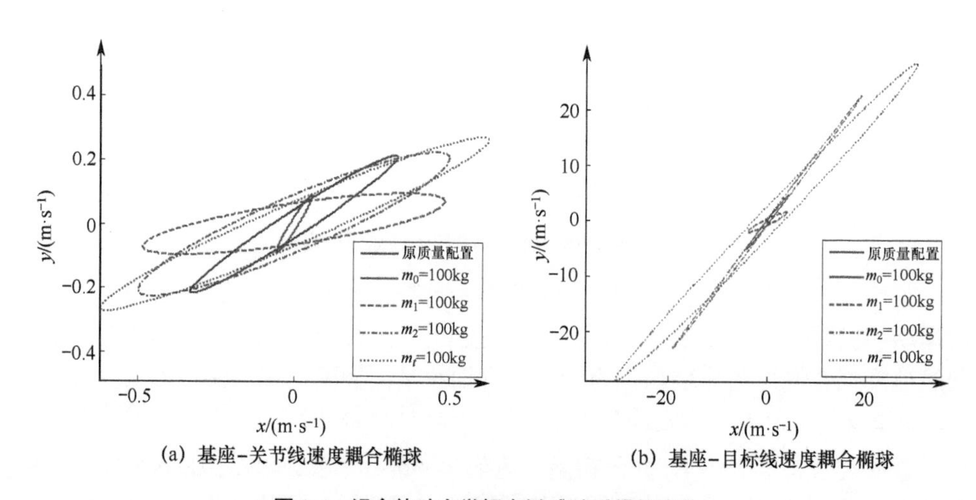

(a) 基座-关节线速度耦合椭球 (b) 基座-目标线速度耦合椭球

图 2-6 组合体动力学耦合椭球随质量的变化

下面以关节变量为因变量，探究其变化对动力学耦合因子的影响。根据关联矩阵的定义，令各关节变量依次从0°变化到360°，得到各种关节变量组合下的基座–关节速度耦合因子，据此可以绘制出能直观地反映不同关节变量组合下耦合性的等高线图。依次令各刚体质量增加至100kg，分别得到基座–关节角速度和基座–关节线速度耦合因子对比等高线变化图如图2-7和图2-8所示。仿真结果表明，基座及连杆1质量增大使得基座相对关节的耦合扰动减小，连杆2质量增大则使耦合扰动减小。这一现象与前面仿真得到的结果基本相符。

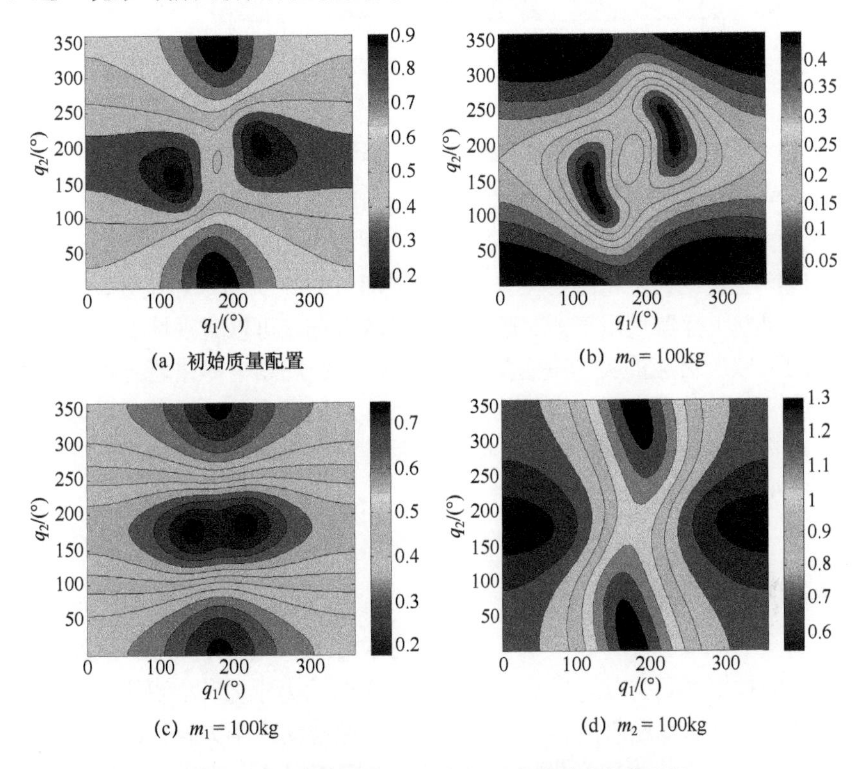

(a) 初始质量配置　(b) $m_0=100$kg

(c) $m_1=100$kg　(d) $m_2=100$kg

图2-7　不同质量配置下的基座–关节角速度耦合因子

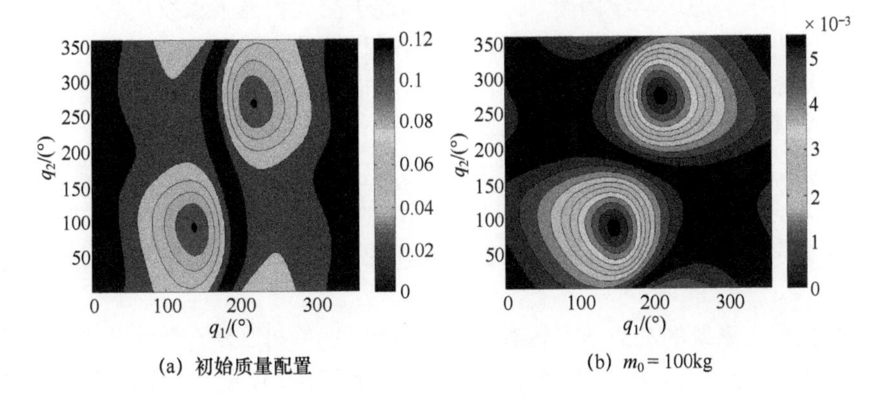

(a) 初始质量配置　(b) $m_0=100$kg

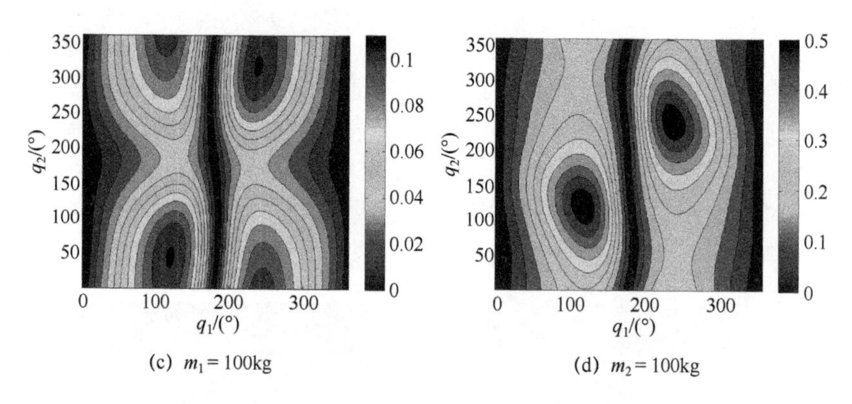

(c) $m_1 = 100\text{kg}$　(d) $m_2 = 100\text{kg}$

图 2-8　不同质量配置下的基座–关节线速度耦合因子

通过研究各种关节变量组合下的耦合因子得到的等高线耦合图，对于自由漂浮空间机器人的轨迹规划具有重要的指导意义。在执行任务时，机械臂关节或末端的运动使基座产生扰动，为此需要反作用飞轮或喷气装置调整基座位姿，这样会耗费部分燃料，减少飞行器使用寿命。通过等高线耦合图，可以直观地看出耦合因子较大或较小的区域所对应的关节变量配置，从而在轨迹规划中尽量避开耦合程度较高的区域，使机械臂沿耦合程度较低的路径运动。对于高自由度系统，尽管难以得到与关节路径相关的耦合图表，仍可以将耦合因子大小作为路径规划的一项最优化指标，使基座扰动最小化。

2.6 本章小结

本章是全书的动力学基础。首先分别基于向量力学理论的牛顿–欧拉方法和分析力学理论的拉格朗日方法，推导了空间机器人的动力学方程。更进一步地，将末端执行器视为“虚拟基座”推导了空间机器人的逆链动力学方程，该动力学方程包括末端执行器的变量作为广义坐标，从而可以直接依据该方程设计末端执行器的控制器而不需要求解逆运动学问题。另外，在固连于空间机器人系统质心的坐标系下推导了空间机器人非惯性坐标系下的动力学方程，该动力学方程可以将整个系统的平移运动从系统内部的重构运动中隔离出去，从而减小了空间机器人基座和机械臂之间动力学耦合特性带来的系统动力学复杂性。

本章还给出了空间翻滚目标的动力学模型，以及空间机器人捕获翻滚目标后形成的组合体的动力学模型。对空间机器人系统的动力学耦合性进行了建模，给出了描述动力学耦合性的指标，对空间机器人抓捕目标前/后的动力学耦合性进行了分析。

空间机器人系统的动力学方程有着强非线性、时变性、耦合性和非完整性等特征。本章建立的各类动力学方程在后续章节中得到了应用，针对空间机器人捕获翻滚目标不同阶段的操控任务和要求，选择适当的动力学方程，可以有效地降低空间机器人控制器设计的难度，得到更好的有针对性的控制器和控制律。

参考文献

[1] Stoneking E. Newton-Euler dynamic equations of motion for a multi-body spacecraft[C]// AIAA Guidance, Navigation, and Control Conference, AIAA Paper 2007-6441, 2007.

[2] Spong M W, Vidyasagar M. Robot dynamics and control[M]. John Wiley & Sons, 2008.

[3] Zong L, Emami R M, Muralidharan V. Concurrent rendezvous control of underactuated space manipulators[J]. Journal of Guidance, Control, and Dynamics, 2019, 42(11): 2501-2510.

[4] Zong L, Emami M R, Luo J. Reactionless control of free-floating space manipulators[J]. IEEE Transactions on Aerospace and Electronic Systems, 2019, 56(2): 1490-1503.

[5] Zong L, Luo J, Wang M. Optimal concurrent control for space manipulators rendezvous and capturing targets under actuator saturation[J]. IEEE Transactions on Aerospace and Electronic Systems, 2020, 56(6): 4841-4855.

[6] Zhao S. Time derivative of rotation matrices: A tutorial[DB/OL]. (2016-09). https://arXiv preprint arXiv:1609.06088.

[7] Tian Y, Takane Y. More on generalized inverses of partitioned matrices with Banachiewicz–Schur forms[J]. Linear Algebra and Its Applications, 2009, 430(5-6): 1641-1655.

[8] Bernstein D S. Matrix mathematics: theory, facts, and formulas[M]. Princeton Univ. Press, Princeton, NJ, 2009.

[9] Higham N J. Stability of block LDL factorization of a symmetric tridiagonal matrix[J]. Linear Algebra and Its Applications, 1999, 287(1): 181-189.

[10] 宗立军.空间机器人捕获翻滚目标的最优轨迹规划与协调控制[D]. 西安：西北工业大学, 2020.

[11] 梅凤祥. 高等分析力学[M]. 北京：北京理工大学出版社, 1991.

[12] Siciliano B, Oussama K. Springer handbook of robotics[M]. Berlin: springer, 2008.

[13] Zong L, Luo J, Wang M. Optimal detumbling trajectory generation and coordinated control after space manipulator capturing tumbling targets[J]. Aerospace Science and Technology, 2021, 112: 106626.

[14] Zhou Y, Luo J, Wang M. Dynamic coupling analysis of multi-arm space robot[J]. Acta Astronautica, 2019, 160: 583-593.

第3章 空间机器人捕获目标过程的约束处理与控制策略

3.1 引言

空间机器人捕获目标过程中的轨迹规划与控制问题中往往存在多种约束，尤其是一些不等式约束，这些约束的存在大大增加了空间机器人轨迹规划与控制问题求解的难度。比如，由于空间机器人携带的燃料有限[1]或者需要快速地将抓捕的翻滚目标消旋[2]，就提出了求解空间机器人最优轨迹规划（经常描述为求解最优控制问题）的需求。而不等式约束的存在使得最优控制问题只能使用直接法或者间接法中的庞特里亚金极小值原理求解，这些求解方法分别存在解的精度不够高以及会出现奇异弧和约束弧的问题[3-4]。另外，在空间机器人捕获翻滚目标的不同阶段，虽然具有不同的控制任务要求，但底层的与控制任务相关的系统动力学方程往往具有统一的拉格朗日方程的形式，如果能在该形式的动力学方程下建立空间机器人控制器设计的策略和方法，则会大大地简化空间机器人捕获翻滚目标不同阶段的具体控制任务的控制器设计的难度。因而，为了便于后续章节开展不同阶段的空间机器人运动轨迹规划和控制器的设计，本章研究空间机器人捕获翻滚目标过程中的约束处理方法和运动控制策略。

本章首先对空间机器人捕获翻滚目标过程中的典型约束进行建模，随后抽象出各类约束的一般数学形式。进一步地，将抽象的不等式形式的约束在最优控制问题的框架下进行考虑，通过对其进行一系列的数学变换消除不等式约束，从而使得含有不等式约束的一般空间机器人最优控制问题可以使用标准变分法求解，具有解的精度高以及在最优解附近收敛速度快的优点，为后续章节中空间机器人的最优轨迹规划与控制问题研究奠定了理论和方法基础。此外，在一般的拉格朗日方程结构的动力学模型基础上，分别基于闭环逆运动学控制和逆动力学控制方法给出了空间机器人控制器的设计过程和设计方法，从而也为后续章节中空间机器人捕获翻滚目标过程中不同阶段具体控制问题的控制器的设计奠定了基础。

3.2 捕获目标过程中的约束

3.2.1 躲避障碍物约束

空间机器人在接近目标的过程中需要躲避可能遇到的空间碎片等障碍物，而且，在捕获目标时机械臂和末端执行器的运动也需要躲避目标上的太阳帆板等附件以免对空间机器人和目标造成损伤。

空间机器人接近目标躲避障碍物示意图如图 3-1 所示，要求在空间机器人接近目标的过程中，整个空间机器人不与障碍物发生碰撞。因为可能不确定空间机器人接近目标过程中基座的姿态和机械臂的构型，考虑最坏的情形，使用能够包含所有可能基座姿态和机械臂构型下空间机器人的球体代表空间机器人系统，通过保证该球体不与障碍物发生碰撞，则可以避免空间机器人与障碍物的碰撞。

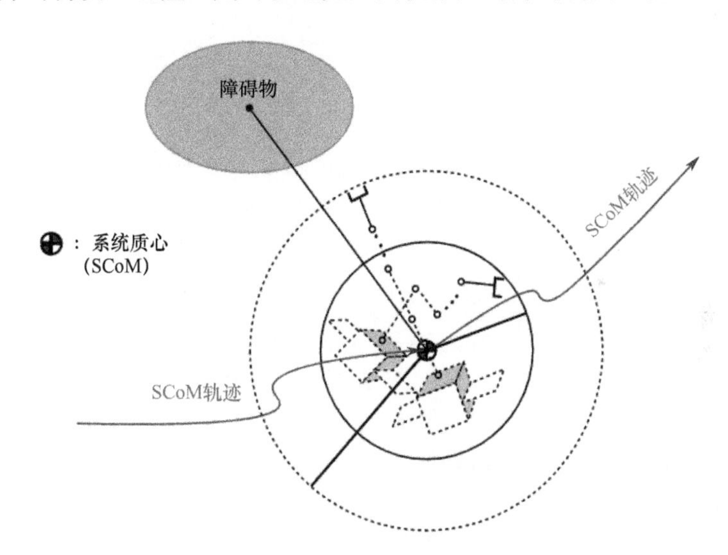

图 3-1　空间机器人接近目标躲避障碍物示意图

假设障碍物具有凸的几何外形，其上距离包裹空间机器人球体最近点的位置在惯性空间下记为 $\boldsymbol{r}_{\mathrm{o}}$，球体中心即空间机器人系统质心的位置记为 $\boldsymbol{r}_{\mathrm{s}}$，简单地，空间机器人的避障约束可以表示为

$$\|\boldsymbol{r}_{\mathrm{o}}-\boldsymbol{r}_{\mathrm{s}}\| \geqslant d_{\mathrm{s}} \tag{3-1}$$

式中：d_{s} 为定义的安全距离。

需要说明的是，式（3-1）表示的避障约束只能处理静态障碍物的情形。针对动态障碍物，本书基于速度阻尼方法设计空间机器人的避障约束[5]，速度阻尼方法如图 3-2 所示。

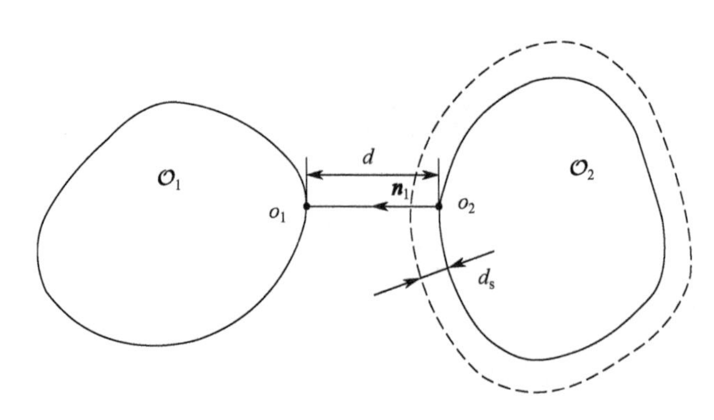

图 3-2 速度阻尼方法

o_1和o_2是两个物体上相距最近的一组点，d表示o_1和o_2之间的距离，$\boldsymbol{n}_1$是由o_2指向o_1的单位向量。定义d_s为两个物体间的安全距离，并按式（3-2）限制o_1和o_2的接近速度

$$\dot{d} \geqslant -\xi(d-d_s) \tag{3-2}$$

式中：ξ为正的常系数，用于调节接近速度。对式（3-2）进行积分，可以得到

$$d(t) \geqslant d_s + (d_0 - d_s)e^{-\xi t} > d_s, \ \forall t > 0 \tag{3-3}$$

可以看出，只要给定的初始距离满足$d_0 > d_s$，通过式（3-2）的速度约束可以保证两个物体间的距离将始终大于安全距离d_s，从而可以保证两个物体间不发生碰撞。

为了实现空间机器人接近目标过程中躲避障碍物，可以使用速度阻尼方法，找到障碍物上的一个参考点并定义其到空间机器人系统质心的距离为$d = \|r_s - r_o\|$，则空间机器人的避障约束可以表示为

$$\langle \dot{\boldsymbol{r}}_s - \dot{\boldsymbol{r}}_o, \ \boldsymbol{n}_1 \rangle \geqslant -\xi \|\boldsymbol{r}_s - \boldsymbol{r}_o\| + \xi d_s \tag{3-4}$$

式中：$\boldsymbol{r}_o$为障碍物上参考点的位置向量；$\boldsymbol{n}_1 = (\boldsymbol{r}_s - \boldsymbol{r}_o)/d$为单位向量；符号$\langle\cdot\rangle$表示内积运算，$\langle \boldsymbol{a},\boldsymbol{b} \rangle$表示向量$\boldsymbol{a}$和$\boldsymbol{b}$的内积。在障碍物不运动的情形下，即$\dot{\boldsymbol{r}}_o = \boldsymbol{0}$，式（3-4）可以表示为

$$\left\langle \dot{\boldsymbol{r}}_s, \frac{\boldsymbol{r}_s - \boldsymbol{r}_o}{\|\boldsymbol{r}_s - \boldsymbol{r}_o\|} \right\rangle \geqslant -\xi \|\boldsymbol{r}_s - \boldsymbol{r}_o\| + \xi d_s \tag{3-5}$$

式（3-4）和式（3-5）给出了空间机器人接近目标过程中，将空间机器人系统视为一个球体并在速度阻尼方法下的避障约束。下边给出在空间机器人抓捕目标的过程中，为了避免机械臂与障碍物发生碰撞，使用速度阻尼方法设计空间机器人的避障约束[6]。

首先，需要找到整个机械臂上距离障碍物最近的点。机械臂与障碍物的距离及机械臂距离障碍物的最近点如图 3-3 所示。给定机械臂的构型后容易计算第i和第$(i+1)$个关节的位置，因为连杆是凸物体，机械臂的第i个连杆上任一点的位置可以表示为

$$\boldsymbol{p}_{i,k} = \lambda \boldsymbol{p}_i + (1-\lambda)\boldsymbol{p}_{i+1}, 0 \leqslant \boldsymbol{\lambda} \leqslant 1 \tag{3-6}$$

式中：$\boldsymbol{p}_i$ 和 $\boldsymbol{p}_{i+1}$ 分别为第 i 和第（$i+1$）个关节的位置。

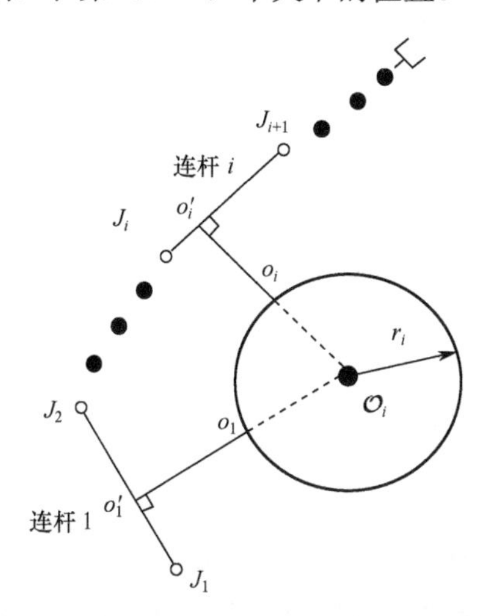

图 3-3　机械臂与障碍物的距离及机械臂距离障碍物的最近点

对于空间机器人工作在含多个障碍物环境中的情形，假设每个障碍物的位置是可测的，将第 i 个障碍物的位置记为 $\boldsymbol{p}_{o,i}$，第 i 个连杆上任一点 $\boldsymbol{p}_{i,k}$ 到第 i 个障碍物的距离可以表示为

$$\begin{aligned}\left\|\boldsymbol{p}_{i,k}-\boldsymbol{p}_{o,i}\right\| &= \left\{\lambda \boldsymbol{p}_i+(1-\lambda)\boldsymbol{p}_{i+1}-\boldsymbol{p}_{o,i}\right\}^{\mathrm{T}}\left\{\lambda \boldsymbol{p}_i+(1-\lambda)\boldsymbol{p}_{i+1}-\boldsymbol{p}_{o,i}\right\} \\ &= \left\{(\boldsymbol{p}_i-\boldsymbol{p}_{i+1})\lambda+(\boldsymbol{p}_{i+1}-\boldsymbol{p}_{o,i})\right\}^{\mathrm{T}}\left\{(\boldsymbol{p}_i-\boldsymbol{p}_{i+1})\lambda+(\boldsymbol{p}_{i+1}-\boldsymbol{p}_{o,i})\right\} \\ &= (\boldsymbol{p}_i-\boldsymbol{p}_{i+1})^2\lambda^2+2(\boldsymbol{p}_i-\boldsymbol{p}_{i+1})(\boldsymbol{p}_{i+1}-\boldsymbol{p}_{o,i})\lambda+(\boldsymbol{p}_{i+1}-\boldsymbol{p}_{o,i})^2\end{aligned} \tag{3-7}$$

可以看出，上述距离是 λ 的二次函数，通过优化 λ 的取值，连杆 i 上距离障碍物最近的点 o_i' 及其位置可以得到。类似地，可以确定每个连杆上距离障碍物最近的点。

为了避免整个机械臂与障碍物发生碰撞，可以将避障的速度阻尼方法应用于每个连杆和障碍物之上。在本书的研究中，通过比较每个连杆上最近点到障碍物的距离来找到整个机械臂距离障碍物最近的点，因为在控制施加的每一步都会重新确定整个机械臂到障碍物最近的点，所以通过仅限制该点与障碍物之间的相对速度，就可以实现整个机械臂与障碍物之间的避撞。

为了使用速度阻尼方法，采用 o_i 和 o_i' 表示第 i 个障碍物与整个机械臂上最近的一组点，二者之间的接近速度可以计算为

$$\dot{d}_{ii'}=\langle\dot{\boldsymbol{r}}_{o_i'}-\dot{\boldsymbol{r}}_{o_i},\boldsymbol{n}_i\rangle \tag{3-8}$$

式中：$\dot{\boldsymbol{r}}_{o_i}$ 和 $\dot{\boldsymbol{r}}_{o_i'}$ 分别为 o_i 和 o_i' 的速度，$\boldsymbol{n}_i$ 为 $\left(\boldsymbol{r}_{o_i'}-\boldsymbol{r}_{o_i}\right)/d_{ii'}$ 对应的单位向量。

使用速度阻尼方法，可以得到对应的避障约束为

$$\langle \dot{\boldsymbol{r}}_{o_i'},\boldsymbol{n}_i\rangle \geqslant \langle \dot{\boldsymbol{r}}_{o_i},\boldsymbol{n}_i\rangle - \xi\frac{d-d_{\mathrm{s}}}{d_i-d_{\mathrm{s}}} \tag{3-9}$$

式中：d_i 定义为考虑障碍物影响的距离，在距障碍物的距离大于 d_i 时，可以不考虑障碍物的影响。

根据空间机器人的运动学方程式（2-42），自由漂浮空间机器人机械臂上一点的速度可以表示为 $\dot{\boldsymbol{r}}_{o_i'}=\boldsymbol{J}_{o_i'}\dot{\boldsymbol{\theta}}$ ，因而，空间机器人机械臂的避障约束可以表示为

$$\langle \boldsymbol{J}_{o_i'}^{\mathrm{T}}\boldsymbol{n}_i,\dot{\boldsymbol{\theta}}\rangle \geqslant \langle \dot{\boldsymbol{r}}_{o_i},\boldsymbol{n}_i\rangle - \xi\frac{d-d_{\mathrm{s}}}{d_i-d_{\mathrm{s}}} \tag{3-10}$$

3.2.2 输入受限约束

空间机器人在执行操作和控制任务时，往往需要考虑执行器的能力有限，比如，作为一种基座姿态执行机构，反作用飞轮只能提供很小的力矩。另外，因为基座和机械臂之间的动力学耦合效应，出于精确控制的要求，也可能限制基座上推进器推力的大小，以免对机械臂的运动造成较大的冲击。为此，在空间机器人的轨迹规划与控制问题中，往往存在三类输入的约束：基座推进器推力约束、基座姿态控制力矩约束和关节控制力矩约束。

简单地，空间机器人基座推进器推力的大小约束表示为

$$\boldsymbol{f}_{\mathrm{b,min}} \leqslant \boldsymbol{f}_{\mathrm{b}} \leqslant \boldsymbol{f}_{\mathrm{b,max}} \tag{3-11}$$

基座姿态控制力矩的大小约束表示为

$$\boldsymbol{n}_{\mathrm{b,min}} \leqslant \boldsymbol{n}_{\mathrm{b}} \leqslant \boldsymbol{n}_{\mathrm{b,max}} \tag{3-12}$$

关节控制力矩的大小约束表示为

$$\boldsymbol{\tau}_{\mathrm{min}} \leqslant \boldsymbol{\tau} \leqslant \boldsymbol{\tau}_{\mathrm{max}} \tag{3-13}$$

3.2.3 一般约束的数学形式

3.2.1 节给出了空间机器人典型的避障约束，可以看出，避障约束是关于空间机器人状态的不等式约束，一般地，可以将空间机器人与状态相关的不等式约束表示为如下数学形式

$$c_i(\boldsymbol{x})\in\left[c_i^-,c_i^+\right], i=1,2\cdots,p \tag{3-14}$$

式中，从一般性的角度出发，将空间机器人的状态记为 $\boldsymbol{x}\in\mathbb{R}^n$ 。

3.2.2 节给出了空间机器人的三类输入约束，分别如式（3-11）～式（3-13）所示，更一般地，式（3-11）～式（3-13）可以归纳为如下的混合状态–输入不等式约束

$$d_i(\boldsymbol{x},\boldsymbol{u})\in\left[d_i^-,d_i^+\right], i=1,2,\cdots,q \tag{3-15}$$

式中，将空间机器人的输入记为 $\boldsymbol{u}\in\mathbb{R}^m$ 。

空间机器人的动力学方程满足条件$\boldsymbol{f}:\mathbb{R}^n\times\mathbb{R}^m\to\mathbb{R}^n$，其中，对于任意输入轨迹$\boldsymbol{u}(t)$具有唯一的状态轨迹$\boldsymbol{x}(t)$；使用泛函$J(\boldsymbol{u})$描述空间机器人性能指标；在时间间隔$t\in[0,T]$的最后时刻，对空间机器人状态$\boldsymbol{x}$施加终端条件$\chi$: $\mathbb{R}^n\times\mathbb{R}_+\to\mathbb{R}^l$；同时考虑如式（3-14）和式（3-15）所示的一般的空间机器人有界状态约束和有界的混合状态–输入不等式约束。从而，空间机器人一般的含有状态和输入不等式约束的最优控制问题OCP_u可以表示为如下形式[3]

$$\min$$

$$J(\boldsymbol{u}):=\psi\left(\boldsymbol{x}(T),\ T\right)+\int_0^T L(\boldsymbol{x},\boldsymbol{u},t)\mathrm{d}t \tag{3-16}$$

s.t.

$$\dot{\boldsymbol{x}}=\boldsymbol{f}(\boldsymbol{x},\boldsymbol{u}),\ \boldsymbol{x}(0)=\boldsymbol{x}_0 \tag{3-17}$$

$$\chi\left(\boldsymbol{x}(T),\ T\right)=0 \tag{3-18}$$

$$c_i(\boldsymbol{x})\in\left[c_i^-,c_i^+\right],\ i=1,2,\cdots,\ p \tag{3-19}$$

$$d_i(\boldsymbol{x},\ \boldsymbol{u})\in\left[d_i^-,d_i^+\right],i=1,2,\cdots,q \tag{3-20}$$

值得说明的是，式（3-16）和式（3-18）中的终端时刻T可能是固定的，也可能是不确定的，比如在本书后续第5章中需要空间机器人在固定时刻在燃料最省的情况下与目标完成交会和逼近，而在第8章空间机器人捕获目标后的消旋轨迹规划与组合体控制中需要在不确定的最短时间下完成消旋；双边约束式（3-19）和式（3-20）考虑了最一般的情形，在实际情形中，空间机器人的不等式约束也可能是单边有界的，比如3.2.1节中的避障约束，可以描述为$c_i(\boldsymbol{x})\leqslant c_i^+$。另外，在本书研究中，函数$\psi$、$L$、$\boldsymbol{f}$、$\chi$、$c_i$、$d_i$都是充分光滑的。

上述空间机器人最优控制问题中，由于存在状态和输入不等式约束，使得最优控制问题只能使用直接法或者间接法中的庞特里亚金极小值原理求解[3]，这些求解方法分别存在解的精度不够高和会出现奇异弧和约束弧的问题[4]。一般而言，使用间接法求解最优控制问题会比使用直接法求解提高最优解的精度，对于空间机器人完成操作和控制任务，提高解的精度将意味着可以节省宝贵的在轨燃料。另外，使用间接法中的变分法求解最优控制问题可以避免奇异弧和约束弧问题，但是不能容许最优控制问题中出现不等式约束。为此，3.3节提出不等式约束的处理办法，使得转化后的最优控制问题可以使用变分法求解。

3.3 不等式约束处理方法

3.3.1 状态不等式转化为扩展动态子系统

定义一般形式的空间机器人的状态不等式约束式(3-14)中的标量函数$c_i(\boldsymbol{x})$的

相对阶 r_i 如下[7]

$$\frac{\partial c_i^{(j)}}{\partial \boldsymbol{u}}=0,\ j=1,2,\cdots,\ r_i-1,\frac{\partial c_i^{(r_i)}}{\partial \boldsymbol{u}}\neq 0 \tag{3-21}$$

式中

$$\begin{cases} c_i^{(j)}(\boldsymbol{x}):=L_f^j c_i(\boldsymbol{x}),\ j=1,2,\cdots,\ r_i-1 \\ c_i^{(r_i)}(\boldsymbol{x},\boldsymbol{u}):\ =L_f^{r_i} c_i(\boldsymbol{x}),\ j=1,2,\cdots,\ p \end{cases} \tag{3-22}$$

式中：运算 L_f 代表李导数，其定义为 $L_f c_i(\boldsymbol{x})=\frac{\partial c_i}{\partial \boldsymbol{x}}\boldsymbol{f}(\boldsymbol{x},\boldsymbol{u})$，以及 $L_f^j c_i(\boldsymbol{x})=L_f L_f^{i-1} c_i(\boldsymbol{x})$。简单地，相对阶 r_i 对应状态约束函数 $c_i(\boldsymbol{x})$ 需要求导直到显含输入 $\boldsymbol{u}=[u_1,u_2,\cdots,u_m]^{\mathrm{T}}$ 中至少一个分量的次数。

使用饱和函数 $\phi_i(\zeta_{i,1})$ 表示一般的空间机器人状态不等式约束 $c_i(\boldsymbol{x})$，即

$$c_i(\boldsymbol{x})=\phi_i(\zeta_{i,1}),i=1,2,\cdots,p \tag{3-23}$$

式中：$\zeta_{i,1}\in\mathbb{R}$ 为新的无约束变量。为了表示状态不等式约束，变量 $\zeta_{i,1}$ 需要满足下面定义的微分方程。假设饱和函数 $\phi_i:\mathbb{R}\to(c_i^-,c_i^+)$ 是光滑且严格单调递增的，即 $\mathrm{d}\phi_i/\mathrm{d}\zeta_{i,1}>0,\forall\zeta_{i,1}\in\mathbb{R}$。本书使用的饱和函数 ϕ_i 如图 3-4 所示，极限 $c_i^{\pm}$ 只有当 $\zeta_{i,1}\to\pm\infty$ 才能达到。其中，饱和函数 ϕ_i 可以设计为如下形式

$$\phi_i(\zeta_{i,1})=c_i^+-\frac{c_i^+-c_i^-}{1+\exp(k\zeta_{i,1})} \tag{3-24}$$

式中：参数 k 调节函数 ϕ_i 在点 $\zeta_{i,1}=0$ 处的斜率。

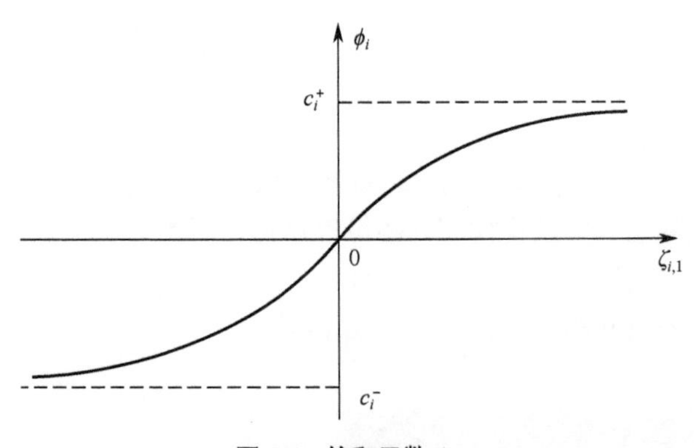

图 3-4 饱和函数 ϕ_i

为了计算显式含有输入 $\boldsymbol{u}$ 的导数 $c_i^{(r_i)}(\boldsymbol{x},\boldsymbol{u})$，对方程式（3-23）求导 r_i 次并引入新的变量 $\zeta_{i,j+1}$ 来表示 $\dot{\zeta}_{i,j}=\zeta_{i,j+1},j=1,2,\cdots,r_i-1$；在最后一次求导中（即 $c_i^{(r_i)}(\boldsymbol{x},\boldsymbol{u})$

出现时)，引入新变量v_i作为输入并满足关系$\dot{\zeta}_{i,r_i}=v_i$。比如，如果状态约束$c_i(\boldsymbol{x})$的相对阶为$r_i=2$，则式（3-23）求导可以得到

$$\begin{cases} c_i^{(1)}(\boldsymbol{x})=\phi_i'\dot{\zeta}_{i,1},\ \ \dot{\zeta}_{i,1}=\zeta_{i,2} \\ c_i^{(2)}(\boldsymbol{x},\boldsymbol{u})=\phi_i''\zeta_{i,2}^2+\phi_i'\dot{\zeta}_{i,2},\ \ \dot{\zeta}_{i,2}=v_{i,2} \end{cases} \tag{3-25}$$

式中：简记符号$\phi_i':=\mathrm{d}\phi_i/\mathrm{d}\zeta_{i,1}$，$\phi_i'':=\mathrm{d}^2\phi_i/\mathrm{d}\zeta_{i,1}^2$。对于$r_i\geqslant 1$的一般情形，由链式求导法则可以得到

$$\begin{cases} c_i(\boldsymbol{x})=\phi_i(\zeta_{i,1}):=h_{i,1}(\zeta_{i,1}),\ \ i=1,2,\cdots,\ p \\ c_i^j(\boldsymbol{x})=\gamma_{i,\ j}(\zeta_{i,1},\ \ \zeta_{i,2},\cdots,\ \ \zeta_{i,j})+\phi_i'\zeta_{i,j+1} \\ \qquad :=h_{i,j+1}(\zeta_{i,1},\zeta_{i,2},\cdots,\ \ \zeta_{i,j+1}),j=1,2,\cdots,r_i-1 \\ c_i^{r_i}(\boldsymbol{x},\boldsymbol{u})=\gamma_{i,\ r_i}(\zeta_i)+\phi_i'v_i \\ \qquad :=h_{i,r_i+1}(\zeta_i,v_i) \end{cases} \tag{3-26}$$

式（3-26）中，含有新的状态

$$\boldsymbol{\zeta}_i=(\zeta_{i,1},\zeta_{i,2},\cdots,\zeta_{i,r_i})^{\mathrm{T}},i=1,2,\cdots,p \tag{3-27}$$

满足动态方程

$$\begin{aligned} &\dot{\zeta}_{i,j}=\zeta_{i,j+1},j=1,2,\cdots,r_i-1 \\ &\dot{\zeta}_{i,r_i}=v_i,i=1,2,\cdots,p \end{aligned} \tag{3-28}$$

式（3-26）中非线性项$\gamma_{i,j}$由之前的函数$h_{i,j-1}$和$\gamma_{i,1}(\zeta_{i,1})=0$进行计算

$$\gamma_{i,j}(\zeta_{i,1},\ \ \zeta_{i,2},\cdots,\ \ \zeta_{i,j})=\sum_{k=1}^{j-1}\frac{\partial h_{i,j}}{\partial\zeta_{i,k}}\zeta_{i,k+1},j=2,3,\cdots,r_i \tag{3-29}$$

这样，每个状态不等式约束被表示为一个新的动态子系统（3-28），其状态为$\boldsymbol{\zeta}_i=(\zeta_{i,1},\zeta_{i,2},\cdots,\zeta_{i,r_i})^{\mathrm{T}}$，新的输入为$v_i$。新的动态子系统通过式（3-26）的最后一个方程与原来的空间机器人动力学系统$\dot{\boldsymbol{x}}=\boldsymbol{f}(\boldsymbol{x},\boldsymbol{u})$联系在一起。新的动态子系统（3-28）及其与空间机器人之间的关系表示为如下简洁的微分–代数方程组的形式

$$\dot{\boldsymbol{\zeta}}_i=\boldsymbol{g}_i(\boldsymbol{\zeta}_i,v_i),\boldsymbol{\zeta}_i(0)=\boldsymbol{h}_i^{-1}(\boldsymbol{x}_0) \tag{3-30}$$

$$0=c_i^{(r_i)}(\boldsymbol{x},\boldsymbol{u})-h_{i,r_i+1}(\boldsymbol{\zeta}_i,v_i),i=1,2,\cdots,p \tag{3-31}$$

式中：$\boldsymbol{g}_i:=(\zeta_{i,2},\zeta_{i,3},\cdots,\zeta_{i,r_i},v_i)^{\mathrm{T}}$是对式（3-28）右端的描述。为了正确地表示状态不等式约束，使初始条件$\boldsymbol{\zeta}_i(0)$与$\boldsymbol{x}_0$保持一致，具体地，可以通过求解式（3-26）得到

$$
\begin{aligned}
\zeta_{i,1} &= \phi_i^{-1}\left(c_i\left(\boldsymbol{x}\right)\right) := h_{i,1}^{-1}\left(c_i\left(\boldsymbol{x}\right)\right) \\
\zeta_{i,j+1} &= \left[c_i^{(j)}\left(\boldsymbol{x}\right) - \gamma_{i,j}\left(\zeta_{i,1},\ \zeta_{i,2}, \cdots,\ \zeta_{i,j}\right)\right] / \phi_i'\left(\zeta_{i,1}\right) \\
&:= h_{i,j+1}^{-1}\left(\zeta_{i,1}, \zeta_{i,2}, \cdots, \zeta_{i,j}, c_i^{(j)}\left(\boldsymbol{x}\right)\right), j = 1,2,\cdots, r_i - 1
\end{aligned} \tag{3-32}
$$

将式（3-32）记为向量形式$\boldsymbol{\zeta}_i = \boldsymbol{h}_i^{-1}\left(\boldsymbol{x}\right)$，则有$\boldsymbol{\zeta}_i\left(0\right) = \boldsymbol{h}_i^{-1}\left(\boldsymbol{x}_0\right)$。

总结本节对空间机器人一般状态不等式约束处理的方法，可以给出定理 3-1。

定理 3-1 使具有$\boldsymbol{x}\left(0\right) = \boldsymbol{x}_0$的空间机器人状态$\boldsymbol{x}$满足状态约束$c_i\left(\boldsymbol{x}\right) \in \left(c_i^-, c_i^+\right)$，那么，扩展状态初值为$\boldsymbol{\zeta}_i\left(0\right) = \boldsymbol{h}_i^{-1}\left(\boldsymbol{x}_0\right)$且对应输入$v_i$满足式（3-31）的动态子系统（3-28）能够保证$c_i\left(\boldsymbol{x}\right) = \phi_i\left(\boldsymbol{\zeta}_{i,1}\right)$；反之亦然。即构建的动态子系统（3-28）与空间机器人状态不等式约束$c_i\left(\boldsymbol{x}\right) \in \left(c_i^-, c_i^+\right)$是等价的。

为方便进一步了解和理解定理 3-1，下面给出式（3-26）的详细推导过程。

$$
\begin{aligned}
c_i\left(\boldsymbol{x}\right) &= \phi_i\left(\zeta_{i,1}\right) := \chi_{i,1}\left(\zeta_{i,1}\right) \\
c_{i,1}\left(\boldsymbol{x}\right) &= \frac{\partial \phi_i}{\partial \zeta_{i,1}} \dot{\zeta}_{i,1} = \frac{\partial \phi_i}{\partial \zeta_{i,1}} \zeta_{i,2} := \chi_{i,2}\left(\zeta_{i,1},\ \zeta_{i,2}\right) \\
c_{i,2}\left(\boldsymbol{x}\right) &= \frac{\partial\left[\partial \phi_i / \partial \zeta_{i,1}\right]}{\partial \zeta_{i,1}} \dot{\zeta}_{i,1} \zeta_{i,2} + \frac{\partial \phi_i}{\partial \zeta_{i,1}} \zeta_{i,3} \\
&= \frac{\partial\left[\partial \phi_i / \partial \zeta_{i,1} \cdot \dot{\zeta}_{i,1}\right]}{\partial \zeta_{i,1}} \zeta_{i,2} + \frac{\partial \phi_i}{\partial \zeta_{i,1}} \zeta_{i,3} \\
&= \frac{\partial \chi_{i,2}}{\partial \zeta_{i,1}} \zeta_{i,2} + \frac{\partial \phi_i}{\partial \zeta_{i,1}} \zeta_{i,3} := \chi_{i,3}\left(\zeta_{i,1},\ \zeta_{i,2},\ \zeta_{i,3}\right) \\
c_{i,3}\left(\boldsymbol{x}\right) &= \frac{\partial\left[\partial \chi_{i,2} / \partial \zeta_{i,1}\right]}{\partial \zeta_{i,1}} \zeta_{i,2} \zeta_{i,2} + \frac{\partial\left[\partial \chi_{i,2} / \partial \zeta_{i,1}\right]}{\partial \zeta_{i,2}} \zeta_{i,3} \zeta_{i,2} + \frac{\partial \chi_{i,2}}{\partial \zeta_{i,1}} \zeta_{i,3} + \\
&\quad \frac{\partial\left[\partial \phi_i / \partial \zeta_{i,1}\right]}{\partial \zeta_{i,1}} \zeta_{i,2} \zeta_{i,3} + \frac{\partial \phi_i}{\partial \zeta_{i,1}} \zeta_{i,4} \\
&= \left\{\frac{\partial\left[\partial \chi_{i,2} / \partial \zeta_{i,1}\right]}{\partial \zeta_{i,1}} \zeta_{i,2} \zeta_{i,2} + \frac{\partial\left[\partial \phi_i / \partial \zeta_{i,1}\right]}{\partial \zeta_{i,1}} \zeta_{i,2} \zeta_{i,3}\right\} + \\
&\quad \left\{\frac{\partial\left[\partial \chi_{i,2} / \partial \zeta_{i,1}\right]}{\partial \zeta_{i,2}} \zeta_{i,3} \zeta_{i,2} + \frac{\partial \chi_{i,2}}{\partial \zeta_{i,1}} \zeta_{i,3}\right\} + \frac{\partial \phi_i}{\partial \zeta_{i,1}} \zeta_{i,4} \\
&= \frac{\partial\left[\partial \chi_{i,2} / \partial \zeta_{i,1} \cdot \zeta_{i,2} + \partial \phi_i / \partial \zeta_{i,1} \cdot \zeta_{i,3}\right]}{\partial \zeta_{i,1}} \zeta_{i,2} +
\end{aligned}
$$

$$
\begin{aligned}
&\left\{\frac{\partial\left[\partial\chi_{i,2}/\partial\zeta_{i,1}\right]}{\partial\zeta_{i,2}}\zeta_{i,3}\zeta_{i,2}+\frac{\partial\chi_{i,2}}{\partial\zeta_{i,1}}\zeta_{i,3}\right\}+\frac{\partial\phi_i}{\partial\zeta_{i,1}}\zeta_{i,4}\\
&=\frac{\partial\chi_{i,3}}{\partial\zeta_{i,1}}\zeta_{i,2}+\left\{\frac{\partial\left[\partial\chi_{i,2}/\partial\zeta_{i,1}\cdot\zeta_{i,2}\right]}{\partial\zeta_{i,2}}\zeta_{i,3}-\frac{\partial\chi_{i,2}}{\partial\zeta_{i,1}}\zeta_{i,3}+\frac{\partial\chi_{i,2}}{\partial\zeta_{i,1}}\zeta_{i,3}\right\}+\frac{\partial\phi_i}{\partial\zeta_{i,1}}\zeta_{i,4}\\
&=\frac{\partial\chi_{i,3}}{\partial\zeta_{i,1}}\zeta_{i,2}+\left\{\frac{\partial\left[\partial\chi_{i,2}/\partial\zeta_{i,1}\cdot\zeta_{i,2}\right]}{\partial\zeta_{i,2}}\zeta_{i,3}+\frac{\partial\left[\partial\phi_i/\partial\zeta_{i,1}\cdot\zeta_{i,3}\right]}{\partial\zeta_{i,2}}\zeta_{i,3}\right\}+\frac{\partial\phi_i}{\partial\zeta_{i,1}}\zeta_{i,4}\\
&=\frac{\partial\chi_{i,3}}{\partial\zeta_{i,1}}\zeta_{i,2}+\frac{\partial\left[\partial\chi_{i,2}/\partial\zeta_{i,1}\cdot\zeta_{i,2}+\partial\phi_i/\partial\zeta_{i,1}\cdot\zeta_{i,3}\right]}{\partial\zeta_{i,2}}\zeta_{i,3}+\frac{\partial\phi_i}{\partial\zeta_{i,1}}\zeta_{i,4}\\
&=\frac{\partial\chi_{i,3}}{\partial\zeta_{i,1}}\zeta_{i,2}+\frac{\partial\left[\partial\chi_{i,2}/\partial\zeta_{i,1}\cdot\zeta_{i,2}+\partial\phi_i/\partial\zeta_{i,1}\cdot\zeta_{i,3}\right]}{\partial\zeta_{i,2}}\zeta_{i,3}+\frac{\partial\phi_i}{\partial\zeta_{i,1}}\zeta_{i,4}\\
&=\frac{\partial\chi_{i,3}}{\partial\zeta_{i,1}}\zeta_{i,2}+\frac{\partial\chi_{i,3}}{\partial\zeta_{i,2}}\zeta_{i,3}+\frac{\partial\phi_i}{\partial\zeta_{i,1}}\zeta_{i,4}\\
&=\sum_{k=1}^{2}\frac{\partial\chi_{i,3}}{\partial\zeta_{i,\ k}}\zeta_{i,k+1}+\frac{\partial\phi_i}{\partial\zeta_{i,1}}\zeta_{i,4}:=\chi_{i,4}\left(\zeta_{i,1},\zeta_{i,2},\cdots,\zeta_{i,4}\right)\\
&\vdots\\
c_{i,j}(\boldsymbol{x})&=\sum_{k=1}^{j-1}\frac{\partial\chi_{i,j}}{\partial\zeta_{i,k}}\zeta_{i,k+1}+\frac{\partial\phi_i}{\partial\zeta_{i,1}}\zeta_{i,j+1}:=\chi_{i,\ j+1}\left(\zeta_{i,1},\zeta_{i,2},\cdots,\zeta_{i,j+1}\right)\\
&\vdots\\
c_{i,r_i}(\boldsymbol{x},\boldsymbol{u})&=\sum_{k=1}^{r_i}\frac{\partial\chi_{i,j}}{\partial\zeta_{i,k}}\zeta_{i,k+1}+\frac{\partial\phi_i}{\partial\zeta_{i,1}}v_i:=\chi_{i,r_i+1}\left(\zeta_i,v_i\right)
\end{aligned}
$$

3.3.2 输入不等式转化为饱和函数

与空间机器人的状态不等式约束的处理不同，其混合状态–输入不等式约束可以直接替换为饱和函数（因为它的相对阶为零），即

$$d_i(\boldsymbol{x},\boldsymbol{u})=\psi_i(w_i),\ \ i=1,2,\cdots,q \tag{3-33}$$

式中：w_i 为新的无约束输入。与 $\phi_i(\xi_{i,1})$ 的几何形状类似，饱和函数 $\psi_i:\mathbb{R}\to(d_i^-,d_i^+)$ 是光滑且严格单调递增的。

这样，空间机器人的一般的状态和输入不等式约束可以分别被替换为动态子系统式（3-30）和代数约束式（3-31）、式（3-33），并引入了新的输入 $\boldsymbol{v}=\left(v_1,v_2,\cdots,v_p\right)^{\mathrm{T}}$ 和 $\boldsymbol{w}=\left(w_1,w_2,\cdots,w_p\right)^{\mathrm{T}}$。饱和函数表述不等式约束后扩展的微分–代数方程组系统如图 3-5 所示，其中，不等式约束被转化为式（3-31）、式（3-33）代表的等式约束，

使得原来含状态和输入不等式约束的空间机器人最优控制问题可以使用标准变分法求解，具体的含不等式约束的最优控制问题转化和转化后最优控制问题的求解在 3.4 节中介绍。

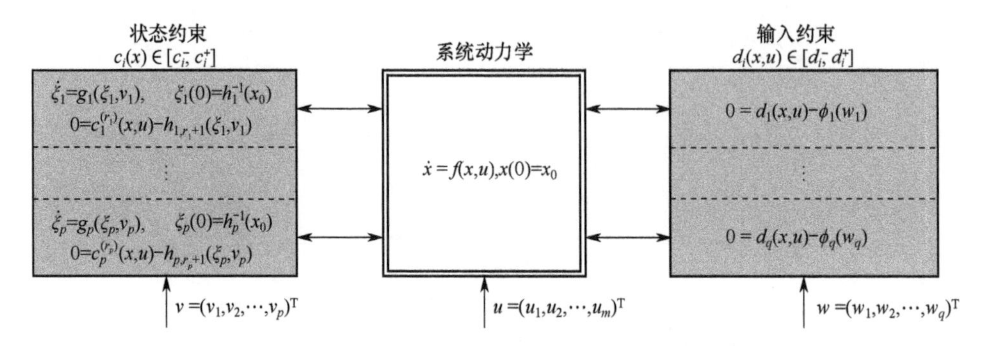

图 3-5 饱和函数表示不等式约束后扩展的微分–代数方程组系统

3.4 含不等式约束的最优控制问题求解方法

3.4.1 含不等式约束的最优控制问题转化

3.2.3 节中 OCP_u（3-16）～（3-20）的数学描述代表了最一般的空间机器人含不等式约束的最优控制问题，为了使用变分法求解 OCP_u，本节使用 3.3 节提出的不等式约束转化方法处理约束式（3-19）和式（3-20），这样转化后的空间机器人最优控制问题 $\mathrm{OCP}_{\bar{u}}^{\epsilon}$ 可以描述为

min

$$\bar{J}(\bar{\boldsymbol{u}},\epsilon):=J(\boldsymbol{u})+\epsilon\int_0^T\left(\|\boldsymbol{v}\|^2+\|\boldsymbol{w}\|^2\right)\mathrm{d}t \tag{3-34}$$

s.t.

$$\dot{\boldsymbol{x}}=\boldsymbol{f}(\boldsymbol{x},\boldsymbol{u}),\boldsymbol{x}(0)=\boldsymbol{x}_0 \tag{3-35}$$

$$\dot{\boldsymbol{\xi}}_i=\boldsymbol{g}_i(\boldsymbol{\xi}_i,v_i),\ \boldsymbol{\xi}_i(0)=\boldsymbol{h}_i^{-1}(\boldsymbol{x}_0),\ i=1,2,\cdots,p \tag{3-36}$$

$$0=\chi(\boldsymbol{x}(T),T) \tag{3-37}$$

$$0=c_i^{(r_i)}(\boldsymbol{x},\boldsymbol{u})-h_{i,ri+1}(\xi_i,v_i),i=1,2,\cdots,p \tag{3-38}$$

$$0=d_i(\boldsymbol{x},\boldsymbol{u})-\phi_i(w_i),i=1,2,\cdots,q \tag{3-39}$$

其中，新形成的空间机器人最优控制问题 $\mathrm{OCP}_{\bar{u}}^{\epsilon}$ 的扩展状态 $\bar{\boldsymbol{x}}^{\mathrm{T}}$ 和扩展输入 $\bar{\boldsymbol{u}}^{\mathrm{T}}$ 分别为

$$\bar{\boldsymbol{x}}^{\mathrm{T}}=\left(\boldsymbol{x}^{\mathrm{T}},\xi_1^{\mathrm{T}},\cdots,\xi_p^{\mathrm{T}}\right)\in\mathbb{R}^{n+r},r=\sum_{i+1}^{p}r_i \tag{3-40}$$

$$\bar{\boldsymbol{u}}^{\mathrm{T}}=\left(\boldsymbol{u}^{\mathrm{T}},\boldsymbol{v}^{\mathrm{T}},\boldsymbol{w}^{\mathrm{T}}\right)\in\mathbb{R}^{m+p+q} \tag{3-41}$$

可以看出，通过对空间机器人不等式约束的处理，新形成的最优控制问题$\mathrm{OCP}_{\bar{u}}^{\epsilon}$只含有等式约束。其中，原来的代价泛函式（3-16）与$\boldsymbol{v}$和$\boldsymbol{w}$无关，在新的代价指标中添加含有参数ϵ的调节项$\epsilon\left(\|\boldsymbol{v}\|^2+\|\boldsymbol{w}\|^2\right)$。引入调节项的主要作用是当式（3-19）或式（3-20）中相应的约束达到边界条件时，避免新的输入v_i（作为$\xi_{i,1}$的r_i阶导数）和w_i出现取值无穷大的情形。引入调节项的效果将在 3.4.2 节中给出详细的解释。

为了后续推导，此处做假设 3-1。

假设 3-1　对于每个$\epsilon>0$, $\mathrm{OCP}_{\bar{u}}^{\epsilon}$存在相应的有界解。

在真实情形下假设 1 是合理的，因为已经引入了惩罚项，即调节项$\epsilon\left(\|\boldsymbol{v}\|^2+\|\boldsymbol{w}\|^2\right)$，可以对约束条件“到达”边界的情形进行惩罚。此外，变量$\left(\xi_1,\xi_2,\cdots,\xi_p\right),\boldsymbol{v}$和$\boldsymbol{w}$的有界性意味着约束式（3-19）和式（3-20）严格位于边界范围内。

在计算过程中，转化后的空间机器人最优控制问题$\mathrm{OCP}_{\bar{u}}^{\epsilon}$必须随着$\epsilon$的取值减小反复求解。当$\epsilon\to 0$时，直观上我们可以期望调节后的指标$\bar{J}\left(\bar{u}^{\epsilon},\epsilon\right)$收敛于最优值$J^*$并且$\left(\boldsymbol{u}^{\epsilon},\boldsymbol{x}^{\epsilon}\right)$的取值收敛于$\mathrm{OCP}_u$的最优解$\left(\boldsymbol{u}^*,\boldsymbol{x}^*\right)$，转化后最优控制问题的这种收敛性在 3.4.2 节给予证明。

3.4.2　收敛性分析

本小节讨论当$\epsilon\to 0$时代价指标式（3-34）的收敛性。此外，在二次型增长假设下讨论解$\left(\boldsymbol{u}^{\epsilon},\boldsymbol{x}^{\epsilon}\right)$到最优解$\left(\boldsymbol{u}^*,\boldsymbol{x}^*\right)$的收敛性。为了方便分析和讨论，假定终端时刻$T$是固定的。

首先给出讨论中用到的矩阵和向量范数，除了欧几里得范数，本节也使用连续函数集合$a:[0,T]\to\mathbb{R}^b$的标准范数$L^i\left(0,T;\mathbb{R}^b\right),i=1,2,\infty$，分别记为$\|a\|_1$，$\|a\|_2$和$\|a\|_\infty$。

定义控制变量$\boldsymbol{u}\in L^\infty\left(0,T;\mathbb{R}^m\right)$的可允许控制集为$S$，控制变量$\boldsymbol{u}$与对应产生的唯一的状态轨迹$\boldsymbol{x}$在时间范围$[0,T]$内满足动力学和初始条件即式（3-17），终端条件式（3-18）以及约束式（3-19）和式（3-20）。以集合S的形式，最优控制问题OCP_u还可以被描述为如下形式

$$\min_{u\in S} J(\boldsymbol{u}) \tag{3-42}$$

具有最优解 $J\left(\boldsymbol{u}^*\right)=J^*$。为了研究含有调节项的最优控制问题 $\mathrm{OCP}_{\overline{\boldsymbol{u}}}^{\epsilon}$，考虑如下可容许控制 $\boldsymbol{u}$ 的子集：在其上约束式（3-19）和式（3-20）在开集上是严格满足的，即

$$\begin{cases} S^0=\left\{\boldsymbol{u}\in S: c_i\left(\boldsymbol{x}\right)\in\left(c_i^-,c_i^+\right), i=1,2,\cdots,p \right. \\ \left. \qquad d_i\left(\boldsymbol{x},\boldsymbol{u}\right)\in\left(d_i^-,d_i^+\right), i=1,2,\cdots,q\right\} \end{cases} \tag{3-43}$$

对于每一个可容许的输入 $\boldsymbol{u}\in S^0$，转化后最优控制问题 $\mathrm{OCP}_{\overline{\boldsymbol{u}}}^{\epsilon}$ 中对应状态约束式（3-20）的扩展动态子系统的状态和输入 ξ_i，v_i 由下式唯一确定

$$v_i=\frac{c_i^{(r_i)}\left(\boldsymbol{x},\boldsymbol{u}\right)-\gamma_{i,r_i}\left(\boldsymbol{h}_i^{-1}\left(\boldsymbol{x}\right)\right)}{\phi_i'\left(\phi_i^{(-1)}\left(c_i\left(\boldsymbol{x}\right)\right)\right)}=:h_{v,i}\left(\boldsymbol{x},\boldsymbol{u}\right) \tag{3-44}$$

相应地，对应输入不等式约束式（3-19）的新的输入 w_i 由下式解得

$$w_i=\psi_i^{-1}\left(d_i\left(\boldsymbol{x},\boldsymbol{u}\right)\right):=h_{w,i}\left(\boldsymbol{x},\boldsymbol{u}\right) \tag{3-45}$$

对于所有的 $\boldsymbol{u}\in S^0$，因为 $\boldsymbol{v}=\left(v_i,v_2,\cdots,v_p\right)^{\mathrm{T}}$ 和 $\boldsymbol{w}=\left(w_i,w_2,\cdots,w_q\right)^{\mathrm{T}}$ 由上述关系式唯一确定，代价指标式（3-34）可以表示为

$$\hat{J}\left(\boldsymbol{u},\epsilon\right):=J\left(\boldsymbol{u}\right)+\epsilon p\left(\boldsymbol{u}\right) \tag{3-46}$$

式中

$$p\left(\boldsymbol{u}\right):=\int_0^T\left\|\boldsymbol{h}_v\left(\boldsymbol{x},\boldsymbol{u}\right)\right\|^2+\left\|\boldsymbol{h}_w\left(\boldsymbol{x},\boldsymbol{u}\right)\right\|^2\mathrm{d}t \tag{3-47}$$

以及 $\boldsymbol{h}_v=\left(h_{v,1},h_{v,2},\cdots,h_{v,p}\right)^{\mathrm{T}}$，$\boldsymbol{h}_w=\left(h_{w,1},h_{w,2},\cdots,h_{w,q}\right)^{\mathrm{T}}$。

总结上述分析，式（3-34）～式（3-39）中经过调节的最优控制问题 $\mathrm{OCP}_{\overline{\boldsymbol{u}}}^{\epsilon}$ 等价于

$$\min_{\boldsymbol{u}\in S^0}\hat{J}\left(\boldsymbol{u},\epsilon\right) \tag{3-48}$$

其中，假设 3-1 保证了 S^0 是非空的。在继续讨论前，补充如下附加的假设 3-2。

假设 3-2 ①对于所有的 $\boldsymbol{u}\in S$，泛函 J 关于 $\boldsymbol{u}$ 是连续的；② OCP_u 的最优控制输入 $\boldsymbol{u}^*$ 位于集合 S^0 的闭包；③函数 $\boldsymbol{f}$ 是充分光滑的，同时关于 $\boldsymbol{x}$ 和 $\boldsymbol{u}$ 满足李普希兹条件。

上述关于李普希兹条件假设的直接结论是输入 $\boldsymbol{u}$ 和 $\boldsymbol{u}'$ 对应的状态解 $\boldsymbol{x}$ 和 $\boldsymbol{x}'$ 满足

$$\left\|\boldsymbol{x}-\boldsymbol{x}'\right\|_\infty\leqslant C_1\left\|\boldsymbol{u}-\boldsymbol{u}'\right\|_1\quad\forall\boldsymbol{u},\boldsymbol{u}'\in S \tag{3-49}$$

式中：C_1 为特定的常数且满足 $C_1>0$。上述关系可以通过 Gronwall's 引理加以证明。关于最优控制解 $\boldsymbol{u}^*\in S$ 且位于 S^0 闭包内的附加假设是必要的，需要以此来保证可以从 S^0 内部到达最优解 $\boldsymbol{u}^*$，比如在文献[8]中使用内点法求解最优控制问题时

也使用了相似的假设。

因为最优控制问题（3-48）需要通过不断减小 ϵ（即 $\epsilon_{k+1} < \epsilon_k$）迭代求解，如下关于式（3-46）的代价指标不增长的引理对于后续推导很重要。

引理 3-1 使 $\boldsymbol{u}^{k+1}$ 和 $\boldsymbol{u}^k$ 是最优控制问题（3-48）的最优控制解，满足 $0 < \epsilon^{k+1} < \epsilon^k$。则式（3-46）的代价指标永远满足如下不等式

$$J\left(\boldsymbol{u}^{k+1}\right) \leqslant J\left(\boldsymbol{u}^k\right), p\left(\boldsymbol{u}^{k+1}\right) \geqslant p\left(\boldsymbol{u}^k\right) \tag{3-50}$$

以及

$$\hat{J}\left(\boldsymbol{u}^{k+1}, \epsilon^{k+1}\right) \leqslant \hat{J}\left(\boldsymbol{u}^k, \epsilon^k\right) \tag{3-51}$$

引理 3-1 的证明可以参见文献[8]。如下关于代价指标 $\hat{J}\left(\boldsymbol{u}^k, \epsilon^k\right)$ 收敛的定理可以由引理 3-1 推导得到。

定理 3-2 使用引理 3-1 中的符号，使 $\left\{\epsilon^k\right\}$ 是一个不断减小的正的调节参数 ϵ 序列，满足 $\lim\limits_{k\to\infty} \epsilon^k = 0$。那么，$\hat{J}\left(\boldsymbol{u}^k, \epsilon^k\right)$ 收敛于最优的代价

$$\lim_{k\to\infty} \hat{J}\left(\boldsymbol{u}^k, \epsilon^k\right) = J^* \tag{3-52}$$

并有

$$\lim_{k\to\infty} J\left(\boldsymbol{u}^k\right) = J^*, \lim_{k\to\infty} \epsilon^k p\left(\boldsymbol{u}^k\right) = 0 \tag{3-53}$$

证明： 因为 $J(\boldsymbol{u})$ 在 S 上是连续的，并且 $\boldsymbol{u}^* \in S^0$ 位于 S^0 的闭包内（参见假设 3-2），使得对于任意参数 $\delta > 0$，总可以找到容许的输入 $\boldsymbol{u}^\delta \in S^0$ 和其作用下的状态 $\boldsymbol{x}^\delta$ 满足

$$J\left(\boldsymbol{u}^\delta\right) < J^* + \delta/2 \tag{3-54}$$

选择 ϵ^l 满足 $\epsilon^l p\left(\boldsymbol{u}^\delta\right) < \delta/2$，那么，对于任意的 $k > l, \epsilon^k < \epsilon^l$ 存在

$$\hat{J}\left(\boldsymbol{u}^k, \epsilon^k\right) \leqslant \hat{J}\left(\boldsymbol{u}^l, \epsilon^l\right) \leqslant \hat{J}\left(\boldsymbol{u}^\delta, \epsilon^l\right) \tag{3-55}$$

式中：$\boldsymbol{u}^k$ 和 $\boldsymbol{u}^l$ 分别为对应 ϵ^k 和 ϵ^l 的最优解。给定式（3-54）和 $\epsilon^l p\left(\boldsymbol{u}^\delta\right) < \delta/2$，$\hat{J}\left(\boldsymbol{u}^\delta, \epsilon^l\right)$ 存在上界估计

$$\hat{J}\left(\boldsymbol{u}^\delta, \epsilon^l\right) < J^* + \delta/2 + \delta/2 = J^* + \delta \tag{3-56}$$

最后，使用 $\hat{J}\left(\boldsymbol{u}^k, \epsilon^k\right) > \hat{J}\left(\boldsymbol{u}^k\right) \geqslant J^*$，式（3-55）和式（3-56）可以推出结论：$\forall \delta > 0, \exists l$ 满足 $\forall k > l, \left|\hat{J}\left(\boldsymbol{u}^k, \epsilon^k\right) - J^*\right| < \delta$。从而证明式（3-52）正确并由式（3-46）知道式（3-53）也正确。**证毕。**

为了证明输入 $\boldsymbol{u}^k$ 及其作用下状态 $\boldsymbol{x}^k$ 的收敛性，需要满足如下定理 3-3 给出的附加的二次型增长条件。

定理 3-3 假设对于特定的常数 $C_2 > 0$，代价指标 $J(\boldsymbol{u})$ 具有二次型增长特性

$$C_2\left\|\boldsymbol{u}-\boldsymbol{u}^*\right\|_2^2 \leqslant J(\boldsymbol{u})-J(\boldsymbol{u}^*) \quad \forall \boldsymbol{u}\in S \tag{3-57}$$

那么，式(3-48)OCP 的解$(\boldsymbol{u}^k,\boldsymbol{x}^k)$在收敛序列$\{\epsilon^k\}$（$\lim\limits_{k\to\infty}\epsilon^k=0$）下收敛到$(\boldsymbol{u}^*,\boldsymbol{x}^*)$，因为

$$\lim_{k\to\infty}\left\|\boldsymbol{u}^k-\boldsymbol{u}^*\right\|_2=0,\lim_{k\to\infty}\left\|\boldsymbol{x}^k-\boldsymbol{x}^*\right\|_\infty=0 \tag{3-58}$$

证明：由定理 3-2 的结果可知，式(3-57)使得$\boldsymbol{u}^k$在L^2范数意义下收敛到$\boldsymbol{u}^*$。状态$\boldsymbol{x}^k$的收敛依赖于假设 3-2 中的③并可推导出结论即式（3-49）。式（3-49）中的L^1范数与式（3-57）中的L^2范数通过 Hölder 不等式联系起来，即$\left\|\boldsymbol{u}-\boldsymbol{u}^*\right\|_1\leqslant\sqrt{T}\left\|\boldsymbol{u}-\boldsymbol{u}^*\right\|_2$。因而，式（3-49）可以表示为$\left\|\boldsymbol{x}-\boldsymbol{x}^*\right\|_\infty\leqslant C_1\left\|\boldsymbol{u}-\boldsymbol{u}^*\right\|_1\leqslant C_1\sqrt{T}\left\|\boldsymbol{u}-\boldsymbol{u}^*\right\|_2$，从而表明$\boldsymbol{x}^k$在$L_\infty$范数意义下的收敛性。**证毕。**

容易看出，对于一般的线性动力学系统和二次型代价泛函，二次型增长特性式（3-57）是成立的。对于本书研究的空间机器人非线性系统，式（3-57）可以看作是强光滑性假设，然而，也明显弱于强凸性要求（很容易知道紧集上强凸性可以推出二次型增长特性，参见文献[9]）。一个简单的有限维例子$f(x)=x^2+10\sin^2(x)$，$x\in[-5,5]$。很明显，该函数对于所有的$x\in[-5,5]$都满足二次型增长特性$\frac{1}{2}\left|x-x^*\right|\leqslant f(x)-f(x^*)$，但却是非凸的。

值得说明的是，定理 3-3 并没有对$\mathrm{OCP}_{\bar{u}}^{\epsilon}$的新变量$\boldsymbol{\zeta}^k$、$v^k$、$\boldsymbol{w}^k$的取值进行限制，因为当$k\to\infty$且不等式约束式(3-19)和式(3-20)靠近边界值时，$\boldsymbol{\zeta}^k$、v^k、$\boldsymbol{w}^k$的取值变得无界。然而，如定理 3-2 所述，可以保证初始状态$\boldsymbol{x}^k$和输入$\boldsymbol{u}^k$收敛于最优解$\boldsymbol{x}^*$、$\boldsymbol{u}^*$。实际操作中，当特定的收敛性准则满足时让序列$\{\epsilon^k\}$停止减小，从而可以避免出现$\boldsymbol{\zeta}^k$、v^k、$\boldsymbol{w}^k$取值无界（无穷大）的情形。

对上述收敛性分析的过程和结论进行总结，可知：对于式(3-16)～式(3-20)含不等式约束的最优控制问题OCP_u，考虑其最优控制解$\boldsymbol{u}^*$位于式（3-43）定义的集合S^0的闭包内，通过使用 3.3 节的不等式约束处理方法可以得到转化后的式（3-34）～式（3-39）中含有调节项的最优控制问题$\mathrm{OCP}_{\bar{u}}^{\epsilon}$，其新的扩展状态$\bar{\boldsymbol{x}}^{\mathrm{T}}=(\boldsymbol{x}^{\mathrm{T}},\boldsymbol{\xi}_1^{\mathrm{T}},\cdots,\boldsymbol{\xi}_p^{\mathrm{T}})$和扩展输入$\bar{\boldsymbol{u}}^{\mathrm{T}}=(\boldsymbol{u}^{\mathrm{T}},\boldsymbol{v}^{\mathrm{T}},\ \boldsymbol{w}^{\mathrm{T}})$含有有界解，而且只含有等式约束，这样的最优控制问题$\mathrm{OCP}_{\bar{u}}^{\epsilon}$很容易地使用变分法求解，其具体求解步骤将在 3.4.3 节给出。此外，转化后只含有等式约束的最优控制问题$\mathrm{OCP}_{\bar{u}}^{\epsilon}$与式（3-46）～式（3-48）定义的下述最优控制问题是等价的：

$$\min_{u\in S^0} J(\boldsymbol{u})+\epsilon p(\boldsymbol{u}) \tag{3-59}$$

同时，当$\epsilon\to 0$时，定理 3-2 保证$\mathrm{OCP}_{\bar{u}}^{\epsilon}$的最优代价指标收敛于$J(\boldsymbol{u}^*)$。如果二次

型收敛条件成立，则定理 3-3 保证 $\mathrm{OCP}_{\bar{u}}^{\epsilon}$ 的最优轨迹收敛于 $\left(\boldsymbol{x}^{*},\boldsymbol{u}^{*}\right)$。

3.4.3 转化后最优控制问题的求解

本小节对 3.4.1 节得到的空间机器人只含等式约束的最优控制问题 $\mathrm{OCP}_{\bar{u}}^{\epsilon}$ 进行求解。首先，推导一阶最优性条件，并形成两点边值问题（boundary value problem，BVP）。之后，使用数值方法求解该两点边值问题，具体地，本章使用配点法进行求解。

1. 最优性必要条件

最优控制问题的最优性必要条件由变分法得到。为此，首先定义如下哈密顿函数（Hamiltonian）

$$\begin{aligned} H\left(\bar{\boldsymbol{x}},\bar{\boldsymbol{u}},\bar{\boldsymbol{\lambda}},\bar{\boldsymbol{\mu}},t\right)=&L\left(\boldsymbol{x},\boldsymbol{u},t\right)+\epsilon\left(\left\|\boldsymbol{v}\right\|^{2}+\left\|\boldsymbol{w}\right\|^{2}\right)+\boldsymbol{\lambda}^{\mathrm{T}}\boldsymbol{f}\left(\boldsymbol{x},\boldsymbol{u}\right)+\\ &\sum_{i=1}^{p}\boldsymbol{\eta}_{i}^{\mathrm{T}}g_{i}\left(\boldsymbol{\xi}_{i},v_{i}\right)+\sum_{i=1}^{p}\boldsymbol{u}_{i}\left(c_{i}^{(r_i)}\left(\boldsymbol{x},\boldsymbol{u}\right)-h_{i,r_i+1}\left(\boldsymbol{\xi}_{i},v_{i}\right)\right)+\\ &\sum_{i=1}^{q}v_{i}\left(d_{i}\left(\boldsymbol{x},\boldsymbol{u}\right)-\boldsymbol{\phi}_{i}\left(w_{i}\right)\right)\end{aligned} \tag{3-60}$$

式中：$\bar{\boldsymbol{\lambda}}^{\mathrm{T}}=\left(\boldsymbol{\lambda}^{\mathrm{T}},\boldsymbol{\eta}_{1}^{\mathrm{T}},\cdots,\boldsymbol{\eta}_{p}^{\mathrm{T}}\right)$ 为协状态，$\boldsymbol{\lambda}\in\mathbb{R}^{n}$ 和 $\boldsymbol{\eta}_{i}\in\mathbb{R}^{r_i}$ 分别与空间机器人动力学系统式（3-17）和扩展的动态子系统式（3-30）相关。拉格朗日乘子 $\bar{\boldsymbol{\mu}}^{\mathrm{T}}=\left(\boldsymbol{\mu}^{\mathrm{T}},\boldsymbol{v}^{\mathrm{T}}\right)$ 中 $\boldsymbol{\mu}\in\mathbb{R}^{p}$ 和 $\boldsymbol{v}\in\mathbb{R}^{q}$ 分别用于将等式约束式（3-38）和式（3-39）结合到哈密顿函数式（3-60）中。

$\mathrm{OCP}_{\bar{u}}^{\epsilon}$ 的最优解必须满足如下稳态条件[3]

$$\frac{\partial H}{\partial\boldsymbol{u}}=\frac{\partial L}{\boldsymbol{u}}+\boldsymbol{\lambda}^{\mathrm{T}}\frac{\partial f}{\partial\boldsymbol{u}}+\sum_{i=1}^{p}\mu_{i}\frac{\partial c_{i}^{(r_i)}}{\partial\boldsymbol{u}}+\sum_{i=1}^{q}v_{i}\frac{\partial d_{i}}{\partial\boldsymbol{u}}=\boldsymbol{0} \tag{3-61}$$

$$\frac{\partial H}{\partial v_{i}}=2\epsilon v_{i}+\eta_{,r_i}-\mu_{i}\phi_{i}'\left(\zeta_{i,1}\right)=0,\quad i=1,2,\cdots,p \tag{3-62}$$

$$\frac{\partial H}{\partial w_{i}}=2\epsilon w_{i}-v_{i}\psi_{i}'\left(w_{i}\right)=0,\quad i=1,2,\cdots,q \tag{3-63}$$

式（3-61）～式（3-63）和式（3-38）、式（3-39）确定了输入 $\bar{\boldsymbol{u}}^{\mathrm{T}}=\left(\boldsymbol{u}^{\mathrm{T}},\boldsymbol{v}^{\mathrm{T}},\boldsymbol{w}^{\mathrm{T}}\right)$ 和拉格朗日乘子 $\left(\boldsymbol{\mu},\boldsymbol{v}\right)$ 的取值。

协状态 $\bar{\boldsymbol{\lambda}}^{\mathrm{T}}=\left(\boldsymbol{\lambda}^{\mathrm{T}},\boldsymbol{\eta}_{1}^{\mathrm{T}},\cdots,\boldsymbol{\eta}_{p}^{\mathrm{T}}\right)$ 满足动力学 $\dot{\boldsymbol{\lambda}}^{\mathrm{T}}=\partial H/\partial\boldsymbol{x}$ 和 $\dot{\boldsymbol{\eta}}_{i}^{\mathrm{T}}=-\partial H/\partial\xi_{i}$，具体可以表示为[3]

$$\dot{\boldsymbol{\lambda}}^{\mathrm{T}}=-\frac{\partial L}{\partial \boldsymbol{x}}-\boldsymbol{\lambda}^{\mathrm{T}}\frac{\partial \boldsymbol{f}}{\partial \boldsymbol{x}}-\sum_{i=1}^{p}\mu_i\frac{\partial c_i^{(r_i)}}{\partial \boldsymbol{x}}-\sum_{i=1}^{q}v_i\frac{\partial d_i}{\partial \boldsymbol{x}} \tag{3-64}$$

$$\dot{\eta}_{i,1}=\mu_i\frac{\partial h_{i,r_i+1}}{\partial \zeta_{i,1}},\quad i=1,2,\cdots,p \tag{3-65}$$

$$\dot{\eta}_{i,\mathrm{j}}=-\eta_{i,j-1}+\mu_i\frac{\partial h_{i,r_i+1}}{\partial \zeta_{i,j}},\quad j=2,3,\cdots,r_i \tag{3-66}$$

关于$\boldsymbol{\lambda}$和$\boldsymbol{\eta}_i,i=1,2,\cdots,p$的终端条件可以表示为

$$\boldsymbol{\lambda}^{\mathrm{T}}(T)=\left.\frac{\partial \psi}{\partial \boldsymbol{x}}\right|_T+k^{\mathrm{T}}\left.\frac{\partial \chi}{\partial \boldsymbol{x}}\right|_T,\eta_i(T)=0,\quad i=1,2,\cdots,p \tag{3-67}$$

式中：$k\in\mathbb{R}^l$为附加的（常数）乘子。因为不存在关于$\mathrm{OCP}_{\bar{u}}^{\epsilon}$状态$\left(\boldsymbol{\xi}_1,\boldsymbol{\xi}_2,\cdots,\boldsymbol{\xi}_p\right)$的终端条件，$\eta_i$的终端条件为零。如果终端时间 T 是不定的，则还需要满足如下额外的横截条件

$$H\left(\bar{\boldsymbol{x}},\bar{\boldsymbol{u}},\bar{\boldsymbol{\lambda}},\bar{\boldsymbol{\mu}},t\right)\Big|_T=-\left.\frac{\partial \psi}{\partial t}\right|_T-k^{\mathrm{T}}\left.\frac{\partial \chi}{\partial t}\right|_T \tag{3-68}$$

微分方程和边界条件式（3-35）～式（3-37）、式（3-64）～式（3-68）以及代数方程式（3-38）、式（3-39）、式（3-61）～式（3-63）形成了两点边值问题。求解该两点边值问题可以得到扩展状态$\bar{\boldsymbol{x}}^{\epsilon}(t),\bar{\boldsymbol{\lambda}}^{\epsilon}(t)$和扩展输入$\bar{\boldsymbol{u}}^{\epsilon}(t)$、拉格朗日乘子$\bar{\boldsymbol{\mu}}^{\epsilon}(t)$和$k^{\epsilon}$以及最优终端时间$T^{\epsilon}$（如果是终端时间不定的最优控制问题）的轨迹。

2. 代数方程的雅可比矩阵

下面，通过对一阶最优性必要条件中的代数方程的雅可比矩阵进行分析，来展示本书中使用饱和函数和扩展的动态子系统处理不等式约束的方法的优点。代数方程式（3-61）～式（3-63)、式（3-38)、式（3-39）关于$(\boldsymbol{u},\boldsymbol{v},\boldsymbol{w},\boldsymbol{\mu},\boldsymbol{\upsilon})$的雅可比矩阵计算为

$$\boldsymbol{F}=\begin{bmatrix}\dfrac{\partial^2 H}{\partial \boldsymbol{u}^2} & \boldsymbol{0} & \boldsymbol{0} & \left(\dfrac{\partial c^{(r)}}{\partial \boldsymbol{u}}\right)^{\mathrm{T}} & \left(\dfrac{\partial d}{\partial \boldsymbol{u}}\right)^{\mathrm{T}} \\ \boldsymbol{0} & 2\epsilon \boldsymbol{E}_p & \boldsymbol{0} & -\boldsymbol{\Psi}'(\boldsymbol{\xi}) & \boldsymbol{0} \\ \boldsymbol{0} & \boldsymbol{0} & 2\epsilon \boldsymbol{E}p-\boldsymbol{v}^{\mathrm{T}}\boldsymbol{\Phi}''(\boldsymbol{w}) & \boldsymbol{0} & -\boldsymbol{\Phi}'(\boldsymbol{w}) \\ \dfrac{\partial c^{(r)}}{\partial u} & -\boldsymbol{\Psi}'(\boldsymbol{\xi}) & \boldsymbol{0} & \boldsymbol{0} & \boldsymbol{0} \\ \dfrac{\partial d}{\partial u} & \boldsymbol{0} & -\boldsymbol{\Phi}'(\boldsymbol{w}) & \boldsymbol{0} & \boldsymbol{0}\end{bmatrix} \tag{3-69}$$

该雅可比矩阵具有 $p\times p$ 和 $q\times q$ 的单位矩阵 $\boldsymbol{E}_p$ 和 $\boldsymbol{E}_q$，以及简写形式 $\boldsymbol{c}^{(r)}=\left(c_1^{(r1)},c_2^{(r2)},\cdots,c_p^{(rp)}\right)^{\mathrm{T}}$，$\boldsymbol{d}=\left(d_1,d_2,\cdots,d_q\right)^{\mathrm{T}}$。矩阵$\boldsymbol{\Psi}'(\boldsymbol{\xi}),\boldsymbol{\Phi}'(\boldsymbol{w})$定义为（$\boldsymbol{\Phi}''(\boldsymbol{w})$具有相似的定义）

$$\boldsymbol{\Psi}'(\boldsymbol{\xi})=\begin{bmatrix}\Psi_1' & \cdots & \boldsymbol{0}\\ \vdots & & \vdots\\ \boldsymbol{0} & \cdots & \Psi'(p)\end{bmatrix},\boldsymbol{\Phi}'(\boldsymbol{w})=\begin{bmatrix}\Phi_1' & \cdots & \boldsymbol{0}\\ \vdots & & \vdots\\ \boldsymbol{0} & \cdots & \Phi'(p)\end{bmatrix} \tag{3-70}$$

假设哈密顿函数$H\left(\bar{\boldsymbol{x}}(t),\bar{\boldsymbol{u}}(t),\ \bar{\boldsymbol{\lambda}}(t),\ \bar{\boldsymbol{\mu}}(t),\ t\right)$具有正定的 Hessian 矩阵，即

$$\frac{\partial^2 H}{\partial\bar{\boldsymbol{u}}^2}=\begin{bmatrix}\dfrac{\partial^2 H}{\partial\boldsymbol{u}^2} & \boldsymbol{0} & \boldsymbol{0}\\ \boldsymbol{0} & 2\epsilon\boldsymbol{E}_p & \boldsymbol{0}\\ \boldsymbol{0} & \boldsymbol{0} & 2\epsilon\boldsymbol{E}p-\boldsymbol{v}^{\mathrm{T}}\boldsymbol{\Phi}''(\boldsymbol{w})\end{bmatrix}>0,\forall t\in[0,T] \tag{3-71}$$

式中：$\partial^2 H/\partial\bar{\boldsymbol{u}}^2$ 具有正定性是最优控制问题解的二阶最优性充分条件。值得说明的是，当一阶最优必要条件是通过数值方法求解时，通常假设 Hessian 矩阵是正定的，即上述假设并没有使本书的方法失去一般性[4]。

当式（3-71）成立时，因为$\boldsymbol{\Psi}'(\boldsymbol{\xi})$和$\boldsymbol{\Phi}'(\boldsymbol{w})$是正定的，容易看出式（3-69）中雅可比矩阵 $\boldsymbol{F}$ 是非奇异的。而雅可比矩阵 $\boldsymbol{F}$ 的非奇异性对于代数方程组式（3-38）、式（3-39）、式（3-61）～式（3-63）的数值求解是非常必要的。进一步分析可以看出，本书方法在转化后最优控制问题的代价泛函中引入含有参数 ϵ 的调节项是很有必要的，原因在于：①其对于式（3-71）中 $\partial^2 H/\partial\bar{\boldsymbol{u}}^2$ 是必要的；②式（3-69）中的 ϵ 项在约束式（3-19）或式（3-20）“几乎触发边界”（即 $c_i(\boldsymbol{x})\to c_i^{\pm}$ 或 $d_i(\boldsymbol{x},\boldsymbol{u})\to d_i^{\pm}$ 使得 $\Psi_i'\to 0$ 或 $\Phi_i',\Phi_i''\to 0$）时可以保证 $\boldsymbol{F}$ 第二行和第三行不出现秩损失。此即为本书提出的方法避免了最优控制问题求解中可能出现的约束弧和奇异弧问题。

3. 使用配点法数值求解

在解的最优性必要条件中我们得到了微分–代数方程组的 BVP 问题。配点法是一种有效求解 BVP 问题的数值方法，为了求解本章中最优性条件要求的微分–代数方程组的两点边值问题，本书给出一种 MATLAB 环境下基于配点法的求解器，是一种对标准 MATLAB 自带函数 bvp4c 的改进[10]，这种求解方法对于如下一般的阶次为 1 的微分–代数方程组边值问题都是适用的。

$$\dot{\boldsymbol{x}}_{\mathrm{d}}=\boldsymbol{f}_{\mathrm{d}}\left(\boldsymbol{x}_{\mathrm{d}},\boldsymbol{x}_{\mathrm{a}},t,p\right) \tag{3-72}$$

$$\boldsymbol{0}=\boldsymbol{f}_{\mathrm{a}}\left(\boldsymbol{x}_{\mathrm{d}},\boldsymbol{x}_{\mathrm{a}},t,p\right) \tag{3-73}$$

$$\boldsymbol{0}=\boldsymbol{f}_{\mathrm{bc}}\left(\boldsymbol{x}_{\mathrm{d}}(t_0),\boldsymbol{x}_{\mathrm{d}}(t_{\mathrm{f}}),\boldsymbol{x}_{\mathrm{a}}(t_0),\boldsymbol{x}_{\mathrm{a}}(t_{\mathrm{f}}),p\right) \tag{3-74}$$

其中，式（3-72）和式（3-73）是关于动态变量 $\boldsymbol{x}_{\mathrm{d}}(t_0)$ 和代数变量 $\boldsymbol{x}_{\mathrm{a}}(t_0)$ 在时间间隔 $t\in[t_0,t_{\mathrm{f}}]$ 的微分和代数方程，式（3-74）是边界条件。微分–代数方程组描述式（3-72）～式（3-74）中还可以考虑未知的参数 p 。

配点法策略将微分方程式（3-72）沿时间网格 $t_i\in[t_0,t_{\mathrm{f}}],i=1,2,\cdots,N$ 离散化，得到的离散化方程式（3-72）、式（3-73）以及边界条件式（3-74）是一组关于变量 $\boldsymbol{x}_{\mathrm{d}}(t_i)$ 和 $\boldsymbol{x}_{\mathrm{a}}(t_i),i=1,2,\cdots,N$ 的非线性代数方程组，可以使用阻尼牛顿迭代法求解。如果求解时提供的初值离真实值很远，还可以使用线搜索算法加快搜素，首先将数值迭代至牛顿迭代策略收敛域附近。此外，时间网格优化策略可以根据离散化常微分方程式（3-72）的残差，自适应调整牛顿迭代每一步的网格点 $t_i\in[t_0,t_{\mathrm{f}}]$，$i=1,2,\cdots,N$ 以及网格数目 N 。

为了使用配点法求解最优控制问题 $\mathrm{OCP}_{\bar{\boldsymbol{u}}}^{\epsilon}$，必须将边值问题式（3-35）～式（3-39）、式（3-64）～式（3-68）表示为微分–代数方程组式（3-72）～式（3-74）的形式。表示后，常微分方程式（3-72）包括系统状态和协状态 $\boldsymbol{x}_{\mathrm{d}}^{\mathrm{T}}=\left(\bar{\boldsymbol{x}}^{\mathrm{T}},\bar{\boldsymbol{\lambda}}^{\mathrm{T}}\right)$ 的动力学方程式（3-35）、式（3-36）和式（3-64）～式（3-66）。扩展输入 $\bar{\boldsymbol{u}}^{\mathrm{T}}=\left(\boldsymbol{u}^{\mathrm{T}},\boldsymbol{v}^{\mathrm{T}},\boldsymbol{w}^{\mathrm{T}}\right)$ 和乘子 $\bar{\boldsymbol{\mu}}^{\mathrm{T}}=\left(\boldsymbol{v}^{\mathrm{T}},\boldsymbol{\mu}^{\mathrm{T}}\right)$ 称为代数变量，相应地，式（3-73）包括式（3-38）、式（3-39）和式（3-61）～式（3-63）。式（3-74）包括 $\bar{\boldsymbol{x}}$ 和 $\bar{\boldsymbol{\lambda}}$ 的边界条件，由式（3-35）、式（3-37）、式（3-67）和式（3-68）（如果 $\mathrm{OCP}_{\bar{\boldsymbol{u}}}^{\epsilon}$ 的终端时间不定）确定。终端条件式（3-67）和式（3-68）中的乘子 $\boldsymbol{k}$ 可以视为未知的参数 $\boldsymbol{p}=\boldsymbol{k}$ 处理。

值得说明的是，对于空间机器人最优控制问题形成的微分–代数方程组的两点边值问题式（3-72）～式（3-74），除了使用上述提出的方法编程求解外，还有一些开源的微分–代数方程组的 BVP 问题求解工具包，比如 bvpsolve[11]和 bvpsuite[12]，可以供直接调用，也具有很好的求解效果。

3.5 协调控制策略

本章上述内容介绍了一种空间机器人一般的最优轨迹规划方法，无论是捕获目标前空间机器人燃料最省地接近目标，还是捕获目标后将翻滚目标最短时间内消旋，都需要研究空间机器人或者组合体的控制方法，使其能够跟踪执行得到的最优轨迹。一方面，空间机器人基座与机械臂之间以及捕获后与目标之间存在动力学耦合效应，需要研究基座、机械臂与目标三者之间的协调控制器；另一方面，也可以注意到，虽然空间机器人与组合体作为被控对象存在不同，以及抓捕过程中的不同阶段的控制目标也有所不同，但被控的对象动力学总是具有一般拉格朗日方程的形式，在机器人逆动力学控制框架下，空间机器人捕获目标不同阶段的控制器设计也可以抽象为关于基座、机械臂关节和目标参考速度或者参考加速度的设计问题。

为此，本节分别给出空间机器人和组合体运动学层面和动力学层面上通用的协调控制策略和控制方法，可以方便后续章节中空间机器人捕获翻滚目标不同任务阶段具体控制器的设计。首先，给出一种空间机器人和组合体的闭环逆运动学控制方法，给定基座、末端执行器和目标的期望速度后，利用实时测量的它们的位置和姿态反馈信息形成参考速度，并通过逆运动学求解得到关节的控制速度；之后，基于空间机器人和组合体一般的拉格朗日方程形式的动力学模型，给出其逆动力学控制方法。给定基座、末端执行器和目标的期望速度和期望加速度后，利用实时测量的它们的位置、姿态和线（角）速度反馈信息形成参考加速度，代入空间机器人或组合体的动力学模型得到基座和关节上的控制力和力矩。

3.5.1 闭环逆运动学控制

为了使机械臂末端执行器执行任务，比如到达指定位姿、完成对目标的抓捕，需要对末端执行器的位姿进行控制并跟踪参考轨迹。末端执行器的位置在三维空间中使用位置向量 $\boldsymbol{p}_{\mathrm{e}}$ 描述。为了避免姿态描述的奇异性，使用如下的单位四元数描述末端执行器的姿态

$$\boldsymbol{q}_{\mathrm{e}}=\{\eta_{\mathrm{e}},\epsilon_{\mathrm{e}}\} \tag{3-75}$$

式中：η_{e} 和 ϵ_{e} 分别为单位四元数的标量和向量部分。

描述末端执行器姿态的单位四元数 $\boldsymbol{q}_{\mathrm{e}}$ 的导数和末端执行器本体系下的角速度 $\boldsymbol{\omega}_{\mathrm{e}}$ 满足如下关系

$$\begin{bmatrix}\dot{\eta}_{\mathrm{e}}\\ \dot{\epsilon}_{\mathrm{e}}\end{bmatrix}=\frac{1}{2}\begin{bmatrix}0 & -\boldsymbol{\omega}_{\mathrm{e}}^{\mathrm{T}}\\ \boldsymbol{\omega}_{\mathrm{e}} & \boldsymbol{\omega}_{\mathrm{e}}^{\times}\end{bmatrix}\begin{bmatrix}\eta_{\mathrm{e}}\\ \epsilon_{\mathrm{e}}\end{bmatrix} \tag{3-76}$$

称为姿态四元数 $\boldsymbol{q}_{\mathrm{e}}$ 在给定适当的初始条件后的演化方程[13]。

2.2.2 节式（2-42）给出了机械臂末端执行器的运动学方程，即

$$\begin{bmatrix}{}^{\mathrm{I}}\boldsymbol{v}_{\mathrm{e}}\\ {}^{\mathrm{I}}\boldsymbol{\omega}_{\mathrm{e}}\end{bmatrix}=\boldsymbol{J}_{\mathrm{b}}\begin{bmatrix}{}^{\mathrm{I}}\boldsymbol{v}_{0}\\ {}^{\mathrm{I}}\boldsymbol{\omega}_{0}\end{bmatrix}+\boldsymbol{J}_{\mathrm{m}}\dot{\boldsymbol{\theta}} \tag{3-77}$$

上述末端执行器的运动学方程可以进一步写为

$$\begin{bmatrix}{}^{\mathrm{I}}\boldsymbol{v}_{\mathrm{e}}\\ {}^{\mathrm{I}}\boldsymbol{\omega}_{\mathrm{e}}\end{bmatrix}=\boldsymbol{J}_{\mathrm{e}}\dot{\boldsymbol{q}} \tag{3-78}$$

式中：$\boldsymbol{J}_{\mathrm{e}}=\left[\boldsymbol{J}_{\mathrm{b}},\boldsymbol{J}_{\mathrm{m}}\right]$ 为末端执行器的雅可比矩阵；$\dot{\boldsymbol{q}}=\left[{}^{\mathrm{I}}\boldsymbol{v}_{0}^{\mathrm{T}},{}^{\mathrm{I}}\boldsymbol{\omega}_{0}^{\mathrm{T}},\dot{\boldsymbol{\theta}}^{\mathrm{T}}\right]^{\mathrm{T}}$ 为空间机器人的广义速度。

一般情况下，雅可比矩阵 $\boldsymbol{J}_{\mathrm{e}}$ 可能出现奇异，当基座加机械臂关节的自由度相对末端执行器任务变量是冗余的时，可以通过适当的逆运动学方法解决奇异问题。另外，如果 $\mathrm{rank}\left(\boldsymbol{J}_{\mathrm{e}}\right)<6$，即出现雅可比矩阵奇异问题，可以使用一些鲁棒逆运动学求解方法[14-16]解决奇异问题。因为本节关注提出一种闭环逆运动学控制方法，不

失一般性，假设雅可比矩阵 $\boldsymbol{J}_{\mathrm{e}}$ 是非奇异的。

使用 $\boldsymbol{p}_{\mathrm{e}}^{\mathrm{d}}(t)$ 和 $\boldsymbol{q}_{\mathrm{e}}^{\mathrm{d}}=\left\{\eta_{\mathrm{e}}^{\mathrm{d}},\boldsymbol{\epsilon}_{\mathrm{e}}^{\mathrm{d}}\right\}$ 分别表示末端执行器期望的位置和姿态轨迹，空间机器人的逆运动学问题关注如何求解对应的基座和机械臂关节的运动轨迹 $\boldsymbol{q}(t)$，并将其用于基座和机械臂关节伺服控制的参考输入。只有具有简单几何结构的非冗余机械臂才能得到解析的逆运动学解，比如，基座固定且具有球形手腕的机械臂。一种适用于各类运动学结构的机械臂的逆运动学方法是：对由式（3-78）的逆得到的广义速度 $\dot{\boldsymbol{q}}$ 进行时间积分来获取基座和机械臂关节的运动轨迹 $\boldsymbol{q}(t)$。为了克服上述方法在时间积分过程中会遇到的典型的数值积分误差或者在实物空间机器人上应用时出现的运动误差，本节提出一种闭环逆运动学控制方法，其利用实时的机械臂末端执行器位置和姿态跟踪误差对其要跟踪的线速度和角速度进行修正，以实现对末端执行器位姿的精确跟踪。

定义末端执行器位置误差为

$$\boldsymbol{e}_{\mathrm{p}}=\boldsymbol{p}_{\mathrm{e}}^{\mathrm{d}}-\boldsymbol{p}_{\mathrm{e}} \tag{3-79}$$

末端执行器姿态四元数 $\boldsymbol{q}_{\mathrm{e}}$ 和期望姿态四元数 $\boldsymbol{q}_{\mathrm{e}}^{\mathrm{d}}$ 之间的偏差 $\Delta\boldsymbol{q}_{\mathrm{e}}=\left\{\Delta\eta_{\mathrm{e}},\ \Delta\boldsymbol{\epsilon}_{\mathrm{e}}\right\}$ 由四元数的乘法法则得到，其中

$$\Delta\eta_{\mathrm{e}}=\eta_{\mathrm{e}}\eta_{\mathrm{e}}^{\mathrm{d}}+\boldsymbol{\epsilon}_{\mathrm{e}}^{\mathrm{T}}\boldsymbol{\epsilon}_{\mathrm{e}}^{\mathrm{d}} \tag{3-80}$$

$$\Delta\boldsymbol{\epsilon}_{\mathrm{e}}=\eta_{\mathrm{e}}\boldsymbol{\epsilon}_{\mathrm{e}}^{\mathrm{d}}-\eta_{\mathrm{e}}^{\mathrm{d}}\boldsymbol{\epsilon}_{\mathrm{e}}-\left(\boldsymbol{\epsilon}_{\mathrm{e}}^{\mathrm{d}}\right)^{\times}\boldsymbol{\epsilon}_{\mathrm{e}} \tag{3-81}$$

可以看出，当且仅当末端执行器的实际姿态等于期望姿态时，存在 $\Delta\boldsymbol{q}_{\mathrm{e}}=\{1,\boldsymbol{0}\}$。因而，可以考虑使用 $\Delta\boldsymbol{\epsilon}_{\mathrm{e}}$ 表示末端执行器的姿态跟踪误差，表示为如下形式[17]

$$\boldsymbol{e}_{O,\mathrm{Quat}}=\eta_{\mathrm{e}}\boldsymbol{\epsilon}_{\mathrm{e}}^{\mathrm{d}}-\eta_{\mathrm{e}}^{\mathrm{d}}\boldsymbol{\epsilon}_{\mathrm{e}}-\left(\boldsymbol{\epsilon}_{\mathrm{e}}^{\mathrm{d}}\right)^{\times}\boldsymbol{\epsilon}_{\mathrm{e}} \tag{3-82}$$

值得说明的是，无法直接计算 η_{e} 和 $\boldsymbol{\epsilon}_{\mathrm{e}}$，但是可以通过空间机器人的前向运动学快速计算表示末端执行器姿态的旋转矩阵 ${}^{\mathrm{I}}\boldsymbol{R}_{\mathrm{e}}$，之后，可以由 ${}^{\mathrm{I}}\boldsymbol{R}_{\mathrm{e}}$ 计算对应的姿态四元数 $\boldsymbol{q}_{\mathrm{e}}$。

使用式（3-82）表示的末端执行器姿态误差，闭环逆运动学控制策略下空间机器人基座和关节运动学控制对应的参考速度通过下式进行计算[17]

$$\dot{\boldsymbol{q}}=\boldsymbol{J}_{\mathrm{e}}^{-1}\begin{bmatrix}\boldsymbol{v}_{\mathrm{e}}^{\mathrm{r}}\\ \boldsymbol{\omega}_{\mathrm{e}}^{\mathrm{r}}\end{bmatrix}=\boldsymbol{J}_{\mathrm{e}}^{-1}\begin{bmatrix}\dot{\boldsymbol{p}}_{\mathrm{e}}^{\mathrm{d}}+\boldsymbol{K}_{\mathrm{p}}\boldsymbol{e}_{\mathrm{p}}\\ \boldsymbol{\omega}_{\mathrm{e}}^{\mathrm{d}}+\boldsymbol{K}_{o}\boldsymbol{e}_{O,\mathrm{Quat}}\end{bmatrix} \tag{3-83}$$

式中

$$\begin{cases}\boldsymbol{v}_{\mathrm{e}}^{\mathrm{r}}=\dot{\boldsymbol{p}}_{\mathrm{e}}^{\mathrm{d}}+\boldsymbol{K}_{\mathrm{p}}\boldsymbol{e}_{\mathrm{p}}\\ \boldsymbol{\omega}_{\mathrm{e}}^{\mathrm{r}}=\boldsymbol{\omega}_{\mathrm{e}}^{\mathrm{d}}+\boldsymbol{K}_{o}\boldsymbol{e}_{O,\mathrm{Quat}}\end{cases} \tag{3-84}$$

分别称为末端执行器的参考线速度和参考角速度。

为了证明采用上述闭环逆运动学控制下系统的稳定性，将式（3-83）代入式（3-77），可以得到

$$\dot{\boldsymbol{e}}_{\mathrm{p}}+\boldsymbol{K}_{\mathrm{p}}\boldsymbol{e}_{\mathrm{p}}=\boldsymbol{0} \tag{3-85}$$

$$\boldsymbol{\omega}_{\mathrm{e}}^{\mathrm{d}}-\boldsymbol{\omega}_{\mathrm{e}}+\boldsymbol{K}_{o}\boldsymbol{e}_{O,\mathrm{Quat}}=\boldsymbol{0} \tag{3-86}$$

容易通过式（3-85）看出，机械臂末端执行器位置误差以指数速率渐近地收敛到零。为了研究姿态闭环动态系统式（3-86）的稳定性，考虑如下正定的李雅普诺夫（Lyapunov）函数

$$V=\left(\eta_{\mathrm{e}}^{\mathrm{d}}-\eta_{\mathrm{e}}\right)^{2}+\left(\boldsymbol{\epsilon}_{\mathrm{e}}^{\mathrm{d}}-\boldsymbol{\epsilon}\right)^{\mathrm{T}}\left(\boldsymbol{\epsilon}_{\mathrm{e}}^{\mathrm{d}}-\boldsymbol{\epsilon}_{\mathrm{e}}\right) \tag{3-87}$$

使用四元数的演化方程式（3-76），沿着系统（3-86）轨迹的 Lyapunov 函数的导数为

$$\dot{V}=-\boldsymbol{e}_{O,\mathrm{Quat}}^{\mathrm{T}}\boldsymbol{K}_{o}\boldsymbol{e}_{O,\mathrm{Quat}} \tag{3-88}$$

$\dot{V}$ 是负定的，意味着姿态误差 $\boldsymbol{e}_{O,\mathrm{Quat}}$ 会收敛到零。

以上说明了为使机械臂末端执行器跟踪期望轨迹 $\boldsymbol{p}_{\mathrm{e}}^{\mathrm{d}}$、$\boldsymbol{q}_{\mathrm{e}}^{\mathrm{d}}$，通过设计末端执行器的参考速度如式（3-84）所示，并将其用于逆运动学求解来得到基座和机械臂关节的控制速度式（3-83），则可以保证末端执行器能够跟踪期望的轨迹。如果是空间机器人捕获翻滚目标后的情形，为了使目标跟踪期望轨迹 $\boldsymbol{p}_{\mathrm{t}}^{\mathrm{d}}$、$\boldsymbol{q}_{\mathrm{t}}^{\mathrm{d}}$，可以类似地设计目标的参考速度

$$\begin{cases}\boldsymbol{v}_{\mathrm{t}}^{\mathrm{r}}=\dot{\boldsymbol{p}}_{\mathrm{t}}^{\mathrm{d}}+\boldsymbol{K}_{\mathrm{p}}\boldsymbol{e}_{\mathrm{p}}\\ \boldsymbol{\omega}_{\mathrm{t}}^{\mathrm{r}}=\boldsymbol{\omega}_{\mathrm{t}}^{\mathrm{d}}+\boldsymbol{K}_{o}\boldsymbol{e}_{O,\mathrm{Quat}}\end{cases} \tag{3-89}$$

根据第 2 章中式（2-111）所示的目标雅可比矩阵 $\boldsymbol{J}_{\mathrm{t}}$，存在

$$\begin{bmatrix}\boldsymbol{v}_{\mathrm{e}}^{\mathrm{r}}\\ \boldsymbol{\omega}_{\mathrm{e}}^{\mathrm{r}}\end{bmatrix}=\boldsymbol{J}_{\mathrm{t}}\begin{bmatrix}\boldsymbol{v}_{\mathrm{t}}^{\mathrm{r}}\\ \boldsymbol{\omega}_{\mathrm{t}}^{\mathrm{r}}\end{bmatrix} \tag{3-90}$$

将式（3-90）代入式（3-83），可以得到能够使目标跟踪期望轨迹的基座和机械臂关节控制速度为

$$\dot{\boldsymbol{q}}=\boldsymbol{J}_{\mathrm{e}}^{-1}\boldsymbol{J}_{\mathrm{t}}\begin{bmatrix}\boldsymbol{v}_{\mathrm{t}}^{\mathrm{r}}\\ \boldsymbol{\omega}_{\mathrm{t}}^{\mathrm{r}}\end{bmatrix} \tag{3-91}$$

3.5.2 逆动力学控制

式（2-49）给出了空间机器人的动力学方程，可以简写为

$$\boldsymbol{H}(\boldsymbol{q})\ddot{\boldsymbol{q}}+\boldsymbol{c}(\boldsymbol{q},\dot{\boldsymbol{q}})=\boldsymbol{u} \tag{3-92}$$

逆动力学控制的思想是设计如下的非线性反馈控制器

$$\boldsymbol{u}=\boldsymbol{f}(\boldsymbol{q},\dot{\boldsymbol{q}},t) \tag{3-93}$$

代入式（3-92）可以得到线性闭环系统[18]。通过观察空间机器人动力学系统

（3-92），可以发现，如果根据下式设计非线性反馈控制器 $\boldsymbol{u}$

$$\boldsymbol{u}=\boldsymbol{H}(\boldsymbol{q})\boldsymbol{a}_{\mathrm{q}}+\boldsymbol{c}(\boldsymbol{q},\dot{\boldsymbol{q}}) \tag{3-94}$$

那么，由于惯量矩阵 $\boldsymbol{H}$ 是可逆的，将式（3-92）～式（3-94）结合可以得到

$$\ddot{\boldsymbol{q}}=\boldsymbol{a}_{\mathrm{q}} \tag{3-95}$$

可以看出，式(3-95)代表线性的双积分系统，因为其代表多个解耦的双积分器。其中，$\boldsymbol{a}_{\mathrm{q}}$ 可以看作一种新的需要被设计的双积分系统的输入。非线性控制律（式(3-94)）被称作逆动力学控制，其建立了空间机器人非线性控制输入 $\boldsymbol{u}$ 与线性双积分系统控制输入 $\boldsymbol{a}_{\mathrm{q}}$ 之间的关系。对于得到的双积分系统，其具有如下优点：系统（式(3-95)）是线性、解耦的，意味着可以通过设计第 k 个分量 a_{q_k} 控制一个标量线性系统。此外，假设 a_{q_k} 仅是 q_k 及其导数的函数，那么 a_{q_k} 可以独立影响 q_k 而不影响其他连杆的运动。上述优点使得控制输入 $\boldsymbol{a}_{\mathrm{q}}$ 较为容易设计，而在得到 $\boldsymbol{a}_{\mathrm{q}}$ 后，下一步利用关系式（3-94）就可以得到空间机器人的控制输入 $\boldsymbol{u}$ 。

下面，首先集中设计双积分系统的控制输入 $\boldsymbol{a}_{\mathrm{q}}$ 。因为 $\boldsymbol{a}_{\mathrm{q}}$ 只用来控制一个线性二阶系统，根据线性系统理论，很容易将 $\boldsymbol{a}_{\mathrm{q}}$ 设计为如下形式

$$\boldsymbol{a}_{\mathrm{q}}=-\boldsymbol{K}_0\boldsymbol{q}-\boldsymbol{K}_1\dot{\boldsymbol{q}}+\boldsymbol{r} \tag{3-96}$$

式中：$\boldsymbol{K}_0$ 和 $\boldsymbol{K}_1$ 为对角矩阵，对角元素分别包含位置和速度增益。将控制输入（式(3-96)）代入动力学系统（式(3-95)），对应的闭环动力学系统可以表示为

$$\ddot{\boldsymbol{q}}+\boldsymbol{K}_1\dot{\boldsymbol{q}}+\boldsymbol{K}_0\boldsymbol{q}=\boldsymbol{r} \tag{3-97}$$

给定期望轨迹

$$t\to\left(\boldsymbol{q}^{\mathrm{d}}(t),\dot{\boldsymbol{q}}^{\mathrm{d}}(t)\right) \tag{3-98}$$

如果选择参考输入 $\boldsymbol{r}(t)$ 为

$$\boldsymbol{r}(t)=\ddot{\boldsymbol{q}}^{\mathrm{d}}(t)+\boldsymbol{K}_0\boldsymbol{q}^{\mathrm{d}}(t)+\boldsymbol{K}_1\dot{\boldsymbol{q}}^{\mathrm{d}}(t) \tag{3-99}$$

那么，跟踪误差 $\boldsymbol{e}(t)=\boldsymbol{q}-\boldsymbol{q}^{\mathrm{d}}$ 满足

$$\ddot{\boldsymbol{e}}(t)+\boldsymbol{K}_1\dot{\boldsymbol{e}}(t)+\boldsymbol{K}_0\boldsymbol{e}(t)=\boldsymbol{0} \tag{3-100}$$

增益矩阵 $\boldsymbol{K}_0$ 和 $\boldsymbol{K}_1$ 可以选择为

$$\begin{aligned}\boldsymbol{K}_0&=\mathrm{diag}\left\{\omega_1^2,\omega_2^2,\cdots,\omega_n^2\right\}\\ \boldsymbol{K}_1&=\mathrm{diag}\left\{2\omega_1,2\omega_2,\cdots,2\omega_n\right\}\end{aligned} \tag{3-101}$$

使得空间机器人可以视为全局解耦的闭环系统，其基座每个方向的平移和绕每个轴的旋转以及每个关节的运动响应和自然频率为 ω_i 的阻尼线性二阶系统的响应相同。自然频率 ω_i 决定了每个关节的响应速度，或者可以等效地说，决定了跟踪误差的收敛速率。

以上给出了空间机器人使用逆动力学控制跟踪基座和机械臂关节参考轨迹的

过程。下面给出如何使用逆动力学控制方法保证末端执行器跟踪参考轨迹。给定空间机器人运动学方程式（3-77），存在

$$\ddot{\boldsymbol{X}} = \boldsymbol{J}_{\mathrm{e}}\ddot{\boldsymbol{q}} + \dot{\boldsymbol{J}}_{\mathrm{e}}\dot{\boldsymbol{q}} \tag{3-102}$$

式中：$\boldsymbol{X} \in \mathbb{R}^6$ 代表末端执行器的位姿。

给定双积分系统（式（3-95）），可以看出在关节空间，$\boldsymbol{a}_{\mathrm{q}}$ 可以设计为

$$\boldsymbol{a}_{\mathrm{q}} = \boldsymbol{J}_{\mathrm{e}}^{-1}\left\{\boldsymbol{a}_X - \dot{\boldsymbol{J}}_{\mathrm{e}}\dot{\boldsymbol{q}}\right\} \tag{3-103}$$

将式（3-103）代入式（3-102），则在任务空间中可以得到如下双积分系统

$$\ddot{\boldsymbol{X}} = \boldsymbol{a}_X \tag{3-104}$$

如 3.5.1 节所示，使用 $\boldsymbol{p}_{\mathrm{e}}^{\mathrm{d}}$ 和 $\boldsymbol{q}_{\mathrm{e}}^{\mathrm{d}}$ 分别表示末端执行器期望的位置和姿态轨迹，借鉴闭环逆运动学控制中设计参考速度的思想，这里设计末端执行器的参考加速度 $\dot{\boldsymbol{v}}_{\mathrm{e}}^{\mathrm{r}}$、$\dot{\boldsymbol{\omega}}_{\mathrm{e}}^{\mathrm{r}}$，保证末端执行器沿参考加速度运动时，能够跟踪式（3-84）所示的参考线速度和参考角速度。具体地，末端执行器的参考线加速度 $\dot{\boldsymbol{v}}_{\mathrm{e}}^{\mathrm{r}}$ 和角加速度 $\dot{\boldsymbol{\omega}}_{\mathrm{e}}^{\mathrm{r}}$ 设计为

$$\begin{cases} \dot{\boldsymbol{v}}_{\mathrm{e}}^{\mathrm{r}} = \ddot{\boldsymbol{p}}_{\mathrm{e}}^{\mathrm{d}} + \boldsymbol{K}_{\mathrm{p}1}\left(\dot{\boldsymbol{p}}_{\mathrm{e}}^{\mathrm{d}} - \dot{\boldsymbol{p}}_{\mathrm{e}}\right) + \boldsymbol{K}_{\mathrm{p}2}\left(\boldsymbol{p}_{\mathrm{e}}^{\mathrm{d}} - \boldsymbol{p}_{\mathrm{e}}\right) \\ \dot{\boldsymbol{\omega}}_{\mathrm{e}}^{\mathrm{r}} = \dot{\boldsymbol{\omega}}_{\mathrm{e}}^{\mathrm{d}} + \boldsymbol{K}_{o1}\dot{\boldsymbol{e}}_{O,\mathrm{Quat}} + \boldsymbol{K}_{o2}\left(\boldsymbol{\omega}_{\mathrm{e}}^{\mathrm{d}} + \boldsymbol{K}_{o1}\boldsymbol{e}_{O,\mathrm{Quat}} - \boldsymbol{\omega}_{\mathrm{e}}\right) \end{cases} \tag{3-105}$$

其对应任务空间中线性双积分系统（式（3-104））的输入 $\boldsymbol{a}_X$，即 $\boldsymbol{a}_X = \left[\left(\dot{\boldsymbol{v}}_{\mathrm{e}}^{\mathrm{r}}\right)^{\mathrm{T}}, \left(\dot{\boldsymbol{\omega}}_{\mathrm{e}}^{\mathrm{r}}\right)^{\mathrm{T}}\right]^{\mathrm{T}}$。

将式（3-105）代入式（3-104）可以得到

$$\left(\ddot{\boldsymbol{p}}_{\mathrm{e}}^{\mathrm{d}} - \ddot{\boldsymbol{p}}_{\mathrm{e}}\right) + \boldsymbol{K}_{\mathrm{p}1}\left(\dot{\boldsymbol{p}}_{\mathrm{e}}^{\mathrm{d}} - \dot{\boldsymbol{p}}_{\mathrm{e}}\right) + \boldsymbol{K}_{\mathrm{p}2}\left(\boldsymbol{p}_{\mathrm{e}}^{\mathrm{d}} - \boldsymbol{p}_{\mathrm{e}}\right) = \boldsymbol{0} \tag{3-106}$$

容易看出系统（式（3-106））是指数稳定的，表明使用参考线加速度 $\dot{\boldsymbol{v}}_{\mathrm{e}}^{\mathrm{r}}$，末端执行器的位置跟踪误差 $(\boldsymbol{p}_{\mathrm{e}}^{\mathrm{d}} - \boldsymbol{p}_{\mathrm{e}})$ 渐近收敛至零。

为了证明使用参考角加速度 $\dot{\boldsymbol{\omega}}_{\mathrm{e}}^{\mathrm{r}}$ 能够使得末端执行器姿态误差渐近收敛至零，定义关于参考角速度跟踪误差（$\boldsymbol{\omega}_{\mathrm{e}}^{\mathrm{r}} - \boldsymbol{\omega}_{\mathrm{e}}$）正定的 Lyapunov 函数为

$$V = \frac{1}{2}\left(\boldsymbol{\omega}_{\mathrm{e}}^{\mathrm{r}} - \boldsymbol{\omega}_{\mathrm{e}}\right)^{\mathrm{T}}\left(\boldsymbol{\omega}_{\mathrm{e}}^{\mathrm{r}} - \boldsymbol{\omega}_{\mathrm{e}}\right) \tag{3-107}$$

其导数为

$$\dot{V} = \left(\boldsymbol{\omega}_{\mathrm{e}}^{\mathrm{r}} - \boldsymbol{\omega}_{\mathrm{e}}\right)^{\mathrm{T}}\left(\dot{\boldsymbol{\omega}}_{\mathrm{e}}^{\mathrm{r}} - \dot{\boldsymbol{\omega}}_{\mathrm{e}}\right) \tag{3-108}$$

利用关系式 $\dot{\boldsymbol{\omega}}_{\mathrm{e}}^{\mathrm{r}} = \dot{\boldsymbol{\omega}}_{\mathrm{e}}$，以及式（3-84）中 $\boldsymbol{\omega}_{\mathrm{e}}^{\mathrm{r}}$ 和式（3-105）中 $\dot{\boldsymbol{\omega}}_{\mathrm{e}}^{\mathrm{r}}$ 的表达式，可以得到

$$\dot{\boldsymbol{\omega}}_{\mathrm{e}}^{\mathrm{r}} - \dot{\boldsymbol{\omega}}_{\mathrm{e}} = -\boldsymbol{K}_{o2}\left(\boldsymbol{\omega}_{\mathrm{e}}^{\mathrm{d}} + \boldsymbol{K}_{o1}\boldsymbol{e}_{O,\mathrm{Quat}} - \boldsymbol{\omega}_{\mathrm{b}}\right) = -\boldsymbol{K}_{o2}\left(\boldsymbol{\omega}_{\mathrm{e}}^{\mathrm{r}} - \boldsymbol{\omega}_{\mathrm{e}}\right) \tag{3-109}$$

将式（3-109）代入式（3-108），Lyapunov 函数 V 的导数可以表示为

$$\dot{V}=-\left(\boldsymbol{\omega}_{\mathrm{e}}^{\mathrm{r}}-\boldsymbol{\omega}_{\mathrm{e}}\right)^{\mathrm{T}}\boldsymbol{K}_{o2}\left(\boldsymbol{\omega}_{\mathrm{e}}^{\mathrm{r}}-\boldsymbol{\omega}_{\mathrm{e}}\right) \tag{3-110}$$

因而，$\dot{V}$ 是负定的，意味着在设计的参考角加速度 $\dot{\boldsymbol{\omega}}_{\mathrm{e}}^{\mathrm{r}}$ 下末端执行器姿态误差动力学的平衡点 $\boldsymbol{\omega}_{\mathrm{e}}^{\mathrm{r}}-\boldsymbol{\omega}_{\mathrm{e}}=\boldsymbol{0}$ 是渐近稳定的。给定 $\boldsymbol{\omega}_{\mathrm{e}}^{\mathrm{r}}-\boldsymbol{\omega}_{\mathrm{e}}=\boldsymbol{0}$ ，在 3.5.1 节中证明了末端执行器姿态误差 $\boldsymbol{e}_{O,\mathrm{Quat}}$ 渐近收敛至零。

综上所述，当直接给定基座和各关节的参考加速度式（3-96)，或者给定末端执行的参考加速度（3-105）时，分别对应构型空间（如果基座是固定的或者自由漂浮的，构型空间即为关节空间）和任务空间中线性双积分系统的控制输入 $\boldsymbol{a}_{\mathrm{q}}$ 、$\boldsymbol{a}_X$ ，在将 $\boldsymbol{a}_X$ 通过式（3-103）同样转化为对应的 $\boldsymbol{a}_{\mathrm{q}}$ 后，利用非线性反馈控制器（式（3-94)），可以得到空间机器人逆动力学控制方法下的控制输入 $\boldsymbol{u}$ 。本小节已经证明，该控制输入 $\boldsymbol{u}$ 对应基座、机械臂关节和末端执行器能够稳定地跟踪期望轨迹。

如果是空间机器人捕获翻滚目标后的情形，为了使目标跟踪期望轨迹 $\boldsymbol{p}_{\mathrm{t}}^{\mathrm{d}}$、$\boldsymbol{q}_{\mathrm{t}}^{\mathrm{d}}$ ，可以类似地设计目标的参考加速度

$$\begin{cases}\dot{\boldsymbol{v}}_{\mathrm{t}}^{\mathrm{r}}=\ddot{\boldsymbol{p}}_{\mathrm{t}}^{\mathrm{d}}+\boldsymbol{K}_{\mathrm{p}1}\left(\dot{\boldsymbol{p}}_{\mathrm{t}}^{\mathrm{d}}-\dot{\boldsymbol{p}}_{\mathrm{t}}\right)+\boldsymbol{K}_{\mathrm{p}2}\left(\boldsymbol{p}_{\mathrm{t}}^{\mathrm{d}}-\boldsymbol{p}_{\mathrm{t}}\right)\\ \dot{\boldsymbol{\omega}}_{\mathrm{t}}^{\mathrm{r}}=\dot{\boldsymbol{\omega}}_{\mathrm{t}}^{\mathrm{d}}+\boldsymbol{K}_{o1}\dot{\boldsymbol{e}}_{O,\mathrm{Quat}}+\boldsymbol{K}_{o2}\left(\boldsymbol{\omega}_{\mathrm{t}}^{d}+\boldsymbol{K}_{o1}\boldsymbol{e}_{O,\mathrm{Quat}}-\boldsymbol{\omega}_{\mathrm{t}}\right)\end{cases} \tag{3-111}$$

根据第 2 章中式（2-111）所示的目标雅可比矩阵 $\boldsymbol{J}_{\mathrm{t}}$，存在

$$\begin{bmatrix}\dot{\boldsymbol{v}}_{\mathrm{e}}^{\mathrm{r}}\\ \dot{\boldsymbol{\omega}}_{\mathrm{e}}^{\mathrm{r}}\end{bmatrix}=\dot{\boldsymbol{J}}_{\mathrm{t}}\begin{bmatrix}\boldsymbol{v}_{\mathrm{t}}^{\mathrm{r}}\\ \boldsymbol{\omega}_{\mathrm{t}}^{\mathrm{r}}\end{bmatrix}+\boldsymbol{J}_{\mathrm{t}}\begin{bmatrix}\dot{\boldsymbol{v}}_{\mathrm{t}}^{\mathrm{r}}\\ \dot{\boldsymbol{\omega}}_{\mathrm{t}}^{\mathrm{r}}\end{bmatrix} \tag{3-112}$$

因而，为了使目标能够跟踪期望轨迹，在使用式（3-111）设计其参考加速度并使用式（3-89）计算其参考速度后，通过将式（3-89）和式（3-111）代入式（3-112)，可以首先得到对应的末端执行器的参考加速度，也即任务空间线性双积分系统的输入 $\boldsymbol{a}_X$ ，并利用前述的步骤可以得到能够使目标跟踪期望轨迹的空间机器人控制输入 $\boldsymbol{u}$ 。

3.6 本章小结

本章研究了空间机器人捕获翻滚目标过程中的约束处理方法和运动控制方法，为后续章节开展不同捕获阶段机器人运动轨迹的规划和机器人控制器的设计，提供了解决思路和方法。

本章首先对空间机器人捕获翻滚目标过程中的典型约束进行了建模，提出了空间机器人处理一般不等式约束和使用标准变分法求解最优控制问题的方法。该方法将空间机器人捕获翻滚目标过程中遇到的各类约束抽象为一般的状态不等式约束和混合状态–输入不等式约束的数学形式，并进一步将一般的状态不等式约束和混合状态–输入不等式约束分别表示为扩展动态子系统和饱和函数，使得最优控制问

题可以通过标准变分法求解，为使用标准变分法求解空间机器人的最优轨迹规划问题提供了解决方案。值得一提的是，相比于将空间机器人最优轨迹规划描述为优化问题并使用优化算法求解，使用标准变分法得到的最优解精度更高，在燃料有限的航天任务中，最优解精度很小的提高可能对应节省较大量宝贵的空间燃料。

本章同时提出了空间机器人和组合体运动学及动力学层面上一般的控制策略和控制方法，包括空间机器人和组合体的闭环逆运动学控制和逆动力学控制方法，为后续章节不同捕获阶段的机器人控制器的设计提供了方法论。在本书后续章节空间机器人捕获翻滚目标不同阶段具体操控任务的控制器设计中，都使用了本章所提出的控制策略以及本章给出的参考速度和参考加速度设计方法。这些策略和方法的使用极大地简化和方便了后续空间机器人不同操控任务中的控制器设计。

参考文献

[1] Zong L, Luo J, Wang M. Optimal concurrent control for space manipulators rendezvous and capturing targets under actuator saturation[J]. IEEE Transactions on Aerospace and Electronic Systems, 2020, 56(6): 4841-4855.

[2] Zong L, Luo J, Wang M. Optimal detumbling trajectory generation and coordinated control after space manipulator capturing tumbling targets[J]. Aerospace Science and Technology, 2021, 112: 106626.

[3] 吕显瑞，黄庆道. 最优控制理论基础[M]. 北京:科学出版社, 2008.

[4] Graichen K, Kugi A, Petit N, et al. Handling constraints in optimal control with saturation functions and system extension[J]. Systems & Control Letters, 2010, 59(11): 671-679.

[5] Faverjon B, Tournassoud P. A local based approach for path planning of manipulators with a high number of degrees of freedom[C]// IEEE International Conference on Robotics and Automation, 1987: 1152-1159.

[6] Zong L, Luo J, Wang M, et al. Obstacle avoidance handling and mixed integer predictive control for space robots[J]. Advances in Space Research, 2018, 61(8): 1997-2009.

[7] Isidori A. Nonlinear control systems[M]. London: Springer, 1995.

[8] Wright M. Interior methods for constrained optimization[J]. Acta Numerica, 1992, 1(3): 341-407.

[9] Allaire G. Numerical analysis and optimization[M]. New York: Oxford University Press, 2007.

[10] Kierzenka J, Shampine L. A BVP solver based on residual control and the Matlab PSE[J]. ACM Transactions on Mathematical Software, 2001, 27: 299-316.

[11] Mazzia F, Cash J R, Soetaert K. Solving boundary value problems in the open source software r: package bvpsolve[J]. Opuscula Mathematica, 2014, 34(2): 387-403.

[12] Kitzhofer G, Koch O, Pulverer G, et al. Bvpsuite, a new matlab solver for singular implicit

boundary value problems[C]// ASC Report No. 35, 2009.

[13] Siciliano B, Oussama K. Springer handbook of robotics[M]. Berlin: Springer, 2008.

[14] Chiaverini S, Siciliano B, Egeland O. Review of the damped least-squares inverse kinematics with experiments on an industrial robot manipulator[J]. IEEE Transactions on Control Systems Technology, 1994, 2: 123-134.

[15] Cheng Z, Jin M, Liu Y, et al. Singularity robust path planning for real time base attitude adjustment of free-floating space robot[J]. International Journal of Automation & Computing, 2017, 14(02): 169-178.

[16] Mithun P, Anurag V, Bhardwaj M, et al. Real-time dynamic singularity avoidance while visual servoing of a dual-arm space robot[C]// AIR '5, 2015.

[17] Chiaverini S, Siciliano B. The unit quaternion: A useful tool for inverse kinematics of robot manipulators[J]. Systems Analysis Modelling Simulation, 1999, 35(1): 45-60.

[18] Spong M W, Vidyasagar M. Robot dynamics and control[M]. John Wiley & Sons, 2008.

04

第 4 章 空间翻滚目标运动预测与抓捕决策

4.1 引言

空间机器人捕获翻滚目标是一个包含测量、估计、规划、决策与控制等具有挑战性的前沿课题。在空间机器人捕获翻滚目标的过程中，机器人系统很难在获得完美的目标测量、预测信息之后，通过一次动作执行，完成对目标的捕获。为提高空间翻滚目标抓捕任务的可靠性，空间机器人必须在整个任务过程中，不断地测量和更新关于目标运动状态的数据信息，通过对收集的数据进行学习，预测目标的运动状态和意图等关键信息，并及时、适当地调整机器人自身的动作策略，以应对目标意图及其运动的不确定性，保证在轨捕获任务的可靠性和安全性。

现有关于空间翻滚目标的运动预测方法主要基于物理模型(如非线性滤波等方法)，但其预测条件和模型假设较为严苛，且在抓捕前阶段目标的动力学模型难以准确获知。近年来，机器学习的兴起为目标运动预测问题提供了一种全新的数据驱动方式的解决思路，该方法不依赖目标的动力学模型，而是针对目标运动状态的历史观测数据进行建模、学习、预测。此外，由于空间环境和目标自身的不确定性，机器人系统需要在抓捕过程中保持对目标的观测、监测，及时地感知目标的意图变化情形，通过决策生成不同的动作策略，应对不同的目标意图，保证在合适的时机执行抓捕任务。

本章基于机器学习的理论和方法，研究空间翻滚目标运动状态的预测方法，以及在捕获任务中机械臂自主动作决策的方法，具体为：①针对目标运动状态预测问题，采用监督式机器学习方法，对目标运动状态的历史观测数据进行概率建模，兼顾运动预测的快速性和精确性要求，通过学习历史数据与未来数据之间的潜在联系，预测目标未来有限时域内的多步运动状态。②针对机械臂自主决策问题，基于强化学习理论，构建空间机械臂与翻滚目标的交互模型，设计捕获任务相关的收益函数，通过在动作空间中大量探索，对机械臂的动作策略进行评估，基于经验不断学习，利用值函数迭代方法实时解算机械臂的近似最优动作策略。本章参考人脑决策机制，结合对目标运动的思考和机械臂自身行为的设计，研究的目标运动预测与机械臂自主决策问题为空间机器人捕获翻滚目标与稳定操控任务提供先决条件，特别是为本书第 6 章抓捕时机和最优抓捕轨迹规划提供了重要的目标预测数据等信息，为空间机器人捕获目标后的运动规划与控制提供了必要的参考信息和决策依据。

4.2 空间翻滚目标运动状态预测

本章采用监督式机器学习中的稀疏伪输入高斯过程回归方法进行空间翻滚目标的运动预测。给定空间翻滚目标运动状态的历史观测数据，通过连续优化真实观测数据，得到稀疏的伪训练数据集，在较少数据驱动下快速预测目标未来有限时域内的运动状态。此外，利用马尔可夫链蒙特卡罗法处理连续优化过程，克服由于随机初始值造成的优化过程陷入局部极小值的问题[1]。

4.2.1 预测问题与机器学习

机器学习是当前计算机科学和信息科学中的一个重要领域，是涉及概率论、统计学、模式识别、凸分析、算法复杂度等的一门交叉学科，其应用领域十分广泛。根据学习方式的不同，机器学习方法可分为三类：监督式机器学习、无监督式机器学习和强化学习。强化学习通常被用于处理决策问题，无监督式机器学习一般被用于处理聚类问题，而监督式机器学习则是从有标签的训练数据中去学习函数或映射关系，训练数据包括训练输入数据及其对应的输出数据。

类似于人的感知行为，从过去的经验中预测未来的事件，机器学习方法通过对大量数据的学习，寻找过去事件与未来事件的隐含关系。Foka[2]利用部分可观测马尔可夫决策过程预测动态环境中的状态迁移，将机器人的位置和传感器信息以概率的方式表示，给出了拥挤环境下运行的机器人的短期和长期运动预测，用于机器人的自主导航。Sung[3]通过对目标观测数据进行聚类分析提取其运动模式，利用隐马尔可夫模型（Hidden Markov Model，HMM）预测地面目标的未来运动状态，该随机模型很好地反映了目标运动的随机性，但 HMM 预测的准确率相对较低。Elnagar 等[4]使用线性自回归模型和条件极大似然估计来预测移动障碍物在时变环境中未来的位置与方向。文献[5]给出了一种基于数据驱动的模糊聚类算法，该算法通过历史运动数据进行目标运动轨迹的预判，对运动模式改变较为频繁的机器人有较好的预测效果。Peng[6]利用支持向量机、神经网络和高斯过程回归[7]（Gaussian Process Regression，GPR）等三种机器学习方法研究了如何提高轨道预测精度问题，对比分析了三种方法的优劣，发现支持向量机的预测效果不如神经网络和 GPR 的预测效果。事实上，当神经网络存在无限个隐层节点时，神经网络等价于 GPR[8]。

GPR 是一种基于贝叶斯理论和统计学习理论发展起来的监督式机器学习方法，适合处理高维数、小样本和非线性等复杂回归问题。由于 GPR 是一种灵活的非参数推断方法，非参数特性直接导致其存在计算量较大的缺陷。为提高计算效率，相关研究者提出了多种近似 GPR 方法，大致可分为三类：数据子集近似法、降秩近似法、稀疏伪输入近似法。数据子集法通过在原训练集中选取一个维数更小的集合用于 GPR 预测，但是如何选取子集是实际应用的关键。降秩近似法对 GPR 中的协方差矩阵进行降秩近似，进而降低预测的计算量。前两类近似方法通常需要反复选择活动数据集和优化超参数，因为新的数据集会干扰超参数优化结果，而稀疏伪输入近似法联合求解活动数据集和超参数优化，提高了收敛速度和参数学习结果的可靠性。2005 年，在人工智能领域的国际顶级会议——神经系统信息处理大会上，英国伦敦大学学院盖茨比计算神经科学中心的 Edward Snelson[9]提出了稀疏伪输入高斯过程（Sparse Pseudo-input Gaussian Process，SPGP）算法，该算法被公认为最经典、高效的近似 GPR 方法。本章基于 SPGP 算法对空间翻滚目标的运动状态进行长周期预测，并在目标运动状态预测过程中同时考虑运动预测的快速性和精确性需求。

针对目标运动状态的长周期预测问题，本章采用多步直接预测策略，利用历史数据直接预测未来 h 步的目标运动状态。对于空间翻滚目标上的任意一个抓捕点，其运动状态可以表示为 $\boldsymbol{x}=\left[\boldsymbol{r}_i,\boldsymbol{q}_j\right]^{\mathrm{T}}\left(i=x,y,z;j=1,2,3,4\right)$，其中，$\boldsymbol{r}_i$ 为位置信息，$\boldsymbol{q}_i$ 为姿态信息。那么，目标未来多步的运动状态预测表达式为

$$\boldsymbol{x}_{t+h}=\boldsymbol{f}_h\left(\boldsymbol{x}_t,\boldsymbol{x}_{t-1}\cdots\right) \tag{4-1}$$

式中：下标 h 为预测步数；$\boldsymbol{x}_t,\boldsymbol{x}_{t-1}\cdots$ 为目标运动状态的历史观测数据；$\boldsymbol{x}_{t+h}$ 为未来 h 步的预测数据。本章所提出的基于 SPGP 算法的空间翻滚目标运动预测方法旨在通过概率建模方式，构造目标历史观测数据与目标未来运动数据之间的潜在映射函数 $\boldsymbol{f}_h$，进而通过构建的概率分布函数给出目标未来的预测值 $\boldsymbol{x}_{t+h}$。

4.2.2 基于稀疏高斯过程的目标预测

1. 高斯过程算法

高斯过程（Gaussian Process，GP）是任意有限个具有联合高斯分布的随机变量的集合，由其均值函数 $\boldsymbol{m}\left(\boldsymbol{x}\right)$ 和协方差函数 $\boldsymbol{k}\left(\boldsymbol{x},\boldsymbol{x}'\right)$ 表示。一个高斯过程 $\boldsymbol{f}\left(\boldsymbol{x}\right)$ 可以表述为

$$\boldsymbol{f}\left(\boldsymbol{x}\right)\sim \mathrm{GP}\left(\boldsymbol{m}\left(\boldsymbol{x}\right),\boldsymbol{k}\left(\boldsymbol{x},\boldsymbol{x}'\right)\right) \tag{4-2}$$

高斯过程满足一致连续性条件，即其具有边缘化属性，这一特性常被用于条件概率的求解，主要作用是将最终结果中无关的变量合并为全概率。当空间目标处于自由翻滚状态（目标不受任何外力/力矩）时，其运动状态满足一致连续性条件，因此假设空间自由翻滚目标真实运动过程的潜在函数 $\boldsymbol{f}\left(\boldsymbol{X}\right)$ 是具有零均值的高斯先验分布，即

$$p(\boldsymbol{f}|\boldsymbol{X})=\mathcal{N}(\boldsymbol{f}|\boldsymbol{0},\boldsymbol{K}_N) \tag{4-3}$$

式中：$\mathcal{N}(\boldsymbol{f}|\boldsymbol{m},\boldsymbol{V})$表示一个均值是$\boldsymbol{m}$、协方差是$\boldsymbol{V}$的高斯过程。协方差函数由少量的超参数$\boldsymbol{\theta}$决定，通过最大化边际似然函数，可以得到优化的超参数

$$\boldsymbol{\theta}=\arg\max\left(\ln p(\boldsymbol{y}|\boldsymbol{X},\boldsymbol{\theta})\right) \tag{4-4}$$

式中：$\boldsymbol{X}=\{\boldsymbol{x}_n\}_{n=1}^{N}$为训练过程的输入数据；$\boldsymbol{y}=\{\boldsymbol{y}_n\}_{n=1}^{N}$为相应的输出数据，即空间自由翻滚目标运动状态相关（比如位置和姿态）的观测数据集$\mathbf{D}$。

协方差函数是GPR训练中的关键因素，编码了待学习函数的假设。在监督式机器学习中，数据点之间的相似性概念是数据分析的重点，即两个数据点的输入相近时，它们极可能具有相似的预测输出值。协方差函数可以很好地描述两个输入之间的相似度。在机器学习领域中，通常也将协方差函数称为核函数，其作用在于可以替代求解非线性变换的内积，避免进行复杂的非线性运算，简化计算过程。任意满足Mercer定理的函数都可以作为机器学习中的核函数。

Mercer定理：若函数是$\mathbb{R}^n\times\mathbb{R}^n\rightarrow\mathbb{R}$上的映射，那么如果$\boldsymbol{K}_N$是一个有效的核函数，那么当且仅当对于训练样例$\{\boldsymbol{x}_1,\boldsymbol{x}_2,\cdots,\boldsymbol{x}_n\}$，其对应的核函数矩阵是对称半正定的。

在GPR训练中有多种可供选择的协方差函数，如线性核函数、多项式核函数、平方指数核函数、神经网络核函数等。这里采用最常见的平方指数协方差函数，也被称为高斯核函数或径向基函数核函数，其表达式为

$$\boldsymbol{k}_{\mathrm{SE}}=\sigma_{\mathrm{f}}^2\exp\left(-\frac{\boldsymbol{r}^2}{2l^2}\right) \tag{4-5}$$

式中：σ_{f}^2为信号方差；l为方差尺度；$\boldsymbol{r}=\boldsymbol{x}-\boldsymbol{x}'$表征两个训练值的距离。该协方差函数有无穷阶导数，意味着拥有该协方差函数的高斯过程具有所有阶的均方导数，因此该高斯过程十分平滑。在GPR训练中，需要学习的超参数为$\boldsymbol{\theta}=\{\sigma_{\mathrm{f}}^2,\ l\}$，需要通过确定超参数来找到能够最好地拟合数据集的协方差函数。一般通过最大化边际对数似然函数来求解超参数$\boldsymbol{\theta}$，即

$$\boldsymbol{\theta}^*=\arg\max\left(\ln p(\boldsymbol{y}|\boldsymbol{X},\boldsymbol{\theta})\right) \tag{4-6}$$

$$L(\boldsymbol{\theta})=-\ln p(\boldsymbol{y}|\boldsymbol{X},\boldsymbol{\theta})=\frac{1}{2}\boldsymbol{y}^{\mathrm{T}}\boldsymbol{K}^{-1}\boldsymbol{y}+\frac{1}{2}\ln|\boldsymbol{K}|+\frac{n}{2}\ln(2\pi)\boldsymbol{I}_n \tag{4-7}$$

接着令$L(\boldsymbol{\theta})$对$\boldsymbol{\theta}$求偏导得到超参数的最优解。

假设一个有噪声的数据集$\mathbf{D}$包含N个训练输入数据$\boldsymbol{X}=\{\boldsymbol{x}_n\}_{n=1}^{N}$，以及对应的训练输出数据$\boldsymbol{y}=\{\boldsymbol{y}_n\}_{n=1}^{N}$，那么其观测模型为

$$\boldsymbol{y}=\boldsymbol{f}(\boldsymbol{X})+\boldsymbol{\varepsilon} \tag{4-8}$$

式中：$\boldsymbol{\varepsilon}$ 为零均值高斯白噪声，有以下似然函数

$$p\left(\boldsymbol{y}\middle|\boldsymbol{X},\boldsymbol{\theta}\right)=\mathcal{N}\left(\boldsymbol{y}\middle|\boldsymbol{0},\boldsymbol{K}_N+\sigma_N^2\boldsymbol{I}_N\right) \tag{4-9}$$

在 GPR 训练中，通常利用共轭梯度法优化参数 $\boldsymbol{\Theta}=\left\{\boldsymbol{\theta},\sigma_N^2\right\}$。

给定新的目标运动状态测试输入数据 $\boldsymbol{x}_*$，那么对应输出数据 $\boldsymbol{y}_*$ 的预测分布为

$$p\left(\boldsymbol{y}_*\middle|\boldsymbol{x}_*,\mathbf{D},\boldsymbol{\Theta}\right)=\mathcal{N}\left(\boldsymbol{\mu},\Sigma\right) \tag{4-10}$$

式中：$\boldsymbol{\mu}=\boldsymbol{k}_*^{\mathrm{T}}\left(\boldsymbol{K}_N+\sigma_N^2\boldsymbol{I}_N\right)^{-1}\boldsymbol{y}$；$\Sigma=\boldsymbol{K}_{**}-\boldsymbol{k}_*^{\mathrm{T}}\left(\boldsymbol{K}_N+\sigma_N^2\boldsymbol{I}_N\right)^{-1}\boldsymbol{k}_*+\sigma_N^2\boldsymbol{I}_N$。其中，$\boldsymbol{k}_*=\boldsymbol{k}_{\mathrm{SE}}\left(\boldsymbol{x}_*,\boldsymbol{x}_n\right)$ 为测试输入数据 $\boldsymbol{x}_*$ 和训练数据 $\boldsymbol{x}_n$ 的协方差，用于度量 $\boldsymbol{x}_*$ 和 $\boldsymbol{x}_n$ 之间的相关性。$\boldsymbol{K}_{**}=\boldsymbol{K}_{\mathrm{SE}}\left(\boldsymbol{x}_*,\boldsymbol{x}_*'\right)$ 为测试输入数据自身的协方差。

根据以上知识，基于 GPR 的空间翻滚目标运动状态预测如图 4-1 所示，当目标训练数据的数目为 N 时，在每一次梯度计算中需要用到所有的训练数据，都需要对协方差矩阵 $\left(\boldsymbol{K}_N+\sigma_N^2\boldsymbol{I}_N\right)$ 求逆，因此计算量为 $O\left(N^3\right)$，进而逐一构建测试过程中的预测分布。单步预测时，每个测试点的均值计算量为 $O\left(N\right)$，每个测试点的协方差计算量为 $O\left(N^2\right)$。

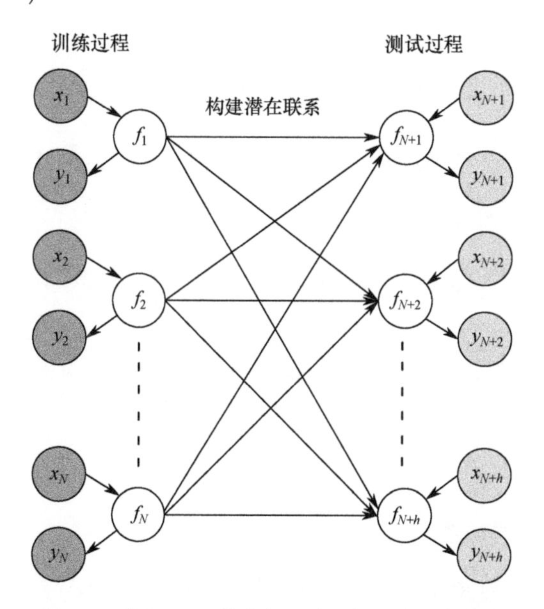

图 4-1　基于 GPR 的空间翻滚目标运动状态预测

2. 稀疏高斯过程算法

在 GPR 基础上，Snelson 提出了 SPGP 算法，该算法利用伪数据集 $\bar{\mathbf{D}}$ 代替目标运动状态的真实数据集 $\mathbf{D}$，且 $\bar{\mathbf{D}}$ 的数目 M 远远小于 $\mathbf{D}$ 的数目 N。伪训练输入数据为 $\bar{\boldsymbol{X}}=\left\{\bar{\boldsymbol{x}}_m\right\}_{m=1}^M$，伪训练输出数据为 $\bar{\boldsymbol{f}}=\left\{\bar{\boldsymbol{f}}_m\right\}_{m=1}^M$。计算单个数据点的似然

函数

$$p\left(y_n\middle|x_n,\bar{X},\bar{f}\right)=\mathcal{N}\left(y_n\middle|k_x^{\mathrm{T}}K_M^{-1}\bar{f},K_{xx}-k_x^{\mathrm{T}}K_M^{-1}k_x+\sigma_N^2\right) \tag{4-11}$$

式中：$k_x=k_{\mathrm{SE}}\left(\bar{x}_m,x_n\right)$，$K_M=K_{\mathrm{SE}}\left(\bar{x}_m,\bar{x}_{m'}\right)$。

那么，真实数据集的似然函数为

$$p\left(y\middle|X,\bar{X},\bar{f}\right)=\prod_{n=1}^{N}p\left(y_n\middle|x_n,\bar{X},\bar{f}\right)=\mathcal{N}\left(y\middle|K_{NM}K_M^{-1}\bar{f},\Lambda+\sigma_N^2I_N\right) \tag{4-12}$$

式中：$\Lambda=\mathrm{diag}\left(\lambda\right)$，$\lambda_n=K_{nn}-k_n^{\mathrm{T}}K_M^{-1}k_n,K_{NM}=K_{\mathrm{SE}}\left(x_n,\bar{x}_m\right)$。

学习上述模型的意义在于寻找能够完美代替真实数据集的伪数据集。假设已知伪输入数据 $\bar{X}$，为保证伪数据集与目标运动状态真实数据集具有相似的分布特性，设置伪输出数据的先验分布为

$$p\left(\bar{f}\middle|\bar{X}\right)=\mathcal{N}\left(\bar{f}\middle|0,K_M\right) \tag{4-13}$$

通过极大化边际似然函数，利用梯度上升法优化求解伪输入数据 $\bar{X}$ 和超参数 Θ，有

$$\begin{aligned}p\left(y\middle|X,\bar{X},\Theta\right)&=\int\mathrm{d}\bar{f}\,p\left(y\middle|X,\bar{X},f\right)p\left(\bar{f}\middle|\bar{X}\right)\\&=\mathcal{N}\left(y\middle|0,K_{NM}K_M^{-1}K_{MN}+\Lambda+\sigma_N^2I_N\right)\end{aligned} \tag{4-14}$$

根据贝叶斯准则，可以得到伪输出数据 $\bar{f}$ 的后验分布为

$$p\left(\bar{f}\middle|\mathrm{D},\bar{X}\right)=\mathcal{N}\left(\bar{f}\middle|K_MQ_M^{-1}K_{MN}\left(\Lambda+\sigma_N^2I_N\right)^{-1}y,K_MQ_M^{-1}K_M\right) \tag{4-15}$$

式中：$Q_M=K_M+K_{MN}\left(\Lambda+\sigma_N^2I_N\right)^{-1}K_{NM}$。

给定新的目标运动状态的测试输入数据 x_*，用于计算目标未来运动状态的预测分布为

$$p\left(y_*\middle|x_*,\mathrm{D},\bar{X}\right)=\int\mathrm{d}\bar{f}p\left(y_*\middle|x_*,\bar{X},\bar{f}\right)p\left(\bar{f}\middle|\mathrm{D},\bar{X}\right)=\mathcal{N}\left(y_*\middle|\mu_*,\Sigma_*\right) \tag{4-16}$$

式中

$$\mu_*=k_*^{\mathrm{T}}Q_M^{-1}K_{MN}\left(\Lambda+\sigma_N^2I_N\right)^{-1}y$$

$$\Sigma_*=K_{**}-k_*^{\mathrm{T}}\left(K_M^{-1}-Q_M^{-1}\right)^{-1}k_*+\sigma_N^2I_N$$

由于 $\Lambda+\sigma_N^2I_N$ 是对角矩阵，其求逆计算量很小。SPGP 算法的主要计算量在于 Q_M 中的 $K_{MN}\left(\Lambda+\sigma_N^2I_N\right)^{-1}K_{NM}$，其计算量为 $O\left(M^2N\right)$。单步预测时，每个测试点的均值计算量为 $O(M)$，每个测试点的协方差计算量为 $O\left(M^2\right)$。

3. 稀疏高斯过程算法在目标预测应用中的潜在缺陷

在 SPGP 算法的训练过程中，一般采用梯度上升法联合优化伪输入和超参数。

然而，基于梯度的优化法对随机初始值比较敏感，优化过程易陷入局部极小解[10]，特别是对于非线性优化问题。由于本章所研究的目标运动预测问题是一类典型的外推问题（即测试数据集远离训练数据集），SPGP 算法在每一次测试过程（即预测分布构建）都会用到所有的训练数据信息，且距离训练数据越远，测试结果越差。在空间翻滚目标运动状态的长周期运动预测中，预测部分正是远离训练数据的测试部分。基于梯度优化的较差训练结果加上较少的训练数据，建立的概率模型难以充分学习到真实过程的潜在规律，难以构建准确的预测分布信息，导致单纯利用 SPGP 算法的预测精度较低。同时，针对目标运动状态的历史观测数据进行建模和学习，训练数据的选取和质量对于学习结果至关重要。综合考虑上述因素，需要引入一种对随机初始值不敏感的优化机制，消除随机初始猜想对训练结果的影响。为保证较高的计算效率，又不影响 SPGP 算法的预测效果，本章采用启发式优化算法联合优化训练过程中的伪输入和超参数。

4.2.3 基于启发式优化的目标数据训练

起源于军事需求，美国物理学家 Nicolas Metropolis 等于 1953 年提出了统计学领域著名的 Metropolis 算法，也被称为基于马尔可夫链的蒙特卡罗法（Markov chain Monte Carlo，MCMC），并在最早的计算机上编程实现，被后人视为随机模拟技术腾飞的起点[11]。本章采用的 MCMC 算法是 Metropolis 算法的一个改进变种，也被称为 Metropolis-Hastings 算法，后面统称为 MCMC 算法。MCMC 算法通过对状态空间进行大量采样和游走，能够有效地克服由随机初始化造成的局部极小问题，主要被用于解决最优化问题和高维度积分问题。这里利用 MCMC 优化算法替代基于梯度的优化方法，优化 SPGP 算法训练过程中的伪输入和超参数，得到与空间翻滚目标真实训练数据具有相似分布特性的稀疏训练数据，进而实现对目标快速、准确的运动状态预测。

1. 马尔可夫链及其平稳分布特性

首先给出马尔可夫链及其平稳分布特性概念，作为 MCMC 优化算法的基础。

马尔可夫链： 具有马尔可夫性质（无记忆性）的随机状态变量 $\boldsymbol{b}_1,\boldsymbol{b}_2,\cdots,\boldsymbol{b}_n$ 可以构建一条马尔可夫链

$$\boldsymbol{P}\left(\boldsymbol{b}_{t+1}=\boldsymbol{b}\middle|\boldsymbol{b}_t,\boldsymbol{b}_{t-1},\cdots\right)=\boldsymbol{P}\left(\boldsymbol{b}_{t+1}=\boldsymbol{b}\middle|\boldsymbol{b}_t\right) \tag{4-17}$$

式中：$\boldsymbol{P}$ 为状态转移概率矩阵，定义为

$$\boldsymbol{P}=\begin{bmatrix} p_{11} & p_{12} & \cdots & p_{1n} \\ p_{21} & p_{22} & \cdots & p_{2n} \\ \vdots & \vdots & & \vdots \\ p_{n1} & p_{n2} & & p_{nn} \end{bmatrix} \tag{4-18}$$

马尔可夫链的状态转移如图 4-2 所示。

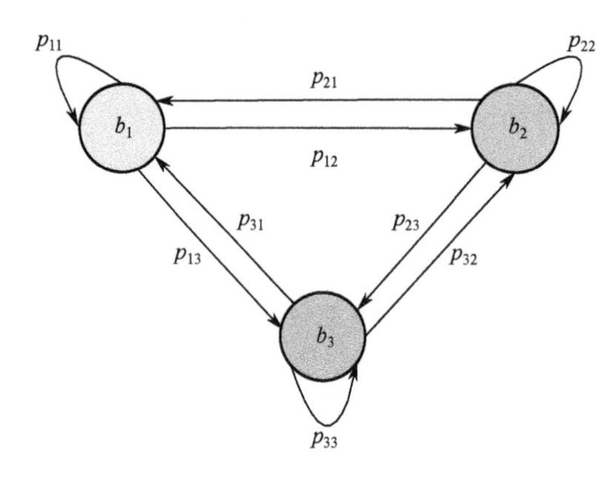

图 4-2　马尔可夫链的状态转移

给定初始状态的概率分布 $\boldsymbol{\pi}_0=\left[p_0\left(\boldsymbol{b}_1\right),p_0\left(\boldsymbol{b}_2\right),\cdots,p_0\left(\boldsymbol{b}_n\right)\right]$ 和固定的转移概率矩阵 $\boldsymbol{P}$，那么未来状态的概率分布为

$$\boldsymbol{\pi}_1=\boldsymbol{\pi}_0\boldsymbol{P},\boldsymbol{\pi}_2=\boldsymbol{\pi}_1\boldsymbol{P}=\boldsymbol{\pi}_0\boldsymbol{P}^2,\cdots \tag{4-19}$$

平稳分布特性：无论选取何种初始概率分布 $\boldsymbol{\pi}_0$，经过足够次数的状态转移之后，马尔可夫链最终都会收敛于同一个稳定的状态概率分布。此收敛现象是绝大多数马尔可夫链（非周期马尔可夫链）的共同行为。此收敛行为由转移概率矩阵 $\boldsymbol{P}$ 决定，最终平稳的概率分布计算为

$$p\left(\boldsymbol{b}\right)=\boldsymbol{P}^n,n\to\infty \tag{4-20}$$

由于马尔可夫链能收敛到平稳分布，很自然的想法就是如何构造一个转移概率矩阵为 $\boldsymbol{P}$ 的马尔可夫链，使得该马尔可夫链的平稳分布恰好是 $p\left(\boldsymbol{b}\right)$。这样，无论从何种初始状态出发，沿着该马尔可夫链转移，最终都会收敛到期望的概率分布，同时得到期望概率分布的若干样本。

2. 基于 MCMC 优化算法的目标数据训练

马尔可夫链的收敛性质主要由转移概率矩阵 $\boldsymbol{P}$ 决定，因此以马尔可夫链方式做大量采样的关键在于如何构造 $\boldsymbol{P}$，以得到期望分布 $p\left(\boldsymbol{b}\right)$。为此，引入以下定理。

定理（细致平稳条件）：如果非周期马尔可夫链的转移概率矩阵 $\boldsymbol{P}$ 和概率分布 $\boldsymbol{\pi}\left(\boldsymbol{b}\right)$ 满足

$$\boldsymbol{\pi}\left(\boldsymbol{b}_i\right)p_{ij}=\boldsymbol{\pi}\left(\boldsymbol{b}_j\right)p_{ji},\forall i,j \tag{4-21}$$

则 $\boldsymbol{\pi}\left(\boldsymbol{b}\right)$ 为该马尔可夫链的平稳分布。

假设一个转移概率矩阵为 $\boldsymbol{Q}$ 的马尔可夫链，q_{ij} 表示从状态 $\boldsymbol{b}_i$ 转移到状态 $\boldsymbol{b}_j$ 的

概率。通常情况下有

$$p(\boldsymbol{b}_i)q_{ij} \neq p(\boldsymbol{b}_j)q_{ji} \tag{4-22}$$

即意味着细致平稳条件不成立，此时状态分布 $p(\boldsymbol{b})$ 并非该马尔可夫链的平稳分布。

通过引入接受率 α ，并使得

$$p(\boldsymbol{b}_i)q_{ij}\alpha_{ij} = p(\boldsymbol{b}_j)q_{ji}\alpha_{ji} \tag{4-23}$$

为使得细致平稳条件成立，基于对称性原则，取

$$\alpha_{ij} = p(\boldsymbol{b}_j)q_{ji}, \alpha_{ji} = p(\boldsymbol{b}_i)q_{ij} \tag{4-24}$$

此时，令 $q'_{ij} = q_{ij}\alpha_{ij}, q'_{ji} = q_{ji}\alpha_{ji}$。则有

$$p(\boldsymbol{b}_i)q'_{ij} = p(\boldsymbol{b}_j)q'_{ji} \tag{4-25}$$

原转移概率矩阵为 $\boldsymbol{Q}$ 的马尔可夫链就转化成一个转移概率矩阵为 $\boldsymbol{Q}'$ 的新马尔可夫链，而该新马尔可夫链恰好满足细致平稳条件，其平稳分布为 $p(\boldsymbol{b})$。

接受率 $\boldsymbol{\alpha}$ 的物理含义是在原马尔可夫链上，当状态 $\boldsymbol{b}_i$ 以 q_{ij} 的概率转移到状态 b_j 时，以 α_{ij} 的概率接受这个转移。注意，如果 α_{ij} 取值过小，那么在采样过程中，马尔可夫链将拒绝大量的跳转，马尔可夫链遍历所有的状态空间将耗费大量时间，收敛速度变慢。为提高采样过程中的接受率，取

$$\alpha_{ij} = \min\left\{\frac{p(\boldsymbol{b}_j)q_{ji}}{p(\boldsymbol{b}_i)q_{ij}}, 1\right\} \tag{4-26}$$

即同比例放大接受率 α_{ij} 和 α_{ji}。

在 SPGP 训练中，对于伪输入 $\bar{\boldsymbol{X}}$ 和超参数 $\boldsymbol{\Theta}$ 的最优化求解问题，期望的目标函数是伪输入、超参数的极大似然函数，此即为 MCMC 优化算法中期望的平稳分布。不同于基于梯度的优化算法在每次迭代优化中都追求更优的解，MCMC 优化算法在每次迭代过程中以一定的概率 $\boldsymbol{\alpha}$ 接受次优解，从而具备从局部极小值中跳出的能力。因此，无论给定何种随机初始猜想值，经过足够多次数的随机采样后，MCMC 优化算法都将最终找到全局最优解，能保证目标运动状态相关的稀疏训练数据的质量，进而能构造准确的目标预测分布信息。

4.2.4 空间翻滚目标长期运动预测

本章以 SPGP 算法作为空间翻滚目标运动状态学习、预测的基本框架，结合启发式 MCMC 优化算法在 SPGP 的训练过程中最优化伪输入和超参数，提出了 MCMC-SPGP 算法，MCMC-SPGP 算法流程如表 4-1 所示。

表 4-1 MCMC-SPGP 算法流程

算法：MCMC-SPGP 算法
1. **输入：** 训练输入 $\boldsymbol{X}=\{\boldsymbol{x}_n\}_{n=1}^{N}$ ，训练输出 $\boldsymbol{y}=\{\boldsymbol{y}_n\}_{n=1}^{N}$ ，测试输入 $\boldsymbol{x}_*$
2. **输出：** 测试输出 $\boldsymbol{y}_*$
3. // **训练**
4. 设置稀疏伪数据集 $\bar{\boldsymbol{X}}=\{\bar{\boldsymbol{x}}_m\}_{m=1}^{M}$ ， $\bar{\boldsymbol{f}}=\{\bar{\boldsymbol{f}}_m\}_{m=1}^{M}$
5. 假设先验分布 $p(\bar{\boldsymbol{f}}\mid\bar{\boldsymbol{X}})=\mathcal{N}(\bar{\boldsymbol{f}}\mid\boldsymbol{0},\boldsymbol{K}_M)$
6. 利用 MCMC 算法优化边际似然函数，求解伪输入和超参数
7. $p(\boldsymbol{y}\mid\boldsymbol{X},\bar{\boldsymbol{X}},\boldsymbol{\Theta})=\int\mathrm{d}\bar{\boldsymbol{f}}p(\boldsymbol{y}\mid\boldsymbol{X},\bar{\boldsymbol{X}},\bar{\boldsymbol{f}})p(\bar{\boldsymbol{f}}\mid\bar{\boldsymbol{X}})$
8. $[\bar{\boldsymbol{X}},\boldsymbol{\Theta}]=\arg\min(-\ln(p(\boldsymbol{y}\mid\boldsymbol{X},\bar{\boldsymbol{X}},\boldsymbol{\Theta})))$
9. // MCMC 优化流程
10. 随机初始化 $\boldsymbol{b}=[\bar{\boldsymbol{X}},\boldsymbol{\Theta}]$
11. **For** $i=0,1,2,\cdots$
12. 随机采样 $\boldsymbol{b}^*\sim q(\boldsymbol{b}^*\mid\boldsymbol{b})$
13. 从均匀分布中采样 $u\sim\mathrm{Uniform}[0,1]$
14. **if** $u<\alpha(\boldsymbol{b},\boldsymbol{b}^*)$
15. 接受转移： $\boldsymbol{b}=\boldsymbol{b}^*$
16. **else**
17. 拒绝转移
18. // **测试**
19. 构建单个测试点 $\boldsymbol{x}_*$ 的预测分布
20. $p(\boldsymbol{y}_*\mid\boldsymbol{x}_*,\boldsymbol{X},\boldsymbol{y},\bar{\boldsymbol{X}})=\mathcal{N}(\boldsymbol{y}_*\mid\boldsymbol{\mu}_*,\boldsymbol{\Sigma}_*)$

如表 4-1 所示，给定空间翻滚目标历史运动状态数据（即训练数据）$\boldsymbol{X}=\{\boldsymbol{x}_n\}_{n=1}^{N}$ 和 $\boldsymbol{y}=\{\boldsymbol{y}_n\}_{n=1}^{N}$ ，利用 MCMC-SPGP 算法可以快速、准确地预测其未来有限时域内的运动状态。假设以一个零均值高斯过程 $p(\bar{\boldsymbol{f}}\mid\bar{\boldsymbol{X}})=\mathcal{N}(\bar{\boldsymbol{f}}\mid\boldsymbol{0},\boldsymbol{K}_M)$ 作为目标运动状态的先验分布，通过对历史数据的学习，启发式联合优化可得到稀疏的伪训练数据 $\bar{\boldsymbol{X}}$ 和 $\bar{\boldsymbol{f}}$ ，利用稀疏的数据知识不断修正目标运动状态的先验分布信息，给定目标未来时域的输入数据 $\boldsymbol{x}_*$（即测试输入数据），可以得到概率极大化的后验分布信息 $p(\boldsymbol{y}_*\mid\boldsymbol{x}_*,\boldsymbol{X},\boldsymbol{y},\bar{\boldsymbol{X}})$，$\boldsymbol{y}_*$ 即为目标运动状态的预测信息。

综上，空间翻滚目标运动状态（包括位置和姿态）的长期预测表达式为

$$\begin{cases}\boldsymbol{r}_{i,t+h}=\boldsymbol{f}_h(r_{i,t},r_{i,t-1},\cdots)\sim\mathrm{MCMC-SPGP}(r_{i,t},r_{i,t-1},\cdots),i=x,y,z\\ \boldsymbol{q}_{j,t+h}=\boldsymbol{f}_h(q_{j,t},q_{j,t-1},\cdots)\sim\mathrm{MCMC-SPGP}(q_{j,t},q_{j,t-1},\cdots),j=1,2,3,4\end{cases}\tag{4-27}$$

4.3 目标意图预测与机械臂动作决策

本章采用强化学习理论中的部分可观测马尔可夫决策过程进行空间机械臂的自主动作决策，利用高级语义描述机械臂和目标的运动行为，通过对机械臂进行分层规划降低实时决策问题的计算规模，利用贝叶斯法则预测目标意图的信念状态在未来多步的推演情形，构建信念状态决策树，遍历机械臂动作空间和目标观测空间，决策生成当前信念状态下机械臂的近似最优动作策略。

4.3.1 决策问题与强化学习

强化学习[12]是机器学习的一个重要分支，旨在解决序列决策问题，其基本思想是通过最大化智能体从环境中获得的累计收益，学习得到完成任务的最优策略。与最优控制理论相似，强化学习通过寻找一个最优策略使得目标函数最优，此过程需要对系统的状态变量、控制量等进行建模；与最优控制理论不同的是，强化学习不依赖于系统的精确模型，而是处理智能体与环境交互的回报数据。强化学习也是智能体为实现特定的任务而不断地与环境进行交互的过程，智能体可以是某种算法，或配备某种算法的机器人等。强化学习概念如图 4-3 所示。

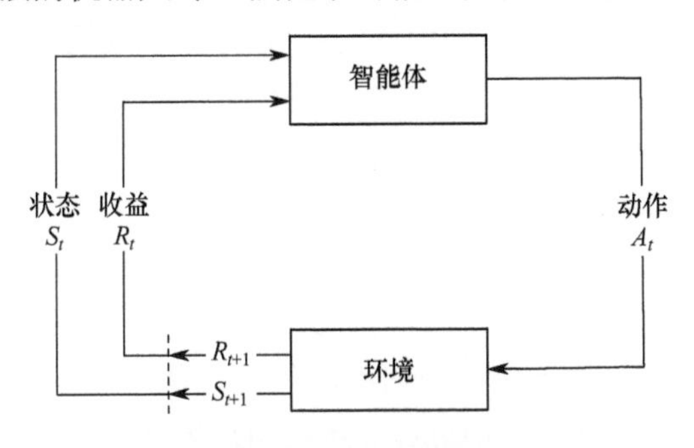

图 4-3 强化学习概念

在与环境交互的过程中，智能体根据当前的状态输出动作后，环境给智能体反馈下一个状态和收益。决策和策略是强化学习中的两个重要概念。

决策：根据当前状态给出智能体的动作，这一过程定义为决策。

策略：从状态到动作的映射函数，称之为策略，常用符号 π 表示。

在解决序列决策问题时，强化学习需要在时间序列上做出多次决策，重复多次状态到动作的步骤。强化学习的目的是得到最优的连续策略。马尔可夫决策过程和部分可观测马尔可夫决策过程是两种典型的强化学习决策方法。

1. 马尔可夫决策过程

马尔可夫决策过程（Markov Decision Process, MDP）是针对强化学习问题的一种最为经典、应用广泛的数学建模方法，其不失本质且简单地呈现了强化学习问题，任何适用于解决 MDP 问题的方法都是强化学习方法。在 MDP 中，智能体每个时刻都需要做出决策，在决策时不仅需要考虑策略对当前时刻的影响，还要考虑策略的长远影响。通常用一个四元组 $\langle \boldsymbol{S},\boldsymbol{A},\boldsymbol{T},\boldsymbol{R}\rangle$ 描述一个 MDP，其中：

$\boldsymbol{S}$ 为智能体的状态集合；

$\boldsymbol{A}$ 为智能体的动作集合；

$\boldsymbol{T}(s,a,s')=p(s'|s,a)$ 为智能体的状态转移函数，表示智能体在状态 s 下采取动作 a，转移到状态 s' 的概率；

$\boldsymbol{R}(s,a)$ 为智能体的收益函数，表示智能体在状态 s 下采取动作 a 返回给智能体的收益；

π：$\boldsymbol{S}\to\boldsymbol{A}$，表示智能体的策略，使智能体选择的动作能够获得环境收益的累计值最大。

MDP 是交互式学习问题的一个高度抽象，无论要实现何种任务，都可以概括为智能体与其所处环境之间反复传递的三个信号：动作、状态、收益。MDP 框架已被证明普遍适用于解决大多数决策学习问题。

2. 部分可观测马尔可夫决策过程

部分可观测马尔可夫决策过程（Partially Observable Markov Decision Processes, POMDP）是 MDP 最重要的一个分支，POMDP 是一种适用于不确定环境中建模和规划的通用框架，与 MDP 的主要区别在于环境信息不完全可知，智能体需要在不确定的动态环境中做出决策。

类似地，POMDP 可以用一个六元组 $\langle \boldsymbol{S},\boldsymbol{A},\boldsymbol{T},\boldsymbol{R},\boldsymbol{Z},\boldsymbol{O}\rangle$ 描述，其中前四项与 MDP 中对应元素的含义相同。在每个时刻，智能体在状态 s 下采取动作 a，转移到状态 s'，并观测到观测量 z。$\boldsymbol{Z}$ 为智能体的观测集合，$\boldsymbol{O}(s',a,z)=p(z|s',a)$ 为智能体的观测概率函数，表示智能体采取动作 a 转移到状态 s'、观测到观测量 z 的概率。

在部分可观测系统中，由于观测信息不完全可知，为此引入信念状态的概念，用变量 $\boldsymbol{b}$ 表示，$\boldsymbol{b}(s)$ 描述智能体处在状态 s 的概率。假设 $t-1$ 时刻的信念状态为 $\boldsymbol{b}_{t-1}$，t 时刻智能体采取动作 a_t 转移到状态 s'，并且观测到观测量 z_t，根据贝叶斯法则，可得 t 时刻的信念状态为

$$\boldsymbol{b}_t(s')=\eta\boldsymbol{O}(s',a_t,z_t)\sum_{s\in\boldsymbol{S}}\boldsymbol{T}(s,a_t,s')\boldsymbol{b}_{t-1}(s) \tag{4-28}$$

式中：η 为归一化因子。式（4-28）被称为信念状态更新函数 $\boldsymbol{\tau}$，有 $\boldsymbol{b}_t=\boldsymbol{\tau}(\boldsymbol{b}_0,a_1,z_1,a_2,z_2,\cdots,a_t,z_t)$，$\boldsymbol{b}_0$ 为初始信念状态。与 MDP 不同，POMDP 的解是从信念状态映射到动作的策略 $\boldsymbol{a}=\pi(\boldsymbol{b})$，因此 POMDP 也被称为信念 MDP。POMDP 规划以最大化期望累计收益为原则，构建值函数 V_π 如下

$$V_{\pi}(\boldsymbol{b})=\mathbb{E}\left(\sum_{t=0}^{H}\gamma^{t}\boldsymbol{R}\left(\boldsymbol{b}_{t},\pi\left(\boldsymbol{b}_{t}\right)\right)\middle|\boldsymbol{b}_{0}=\boldsymbol{b}\right) \tag{4-29}$$

式中：$\mathbb{E}[\boldsymbol{X}]$ 表示给定策略 π 时随机变量 $\boldsymbol{X}$ 的期望；H 为 POMDP 决策的规划步长；$\gamma\in(0,1]$ 为收益折扣因子，表征即时收益相对于未来长期收益的重要性（γ 越大，表示系统越注重即时收益信息，即着重考虑动作带来的短期影响；γ 越小，表示系统着重考虑动作带来的长期影响）。评估价值的唯一目的是获得更多的收益，动作选择是基于对价值的判断，所有强化学习的核心思想在于从长远的角度寻求带来最高价值的动作。

对于空间机器人系统而言，如何利用强化学习理论合理地描述我们所关注的在轨捕获任务，在动作空间探索（exploration）和价值评估利用（exploitation）二者之间合理地权衡，并求得实时可行解是实际应用的研究重点。考虑到目标意图存在不确定特性，空间机器人为了实现捕获任务需要与目标不断交互，结合对目标意图的思考和自身动作的设计，并依据对当前动作的评估不断迭代学习，为自身决策提供及时的反馈和校正信息，从而构建鲁棒性较强的捕获策略。

下面基于 POMDP 理论，首先对空间机器人机械臂抓捕任务进行建模描述，对翻滚目标的运动意图进行预测，考虑动作的长期影响，设计机械臂自主动作决策机制，实现机械臂与目标之间的动态交互过程，保证捕获任务的鲁棒性和安全性。

4.3.2 机械臂抓捕决策建模

通常采用值迭代算法求解 POMDP 问题，通过构建决策树和值函数，进而求解值函数获得最优策略。决策树的时间复杂度随时间的增加呈几何指数形式增长，因此求解 POMDP 问题是一个 NP-hard 问题。由于一个 POMDP 决策问题的规模主要受其状态空间 $\boldsymbol{S}$、动作空间 $\boldsymbol{A}$、观测空间 $\boldsymbol{Z}$ 以及规划步长 H 等因素影响，本节在基于 POMDP 理论进行机械臂动作决策问题描述时，提出了机械臂分层规划思想，期望通过尽可能地减小状态空间、动作空间的维度，保证求解 POMDP 问题的快速性。

合理地描述机械臂捕获任务是求解问题的重要前提。针对机械臂抓捕意图不确定目标的在轨捕获任务，基于 POMDP 理论，主要存在三类建模问题：①目标运动意图建模；②机械臂动作建模；③收益函数建模。以下对这三类建模问题作具体描述。

1. 目标运动意图建模

空间翻滚目标的运动意图是有限的，通常考虑以下三种情形：①自由翻滚：给定初始翻滚角速度，目标不受任何外力、外力矩作用，目标质心位置不变，目标在惯性空间中呈现姿态翻滚运动；②姿态机动：给定初始翻滚角速度，目标受到外力矩作用，目标的旋转运动会受到影响，但目标质心位置不变，目标在惯性空间中呈现姿态翻滚运动；③位置机动：给定初始翻滚角速度，目标受到外力作用，造成其轨道上的平动，目标质心位置发生变化，目标在惯性空间中呈现姿轨联合运动。

本节考虑自由翻滚和姿态机动两种常见的目标意图（不考虑目标的位置机动）。借助测量设备，可以直接获得目标位姿、速度等观测信息，无法直接获得目标的运动意图，但这正是我们所建立的 POMDP 模型中最关键的部分可观测量。参考人脑决策模式，需要不断预测目标的未来运动意图，捕捉关于意图改变的关键物理信息，进而做出合适的机械臂动作决策，以应对动态目标。

在本节 POMDP 建模中，系统状态 $\boldsymbol{S}=\{s_1,s_2\}$ 为目标的 2 种运动意图（自由翻滚和姿态机动），利用信念状态 $\boldsymbol{b}(\boldsymbol{S})=(p,1-p)$ 描述目标意图的概率分布，其中，$p\in(0,1)$。

可以直接获得的观测量是目标的位姿、速度等运动状态信息，通过数据处理可以获得目标旋转运动的角速度信息，以目标角速度的增量作为 POMDP 模型中的观测量 $\boldsymbol{Z}=\{z_1,z_2\}$，其中，$z_1,z_2$ 分别表征目标角速度的增量是否超过预设值。若该增量不超过预设值，则目标处于自由翻滚状态；若该增量超过预设值，则目标处于姿态机动状态，由此界定目标的运动意图是否发生改变。

2. 机械臂动作建模

机械臂的动作空间 $\boldsymbol{A}=\{a_1,a_2\}$ 分别定义了抓捕和撤回 2 种离散动作，分别对应了末端执行器的加速、减速 2 种加速度控制模式。为提高 POMDP 问题的求解效率，基于分层规划思想，降低机械臂的动作空间维度：在顶层规划中，设置抓捕、撤回 2 个基本动作控制指令；在底层规划中，采用机械臂运动状态（例如机械臂末端执行器位置）相关的路径规划算法，实现不同动作的具体执行过程。

针对抓捕动作，机械臂结合目标运动预测信息，基于抓捕优化准则，判断并选择合适的抓捕时机，利用路径规划算法在惯性空间中搜索一条从机械臂初始位置到终端抓捕位置的安全路径，快速实现对目标上预设抓捕点的抓捕动作。

针对撤回动作，机械臂一旦接收到撤回动作指令，则立即从当前状态开始，进行其末端执行器的减速，并将机械臂暂时撤回到一个安全的构型位置，然后等待接收下一次动作控制指令，同样采用路径规划算法实现撤回动作的执行。

类似于自动驾驶中，当前方没有障碍物等情形时，汽车会一直加速，期望尽快到达目标点；但若突然出现障碍物等情形时，则需要立即刹车，保证行驶安全。针对空间翻滚目标捕获任务而言，若目标处于自由翻滚状态，此时目标无外力、外力矩作用，目标意图比较稳定，适合执行抓捕动作；若目标处于姿态机动状态，由于受有外力矩作用，目标意图可能不稳定，那么需要执行撤回动作，将机械臂暂时撤回到一个安全位置，等待目标意图稳定后，再执行抓捕动作。

3. 收益函数建模

收益函数的设置是任务能够成功完成的关键，也是强化学习理论在实际应用中的重要环节。合适的收益函数能够高效地完成任务，不合适的收益函数可能会导致效率低下，甚至导致任务失败。在 POMDP 建模中，收益函数 $\boldsymbol{R}(s,a)$ 预设了机械臂期望的行为，我们期望机械臂在抓捕过程中具有高效、安全、平滑等行为特性，因此设置如下收益函数形式

$$\boldsymbol{R}(s,a)=\begin{cases} R_{\text{goal}}, & b>b_{\text{up}} \\ R_{\text{penalty}}, & b<b_{\text{low}} \\ R_{\text{smooth}}, & b_{\text{low}}<b\leqslant b_{\text{up}} \end{cases} \tag{4-30}$$

式中：b_{up}、b_{low} 为目标当前意图是否稳定的上、下界，均为概率常值。当目标意图的概率大于设置的上界 b_{up} 时，表示目标当前意图比较稳定；当目标意图的概率小于设置的下界 b_{low} 时，表示目标当前意图不稳定；当目标意图的概率在 b_{up}、b_{low} 二者之间时，表示目标当前意图介于稳定和不稳定之间。

正如式（4-30）所示，在 POMDP 探索阶段，设置了三类收益：①为保证机械臂运动的高效性设置了 R_{goal}，在目标意图比较稳定时，设置一个较大的正向收益 R_{goal}，驱使机械臂在目标稳定状态下尽快到达预设的抓捕位置，提高抓捕动作的效率。②为保证机械臂运动的安全性设置了 R_{penalty}，一旦检测到目标意图不稳定时，设置一个取值合适的负向收益 R_{penalty}，以抑制机械臂的加速行为，为可能存在的目标不确定意图提前做出应对措施，增强机械臂规划的鲁棒性和安全性。③为保证机械臂运动规划的平滑性设置了 R_{smooth}，当目标意图的概率分布处于中间状态时，通过设置一个较小的负向收益 R_{smooth}，抑制机械臂运动速度的过多改变，防止因急剧地加速或减速行为造成机械臂产生抖振现象。

值得指出的是，针对不同的研究任务，收益函数的设置形式有所不同，需要结合具体的任务特点，设计合理、特定的收益函数，以满足任务要求。

4.3.3 空间翻滚目标意图预测

POMDP 问题的求解依赖于历史动作、观测数据以及上一时刻的信念状态，正如博弈高手在每一次采取策略前都会考虑未来多步棋局的走势一样，在每一次机械臂动作决策时，需要先对目标意图的信念状态 $\boldsymbol{b}$ 进行预测，考虑到未来多步的空间机器人和目标二者之间的相对场景，进而选择出机械臂当下的最优动作策略 π^*。

参考式（4-28），已知信念状态 $\boldsymbol{b}_{t-1}$、机械臂动作 a_t 和采取动作后获得的观测 z_t，需要得到新的状态 s' 下的信念状态 $\boldsymbol{b}_t$，根据贝叶斯法则，信念状态更新函数 $\boldsymbol{\tau}$ 的具体形式展开为

$$
\begin{aligned}
\boldsymbol{b}_t(s') &= p(s'|z_t,a_t,\boldsymbol{b}_{t-1}) = \frac{p(z_t|s',a_t,\boldsymbol{b}_{t-1})p(s'|a_t,\boldsymbol{b}_{t-1})}{p(z_t|a_t,\boldsymbol{b}_{t-1})} \\
&= \frac{p(z_t|s',a_t,\boldsymbol{b}_{t-1})\sum_{s\in\boldsymbol{S}} p(s'|a_t,\boldsymbol{b}_{t-1},s)p(s|a_t,\boldsymbol{b}_{t-1})}{p(z_t|a_t,\boldsymbol{b}_{t-1})} \\
&= \frac{p(z_t|s',a_t)\sum_{s\in\boldsymbol{S}} p(s'|s,a_t)p(s|\boldsymbol{b}_{t-1})}{p(z_t|a_t,\boldsymbol{b}_{t-1})} \\
&= \frac{\boldsymbol{O}(s',a_t,z_t)\sum_{s\in\boldsymbol{S}} \boldsymbol{T}(s,a_t,s')\boldsymbol{b}_{t-1}(s)}{p(z_t|a_t,\boldsymbol{b}_{t-1})}
\end{aligned}
\tag{4-31}
$$

式中：分母项 $p(z_t|a_t,\boldsymbol{b}_{t-1})$ 为归一化常值，具体计算为

$$
\begin{aligned}
p(z_t|a_t,\boldsymbol{b}_{t-1}) &= \sum_{s'\in\boldsymbol{S}} p(z_t,s'|a_t,\boldsymbol{b}_{t-1}) = \sum_{s'\in\boldsymbol{S}} p(s'|a_t,\boldsymbol{b}_{t-1})p(z_t|s',a_t,\boldsymbol{b}_{t-1}) \\
&= \sum_{s'\in\boldsymbol{S}}\sum_{s\in\boldsymbol{S}} p(s',s|a_t,\boldsymbol{b}_{t-1})p(z_t|s',a_t) \\
&= \sum_{s'\in\boldsymbol{S}}\sum_{s\in\boldsymbol{S}} p(s|a_t,\boldsymbol{b}_{t-1})p(s'|s,a_t,\boldsymbol{b}_{t-1})p(z_t|s',a_t) \\
&= \sum_{s'\in\boldsymbol{S}} p(z_t|s',a_t)\sum_{s\in\boldsymbol{S}} p(s'|s,a_t)\boldsymbol{b}_{t-1}(s) \\
&= \sum_{s'\in\boldsymbol{S}} \boldsymbol{O}(s',a_t,z_t)\sum_{s\in\boldsymbol{S}} \boldsymbol{T}(s,a_t,s')\boldsymbol{b}_{t-1}(s)
\end{aligned}
\tag{4-32}
$$

引入信念状态空间后，POMDP 问题可以转化为基于信念状态空间的 MDP 问题来求解，通过寻找一种最优策略将当前目标意图的信念状态映射到机械臂动作上，根据当前的信念状态和动作，可以决定下一个时刻的目标信念状态和机械臂动作。

4.3.4　机械臂动作决策与执行

在当前信念状态下，为寻找最优机械臂动作策略，需要构建关于信念状态的 t-步 POMDP 决策树。POMDP 决策树如图 4-4 所示，通常规定中，t 步决策树的编号为 t，$t-1$，$t-2$，…，2，1 倒序，在本节中，有 $t=H$，H 为 POMDP 单次决策的规划步长，决策树的根部为初始信念状态 $\boldsymbol{b}_0$，每一个圆圈树节点表示一个信念状态，里面包含目标的 2 种运动意图，及其概率大小的分布示意。决策树中的每一条枝干表示一个动作-观测对，子节点 $\boldsymbol{b}_1$ 以动作-观测对 (a_1,z_1) 连接到父节点 $\boldsymbol{b}_0$，有 $\boldsymbol{b}_1=\boldsymbol{\tau}(\boldsymbol{b}_0,a_1,z_1)$，表征目标意图的推演。

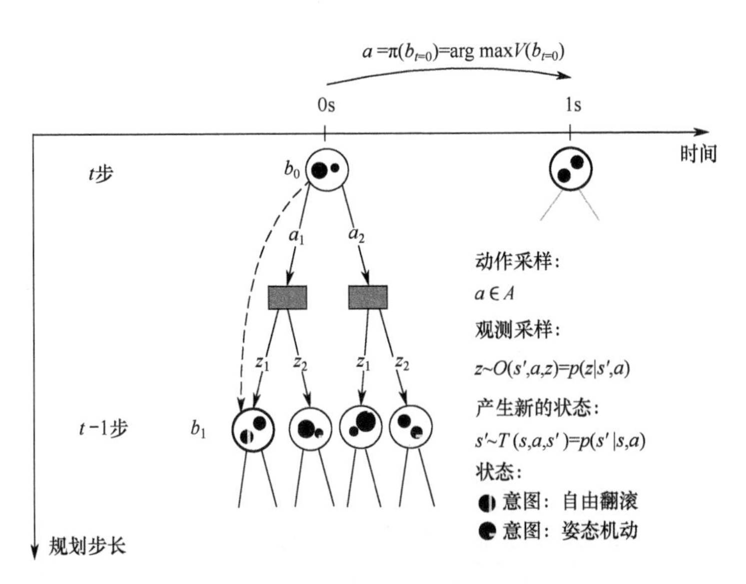

图 4-4 POMDP 决策树

由于目标意图可能存在不确定特性，在 POMDP 单次决策的探索阶段，对动作空间和观测空间进行采样，考虑所有可能的未来情形，并推演至未来 H 步，对不同的动作策略进行评估，进而选择出当下的最优策略。沿着图 4-4 的纵轴，在 POMDP 单次决策时，同时考虑目标意图的推演和动作的长期影响，需要在动作与收益之间构建值函数，利用对值函数的评估结果，辅助机械臂的动作决策过程。根据贝尔曼最优策略公式，构建 t 步的值函数为

$$V_t^*\left(\boldsymbol{b}_{t-1}\right)=\max_{a\in\boldsymbol{A}}\left[\sum_{s\in\boldsymbol{S}}\boldsymbol{b}_{t-1}(s)\boldsymbol{R}\left(s,a_t\right)+\gamma\sum_{z\in\boldsymbol{Z}}p\left(z_t\middle|\boldsymbol{b}_{t-1},a_t\right)V_{t-1}^*\left(\boldsymbol{b}_t\right)\right] \tag{4-33}$$

式中：等式右边中括号里的第一项表示机械臂在 t 步采取动作 a_t 的即时收益；第二项表示此动作 a_t 的长期折扣收益，即单棵决策树纵向延伸的未来收益，由于折扣因子 γ 随规划步长的增加呈指数形式变化，规划的步长越长，其对应项收益的重要性越小。

在强化学习中，值函数有一个基本特性，即它满足某种递归关系。显然，式（4-33）存在回溯递归关系，因为求解值函数 $V_t^*\left(\boldsymbol{b}_{t-1}\right)$ 时需要用到后一项值函数 $V_{t-1}^*\left(\boldsymbol{b}_t\right)$ 的信息，故而此求解过程又被称为贝尔曼后向操作。因此，图 4-4 中的决策树也被称为值函数的回溯图。

求解 POMDP 问题即是找出最优策略，使得值函数最大化。理论上，通过值函数迭代算法需要迭代无限次才能收敛到最优策略，但为便于实际应用，如果一次遍历中值函数仅有细微的变化，则可以终止迭代，求得的解是关于机械臂动作策略的近似最优解。值函数迭代求解算法流程如表 4-2 所列。

表 4-2 值函数迭代算法流程

算法：值函数迭代算法
1. 输入：状态转移函数，观测概率函数，收益函数，折扣因子 γ
2. 初始化：$V_t(\boldsymbol{b}), h=1$
3. **Repeat** $h++$
4. **For each** $s \in \boldsymbol{S}$ **do**
5. $v \leftarrow V_t(\boldsymbol{b})$
6. $V_t(\boldsymbol{b}) \leftarrow \max\limits_{a\in A}\left[\sum\limits_{s\in S}\boldsymbol{bR}(s,a)+\gamma\sum\limits_{z\in Z}p(z\|\boldsymbol{b},a)V_t(\boldsymbol{b}')\right]$
7. $\Delta \leftarrow v-V_t(\boldsymbol{b})$
8. **Until** $\Delta<\varepsilon$
9. 输出：近似最优策略 $\pi\approx\pi^*$

表 4-2 中：ε 为一个任意小的正值，表征了 POMDP 单次决策的收敛精度。

如图 4-4 所示，给定当前信念状态 $\boldsymbol{b}_{t=0}$，通过迭代计算后一步的信念状态 $\boldsymbol{b}'$ 和值函数 $V_t(\boldsymbol{b}')$，直到值函数收敛于给定精度 ε，最终 POMDP 单次决策的规划步长为 H，即机械臂会思考当前信念状态下未来 H 步的双方交互场景，但机械臂在 0s 时刻，仅采取深思熟虑后的第一步动作，并将新的下一步信念状态 $\boldsymbol{b}'$ 转移到 1s 时刻，在后面每一次时间采样中，重复上述决策过程，如图 4-4 中横向所示。单次决策树的计算复杂度为 $O\left(|\boldsymbol{A}|^H|\boldsymbol{Z}|^H\right)$，是关于动作空间和观测空间的维数的指数函数。本节在 POMDP 建模中考虑到降低机械臂的动作空间、目标观测空间等维数，可以满足机械臂单次决策的快速性要求。

针对具体的机械臂动作，可以采用优化快速搜索随机树（Rapidly-exploring Random Tree*，RRT*）算法作为底层执行单元，对机械臂末端执行器进行路径规划。RRT*算法由美国学者 Sertac Karaman 于 2011 年提出，RRT*算法[13]不仅加快了原 RRT 算法的收敛速度，还增强了算法的最优性能，是一种概率完备、计算量小、计算难度低的规划算法，对解决高维状态规划问题有着较强的适应性，因此它非常适于解决空间机器人的路径规划问题。

本节利用 RRT*算法生成机械臂末端执行器在惯性空间下期望运动路径，基本流程和步骤为：①将系统的初始状态（末端执行器的初始位置）作为树的第一个节点；②在无障碍状态空间中，随机生成一个采样点；③在原树与该采样点最近点处扩展固定步长；④对采样点周围的节点进行检测与优化，若有更短的航迹，则用新节点替代旧节点；⑤考虑障碍物等运动学约束，进行碰撞检测，以保证生成路径的安全性；⑥经过有限次迭代优化求解，直至达到末端执行器的期望位置。

根据以上步骤，通过在状态空间中大量采样与路径点择优，可以在非结构环境中快速搜索出一条无碰撞的从初始状态到期望状态的优化运动路径。值得注意的是，由 RRT*算法规划得到的末端初始路径并不平滑，不能直接施加于空间机器人，需要对得到的初始路径进行平滑处理。常见的平滑处理方法分为两类：基于优化的方法和曲线拟合的方法。考虑到基于优化方法（例如凸优化）较为耗时，本章采用高次样条曲线拟合方法。结合机械臂物理限制等约束条件，采用高次样条曲线对由 RRT*算法生成的路径点进行拟合，将特定的路径约束转化为高次样条求解中的线性等式约束，最终生成满足给定动作的平滑路径[14]。

4.4 仿真验证

本节分别对 4.2 节所提的基于 MCMC-SPGP 算法的空间翻滚目标运动预测方法和 4.3 节基于 POMDP 框架的机械臂自主动作决策进行案例仿真，验证所提方法的有效性。

4.4.1 空间翻滚目标运动预测仿真

假设空间翻滚目标是轴对称刚体目标，结合本书 2.3.1 节，首先简要分析空间翻滚目标的运动特性和其上抓捕点的运动轨迹。空间翻滚目标及其上抓捕点如图 4-5 所示，假设空间翻滚目标上的点 P 为抓捕点，目标的本体坐标系 $o_t x_t y_t z_t$ 固连于目标，其原点位于目标质心。

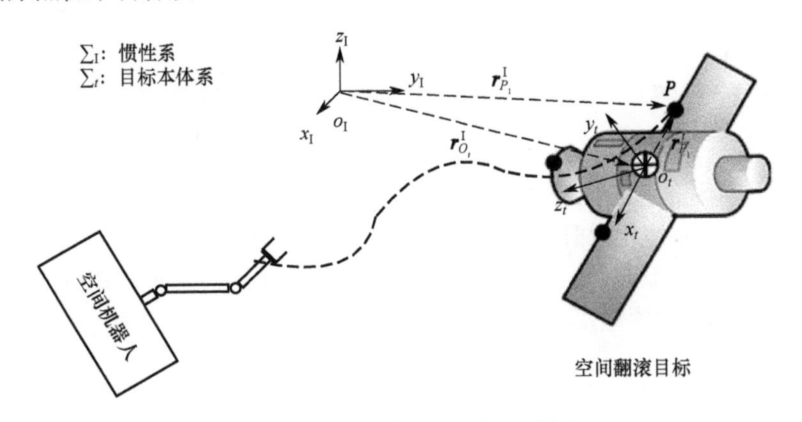

图 4-5 空间翻滚目标及其上抓捕点

定义目标的转动惯量为 $\boldsymbol{I}_{\mathrm{t}}=\operatorname{diag}\left(I_x, I_y, I_z\right)$，其翻滚角速度定义为 $\boldsymbol{\omega}_{\mathrm{t}}=\left[\omega_x, \omega_y, \omega_z\right]^{\mathrm{T}}$，回顾式（2-101），空间翻滚目标在其本体系中的欧拉动力学方程为

$$\begin{cases}I_x\dot{\omega}_x-\left(I_y-I_z\right)\omega_y\omega_z=\tau_x\\ I_y\dot{\omega}_y-\left(I_z-I_x\right)\omega_z\omega_x=\tau_y\\ I_z\dot{\omega}_z-\left(I_x-I_y\right)\omega_x\omega_y=\tau_z\end{cases}\tag{4-34}$$

鉴于四元数的连续变化特性，为便于预测分析，本节采用四元数$\boldsymbol{q}=\left[\epsilon_t,\eta_t\right]^{\mathrm{T}}=\left[q_1,q_2,q_3,q_4\right]^{\mathrm{T}}$描述目标的姿态。抓捕点$P$在目标本体坐标系下的位置向量记为$\boldsymbol{r}_{\mathrm{P}}^{\mathrm{t}}$，抓捕点$P$在惯性坐标系下的位置向量

$$\boldsymbol{r}_{\mathrm{P}}^{\mathrm{I}}=\boldsymbol{r}_{O_t}^{\mathrm{I}}+A(\boldsymbol{q})\boldsymbol{r}_{\mathrm{P}}^{\mathrm{t}} \tag{4-35}$$

式中：$\boldsymbol{r}_{O_t}^{\mathrm{I}}$为目标质心在惯性系下的位置；$\boldsymbol{A}(\boldsymbol{q})$为目标本体坐标系到惯性坐标系的姿态变换矩阵。

仿真计算中，空间翻滚目标的转动惯量定义为$\boldsymbol{I}_{\mathrm{t}}=[50.3\ \ 0\ \ 0;0\ \ 105.18\ \ 0;0\ \ 0\ \ 105.97]\mathrm{kg\cdot m^2}$，代表一颗真实的轴对称卫星。目标本体坐标系下，质心到抓捕点P的向量为$\boldsymbol{r}_{\mathrm{P}}^{\mathrm{t}}=[0.5,0.25,0.5]^{\mathrm{T}}\mathrm{m}$。假设初始时刻，目标在其本体坐标系下的翻滚角速度为$[-4,-2,-4]^{\mathrm{T}}(^\circ)/\mathrm{s}$，对式（4-35）积分5000s的仿真时间，得到抓捕点P在惯性坐标系下的运动轨迹，抓捕点运动轨迹如图4-6所示。

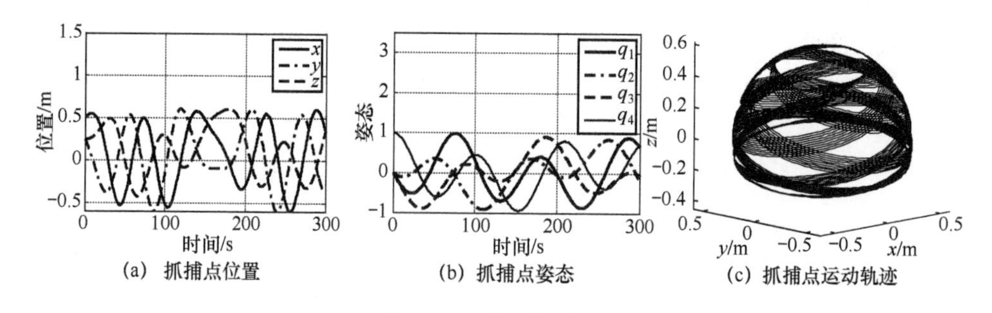

图4-6 抓捕点运动轨迹

显然，空间翻滚目标的运动状态呈现为较复杂的非线性运动。已有的运动预测算法，例如最小二乘估计方法难以有效地预测非线性运动。本章所提的MCMC-SPGP方法由于其本身非线性概率建模原则，能够有效预测非线性运动，且不需要目标的动力学模型，仅需要目标运动状态（位置和姿态）的历史观测数据。

1. 利用Snelson数据验证MCMC-SPGP算法

为验证所提MCMC-SPGP算法的正确性，首先利用Snelson验证SPGP算法的原始数据（包含200个训练数据和301个测试数据。通过学习训练数据与测试输入数据之间的隐含规律，求解301个测试输入数据对应的输出数据的预测分布）测试所提MCMC-SPGP算法，同时与GP算法和SPGP算法的回归效果进行对比。其中，GP算法利用完整的200个训练数据去学习隐含规律，而SPGP算法和MCMC-SPGP算法中仅利用20个伪数据代替真实的200个训练数据。三种算法的回归效果如图4-7所示。

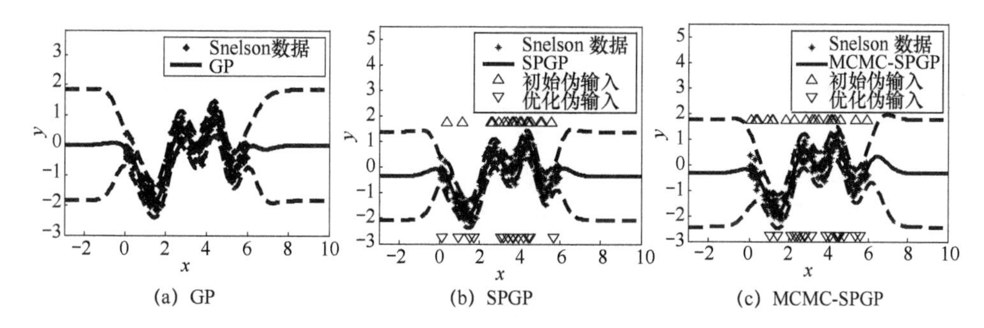

(a) GP　(b) SPGP　(c) MCMC-SPGP

图 4-7　三种算法的回归效果

图 4-7 中的实线是预测分布的均值，两条虚线是标准偏差，星号为真实的测试数据。注意，在图 4-7（b）和图 4-7（c）中，上三角、下三角分别表示随机初始和优化后伪输入 x 轴位置信息，其 y 轴信息无物理意义。可以看出，三种算法都能获得良好的回归效果，预测分布与真实测试数据分布几乎一致，且真实值都落在置信区间为 95%的标准偏差以内，验证了所提 MCMC-SPGP 算法的正确性。

为说明所提 MCMC-SPGP 算法的优越性，从均方根误差（root mean squared error，RMSE）和计算效率（由算法的训练时间 $\boldsymbol{T}_{\text{train}}$ 和测试时间 $\boldsymbol{T}_{\text{prediction}}$ 组成）2 个方面，对图 4-7 的仿真结果做进一步数据回归分析，三种算法的回归性能对比如表 4-3 所列。

表 4-3　三种算法的回归性能对比

算　法	RMSE	T_{train}/s	$T_{\text{prediction}}$/s
GP	0.2764	0.4891	0.0084
SPGP	0.2766	0.8797	0.0008
MCMC-SPGP	0.2829	1.0798	0.0007

由表 4-3 可以看出，MCMC-SPGP 算法的均方根误差略高于 GP 和 SPGP 算法，但近似相等。在训练阶段，GP 和 SPGP 算法均采用基于梯度的方法优化超参数等，GP 算法的训练时间是 0.4891s，SPGP 算法的训练时间是 0.8797s，因为 SPGP 算法中还需要优化伪输入，因此其训练时间较高于 GP 算法。所提 MCMC-SPGP 算法的训练时间为 1.0798s，其优化超参数、伪输入的时间与 MCMC 算法中设置的蒙特卡罗打靶次数有关，为保证良好的回归效果，打靶次数设置为 2000 次。在预测阶段，GP 算法的预测时间为 0.0084s，SPGP 和 MCMC-SPGP 算法的预测时间分别为 0.0008s 和 0.0007s。稀疏 GP 算法的预测效率是标准 GP 算法预测效率的近 10 倍，进一步说明了所提 MCMC-SPGP 算法在保证良好的回归效果的同时，也保证了较高的预测效率。

2. GP 算法的目标预测仿真

假设空间翻滚目标初始翻滚角速度为 $[-4,-2,-4]\ (^\circ)/\mathrm{s}$ 。所提基于机器学习的预测模型仅需要目标运动状态的历史观测数据，作为学习算法的训练数据。给定目标运动状态的历史观测数据（包括位置和姿态），使用 GP 算法对目标运动进行预测。

给定 0~20s 内的目标运动状态的观测数据（不考虑数据噪声），采样时间为 0.1s，则有 201 个训练数据，使用 GP 算法预测 20~40s 内目标的运动状态，GP 算法的目标运动预测结果如图 4-8 所示。

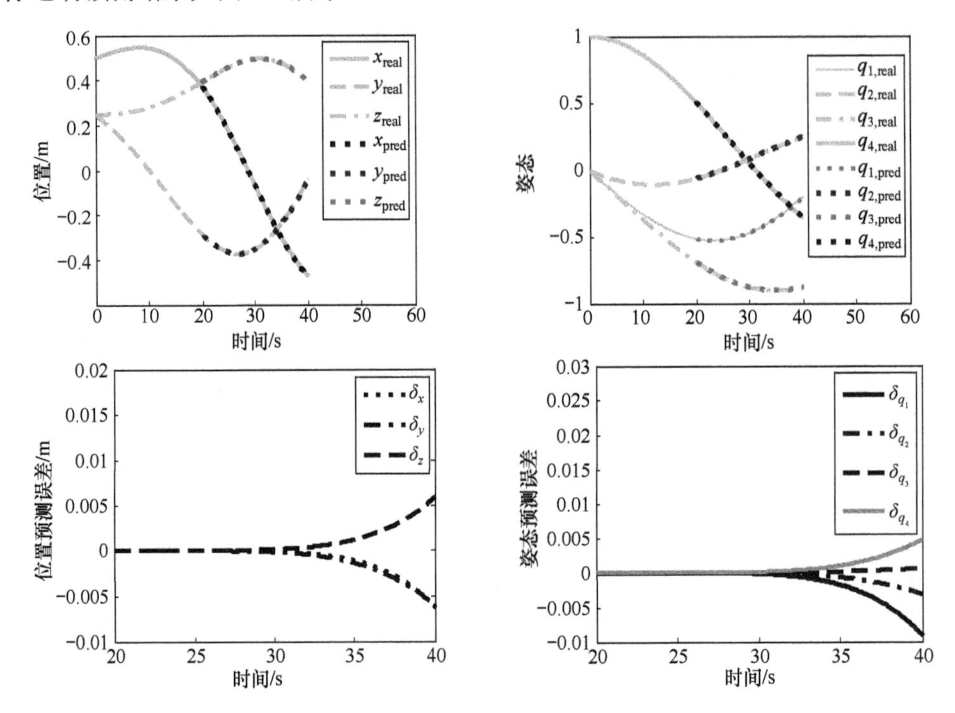

图 4-8 GP 算法的目标运动预测结果

可以看出，在 20~40s 的测试阶段，预测均值与真实数据几乎吻合，位置预测误差在毫米级别，最大姿态预测误差约为 0.01，GP 算法对空间翻滚目标的长期运动预测效果良好。如 4.2.2 节中所述，由于高斯过程回归模型满足一致性条件，因此越远离训练数据，其预测误差越大，即对于目标运动状态的预测误差会随着预测时间的推移递增，与图 4-8 中最后两幅仿真结果一致。

3. SPGP 算法的目标预测仿真

与上述仿真 2（GP 算法的目标预测仿真）中所有仿真条件相同，使用 SPGP 算法预测目标的长期运动状态。在 SPGP 算法中，给定目标历史运动观测的 201 个数据，基于极大化边际似然函数原则，通过基于梯度的方法优化得到 20 个伪数据集，作为训练数据。SPGP 算法的目标运动预测结果如图 4-9 所示。

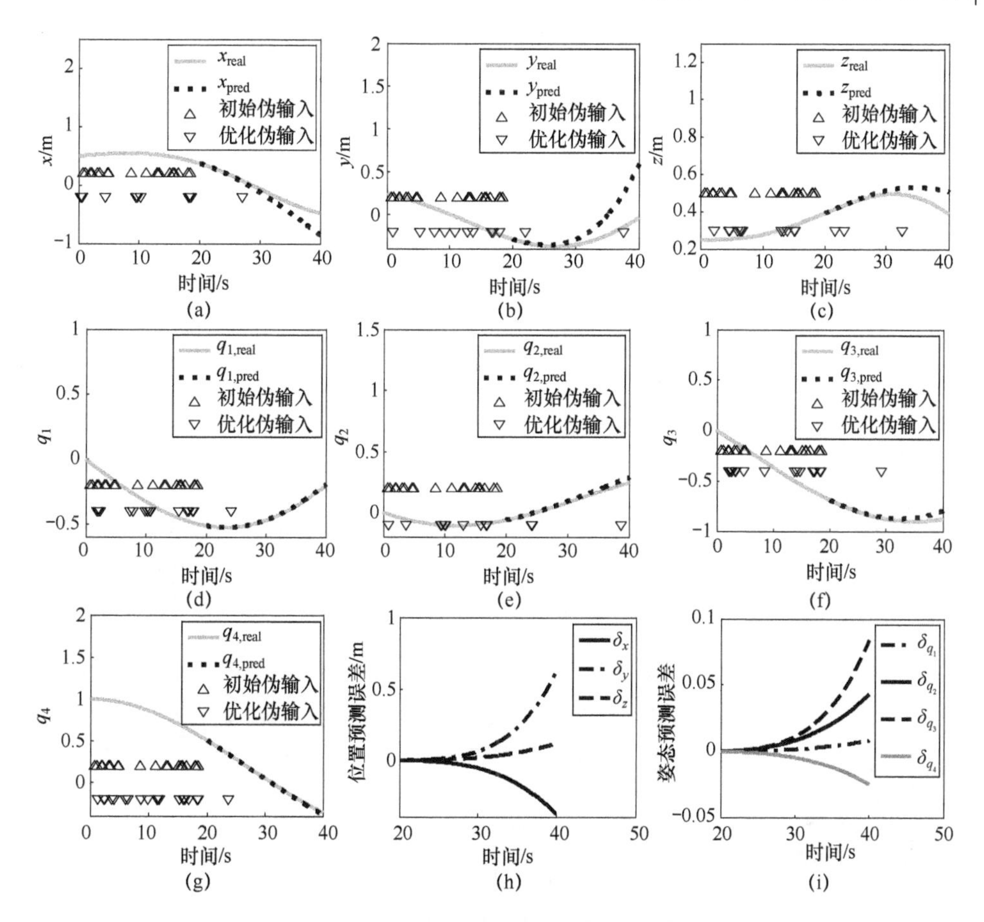

图 4-9 SPGP 算法的目标运动预测结果

显然，仅使用 SPGP 算法的预测效果较差，特别是对于目标的位置预测，最大位置预测误差约为 0.6 m，最大姿态预测误差约为 0.08，其预测精度远远低于采用全部训练数据的 GP 算法的预测精度。这是由于在训练过程中，利用基于梯度的优化方法对随机初始猜想敏感，易陷入局部极小解，训练结果不可靠，从而导致 SPGP 算法在较少的训练数据条件下，无法充分学习到训练数据与测试数据之间的潜在联系，进而无法构建准确的预测分布。

4. MCMC-SPGP 算法的目标预测仿真

与仿真 2 中（GP 算法的目标预测仿真）所有仿真条件相同，采用本章所提的 MCMC-SPGP 算法预测目标的运动状态。在 MCMC-SPGP 算法中，给定目标历史运动观测的 201 个数据，基于极大化边际似然函数原则，通过 MCMC 算法优化得到 20 个伪数据集，作为训练数据。在 MCMC 优化过程中，打靶次数设置为 2000 次。MCMC-SPGP 算法的目标运动预测结果如图 4-10 所示。

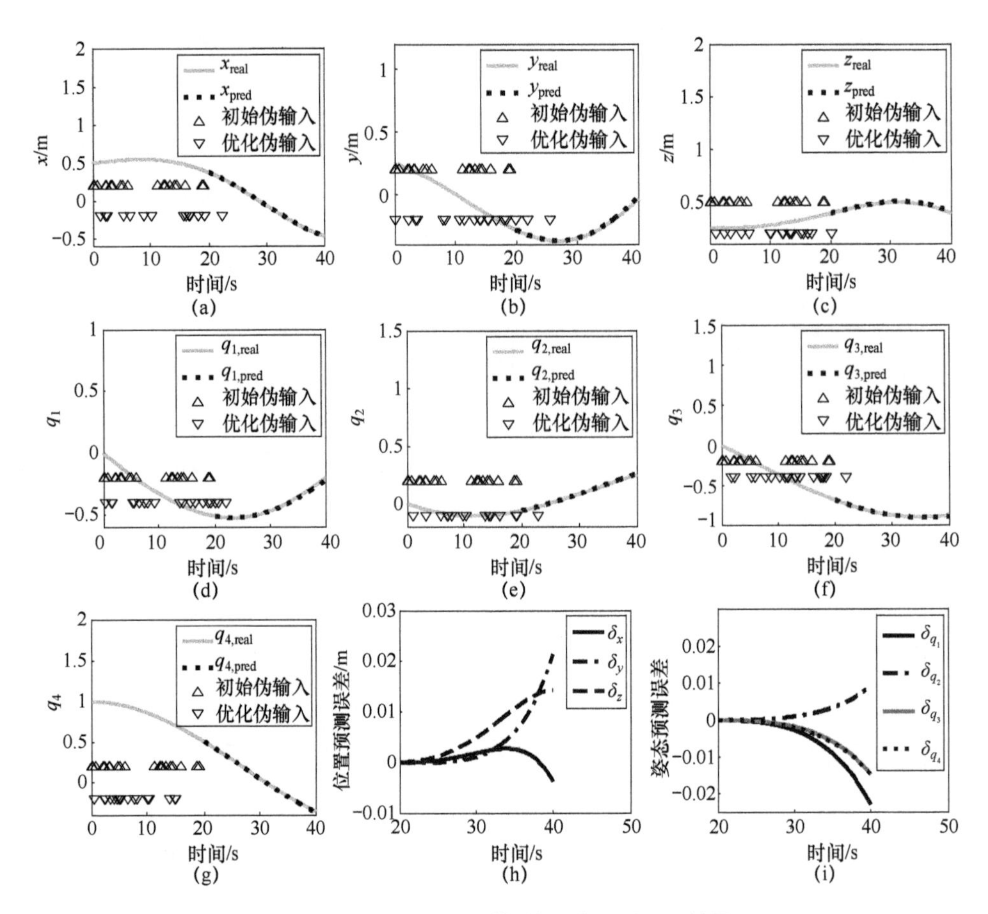

图 4-10 MCMC-SPGP 算法的目标运动预测结果

在 20~40 s 的测试阶段，预测均值与真实数据基本吻合，最大位置预测误差约为 0.02m，最大姿态预测误差约为 0.02，相比于 SPGP 算法的预测效果，所提 MCMC-SPGP 算法对空间翻滚目标的长期运动预测效果良好。

为说明所提 MCMC-SPGP 算法的高效性，从计算效率和最大位姿预测误差（由最大位置预测误差的绝对值 $\|\delta_{r,\max}\|$ 和最大姿态预测误差的绝对值 $\|\delta_{q,\max}\|$ 组成）两方面，对 GP 算法、SPGP 算法和 MCMC-SPGP 算法的仿真算例做进一步数据分析，三种算法的目标运动预测性能对比如表 4-4 所列。

表 4-4 三种算法的目标运动预测性能对比

算　法	T_{train}/s	$T_{\text{prediction}}$/s	$\|\delta_{r,\max}\|$ /m	$\|\delta_{q,\max}\|$
GP	2.0177	0.0440	0.0061	0.0092
SPGP	4.5826	0.0042	0.6275	0.0838
MCMC-SPGP	0.9324	0.0036	0.0213	0.0230

由表 4-4 可知，在训练阶段，GP 和 SPGP 算法均采用基于梯度的优化方法进行超参数等的优化，训练时间分别为 2.0177s、4.5826s。所提 MCMC-SPGP 算法的训练时间为 0.9324s，明显优于 GP 和 SPGP 算法的训练时间。在预测阶段，GP 算法的预测时间为 0.0440s，SPGP 和 MCMC-SPGP 算法的预测时间分布为 0.0042s 和 0.0036s。虽然 SPGP 算法预测效率较高，但预测精度不高；所提 MCMC-SPGP 算法不仅显著提高了预测效率，而且具有较高的预测精度。

4.4.2 空间机械臂动作决策仿真

如 4.3 节中所述，考虑空间翻滚目标的运动意图存在自由翻滚、姿态机动两种情形，对应地，机械臂可以选择的动作策略有抓捕、撤回两个动作。仍以 4.4.1 节中给出的空间翻滚目标为本节仿真算例的研究对象，假设目标的初始翻滚角速度为 $[2,0,2]^{\mathrm{T}}(°)/\mathrm{s}$。仿真总时长设置为 16s，单次决策与规划的时间步长设置为 0.01s。初始时，目标以较低的旋转角速度进行自由翻滚；在 8~12s 内，目标受到大小为 $[3.307,0,0]^{\mathrm{T}}(°)/\mathrm{s}^2$ 的恒定力矩作用，产生明显的姿态加速机动；在 12~16s 内，由于姿态机动的影响，目标将以较高的旋转角速度进行自由翻滚。期望利用空间机械臂实现对目标的成功抓捕。

在机械臂顶层规划中，结合目标的运动意图估计结果，在每一时间步长，利用 POMDP 进行机械臂动作决策，折扣因子 $\gamma = 0.9$，值函数迭代的收敛精度设置为 $\varepsilon = 1.0\times10^{-10}$，最多迭代步长设置为 500 步；在机械臂底层规划中，结合目标运动状态预测结果，利用 RRT*算法规划机械臂动作的具体执行过程，RRT*算法中单次路径规划的随机树节点总数目设置为 200，单次扩展步长设置为 0.01m。目标意图预测与机械臂动作决策结果如图 4-11 所示。为了说明基于 POMDP 进行机械臂动作决策的优势，图 4-11 同时给出了基于 POMDP 和应对式两种决策方式的机械臂动作决策结果。

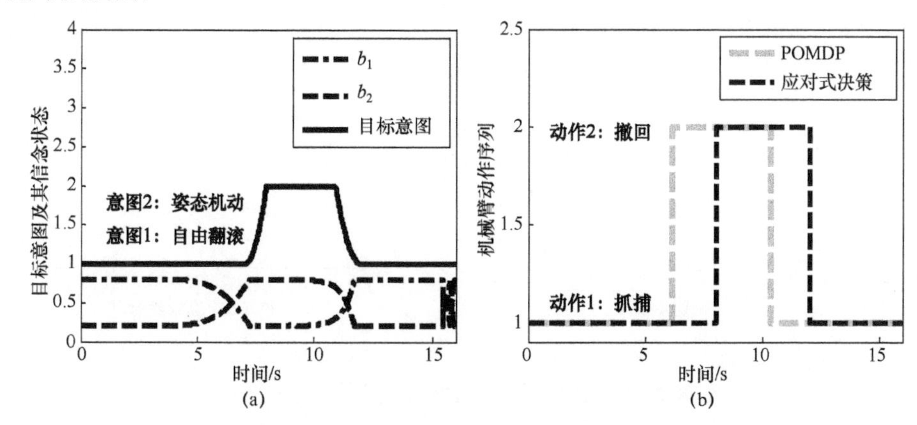

图 4-11 目标意图预测与机械臂动作决策结果

图 4-11（a）中，实线表示目标意图的变化曲线，意图 1、2 分别表示自由翻滚、姿态机动；两条虚线分别表示两种意图的信念状态，目标意图的初始信念状态为 $[0.8, 0.2]$。在整个仿真过程中，实时监测目标的角速度等物理量，作为目标意图改变的判别。

初始时，意图 1 的信念状态较大，且此意图长期处于稳定状态。通过对目标角速度等物理量的连续监测，基于贝叶斯法则计算目标意图的信念状态，由此指导机械臂的动作决策，如图 4-11（b）所示。在仿真最后阶段，由于目标最终旋转角速度过大，造成了信念状态预测不稳定，此现象或将影响决策过程。因此准确的目标意图预测是保证合理决策的重要前提，本章的意图预测采用最基本的贝叶斯法则，后续研究将关注其他更稳定、更可靠的意图预测方法。

针对不确定环境中的决策问题，通常有应对式和交互式两种决策方式。其中，应对式决策是在目标意图明显改变后再采取应对措施，更注重系统的短期利益；而交互式决策在整个过程中考虑长期利益，能够在意图发生明显改变之前做出应对措施。本章所提的 POMDP 方法属于典型的交互式决策方法。由图 4-11（b）可以看出，POMDP 决策的应对措施明显早于应对式决策，应对式决策分别在 8.00s 和 12.00s 时刻改变机械臂的动作策略，以应对目标意图的变化；借助意图预测信息，POMDP 决策分别在 6.16s 和 10.32s 时刻改变机械臂的动作策略，通过提前决策应对目标的意图变化，为机械臂动作调整提供了充裕的规划时间。

针对每一时间步长，POMDP 单次决策的规划步长约为 H=38，即每次决策时机器人系统将思考未来 38 步的二者推演状态（目标意图的信念状态和机械臂的动作策略），此规划步长主要由值函数迭代的收敛精度 ε 决定。POMDP 单次决策的计算复杂度和累计收益如图 4-12 所示。

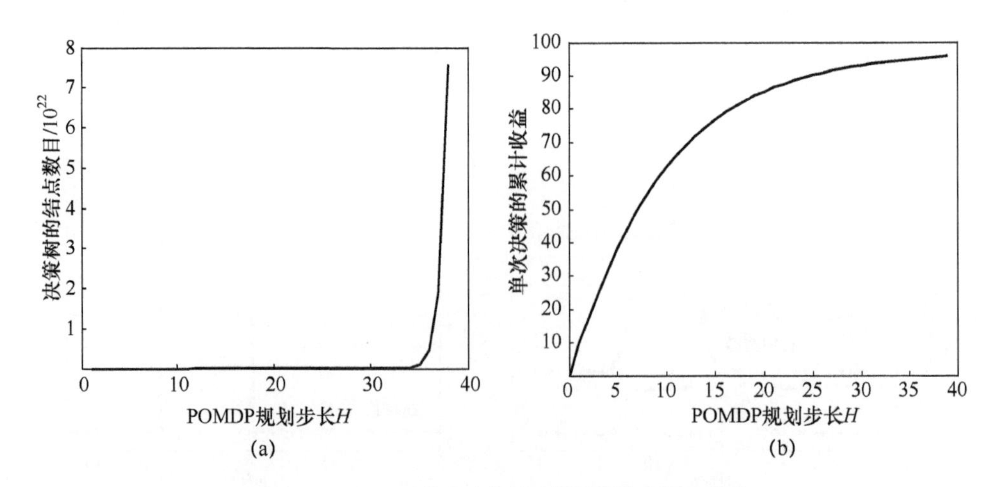

图 4-12 POMDP 单次决策的计算复杂度和累计收益

由图 4-12（a）可知，POMDP 单次决策中，决策树的结点总数目量级为10^{22}，主要由动作空间、观测空间和收敛精度ε决定。由图 4-12（b）可以看出，POMDP 单次决策时，累积收益呈递增趋势，且最终趋于收敛状态，进一步验证了 POMDP 决策的有效性。此外，POMDP 单次决策的计算时间约为 8ms，满足机械臂运动规划的快速性要求。

基于 POMDP 决策和基于应对式决策两种方式下，机械臂抓捕目标的三维运动轨迹如图 4-13 所示，其中黑色实线代表末端执行器的运动轨迹，灰色实线代表抓捕点的运动轨迹，圆圈和叉号分别表示起始位置和最终位置。

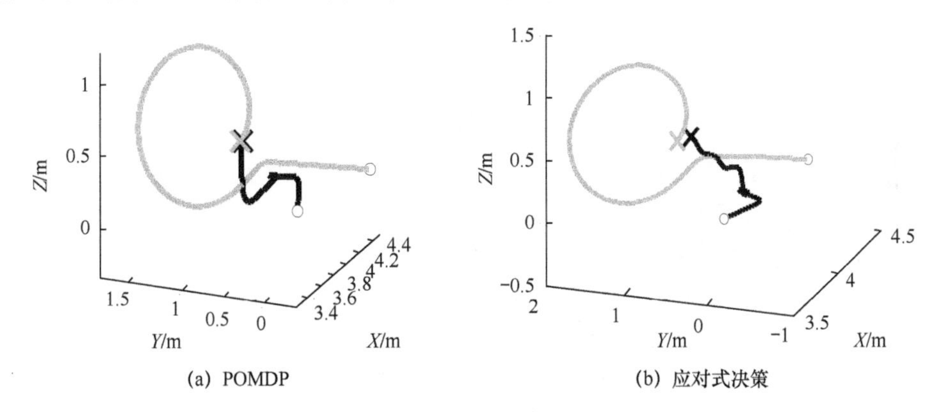

图 4-13　机械臂抓捕目标的三维运动轨迹

可以看出，目标在初始阶段呈现较为缓慢的翻滚运动，中间历经姿态机动后，翻滚目标的运动轨迹明显改变。基于 POMDP 的交互式决策，机械臂在规划过程中，通过及时地调整动作策略，在规定的任务时间内，成功地实现了对抓捕点的捕获。然而，采用应对式决策，由于机械臂反应时间较慢，应对措施不及时，在给定的任务时间内，无法完成对目标的跟踪。

两种决策方法的抓捕性能对比如表 4-5 所列。总体而言，基于 POMDP 的决策方法在抓捕误差、应对时刻以及机械臂末端执行器的累计加速度等性能方面均优于应对式决策方法。

表 4-5　两种决策方法的抓捕性能对比

方　法	抓捕误差/m	单次决策时间/ms	应对时刻/s	累计加速度/（$\mathrm{m\cdot s^{-2}}$）
POMDP	0.0163	8.00（0.01s）	6.16, 10.32	7.3933
应对式决策	0.1312	0.08（0.01s）	8.00, 12.00	8.2531

为进一步说明基于 POMDP 决策方法的抓捕效果，POMDP 决策方法下末端执行器位置跟踪轨迹及其跟踪误差如图 4-14 所示。

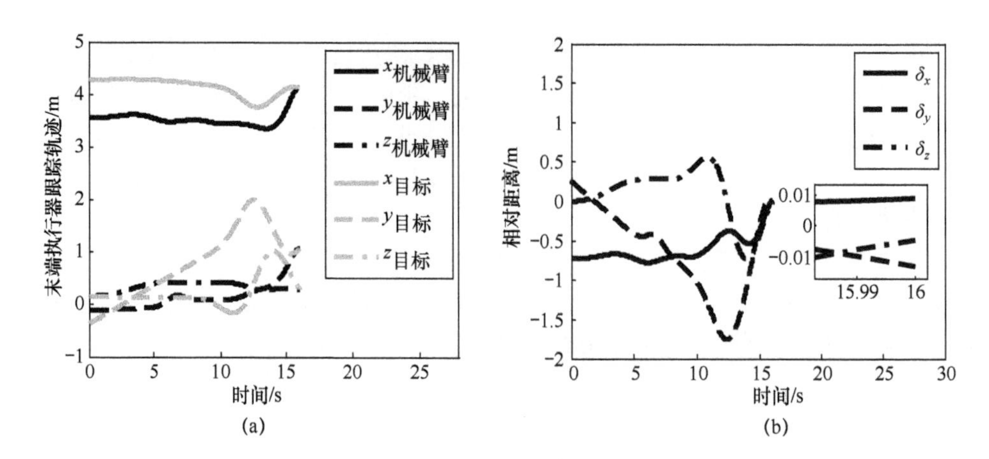

图 4-14 POMDP 决策方法下末端执行器位置跟踪轨迹及其跟踪误差

由图 4-14（a）可以看出，末端执行器位置在各个维度上最终均实现了对目标抓捕点的跟踪。进一步地，由图 4-14（b）可以看出，最终抓捕误差在各维度上约为 0.01m，满足机械臂末端执行器的抓捕容错范围要求。

机械臂抓捕过程中，机械臂各关节角、关节角速度的运动轨迹如图 4-15 所示，可以看出，各关节运动轨迹平滑，且未超过机械臂关节角、关节角速度运动的物理极限，进一步说明了基于 POMDP 决策方法对于整个抓捕过程的有效性。

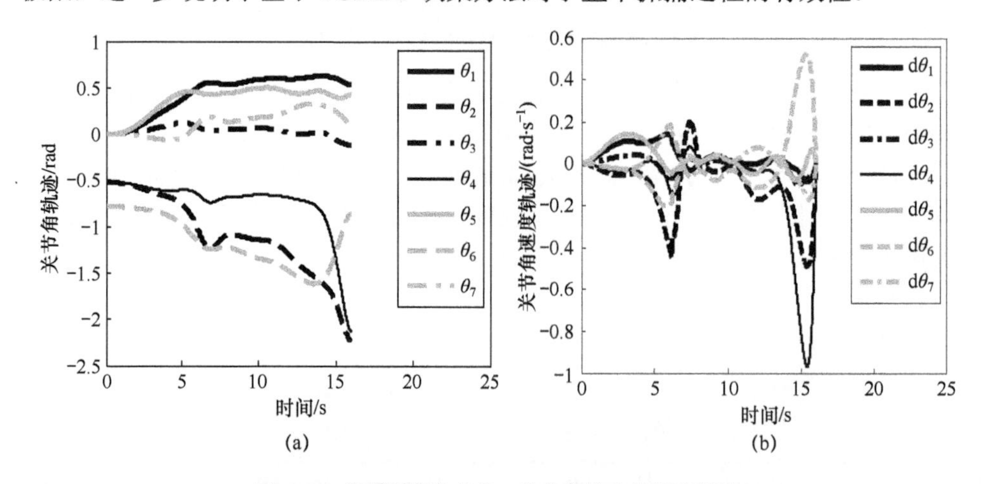

图 4-15 机械臂各关节角、关节角速度的运动轨迹

4.5 本章小结

本章分别基于监督式机器学习方法和强化学习理论，研究了空间翻滚目标运动状态预测方法和机械臂自主动作决策方法，为后续空间机器人抓捕规划与稳定操控目标提供了运动信息和决策支持。

针对空间翻滚目标运动预测问题，本章提出了一种兼顾计算效率和预测精度的启发式长期运动预测方法，能在较少数据驱动下，高效地预测未来有限时域内目标的运动状态。基于 SPGP 回归，用稀疏的伪数据集代替目标的真实观测数据，结合先验知识和数据知识，不断地更新学习结果，进而预测目标未来有限时域内的位置和姿态信息。利用 MCMC 优化算法处理 SPGP 算法中的连续优化过程，克服了由于随机初始值造成的优化过程容易陷入局部极小值的问题，在提高计算效率的同时，保证了目标长期运动预测的精确性。

针对空间机械臂自主决策问题，本章基于 POMDP 框架和贝叶斯估计，通过对空间翻滚目标持续地观测、监测、预测，推测目标未来意图的信念状态，设计与机械臂抓捕目标的期望行为相关的收益函数，构建了贝尔曼最优策略方程，在目标意图当前信念状态下，进行值函数迭代与评估，极大化累计收益函数，进而确定了机械臂当下的近似最优动作。在每一时间步长，重复上述过程，在每一次机械臂动作决策之前充分考虑目标意图的不确定性和未来相对态势的推演，实现了空间机器人与翻滚目标之间的动态交互，保证了空间机器人抓捕规划与控制的鲁棒性和实时性。

参考文献

[1] 余敏，罗建军，王明明. 基于机器学习的空间翻滚目标实时运动预测[J]. 航空学报，2021, 42(2): 324149.

[2] Foka A F, Trahanias P E. Predictive autonomous robot navigation[C]// IEEE/RSJ International Conference on Intelligent Robots and Systems, 2002: 490-495.

[3] Sung R C, Dan F, Rus D. Trajectory clustering for motion prediction[C]// IEEE/RSJ International Conference on Intelligent Robots and Systems, 2012: 1547-1552.

[4] Elnagar A, Gupta K. Motion prediction of moving objects based on autoregressive model[J]. IEEE Transactions on Systems Man & Cybernetics Part A Systems & Humans, 1998, 28(6): 803-810.

[5] Liu P X, Meng Q H. Online data-driven fuzzy clustering with applications to real-time robotic tracking[J]. IEEE Transactions on Fuzzy Systems, 2004, 12(4): 516-523.

[6] Peng H, Bai X L. Improving orbit prediction accuracy through supervised machine learning[J]. Advances in Space Research, 2018, 61: 2628-2646.

[7] Rasmussen E C, Williams C K I. Gaussian processes for machine learning[M]. Cambridge: MIT Press, 2005.

[8] 何志昆，刘光斌，赵曦晶. 高斯过程回归方法综述[J]. 控制与决策，2013, 28(8): 1121-1129.

[9] Snelson E, Ghahramani Z. Sparse Gaussian processes using pseudo-inputs[C]// Advances in Neural Information Processing System, 2005.

[10] Snelson E. Flexible and efficient Gaussian process models for machine learning[D]. London: University of London, 2007.

[11] 刘乐平, 高磊, 杨娜. MCMC 方法的发展与现代贝叶斯的复兴——纪念贝叶斯定理发现 250 周年[J]. 统计与信息论坛, 2014, 2: 5-13.

[12] Sutton R S, Barto A G. Reinforcement learning: an introduction (second edition)[M]. MIT Press, 2018.

[13] Karaman S, Frazzoli E. Sampling-based algorithms for optimal motion planning[J]. The International Journal of Robotics Research, 2011, 30(7): 846–894.

[14] 余敏, 罗建军, 王明明, 等. 一种改进RRT*结合四次样条的协调路径规划方法[J]. 力学学报, 2020, 52(4): 1024-1034.

05 第5章 逼近阶段的最优轨迹规划与协调控制

5.1 引言

在空间机器人接近目标的最终逼近段，一方面，空间机器人要继续接近目标使目标位于空间机器人的工作空间内；另一方面，机械臂应该同时展开使其末端执行器抓捕目标。因此，该阶段基座和机械臂之间动力学耦合性的影响尤其严重，一定程度上增加了空间机器人轨迹规划与控制问题的难度。由于基座携带的燃料有限，空间机器人接近目标的操作需要考虑节省燃料。此外，还需要考虑躲避逼近过程中遇到的障碍物以及基座推进器只能提供有限推力的限制。在机械臂末端执行器到达目标抓捕点的过程中，由于基座和机械臂之间的动力学耦合效应，机械臂运动会对基座姿态造成扰动，需要考虑反作用飞轮等基座姿态执行器很可能饱和导致基座姿态失控的问题。目前，已有研究将空间机器人最终段接近并抓捕目标的轨迹规划描述为燃料最省的多约束最优控制问题并使用数值优化算法求解，存在计算复杂并且需要额外的燃料消耗产生基座推力控制基座姿态等问题。

本章应用第3章提出的目标捕获过程中的约束处理方法和协调控制策略，研究空间机器人捕获翻滚目标逼近阶段的最优轨迹规划与协调控制问题。根据逼近阶段协调控制的要求，将空间机器人逼近并抓捕目标的运动分解为系统质心的平移运动和系统内部的重构运动，提出了空间机器人基座和机械臂协调控制的策略。首先采用第3章的约束处理方法为系统质心平移运动设计最优控制器，获取使空间机器人接近目标燃料最省的基座最优推力。一方面，通过将避障等状态不等式约束表示为扩展的动态子系统并将基座推力有限的输入不等式约束表示为饱和函数，空间机器人最优控制问题可以使用标准变分法求解，其具有间接法求解最优控制问题解的精度高和方便求解等优点，并避免了为处理不等式约束而使用间接法中的庞特里亚金极小值原理带来的奇异控制等问题；另一方面，为了在最优控制器中能够利用系统内部构型状态来提高解的最优性，使用有限时域的模型预测控制作为系统质心平移运动的最优控制器。然后，基于逆动力学控制方法设计系统内部重构运动的协调控制器，其中，设计的参考加速度能够保证基座和末端执行器跟踪期望轨迹。在基座控制力矩达到极限时，协调控制器可以通过机械臂运动产生适当的反作用力矩控制基座姿态。

5.2 任务描述与控制策略

本节首先给出空间机器人近距离接近并使机械臂展开抓捕目标的协调控制问题描述和一些假设，之后简要介绍解决这一问题的思路和策略。

5.2.1 任务描述与假设

空间机器人近距离接近并抓捕目标任务示意图如图 5-1 所示。其中，空间机器人由基座航天器和 n-自由度的机械臂组成。空间机器人在执行任务过程中的运动控制需要满足各类约束，比如避障要求、基座的控制推力和控制力矩有限、机械臂关节控制力矩约束等，并尽可能地减小控制消耗。为了使空间机器人近距离接近目标并同时使机械臂展开抓捕目标，空间机器人捕获翻滚目标逼近阶段的最优轨迹规划与协调控制的任务与目标主要包括三个方面：①控制空间机器人系统的质心（SCoM）运动至其期望位置处，并使得目标在空间机器人的工作空间内；②控制机械臂的末端执行器沿期望轨迹运动至目标的抓捕点处；③控制基座姿态跟踪其期望轨迹，比如，保持基座姿态不受扰动。为了完成上述控制目标，需要设计空间机器人的协调控制器，实现基座推力控制、基座与关节控制力矩的协调控制。显然，这是一个复杂的多体系统的约束最优控制问题。

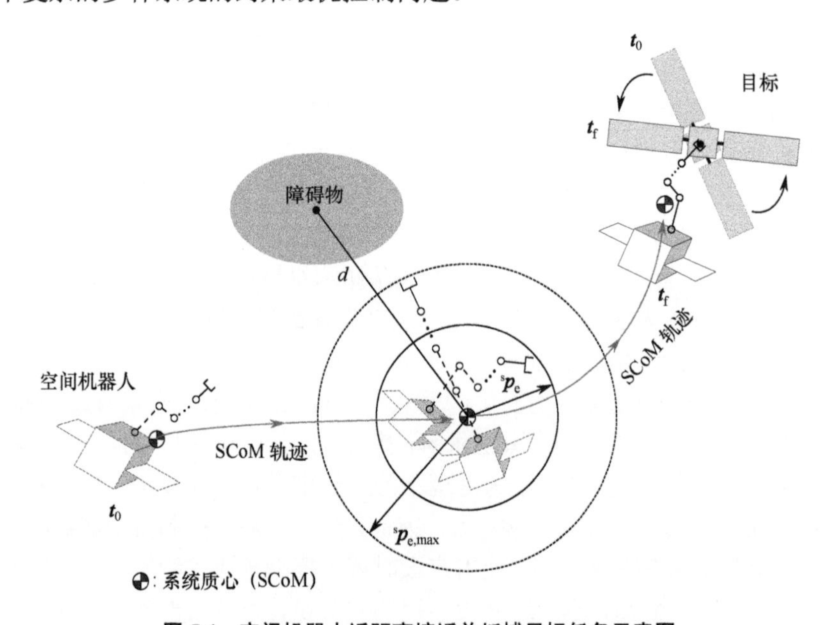

图 5-1 空间机器人近距离接近并抓捕目标任务示意图

为了方便和简化这一复杂问题的解决，本章在描述和研究空间机器人捕获翻滚目标逼近阶段最优轨迹规划与协调控制的问题时，结合实际情况作了如下合理假设：

① 空间机器人系统由多刚体组成，机械臂和航天器上太阳帆板的柔性效应可以忽略不计。将具有较大工作空间的空间机器人建模为柔性连杆或柔性关节并采用适当的控制方法减小系统振动是另一个重要问题[1]，本章没有考虑和研究这一问题。

② 为了讨论方便，假设机械臂只含有旋转关节。然而，本章提出的方法同样适用于具有平移关节的空间机器人。

③ 在空间机器人近距离接近和抓捕目标过程中，忽略环境力（重力梯度、太阳辐射压等）以及相对轨道动力学的影响。

④ 空间机器人系统与目标的运动状态与动力学性质是可测的或者提前已知的。

⑤ 为了节省宝贵的空间燃料，（三组相互垂直的可以产生双向推力的）基座推进器只用于为控制系统质心的平移运动提供推力，而不为基座姿态控制提供控制力矩。

5.2.2 控制策略

为了使空间机器人近距离接近目标并使机械臂展开抓捕目标，需要研究能够计算基座控制推力和基座与关节控制力矩的空间机器人控制器，使空间机器人接近并抓捕目标。

考虑到只有基座控制推力影响系统质心的运动，逼近阶段空间机器人控制器的设计可以分为两部分：首先，通过独立求解最优控制问题得到基座控制推力，使得系统质心能够被控制至期望位置处，在该过程中最小化燃料消耗并且保证能够躲避障碍物和满足推力大小约束；然后，设计基座和关节控制力矩的协调控制器，使得基座姿态和末端执行器位姿都能够跟踪期望的轨迹；同时，协调控制器的设计考虑系统质心运动的影响。此外，在逼近阶段的协调控制过程中，还应考虑基座姿态执行器只能够提供有限的力矩，当基座控制力矩饱和时，协调控制器使用机械臂运动对基座产生适当的反作用力矩来控制基座姿态。

由 2.2.2 节的空间机器人动力学方程可知，基座推力控制、基座和关节力矩控制是耦合的。结合上述假设并考虑到基座控制推力需要消耗宝贵有限的航天器燃料，而基座和关节控制力矩可以通过动量交换装置和关节执行器产生。本章首先在 5.3 节的逼近目标最优轨迹规划与控制中，通过求解最优控制问题独立地求解最优的基座控制推力；然后，在 5.4 节的协调控制中，通过协调控制器得到基座和关节控制力矩；再结合最优的基座控制推力及基座和关节控制力矩，可以控制空间机器人接近目标并展开机械臂完成对目标的抓捕。

5.3 逼近目标最优轨迹规划与控制

5.3.1 问题描述

空间机器人逼近并抓捕目标的运动控制任务如图 5-1 所示。在本节中，通过求解最优控制问题得到基座控制推力，完成空间机器人系统质心的运动控制任务；同时，使得推进器消耗的燃料最省并且考虑空间机器人的避障约束和推进器的推力约束。

为了解决上述最优控制问题，一方面，采用第 3 章的约束处理方法，将状态和输入不等式约束分别转化为扩展动态子系统和饱和函数，从而使得空间机器人的最优控制问题可以使用标准变分法求解；另一方面，使用模型预测控制方法作为系统质心运动的最优控制器，从而在考虑避障等约束的同时能够实时使用系统内部的构型信息，进一步提高解的最优性。

空间机器人系统质心的动力学方程可以描述为

$$\boldsymbol{f}_{\mathrm{s}} = M\ddot{\boldsymbol{r}}_{\mathrm{s}} \tag{5-1}$$

式中：$\boldsymbol{f}_{\mathrm{s}} \in \mathbb{R}^3$ 表示系统质心所受的作用力；$\ddot{\boldsymbol{r}}_{\mathrm{s}} \in \mathbb{R}^3$ 为系统质心加速度在惯性坐标系下的表示；M 为系统质量。值得注意的是，因为只有基座推力影响系统质心的位置，系统质心处的作用力等于基座推力。

定义空间机器人系统质心的运动状态 $\boldsymbol{x}_{\mathrm{s}} = \left[\boldsymbol{r}_{\mathrm{s}}^{\mathrm{T}}, \dot{\boldsymbol{r}}_{\mathrm{s}}^{\mathrm{T}}\right]^{\mathrm{T}}$，其运动方程可以表示为

$$\dot{\boldsymbol{x}}_{\mathrm{s}} = \boldsymbol{h}\left(\boldsymbol{x}_{\mathrm{s}}, \boldsymbol{f}_{\mathrm{s}}\right) = \begin{bmatrix} \dot{\boldsymbol{r}}_{\mathrm{s}} \\ \dfrac{1}{M}\boldsymbol{f}_{\mathrm{s}} \end{bmatrix} \tag{5-2}$$

作为一种特定的状态不等式约束，空间机器人的避障约束可以由速度阻尼法得到[2]。速度阻尼方法如图 5-2 所示，o_1 和 o_2 是两个物体上相距最近的一组点，d 表示 o_1 和 o_2 之间的距离，$\boldsymbol{n}_1$ 是由 o_2 指向 o_1 的单位向量。定义 d_{s} 为两个物体间的安全距离，并使用下式限制 o_1 和 o_2 的接近速度

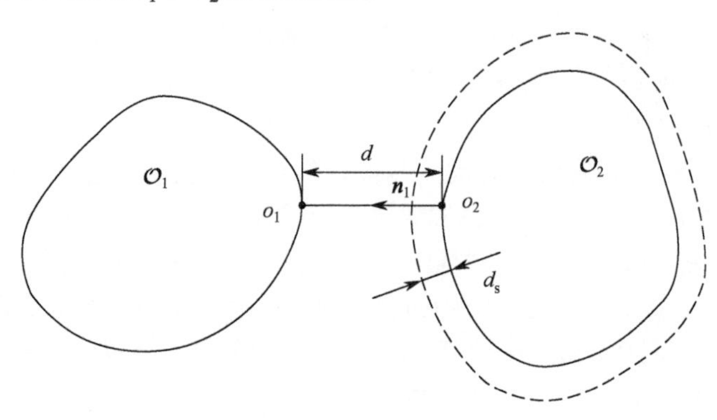

图 5-2 速度阻尼方法

$$\dot{d} \geqslant -\xi\left(d-d_{\mathrm{s}}\right) \tag{5-3}$$

式中：ξ 为正的常系数，用于调节接近速度。

对式（5-3）进行积分，可以得到

$$d(t) \geqslant d_{\mathrm{s}}+\left(d_0-d_{\mathrm{s}}\right)\mathrm{e}^{-\xi t}>d_{\mathrm{s}}, \quad \forall t>0 \tag{5-4}$$

可以看出，只要给定的初始距离 $d_0>d_{\mathrm{s}}$，式（5-3）的速度约束可以保证两个物体间的距离将一直大于安全距离 d_{s}，从而保证两个物体间不发生碰撞。

为了实现空间机器人躲避障碍物，构建球心在系统质心处并且球半径能够包裹整个空间机器人的球体如图 5-2 所示，因而，通过使构建的球体与障碍物之间的距离大于安全距离 d_{s} 可以保证空间机器人与障碍物不发生碰撞。找到障碍物上的一个参考点，并定义其到空间机器人系统质心的距离 $d=\left\|\boldsymbol{r}_{\mathrm{s}}-\boldsymbol{r}_{\mathrm{o}}\right\|$，空间机器人的避障约束可以表示为

$$\left\langle\dot{\boldsymbol{r}}_{\mathrm{s}}-\dot{\boldsymbol{r}}_{\mathrm{o}}, \boldsymbol{n}_1\right\rangle \geqslant -\xi\left\|\boldsymbol{r}_{\mathrm{s}}-\boldsymbol{r}_{\mathrm{o}}\right\|+\xi d_{\mathrm{s}} \tag{5-5}$$

式中：$\boldsymbol{r}_{\mathrm{o}}$ 为障碍物上参考点的位置向量；符号 $\langle\cdot\rangle$ 表示内积运算；$\boldsymbol{n}_1=\left(\boldsymbol{r}_{\mathrm{s}}-\boldsymbol{r}_{\mathrm{o}}\right)/d$ 为单位向量。在障碍物不运动的情形下，即 $\dot{\boldsymbol{r}}_{\mathrm{o}}=0$，式（5-5）可以表示为

$$\left\langle\dot{\boldsymbol{r}}_{\mathrm{s}}, \frac{\boldsymbol{r}_{\mathrm{s}}-\boldsymbol{r}_{\mathrm{o}}}{\left\|\boldsymbol{r}_{\mathrm{s}}-\boldsymbol{r}_{\mathrm{o}}\right\|}\right\rangle \geqslant -\xi\left\|\boldsymbol{r}_{\mathrm{s}}-\boldsymbol{r}_{\mathrm{o}}\right\|+\xi d_{\mathrm{s}} \tag{5-6}$$

在真实情形下，基座推进器的推力有限，需要在最优控制问题中考虑如下的推力控制不等式约束

$$-\boldsymbol{f}_{\mathrm{s,max}} \leqslant \boldsymbol{f}_{\mathrm{s}} \leqslant \boldsymbol{f}_{\mathrm{s,max}} \tag{5-7}$$

在最优控制问题中使用如下二次型性能指标，对应基座推力消耗的能量最省[3]

$$J\left(\boldsymbol{f}_{\mathrm{s}}\right)=\boldsymbol{f}_{\mathrm{s}}^{\mathrm{T}} \boldsymbol{f}_{\mathrm{s}} \tag{5-8}$$

值得注意的是，L_1 范数形式的性能指标对应燃料消耗最省的最优轨迹，对应“bang-bang”控制形式，即最优控制输入在整个过程中分段地取为容许控制范围的正最大值或负最大值[4]。本章首先使用二次型的性能指标函数，这样可能会造成更多的燃料消耗，但能够产生平滑的最优轨迹和存在稳定的数值解；随后使用 L_1 范数形式的性能指标得到燃料消耗最省的最优轨迹。

给定式（5-8）的性能指标函数、式（5-2）的系统质心运动方程、式（5-6）的避障约束、式（5-7）的推力控制约束，以及初始/终端边值条件，空间机器人燃料最省接近目标的最优控制问题可以描述为

$$
\begin{aligned}
&\min \quad J(\boldsymbol{f}_{\mathrm{s}})=\int_{t_{\mathrm{o}}}^{t_{\mathrm{f}}} \boldsymbol{f}_{\mathrm{s}}^{\mathrm{T}} \boldsymbol{f}_{\mathrm{s}} \mathrm{d}t \\
&\text{s.t.} \quad \begin{cases}
\dot{\boldsymbol{x}}_{\mathrm{s}}=\boldsymbol{h}(\boldsymbol{x}_{\mathrm{s}}, \boldsymbol{f}_{\mathrm{s}}) \\
-\left\langle \dot{\boldsymbol{r}}_{\mathrm{s}}, \dfrac{\boldsymbol{r}_{\mathrm{s}}-\boldsymbol{r}_{\mathrm{o}}}{\|\boldsymbol{r}_{\mathrm{s}}-\boldsymbol{r}_{\mathrm{o}}\|}\right\rangle-\xi\|\boldsymbol{r}_{\mathrm{s}}-\boldsymbol{r}_{\mathrm{o}}\| \leqslant \xi d_{\mathrm{s}} \\
-\boldsymbol{f}_{\mathrm{s,max}} \leqslant \boldsymbol{f}_{\mathrm{s}} \leqslant \boldsymbol{f}_{\mathrm{s,max}} \\
\boldsymbol{x}_{\mathrm{s}}(t_0)=\boldsymbol{x}_{\mathrm{s},0} \\
\boldsymbol{x}_{\mathrm{s}}(t_f)=\boldsymbol{x}_{\mathrm{s},t_{\mathrm{f}}}
\end{cases}
\end{aligned}
\tag{5-9}
$$

式中：$\boldsymbol{x}_{\mathrm{s},0}$ 和 $\boldsymbol{x}_{\mathrm{s},t_{\mathrm{f}}}$ 分别为系统质心的初始状态及其期望的终端状态。

值得注意的是，因为在求解空间机器人系统质心最优轨迹时还不确定基座的姿态和机械臂的构型，因而如图 5-1 所示，为了成功躲避障碍物，选取能够包裹空间机器人系统所有可能构型的最大球体，使得该球体不与障碍物发生碰撞。上述做法可能降低了空间机器人接近目标轨迹的最优性。然而，单独地计算基座最优推力带来的计算上的便捷性，可以弥补解的最优性方面的损失。因而，在 5.3.2 节中对最优控制问题（5-9）进行求解，尤其分别使用扩展动态子系统和饱和函数分别代替其中的状态和输入不等式约束，使其可以通过标准变分法求解，并在 5.3.3 节中讨论得到解的最优性。

此外，本章同时提出使用模型预测控制方法求解空间机器人系统质心运动的最优轨迹，因为模型预测控制方法的有限时域、滚动优化等性质[5]，允许在求解空间机器人系统质心运动的最优轨迹时使用系统内部构型的信息。在使用 5.4 节提出的系统内部重构协调控制器后，可以确定基座姿态和机械臂的构型。在下一时刻求解模型预测控制问题时，避障约束中可以考虑根据获得的系统内部构型使用最小半径的球体包裹空间机器人系统，从而可以进一步减少最优控制问题解的最优性的损失。

5.3.2 约束处理与变分法求解

本节使用间接法求解最优控制问题（5-9），由于存在状态和输入不等式约束，只能使用庞特里亚金极小值原理而不能使用变分法。然而，由于奇异弧和约束弧问题，使用庞特里亚金极小值原理求解含不等式约束的最优控制问题是不容易的。因而，本小节将状态不等式约束表示为扩展动态子系统，将输入不等式表示为饱和函数，使得转化后的最优控制问题可以使用标准变分法求解。

1. 状态不等式约束处理

如 3.3.1 节所述，一般的状态不等式约束可以表示为扩展的动态子系统。对于式（5-6）的避障约束，将其记为 $c_1(\boldsymbol{x}_{\mathrm{s}})$ 并表示为关于无约束变量 $\zeta_1 \in \mathbb{R}$ 的饱和函

数$\phi_1(\zeta_1)$，有

$$c_1(\boldsymbol{x}_s)=-\left\langle \dot{\boldsymbol{r}}_s,\frac{\boldsymbol{r}_s-\boldsymbol{r}_o}{\|\boldsymbol{r}_s-\boldsymbol{r}_o\|}\right\rangle-\xi\|\boldsymbol{r}_s-\boldsymbol{r}_o\|\in(-\infty,-\xi d_s] \tag{5-10}$$

$$c_1(\boldsymbol{x}_s)=\phi_1(\zeta_1) \tag{5-11}$$

其中，饱和函数$\phi_1:\mathbb{R}\to(-\infty,-\xi d_s)$设计为

$$\phi_1(\zeta_1)=-\xi d_s-\mathrm{e}^{-\zeta_1} \tag{5-12}$$

单边饱和函数如图 5-3 所示，饱和函数ϕ_1是平滑且严格单调递增的，即$\mathrm{d}(\phi_1)/\mathrm{d}(\zeta_1)>0,\forall\zeta_1\in\mathbb{R}$。因而，只有$\zeta_1\to+\infty$时饱和函数才能达到上界$-\xi d_s$，使得式（5-10）可以代替式（5-6）的空间机器人避障约束，从而空间机器人避障约束由不等式形式转化成了等式形式。值得注意的是，与其他饱和函数相比，使用式（5-12）的好处在于其是C^∞函数，而且后文中需要它的导数时更容易求解。

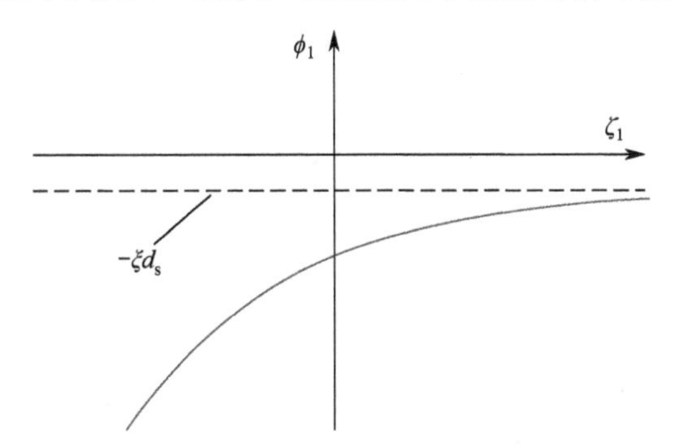

图 5-3　单边饱和函数

根据 3.3.1 节中的约束处理方法，一般的状态约束可以首先表示为饱和函数$c_i(\boldsymbol{x})=\phi_i(\zeta_{i,1})$，之后对该等式不断地求导，直到显含输入$\boldsymbol{u}$的高阶导数$c_{i,r_i}(\boldsymbol{x},\boldsymbol{u})$出现。该过程中引入新的变量$\zeta_{i,j+1}$表示导数$\dot{\zeta}_{i,j}=\zeta_{i,j+1},j=1,2,\cdots,r_i-1$，并在得到$c_{i,r_i}(\boldsymbol{x},\boldsymbol{u})$时，引入变量$v_i$作为最后的导数的输入，即$\dot{\zeta}_{i,r_i}=v_i$。在上述计算过程中，得到了具有状态$\boldsymbol{\zeta}_i$和输入$v_i$的动态子系统，用来表示状态不等式约束。对于表示避障约束的饱和函数$c_1(\boldsymbol{x}_s)$，其相对阶为 1（参见 3.3.1 节中相对阶的定义），可以通过如下事实简单地得到：至少有一个控制变量会出现在函数$c_1(\boldsymbol{x}_s)$的一阶导数$c_{1,1}(x_s,f_s):=\dfrac{\partial c_1}{\partial \boldsymbol{x}_s}\dot{\boldsymbol{x}}_s$中。式（5-11）及其一阶导数为

$$c_1(\boldsymbol{x}_s)=\phi_1(\zeta_1):=\chi_{1,1}(\zeta_1) \tag{5-13}$$

$$c_{1,1}(\boldsymbol{x}_s,\boldsymbol{f}_s)=\frac{\partial\phi_1}{\partial\zeta_1}\dot{\zeta}_1:=\chi_{1,2}(\zeta_1,\dot{\zeta}_1) \tag{5-14}$$

通过定义$\dot{\zeta}_1=v$，可以构建如下动态子系统：状态为$\dot{\zeta}_1$，输入为v，相应的动

态方程为 $\dot{\zeta}_1 = v$，输入 v 满足如下等式约束

$$0 = c_{1,1}\left(\boldsymbol{x}_{\mathrm{s}}, \boldsymbol{f}_{\mathrm{s}}\right) - \chi_{1,2}\left(\zeta_1, v\right) \tag{5-15}$$

为了计算状态 ζ_1 的初值，由式（5-13）可以得到 $\zeta_1 = \chi_{1,1}^{-1}\left(c_1\left(\boldsymbol{x}_{\mathrm{s}}\right)\right)$。给定初值 $\boldsymbol{x}_{\mathrm{s},0}$，扩展状态 ζ_1 的初值可以计算为

$$\zeta_{1,0} = \chi_{1,1}^{-1}\left(c_1\left(\boldsymbol{x}_{\mathrm{s},0}\right)\right)$$

因而，避障约束可以表示为如下的扩展动态子系统

$$\begin{cases} \dot{\zeta}_1 = v, \zeta_{1,0} = \chi_{1,1}^{-1}\left(c_1\left(\boldsymbol{x}_{\mathrm{s},0}\right)\right) \\ 0 = c_{1,1}\left(\boldsymbol{x}_{\mathrm{s}}, \boldsymbol{f}_{\mathrm{s}}\right) - \chi_{1,2}\left(\zeta_1, v\right) \end{cases} \tag{5-16}$$

2. 输入不等式约束处理

与处理状态不等式不同，式（5-7）的输入不等式约束可以直接表示为如下的双边饱和函数（因为其相对阶为 0）

$$f_{\mathrm{s},i} = \psi_i\left(w_i\right) = f_{\mathrm{s},i\max} - \frac{2f_{\mathrm{s},i\max}}{1+\exp\left(k_{\mathrm{f}} w_i\right)}, i = x, y, z \tag{5-17}$$

式中：w_i 为辅助输入变量。双边饱和函数 ψ_i 如图 5-4 所示，饱和函数 $\psi_i : \mathbb{R} \to \left(-f_{\mathrm{s},i\max}, f_{\mathrm{s},i\max}\right)$ 是平滑且单调递增的，即 $\mathrm{d}\left(\psi_i\right)/\mathrm{d}\left(w_i\right) > 0, \forall w_i \in \mathbb{R}$。因而，极限 $\pm f_{\mathrm{s},i\max}$ 只有在 $w_i \to \pm\infty$ 才能取到。系数 k_{f} 用于调节函数 ψ_i 在点 $w_i = 0$ 处的斜率。值得注意的是，其他可以用于表示输入不等式约束的渐近饱和函数可以通过双曲正切（tanh）函数构造得到。

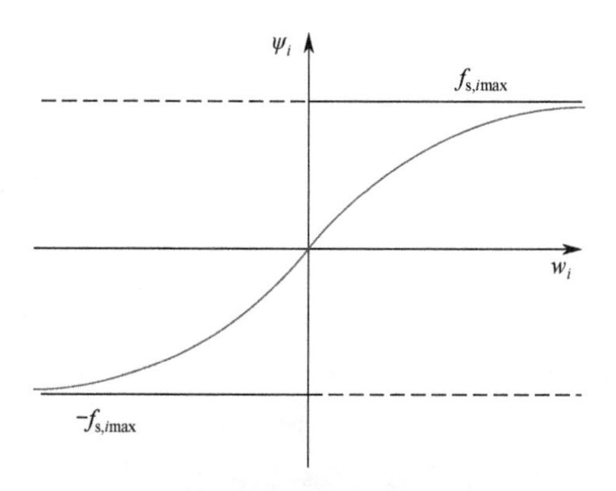

图 5-4 双边饱和函数 ψ_i

综上，式（5-6）的避障不等式约束表示为式（5-16）的扩展动态子系统，式（5-7）的输入不等式约束表示为式（5-17）的饱和函数。与原来的式（5-6）和式（5-7）的不等式约束相比，式（5-16）的等式约束和式（5-17）可以更方便地通过标准变分法求解。

3. 最优性必要条件

引入式（5-16）的扩展动态子系统和式（5-17）的等式约束后，同时引入了新的输入v和$\boldsymbol{w}$以及新的状态ζ_1，转化后的最优控制问题具有扩展状态$\overline{\boldsymbol{x}}_{\mathrm{s}}$和输入$\overline{\boldsymbol{f}}_{\mathrm{s}}$，即

$$\begin{cases}\overline{\boldsymbol{x}}_{\mathrm{s}}=\left[\boldsymbol{x}_{\mathrm{s}}^{\mathrm{T}},\zeta_1\right]^{\mathrm{T}}\in\mathbb{R}^7\\ \overline{\boldsymbol{f}}_{\mathrm{s}}=\left[\boldsymbol{f}_{\mathrm{s}}^{\mathrm{T}},v,\boldsymbol{w}^{\mathrm{T}}\right]^{\mathrm{T}}\in\mathbb{R}^7\end{cases}\tag{5-18}$$

在原最优控制问题的性能指标函数上添加一项带有系数ϵ的调节项$\epsilon\left(vv+\boldsymbol{w}^{\mathrm{T}}\boldsymbol{w}\right)$，使得转化后的最优控制问题只含有等式约束，该最优控制问题可以表示为

$$\min\quad \overline{J}\left(\overline{\boldsymbol{f}_{\mathrm{s}}}\right):=J\left(\boldsymbol{f}_{\mathrm{s}}\right)+\epsilon\int_{t_0}^{t_{\mathrm{f}}}\left(vv+\boldsymbol{w}^{\mathrm{T}}\boldsymbol{w}\right)\mathrm{d}t\tag{5-19}$$

$$\text{s.t.}\quad\begin{cases}\dot{\boldsymbol{x}}_{\mathrm{s}}=\boldsymbol{h}\left(\boldsymbol{x}_{\mathrm{s}},\boldsymbol{f}_{\mathrm{s}}\right),\dot{\zeta}_1=v\\ \boldsymbol{x}_{\mathrm{s}}\left(t_0\right)=\boldsymbol{x}_{\mathrm{s},0},\boldsymbol{x}_{\mathrm{s}}\left(t_{\mathrm{f}}\right)=\boldsymbol{x}_{s,t_{\mathrm{f}}}\\ \zeta_1\left(t_0\right)=\chi_{1,1}^{-1}\left(\boldsymbol{x}_{\mathrm{s},0}\right),\\ 0=c_{1,1}\left(\boldsymbol{x}_{\mathrm{s}},\boldsymbol{f}_{\mathrm{s}}\right)-\chi_{1,2}\left(\zeta_1,v\right)\\ f_{\mathrm{s},i}=f_{\mathrm{s},i\max}-\dfrac{2f_{\mathrm{s},i\max}}{1+\exp\left(k_f w_i\right)},i=x,y,z\end{cases}$$

其中，带有参数ϵ的调节项的功能可以解释为：避免当式（5-6）和式（5-7）所示的约束达到边界时，v和$\boldsymbol{w}$取太大的数值。在实际求解最优控制问题（5-19）时，需要逐渐减小ϵ的值进行迭代求解。当$\epsilon\to 0$时，第 3 章中已经证明了原最优控制问题（5-9）与转化后的最优控制问题（5-19）是等价的。

使用变分法求解最优控制问题（5-19）时，哈密顿函数（Hamiltonian）可以表示为

$$\begin{aligned}H\left(\overline{\boldsymbol{x}}_{\mathrm{s}},\overline{\boldsymbol{f}}_{\mathrm{s}},\overline{\boldsymbol{\lambda}},\overline{\boldsymbol{\mu}},t\right)=&\boldsymbol{f}_{\mathrm{s}}^{\mathrm{T}}\boldsymbol{f}_{\mathrm{s}}+\epsilon\left(vv+\boldsymbol{w}^{\mathrm{T}}\boldsymbol{w}\right)+\boldsymbol{\lambda}_{r_{\mathrm{s}}}^{\mathrm{T}}\dot{\boldsymbol{r}}_{\mathrm{s}}+\boldsymbol{\lambda}_{\dot{r}_{\mathrm{s}}}^{\mathrm{T}}\frac{1}{M}\boldsymbol{f}_{\mathrm{s}}+\lambda_{\zeta1}v+\\ &\mu_v\left(c_{1,1}\left(\boldsymbol{x}_{\mathrm{s}},\boldsymbol{f}_{\mathrm{s}}\right)-\chi_{1,2}\left(\zeta_1,v\right)\right)+\sum_{i=1}^{3}\mu_{f_{\mathrm{s},i}}\left(f_{\mathrm{s},i}-\left(f_{\mathrm{s},i\max}-\frac{2f_{\mathrm{s},i\max}}{1+\exp\left(k_{\mathrm{f}}w_i\right)}\right)\right)\end{aligned}\tag{5-20}$$

式中：$\overline{\lambda}=\left[\boldsymbol{\lambda}_{r_{\mathrm{s}}}^{\mathrm{T}},\boldsymbol{\lambda}_{\dot{r}_{\mathrm{s}}}^{\mathrm{T}},\lambda_{\zeta_1}\right]^{\mathrm{T}}$为协状态，$\overline{\boldsymbol{\mu}}=\left[\mu_v,\boldsymbol{\mu}_{f_{\mathrm{s}}}^{\mathrm{T}}\right]^{\mathrm{T}}$是将等式约束引入哈密顿函数式（5-20）的拉格朗日乘子。

给定哈密顿函数式（5-20），最优控制问题（5-19）解的一阶最优性条件由式（5-21）～式（5-23）得到

$$\frac{\partial H}{\partial \boldsymbol{f}_{\mathrm{s}}}=2\boldsymbol{f}_{\mathrm{s}}^{\mathrm{T}}+\frac{1}{M}\boldsymbol{\lambda}_{\dot{\boldsymbol{r}}_{\mathrm{s}}}^{\mathrm{T}}+\mu_{v}\frac{\partial c_{1,1}}{\partial \boldsymbol{f}_{\mathrm{s}}}+\boldsymbol{\mu}_{f_{\mathrm{s}}}^{\mathrm{T}}=\boldsymbol{0} \tag{5-21}$$

$$\frac{\partial H}{\partial v}=2\epsilon v+\lambda_{\zeta 1}-\mu_{v}\frac{\partial \chi_{1,2}}{\partial v}=0 \tag{5-22}$$

$$\frac{\partial H}{\partial w_{i}}=2\epsilon w_{i}-\mu_{f_{\mathrm{s}},i}\frac{\partial \psi_{i}\left(w_{i}\right)}{\partial w_{i}}=0,\quad i=1,2,3 \tag{5-23}$$

协状态的动态方程由 $\dot{\boldsymbol{\lambda}}^{\mathrm{T}}=\frac{\partial H}{\partial \boldsymbol{x}_{\mathrm{s}}}$ 计算得到，可以表示为

$$\dot{\boldsymbol{\lambda}}_{\boldsymbol{r}_{\mathrm{s}}}^{\mathrm{T}}=-\frac{\partial H}{\partial \boldsymbol{r}_{\mathrm{s}}}=-\mu_{v}\frac{\partial c_{1,1}}{\partial \boldsymbol{r}_{\mathrm{s}}} \tag{5-24}$$

$$\dot{\boldsymbol{\lambda}}_{\dot{\boldsymbol{r}}_{\mathrm{s}}}^{\mathrm{T}}=-\frac{\partial H}{\partial \dot{\boldsymbol{r}}_{\mathrm{s}}}=-\boldsymbol{\lambda}_{\boldsymbol{r}_{\mathrm{s}}}^{\mathrm{T}}-\mu_{v}\frac{\partial c_{1,1}}{\partial \dot{\boldsymbol{r}}_{\mathrm{s}}} \tag{5-25}$$

$$\dot{\lambda}_{\zeta_{1}}=-\frac{\partial H}{\partial \zeta_{1}}=\mu_{v}\frac{\partial \chi_{1,2}}{\partial \zeta_{1}} \tag{5-26}$$

式（5-21）～式（5-26）和式（5-19）中给出的约束形成了最优控制问题（5-19）解的最优性必要条件，这些约束方程属于微分或代数方程。因而，给定系统质心状态的初始值和期望的终端值，可以得到求解最优控制问题（5-19）的微分–代数方程组的两点边值问题，其解为扩展状态 $\overline{\boldsymbol{x}}_{\mathrm{s}}$ 、$\overline{\boldsymbol{\lambda}}$ 、输入 $\overline{\boldsymbol{f}}_{\mathrm{s}}$ 和乘子 $\boldsymbol{\mu}$ 的轨迹。值得注意的是，通过满足一阶最优性条件得到的 $\overline{\boldsymbol{f}}_{\mathrm{s}}$ 只能保证是控制参数的极值，其最优性在 5.3.3 节中讨论。

值得说明的是，求解微分–代数方程组的两点边值问题的主要挑战在于：需要提供较好的最优解的初始猜测值，尤其是协状态要满足上述要求。如果提供的初始猜测值离实际的最优解较远，则微分–代数方程组的两点边值问题的数值解可能不会收敛[6]。目前，已经出现了一些有效提供较好初始猜测值的方法，比如同伦法[7]和混合间接–直接法[6]。还有一些求解微分–代数方程组的两点边值问题的工具箱，比如 bvpSuite[8]和 bvpSolve[9]，都具有良好的性能。

5.3.3 最优性与奇异性讨论

为了验证得到的控制取值 $\overline{\boldsymbol{f}}_{s}$ 的最优性，哈密顿函数式（5-20）沿两点边值问题解的海森矩阵可以计算为

$$\frac{\partial^{2} H}{\partial \overline{\boldsymbol{f}}_{\mathrm{s}}^{2}}=\begin{bmatrix} 2\boldsymbol{E}_{3} & \boldsymbol{0} & \boldsymbol{0} \\ \boldsymbol{0} & 2\epsilon & \boldsymbol{0} \\ \boldsymbol{0} & \boldsymbol{0} & 2\epsilon\boldsymbol{E}_{3}-\boldsymbol{\mu}_{f_{\mathrm{s}}}^{\mathrm{T}}\boldsymbol{\varPsi}''(\boldsymbol{w}) \end{bmatrix} \tag{5-27}$$

其中，矩阵 $\boldsymbol{\varPsi}''(\boldsymbol{w})$ 定义为

$$\boldsymbol{\Psi}''(\boldsymbol{w})=\begin{bmatrix}\dfrac{\partial^2\psi_1}{\partial w_1^2} & 0 & 0\\ 0 & \dfrac{\partial^2\psi_2}{\partial w_2^2} & 0\\ 0 & 0 & \dfrac{\partial^2\psi_3}{\partial w_3^2}\end{bmatrix}$$

海森矩阵式（5-27）正定是保证解的最优性的充分条件，也称广义的 Legendre–Clebsch 条件[10]。如 3.4 节中所示，通过将ϵ的值由一个初始的正值逐渐减小来对最优控制问题（5-19）进行迭代求解。实际过程中，当满足一定的收敛条件时，ϵ的取值在一个非常小的正值处不再减小。因而，如式(5-20)所示，海森矩阵是否正定由$\left(2\epsilon\boldsymbol{E}_3-\boldsymbol{\mu}_{f_s}^{\mathrm{T}}\boldsymbol{\Psi}''(\boldsymbol{w})\right)$部分的正定性决定。然而，因为微分–代数方程组的两点边值问题通过数值方法求解，$\left(2\epsilon\boldsymbol{E}_3-\boldsymbol{\mu}_{f_s}^{\mathrm{T}}\boldsymbol{\Psi}''(\boldsymbol{w})\right)$部分是否正定无法通过分析得到。通常，如果最优控制问题的一阶最优性条件通过数值方法求解，则假设海森矩阵是正定的[11]。本书中，在求解微分–代数方程组的两点边值问题得到可能的最优解后，将该解代入式（5-20）以验证其最优性，详细结果在本章 5.5 节的仿真验证中讨论。

为了验证形成的微分–代数方程组的两点边值问题不存在奇异控制问题，代数方程式（5-15）、式（5-17）和式（5-21）～式（5-23）关于$\left(\boldsymbol{f}_s,v,\boldsymbol{w},\mu_v,\boldsymbol{\mu}_{f_s}\right)$的雅可比矩阵可以计算如下

$$\boldsymbol{J}_{ac}=\begin{bmatrix}2\boldsymbol{E}_3 & \boldsymbol{0} & \boldsymbol{0} & \left(\dfrac{\partial c_{1,1}}{\partial \boldsymbol{f}_s}\right)^{\mathrm{T}} & \boldsymbol{E}_3\\ \boldsymbol{0} & 2\epsilon & \boldsymbol{0} & -\phi_1'(\zeta_1) & \boldsymbol{0}\\ \boldsymbol{0} & \boldsymbol{0} & 2\epsilon\boldsymbol{E}_3-\boldsymbol{\mu}_{f_s}^{\mathrm{T}}\boldsymbol{\Psi}''(\boldsymbol{w}) & \boldsymbol{0} & -\boldsymbol{\Psi}'(\boldsymbol{w})\\ \dfrac{\partial c_{1,1}}{\partial \boldsymbol{f}_s} & -\phi_1'(\zeta_1) & \boldsymbol{0} & \boldsymbol{0} & \boldsymbol{0}\\ \boldsymbol{E}_3 & \boldsymbol{0} & -\boldsymbol{\Psi}'(\boldsymbol{w}) & \boldsymbol{0} & \boldsymbol{0}\end{bmatrix} \tag{5-28}$$

已经假设了海森矩阵正定，同时存在矩阵$\phi_1'(\zeta_1)$和$\boldsymbol{\Psi}'(\boldsymbol{w})$正定，可以容易地证明雅可比矩阵$\boldsymbol{J}_{ac}$的非奇异性，因而，说明形成的微分–代数方程组的两点边值问题已经排除了奇异控制问题。将ϵ调节项引入最优控制问题（5-19）的好处如下：避免（$\zeta_1,v,\boldsymbol{w}$）的取值过大，保证式（5-6）和式（5-7）的约束严格位于边界内；而且容易看出，式（5-27）海森矩阵的正定性要求出现ϵ项；当式（5-6）或式（5-7）的约束“几乎到达边界”时（对应$\phi_1'\to 0$或$\boldsymbol{\Psi}'$，$\boldsymbol{\Psi}''\to 0$），ϵ项可以避免式（5-28）雅可比矩阵的第二或第三行出现秩损失。

5.3.4 模型预测控制

5.3.1 节指出，如果在确定最优逼近轨迹时无法获取系统当前的内部构型信息，

可以选择能够包裹所有可能内部构型的空间机器人的较大球体来保证空间机器人不与障碍物发生碰撞。然而，使用最大半径的球体包裹空间机器人所有可能的构型这一做法具有保守性，可能导致解的最优性损失。此外，以上求解最优逼近轨迹时使用了二次型能量最优的性能指标，而没有得到燃料最优的逼近轨迹。

本小节中，首先使用直接法求解 L_1 范数形式的一次型燃料最优的逼近轨迹优化问题；之后使用有限时域的模型预测控制方法设计系统质心平移的最优控制器。因为模型预测控制在每一步都要迭代求解，空间机器人使用协调控制器后的构型信息可以供最优控制器使用。因而，最优控制器可以使用具有较小半径和能够包裹当前空间机器人构型的球体进行避障，而不是使用能够包裹空间机器人所有可能构型的球体，可以进一步降低避障的保守性并节省燃料消耗。

空间机器人系统质心平移的动力学方程式（5-2）可以表示为如下线性状态方程

$$\dot{\boldsymbol{x}}_{\mathrm{s}} = \boldsymbol{A}\boldsymbol{x}_{\mathrm{s}} + \boldsymbol{B}\boldsymbol{u} \tag{5-29}$$

式中：状态 $\boldsymbol{x} = \boldsymbol{x}_{\mathrm{s}}$；输入 $\boldsymbol{u} = \boldsymbol{f}_{\mathrm{s}}$；状态系数矩阵 $\boldsymbol{A}$ 和输入矩阵 $\boldsymbol{B}$ 分别为

$$\boldsymbol{A} = \begin{bmatrix} \boldsymbol{0} & \boldsymbol{E}_3 \\ \boldsymbol{0} & \boldsymbol{0} \end{bmatrix}, \boldsymbol{B} = \begin{bmatrix} \boldsymbol{0} \\ \dfrac{1}{M}\boldsymbol{E}_3 \end{bmatrix}$$

利用零阶保持方法将得到的线性模型离散化，得到

$$\begin{cases} \boldsymbol{x}(k+1) = \boldsymbol{A}_{\mathrm{d}}\boldsymbol{x}(k) + \boldsymbol{B}_{\mathrm{d}}\boldsymbol{u}(k) \\ \boldsymbol{y}(k+1) = \boldsymbol{C}_{\mathrm{d}}\boldsymbol{x}(k+1) \end{cases} \tag{5-30}$$

式中：$\boldsymbol{A}_{\mathrm{d}} = \mathrm{e}^{\boldsymbol{A}h}$；$\boldsymbol{B}_{\mathrm{d}} = \int_0^h \mathrm{e}^{\boldsymbol{A}h}\boldsymbol{B}\mathrm{d}t$；$\boldsymbol{C}_{\mathrm{d}} = \boldsymbol{C}(kh)$，$h$ 为采样周期。

基于模型预测控制的基本原理[5]，求解空间机器人系统有限时域内最优控制输入的问题可以描述为

$$\boldsymbol{u} = \arg\min_{\boldsymbol{u}} V(k)$$

$$\text{s.t.} \begin{cases} \boldsymbol{x}(k|k) = \boldsymbol{x}_k \\ \boldsymbol{u}(k+j|k) = \boldsymbol{u}(k+N_{\mathrm{c}}|k), j \geqslant N_{\mathrm{c}} \\ \boldsymbol{x}(k+j+1|k) = \boldsymbol{f}_{\mathrm{d}}\left(\boldsymbol{x}(k+j|k), \boldsymbol{u}(k+j|k)\right) \\ \boldsymbol{y}(k+j|k) = \boldsymbol{h}_{\mathrm{d}}\left(\boldsymbol{x}(k+j|k), \boldsymbol{u}(k+j|k)\right) \\ \boldsymbol{y}_{\min} \leqslant \boldsymbol{y}(k+j|k) \leqslant \boldsymbol{y}_{\max} \\ \boldsymbol{u}_{\min} \leqslant \boldsymbol{u}(k+j|k) \leqslant \boldsymbol{u}_{\max} \\ \boldsymbol{g}\left(\boldsymbol{x}(k+j|k)\right) \leqslant \boldsymbol{0} \end{cases} \tag{5-31}$$

式中：$j \in [0, N_{\mathrm{p}} - 1]$，$N_{\mathrm{p}}$、$N_{\mathrm{c}}$ 分别为预测时域和控制时域；$\boldsymbol{x}$、$\boldsymbol{y}$ 和 $\boldsymbol{u}$ 分别代表系统的状态、输出和输入；$\boldsymbol{x}_k$ 为 k 时刻系统的状态量，记号 $(k+j|k)$ 表示 i 时刻

预测向量在时刻 $k+j$ 的取值；$\boldsymbol{f}_{\mathrm{d}}$、$\boldsymbol{h}_{\mathrm{d}}$ 分别表示系统离散形式的预测模型和测量模型，由式（5-30）所示的空间机器人系统质心动力学模型得到；输入 $\boldsymbol{u}$ 和输出 $\boldsymbol{y}$ 分别满足边界条件，$\boldsymbol{g}\left(\boldsymbol{x}\left(k+j\middle|k\right)\right)$ 代表其他等式和不等式约束；在 k 时刻需要求解优化问题得到最优控制输入 $\left\{\boldsymbol{u}^*\left(k+j\middle|k\right),\boldsymbol{u}^*\left(k+2\middle|k\right),\cdots,\boldsymbol{u}^*\left(k+N_{\mathrm{c}}\middle|k\right)\right\}$。

本节在模型预测控制方法的框架下，求解空间机器人系统接近目标过程中基座的最优推力，同时考虑输入、输出约束以及避障约束。

1．目标函数

设计的目标函数要能够体现空间机器人系统质心实际位置与期望位置之间的跟踪误差，同时也要能够优化相关的控制消耗。为此设计如下式所示的目标函数：

$$V(k)=\sum_{i=1}^{N_{\mathrm{p}}}\left\|\boldsymbol{y}\left(k+i\middle|k\right)-\boldsymbol{r}_{\mathrm{s}}\left(k+i\middle|k\right)\right\|_{\boldsymbol{Q}(i)}^2+\sum_{i=0}^{N_{\mathrm{c}}-1}\left\|\Delta\boldsymbol{u}\left(k+i\middle|k\right)\right\|_{\boldsymbol{T}(i)}^2 \tag{5-32}$$

式中：$\boldsymbol{y}\left(k+i\middle|k\right)$ 为预测时域内预测的系统质心位置；$\boldsymbol{r}_{\mathrm{s}}\left(k+i\middle|k\right)$ 为预测时域内期望的系统质心位置。在本小节的研究中，使用直接法求解燃料最优控制问题，作为模型预测控制中的期望轨迹 $\boldsymbol{r}_{\mathrm{s}}\left(k+i\middle|k\right)$。$\Delta\boldsymbol{u}\left(k+i\middle|k\right)$ 为控制时域内各时刻的控制输入增量；$\boldsymbol{Q}(i)$、$\boldsymbol{T}(i)$ 分别为跟踪误差和控制输入增量的权重矩阵。式（5-32）可以改写为[12]

$$V(k)=\left\|\boldsymbol{Y}(k)-\boldsymbol{R}(k)\right\|_{\boldsymbol{Q}}^2+\left\|\Delta\boldsymbol{U}(k)\right\|_{\boldsymbol{T}}^2 \tag{5-33}$$

式中

$$\boldsymbol{Y}(k)=\left[\boldsymbol{y}\left(k+1\middle|k\right),\boldsymbol{y}\left(k+2\middle|k\right),\cdots\boldsymbol{y}\left(k+N_{\mathrm{p}}\middle|k\right)\right]^{\mathrm{T}}$$
$$\boldsymbol{R}(k)=\left[\boldsymbol{r}_{\mathrm{s}}\left(k+1\middle|k\right),\boldsymbol{r}_{\mathrm{s}}\left(k+2\middle|k\right),\cdots\boldsymbol{r}_{\mathrm{s}}\left(k+N_{\mathrm{p}}\middle|k\right)\right]^{\mathrm{T}}$$
$$\Delta\boldsymbol{U}(k)=\left[\Delta\boldsymbol{u}\left(k\middle|k\right),\Delta\boldsymbol{u}\left(k+1\middle|k\right),\cdots,\Delta\boldsymbol{u}\left(k+N_{\mathrm{c}}-1\middle|k\right)\right]^{\mathrm{T}}$$

权重矩阵定义为

$$\boldsymbol{Q}=\mathrm{diag}\left(\left[\boldsymbol{Q}(1),\boldsymbol{Q}(2),\cdots,\boldsymbol{Q}\left(N_{\mathrm{p}}\right)\right]\right)$$
$$\boldsymbol{T}=\mathrm{diag}\left(\left[\boldsymbol{T}(0),\boldsymbol{T}(1),\cdots,\boldsymbol{T}\left(N_{\mathrm{c}}-1\right)\right]\right)$$

基于模型预测控制原理，存在 $\boldsymbol{Y}(k)=\boldsymbol{\Phi}\boldsymbol{x}(k)+\boldsymbol{\varUpsilon}\boldsymbol{u}(k-1)+\boldsymbol{\Theta}\Delta\boldsymbol{U}(k)$，其中

$$\boldsymbol{\Phi}=\begin{bmatrix}\boldsymbol{C}_{\mathrm{d}}\boldsymbol{A}_{\mathrm{d}}\\ \vdots \\ \boldsymbol{C}_{\mathrm{d}}\boldsymbol{A}_{\mathrm{d}}^{N_{\mathrm{c}}}\\ \boldsymbol{C}_{\mathrm{d}}\boldsymbol{A}_{\mathrm{d}}^{N_{\mathrm{c}}+1}\\ \vdots \\ \boldsymbol{C}_{\mathrm{d}}\boldsymbol{A}_{\mathrm{d}}^{N_{\mathrm{p}}}\end{bmatrix},\boldsymbol{\varUpsilon}=\begin{bmatrix}\boldsymbol{C}_{\mathrm{d}}\boldsymbol{B}_{\mathrm{d}}\\ \vdots \\ \sum_{i=0}^{N_{\mathrm{c}}-1}\boldsymbol{C}_{\mathrm{d}}\boldsymbol{A}_{\mathrm{d}}^{i}\boldsymbol{B}_{\mathrm{d}}\\ \sum_{i=0}^{N_{\mathrm{c}}}\boldsymbol{C}_{\mathrm{d}}\boldsymbol{A}_{\mathrm{d}}^{i}\boldsymbol{B}_{\mathrm{d}}\\ \vdots \\ \sum_{i=0}^{N_{\mathrm{p}}-1}\boldsymbol{C}_{\mathrm{d}}\boldsymbol{A}_{\mathrm{d}}^{i}\boldsymbol{B}_{\mathrm{d}}\end{bmatrix}$$

$$\boldsymbol{\Theta}=\begin{bmatrix}\boldsymbol{C}_{\mathrm{d}}\boldsymbol{B}_{\mathrm{d}} & \cdots & \boldsymbol{0}\\ \vdots & & \vdots \\ \sum_{i=0}^{N_{\mathrm{c}}-1}\boldsymbol{C}_{\mathrm{d}}\boldsymbol{A}_{\mathrm{d}}^{i}\boldsymbol{B}_{\mathrm{d}} & \cdots & \boldsymbol{C}_{\mathrm{d}}\boldsymbol{B}_{\mathrm{d}}\\ \sum_{i=0}^{N_{\mathrm{c}}}\boldsymbol{C}_{\mathrm{d}}\boldsymbol{A}_{\mathrm{d}}^{i}\boldsymbol{B}_{\mathrm{d}} & \cdots & \boldsymbol{C}_{\mathrm{d}}\boldsymbol{A}_{\mathrm{d}}\boldsymbol{B}_{\mathrm{d}}+\boldsymbol{C}_{\mathrm{d}}\boldsymbol{B}_{\mathrm{d}}\\ \vdots & & \vdots \\ \sum_{i=0}^{N_{\mathrm{p}}-1}\boldsymbol{C}_{\mathrm{d}}\boldsymbol{A}_{\mathrm{d}}^{i}\boldsymbol{B}_{\mathrm{d}} & \cdots & \sum_{i=0}^{N_{\mathrm{p}}-N_{\mathrm{c}}}\boldsymbol{C}_{\mathrm{d}}\boldsymbol{A}_{\mathrm{d}}^{i}\boldsymbol{B}_{\mathrm{d}}\end{bmatrix}$$

定义新的变量$\boldsymbol{\eta}(k)\triangleq\boldsymbol{R}(k)-\boldsymbol{\Phi}\boldsymbol{x}(k)-\boldsymbol{\varUpsilon}\boldsymbol{u}(k-1)$，目标函数$V(k)$可以表示为关于$\Delta\boldsymbol{U}(k)$的二次形式，即

$$\begin{aligned}V(k)&=\left\|\boldsymbol{\Theta}\Delta\boldsymbol{U}(k)-\boldsymbol{\eta}(k)\right\|_{\boldsymbol{Q}}^{2}+\left\|\Delta\boldsymbol{U}(k)\right\|_{\boldsymbol{T}}^{2}\\&=\boldsymbol{\Gamma}_{\mathrm{const}}+\Delta\boldsymbol{U}(k)^{\mathrm{T}}\boldsymbol{\vartheta}+\Delta\boldsymbol{U}(k)^{\mathrm{T}}\boldsymbol{M}\Delta\boldsymbol{U}(k)\end{aligned}\tag{5-34}$$

式中：$\boldsymbol{\Gamma}_{\mathrm{const}}=\boldsymbol{\eta}(k)^{\mathrm{T}}\boldsymbol{Q}\boldsymbol{\eta}(k)$；$\boldsymbol{\vartheta}=-2\boldsymbol{\Theta}^{\mathrm{T}}\boldsymbol{Q}\boldsymbol{\eta}(k);\boldsymbol{M}=\boldsymbol{\Theta}^{\mathrm{T}}\boldsymbol{Q}\boldsymbol{\Theta}+\boldsymbol{T}$。

由式（5-32）可知，目标函数式（5-34）需要提前知道燃料最省的期望的系统质心位置$\boldsymbol{r}(k+i|k)$，通过求解如下一次型性能指标的优化问题得到

$$\begin{aligned}&\min\quad J(\boldsymbol{f}_{\mathrm{s}}):=\int_{t_0}^{t_{\mathrm{f}}}|\boldsymbol{f}_{\mathrm{s}}|\mathrm{d}t\\&\text{s.t.}\quad\begin{cases}\dot{\boldsymbol{x}}_{\mathrm{s}}=\boldsymbol{h}(\boldsymbol{x}_{\mathrm{s}},\boldsymbol{f}_{\mathrm{s}})\\-\boldsymbol{f}_{\mathrm{s,max}}<\boldsymbol{f}_{\mathrm{s}}<\boldsymbol{f}_{\mathrm{s,max}}\\\boldsymbol{x}_{\mathrm{s}}(t_0)=\boldsymbol{x}_{\mathrm{s},0}\\\boldsymbol{x}_{\mathrm{s}}(t_f)=\boldsymbol{x}_{\mathrm{s},t_{\mathrm{f}}}\end{cases}\end{aligned}\tag{5-35}$$

值得注意的是，式（5-35）中的优化问题并没有考虑避障约束，得到的最优轨迹可作为模型预测控制方法中的参考轨迹$\boldsymbol{r}_{\mathrm{s}}$，避障要求可以作为约束在模型预测控制方法中进行描述和实现。

2. 不等式约束

采用模型预测控制方法对空间机器人进行控制，往往存在控制输入约束、输出约束以及躲避障碍物约束。输入约束、输出约束具有以下形式

$$\begin{cases}\boldsymbol{u}_{\min} \leqslant \boldsymbol{u} \leqslant \boldsymbol{u}_{\max}, \forall t \\ \boldsymbol{y}_{\min} \leqslant \boldsymbol{y} \leqslant \boldsymbol{y}_{\max}, \forall t\end{cases} \tag{5-36}$$

空间机器人躲避障碍物的约束可以基于式（5-6）中建立的躲避障碍物约束得到，需要注意的是，这些约束要转化为关于决策变量的线性不等式的形式，并与式（5-34）结合，形成标准的二次规划问题。

对于控制约束 $\boldsymbol{u}_{\min} \leqslant \boldsymbol{u} \leqslant \boldsymbol{u}_{\max}$，定义 $\boldsymbol{\Omega}_{N_c} = \left[\boldsymbol{E}_3 \cdots \boldsymbol{E}_3\right]^{\mathrm{T}} \in \mathbb{R}^{3N_c \times 3}$，则控制输入 $\boldsymbol{u}(k)$ 满足如下约束

$$\begin{cases}\boldsymbol{\Omega}_{N_c}\boldsymbol{u}(k-1) + \boldsymbol{\Psi}\Delta\boldsymbol{U}(k) \leqslant \boldsymbol{\Omega}_{N_c}\boldsymbol{u}_{\max} \\ \boldsymbol{\Omega}_{N_c}\boldsymbol{u}(k-1) + \boldsymbol{\Psi}\Delta\boldsymbol{U}(k) \geqslant \boldsymbol{\Omega}_{N_c}\boldsymbol{u}_{\min}\end{cases} \tag{5-37}$$

式中

$$\boldsymbol{\Psi} = \begin{bmatrix}\boldsymbol{E}_3 & & \\ \vdots & \ddots & \\ \boldsymbol{E}_3 & \cdots & \boldsymbol{E}_3\end{bmatrix} \in \mathbb{R}^{3N_c \times 3N_c}$$

对于输出约束 $\boldsymbol{y}_{\min} \leqslant \boldsymbol{y} \leqslant \boldsymbol{y}_{\max}$，定义

$$\boldsymbol{Y}_{\mathrm{p}} = \boldsymbol{\Phi}\boldsymbol{x}(k) + \boldsymbol{\Upsilon}\boldsymbol{u}(k-1), \quad \boldsymbol{\Omega}_{N_{\mathrm{p}}} = \left[\boldsymbol{E}_6 \cdots \boldsymbol{E}_6\right]^{\mathrm{T}} \in \mathbb{R}^{2nN_{\mathrm{p}} \times 6}$$

则输出约束可以表示为

$$\begin{cases}\boldsymbol{Y}_{\mathrm{p}} + \boldsymbol{\Theta}\Delta\boldsymbol{U}(k) \leqslant \boldsymbol{\Omega}_{N_{\mathrm{p}}}\boldsymbol{y}_{\max} \\ \boldsymbol{Y}_{\mathrm{p}} + \boldsymbol{\Theta}\Delta\boldsymbol{U}(k) \geqslant \boldsymbol{\Omega}_{N_{\mathrm{p}}}\boldsymbol{y}_{\min}\end{cases} \tag{5-38}$$

式（5-6）基于速度阻尼方法建立了空间机器人的避障约束，可以将其转化为关于 $\Delta\boldsymbol{U}(k)$ 的线性不等式

$$\boldsymbol{D}_{v\mathrm{p}} + \boldsymbol{\theta}_v\Delta\boldsymbol{U}(k) \geqslant \boldsymbol{D}_{uf} \tag{5-39}$$

式中：$\boldsymbol{D}_{v\mathrm{p}} = \boldsymbol{\theta}_{vj}\boldsymbol{y}_{v\mathrm{p}}$；$\boldsymbol{\theta}_v = \boldsymbol{\theta}_{vj}\boldsymbol{\theta}_{v\mathrm{b}}$。

定义 $\boldsymbol{C}_{v\mathrm{d}} = \left[\boldsymbol{0}_3, \boldsymbol{E}_3\right]$，$\boldsymbol{y}_{v\mathrm{p}} = \boldsymbol{C}_{v\mathrm{d}}\boldsymbol{A}_{\mathrm{d}}\boldsymbol{x}(k) + \boldsymbol{C}_{v\mathrm{d}}\boldsymbol{B}_{\mathrm{d}}\boldsymbol{u}(k-1)$，以及 $\boldsymbol{\theta}_{v\mathrm{d}} = \left[\boldsymbol{C}_{v\mathrm{d}}, \boldsymbol{B}_{\mathrm{d}}, \boldsymbol{0}_3, \cdots, \boldsymbol{0}_3\right] \in \mathbb{R}^{3 \times 3N_c}$，$\boldsymbol{\theta}_{vj}$ 和 $\boldsymbol{D}_{uf}$ 可以定义为

$$\begin{cases}\boldsymbol{\theta}_{vj} = \boldsymbol{n}_1^{\mathrm{T}} \\ \boldsymbol{D}_{uf} = \left\langle \dot{\boldsymbol{r}}_{p_1'}, \boldsymbol{n}_1 \right\rangle - \zeta\dfrac{d - d_{\mathrm{s}}}{d_i - d_{\mathrm{s}}}\end{cases} \tag{5-40}$$

需要指出的是，空间机器人对一个障碍物的躲避可以靠空间机器人与该障碍物上相距最近的一组点 (p_1, p_1') 满足式（5-39）表示的避障约束实现。如果空间中

存在多个障碍物，可以找到空间机器人与第i个障碍物相距最近的一组点$\left(P_i,P_i'\right)$，使其满足具有与式（5-39）相同形式的避障约束来实现空间机器人对该障碍物的躲避，此时，只需要将式（5-39）中与点$\left(P_1,P_1'\right)$相关的物理量分别替换为与点$\left(P_i,P_i'\right)$相关的量。

综上所述，使用模型预测控制方法，空间机器人同时考虑输入约束、输出约束以及避障约束时，求解未来有限时域内最优控制输入增量的问题如下：

$$\begin{aligned} \Delta\boldsymbol{U}^*\left(k\right) &= \min_{\Delta\boldsymbol{U}(k)} \Delta\boldsymbol{U}\left(k\right)^{\mathrm{T}}\boldsymbol{M}\Delta\boldsymbol{U}\left(k\right)+\boldsymbol{\vartheta}^{\mathrm{T}}\Delta\boldsymbol{U}\left(k\right) \\ \text{s.t.} \quad & \boldsymbol{G}\Delta\boldsymbol{U}\left(k\right)\leqslant \boldsymbol{g} \end{aligned} \tag{5-41}$$

式中

$$\boldsymbol{G}=\begin{bmatrix} \boldsymbol{\Psi} \\ -\boldsymbol{\Psi} \\ \boldsymbol{\Theta} \\ -\boldsymbol{\Theta} \\ -\boldsymbol{\theta}_v \end{bmatrix},\quad \boldsymbol{g}=\begin{bmatrix} \boldsymbol{\Omega}_{N_c}\boldsymbol{u}_{\max}-\boldsymbol{\Omega}_{N_c}\boldsymbol{u}\left(k-1\right) \\ -\boldsymbol{\Omega}_{N_c}\boldsymbol{u}_{\min}+\boldsymbol{\Omega}_{N_c}\boldsymbol{u}\left(k-1\right) \\ \boldsymbol{\Omega}_{N_p}\boldsymbol{y}_{\max}-\boldsymbol{Y}_{\mathrm{P}} \\ -\boldsymbol{\Omega}_{N_p}\boldsymbol{y}_{\min}+\boldsymbol{Y}_{\mathrm{P}} \\ \boldsymbol{D}_{vp}-\boldsymbol{D}_{uf} \end{bmatrix} \tag{5-42}$$

式（5-41）具有典型二次规划问题的形式，多约束的存在往往会使得该最优控制问题不可行，因而往往引入松弛变量，将式（5-41）转化为如下问题进行求解

$$\begin{aligned} \Delta\boldsymbol{U}^*\left(k\right) &= \min_{\Delta\boldsymbol{U}(k),\boldsymbol{\varepsilon}} \Delta\boldsymbol{U}\left(k\right)^{\mathrm{T}}\boldsymbol{M}\Delta\boldsymbol{U}\left(k\right)+\boldsymbol{\vartheta}^{\mathrm{T}}\Delta\boldsymbol{U}\left(k\right)+\boldsymbol{\varepsilon}^{\mathrm{T}}\boldsymbol{S}\boldsymbol{\varepsilon} \\ \text{s.t.} \quad & \boldsymbol{G}\Delta\boldsymbol{U}\left(k\right)\leqslant \boldsymbol{g}+\boldsymbol{C}\boldsymbol{\varepsilon} \\ & 0\leqslant\boldsymbol{\varepsilon}\leqslant\boldsymbol{M}_{\varepsilon} \end{aligned} \tag{5-43}$$

式中：$\boldsymbol{\varepsilon}$为松弛变量向量，代表违反约束的大小；$\boldsymbol{C}$为相应维度的矩阵，除对角元素外，各元素取为0，对角元素取0或1表示相应的约束为硬约束或软约束；$\boldsymbol{S}$为松弛变量的权重矩阵；$\boldsymbol{M}_{\epsilon}$为各松弛变量的取值上界。

现有求解二次规划问题的算法和相关工具包较为成熟，本章的研究中使用MATLAB自带的quadprog函数求解式（5-43）所示的二次规划问题，从而可以得到满足空间机器人系统质心逼近目标最优的输入和状态轨迹。

5.4 协调控制

本节研究一种求解空间机器人基座与关节控制力矩的协调控制器。首先，在固连在系统质心上的非惯性坐标系下推导空间机器人的动力学方程，该动力学方程将系统内部重构运动与系统质心的平移运动分离开来，因而更易于系统内部重构运动协调控制器的设计。之后，在得到的动力学方程基础上，基于逆动力学控制方法建立空间机器人控制输入和基座、关节变量相关的线性系统控制输入的关系，并基于

式（3-101）设计基座和末端执行器的参考加速度作为线性系统的控制输入，从而可以计算空间机器人的非线性控制输入，驱动基座和末端执行器同时跟踪期望轨迹。考虑基座姿态执行器只能提供有限的控制力矩，当基座控制力矩饱和时可以利用机械臂关节的运动产生适当的反作用力矩实现基座姿态的控制。

5.4.1 协调控制器

在 5.3 节得到了系统质心处最优的作用力 $\boldsymbol{f}_{\mathrm{s}}^{*}$，为了设计基座姿态和机械臂关节的协调控制器，将得到的 $\boldsymbol{f}_{\mathrm{s}}^{*}$ 代入动力学方程，恢复了基座推力 $\boldsymbol{f}_{\mathrm{bc}}$（即 $\boldsymbol{f}_{\mathrm{s}}^{*}$）对基座姿态和机械臂关节运动的耦合效应，此时有

$$\begin{bmatrix} \boldsymbol{0}_{3\times1} \\ \boldsymbol{n}_{\mathrm{b}} + {}^{\mathrm{s}}\boldsymbol{r}_0^{\times}\boldsymbol{f}_{\mathrm{s}}^{*} \\ \boldsymbol{\tau} - \dfrac{\sum\limits_{i=1}^{n} m_i \boldsymbol{J}_{Ti}^{\mathrm{T}}}{M}\boldsymbol{f}_{\mathrm{s}}^{*} \end{bmatrix} = \begin{bmatrix} M\boldsymbol{E}_3 & \boldsymbol{H}_{v\omega} & \boldsymbol{J}_{\mathrm{T}\omega} \\ \boldsymbol{H}_{v\omega}^{\mathrm{T}} & \boldsymbol{H}_{\omega} & \boldsymbol{H}_{\omega\theta} \\ \boldsymbol{J}_{\mathrm{T}w}^{\mathrm{T}} & \boldsymbol{H}_{\omega\theta}^{\mathrm{T}} & \boldsymbol{H}_{\mathrm{m}} \end{bmatrix} \begin{bmatrix} {}^{\mathrm{s}}\dot{\boldsymbol{v}}_{\mathrm{b}} \\ \dot{\boldsymbol{\omega}}_{\mathrm{b}} \\ \ddot{\boldsymbol{\theta}} \end{bmatrix} + \begin{bmatrix} {}^{\mathrm{s}}\boldsymbol{c}_{\mathrm{b}v} \\ \boldsymbol{c}_{\mathrm{b}\omega} \\ \boldsymbol{c}_{\mathrm{m}} \end{bmatrix} \tag{5-44}$$

基于逆动力学控制方法，定义如下线性系统

$$\begin{bmatrix} {}^{\mathrm{s}}\dot{\boldsymbol{v}}_{\mathrm{b}} \\ \dot{\boldsymbol{\omega}}_{\mathrm{b}} \\ \ddot{\boldsymbol{\theta}} \end{bmatrix} = \boldsymbol{u}_{\mathrm{L}} \tag{5-45}$$

式中：$\boldsymbol{u}_{\mathrm{L}}$ 为线性系统的控制输入。

将式（5-45）代入式（5-44），可以建立空间机器人基座和关节的控制力矩 $\boldsymbol{n}_{\mathrm{bc}}$、$\boldsymbol{\tau}_{\mathrm{mc}}$ 与线性系统输入 $\boldsymbol{u}_{\mathrm{L}}$ 的关系，有

$$\begin{bmatrix} \boldsymbol{n}_{\mathrm{bc}} \\ \boldsymbol{\tau}_{\mathrm{mc}} \end{bmatrix} = \begin{bmatrix} \boldsymbol{H}_{v\omega}^{\mathrm{T}} & \boldsymbol{H}_{\omega} & \boldsymbol{H}_{\omega\theta} \\ \boldsymbol{J}_{\mathrm{T}\omega}^{\mathrm{T}} & \boldsymbol{H}_{\omega\theta}^{\mathrm{T}} & \boldsymbol{H}_{\mathrm{m}} \end{bmatrix} \boldsymbol{u}_{\mathrm{L}} + \begin{bmatrix} \boldsymbol{c}_{\mathrm{b}\omega} \\ \boldsymbol{c}_{\mathrm{m}} \end{bmatrix} - \begin{bmatrix} {}^{\mathrm{s}}\boldsymbol{r}_0^{\times}\boldsymbol{f}_{\mathrm{s}}^{*} \\ -\dfrac{\sum\limits_{i=1}^{n} m_i \boldsymbol{J}_{\mathrm{T}i}^{\mathrm{T}}}{M}\boldsymbol{f}_{\mathrm{s}}^{*} \end{bmatrix} \tag{5-46}$$

为了计算线性系统的控制输入 $\boldsymbol{u}_{\mathrm{L}}$，分别设计基座和末端执行器的参考加速度。基座的参考加速度设计为

$$\begin{cases} {}^{\mathrm{s}}\dot{\boldsymbol{v}}_{\mathrm{bc}} = {}^{\mathrm{s}}\ddot{\boldsymbol{r}}_0^{\mathrm{d}} + \boldsymbol{K}_{\mathrm{b},p1}\left({}^{\mathrm{s}}\dot{\boldsymbol{r}}_0^{\mathrm{d}} - {}^{\mathrm{s}}\dot{\boldsymbol{r}}_0\right) + \boldsymbol{K}_{\mathrm{b},p2}\left({}^{\mathrm{s}}\boldsymbol{r}_0^{\mathrm{d}} - {}^{\mathrm{s}}\boldsymbol{r}_0\right) \\ \dot{\boldsymbol{\omega}}_{\mathrm{bc}} = \dot{\boldsymbol{\omega}}_{\mathrm{b}}^{\mathrm{d}} + \boldsymbol{K}_{\mathrm{b},o1}\dot{\boldsymbol{\delta}}_{\boldsymbol{\sigma}_b} + \boldsymbol{K}_{\mathrm{b},o2}\left(\boldsymbol{\omega}_{\mathrm{b}}^{\mathrm{d}} + \boldsymbol{K}_{\mathrm{b},o1}\boldsymbol{\delta}_{\boldsymbol{\sigma}_{\mathrm{b}}} - \boldsymbol{\omega}_{\mathrm{b}}\right) \end{cases} \tag{5-47}$$

末端执行器的参考加速度设计为

$$\begin{cases} {}^{\mathrm{s}}\dot{\boldsymbol{v}}_{\mathrm{ec}} = {}^{\mathrm{s}}\ddot{\boldsymbol{p}}_{\mathrm{e}}^{\mathrm{d}} + \boldsymbol{K}_{\mathrm{e},p1}\left({}^{\mathrm{s}}\dot{\boldsymbol{p}}_{\mathrm{e}}^{\mathrm{d}} - {}^{\mathrm{s}}\dot{\boldsymbol{p}}_{\mathrm{e}}\right) + \boldsymbol{K}_{\mathrm{e},p2}\left({}^{\mathrm{s}}\boldsymbol{p}_{\mathrm{e}}^{\mathrm{d}} - {}^{\mathrm{s}}\boldsymbol{p}_{\mathrm{e}}\right) \\ \dot{\boldsymbol{\omega}}_{\mathrm{ec}} = \dot{\boldsymbol{\omega}}_{\mathrm{e}}^{\mathrm{d}} + \boldsymbol{K}_{\mathrm{e},o1}\dot{\boldsymbol{\delta}}_{\boldsymbol{\sigma}_{\mathrm{e}}} + \boldsymbol{K}_{\mathrm{e},o2}\left(\boldsymbol{\omega}_{\mathrm{e}}^{\mathrm{d}} + \boldsymbol{K}_{\mathrm{e},o1}\boldsymbol{\delta}_{\boldsymbol{\sigma}_{\mathrm{e}}} - \boldsymbol{\omega}_{\mathrm{e}}\right) \end{cases} \tag{5-48}$$

式中：右上标“d”代表期望轨迹，单位四元数$\boldsymbol{q}_i=\{\eta_i,\boldsymbol{\sigma}_i\}\in\mathbb{R}^4, i=\mathrm{b,e}$表示基座和末端执行器的姿态（$\eta_i$为单位四元数标量部分，$\boldsymbol{\sigma}_i$为单位四元数向量部分）；$\delta\boldsymbol{\sigma}_i=\eta_i\boldsymbol{\sigma}_i^{\mathrm{d}}-\eta_i^{\mathrm{d}}\boldsymbol{\sigma}_i-\boldsymbol{\sigma}_i^{\mathrm{d}}\times\boldsymbol{\sigma}_i, i=\mathrm{b,e}$代表基座和末端执行器的姿态误差；$\boldsymbol{K}_{i,p1}$、$\boldsymbol{K}_{i,p2}$、$\boldsymbol{K}_{i,o1}$、$\boldsymbol{K}_{i,o2}$, $i=\mathrm{b,e}$是正定的增益矩阵。

值得注意的是，为了抓捕目标，机械臂末端执行器在$\sum_{\mathrm{s}}$系中的期望轨迹可以通过将其在惯性系下规划的轨迹减去系统质心的轨迹来得到。此外，在基座的质量远大于整个机械臂质量的情形下，系统质心的位置近似与基座质心的位置重合。因而，在下文中的协调控制器主要关注保证使基座姿态和末端执行器的位姿跟踪参考轨迹。当然，基座质心的位置也可以通过提出的协调控制器实现，即利用臂的运动产生反作用力来控制基座质心的位置。

基于如下的前向运动学关系式

$$\begin{bmatrix}\dot{\boldsymbol{v}}_{\mathrm{e}}\\ \dot{\boldsymbol{\omega}}_{\mathrm{e}}\end{bmatrix}=\dot{\boldsymbol{J}}_{\mathrm{b}}\begin{bmatrix}\boldsymbol{v}_{\mathrm{b}}\\ \boldsymbol{\omega}_{\mathrm{b}}\end{bmatrix}+\boldsymbol{J}_{\mathrm{b}}\begin{bmatrix}\dot{\boldsymbol{v}}_{\mathrm{b}}\\ \dot{\boldsymbol{\omega}}_{\mathrm{b}}\end{bmatrix}+\dot{\boldsymbol{J}}_{\mathrm{m}}\dot{\boldsymbol{\theta}}+\boldsymbol{J}_{\mathrm{m}}\ddot{\boldsymbol{\theta}} \tag{5-49}$$

给定参考加速度$\dot{\boldsymbol{\omega}}_{\mathrm{bc}}$和${}^{s}\dot{\boldsymbol{v}}_{\mathrm{ec}}$，$\dot{\boldsymbol{\omega}}_{\mathrm{ec}}$，机械臂关节范数最小的参考加速度可以使用拉格朗日乘子法求解得到[13]

$$\ddot{\boldsymbol{\theta}}_{\mathrm{c}}=\boldsymbol{J}_m^{+}\left(\begin{bmatrix}{}^{\mathrm{s}}\dot{\boldsymbol{v}}_{\mathrm{ec}}\\ \dot{\boldsymbol{\omega}}_{\mathrm{ec}}\end{bmatrix}-\dot{\boldsymbol{J}}_{\mathrm{b}}\begin{bmatrix}{}^{\mathrm{s}}\boldsymbol{v}_{\mathrm{b}}\\ \boldsymbol{\omega}_{\mathrm{b}}\end{bmatrix}-\boldsymbol{J}_{\mathrm{b}}\begin{bmatrix}{}^{\mathrm{s}}\dot{\boldsymbol{v}}_{\mathrm{b}}\\ \dot{\boldsymbol{\omega}}_{\mathrm{bc}}\end{bmatrix}-\dot{\boldsymbol{J}}_{\mathrm{m}}\dot{\boldsymbol{\theta}}\right) \tag{5-50}$$

式中：“+”表示矩阵的广义逆，$\boldsymbol{J}_{\mathrm{m}}^{+}=\boldsymbol{J}_{\mathrm{m}}^{\mathrm{T}}\left(\boldsymbol{J}_{\mathrm{m}}\boldsymbol{J}_{\mathrm{m}}^{\mathrm{T}}\right)^{-1}$。

将得到的基座参考加速度和关节参考加速度作为线性系统的控制输入$\boldsymbol{u}_{\mathrm{L}}$，并代入关系式（5-46），可以得到空间机器人基座和关节的控制力矩

$$\begin{cases}\boldsymbol{n}_{\mathrm{bc}}=\boldsymbol{H}_{v\omega}^{\mathrm{T}}\,{}^{\mathrm{s}}\dot{\boldsymbol{v}}_{\mathrm{b}}+\boldsymbol{H}_{\omega}\dot{\boldsymbol{\omega}}_{\mathrm{bc}}+\boldsymbol{H}_{\omega\theta}\ddot{\boldsymbol{\theta}}_{\mathrm{c}}+\boldsymbol{c}_{\mathrm{b}_{\omega}}+\boldsymbol{J}_{\mathrm{s}\omega}^{\mathrm{T}}\boldsymbol{f}_{\mathrm{s}}^{*}\\ \boldsymbol{\tau}_{\mathrm{mc}}=\boldsymbol{J}_{\mathrm{T}\omega}^{\mathrm{T}}\,{}^{\mathrm{s}}\dot{\boldsymbol{v}}_{\mathrm{b}}+\boldsymbol{H}_{\omega\theta}^{\mathrm{T}}\dot{\boldsymbol{\omega}}_{\mathrm{bc}}+\boldsymbol{H}_{\mathrm{m}}\ddot{\boldsymbol{\theta}}_{\mathrm{c}}+\boldsymbol{c}_{\mathrm{m}}+\boldsymbol{J}_{\mathrm{sm}}^{\mathrm{T}}\boldsymbol{f}_{\mathrm{s}}^{*}\end{cases} \tag{5-51}$$

值得注意的是，前边指出本节设计的协调控制器不关注基座质心位置的控制，因而使用了基座质心的期望线加速度而非参考线加速度。

考虑基座姿态执行器只能提供有限的力矩，将得到的基座控制力矩与执行器能提供的最大力矩做比较，并做如下相应的修改

$$\bar{n}_{\mathrm{bc},i}=\begin{cases}\mathrm{sgn}\left(n_{\mathrm{bc},i}\right)\cdot n_{\mathrm{b},i\max}, & \left|n_{\mathrm{bc},i}\right|\geqslant n_{\mathrm{b},i\max}\\ n_{\mathrm{bc},i}, & \left|n_{\mathrm{bc},i}\right|<n_{\mathrm{b},i\max}\end{cases} \tag{5-52}$$

式中：$i=x,y,z$；$n_{\mathrm{b},i\max}$为基座姿态执行器能够提供的最大力矩；$\mathrm{sgn}(\bullet)$为符号函数。

相应地，机械臂关节的参考加速度$\ddot{\boldsymbol{\theta}}_{\mathrm{c}}$同样需要修改，其在保证机械臂末端执

行器的位姿能够跟踪期望轨迹的同时，需要产生适当的反作用力矩协助控制基座姿态。因而，修改后的关节参考加速度$\bar{\ddot{\boldsymbol{\theta}}}_{\mathrm{c}}$满足如下等式约束

$$\begin{cases} \dot{\boldsymbol{J}}_{\mathrm{b}}\begin{bmatrix} {}^{\mathrm{s}}\boldsymbol{v}_{\mathrm{b}} \\ \boldsymbol{\omega}_{\mathrm{b}} \end{bmatrix} + \boldsymbol{J}_{\mathrm{b}}\begin{bmatrix} {}^{\mathrm{s}}\dot{\boldsymbol{v}}_{\mathrm{b}} \\ \dot{\boldsymbol{\omega}}_{\mathrm{bc}} \end{bmatrix} + \dot{\boldsymbol{J}}_{\mathrm{m}}\dot{\boldsymbol{\theta}} + \boldsymbol{J}_{\mathrm{m}}\bar{\ddot{\boldsymbol{\theta}}}_{\mathrm{c}} = \begin{bmatrix} {}^{\mathrm{s}}\dot{\boldsymbol{v}}_{\mathrm{ec}} \\ \dot{\boldsymbol{\omega}}_{\mathrm{ec}} \end{bmatrix} \\ \boldsymbol{H}_{v\omega}^{\mathrm{T}}\,{}^{\mathrm{s}}\dot{\boldsymbol{v}}_{\mathrm{b}} + \boldsymbol{H}_{\omega}\dot{\boldsymbol{\omega}}_{\mathrm{bc}} + \boldsymbol{H}_{\omega\theta}\bar{\ddot{\boldsymbol{\theta}}}_{\mathrm{c}} + \boldsymbol{c}_{\mathrm{b}\omega} + \boldsymbol{J}_{\mathrm{s}\omega}^{\mathrm{T}}\boldsymbol{f}_{\mathrm{s}}^{*} = \bar{\boldsymbol{n}}_{\mathrm{bc}} \end{cases} \tag{5-53}$$

式（5-53）对奇异具有鲁棒性的解通过下式计算得到，可以避免产生过大的关节加速度[13]

$$\bar{\ddot{\boldsymbol{\theta}}}_{\mathrm{c}} = \left(\begin{bmatrix} \boldsymbol{J}_{\mathrm{m}} \\ \boldsymbol{H}_{\omega\theta} \end{bmatrix}^{\mathrm{T}}\begin{bmatrix} \boldsymbol{J}_{\mathrm{m}} \\ \boldsymbol{H}_{\omega\theta} \end{bmatrix} + \lambda_{\theta}\boldsymbol{E}_{7}\right)^{-1}\begin{bmatrix} \boldsymbol{J}_{\mathrm{m}} \\ \boldsymbol{H}_{\omega\theta} \end{bmatrix}^{\mathrm{T}}\begin{bmatrix} \begin{bmatrix} {}^{\mathrm{s}}\dot{\boldsymbol{v}}_{\mathrm{ec}} \\ \dot{\boldsymbol{\omega}}_{\mathrm{ec}} \end{bmatrix} - \dot{\boldsymbol{J}}_{\mathrm{b}}\begin{bmatrix} {}^{\mathrm{s}}\boldsymbol{v}_{\mathrm{b}} \\ \boldsymbol{\omega}_{\mathrm{b}} \end{bmatrix} - \boldsymbol{J}_{\mathrm{b}}\begin{bmatrix} {}^{\mathrm{s}}\dot{\boldsymbol{v}}_{\mathrm{b}} \\ \dot{\boldsymbol{\omega}}_{\mathrm{bc}} \end{bmatrix} - \dot{\boldsymbol{J}}_{\mathrm{m}}\dot{\boldsymbol{\theta}} \\ \bar{\boldsymbol{n}}_{\mathrm{bc}} - \boldsymbol{H}_{v\omega}^{\mathrm{T}}\,{}^{\mathrm{s}}\dot{\boldsymbol{v}}_{\mathrm{b}} - \boldsymbol{H}_{\omega}\dot{\boldsymbol{\omega}}_{\mathrm{bc}} - \boldsymbol{c}_{\mathrm{b}\omega} - \boldsymbol{J}_{\mathrm{s}\omega}^{\mathrm{T}}\boldsymbol{f}_{\mathrm{s}}^{*} \end{bmatrix} \tag{5-54}$$

式中：$\lambda_{\theta} > 0$为调节解的精确性与可行性的比例因子。本章假设关节力矩能够提供式（5-54）要求的关节加速度。

给定修改后的关节参考加速度$\bar{\ddot{\boldsymbol{\theta}}}_{\mathrm{c}}$，修改后的关节控制力矩$\bar{\boldsymbol{\tau}}_{\mathrm{mc}}$通过式（5-55）计算得到，即

$$\bar{\boldsymbol{\tau}}_{\mathrm{mc}} = \boldsymbol{J}_{\mathrm{T}\omega}^{\mathrm{T}}\,{}^{\mathrm{s}}\dot{\boldsymbol{v}}_{\mathrm{b}} + \boldsymbol{H}_{\omega\theta}^{\mathrm{T}}\dot{\boldsymbol{\omega}}_{\mathrm{bc}} + \boldsymbol{H}_{\mathrm{m}}\bar{\ddot{\boldsymbol{\theta}}}_{\mathrm{c}} + \boldsymbol{c}_{\mathrm{m}} + \boldsymbol{J}_{\mathrm{sm}}^{\mathrm{T}}\boldsymbol{f}_{\mathrm{s}}^{*} \tag{5-55}$$

因而，使用修改后的基座和关节控制力矩$\bar{\boldsymbol{n}}_{\mathrm{bc}}$和$\bar{\boldsymbol{\tau}}_{\mathrm{mc}}$，基座姿态和末端执行器位姿能够同时跟踪期望的轨迹。同时，保证基座控制力矩$\bar{\boldsymbol{n}}_{\mathrm{bc}}$不超出基座姿态执行器可以提供的控制力矩范围。协调控制器的稳定性证明将在 5.4.2 节给出。

5.4.2 稳定性分析

由式（5-51）可知，$\bar{\boldsymbol{n}}_{\mathrm{bc}}$的计算式为

$$\bar{\boldsymbol{n}}_{\mathrm{bc}} = \boldsymbol{H}_{v\omega}^{\mathrm{T}}\,{}^{\mathrm{s}}\dot{\boldsymbol{v}}_{\mathrm{b}} + \boldsymbol{H}_{\omega}\dot{\boldsymbol{\omega}}_{\mathrm{bc}} + \boldsymbol{H}_{\omega\theta}\bar{\ddot{\boldsymbol{\theta}}}_{\mathrm{c}} + \boldsymbol{c}_{\mathrm{b}\omega} + \boldsymbol{J}_{\mathrm{s}\omega}^{\mathrm{T}}\boldsymbol{f}_{\mathrm{s}}^{*} \tag{5-56}$$

将式（5-55）和式（5-56）的控制律代入系统的动力学方程（5-44），可以得到

$$\begin{cases} \boldsymbol{H}_{v\omega}^{\mathrm{T}}\,{}^{\mathrm{s}}\dot{\boldsymbol{v}}_{\mathrm{b}} + \boldsymbol{H}_{\omega}\dot{\boldsymbol{\omega}}_{\mathrm{bc}} + \boldsymbol{H}_{\omega\theta}\bar{\ddot{\boldsymbol{\theta}}}_{\mathrm{c}} + \boldsymbol{c}_{\mathrm{b}\omega} = \boldsymbol{H}_{v\omega}^{\mathrm{T}}\,{}^{\mathrm{s}}\dot{\boldsymbol{v}}_{\mathrm{b}} + \boldsymbol{H}_{\omega}\dot{\boldsymbol{\omega}}_{\mathrm{b}} + \boldsymbol{H}_{\omega\theta}\ddot{\boldsymbol{\theta}} + \boldsymbol{c}_{\mathrm{b}\omega} \\ \boldsymbol{T}_{\mathrm{T}\omega}^{\mathrm{T}}\,{}^{\mathrm{s}}\dot{\boldsymbol{v}}_{\mathrm{b}} + \boldsymbol{H}_{\omega\theta}^{\mathrm{T}}\dot{\boldsymbol{\omega}}_{\mathrm{bc}} + \boldsymbol{H}_{\mathrm{m}}\bar{\ddot{\boldsymbol{\theta}}}_{\mathrm{c}} + \boldsymbol{c}_{\mathrm{m}} = \boldsymbol{J}_{\mathrm{T}\omega}^{\mathrm{T}}\,{}^{\mathrm{s}}\dot{\boldsymbol{v}}_{\mathrm{b}} + \boldsymbol{H}_{\omega\theta}^{\mathrm{T}}\dot{\boldsymbol{\omega}}_{\mathrm{b}} + \boldsymbol{H}_{\mathrm{m}}\ddot{\boldsymbol{\theta}} + \boldsymbol{c}_{\mathrm{m}} \end{cases} \tag{5-57}$$

其等价于

$$\begin{cases} \boldsymbol{H}_{\omega}\left(\dot{\boldsymbol{\omega}}_{\mathrm{bc}} - \dot{\boldsymbol{\omega}}_{\mathrm{b}}\right) + \boldsymbol{H}_{\omega\theta}\left(\bar{\ddot{\boldsymbol{\theta}}}_{\mathrm{c}} - \ddot{\boldsymbol{\theta}}\right) = \boldsymbol{0} \\ \boldsymbol{H}_{\omega\theta}^{\mathrm{T}}\left(\dot{\boldsymbol{\omega}}_{\mathrm{bc}} - \dot{\boldsymbol{\omega}}_{\mathrm{b}}\right) + \boldsymbol{H}_{\mathrm{m}}\left(\bar{\ddot{\boldsymbol{\theta}}}_{\mathrm{c}} - \ddot{\boldsymbol{\theta}}\right) = \boldsymbol{0} \end{cases} \tag{5-58}$$

空间机器人中对应基座姿态和关节运动部分的惯量矩阵 $\boldsymbol{H}_{\omega\mathrm{m}}=\begin{bmatrix}\boldsymbol{H}_{\omega},\boldsymbol{H}_{\omega\theta}\\ \boldsymbol{H}_{\omega\theta}^{\mathrm{T}},\boldsymbol{H}_{\mathrm{m}}\end{bmatrix}$ 是可逆的，因而，存在 $\dot{\boldsymbol{\omega}}_{\mathrm{bc}}-\dot{\boldsymbol{\omega}}_{\mathrm{b}}=\boldsymbol{0}$ 以及 $\overline{\ddot{\boldsymbol{\theta}}}_{\mathrm{c}}-\ddot{\boldsymbol{\theta}}_{\mathrm{c}}=\boldsymbol{0}$ 。将 $\dot{\boldsymbol{\omega}}_{\mathrm{bc}}=\dot{\boldsymbol{\omega}}_{\mathrm{b}}$ 和 $\overline{\ddot{\boldsymbol{\theta}}}_{\mathrm{c}}=\ddot{\boldsymbol{\theta}}_{\mathrm{c}}$ 代入式(5-53)可以得到

$$\dot{\boldsymbol{J}}_{\mathrm{b}}\begin{bmatrix}{}^{\mathrm{s}}\boldsymbol{v}_{\mathrm{b}}\\ \boldsymbol{\omega}_{\mathrm{b}}\end{bmatrix}+\boldsymbol{J}_{\mathrm{b}}\begin{bmatrix}{}^{\mathrm{s}}\dot{\boldsymbol{v}}_{\mathrm{b}}\\ \dot{\boldsymbol{\omega}}_{\mathrm{b}}\end{bmatrix}+\dot{\boldsymbol{J}}_{\mathrm{m}}\dot{\boldsymbol{\theta}}+\dot{\boldsymbol{J}}_{\mathrm{m}}\ddot{\boldsymbol{\theta}}=\begin{bmatrix}{}^{\mathrm{s}}\dot{\boldsymbol{v}}_{\mathrm{e}}\\ \dot{\boldsymbol{\omega}}_{\mathrm{e}}\end{bmatrix}=\begin{bmatrix}{}^{\mathrm{s}}\dot{\boldsymbol{v}}_{\mathrm{ec}}\\ \dot{\boldsymbol{\omega}}_{\mathrm{ec}}\end{bmatrix} \tag{5-59}$$

意味着 ${}^{\mathrm{s}}\dot{\boldsymbol{v}}_{\mathrm{ec}}={}^{\mathrm{s}}\dot{\boldsymbol{v}}_{\mathrm{e}}$ 和 $\dot{\boldsymbol{\omega}}_{\mathrm{ec}}=\dot{\boldsymbol{\omega}}_{\mathrm{e}}$。利用式（5-48）中 ${}^{\mathrm{s}}\dot{\boldsymbol{v}}_{\mathrm{ec}}$ 的表达式，关系式 ${}^{\mathrm{s}}\dot{\boldsymbol{v}}_{\mathrm{ec}}={}^{s}\dot{\boldsymbol{v}}_{\mathrm{e}}$ 可以表达为（注意 ${}^{\mathrm{s}}\ddot{\boldsymbol{p}}_{\mathrm{e}}={}^{\mathrm{s}}\dot{\boldsymbol{v}}_{\mathrm{e}}$）

$$\left({}^{\mathrm{s}}\ddot{\boldsymbol{p}}_{\mathrm{e}}^{\mathrm{d}}-{}^{\mathrm{s}}\ddot{\boldsymbol{p}}_{\mathrm{e}}\right)+\boldsymbol{K}_{\mathrm{e},p1}\left({}^{\mathrm{s}}\dot{\boldsymbol{p}}_{\mathrm{e}}^{\mathrm{d}}-{}^{\mathrm{s}}\dot{\boldsymbol{p}}_{\mathrm{e}}\right)+\boldsymbol{K}_{\mathrm{e},p2}\left({}^{\mathrm{s}}\boldsymbol{p}_{\mathrm{e}}^{\mathrm{d}}-{}^{\mathrm{s}}\boldsymbol{p}_{\mathrm{e}}\right)=\boldsymbol{0} \tag{5-60}$$

容易看出式（5-60）的系统是指数稳定的，表明末端执行器的位置跟踪误差 $\left({}^{\mathrm{s}}\boldsymbol{p}_{\mathrm{e}}^{\mathrm{d}}-{}^{\mathrm{s}}\boldsymbol{p}_{\mathrm{e}}\right)$ 渐近收敛至零。

为了证明提出的协调控制器能够使得基座姿态误差渐近收敛至零，定义基座的参考角速度 $\overline{\boldsymbol{\omega}}_{\mathrm{bc}}=\boldsymbol{\omega}_{\mathrm{b}}^{\mathrm{d}}+\boldsymbol{K}_{\mathrm{b},o1}\boldsymbol{\delta}_{\sigma_{\mathrm{b}}}$ ，并定义关于参考角速度跟踪误差（$\overline{\boldsymbol{\omega}}_{\mathrm{bc}}-\boldsymbol{\omega}_{\mathrm{b}}$）正定的 Lyapunov 函数为

$$V=\frac{1}{2}\left(\overline{\boldsymbol{\omega}}_{\mathrm{bc}}-\boldsymbol{\omega}_{\mathrm{b}}\right)^{\mathrm{T}}\left(\overline{\boldsymbol{\omega}}_{\mathrm{bc}}-\boldsymbol{\omega}_{\mathrm{b}}\right) \tag{5-61}$$

其导数为

$$\dot{V}=\left(\overline{\boldsymbol{\omega}}_{\mathrm{bc}}-\boldsymbol{\omega}_{\mathrm{b}}\right)^{\mathrm{T}}\left(\dot{\overline{\boldsymbol{\omega}}}_{\mathrm{bc}}-\dot{\boldsymbol{\omega}}_{\mathrm{b}}\right) \tag{5-62}$$

利用关系式 $\dot{\boldsymbol{\omega}}_{\mathrm{bc}}-\dot{\boldsymbol{\omega}}_{\mathrm{b}}$ 以及 $\dot{\boldsymbol{\omega}}_{\mathrm{bc}}$ 的表达式，可以得到

$$\dot{\overline{\boldsymbol{\omega}}}_{\mathrm{bc}}-\dot{\boldsymbol{\omega}}_{\mathrm{b}}=\dot{\overline{\boldsymbol{\omega}}}_{\mathrm{bc}}-\dot{\boldsymbol{\omega}}_{\mathrm{bc}}=-\boldsymbol{K}_{\mathrm{b},o2}\left(\boldsymbol{\omega}_{\mathrm{b}}^{\mathrm{d}}+\boldsymbol{K}_{\mathrm{b},o1}\boldsymbol{\delta}_{\sigma_{\mathrm{b}}}-\boldsymbol{\omega}_{\mathrm{b}}\right)=-\boldsymbol{K}_{\mathrm{b},o2}\left(\overline{\boldsymbol{\omega}}_{\mathrm{bc}}-\boldsymbol{\omega}_{\mathrm{b}}\right) \tag{5-63}$$

将式（5-63）代入式（5-62），Lyapunov 函数 V 的导数可以表示为

$$\dot{V}=-\left(\overline{\boldsymbol{\omega}}_{\mathrm{bc}}-\boldsymbol{\omega}_{\mathrm{b}}\right)^{\mathrm{T}}\boldsymbol{K}_{\mathrm{b},o2}\left(\overline{\boldsymbol{\omega}}_{\mathrm{bc}}-\boldsymbol{\omega}_{\mathrm{b}}\right) \tag{5-64}$$

显然，$\dot{V}$ 是负定的，意味着在提出的协调控制器作用下，基座姿态误差动力学的平衡点 $\overline{\boldsymbol{\omega}}_{\mathrm{bc}}-\boldsymbol{\omega}_{\mathrm{b}}=\boldsymbol{0}$ 是渐近稳定的。给定 $\overline{\boldsymbol{\omega}}_{\mathrm{bc}}-\boldsymbol{\omega}_{\mathrm{b}}=\boldsymbol{0}$，第 3 章中证明了基座姿态 $\boldsymbol{\delta}_{\sigma_{\mathrm{b}}}$ 渐近收敛至零。按照上述过程和流程，同样可以证明在提出的协调控制器作用下，末端执行器的姿态误差 $\boldsymbol{\delta}_{\sigma_{\mathrm{e}}}$ 也渐近收敛至零。

5.5 仿真验证

本节在带有 7 自由度机械臂的空间机器人上验证提出的最优轨迹规划和控制器的性能。空间机器人仿真模型如图 5-5 所示。空间机器人的运动学与动力学参数如表 5-1 所示。

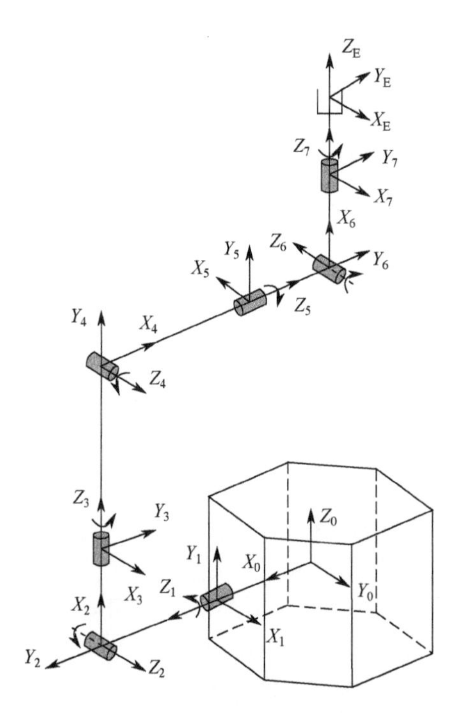

图 5-5　空间机器人仿真模型

表 5-1　空间机器人运动学与动力学参数

	质量	连杆长度/m			转动惯量/(kg·m²)		
	m_i	l_i	a_i	b_i	I_{xx}	I_{yy}	I_{zz}
基座	200	1.8	0.9	0.9	50	50	50
连杆 1	2	0.18	0.09	0.09	0.1	0.1	0.1
连杆 2	4	0.256	0.128	0.128	0.2	0.3	0.3
连杆 3	8	1.4	0.7	0.7	0.8	0.8	0.5
连杆 4	6	1	0.5	0.5	0.4	0.7	0.7
连杆 5	2	0.18	0.09	0.09	0.1	0.1	0.1
连杆 6	2	0.18	0.09	0.09	0.1	0.1	0.1
连杆 7	5	0.3	0.15	0.15	0.4	0.4	0.3

空间机器人使用提出的最优控制器式（5-9）和式（5-43）接近目标，接近过程分别实现能量消耗和燃料消耗最省，能够躲避遇到的障碍物，并且满足推力约束；同时使用提出的协调控制器使得末端执行器位置跟踪期望轨迹并保证基座姿态无干扰，其中，当基座姿态执行器达到饱和时利用机械臂运动产生反作用力矩来控制基座姿态。将本章提出的最优控制器和协调控制器同时作用在空间机器人系统上，使得在系统完成接近目标的同时末端执行器到达抓捕状态，并保证整个过程中基座姿态不受扰动。

选择轨道固定坐标系作为惯性坐标系，使其在初始时刻与坐标系$\sum_s$重合。机械臂初始构型设置为$\boldsymbol{\theta}_0=[0,-\pi/6,\pi/3,\pi/6,\pi/4,-\pi/6,-\pi/4]^{\mathrm{T}}$ rad。为了实现接近目标，假设系统质心需要在$t=120\,\mathrm{s}$时到达惯性坐标系$[35,40,45]\,\mathrm{m}$处。在$[6,7,13]\,\mathrm{m}$处存在半径为 0.7m 的球形障碍物。可以计算得到，最优控制问题式（5-19）中能够包络空间机器人所有可能的运动构型的最小球形半径为 4.0492m，因而设置空间机器人系统质心与球形障碍物中心之间的安全距离$d_s=48\,\mathrm{m}$，则可以保证空间机器人不与障碍物发生碰撞。式（5-9）和式（5-19）中最优控制器其他的控制参数设置为：$\boldsymbol{f}_{s\max}=3\mathrm{N}$，$k_f=\dfrac{2}{f_{s,i\max}}$，$\xi=0.5$。

通过不断减小ϵ的值对最优控制问题（5-19）进行迭代求解。不同ϵ值下的能量消耗如表 5-2 所示。迭代过程在$\epsilon=10^{-6}$时停止，因为能量消耗不再随ϵ取值减小而变小。因此，如 5.3.2 节中的分析和说明，$\epsilon=10^{-6}$对应的转化后最优控制问题最优解等价于原最优控制问题的最优解，应该作为最优的基座推力施加于空间机器人系统。值得注意的是，当$\epsilon=10^{-6}$时，原最优控制问题和转化后最优控制问题的能量消耗相同。不同ϵ值下基座最优控制推力变化曲线如图 5-6 所示，可以看出，所有的基座控制推力都没有违反指定的推力约束。

表 5-2 不同ϵ值下的能量消耗

ϵ	10^{-1}	10^{-2}	10^{-4}	10^{-5}	10^{-6}
$J(\boldsymbol{f}_s)$	1948.1	1881.7	1861.0	1860.1	1860.0
$\bar{J}(\bar{\boldsymbol{f}}_s)$	2577.8	1966.3	1863.2	1860.4	1860.0
$\Delta\bar{J}/\bar{J}$	—	23.72%	5.24%	0.15%	0.02%

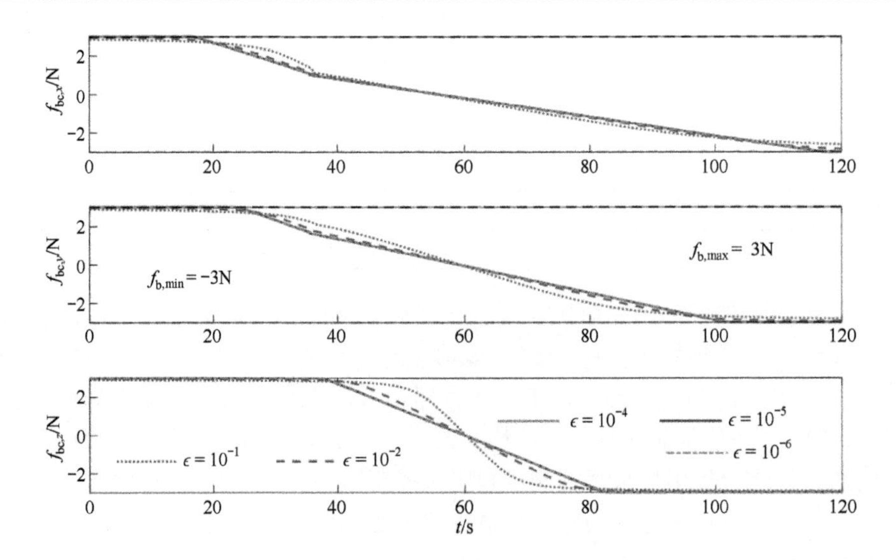

图 5-6 不同ϵ值下的基座最优控制推力变化曲线

为了验证微分–代数方程组两点边值问题描述和求解的正确性（使用 bvpSuite 工具箱），对式（5-20）哈密顿函数的取值变化和一阶最优性条件中代数方程约束的余差进行了计算。哈密顿函数取值变化曲线如图 5-7 所示，一阶最优性条件中代数方程约束的余差变化曲线如图 5-8 所示。因为最优控制问题（5-19）的终端时刻固定并且哈密顿函数不显式依赖于时间，哈密顿函数（5-20）在最优解上应该为常值。从图 5-7 可以看出，哈密顿函数的变化值$\left(\Delta H = H\left(t\right) = H_0\right)$小于$10^{-8}$；从图 5-8 可以看出，一阶最优性条件中代数方程约束的所有的余差都小于2×10^{-7}。这表明很好地求解了微分–代数方程组的两点边值问题。

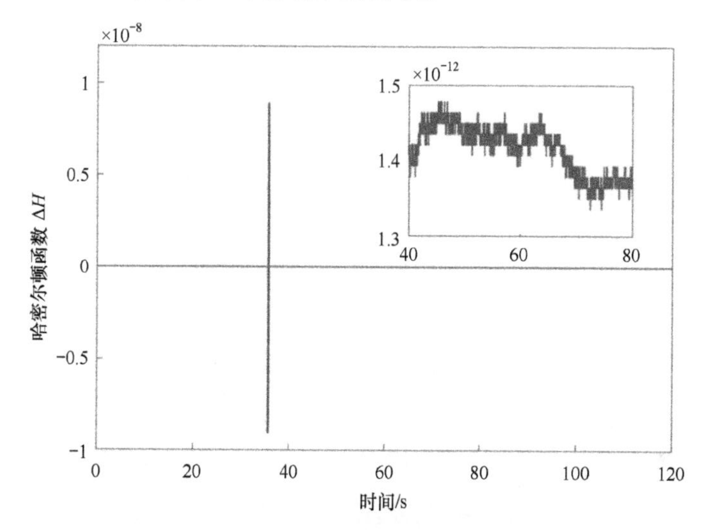

图 5-7　哈密顿函数取值变化曲线

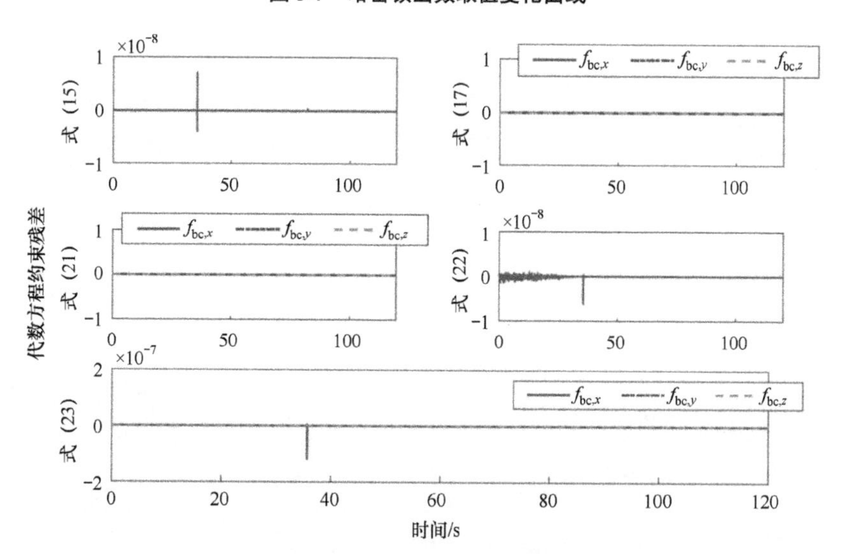

图 5-8　一阶最优性条件中代数方程约束的余差变化曲线

为了验证得到的基座控制推力的最优性，对海森矩阵沿微分–代数方程组两点边值问题解的最小特征值进行了计算，海森矩阵的最小特征值变化曲线如图 5-9 所示。可以看出，海森矩阵的最小特征值总是大于零，因而海森矩阵永远正定，表明两点边值问题的解具有最优性，即得到了最优的基座控制推力。

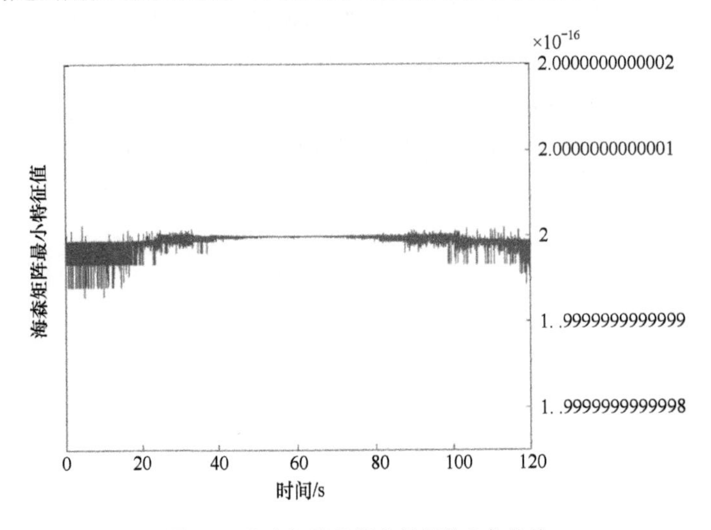

图 5-9 海森矩阵的最小特征值变化曲线

系统质心最优的位置轨迹曲线如图 5-10 所示，可以看出，使用求解最优控制问题（5-9）得到的最优基座控制推力后，在 $t_f = 120\,\mathrm{s}$ 时系统质心位置成功到达期望位置。每一时刻，系统质心与障碍物上参考点间的距离变化曲线如图 5-11 所示，可以看出该距离总是大于预设的安全距离 d_s，表明空间机器人成功地躲避了障碍物。

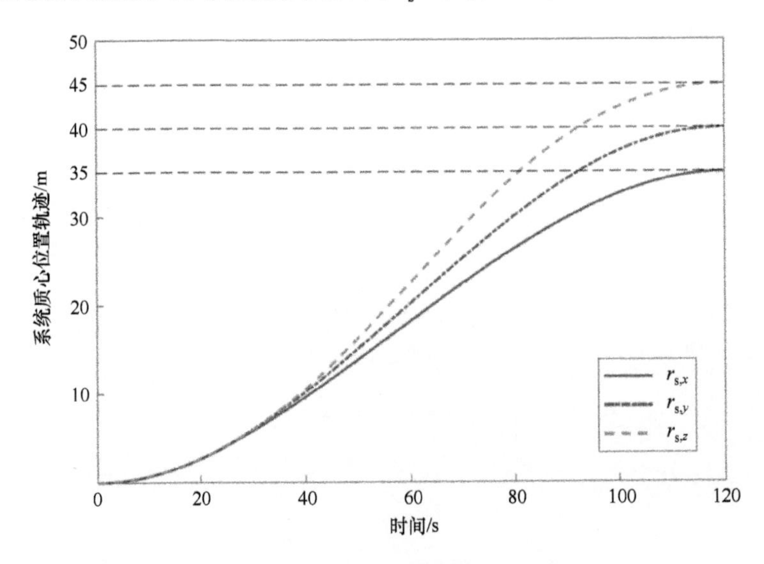

图 5-10 系统质心最优的位置轨迹变化曲线

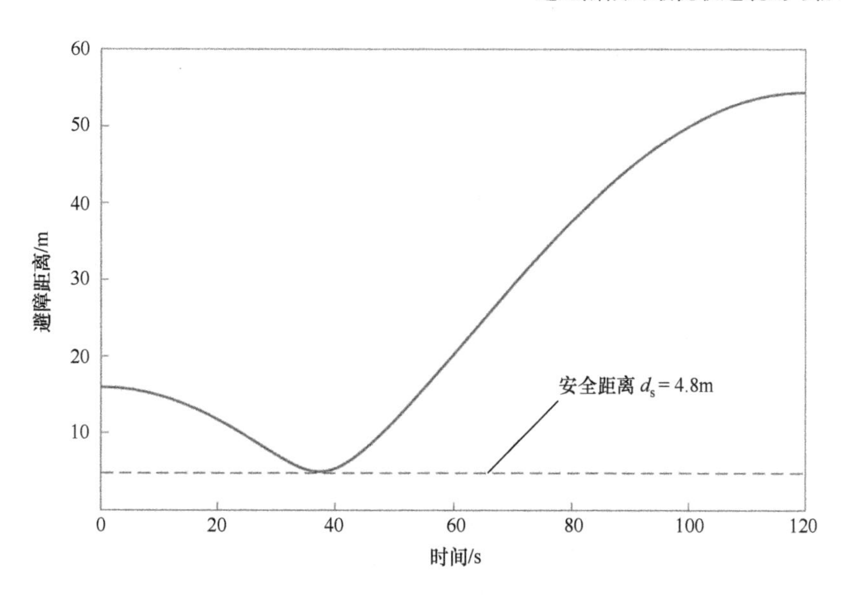

图 5-11　系统质心与障碍物上参考点间的距离变化曲线

将提出的协调控制器（5-52）和（5-55）与最优控制器（5-19）同时施加在空间机器人上，使得机械臂末端执行器能够跟踪期望的位置轨迹以及基座姿态保持静止。假设目标的轨迹是客观的或提前已知的，为了抓捕目标并且充分验证提出的协调控制器的有效性，假设机械臂末端执行器需要跟踪如下双纽线形式的位置轨迹

$$\begin{cases} {}^{s}p_{e,x}^{d} = -0.6446 + 0.4\sin\left(\dfrac{\pi}{30}t + \pi\right)(\mathrm{m}) \\ {}^{s}p_{e,y}^{d} = -0.3943 + 0.6\cos\left(\dfrac{\pi}{60}t + \dfrac{\pi}{2}\right)(\mathrm{m}) \\ {}^{s}p_{e,z}^{d} = 1.6288(\mathrm{m}) \end{cases} \tag{5-65}$$

协调控制器中的控制参数设置为：$\boldsymbol{K}_{b,o1}=\boldsymbol{K}_{b,o2}=100\boldsymbol{E}_3$，$\boldsymbol{K}_{e,p1} = \boldsymbol{K}_{e,p2}=100\boldsymbol{E}_3$，保证期望位置/姿态以及参考线速度和角速度的跟踪误差能够以指数速率较快地收敛至零。取 $\boldsymbol{n}_{b,\max} = 0.6\mathrm{N\cdot m}$，$\lambda_\theta = 0.001$，使得方程式（5-54）的解具有较高的精度并且能够避免可能出现的奇异问题。

机械臂末端执行器位置轨迹曲线及其跟踪误差变化曲线分别如图 5-12 和图 5-13 所示。图 5-13 表明，在经过初始很快地收敛过程后，末端执行器位置跟踪误差小于 5×10^{-5} m。值得注意的是，在 85s 左右位置误差出现突然增大，是因为基座控制力矩在 85s 左右出现饱和，并且开始调整机械臂运动来提供需要的反作用力矩进行基座姿态控制。

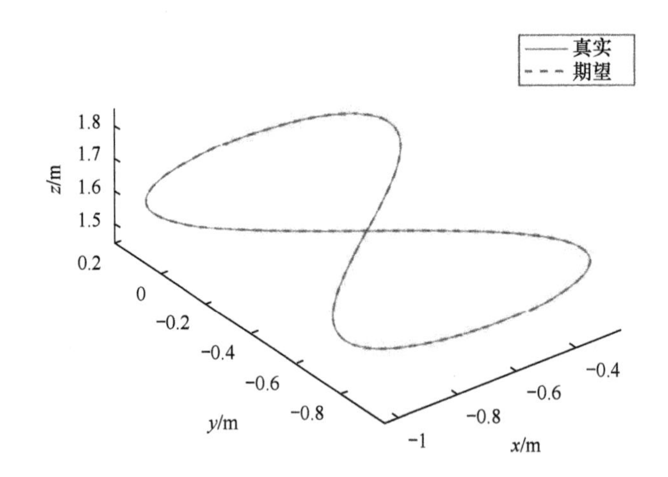

图 5-12　机械臂末端执行器位置轨迹曲线

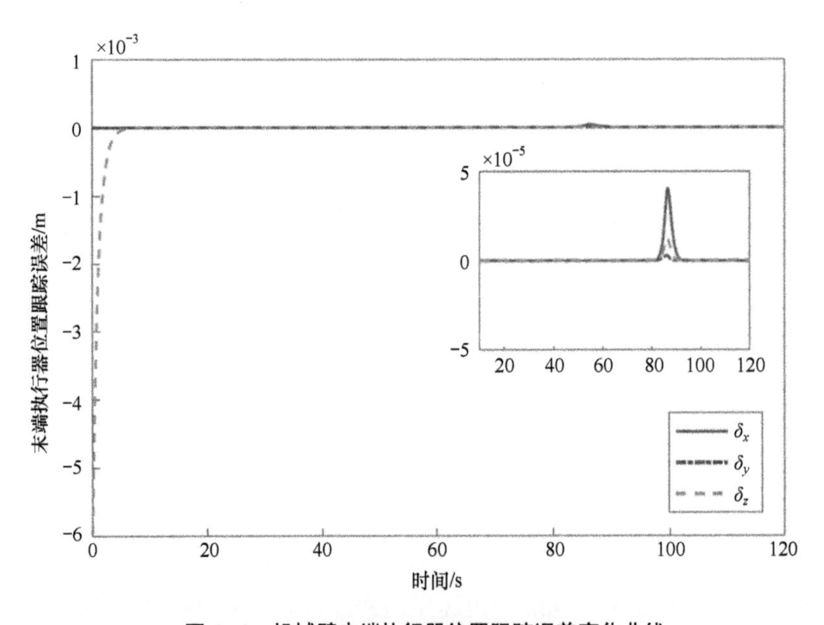

图 5-13　机械臂末端执行器位置跟踪误差变化曲线

使用欧拉角(α,β,γ)表示基座姿态扰动，以基座体坐标系为转动坐标系i并使其与固定坐标系j在初始时刻重合，α是绕坐标系i的z轴的转角，β是绕转动后坐标系i的y轴的转角，γ是绕二次转动后坐标系i的x轴的转角。空间机器人在协调控制器作用下，基座姿态扰动如图 5-14 所示，zyx顺序的欧拉角小于（8×10^{-8}）°，表明使用提出的协调控制器后基座姿态扰动几乎为零。

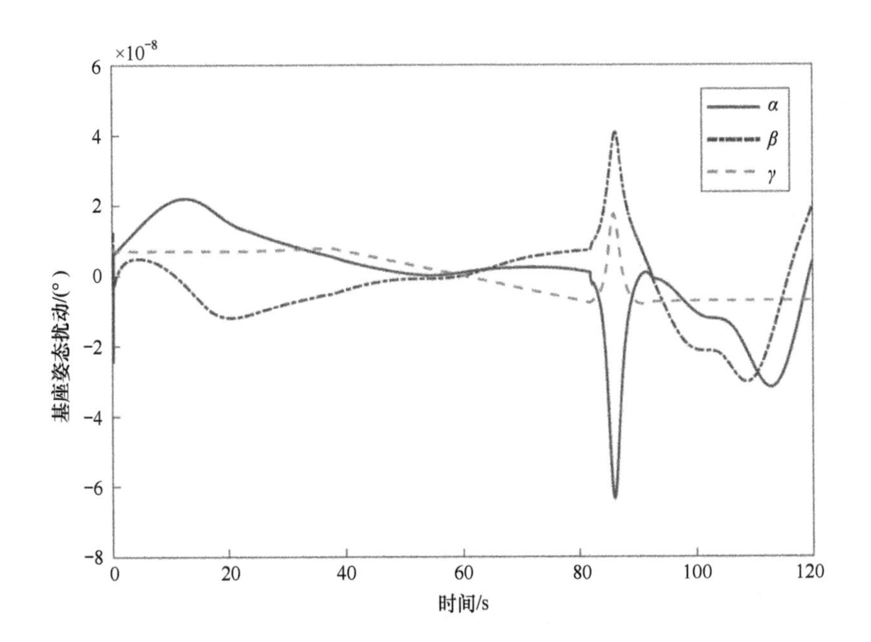

图 5-14 基座姿态扰动

空间机器人在协调控制器作用下，基座控制力矩和关节控制力矩的变化曲线分别如图 5-15 和图 5-16 所示。

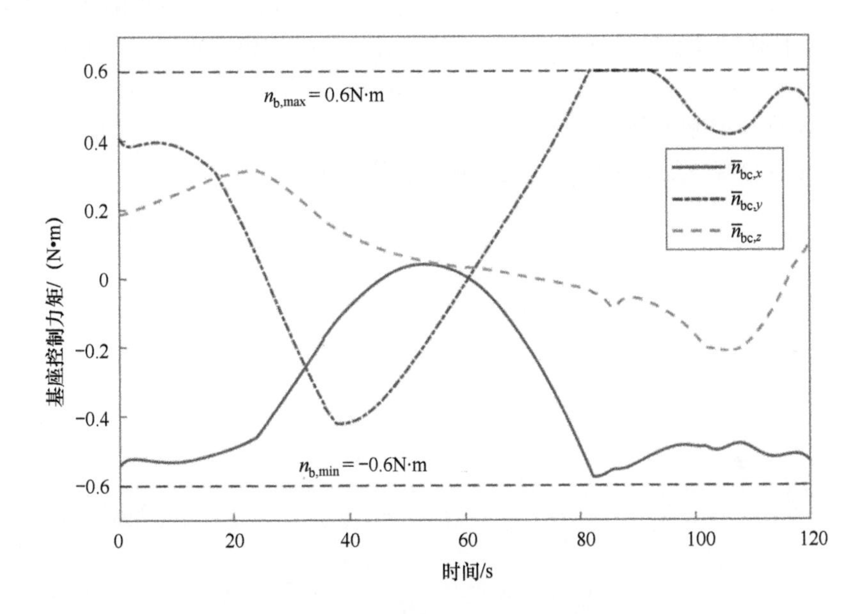

图 5-15 基座控制力矩变化曲线

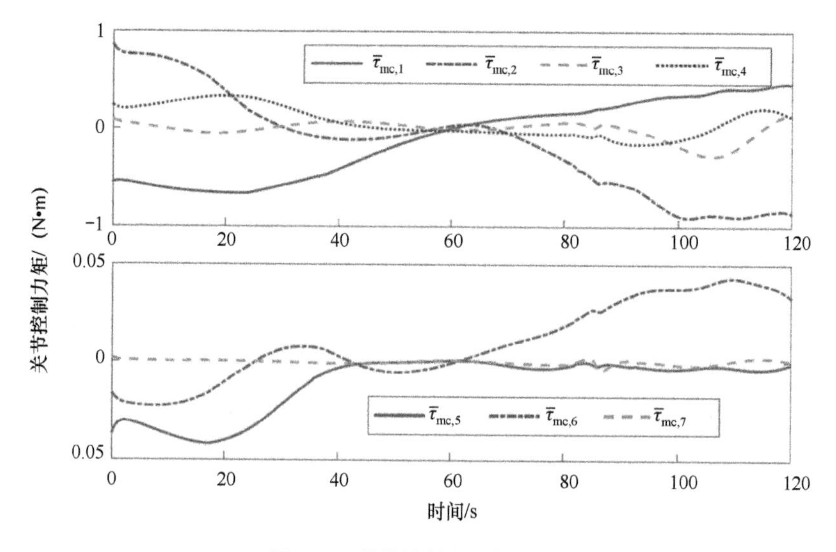

图 5-16　关节控制力矩变化曲线

图 5-15 表明基座控制力矩在一段时间内处于饱和状态。然而，如图 5-14 所示，基座姿态仍然能够得到很好的控制，是因为使用提出的协调控制器时机械臂运动能够产生适当的反作用力矩来进行基座姿态的控制。这表明协调控制器可实现空间机器人近距离接近并同时展开机械臂展抓捕目标的协调控制。

上述仿真中使用最优控制问题（5-19）解得了能量最省基座推力，存在包裹空间机器人球体半径过大导致解的最优性损失或保守的问题。下面给出使用优化问题（5-35）求解燃料最省基座控制推力的结果，以及使用模型预测控制方法与内部协调控制后空间机器人逼近目标并调整内部构型的结果，验证和说明将控制质心的模型预测控制和控制内部重构的协调控制施加到空间机器人系统时协调控制的有效性和最优性。燃料最省基座推力变化曲线如图 5-17 所示。

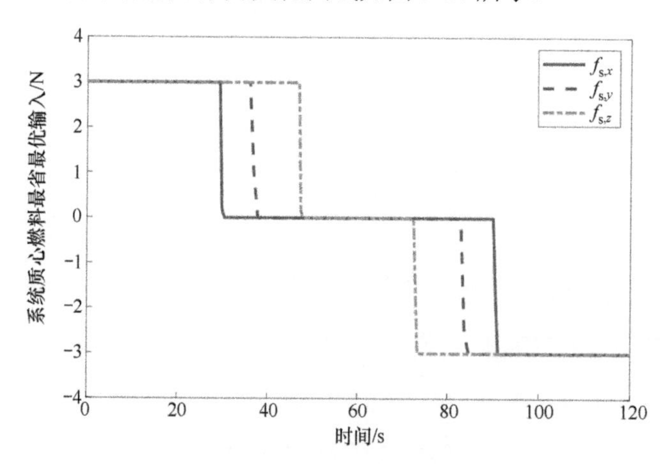

图 5-17　燃料最省基座推力变化曲线

如 5.3.1 节中指出，基座控制推力对应“bang-bang”形式，最优控制输入在整个过程中分段地取为容许控制范围的最大正值或最小负值。对于得到的系统质心燃料最省的最优轨迹，使用模型预测控制方法使系统质心对其进行跟踪，同时使用协调控制器对系统的内部构型进行控制。模型预测控制下系统质心位置轨迹变化曲线如图 5-18 所示，可以看出，在期望的终端时刻，系统质心可以到达期望的位置。

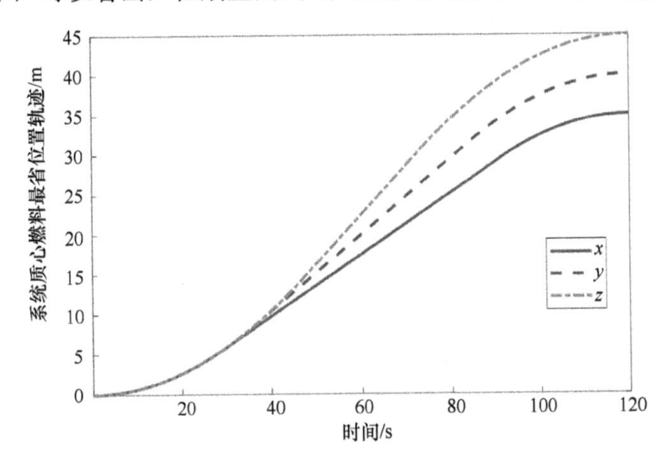

图 5-18 模型预测控制下系统质心位置轨迹变化曲线

模型预测控制下不同时刻包裹空间机器人的球体半径如图 5-19 所示，因为可以实时获得系统的内部构型信息，该球体只需包裹当前时刻的空间机器人构型，而不需要考虑包裹其所有可能的构型，可以看出，包裹空间机器人的球体半径在各个时刻都不同，并且远小于最优控制问题（5-9）中所需要的球体半径，从而进一步提高了解的最优性。

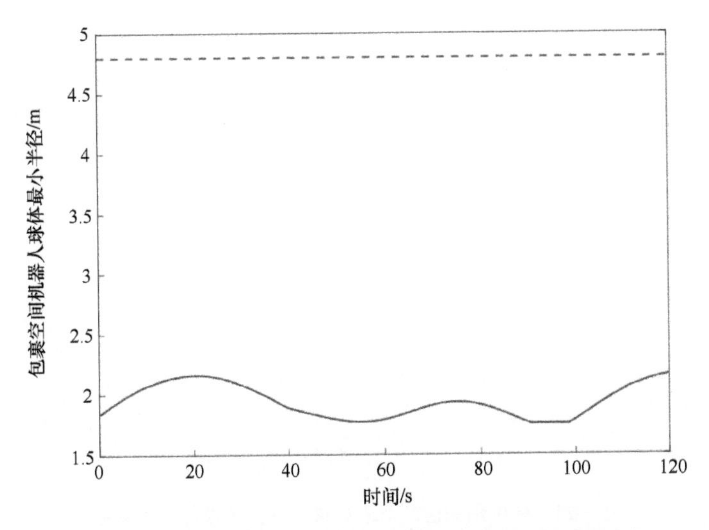

图 5-19 模型预测控制下不同时刻包裹空间机器人的球体半径

当同时将控制质心的模型预测控制和控制内部重构的协调控制施加到空间机器人系统时，一方面，模型预测控制避障约束中可以实时使用协调控制后系统的内部构型结果；另一方面，如式（5-46）所示，模型预测控制产生的基座推力也会影响系统内部的协调控制，因而，恢复了空间机器人逼近目标并实现内部重构的耦合效应。系统质心到达期望位置的过程如图 5-18 所示。模型预测控制下基座姿态扰动变化如图 5-20 所示，模型预测控制下末端执行器位置跟踪误差变化如图 5-21 所示。

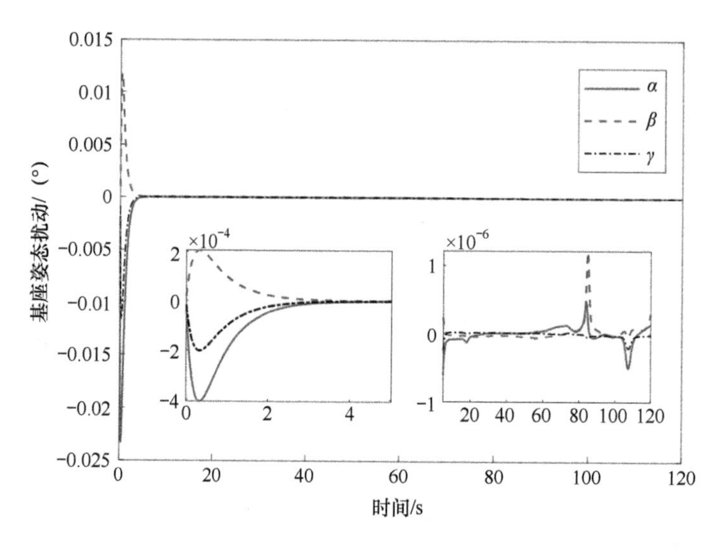

图 5-20　模型预测控制下基座姿态扰动变化

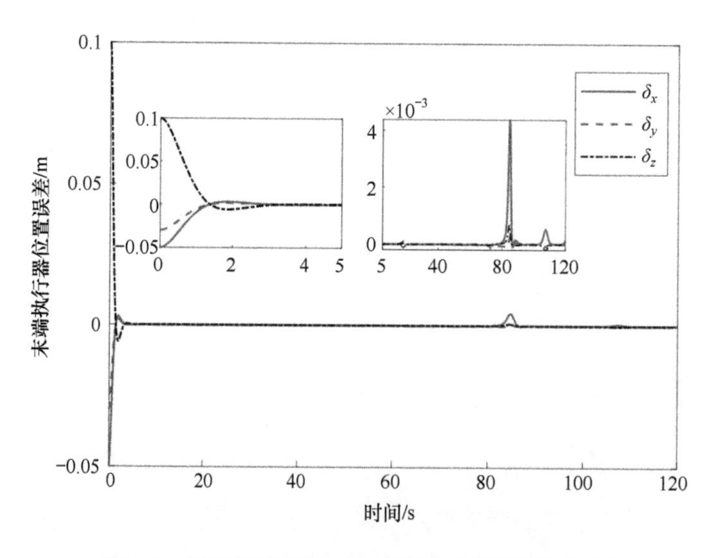

图 5-21　模型预测控制下末端执行器位置跟踪误差变化

可以看出，末端执行器可以高精度地跟踪期望位置，同时对基座姿态几乎不造成干扰，可实现空间机器人近距离接近并同时展开机械臂抓捕目标的最优协调控制。

5.6 本章小结

本章针对空间机器人逼近翻滚目标过程中的最优轨迹规划与协调运动控制问题，基于边运动边调整的思想，提出了一种空间机器人接近目标并同时展开机械臂抓捕目标的协调控制方法。该方法将空间机器人完整的运动分解为系统质心的平移运动和系统内部的重构运动。这样，可以在系统质心处首先单独设计基座推力燃料最省的最优控制器。一方面，考虑空间机器人需要躲避障碍物以及基座控制推力大小有限，通过将避障和输入不等式约束分别表示为扩展动态子系统和饱和函数，使得最优解可以通过标准变分法得到，并对解的最优性和避奇异性进行了证明；另一方面，为了在系统平移运动中利用系统内部重构结果实现避障，提出了空间机器人系统平移控制的模型预测控制方法。为了设计系统内部重构的协调控制器，建立了附着在系统质心的非惯性系下的空间机器人动力学模型，可以将系统质心的加速平移运动从系统内部重构运动中分离出去，从而更便于设计系统内部重构的协调控制器。之后，使用逆动力学控制方法并且合理地设计基座和末端执行器的参考加速度，可以得到系统内部重构的协调控制器，保证基座和末端执行器能够同时跟踪期望轨迹，提高了目标捕获的效率。

本章提出的空间机器人能量最省的最优控制器可以通过标准变分法求解，具有解的精度高和方便求解等优点，验证了解的最优性和方法能够避免奇异控制问题的能力；得到的燃料最省最优轨迹可以与模型预测控制方法结合，实现系统平移过程中能够利用其实时的内部构型信息进行避障，保证了逼近过程的协调性、安全性和最优性。本章提出的内部重构的协调控制器可以在基座控制力矩饱和时，使用机械臂运动产生反作用力矩控制基座姿态，充分发挥了系统的控制能力。仿真结果表明，通过将提出的最优控制器和协调控制器同时应用在空间机器人上，可以实现将系统质心控制至期望的逼近位置处和末端执行器跟踪期望的抓捕轨迹，同时保持基座姿态稳定；在该过程中空间机器人能够躲避障碍物并且它的基座推力和基座控制力矩不超过约束范围。

参考文献

[1] Macdonald M, Badescu V. The international handbook of space technology[M]. Ber Lin Heidelberg: Springer, 2014.

[2] 宗立军, 罗建军, 王明明, 等. 自由漂浮空间机器人多约束混合整数预测控制[J]. 宇航学报, 2016, 37(8): 992-1000.

[3] Athans M, Falb P, Lacoss R. Time-, fuel-, and energy-optimal control of nonlinear norm-invariant systems[J]. IEEE Transactions on Automatic Control, 1963, 8(3): 196-202.

[4] 吕显瑞, 黄庆道. 最优控制理论基础[M]. 北京:科学出版社, 2008.

[5] 席裕庚. 预测控制[M]. 北京:国防工业出版社, 2013.

[6] Stryk V O, Bulirsch R. Direct and indirect methods for trajectory optimization[J]. Annals of Operations Research, 1992, 37(1): 357–373.

[7] 秦延华. 解最优控制问题结合同伦法的自适应拟谱方法[J]. 自动化学报, 2019, 45(8): 1579-1585.

[8] Kitzhofer G, Koch O, Pulverer G, et al. Bvpsuite: a new matlab solver for singular implicit boundary value problems[C]// ASC Report No. 35, 2009.

[9] Mazzia F, Cash R J, Soetaert K. Solving boundary value problems in the open source software r: package bvpsolve[J]. Opuscula Mathematica, 2014, 34(2): 387-403.

[10] Robbins H. A generalized legendre-clebsch condition for the singular cases of optimal control[J]. IBM Journal of Research and Development, 1967, 11(4): 361-372.

[11] Graichen K, Kugi A, Petit N, et al. Handling constraints in optimal control with saturation functions and system extension[J]. Systems & Control Letters, 2010, 59(11): 671-679.

[12] Wang M, Luo J, Walter U. A non-linear model predictive controller with obstacle avoidance for a space robot[J]. Advances in Space Research, 2016, 57(8): 1737-1746.

[13] Zong L, Luo J, Wang M, et al. Obstacle avoidance handling and mixed integer predictive control for space robots[J]. Advances in Space Research, 2018, 61(8): 1997-2009.

06 第 6 章 抓捕时机确定和抓捕轨迹规划与控制

6.1 引言

第 5 章研究了空间机器人捕获翻滚目标逼近阶段的最优轨迹规划与协调控制，使空间机器人具备了抓捕目标的基本条件。然而，翻滚目标在空间运动时，具有与陀螺类似的运动形式，因此，假如空间机器人沿某个确定的方向对翻滚目标实施抓捕，则每次抓捕点靠近空间机器人时，都会出现在惯性空间的不同位置。另外，空间机器人在抓捕目标时通常工作在自由漂浮模式，而自由漂浮空间机器人的工作空间有限，而且机械臂的末端执行器处于工作空间的不同位置处，其操作的灵活性也不同。因此有必要研究和确定空间机器人抓捕目标的最佳时机。

自由漂浮空间机器人的工作空间可分为路径无关工作空间（Path Independent Workspace，PIW）和路径相关工作空间（Path Dependent Workspace，PDW)[1]，当空间机器人的末端执行器处于路径无关工作空间中时，该工作空间内的任何一点可以经由任何路径到达。显然，末端执行器在路径无关工作空间内操作更为灵活。因此，当抓捕点出现在空间机器人的路径无关工作空间中时对其实施抓捕更为合理。

本章研究空间机器人抓捕翻滚目标的时机确定和最优抓捕轨迹的规划与控制问题。首先对翻滚目标的运动特性进行分析，研究翻滚目标及其抓捕点的运动规律，然后对自由漂浮空间机器人的工作空间进行分析，并提出抓捕时机的确定条件，确定空间机器人抓捕翻滚目标的最佳抓捕时机。之后，研究末端执行器抓捕目标上抓捕点的最优抓捕轨迹规划，使得在抓捕时刻末端执行器与抓捕点以相同的速度到达抓捕位置，从而使抓捕时末端执行器与目标之间的冲击力为零，减小抓捕过程对空间机器人和目标造成的损伤。最后，本章使用第 2 章建立的空间机器人逆链动力学模型设计空间机器人控制器，使末端执行器能够跟踪最优抓捕轨迹，同时使基座扰动最小化。根据机械臂自由度相对于基座和末端执行器任务变量是否冗余以及是否存在关节力矩约束，分别给出了自由漂浮空间机器人基座无扰、最小化基座扰动和考虑关节力矩受限的关节力矩控制器。

6.2 抓捕时机确定

6.2.1 空间机器人工作空间分析

为了后续讨论方便，将式（2-42）的空间机器人运动学方程重写为

$$\begin{bmatrix} {}^{\mathrm{I}}\boldsymbol{v}_{\mathrm{e}} \\ {}^{\mathrm{I}}\boldsymbol{\omega}_{\mathrm{e}} \end{bmatrix} = \boldsymbol{J}_{\mathrm{b}} \begin{bmatrix} {}^{\mathrm{I}}\boldsymbol{v}_{0} \\ {}^{\mathrm{I}}\boldsymbol{\omega}_{0} \end{bmatrix} + \boldsymbol{J}_{\mathrm{m}}\dot{\boldsymbol{\theta}} \tag{6-1}$$

在空间机器人末端执行器跟踪抓捕目标的过程中，为了节省燃料或者避免基座推力器工作造成末端执行器运动抖动，通常使机器人所有的基座执行器停止工作，使空间机器人工作在自由漂浮模式。此时，空间机器人系统满足动量守恒定律，即有

$$\begin{bmatrix} \boldsymbol{P} \\ \boldsymbol{L} \end{bmatrix} = \boldsymbol{H}_{\mathrm{b}} \begin{bmatrix} \boldsymbol{v}_{0} \\ \boldsymbol{\omega}_{0} \end{bmatrix} + \boldsymbol{H}_{\mathrm{bm}}\dot{\boldsymbol{\theta}} + \begin{bmatrix} \boldsymbol{0}_{3\times1} \\ \boldsymbol{r}_{0}\times\boldsymbol{P} \end{bmatrix} \tag{6-2}$$

式中：$\boldsymbol{P}$ 和 $\boldsymbol{L}$ 分别为系统的线动量和角动量；$\boldsymbol{r}_0$ 为基座质心的位置。假设自由漂浮空间机器人的初始动量为零，将式（6-2）代入式（6-1），并消除变量 $\boldsymbol{v}_0$、$\boldsymbol{\omega}_0$，可以得到如下的运动学方程

$$\begin{bmatrix} \boldsymbol{v}_{\mathrm{o}} \\ \boldsymbol{\omega}_{\mathrm{o}} \end{bmatrix} = \boldsymbol{J}_{\mathrm{g}}\left(\boldsymbol{\varPsi}_0,\boldsymbol{\theta},m_i,\boldsymbol{I}_i\right)\dot{\boldsymbol{\theta}} = \left(\boldsymbol{J}_{\mathrm{m}} - \boldsymbol{J}_{\mathrm{b}}\boldsymbol{H}_{\mathrm{b}}^{-1}\boldsymbol{H}_{\mathrm{bm}}\right)\dot{\boldsymbol{\theta}} \tag{6-3}$$

式中：$\boldsymbol{J}_{\mathrm{g}}$ 为空间机器人的广义雅可比矩阵，其是基座姿态 $\boldsymbol{\varPsi}_0$，机械臂关节转角 $\boldsymbol{\theta}$，以及各刚体质量 m_i、惯量 $\boldsymbol{I}_i$ 的函数[1-2]。为方便起见，式（6-3）和后文的推导中省略了代表惯性系的左上标“I”。如果相关的张量、矢量都在基座本体坐标系下表示，可以得到

$$\begin{bmatrix} {}^{0}\boldsymbol{v}_{\mathrm{e}} \\ {}^{0}\boldsymbol{\omega}_{\mathrm{e}} \end{bmatrix} = {}^{0}\boldsymbol{J}_{\mathrm{g}}\left(\boldsymbol{\theta},m_i,\boldsymbol{I}_i\right)\dot{\boldsymbol{\theta}} \tag{6-4}$$

并满足关系（$\boldsymbol{A}_0$ 为基座姿态矩阵）

$$\boldsymbol{J}_{\mathrm{g}}\left(\boldsymbol{\varPsi}_0,\boldsymbol{\theta},m_i,\boldsymbol{I}_i\right) = \begin{bmatrix} \boldsymbol{A}_0 & \boldsymbol{0} \\ \boldsymbol{0} & \boldsymbol{A}_0 \end{bmatrix} {}^{0}\boldsymbol{J}_{\mathrm{g}}\left(\boldsymbol{\theta},m_i,\boldsymbol{I}_i\right) \tag{6-5}$$

因为 $\boldsymbol{A}_0$ 总是满秩并可逆的，广义雅可比矩阵 $\boldsymbol{J}_{\mathrm{g}}$ 奇异等价于矩阵 ${}^{0}\boldsymbol{J}_{\mathrm{g}}$ 奇异，因此，自由漂浮空间机器人是否奇异与基座姿态无关，而只与关节角有关。依据矩阵 ${}^{0}\boldsymbol{J}_{\mathrm{g}}$ 是否奇异，将自由漂浮空间机器人的工作空间分为 PDW 和 PIW 空间[1]。

下面，首先计算自由漂浮空间机器人的 PDW 空间。由于矩阵 ${}^{0}\boldsymbol{J}_{\mathrm{g}}$ 奇异可以通过其行列式为零判断，因而，自由漂浮空间机器人的动力学奇异臂型可以通过求解以下方程得到

$$\det\left[{}^{0}\boldsymbol{J}_{\mathrm{g}}\right]=0 \tag{6-6}$$

式（6-6）的解在机械臂关节空间内为一组超曲面$\boldsymbol{\Theta}_{\mathrm{s},i}\left(i=1,2,\cdots\right)$，这些超曲面为动力学奇异臂型相应关节转角$\boldsymbol{\theta}_{\mathrm{s}}$的集合。为了计算奇异关节转角$\boldsymbol{\theta}_{\mathrm{s}}$对应的机械臂末端执行器在任务空间中的大小，即PDW空间，下面引入自由漂浮空间机器人的虚拟机械臂模型[3]。引入的虚拟机械臂具有如下特点：①虚拟机械臂以系统质心作为虚拟地面（Virtual Ground，VG），可以视为固定基座的机械臂；②虚拟机械臂的第i关节的转轴与真实系统第i关节的转轴平行；③虚拟机械臂的各关节转角位移和真实系统的各关节转角位移相同；④虚拟机械臂末端执行器的位置和姿态与真实系统末端执行器的位置和姿态相同。

由以上虚拟机械臂的特点可以看出，其末端执行器的位姿只和关节的状态有关，通过解式（6-6）得到真实自由漂浮空间机器人的奇异关节转角后，使用虚拟机械臂更容易计算PDW空间，原因在于真实空间机器人中末端执行器的位姿还需要考虑航天器基座状态的影响。

可以通过如下三个步骤构造自由漂浮空间机器人对应的虚拟机械臂：

（1）空间机器人处于自由漂浮模式下，系统的线动量守恒，因为线动量守恒为完整约束，存在

$$\sum_{i=0}^{n} m_i \boldsymbol{r}_i = M\boldsymbol{r}_{\mathrm{g}} \tag{6-7}$$

根据式（6-7）得到，空间机器人基座的位置可以表示为

$$\boldsymbol{r}_0=\boldsymbol{r}_{\mathrm{g}}-\frac{\left(m_1+m_2+\cdots+m_n\right)\left(\boldsymbol{b}_0+\boldsymbol{a}_1\right)}{M}-\cdots-\frac{m_n\left(\boldsymbol{b}_{n-1}+\boldsymbol{a}_n\right)}{M} \tag{6-8}$$

式中：$\boldsymbol{a}_1,\boldsymbol{a}_2,\cdots,\boldsymbol{a}_n$，$\boldsymbol{b}_0,\boldsymbol{b}_1,\cdots,\boldsymbol{b}_{n-1}$的定义参见空间机器人的示意图2-1。

将式（6-8）代入式（2-37）可得

$$\begin{aligned}\boldsymbol{p}_{\mathrm{e}}=\boldsymbol{r}_{\mathrm{g}}&+\frac{m_0\boldsymbol{b}_0}{M}+\left(\frac{m_0\boldsymbol{a}_1}{M}+\frac{\left(m_0+m_1\right)\boldsymbol{b}_1}{M}\right)+\cdots+\\&\left(\frac{\left(m_0+m_1+\cdots+m_{n-2}\right)\boldsymbol{a}_{n-1}}{M}+\frac{\left(m_0+m_1+\cdots+m_{n-1}\right)\boldsymbol{b}_{n-1}}{M}\right)+\cdots+\\&\left(\frac{\left(m_0+m_1+\cdots+m_{n-1}\right)\boldsymbol{a}_n}{M}+\boldsymbol{b}_n\right)\end{aligned} \tag{6-9}$$

（2）定义

$$\hat{\boldsymbol{b}}_i=\frac{\sum_{j=0}^{i}m_j}{M}\boldsymbol{b}_i,\hat{\boldsymbol{a}}_i=\frac{\sum_{j=0}^{i-1}m_j}{M}\boldsymbol{a}_i,\quad i=1,2,\cdots,n \tag{6-10}$$

从上式可以看出，$\hat{\boldsymbol{a}}_i$、$\hat{\boldsymbol{b}}_i$与$\boldsymbol{a}_i$、$\boldsymbol{b}_i$的方向相同，而长度相差一比例系数，可以将$\hat{\boldsymbol{a}}_i$、$\hat{\boldsymbol{b}}_i$

称为虚拟连杆向量。

利用上述定义，式（6-9）表示的机械臂末端矢量可以表示为

$$\boldsymbol{p}_{\mathrm{e}}=\boldsymbol{r}_{\mathrm{g}}+\hat{\boldsymbol{b}}_0+\sum_{i=1}^{n}\left(\hat{\boldsymbol{a}}_i+\hat{\boldsymbol{b}}_i\right) \tag{6-11}$$

式（6-11）为消去完整约束后的位置级正运动学表达式。

（3）根据式（6-10）可以构造以系统质心为 VG 的虚拟机械臂如图 6-1 所示，其中由式（6-10）确定的向量为虚拟连杆向量，虚拟机械臂的第一个连杆通过被动球形关节和虚拟地面铰接在一起。这里，被动球形关节是指会随着机械臂的运动而做相应运动的球形关节。

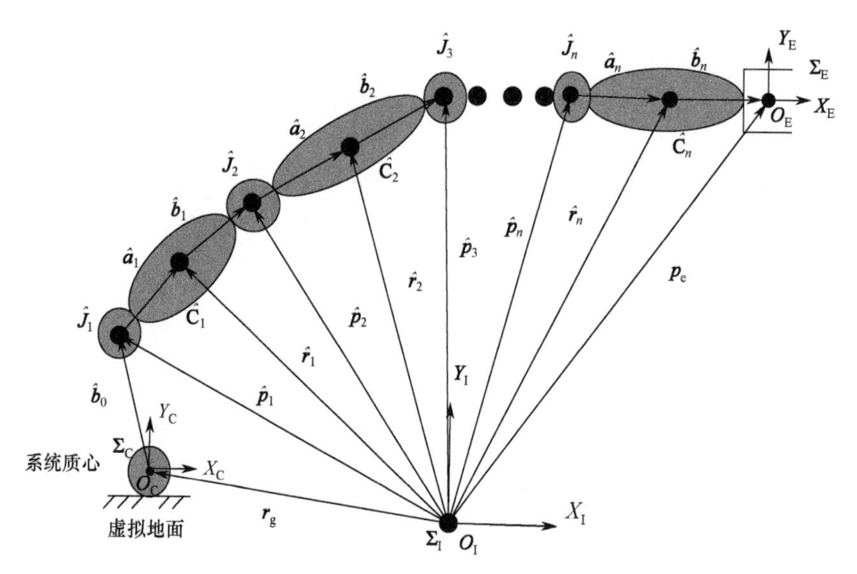

图 6-1　虚拟机械臂

式（6-11）中的各向量都在惯性坐标系下表示，如果与虚拟连杆相关的量在各自的本体坐标系下表示，则机械臂的末端矢量可以表示为

$$\boldsymbol{p}_{\mathrm{e}}=\boldsymbol{r}_{\mathrm{g}}+{}^{\mathrm{I}}\boldsymbol{A}_{\mathrm{C}}\left({}^{\mathrm{C}}\hat{\boldsymbol{b}}_0+\sum_{i=1}^{n}{}^{\mathrm{C}}\boldsymbol{A}_i\left({}^{i}\hat{\boldsymbol{a}}_i+{}^{i}\hat{\boldsymbol{b}}_i\right)\right) \tag{6-12}$$

式中：${}^{\mathrm{I}}\boldsymbol{A}_{\mathrm{C}}$ 为惯性坐标系到系统质心坐标系的变换矩阵；${}^{\mathrm{C}}\boldsymbol{A}_i$ 为系统质心坐标系到第 i 个虚拟连杆本体坐标系的变换矩阵。

以上得到了给定的自由漂浮空间机器人对应的虚拟机械臂，由式（6-12）可以计算系统质心到机械臂末端执行器的距离为

$$R(\boldsymbol{\theta})=\left\|\boldsymbol{p}_{\mathrm{e}}-\boldsymbol{r}_{\mathrm{g}}\right\|=\left\|{}^{\mathrm{C}}\hat{\boldsymbol{b}}_0+\sum_{i=1}^{n}{}^{\mathrm{C}}\boldsymbol{A}_i\left({}^{i}\hat{\boldsymbol{a}}_i+{}^{i}\hat{\boldsymbol{b}}_i\right)\right\| \tag{6-13}$$

符号“$\|\bullet\|$”表示向量的长度，式（6-13）定义了以空间机器人系统质心为球心、半径为$R(\boldsymbol{\theta})$的球。因而，每组使得雅可比矩阵发生奇异的关节转角$\boldsymbol{\theta}_{\mathrm{s}}$映射到惯性空间都对应以系统质心为球心的球面。基于同样的考虑，每个超曲面$\boldsymbol{\Theta}_{\mathrm{s},i}$映射到惯性空间将对应以空间机器人系统质心为球心，由以下两个球半径决定的球环

$$R_{\min,i}=\min_{\boldsymbol{\theta}\in\boldsymbol{\Theta}_{\mathrm{s},i}} R(\boldsymbol{\theta}) \tag{6-14}$$

$$R_{\max,i}=\max_{\boldsymbol{\theta}\in\boldsymbol{\Theta}_{\mathrm{s},i}} R(\boldsymbol{\theta}) \tag{6-15}$$

记$W_i=\left\{R(\boldsymbol{\theta}):R_{\min,i}\leqslant R(\boldsymbol{\theta})\leqslant R_{\max,i}\right\}$，则超曲面$\boldsymbol{\Theta}_{\mathrm{s},i}$映射到惯性空间对应集合$W_i$，该集合是自由漂浮空间机器人PDW的一部分。

如果方程（6-6）的解形成多个超曲面，则对应惯性空间有多个集合$W_1,W_2,\cdots W_i,\cdots$，定义$W_{\mathrm{PDW}}=W_1\cup W_2\cup\cdots\cup W_i\cup\cdots$为自由漂浮空间机器人的PDW，其中符号“$\cup$”表示取集合的并集。当空间机器人的末端执行器位于PDW中时，可能遇到动力学奇异问题，机械臂末端执行器能否到达路径相关工作空间中的某个位置与机械臂末端走过的路径相关。

如果记自由漂浮空间机器人的可达工作空间为W_{reach}，路径相关工作空间为W_{PDW}，定义$W_{\mathrm{PIW}}\triangleq W_{\mathrm{reach}}/W_{\mathrm{PDW}}$为自由漂浮空间机器人的路径无关工作空间，符号“$A/B$”表示集合$A$与$B$的差集。

由上述分析知道，自由漂浮空间机器人的可达空间是以空间机器人系统质心为球心的球体，PDW是以系统质心为球心的球环，显然，得到的自由漂浮空间机器人的PIW也是以空间机器人系统质心为球心的球环。当末端执行器处于自由漂浮空间机器人的PIW中时，在任何位置，都不会遇到动力学奇异问题，因此，末端执行器在PIW中运动时，该空间中的任意一点可以通过任意路径到达，即到达某一点与末端执行器走过的路径无关。

通常而言，求解空间机器人的PIW和PDW需要很大的计算量，为此，本章提出空间机器人PIW/PDW求解算法[4]，空间机器人工作空间计算算法如表6-1所示。

表6-1　空间机器人工作空间计算算法

算法：计算自由漂浮空间机器人工作空间
下标i代表第i个关节，“n”是关节总数，$\mathrm{d}\theta$是很小的关节角步长，比如0.5°
1. 初始化所有的关节角，$\boldsymbol{\theta}_{\mathrm{int}}=\boldsymbol{\theta}_{\min}$。 2. 计算矩阵${}^{0}\boldsymbol{J}_{\mathrm{g}}(\boldsymbol{\theta})$，如果$\det\left({}^{0}\boldsymbol{J}_{\mathrm{g}}(\boldsymbol{\theta})\right)\leqslant\xi$，将$\boldsymbol{\theta}$保存为奇异构型。 3. 从$k=n$开始，检查是否$\theta_k+\mathrm{d}\theta\leqslant\theta_{k,\max}$，如果否，将$k=k-1$，在第3步内循环，直至$k=1$；如果是，转向第4步。 4. 使$\theta_{i=k+1},\cdots,n=\theta_{i,\min}$，$\theta_k=\theta_k+\mathrm{d}\theta$转向第2步。

6.2.2 目标上抓捕点运动分析

为了方便分析，将翻滚目标简化为刚性长方体，翻滚目标及其上抓捕点示意图如图 6-2 所示，其中，O_t 为翻滚目标质心，坐标系 $Ox_ty_tz_t$ 为定义在目标质心的本体坐标系，黑色标识的点 A 表示抓捕点，点 B、C、D 分别与点 A 形成翻滚目标长方体模型的三个相邻的棱边。假设初始时刻本体坐标系 $Ox_ty_tz_t$ 和惯性坐标系 $Ox_Iy_Iz_I$ 重合，此后 $Ox_ty_tz_t$ 以角速度 $\boldsymbol{\omega}_t$ 绕惯性空间中固定的轴向旋转，转过的角度为 $\boldsymbol{\omega}_t t$，角速度 $\boldsymbol{\omega}_t$ 在本体坐标系三个轴向的分量分别记为 $\boldsymbol{\omega}_x$、$\boldsymbol{\omega}_y$、$\boldsymbol{\omega}_z$。

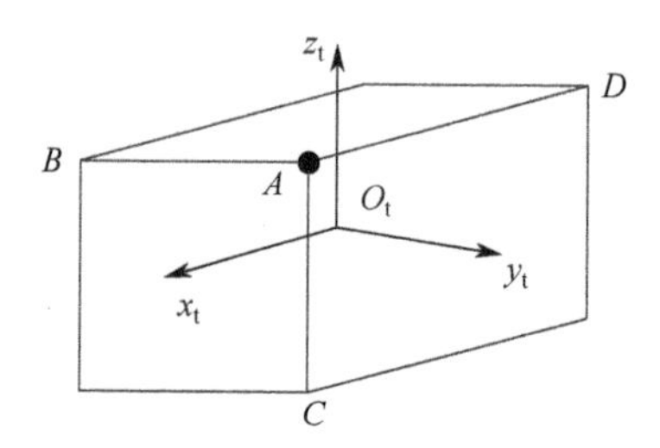

图 6-2 翻滚目标及其上抓捕点示意图

假设图 6-2 所示的翻滚目标本体各坐标轴都与通过质心的主惯量轴一致，定义刚体绕各轴的主惯量分别是 I_x、I_y、I_z，因为翻滚目标为轴对称、质量均匀分布，在定义的本体主轴坐标系中，各惯量积等于零。由 2.3.1 节建立的轴对称翻滚目标的动力学模型可知，刚体姿态自由转动的欧拉动力学方程在 $Ox_ty_tz_t$ 中的分量可表示为[4]

$$\begin{cases} I_x\dot{\boldsymbol{\omega}}_x-\left(I_y-I_z\right)\boldsymbol{\omega}_y\boldsymbol{\omega}_z=0 \\ I_y\dot{\boldsymbol{\omega}}_y-\left(I_z-I_x\right)\boldsymbol{\omega}_z\boldsymbol{\omega}_x=0 \\ I_z\dot{\boldsymbol{\omega}}_z-\left(I_x-I_y\right)\boldsymbol{\omega}_x\boldsymbol{\omega}_y=0 \end{cases} \tag{6-16}$$

与第 4 章中类似，使用单位四元数 $\boldsymbol{q}_t=\left[\eta_t,\epsilon_t\right]^{\mathrm{T}}$ 描述目标的姿态和姿态变换矩阵，其中，η_t,ϵ_t 分别为四元数的标量和向量部分。目标本体坐标系到惯性坐标系的姿态变换矩阵 $\boldsymbol{A}(\boldsymbol{q}_t)$ 可以计算如下[5]

$$\boldsymbol{A}(\boldsymbol{q}_t)=\begin{bmatrix} 1-2\left(\epsilon_t(2)^2+\epsilon_t(3)^2\right) & 2\left(\epsilon_t(1)\epsilon_t(2)-\boldsymbol{\eta}_t\epsilon_t(3)\right) & 2\left(\epsilon_t(1)\epsilon_t(3)+\eta_t\epsilon_t(2)\right) \\ 2\left(\epsilon_t(1)\epsilon_t(2)+\eta_t\epsilon_t(3)\right) & 1-2\left(\epsilon_t(1)^2+\epsilon_t(3)^2\right) & 2\left(\epsilon_t(2)\epsilon_t(3)-\eta_t\epsilon_t(1)\right) \\ 2\left(\epsilon_t(1)\epsilon_t(3)-\eta_t\epsilon_t(2)\right) & 2\left(\epsilon_t(2)\epsilon_t(3)+\eta_t\epsilon_t(1)\right) & 1-2\left(\epsilon_t(1)^2+\epsilon_t(2)^2\right) \end{bmatrix} \tag{6-17}$$

式中：四元数 $\boldsymbol{q}_t$ 的更新通过下式计算[5]

$$\begin{cases}\dot{\eta}_{\mathrm{t}}=-\dfrac{1}{2}\boldsymbol{\omega}_{\mathrm{t}}{}^{\mathrm{T}}\boldsymbol{\epsilon}_{\mathrm{t}}\\ \dot{\boldsymbol{\epsilon}}_{\mathrm{t}}=\dfrac{1}{2}\left(\eta_{\mathrm{t}}\boldsymbol{\omega}_{\mathrm{t}}-\boldsymbol{\epsilon}_{\mathrm{t}}\times\boldsymbol{\omega}_{\mathrm{t}}\right)\end{cases} \tag{6-18}$$

假设需要抓捕的翻滚目标上只有唯一的抓捕点，如图 6-2 中“黑点”标识出的位置，抓捕点在本体坐标系下的位置向量记为 $\boldsymbol{r}_{\mathrm{P}}^{\mathrm{t}}$，则在惯性坐标系下，抓捕点走过的运动轨迹可以表示为

$$\boldsymbol{r}_{\mathrm{P}}=\boldsymbol{r}_{O_{\mathrm{t}}}+\boldsymbol{A}\left(\boldsymbol{q}t\right)\boldsymbol{r}_{\mathrm{P}}^{\mathrm{t}} \tag{6-19}$$

式中：$\boldsymbol{r}_{O_{\mathrm{t}}}$ 为目标质心在惯性系下的位置；$\boldsymbol{A}\left(\boldsymbol{q}_{\mathrm{t}}\right)$ 为目标本体坐标系到惯性坐标系的姿态变换矩阵。

与第 4 章一致，本章讨论中，假设目标的转动惯量为 $\boldsymbol{I}_{\mathrm{t}}=[50.3\ 0\ 0;0\ 105.18\ 0;0\ 0\ 105.97]\mathrm{kg\cdot m^2}$，代表真实的轴对称目标。本体坐标系下，目标质心到抓捕点的向量定义为 $\boldsymbol{r}_{\mathrm{P}}^{\mathrm{t}}=[1.0\ 0.5\ 0.5]\mathrm{m}$，假设初始时刻，目标的旋转速度在本体坐标系三个轴向的分量分别为 $[-2,-4,-2](°)/\mathrm{s}$ 和 $[-4,-2,-4](°)/\mathrm{s}$，对式（6-18）表示的运动方程积分 5000s（近似等于 LEO 轨道周期），在惯性坐标系下，抓捕点运动轨迹如图 6-3 和图 6-4 所示（轨迹在 $y-z$ 平面的投影）。

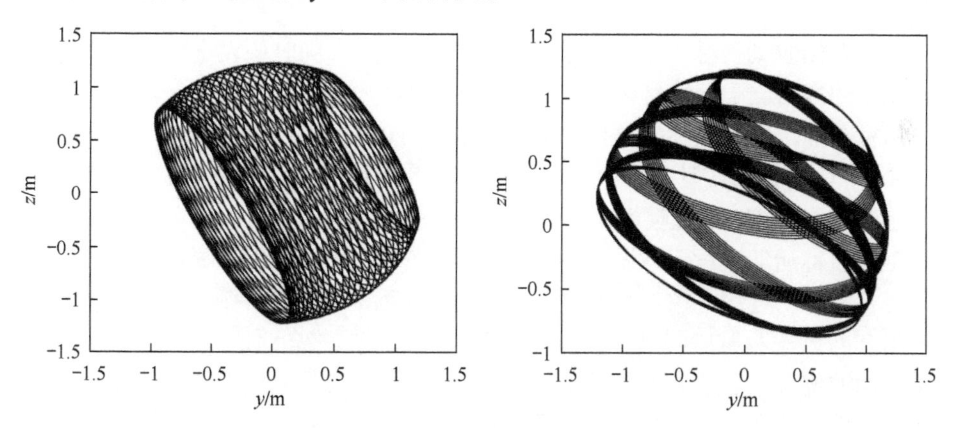

图 6-3　抓捕点运动轨迹（[−2,−4,−2]（°）/s）　**图 6-4　抓捕点运动轨迹**（[−4,−2,−4]（°）/s）

从图 6-3 中可以看出，因为自由刚体的运动不受外力矩作用，刚体转动的角动量守恒，角动量方向在惯性空间中确定出固定的指向，刚体最大（或最小）惯量主轴绕角动量方向的旋转运动以及刚体自身同时绕最大（或最小）惯量主轴的旋转运动使得抓捕点的轨迹为绕角动量方向的圆锥。

将目标初始时刻的旋转速度作很小的变化，其在本体坐标系三个轴向的分量分别改为 $[-4,-2,-4](°)/\mathrm{s}$，仿真同样的时间，图 6-4 给出了初始旋转速度为 $[-4,-2,-4](°)/\mathrm{s}$ 时抓捕点在惯性空间的运动轨迹。可以看出，尽管在旋转速度的初值上只

发生了很小的变化，抓捕点在惯性空间的运动轨迹发生了很大的变化，表明抓捕点的运动轨迹对目标旋转速度的初值很敏感。

此外，从以上抓捕点在任务空间的运动轨迹可以得出以下结论：①抓捕点只能到达空间机器人任务空间的有限区域，因此，在空间机器人实施抓捕时，必须考虑空间机器人的末端执行器能否到达这些区域；②因为翻滚目标运动的周期性，抓捕点会多次出现在空间机器人可抓捕的范围内，这意味着抓捕时机并不是唯一的。

6.2.3 最优抓捕时机确定

从 6.2.2 节中的讨论可知，抓捕翻滚目标的抓捕时机并不是唯一的。通常，选择空间机器人抓捕翻滚目标的时机时需要考虑如下几个因素：①为避免抓捕过程中机械臂和翻滚目标发生碰撞，可以选择在抓捕方向上，当抓捕点是整个翻滚目标上距离空间机器人最近的点时进行抓捕；②从 6.2.1 节的分析可知自由漂浮空间机器人的工作空间可以分为 PIW 空间和 PDW 空间，因为自由漂浮空间机器人的末端执行器在 PIW 空间内运动更灵活，显然应该选择当抓捕点出现在 PIW 空间时进行抓捕；③可能存在很多满足上述前两个条件的抓捕时机，通常为保证快速完成对翻滚目标的抓捕，可以选择前两个抓捕时机判断条件第一次满足时作为最佳的抓捕时机。

假设初始时刻目标本体坐标系和惯性坐标系重合，同时假设空间机器人沿惯性坐标系 x 轴方向位于翻滚目标前方，如果空间机器人沿惯性坐标系 x 轴方向对翻滚目标进行抓捕，则确定抓捕时机的第一个条件可以表示如下。

条件 1：$x_A \geqslant x_B$ 且 $x_A \geqslant x_C$ 且 $x_A \geqslant x_D$，其中，x_A、x_B、x_C、x_D 分别表示翻滚目标上点 A、B、C、D 在惯性坐标系下 x 方向的坐标。

翻滚目标运动过程示意图如图 6-5 所示，图 6-5 采用连续动画定格技术演示了翻滚目标的运动过程。在 4 幅图中，沿惯性坐标系 x 轴方向，抓捕点都是翻滚目标上距离空间机器人最近的点，然而，在不同时刻，抓捕点在惯性坐标系 $y-z$ 平面处于不同的位置，使得在某些时刻，抓捕点可能出现在自由漂浮空间机器人的 PIW 空间中，而在其他时刻，抓捕点处于 PDW 空间内。显然，当抓捕点处于自由漂浮空间机器人的 PIW 空间中时更适合抓捕。

(a) t=85s

(b) t=160s

(c) t=226s

(d) t=300s

图 6-5 翻滚目标运动过程示意图

6.2.1 节中采用符号 W_{PIW} 表示自由漂浮空间机器人的 PIW 空间，用符号 r_{dis} 表示空间机器人末端执行器到空间机器人系统质心的距离，则确定抓捕时机的第二个条件可以表示如下。

条件 2： $r_{\mathrm{dis}} \in W_{\mathrm{PIW}}$ 。

翻滚目标上抓捕点运动过程中可能多次满足判断**条件 1** 和**条件 2**，通常为了快速完成空间机器人对目标的抓捕，选择抓捕点运动的过程中第一次满足条件 1 和条件 2 作为最佳抓捕时机是合理的，同时考虑到空间机器人的能力不是无限大，需要设定一个空间机器人的最小反应时间 t_{react} ，只有在大于该最小反应时间的时间间隔内，空间机器人才能够实施对目标的抓捕。因此，确定空间机器人抓捕时机需要满足的条件 3 可以表示如下。

条件 3： 在 $t \geqslant t_{\mathrm{react}}$ 的前提下，满足条件 1 和 2 的最短时间。

上述给出了确定空间机器人抓捕翻滚目标最佳抓捕时机的三个条件，根据所给的条件，可以唯一地确定空间机器人实施抓捕的最佳时机，结合翻滚目标及其上抓捕点的运动规律（6-19），可以同时得到抓捕时刻抓捕点的运动状态，这为规划空间机器人抓捕翻滚目标的最优抓捕轨迹提供了条件。

6.3 最优抓捕轨迹规划与跟踪控制

6.3.1 最优抓捕轨迹规划

6.2.3 节给出了确定最佳抓捕时机的三个条件，解决了抓捕应该在何时、何处发生的问题。本节进一步讨论末端执行器在固定时间到达抓捕状态的最优抓捕轨迹。

为了减小抓捕时的碰撞力，以免对末端执行器和目标造成损伤，我们期望末端执行器和目标上的抓捕点能够同时以相同的速度到达抓捕位置。假设末端执行器的位置由式 $\boldsymbol{u} = \ddot{\boldsymbol{p}}_{\mathrm{e}}$ 决定，其中 $\boldsymbol{p}_{\mathrm{e}}$ 是末端执行器的位置。定义末端执行器的状态为 $\boldsymbol{x}_{\mathrm{e}} = \left[\boldsymbol{p}_{\mathrm{e}}^{\mathrm{T}}, \dot{\boldsymbol{p}}_{\mathrm{e}}^{\mathrm{T}} \right]^{\mathrm{T}}$，可以得到如下末端执行器的状态方程

$$\dot{\boldsymbol{x}}_{\mathrm{e}} = \boldsymbol{f}\left(\boldsymbol{x}_{\mathrm{e}}, \boldsymbol{u}\right) = \begin{bmatrix} \dot{\boldsymbol{p}}_{\mathrm{e}} \\ \boldsymbol{u} \end{bmatrix} \tag{6-20}$$

在下文的分析中，寻求末端执行器的最优抓捕轨迹使得如下性能指标最小

$$J = \int_{t_0}^{t_{\mathrm{f}}} c\left(\boldsymbol{u}\right) \mathrm{d}\tau \tag{6-21}$$

式中

$$c\left(\boldsymbol{u}\right) = \begin{cases} k\left(\left\|\boldsymbol{u}\right\|^2 - a^2\right), \left\|\boldsymbol{u}\right\| \geqslant a \\ 0, \ \left\|\boldsymbol{u}\right\| < a \end{cases}$$

作为罚函数（同时作为加速度幅值的“软约束”）添加在性能指标中。同时，要求满足如下终端约束

$$\begin{bmatrix} \boldsymbol{r}_{\mathrm{P}}(t_{\mathrm{f}})-\boldsymbol{p}_{\mathrm{e}}(t_{\mathrm{f}}) \\ \dot{\boldsymbol{r}}_{\mathrm{P}}(t_{\mathrm{f}})-\dot{\boldsymbol{p}}_{\mathrm{e}}(t_{\mathrm{f}}) \end{bmatrix}=\boldsymbol{0} \tag{6-22}$$

根据式（6-20）和式（6-21），最优控制问题的 Hamiltonian 函数可以写作

$$H=c(\boldsymbol{u})+\boldsymbol{\lambda}^{\mathrm{T}}\boldsymbol{f}(\boldsymbol{x},\boldsymbol{u}) \tag{6-23}$$

根据最优控制理论[6]，协状态和最优输入 $\boldsymbol{u}^*$ 满足如下偏导数

$$\dot{\boldsymbol{\lambda}}=-\frac{\partial H}{\partial \boldsymbol{x}},\frac{\partial H}{\partial \boldsymbol{u}}=\boldsymbol{0} \tag{6-24}$$

将式（6-24）代入式（6-23），可以得到

$$\dot{\boldsymbol{\lambda}}_{\mathrm{r}}=\boldsymbol{0},\dot{\boldsymbol{\lambda}}_{\mathrm{v}}=-\boldsymbol{\lambda}_{\mathrm{r}},\boldsymbol{\lambda}_{\mathrm{v}}+2k\boldsymbol{u}^*=\boldsymbol{0} \tag{6-25}$$

由式（6-25）可以容易地推导出末端执行器的最优加速度轨迹，即

$$\boldsymbol{u}^*=\boldsymbol{\alpha}(t-t_0)+\boldsymbol{\beta} \tag{6-26}$$

接下来，通过积分可以获得末端执行器抓捕目标的最优速度和位置轨迹

$$\begin{cases} \dot{\boldsymbol{p}}_{\mathrm{e}}(t)-\dot{\boldsymbol{p}}_{\mathrm{e}}(t_0)=\dfrac{1}{2}\boldsymbol{\alpha}(t-t_0)^2+\boldsymbol{\beta}(t-t_0) \\ \boldsymbol{p}_{\mathrm{e}}(t)-\boldsymbol{p}_{\mathrm{e}}(t_0)=\dfrac{1}{6}\boldsymbol{\alpha}(t-t_0)^3+\dfrac{1}{2}\boldsymbol{\beta}(t-t_0)^2+\dot{\boldsymbol{p}}_{\mathrm{e}}(t_0)(t-t_0) \end{cases} \tag{6-27}$$

其中，常值多项式系数 $\boldsymbol{\alpha}$ 和 $\boldsymbol{\beta}$ 通过施加式（6-22）终端约束可以解得

$$\begin{cases} \boldsymbol{\alpha}=\dfrac{6}{(t_{\mathrm{f}}-t_0)^2}\left[\dot{\boldsymbol{r}}_{\mathrm{P}}(t_{\mathrm{f}})+\dot{\boldsymbol{p}}_{\mathrm{e}}(t_0)\right]-\dfrac{12}{(t_{\mathrm{f}}-t_0)^3}\left[\boldsymbol{r}_{\mathrm{P}}(t_{\mathrm{f}})-\boldsymbol{p}_{\mathrm{e}}(t_0)\right] \\ \boldsymbol{\beta}=-\dfrac{2}{(t_{\mathrm{f}}-t_0)}\left[\dot{\boldsymbol{r}}_{\mathrm{P}}(t_{\mathrm{f}})+2\dot{\boldsymbol{p}}_{\mathrm{e}}(t_0)\right]+\dfrac{6}{(t_{\mathrm{f}}-t_0)^2}\left[\boldsymbol{r}_{\mathrm{P}}(t_{\mathrm{f}})-\boldsymbol{p}_{\mathrm{e}}(t_0)\right] \end{cases} \tag{6-28}$$

因为在 6.2.3 节已经确定了最佳的抓捕时机 t_{f}，末端执行器最优的控制和状态轨迹可以分别通过式（6-26）和式（6-27）计算得到。

6.3.2 抓捕轨迹跟踪控制器设计

由于空间机器人的基座推进器提供的脉冲式推力会造成末端执行器突然运动，会对空间机器人抓捕目标造成影响，因此在抓捕目标时，一般使空间机器人的基座执行器停止工作，此时空间机器人处于自由漂浮工作模式。该模式下基座会由于机械臂运动引起的动力学耦合效应而运动，利用这种耦合效应可以规划机械臂的期望运动，使得末端执行器按指定轨迹运动的同时基座也按期望轨迹运动。本节研究自由漂浮空间机器人控制器的设计，通过控制机械臂关节运动使得末端执行器和基座

同时跟踪期望轨迹，而不直接使用基座的控制力和控制力矩。

由于抓捕目标前机械臂末端执行器不受外力和外力矩作用，空间机器人动力学方程式（2-90）可以简化为

$$\begin{bmatrix}\boldsymbol{0}\\\boldsymbol{\tau}\end{bmatrix}=\begin{bmatrix}\boldsymbol{H}'_{\mathrm{b}} & \boldsymbol{H}'_{\mathrm{bm}}\\\boldsymbol{H}'^{\mathrm{T}}_{\mathrm{bm}} & \boldsymbol{H}'_{\mathrm{m}}\end{bmatrix}\begin{bmatrix}\ddot{\boldsymbol{x}}_0\\\ddot{\boldsymbol{\theta}}\end{bmatrix}+\begin{bmatrix}\boldsymbol{c}'_{\mathrm{b}}\\\boldsymbol{c}'_{\mathrm{m}}\end{bmatrix} \tag{6-29}$$

从式（6-29）中消去关节加速度可以得到

$$-\boldsymbol{H}'_{\mathrm{bm}}\boldsymbol{H}'^{-1}_{\mathrm{m}}\boldsymbol{\tau}=\hat{\boldsymbol{H}}_{\mathrm{b}}\ddot{\boldsymbol{x}}_0+\hat{\boldsymbol{c}}_{\mathrm{b}} \tag{6-30}$$

式中：$\hat{\boldsymbol{H}}_{\mathrm{b}}=\boldsymbol{H}'_{\mathrm{b}}-\boldsymbol{H}'_{\mathrm{bm}}\boldsymbol{H}'^{-1}_{\mathrm{m}}\boldsymbol{H}'^{\mathrm{T}}_{\mathrm{bm}}$；$\hat{\boldsymbol{c}}_{\mathrm{b}}=\boldsymbol{c}'_{\mathrm{b}}-\boldsymbol{H}'_{\mathrm{bm}}\boldsymbol{H}'^{-1}_{\mathrm{m}}\boldsymbol{c}'_{\mathrm{m}}$。

为了得到使基座跟踪期望轨迹的关节控制力矩，设计如下基座参考加速度 $\ddot{\boldsymbol{x}}_{0\mathrm{c}}=\left[\dot{\boldsymbol{v}}^{\mathrm{T}}_{0\mathrm{c}},\dot{\boldsymbol{\omega}}^{\mathrm{T}}_{\mathrm{bc}}\right]^{\mathrm{T}}$

$$\begin{cases}\dot{\boldsymbol{v}}_{0\mathrm{c}}=\ddot{\boldsymbol{r}}^{\mathrm{d}}_0+\boldsymbol{K}_{\mathrm{b,p1}}\left(\dot{\boldsymbol{r}}^{\mathrm{d}}_0-\dot{\boldsymbol{r}}_0\right)+\boldsymbol{K}_{\mathrm{b,p2}}\left(\boldsymbol{r}^{\mathrm{d}}_0-\boldsymbol{r}_0\right)\\\dot{\boldsymbol{\omega}}_{\mathrm{bc}}=\dot{\boldsymbol{\omega}}^{\mathrm{d}}_{\mathrm{b}}+\boldsymbol{K}_{\mathrm{b},o1}\dot{\boldsymbol{\delta}}_{\epsilon_{\mathrm{b}}}+\boldsymbol{K}_{\mathrm{b},o2}\left(\dot{\boldsymbol{\omega}}^{\mathrm{d}}_{\mathrm{b}}+\boldsymbol{K}_{\mathrm{b},o1}\boldsymbol{\delta}_{\epsilon_{\mathrm{b}}}-\boldsymbol{\omega}_{\mathrm{b}}\right)\end{cases} \tag{6-31}$$

式中：上标“d”代表期望值；单位四元数 $\boldsymbol{q}_{\mathrm{b}}=\{\eta_{\mathrm{b}},\epsilon_{\mathrm{b}}\}\in\mathbb{R}^4$ 表示基座姿态（η_{b} 是标量部分，ϵ_{b} 是向量部分）；$\boldsymbol{\delta}_{\epsilon_{\mathrm{b}}}=\eta_{\mathrm{b}}\epsilon^{\mathrm{d}}_{\mathrm{b}}-\eta^{\mathrm{d}}_{\mathrm{b}}\epsilon_{\mathrm{b}}-\epsilon^{\mathrm{d}}_{\mathrm{b}}\times\epsilon_{\mathrm{b}}$ 表示基座姿态误差；$\boldsymbol{K}_{\mathrm{b,p1}}$、$\boldsymbol{K}_{\mathrm{b,p2}}$、$\boldsymbol{K}_{\mathrm{b},o1}$、$\boldsymbol{K}_{\mathrm{b},o2}$ 为正定的增益矩阵。

通过求解式（6-32）计算关节控制力矩，可以保证基座跟踪期望轨迹，即

$$-\boldsymbol{H}'_{\mathrm{bm}}\boldsymbol{H}'^{-1}_{\mathrm{m}}\boldsymbol{\tau}_{\mathrm{c}}=\hat{\boldsymbol{H}}_{\mathrm{b}}\ddot{\boldsymbol{x}}_{0\mathrm{c}}+\hat{\boldsymbol{c}}_{\mathrm{b}} \tag{6-32}$$

关于控制器（6-32）的稳定性在 3.5.2 节中已经给出。

为了得到使末端执行器跟踪期望轨迹的关节控制力矩，使用第 2 章的将末端执行器视为“虚拟基座”的动力学方程式（2-92），可以得到[7]

$$-\widetilde{\boldsymbol{H}}_{\mathrm{em}}\widetilde{\boldsymbol{H}}^{-1}_{\mathrm{m}}\tilde{\boldsymbol{\tau}}=\hat{\boldsymbol{H}}_{\mathrm{e}}\ddot{\boldsymbol{x}}_{\mathrm{e}}+\hat{\boldsymbol{c}}_{\mathrm{e}} \tag{6-33}$$

式中：$\hat{\boldsymbol{H}}_{\mathrm{e}}=\widetilde{\boldsymbol{H}}_{\mathrm{e}}-\widetilde{\boldsymbol{H}}_{\mathrm{em}}\widetilde{\boldsymbol{H}}^{-1}_{\mathrm{m}}\widetilde{\boldsymbol{H}}^{\mathrm{T}}_{\mathrm{em}}$；$\hat{\boldsymbol{c}}_{\mathrm{e}}=\tilde{\boldsymbol{c}}_{\mathrm{e}}-\widetilde{\boldsymbol{H}}_{\mathrm{em}}\widetilde{\boldsymbol{H}}^{-1}_{\mathrm{m}}\tilde{\boldsymbol{c}}_{\mathrm{m}}$。

参考式（6-31）定义末端执行器的参考加速度 $\ddot{\boldsymbol{x}}_{\mathrm{ec}}=\left[\dot{\boldsymbol{v}}^{\mathrm{T}}_{\mathrm{ec}},\dot{\boldsymbol{\omega}}^{\mathrm{T}}_{\mathrm{ec}}\right]^{\mathrm{T}}$，通过求解如下方程计算关节控制力矩，可以保证基座跟踪期望轨迹

$$-\widetilde{\boldsymbol{H}}_{\mathrm{em}}\widetilde{\boldsymbol{H}}^{-1}_{\mathrm{m}}\tilde{\boldsymbol{\tau}}_{\mathrm{c}}=\widetilde{\boldsymbol{H}}_{\mathrm{e}}\ddot{\boldsymbol{x}}_{\mathrm{ec}}+\hat{\boldsymbol{c}}_{\mathrm{e}} \tag{6-34}$$

式中

$$\dot{\boldsymbol{v}}_{\mathrm{ec}}=\ddot{\boldsymbol{r}}^{\mathrm{d}}_{\mathrm{e}}+\boldsymbol{K}_{\mathrm{e,p1}}\left(\dot{\boldsymbol{r}}^{\mathrm{d}}_{\mathrm{e}}-\dot{\boldsymbol{r}}_{\mathrm{e}}\right)+\boldsymbol{K}_{\mathrm{e,p2}}\left(\boldsymbol{r}^{\mathrm{d}}_{\mathrm{e}}-\boldsymbol{r}_{\mathrm{e}}\right) \tag{6-35}$$

$$\dot{\boldsymbol{\omega}}_{\mathrm{ec}}=\dot{\boldsymbol{\omega}}^{\mathrm{d}}_{\mathrm{e}}+\boldsymbol{K}_{\mathrm{e},o1}\dot{\boldsymbol{\delta}}_{\epsilon_{\mathrm{e}}}+\boldsymbol{K}_{\mathrm{e},o2}\left(\boldsymbol{\omega}^{\mathrm{d}}_{\mathrm{e}}+\boldsymbol{K}_{\mathrm{e},o1}\boldsymbol{\delta}_{\epsilon_{\mathrm{e}}}-\boldsymbol{\omega}_{\mathrm{e}}\right) \tag{6-36}$$

单位四元数 $\boldsymbol{q}_{\mathrm{e}}=\{\eta_{\mathrm{e}},\epsilon_{\mathrm{e}}\}\in\mathbb{R}^4$ 表示末端执行姿态；$\boldsymbol{\delta}_{\epsilon_{\mathrm{e}}}=\eta_{\mathrm{e}}\epsilon^{\mathrm{d}}_{\mathrm{e}}-\eta^{\mathrm{d}}_{\mathrm{e}}\epsilon_{\mathrm{e}}-\epsilon^{\mathrm{d}}_{\mathrm{e}}\times\epsilon_{\mathrm{e}}$ 表示末端

执行器姿态误差；$\boldsymbol{K}_{\mathrm{e,p1}}$、$\boldsymbol{K}_{\mathrm{e,p2}}$、$\boldsymbol{K}_{\mathrm{e,o1}}$、$\boldsymbol{K}_{\mathrm{e,o2}}$为正定的增益矩阵。

式（6-32）和式（6-34）中关节控制力矩分别记为$\boldsymbol{\tau}_{\mathrm{c}}$和$\tilde{\boldsymbol{\tau}}_{\mathrm{c}}$。为了得到同时使基座和末端执行器跟踪期望轨迹的关节控制力矩，下面对$\boldsymbol{\tau}$和$\tilde{\boldsymbol{\tau}}$的关系进行讨论。

如图 2-1 所示的空间机器人示意图，关节i连接连杆$(i-1)$和i，因而，施加在关节i的关节力矩τ_i对应关节$(i-1)$上的反作用关节力矩$-\tau_i$。同时，在航天器为基座的动力学方程式（6-30）中编号为i的关节在以末端执行器为“虚拟基座”的动力学方程式（6-33）中编号为$(n-i+1)$。因而，存在如下关系式：$-\tau_i=-\tilde{\tau}_{n-i+1}$。类似地，动力学方程式（6-30）中的关节变量$-\theta_i,-\dot{\theta}_i,-\ddot{\theta}_i$对应动力学方程式（6-33）中的关节变量$\tilde{\theta}_{n-i+1},\dot{\tilde{\theta}}_{n-i+1},\ddot{\tilde{\theta}}_{n-i+1}$。

利用关系式$-\tau_i=-\tilde{\tau}_{n-i+1}$，关节控制器（6-34）可以表示为

$$\widetilde{\boldsymbol{H}}_{\mathrm{em}}\hat{\boldsymbol{H}}_{\mathrm{m}}^{-1}\boldsymbol{\tau}_{\mathrm{c}}=\hat{\boldsymbol{H}}_{\mathrm{e}}\ddot{\boldsymbol{x}}_{\mathrm{ec}}+\hat{\boldsymbol{c}}_{\mathrm{e}} \tag{6-37}$$

式中：矩阵$\hat{\boldsymbol{H}}_{\mathrm{m}}^{-1}$的第$i$列即为矩阵$\tilde{\boldsymbol{H}}_{\mathrm{m}}^{-1}$的第$(n-i+1)$列。

至此，方程式（6-32）和式（6-37）给出了使基座和末端执行器跟踪期望轨迹的解析形式的关节控制律，其主要优点是不需要求解逆运动学问题。已有的能够同时控制基座和末端执行器的控制器都需要求解下式的逆运动学问题，即给定末端执行器加速度$\ddot{\boldsymbol{x}}_{\mathrm{e}}$后，需要获得关节加速度$\ddot{\boldsymbol{\theta}}$

$$\ddot{\boldsymbol{x}}_{\mathrm{e}}=\boldsymbol{J}_{\mathrm{g}}\ddot{\boldsymbol{\theta}}+\dot{\boldsymbol{J}}_{\mathrm{g}}\dot{\boldsymbol{\theta}} \tag{6-38}$$

式中；$\boldsymbol{J}_{\mathrm{g}}$为式（6-3）中定义的广义雅可比矩阵，即

$$\boldsymbol{J}_{\mathrm{g}}=\boldsymbol{J}_{\mathrm{m}}-\boldsymbol{J}_{\mathrm{b}}\boldsymbol{H}_{\mathrm{b}}^{-1}\boldsymbol{H}_{\mathrm{bm}}$$

在求解逆运动学问题时可能会遇到动力学奇异问题[8]。此外，对于给定的$\ddot{\boldsymbol{x}}_e$，必须知道$\dot{\boldsymbol{J}}_{\mathrm{g}}$以求解关节加速度$\ddot{\boldsymbol{\theta}}$。因而，式（6-38）的解析形式取决于$\boldsymbol{J}_{\mathrm{g}}$的导数，进一步要求知道$\boldsymbol{H}_{\mathrm{b}}^{-1}$的解析形式。而对于矩阵$\boldsymbol{H}_{\mathrm{b}}\in\mathbb{R}^{6\times6}$，并不容易得到它的逆的解析形式，因而在基于式（6-38）设计控制器的文献[9-13]中都需要通过数值方法求解$\dot{\boldsymbol{J}}_{\mathrm{g}}$。然而，本章提出的关节控制律（6-37）不需要求解逆运动学问题，从而不需要计算$\dot{\boldsymbol{J}}_{\mathrm{g}}$，因而得到的是关节控制律的解析表达式。

6.3.3 典型情况下的协调跟踪控制

6.3.2 节给出了目标抓捕过程中基座和末端执行器协调跟踪期望轨迹的关节控制律，即式（6-32）和式（6-37）。下面针对机械臂自由度相对于基座和末端执行器任务变量是否冗余，以及是否存在关节力矩约束等情况，分别讨论和给出自由漂浮空间机器人基座无扰、最小化基座扰动和描述为二次规划问题的关节力矩控制器。

1．关节自由度大于等于任务自由度

考虑空间机器人具有 n 自由度的机械臂以及其任务空间的维度为 k_b+k_e，其中，k_b 和 k_e 分别是基座和末端执行器需要控制的自由度的数目。如果 $n \geqslant k_b+k_e$，可以获得同时满足控制律（6-32）和式（6-37）的关节控制力矩，使得基座和末端执行器能够同时准确地跟踪期望轨迹。

将式（6-32）和式（6-37）组合后可以得到如下方程

$$\begin{bmatrix} -\boldsymbol{H}'_{\mathrm{bm}}\boldsymbol{H}'^{-1}_{\mathrm{m}} \\ \widetilde{\boldsymbol{H}}_{\mathrm{em}}\boldsymbol{H}^{-1}_{\mathrm{m}} \end{bmatrix}\boldsymbol{\tau}_{\mathrm{c}} = \begin{bmatrix} \hat{\boldsymbol{H}}_{\mathrm{b}}\ddot{\boldsymbol{x}}_{0\mathrm{c}} + \hat{\boldsymbol{c}}_{\mathrm{b}} \\ \hat{\boldsymbol{H}}_{\mathrm{e}}\ddot{\boldsymbol{x}}_{\mathrm{ec}} + \hat{\boldsymbol{c}}_{\mathrm{e}} \end{bmatrix} \tag{6-39}$$

当 $n=k_b+k_e$ 时，如果机械臂处于非奇异的构型下，式（6-39）存在如下唯一解

$$\boldsymbol{\tau}_{\mathrm{c}} = \begin{bmatrix} -\boldsymbol{H}'_{\mathrm{bm}}\boldsymbol{H}'^{-1}_{\mathrm{m}} \\ \widetilde{\boldsymbol{H}}_{\mathrm{em}}\hat{\boldsymbol{H}}^{-1}_{\mathrm{m}} \end{bmatrix}^{-1} \begin{bmatrix} \hat{\boldsymbol{H}}_{\mathrm{b}}\ddot{\boldsymbol{x}}_{0\mathrm{c}} + \hat{\boldsymbol{c}}_{\mathrm{b}} \\ \hat{\boldsymbol{H}}_{\mathrm{e}}\ddot{\boldsymbol{x}}_{\mathrm{ec}} + \hat{\boldsymbol{c}}_{\mathrm{e}} \end{bmatrix} \tag{6-40}$$

当 $n>k_b+k_e$ 时，式（6-40）是欠定的，即方程的数目少于未知数的数目，因而其具有无穷数目的解 $\boldsymbol{\tau}_c$。其中，具有最小范数的 $\boldsymbol{\tau}_c$ 的特解可以通过拉格朗日乘子法计算得到[14]，即有

$$\boldsymbol{\tau}_{\mathrm{c}} = \begin{bmatrix} -\boldsymbol{H}'_{\mathrm{bm}}\hat{\boldsymbol{H}}'^{-1}_{\mathrm{m}} \\ \widetilde{\boldsymbol{H}}_{\mathrm{em}}\hat{\boldsymbol{H}}^{-1}_{\mathrm{m}} \end{bmatrix}^{+} \begin{bmatrix} \hat{\boldsymbol{H}}_{\mathrm{b}}\ddot{\boldsymbol{x}}_{0\mathrm{c}} + \hat{\boldsymbol{c}}_{\mathrm{b}} \\ \hat{\boldsymbol{H}}_{\mathrm{e}}\ddot{\boldsymbol{x}}_{\mathrm{ec}} + \hat{\boldsymbol{c}}_{\mathrm{e}} \end{bmatrix} \tag{6-41}$$

其中，上标“+”表示矩阵的广义逆，即

$$\begin{bmatrix} -\boldsymbol{H}'_{\mathrm{bm}}\boldsymbol{H}'^{-1}_{\mathrm{m}} \\ \widetilde{\boldsymbol{H}}_{\mathrm{em}}\hat{\boldsymbol{H}}^{-1}_{\mathrm{m}} \end{bmatrix}^{+} = \begin{bmatrix} -\boldsymbol{H}'_{\mathrm{bm}}\boldsymbol{H}'^{-1}_{\mathrm{m}} \\ \widetilde{\boldsymbol{H}}_{\mathrm{em}}\hat{\boldsymbol{H}}^{-1}_{\mathrm{m}} \end{bmatrix}^{\mathrm{T}} \left(\begin{bmatrix} -\boldsymbol{H}'_{\mathrm{bm}}\boldsymbol{H}'^{-1}_{\mathrm{m}} \\ \widetilde{\boldsymbol{H}}_{\mathrm{em}}\hat{\boldsymbol{H}}^{-1}_{\mathrm{m}} \end{bmatrix} \begin{bmatrix} -\boldsymbol{H}'_{\mathrm{bm}}\boldsymbol{H}'^{-1}_{\mathrm{m}} \\ \widetilde{\boldsymbol{H}}_{\mathrm{em}}\hat{\boldsymbol{H}}^{-1}_{\mathrm{m}} \end{bmatrix}^{\mathrm{T}} \right)^{-1} \tag{6-42}$$

使用拉格朗日乘子法的具体求解过程和步骤如下。

（1）构建如下关于式（6-39）中 $\boldsymbol{\tau}_c$ 范数最小解的优化问题

$$\begin{aligned} &\min_{\boldsymbol{\tau}_{\mathrm{c}}\in R^n} \quad \boldsymbol{\tau}_{\mathrm{c}}^{\mathrm{T}}\boldsymbol{\tau}_{\mathrm{c}} \\ &\mathrm{s.t.}\begin{bmatrix} -\boldsymbol{H}'_{\mathrm{bm}}\boldsymbol{H}'^{-1}_{\mathrm{m}} \\ \tilde{\boldsymbol{H}}_{\mathrm{em}}\hat{\boldsymbol{H}}^{-1}_{\mathrm{m}} \end{bmatrix}\boldsymbol{\tau}_{\mathrm{c}} = \begin{bmatrix} \hat{\boldsymbol{H}}_{\mathrm{b}}\ddot{\boldsymbol{x}}_{0\mathrm{c}} + \hat{\boldsymbol{c}}_{\mathrm{b}} \\ \hat{\boldsymbol{H}}_{\mathrm{e}}\ddot{\boldsymbol{x}}_{\mathrm{ec}} + \hat{\boldsymbol{c}}_{\mathrm{e}} \end{bmatrix} \end{aligned} \tag{6-43}$$

（2）使用拉格朗日乘子法，构造增广的代价函数为

$$L_1(\boldsymbol{\tau}_{\mathrm{c}},\boldsymbol{\lambda}_1) = \boldsymbol{\tau}_{\mathrm{c}}^{\mathrm{T}}\boldsymbol{\tau}_{\mathrm{c}} + \boldsymbol{\lambda}_1^{\mathrm{T}}\left(\begin{bmatrix} -\boldsymbol{H}'_{\mathrm{bm}}\boldsymbol{H}'^{-1}_{\mathrm{m}} \\ \widetilde{\boldsymbol{H}}_{\mathrm{em}}\hat{\boldsymbol{H}}^{-1}_{\mathrm{m}} \end{bmatrix}\boldsymbol{\tau}_{c} - \begin{bmatrix} \hat{\boldsymbol{H}}_{\mathrm{b}}\ddot{\boldsymbol{x}}_{0\mathrm{c}} + \hat{\boldsymbol{c}}_{\mathrm{b}} \\ \hat{\boldsymbol{H}}_{\mathrm{e}}\ddot{\boldsymbol{x}}_{\mathrm{ec}} + \hat{\boldsymbol{c}}_{\mathrm{e}} \end{bmatrix} \right) \tag{6-44}$$

式中：$\boldsymbol{\lambda}_1 \in \mathbb{R}^{k_b+k_e}$ 为拉格朗日乘子。

（3）将增广的代价函数 $L_1(\boldsymbol{\tau}_c, \boldsymbol{\lambda}_1)$ 分别对 $\boldsymbol{\tau}_c$ 和 $\boldsymbol{\lambda}_1$ 求偏导并令其等于零，即

$$\begin{cases} \dfrac{\partial L_1}{\partial \boldsymbol{\tau}_c} = 2\boldsymbol{\tau}_c + \begin{bmatrix} -\boldsymbol{H}'_{bm}\boldsymbol{H}'^{-1}_{m} \\ \widetilde{\boldsymbol{H}}_{em}\hat{\boldsymbol{H}}^{-1}_{m} \end{bmatrix}^{T} \boldsymbol{\lambda}_1 = 0 \\ \dfrac{\partial L_1}{\partial \boldsymbol{\lambda}_1} = \begin{bmatrix} -\boldsymbol{H}'_{bm}\boldsymbol{H}'^{-1}_{m} \\ \widetilde{\boldsymbol{H}}_{em}\hat{\boldsymbol{H}}^{-1}_{m} \end{bmatrix} \boldsymbol{\tau}_c - \begin{bmatrix} \hat{\boldsymbol{H}}_b \ddot{\boldsymbol{x}}_{0c} + \hat{\boldsymbol{c}}_b \\ \hat{\boldsymbol{H}}_e \ddot{\boldsymbol{x}}_{ec} + \hat{\boldsymbol{c}}_e \end{bmatrix} = 0 \end{cases} \tag{6-45}$$

由式（6-45）的第一个方程可以得到

$$\boldsymbol{\tau}_c = -\frac{1}{2} \begin{bmatrix} -\boldsymbol{H}'_{bm}\boldsymbol{H}'^{-1}_{m} \\ \widetilde{\boldsymbol{H}}_{em}\hat{\boldsymbol{H}}^{-1}_{m} \end{bmatrix}^{T} \boldsymbol{\lambda}_1 \tag{6-46}$$

将式（6-46）代入式（6-45）的第二个方程，可以求得

$$\boldsymbol{\lambda}_1 = -2 \left(\begin{bmatrix} -\boldsymbol{H}'_{bm}\boldsymbol{H}'^{-1}_{m} \\ \widetilde{\boldsymbol{H}}_{em}\hat{\boldsymbol{H}}^{-1}_{m} \end{bmatrix} \begin{bmatrix} -\boldsymbol{H}'_{bm}\boldsymbol{H}'^{-1}_{m} \\ \widetilde{\boldsymbol{H}}_{em}\hat{\boldsymbol{H}}^{-1}_{m} \end{bmatrix}^{T} \right)^{-1} \begin{bmatrix} \hat{\boldsymbol{H}}_b \ddot{\boldsymbol{x}}_{0c} + \hat{\boldsymbol{c}}_b \\ \hat{\boldsymbol{H}}_e \ddot{\boldsymbol{x}}_{ec} + \hat{\boldsymbol{c}}_e \end{bmatrix} \tag{6-47}$$

将式（6-47）代入式（6-46）可以得到

$$\boldsymbol{\tau}_c = \begin{bmatrix} -\boldsymbol{H}'_{bm}\boldsymbol{H}'^{-1}_{m} \\ \widetilde{\boldsymbol{H}}_{em}\hat{\boldsymbol{H}}^{-1}_{m} \end{bmatrix}^{T} \left(\begin{bmatrix} -\boldsymbol{H}'_{bm}\boldsymbol{H}'^{-1}_{m} \\ \widetilde{\boldsymbol{H}}_{em}\hat{\boldsymbol{H}}^{-1}_{m} \end{bmatrix} \begin{bmatrix} -\boldsymbol{H}'_{bm}\boldsymbol{H}'^{-1}_{m} \\ \widetilde{\boldsymbol{H}}_{em}\hat{\boldsymbol{H}}^{-1}_{m} \end{bmatrix}^{T} \right)^{-1} \cdot \begin{bmatrix} \hat{\boldsymbol{H}}_b \ddot{\boldsymbol{x}}_{0c} + \hat{\boldsymbol{c}}_b \\ \hat{\boldsymbol{H}}_e \ddot{\boldsymbol{x}}_{ec} + \hat{\boldsymbol{c}}_e \end{bmatrix} \tag{6-48}$$

2. 关节自由度小于任务自由度

当机械臂的自由度不足以同时实现基座和末端执行器的期望运动时，即当 $n < k_b + k_e$ 时，假设 $n > k_b$ 和 $n > k_e$ 并且实现末端执行器的控制任务具有更高的优先级，可以寻求最小化基座的控制误差

$$\begin{aligned} &\min_{\boldsymbol{\tau}_c \in \mathcal{R}^n} \left\| \boldsymbol{H}'_{bm}\boldsymbol{H}'^{-1}_{m}\boldsymbol{\tau}_c + \hat{\boldsymbol{H}}_b \ddot{\boldsymbol{x}}_{0c} + \hat{\boldsymbol{c}}_b \right\|^2 \\ &\text{s.t.} \quad \widetilde{\boldsymbol{H}}_{em}\hat{\boldsymbol{H}}^{-1}_{m}\boldsymbol{\tau}_c = \hat{\boldsymbol{H}}_e \ddot{\boldsymbol{x}}_{ec} + \hat{\boldsymbol{c}}_e \end{aligned} \tag{6-49}$$

假设末端执行器任务相比基座任务具有严格地更高的优先级，即要求最小化基座控制误差时不能影响末端执行器控制任务。只满足式（6-49）中等式约束的关节控制力矩可以首先通过下式得到[7]，即

$$\boldsymbol{\tau}_c = \left(\widetilde{\boldsymbol{H}}_{em}\hat{\boldsymbol{H}}^{-1}_{m}\right)^{+} \left(\hat{\boldsymbol{H}}_e \ddot{\boldsymbol{x}}_{ec} + \hat{\boldsymbol{c}}_e\right) + \boldsymbol{N}\boldsymbol{\xi} \tag{6-50}$$

式中：等式右侧第一项为 $\boldsymbol{\tau}_c$ 范数最小的特解；$\boldsymbol{N}\boldsymbol{\xi}$ 为矩阵 $\left(\widetilde{\boldsymbol{H}}_{em}\hat{\boldsymbol{H}}^{-1}_{m}\right)$ 的零空间，其

中，$\boldsymbol{N}=\boldsymbol{E}_n-\left(\widetilde{\boldsymbol{H}}_{\mathrm{em}}\hat{\boldsymbol{H}}_{\mathrm{m}}^{-1}\right)^{+}\left(\widetilde{\boldsymbol{H}}_{\mathrm{em}}\hat{\boldsymbol{H}}_{\mathrm{m}}^{-1}\right)$，$\boldsymbol{\xi}$ 为任意的列向量。

将式（6-50）代入式（6-49）中的代价函数可以得到

$$\min_{\boldsymbol{\xi}\in\mathcal{R}^n}\left\|\boldsymbol{H}_{\mathrm{bm}}'\boldsymbol{H}_{\mathrm{m}}'^{-1}\boldsymbol{N}\boldsymbol{\xi}+\boldsymbol{g}\right\|^2 \tag{6-51}$$

式中：$\boldsymbol{g}=\boldsymbol{H}_{\mathrm{bm}}'\boldsymbol{H}_{\mathrm{m}}'^{-1}\left(\widetilde{\boldsymbol{H}}_{\mathrm{em}}\hat{\boldsymbol{H}}_{\mathrm{m}}^{-1}\right)^{+}\left(\hat{\boldsymbol{H}}_{\mathrm{e}}\ddot{\boldsymbol{x}}_{\mathrm{ec}}+\hat{\boldsymbol{c}}_{\mathrm{e}}\right)+\hat{\boldsymbol{H}}_{\mathrm{b}}\ddot{\boldsymbol{x}}_{0\mathrm{c}}+\hat{\boldsymbol{c}}_{\mathrm{b}}$。

式（6-51）中能够最小化基座控制误差的特解 $\boldsymbol{\xi}'$ 可以通过最小方差方法得到[14]

$$\boldsymbol{\xi}'=-\left[\left(\widetilde{\boldsymbol{H}}_{\mathrm{bm}}\boldsymbol{H}_{\mathrm{m}}'^{-1}\boldsymbol{N}\right)^{\mathrm{T}}\boldsymbol{H}_{\mathrm{bm}}'\boldsymbol{H}_{\mathrm{m}}'^{-1}\boldsymbol{N}\right]^{-1}\left(\boldsymbol{H}_{\mathrm{bm}}'\boldsymbol{H}_{\mathrm{m}}'^{-1}\boldsymbol{N}\right)^{\mathrm{T}}\boldsymbol{g} \tag{6-52}$$

因而，使得末端执行器能够跟踪期望轨迹同时最小化基座控制误差的关节控制力矩可以通过下式得到

$$\boldsymbol{\tau}_{\mathrm{c}}=\left(\widetilde{\boldsymbol{H}}_{\mathrm{em}}\hat{\boldsymbol{H}}_{\mathrm{m}}^{-1}\right)^{+}\left(\hat{\boldsymbol{H}}_{\mathrm{e}}\ddot{\boldsymbol{x}}_{\mathrm{ec}}+\hat{\boldsymbol{c}}_{\mathrm{e}}\right)+\boldsymbol{N}\boldsymbol{\xi}' \tag{6-53}$$

3. 考虑关节力矩约束

在真实情形下，关节力矩是有限的，可以描述为

$$-\boldsymbol{\tau}_{\max}\leqslant\boldsymbol{\tau}_{\mathrm{c}}\leqslant\boldsymbol{\tau}_{\max} \tag{6-54}$$

由于存在力矩不等式约束，关节控制力矩不能通过式（6-40）、式（6-42）和式（6-53）解析求解。因而，本小节将求解满足不等式约束的关节控制力矩描述为二次规划（QP）问题，其通常具有如下形式

$$\begin{aligned}&\min_{\boldsymbol{z}\in\mathcal{R}^n}\quad f(\boldsymbol{z})=\frac{1}{2}\boldsymbol{z}^{\mathrm{T}}\boldsymbol{B}\boldsymbol{z}-\boldsymbol{b}^{\mathrm{T}}\boldsymbol{z}\\&\text{s.t.}\quad\begin{cases}\boldsymbol{A}_1\boldsymbol{z}=\boldsymbol{d}_1\\\boldsymbol{A}_2\boldsymbol{z}\leqslant\boldsymbol{d}_2\end{cases}\end{aligned} \tag{6-55}$$

式中：$\boldsymbol{z}\in\mathbb{R}^n$ 为决策变量；$\boldsymbol{B}\in\mathbb{R}^{n\times n}$ 为实对称矩阵；$\boldsymbol{A}_1\in\mathbb{R}^{m\times n}$，$\boldsymbol{A}_2\in\mathbb{R}^{p\times n}$，以及 $\boldsymbol{b}\in\mathbb{R}^n$，$\boldsymbol{d}_1\in\mathbb{R}^m$，$\boldsymbol{d}_2\in\mathbb{R}^p$。

对于 $n\geqslant k_{\mathrm{b}}+k_{\mathrm{e}}$ 的情形，由式（6-43）可知，对应关节控制力矩能量最省的代价函数可以表示为

$$f(\boldsymbol{\tau}_{\mathrm{c}})=\boldsymbol{\tau}_{\mathrm{c}}^{\mathrm{T}}\boldsymbol{Q}\boldsymbol{\tau}_{\mathrm{c}} \tag{6-56}$$

式中：$\boldsymbol{Q}$ 为正定、对角的权重矩阵。

同时，等式和不等式约束可以表示为

$$\boldsymbol{A}_1=\begin{bmatrix}-\boldsymbol{H}_{\mathrm{bm}}'\boldsymbol{H}_{\mathrm{m}}'^{-1}\\\widetilde{\boldsymbol{H}}_{\mathrm{em}}\hat{\boldsymbol{H}}_{\mathrm{m}}^{-1}\end{bmatrix},\ \boldsymbol{d}_1=\begin{bmatrix}\hat{\boldsymbol{H}}_{\mathrm{b}}\ddot{\boldsymbol{x}}_{0\mathrm{c}}+\hat{\boldsymbol{c}}_{\mathrm{b}}\\\hat{\boldsymbol{H}}_{\mathrm{e}}\ddot{\boldsymbol{x}}_{\mathrm{ec}}+\hat{\boldsymbol{c}}_{\mathrm{e}}\end{bmatrix} \tag{6-57}$$

$$A_2 = \begin{bmatrix} E_n \\ -E_n \end{bmatrix},\ d_2 = \begin{bmatrix} \tau_{\max} \\ \tau_{\max} \end{bmatrix} \tag{6-58}$$

通过求解式（6-56）～式（6-58）的 QP 问题，可以得到最优的关节控制力矩，其在满足力矩约束条件下将能量消耗最小化，并能够使得基座和末端执行器同时跟踪期望轨迹。

对于 $n < k_b + k_e$ 的情形，由式（6-49）知道，对应基座控制误差最小的代价函数可以表示为

$$f(\tau_c) = \tau_c^{\mathrm{T}} \Phi \tau_c + 2\Psi \tau_c \tag{6-59}$$

式中：$\Phi = \left(H'_{\mathrm{bm}} H'^{-1}_{\mathrm{m}}\right)^{\mathrm{T}} \left(H'_{\mathrm{bm}} H'^{-1}_{\mathrm{m}}\right)$，$\Psi = \left(\hat{H}_{\mathrm{b}} \ddot{x}_{0\mathrm{c}} + \hat{c}_{\mathrm{b}}\right)^{\mathrm{T}} H'_{\mathrm{bm}} H'^{-1}_{\mathrm{m}}$。

同时，等式和不等式约束可以表示为

$$A_1 = \widetilde{H}_{\mathrm{em}} \hat{H}_{\mathrm{m}}^{-1},\ d_1 = \hat{H}_{\mathrm{e}} \ddot{x}_{\mathrm{ec}} + \hat{c}_{\mathrm{e}} \tag{6-60}$$

$$A_2 = \begin{bmatrix} E_n \\ -E_n \end{bmatrix},\ d_2 = \begin{bmatrix} \tau_{\max} \\ \tau_{\max} \end{bmatrix} \tag{6-61}$$

通过求解式（6-59）～式（6-61）的 QP 问题，可以得到最优的关节控制力矩，其在满足力矩约束条件下将基座控制误差最小化，并能够使得末端执行器准确跟踪期望轨迹。

6.4 仿真验证

本节中，首先通过 3 自由度机械臂抓捕翻滚目标的仿真案例，验证最优抓捕时机确定和最优抓捕轨迹规划方法的有效性。然后，通过三个仿真案例来验证抓捕轨迹跟踪控制法的有效性。

6.4.1 抓捕时机确定与抓捕轨迹规划仿真

机械臂的自由度越多，工作空间计算量越大；同时考虑到多自由度机械臂在抓捕目标时某些关节已锁定，本小节以 3 自由度机械臂抓捕翻滚目标为例，仿真和验证 6.2 节提出的空间机器人工作空间计算算法、最优抓捕时机确定方法，以及 6.3.1 节给出的最优抓捕轨迹规划方法的正确性。

空间机器人抓捕翻滚目标任务示意图如图 6-6 所示，带 3 自由度机械臂的空间机器人运动学/动力学参数如表 6-2 所示。目标的动力学参数与 6.2.2 节相同。在初始时刻，假定目标和基座的本体坐标系指向一致，且都与惯性坐标系的坐标轴平行。

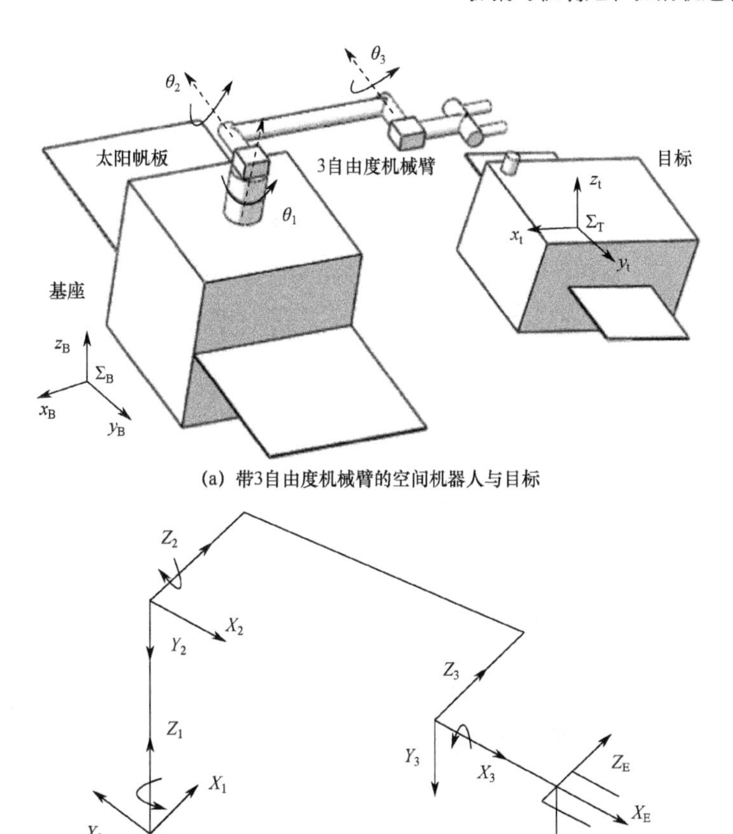

(a) 带3自由度机械臂的空间机器人与目标

(b) 机械臂上本体坐标系

图 6-6 空间机器人抓捕翻滚目标任务示意图

表 6-2 带 3 自由度机械臂的空间机器人运动学/动力学参数

项 目	m_i /kg	a_x /m	a_y /m	a_z /m	b_x /m	b_y /m	b_z /m
基座	500	—	—	—	0	0	0.478
连杆 1	10	0	0	0.178	0	0	0.142
连杆 2	5	0.415	0	0.2	0.415	0	−0.2
连杆 3	4	0.188	0	0	0.309	0	0

项目	I_{xx} /(kg·m^2)	I_{yy} /(kg·m^2)	I_{zz} /(kg·m^2)	I_{xy} /(kg·m^2)	I_{xz} /(kg·m^2)	I_{yz} /(kg·m^2)
基座	220.31	90.53	196.56	3.09	3.73	−1.5
连杆 1	0.13	0.13	0.03	0	0	0
连杆 2	0.02	0.51	0.52	0	0	0
连杆 3	0.01	0.11	0.11	0	0	0

为了更好地抓捕目标，针对上述空间机器人首先分析其工作空间并找到路径无关空间。设定每个关节角的运动范围为$[-180°,180°]$，使用 6.2.1 节提出的空间机器

人工作空间计算算法，计算空间机器人所有的奇异臂型、路径无关和路径相关工作空间。计算得到的空间机器人的路径无关和路径相关工作空间如图 6-7 所示，将得到的奇异臂型代入式（6-13），可以得到路径相关的工作空间占据了如下球面之间的空间

$$R_{\min,1}=0.299\text{m}, R_{\max,1}=1.195\text{m}$$
$$R_{\min,2}=1.437\text{m}, R_{\max,2}=2.008\text{m}$$

根据 6.2.1 节中空间机器人工作空间分析，可以知道 $R_{\min,3}=1.195\text{m}$ 和 $R_{\max,3}=1.437\text{m}$ 之间的空间为一部分路径无关工作空间。

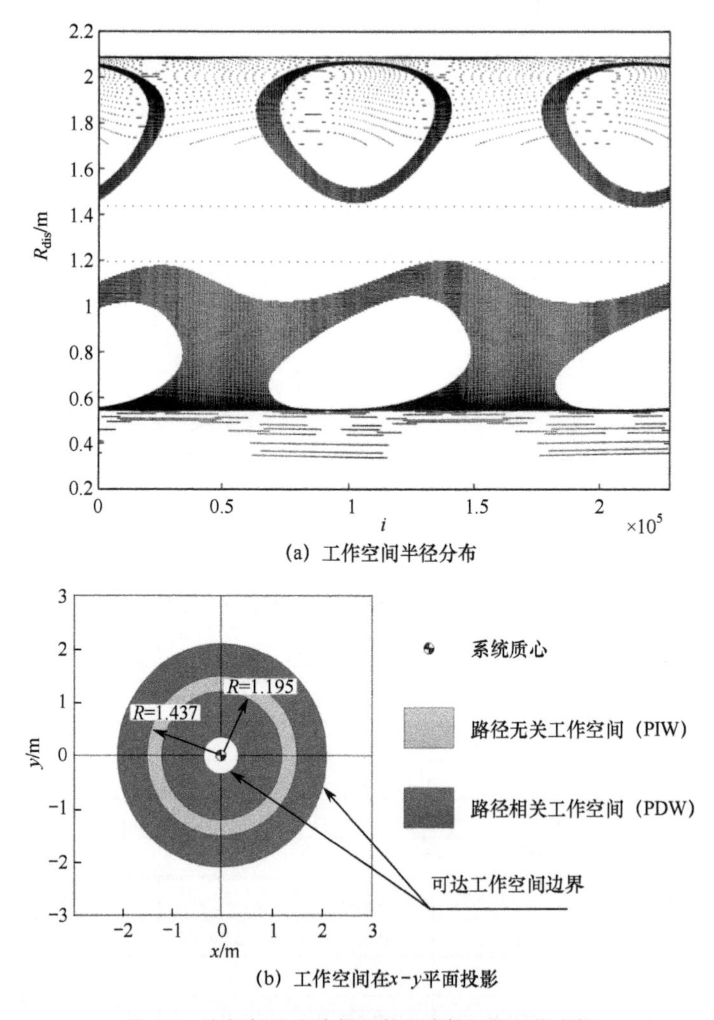

图 6-7 空间机器人路径无关和路径相关工作空间

给定得到的路径无关工作空间，基于 6.2.3 节中的抓捕时机确定准则可以确定空间机器人对翻滚目标的最佳抓捕时机。假定目标抓捕任务应该在 10min 内完成，在这个时间段内满足前两个抓捕准则，得到空间机器人抓捕翻滚目标的抓捕时机如图 6-8

所示。因为目标运动的周期性，空间机器人会有多次抓捕目标的机会。考虑第三个抓捕准则要求的抓捕的快速性，可以确定第一个抓捕时机为最佳抓捕时机，即发生在第 127s。使用式（6-19）所示的目标的运动方程，在抓捕时刻，抓捕点应该出现在 $\boldsymbol{r}_{\mathrm{P}}(t_{\mathrm{f}})=[0.354,0.495,-0.07]\,\mathrm{m}$ 处，且其速度应该为 $\dot{\boldsymbol{r}}_{\mathrm{P}}(t_{\mathrm{f}})=[0.040,-0.027,-0.008]\,\mathrm{m/s}$。

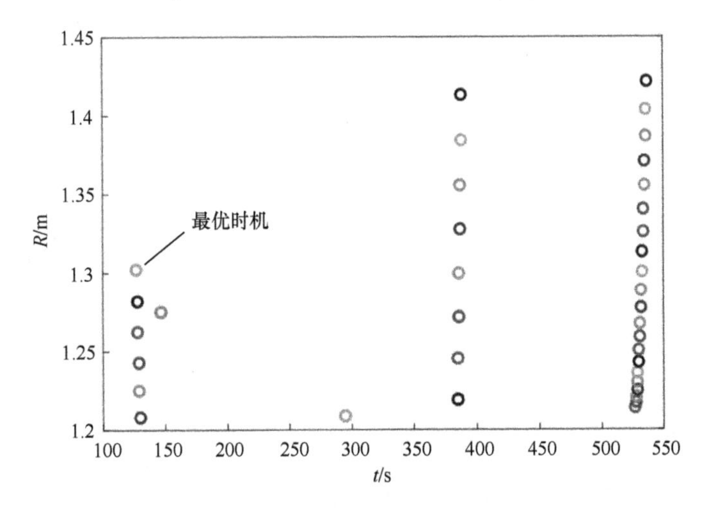

图 6-8 空间机器人抓捕时机

得到翻滚目标的最佳抓捕时机后，由目标的运动方程和末端执行器的最优抓捕轨迹方程，可以得到末端执行器和抓捕点的运动轨迹。末端执行器和抓捕点的运动轨迹如图 6-9 所示。可以看出，在确定的最佳抓捕时刻，末端执行器和抓捕点到达了同一位置。

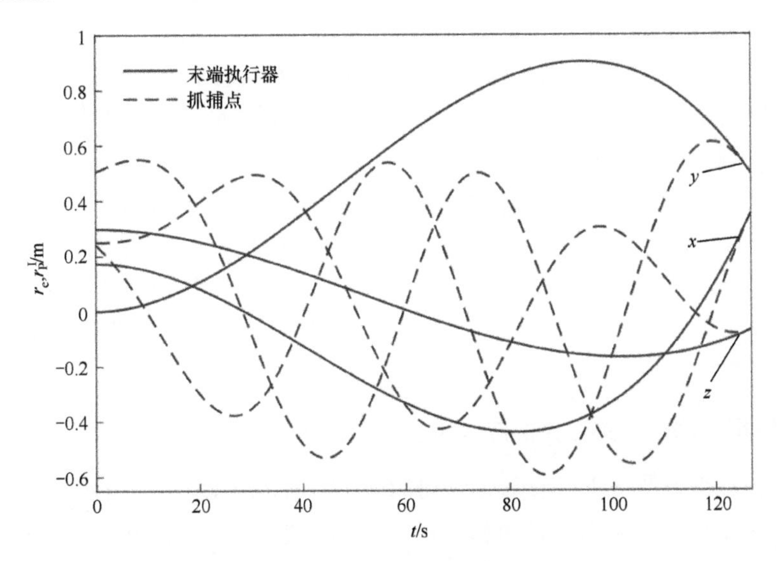

图 6-9 末端执行器和抓捕点的运动轨迹

末端执行器和抓捕点的相对速度和相对位置变化如图 6-10 所示。可以看出，末端执行器以大小为零的相对速度完成了对目标的抓捕，这对于抓捕时刻减小末端执行器与目标之间的冲击力是非常重要的。

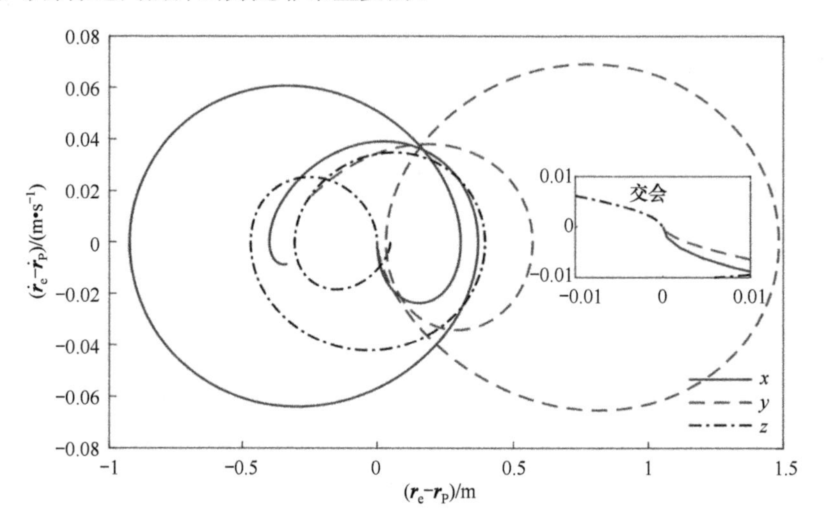

图 6-10 末端执行器和抓捕点的相对速度和相对位置

6.4.2 协调跟踪控制仿真

本小节通过下面的三个仿真案例来验证 6.3.3 节所提出的抓捕轨迹协调跟踪控制方法的有效性。在第一个仿真案例中，考虑自由漂浮空间机器人带有 7 自由度机械臂，要求保持基座姿态不受扰动（$k_b=3$）和末端执行器位置跟踪期望轨迹（$k_e=3$）。因为机械臂自由度对于基座和末端执行器的任务自由度是冗余的（$n>k_b+k_e$），关节控制力矩可以通过式（6-42）解析得到。在第二个仿真案例中，要求末端执行器跟踪期望位姿轨迹（$k_e=6$），同时最小化基座姿态扰动（$k_b=3$）。由于$n<k_b+k_e$，相应的关节控制力矩通过式（6-53）得到。在第三个仿真案例中，考虑关节力矩约束，并要求基座和末端执行器完成与第一个仿真案例中相同的任务。因为机械臂自由度是冗余的同时存在关节力矩约束，关节控制力矩通过求解 QP 问题得到，并将该案例的仿真结果与文献[10]采用最小方差（least squares equations, LSE）方法得到的结果进行了比较，对比说明本章考虑关节力矩约束控制方法的有效性。

1. 仿真案例一：关节自由度大于任务自由度（$n>k_b+k_e$）

轨道坐标系如图 6-11 所示，并选择其作为惯性坐标系。假设初始时刻轨道坐标系与基座本体系坐标重合，机械臂的初始构型为 $\boldsymbol{\theta}_0=[0,0,0,0,0,0,0]^{\mathrm{T}}$ rad，使得末端执行器端点位于 $\boldsymbol{p}_{e0}=[-0.2,0,2.136]^{\mathrm{T}}$ m 处。设定的抓捕控制任务是：末端执行器端点跟踪惯性坐标系中的直线轨迹同时保证不对基座姿态造成扰动。仿真中选择直线轨迹为跟踪参考轨迹，选择这种直线开环轨迹是为了充分验证方法的有效性，末端执行器跟踪闭环轨迹可能本身能够补偿基座姿态扰动。仿真中选取的直线参考轨迹为

$$\begin{cases}p_{ex}^{\mathrm{d}}=-0.2+0.02t(\mathrm{m})\\p_{ey}^{\mathrm{d}}=-0.02t(\mathrm{m})\\p_{ez}^{\mathrm{d}}=2.136+0.01t(\mathrm{m})\end{cases}\tag{6-62}$$

将根据式（6-42）得到的关节控制力矩作用在系统上，其中的控制增益选择为

$$\boldsymbol{K}_{\mathrm{e,p1}}=\boldsymbol{K}_{\mathrm{b},o1}=5\boldsymbol{E}_3,\boldsymbol{K}_{\mathrm{e,p2}}=\boldsymbol{K}_{\mathrm{b},o2}=10\boldsymbol{E}_3\tag{6-63}$$

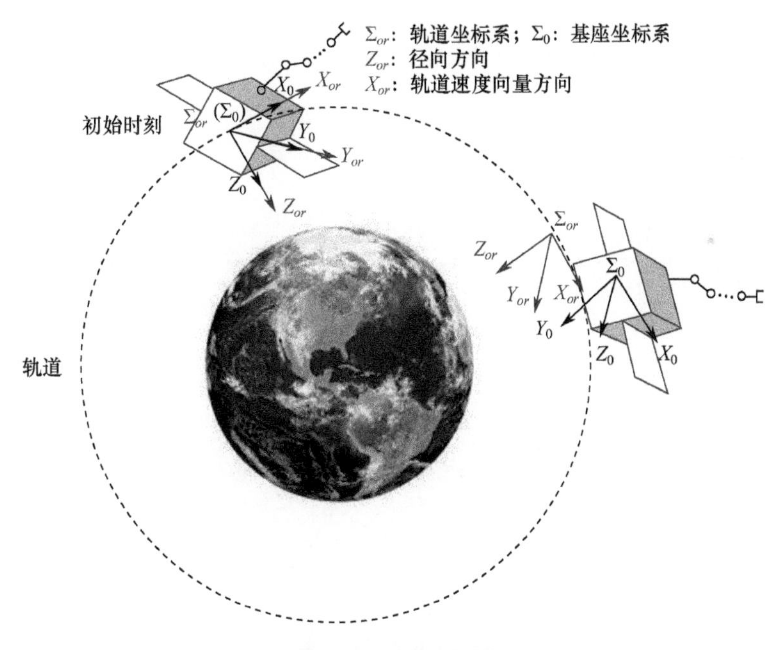

图 6-11　轨道坐标系

为了验证控制器的有效性，假设末端执行器端点位置和基座角速度存在初始偏差，使其初始值从期望的 $\boldsymbol{p}_{e0}^{\mathrm{d}}=[-0.2,0,2.136]^{\mathrm{T}}$ m 和 $\boldsymbol{\omega}_{b0}^{\mathrm{d}}=[0,0,0]^{\mathrm{T}}$ (°)/s 分别偏离到了真实的 $\boldsymbol{p}_{e0}=[-0.3,0.05,2.036]^{\mathrm{T}}$ m 和 $\boldsymbol{\omega}_{b0}=[0.2,-0.1,0.2]^{\mathrm{T}}$ (°)/s 处。

末端执行器端点位置轨迹（$n>k_b+k_e$）如图 6-12 所示。末端执行器端点位置跟踪误差（$n>k_b+k_e$）如图 6-13 所示。可以看出，初始的位置偏差很快被消除，

之后位置误差都被控制在 5×10^{-4} m 内。

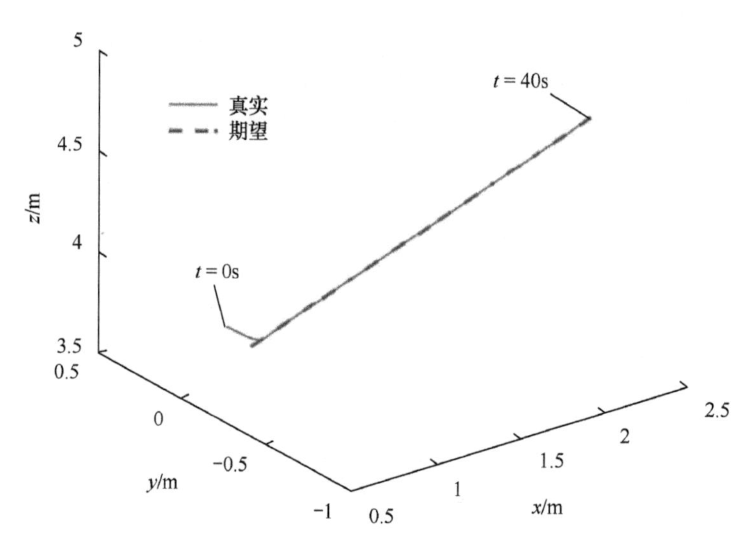

图 6-12 末端执行器端点位置轨迹（$n>k_b+k_e$）

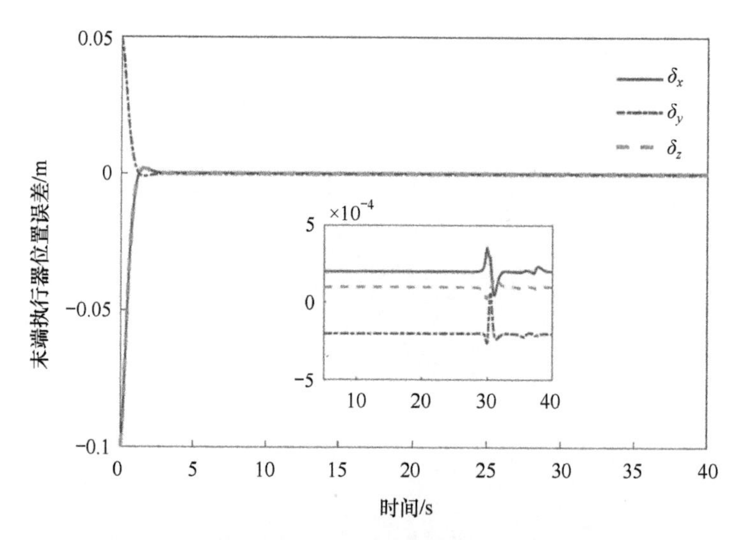

图 6-13 末端执行器端点位置跟踪误差（$n>k_b+k_e$）

抓捕过程中，机械臂运动引起的基座姿态扰动（$n>k_b+k_e$）如图 6-14 所示。其中，基座姿态使用“*zyx*”欧拉角表示。可以看出，初始的角速度偏差很快被消除，之后基座姿态扰动一直被控制在 $(5\times10^{-3})°$ 内，表明使用所提出的方法和控制器很好地实现了基座姿态零扰动。

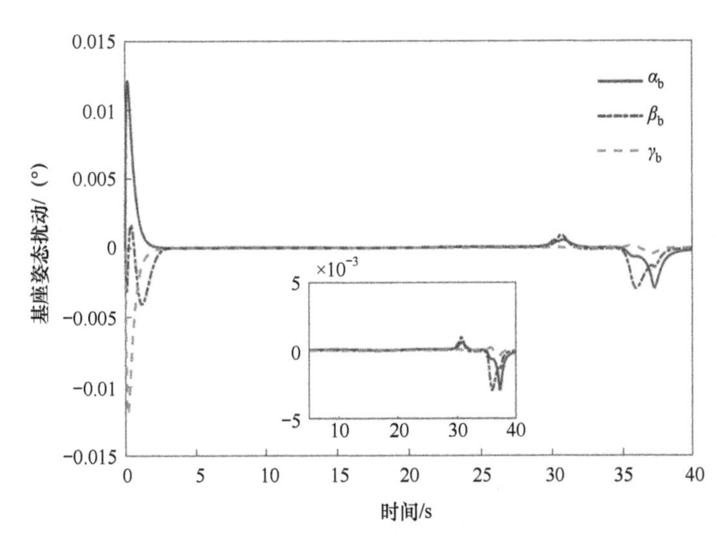

图 6-14　机械臂运动引起的基座姿态扰动（$n > k_b + k_e$）

本仿真案例中，没有对基座质心位置施加控制，可以期望基座质心位置会由于机械臂运动发生偏移。机械臂运动造成的基座质心位置偏移（$n > k_b + k_e$）如图 6-15 所示，该偏移可以通过额外设计的基座控制器进行消除。

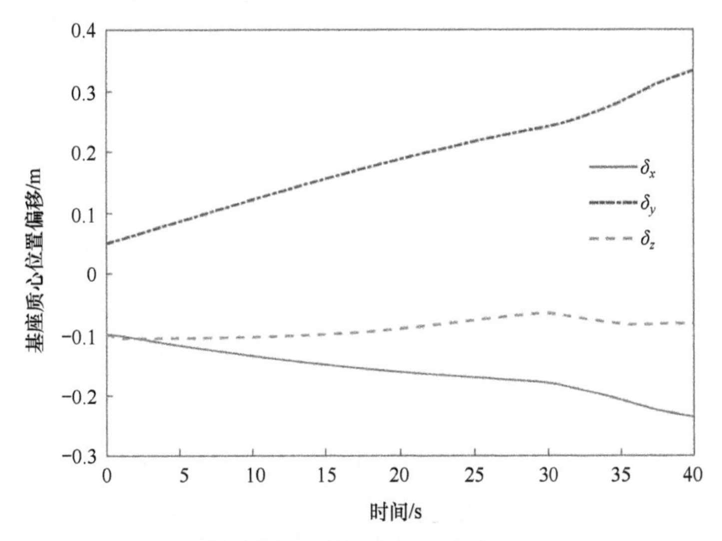

图 6-15　机械臂运动造成的基座质心位置偏移（$n > k_b + k_e$）

2. 仿真案例二：关节自由度小于任务自由度（$n < k_b + k_e$）

在仿真案例一中，对于给定的空间机器人（n=7），末端执行器需要跟踪期望姿态轨迹同时其端点需要跟踪期望位置轨迹（$k_e = 6$）。为了验证本章所提出的控制器在末端执行器端点跟踪复杂轨迹方面的能力，要求末端执行器端点在 y–z 平面内跟踪如下双纽线形式的期望轨迹并在 x 方向保持位置不变

$$\begin{cases} p_{ex}^{d} = -0.2(\mathrm{m}) \\ p_{ey}^{d} = 0.6\cos\left(\dfrac{\pi}{20}t + \dfrac{\pi}{2}\right)(\mathrm{m}) \\ p_{ez}^{d} = 2.136 + 0.4\sin\left(\dfrac{\pi}{10}t + \pi\right)(\mathrm{m}) \end{cases} \tag{6-64}$$

同时要求末端执行器姿态保持不变。

由于 $n - k_e < 3$，只能最小化基座姿态受到的扰动。因此，使用式（6-53）计算关节控制力矩。为了验证控制器的能力，对末端执行器端点位置和基座角速度施加了与仿真案例一相同的初始偏差。

末端执行器端点位置跟踪运动轨迹（$n < k_b + k_e$）如图 6-16 所示，可以看出在控制器作用下末端执行器端点可以平滑地跟踪期望的位置轨迹。

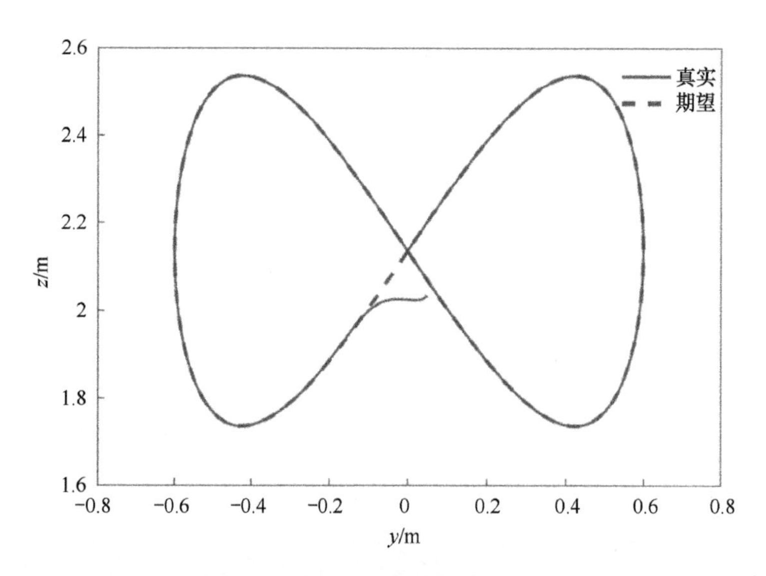

图 6-16　末端执行器端点位置跟踪运动轨迹（$n < k_b + k_e$）

末端执行器端点位置跟踪误差（$n < k_b + k_e$）如图 6-17 所示，可以看出初始的位置偏差很快被消除并且随后一直小于 2×10^{-3} m。

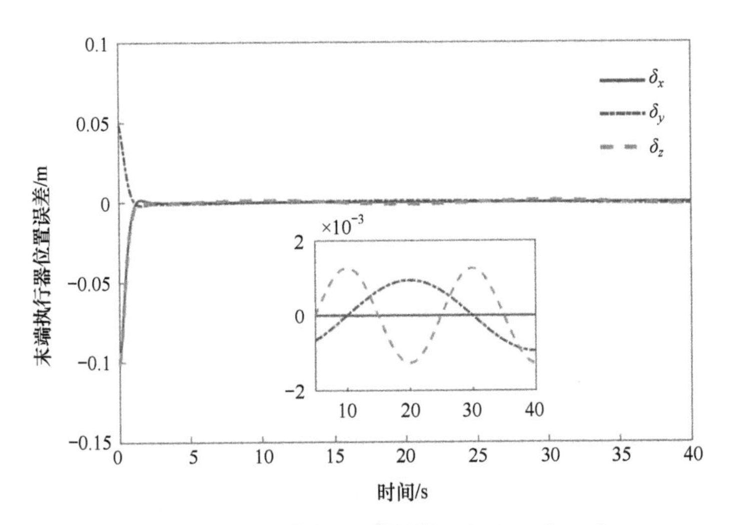

图 6-17　末端执行器端点位置跟踪误差（$n<k_b+k_e$）

末端执行器姿态跟踪误差（$n<k_b+k_e$）如图 6-18 所示（以“*zyx*”欧拉角的形式）。由于存在初始角速度偏差，初始阶段末端执行器姿态误差相对较大。然而，该误差很快收敛至零并在之后保持在（5×10^{-4}）° 以内。

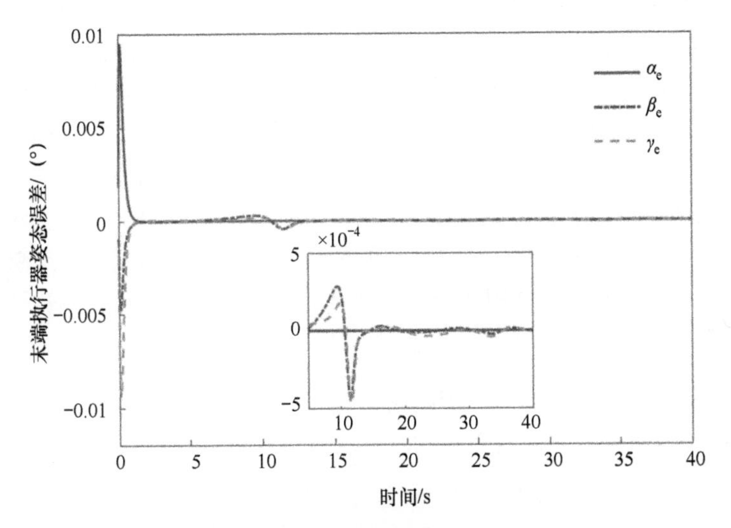

图 6-18　末端执行器姿态跟踪误差（$n<k_b+k_e$）

以均方根（RMS）形式，机械臂运动造成的基座姿态误差（$n<k_b+k_e$）如图 6-19 所示。

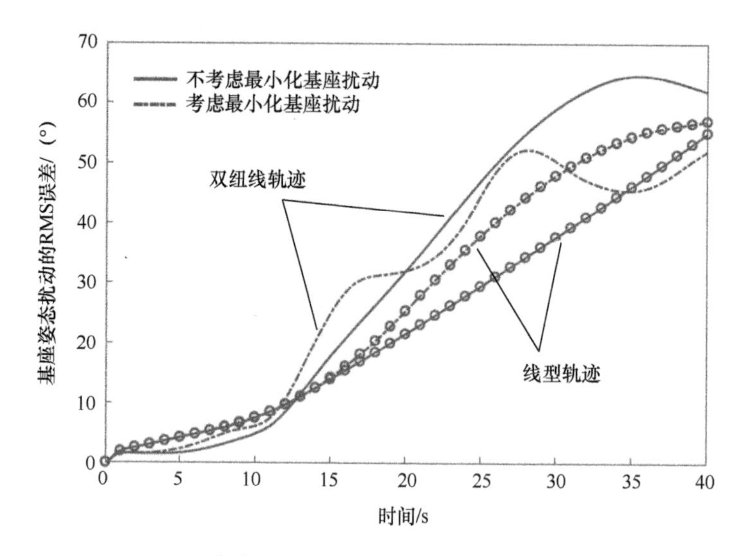

图 6-19　机械臂运动造成的基座姿态误差（$n < k_b + k_e$）

基座姿态干扰的均方根定义为

$$\delta_{\mathrm{RMS}} = \sqrt{\frac{\alpha_b^2 + \beta_b^2 + \gamma_b^2}{3}} \tag{6-65}$$

在两种情形下对其进行计算：①使用关节控制器（6-5），在保证末端执行器跟踪期望位姿外最小化基座姿态扰动；②使用只实现末端执行器跟踪控制的关节控制器（6-34）。可以看出，在初始阶段使用关节控制器（6-53）能够产生更小的基座扰动。然而，因为末端执行器跟踪闭环和存在往返的运动轨迹，在其往回运动的过程中本身能够补偿基座姿态扰动，在关节控制器（6-34）作用下，出现了在后期阶段基座姿态扰动减小甚至小于关节控制器（6-53）作用下基座扰动的情形。为了消除末端执行器闭环轨迹的影响，额外使其跟踪仿真案例一中的直线期望轨迹并观察基座扰动大小，可以看出，使用关节控制器（6-53）作用下基座姿态扰动总是小于其在关节控制器（6-34）作用下的取值。

3. 仿真案例三：存在关节力矩约束

在下述仿真案例中，使用本章提出的 QP 形式的控制器计算关节控制力矩（以下简称 QP 方法），并将得到的结果与文献[10]使用 LSE 方法得到的结果进行比较。其中，LSE 方法通过求解如下方程获取关节加速度，使得末端执行器跟踪期望轨迹同时最小化基座扰动

$$\begin{cases} \boldsymbol{M}_{\mathrm{LSE}}\ddot{\boldsymbol{\theta}} + \boldsymbol{n}_{\mathrm{LSE}} = -\boldsymbol{f}\left(\ddot{\boldsymbol{x}}_0^{\mathrm{d}}\right) \\ \boldsymbol{J}_{\mathrm{g}}\ddot{\boldsymbol{\theta}} + \dot{\boldsymbol{J}}_{\mathrm{g}}\dot{\boldsymbol{\theta}} = \ddot{\boldsymbol{x}}_{\mathrm{e}}^{\mathrm{d}} \end{cases} \tag{6-66}$$

式中：$\boldsymbol{f}\left(\ddot{\boldsymbol{x}}_0^{\mathrm{d}}\right) = \left[m_b \ddot{\boldsymbol{r}}_0^{\mathrm{d}}; \left({}^{\mathrm{I}}\boldsymbol{R}_b \boldsymbol{I}_b {}^{\mathrm{I}}\boldsymbol{R}_b^{\mathrm{T}}\right)\dot{\boldsymbol{\omega}}_b^{\mathrm{d}}\right]$，$\ddot{\boldsymbol{r}}_0^{\mathrm{d}}$ 和 $\dot{\boldsymbol{\omega}}_b^{\mathrm{d}}$ 在最小化基座扰动任务中设为 0。

值得注意的是，文献[10]中使用期望加速度，因而该方法只能实现基座的线/角加速度为零。如果基座的位置和/或速度偏离期望值，即使能够保持基座加速度为零，则基座的姿态会从初始状态不断地发散。然而，LSE 方法中同样提到操作过程中获得的真实的位置和速度反馈信息可以用来调整期望的加速度。本章为基座和末端执行器设计了使用实时位置和速度反馈信息的参考加速度，并将其而非期望加速度用于控制器设计。因而，同样将参考加速度用于 LSE 方法来验证其性能。

因为广义雅可比矩阵 $\dot{\boldsymbol{J}}_{\mathrm{g}}$ 的导数较难求解，LSE 方法中假设空间机器人基座质量远大于机械臂质量，从而空间机器人的广义雅可比矩阵 $\boldsymbol{J}_{\mathrm{g}}$ 可以由固定基座机械臂的雅可比矩阵近似代替，即

$$\boldsymbol{J}_{\mathrm{g}} \approx \boldsymbol{J}_{\mathrm{m}} \tag{6-67}$$

式中：$\boldsymbol{J}_{\mathrm{m}}$ 的导数可以更加容易地得到。因而，该案例中使用的空间机器人动力学参数与前两个案例中相同，但在 LSE 方法中具有更大的质量和转动惯量（$m_{\mathrm{b}} = 5000\mathrm{kg}$，$I_{\mathrm{b},xx} = I_{\mathrm{b},yy} = I_{\mathrm{b},zz} = 1000\mathrm{kg \cdot m^2}$）。

假设空间机器人要执行的任务与仿真案例一相同，机械臂的自由度相对任务变量数目是冗余的。因而，使用 LSE 方法时期望的关节加速度可以通过下式得到

$$\ddot{\boldsymbol{\theta}} = \begin{bmatrix} \boldsymbol{M}_{\mathrm{LSE}} \\ \boldsymbol{J}_{\mathrm{g}} \end{bmatrix}^{+} \begin{bmatrix} -\boldsymbol{f}\left(\ddot{\boldsymbol{x}}_0^{\mathrm{d}}\right) - \boldsymbol{n}_{\mathrm{LSE}} \\ \ddot{\boldsymbol{x}}_{\mathrm{e}}^{\mathrm{d}} - \dot{\boldsymbol{J}}_{\mathrm{m}} \dot{\boldsymbol{\theta}} \end{bmatrix} \tag{6-68}$$

当使用参考加速度时，使用 $\ddot{\boldsymbol{x}}_{0\mathrm{c}}$、$\ddot{\boldsymbol{x}}_{\mathrm{ec}}$ 分别代替 $\ddot{\boldsymbol{x}}_0^{\mathrm{d}}$ 和 $\ddot{\boldsymbol{x}}_{\mathrm{e}}^{\mathrm{d}}$。使用本章提出的 QP 方法时，关节控制力矩通过求解 QP 问题来得到，其中的控制参数设置为 $\boldsymbol{Q} = 10^6 \boldsymbol{E}_7$，$\tau_{i,\max} = 0.8\mathrm{N \cdot m}$ 和 $\boldsymbol{K}_{\mathrm{e,p1}} = \boldsymbol{K}_{\mathrm{e,p2}} = \boldsymbol{K}_{\mathrm{b},o1} = \boldsymbol{K}_{\mathrm{b},o2} = \boldsymbol{E}_3$。

使用 QP 方法时末端执行器端点位置跟踪误差如图 6-20 所示。可以看出，初始的位置偏差很快被消除并且最终跟踪误差稳定在 $4\times10^{-3}\mathrm{m}$ 内。

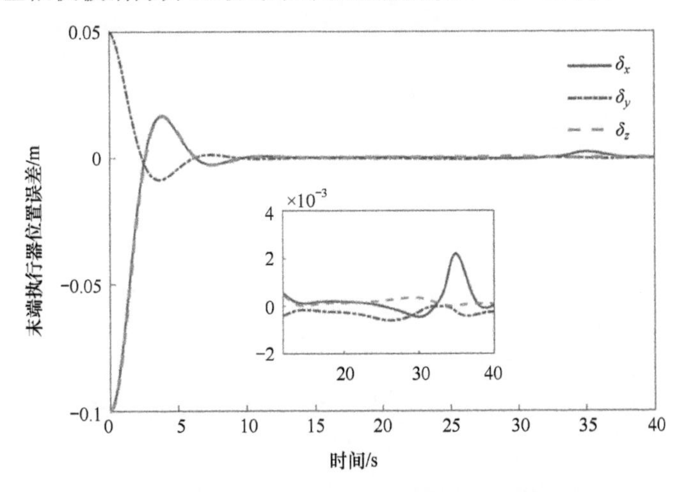

图 6-20　使用 QP 方法时末端执行器端点位置跟踪误差

使用 LSE 方法时末端执行器端点位置跟踪误差如图 6-21 所示。

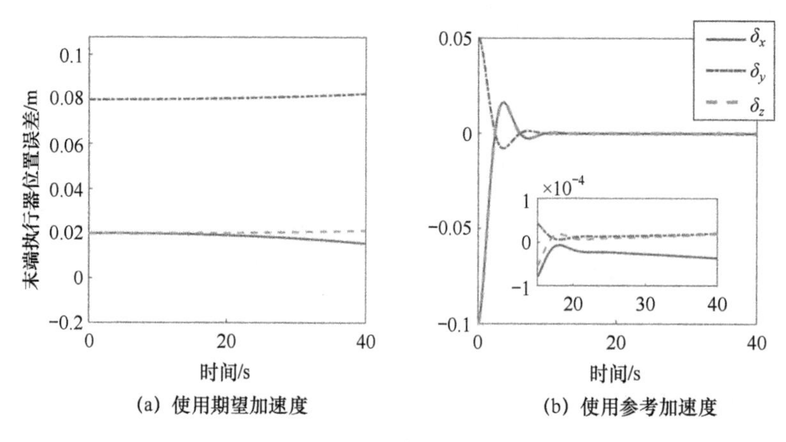

(a) 使用期望加速度 (b) 使用参考加速度

图 6-21 使用 LSE 方法时末端执行器端点位置跟踪误差

图 6-21（a）给出了 LSE 方法使用期望加速度的结果，可以看出末端执行器端点的位置持续地偏离期望值。图 6-21（b）给出了 LSE 方法使用参考加速度的结果，可以看出，初始的误差偏差可以很快被消除。因为 LSE 方法中没有考虑关节力矩约束，可以看出，使用参考加速度时 LSE 方法下末端执行器端点最终的跟踪误差要小于使用 QP 方法下的跟踪误差。然而，不管使用期望加速度还是参考加速度，如图 6-21 所示，LSE 方法下末端执行器端点的位置跟踪误差呈发散趋势并没有收敛至零，是因为使用固定基座机械臂的雅可比矩阵 $\boldsymbol{J}_{\mathrm{m}}$ 近似代替空间机器人的广义雅可比矩阵 $\boldsymbol{J}_{\mathrm{g}}$ 带来了误差。

使用 QP 方法和 LSE 方法的基座姿态扰动分别如图 6-22 和图 6-23 所示。

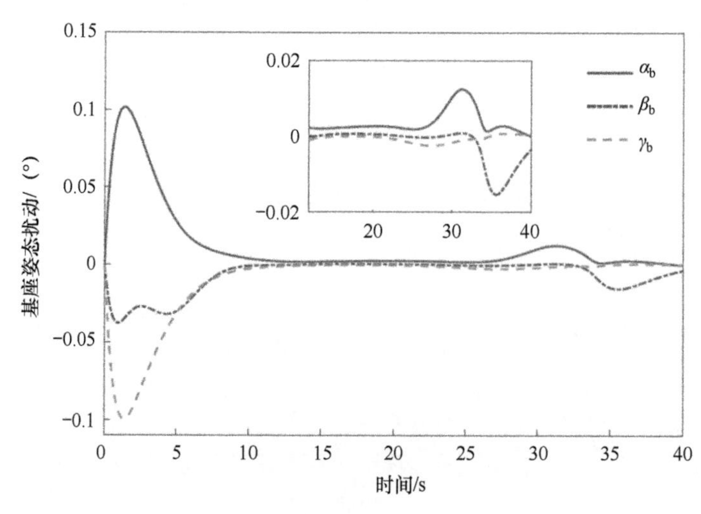

图 6-22 使用 QP 方法时基座姿态扰动

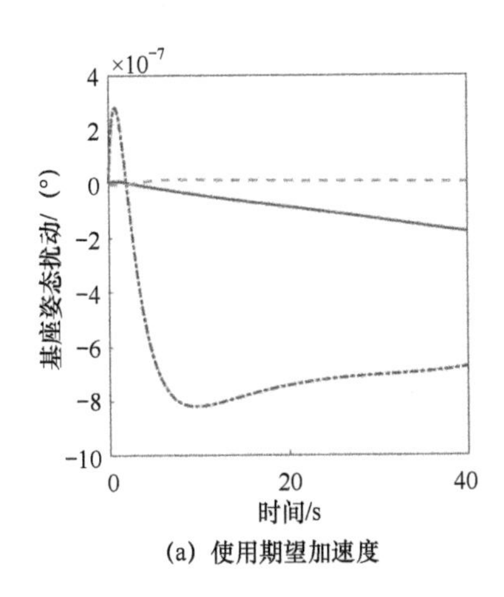

(a) 使用期望加速度

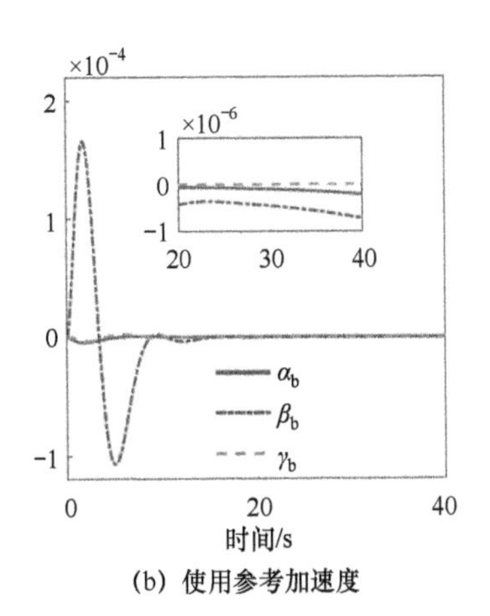

(b) 使用参考加速度

图 6-23 使用 LSE 方法时基座姿态扰动

可以看出，两种方法下初始的基座角速度误差都能够很快被消除并且最终的基座姿态扰动分别小于 $(2\times10^{-2})°$、$(1\times10^{-6})°$。使用 LSE 方法的基座姿态扰动更小，主要是因为该方法假设了基座具有很大的转动惯量。

使用 QP 方法和 LSE 方法的关节控制力矩分别如图 6-24 和图 6-25 所示。

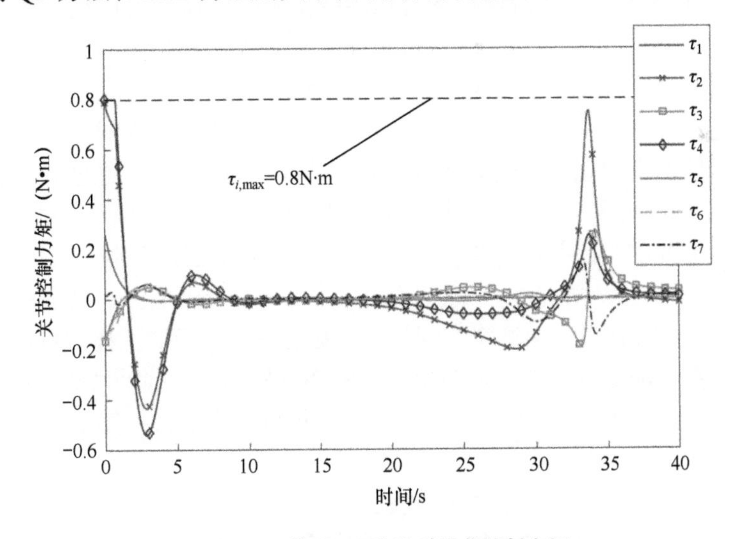

图 6-24 使用 QP 方法时关节控制力矩

从图 6-24 可以看出，需要的关节控制力矩总是在给定的关节力矩约束范围内。为了消除初始的末端执行器端点的位置偏差和基座的角速度偏差，初始阶段需要较大的关节控制力矩。从图 6-25 可以看出，使用期望加速度的 LSE 方法需要较小的关节控制力矩，但使用参考加速度的 LSE 方法计算得到的关节控制力矩超出了设定的关节力矩约束。

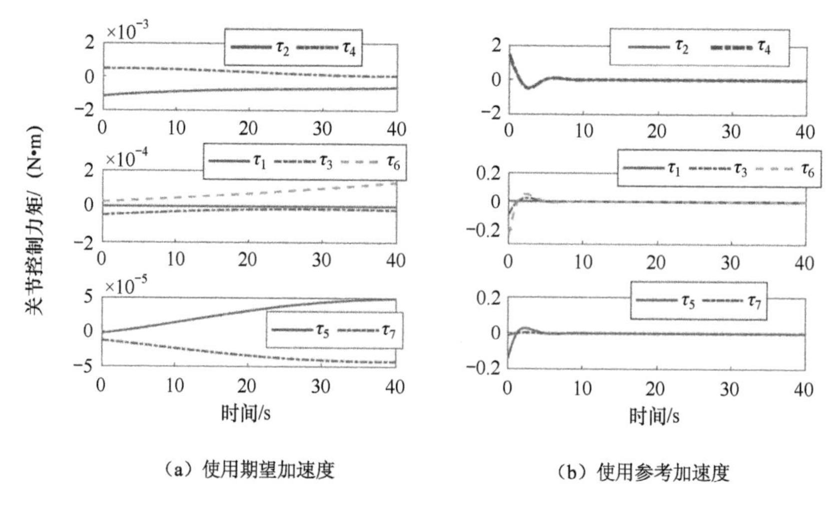

（a）使用期望加速度　　（b）使用参考加速度

图 6-25　使用 LSE 方法时关节控制力矩

6.5 本章小结

本章研究了空间机器人抓捕翻滚目标的时机确定和最优抓捕轨迹的规划与跟踪控制问题。首先，研究了翻滚目标的运动特性以及空间机器人对翻滚目标最佳抓捕时机的确定方法。通过分析翻滚目标及其上抓捕点的运动特性，得到结论：抓捕点在空间的运动轨迹对翻滚目标初始时刻的旋转速度很敏感，抓捕点只能到达空间机器人任务空间的有限区域，但抓捕时机并不是唯一的。随后，通过对自由漂浮空间机器人的工作空间进行分析，得到当抓捕点处于空间机器人路径无关工作空间内更适合实施抓捕的结论，并进一步提出了确定翻滚目标最佳抓捕时机的三个条件。最后，以带三关节机械臂的自由漂浮空间机器人为例，利用提出的确定抓捕时机的三个条件，确定并得到了自由漂浮空间机器人抓捕翻滚目标的抓捕时机，并使用最优控制方法得到了满足约束的空间机器人对翻滚目标的最优抓捕轨迹。仿真结果表明，整个抓捕过程能够有效地进行，并能够保证机械臂末端执行器始终处于自由漂浮空间机器人的路径无关工作空间内。

为了使末端执行器跟踪最优抓捕轨迹同时减小对基座的扰动，本章基于第 2 章建立的逆链动力学方程和参考加速度，设计了末端执行器和基座的协调控制器，该方法可以直接设计末端执行器的控制器而不需要求解逆运动学问题。设计的控制策略能够根据机械臂是否具有足够的自由度以及是否存在关节力矩约束使用不同形式的控制器，分别实现了基座无扰、最小化基座扰动和满足关节力矩约束并同时使末端执行器跟踪参考轨迹。仿真验证了本章设计的控制器的有效性。与文献[10]的 LSE 方法相比，本章的轨迹规划与控制方法不需要求解逆运动学问题和近似计算广义雅可比矩阵的导数，满足关节控制力矩约束且能够完全消除控制误差。

参考文献

[1] Papadopoulos E, Dubowsky S. On the dynamic singularities in the control of free-floating space manipulators[J]. Trans. ASME, Dynamic Syst. and Control, 1989, 15: 45-52.

[2] Yoji U, Yoshida K. Resolved motion rate control of space manipulators with generalized Jacobian matrix[J]. IEEE Transactions on Robotics and Automation, 1989, 5(3): 303-314.

[3] Vafa Z, Dubowsky S. The kinematics and dynamics of space manipulators: The virtual manipulator approach[J]. The International Journal of Robotics Research, 1990, 9(4): 3-21.

[4] Luo J, Zong L, Wang M, et al. Optimal capture occasion determination and trajectory generation for space robots grasping tumbling objects[J]. Acta Astronautica, 2017, 136: 380-386.

[5] Siciliano B, Oussama K. Springer handbook of robotics[M]. Berlin: Springer, 2008.

[6] 吕显瑞, 黄庆道. 最优控制理论基础[M]. 北京: 科学出版社, 2008.

[7] Zong L, Emami M R, Luo J. Reactionless control of free-floating space manipulators[J]. IEEE Transactions on Aerospace and Electronic Systems, 2019, 56(2): 1490-1503.

[8] Nanos K, Papadopoulos E. Avoiding dynamic singularities in cartesian motions of free-floating manipulators[J]. IEEE Transactions on Aerospace and Electronic Systems, 2015, 5(3): 2305-2318.

[9] Cocuzza S, Pretto I, Debei S. Reaction torque control of redundant space robotic systems for orbital maintenance and simulated microgravity tests[J]. Acta Astronautica, 2010, 67(3): 285-295.

[10] Cocuzza S, Pretto I, Debei S. Least-squares-based reaction control of space manipulators[J]. Journal of Guidance, Control and Dynamics, 2012, 35(3): 976-986.

[11] Wang M, Luo J, Yuan J, et al. Detumbling strategy and coordination control of kinematically redundant space robot after capturing a tumbling target[J]. Nonlinear Dynamics, 2018, 92(3): 1023-1043.

[12] Jin M, Zhou C, Liu Y, et al. Analysis of reaction torque-based control of a redundant free-floating space robot[J]. Chinese Journal of Aeronautics, 2017, 30(5): 1765–1776.

[13] Jin M, Zhou C, Liu Y, et al. Reaction torque control of redundant free-floating space robot[J]. International Journal of Automation and Computing, 2017, 14(3): 1–12.

[14] 陈宝林. 最优化理论与算法[M]. 北京: 清华大学出版社, 2005.

07 第7章 捕获目标后的参数辨识与自适应控制

7.1 引言

空间机器人抓捕目标后，如果目标的动力学参数是未知的，则组合体变成一个参数不确定系统。为了辨识组合体未知的动力学参数，需要研究空间机器人的参数辨识方法。与此同时，需要研究空间机器人的自适应控制器，保证参数辨识过程中组合体的稳定性。

现有的参数辨识方法依赖持续激励条件才能够保证参数辨识结果收敛到真值，然而，持续激励条件对系统将来的运动有要求，因而较难在线判定该条件是否满足。同时，对于空间机器人而言，为满足持续激励条件设计的激励运动轨迹，可能造成额外的控制消耗或者影响空间机器人其他的运动控制任务[1]。另外，由于很难得到空间机器人关于物理参数线性形式的动力学方程，也给设计空间机器人的自适应控制器带来了难度。

本章针对空间机器人捕获目标后的参数辨识和稳定控制问题，研究并提出一种空间机器人捕获目标后的参数并行学习方法和基于李雅普诺夫函数的自适应控制方法。首先，基于组合体的动量守恒方程建立其参数辨识模型，并回顾经典的参数辨识最小二乘方法，说明激励运动轨迹是否满足持续激励条件对参数辨识结果的重要影响；之后，提出一种参数辨识的并行学习方法，使得参数辨识不依赖于持续激励条件，并且参数辨识误差能够全局范围内以指数速率收敛到零。

本章在空间机器人捕获目标后的自适应控制器设计中，首先基于李雅普诺夫函数设计了组合体基座无扰的自适应控制器并证明了其稳定性，随后在任务优先级框架下利用机械臂冗余的自由度限制了各关节在一定范围内运动，从而在组合体产生参数辨识需要的激励运动信息的过程中不对基座状态造成扰动并且不违反关节的运动限制，实现了参数辨识和组合体控制的一体化。

7.2 基于最小二乘法的目标参数辨识

1795年，著名科学家高斯就提出了最小二乘法（Least Squares Method，LSM）

并将其应用到了行星和彗星运动轨道的计算中。此后，最小二乘法被用来解决许多实际问题。最小二乘法的原理在于，根据观测数据推断未知参数时，未知参数的最合适数值应是这样的数值，它使各次实际观测值和计算值之间差值的平方乘以度量其精确度的数值以后的和为最小。在系统辨识领域中，最小二乘法是一种基本的估计方法，因为容易理解和掌握，利用最小二乘原理所拟定的辨识算法在实施上比较简单[2]。在其他参数辨识方法难以使用时，最小二乘法能提供问题的解决方案。此外，许多用于辨识和系统参数估计的算法往往也可以解释为最小二乘法。所有这些原因使得最小二乘法广泛应用于系统辨识领域，同时最小二乘法也达到了相当完善的程度。

针对一般最小二乘法在具体使用时占用内存量大且不适合在线辨识的缺点，为了减少计算量，减少数据在计算机中所占的存储量，也为了有可能实时地辨识出动态系统的特性，在用最小二乘法进行参数估计时，把它转化成一种既经济又有效的参数递推估计，称为递推最小二乘法[2]。本章首先介绍经典的递推最小二乘法，并说明激励运动轨迹是否满足持续激励条件对参数辨识结果的影响和重要性。

7.2.1 辨识模型

空间机器人捕获目标后形成的组合体如图 7-1 所示。本章在进行目标动力学参数辨识研究时基于以下基本假设[3]：

（1）空间机器人和被捕获目标构成的系统不受外力和外力矩的作用，即整个系统工作在自由漂浮工作模式；

（2）空间机器人自身的运动学和动力学参数精确已知；

（3）目标动力学参数辨识所需的机械臂关节位置、速度以及基座位置、姿态、速度、角速度信息均可通过测量得到；

（4）目标被机械臂捕获后与末端连杆固连，系统初始线动量、角动量未知。

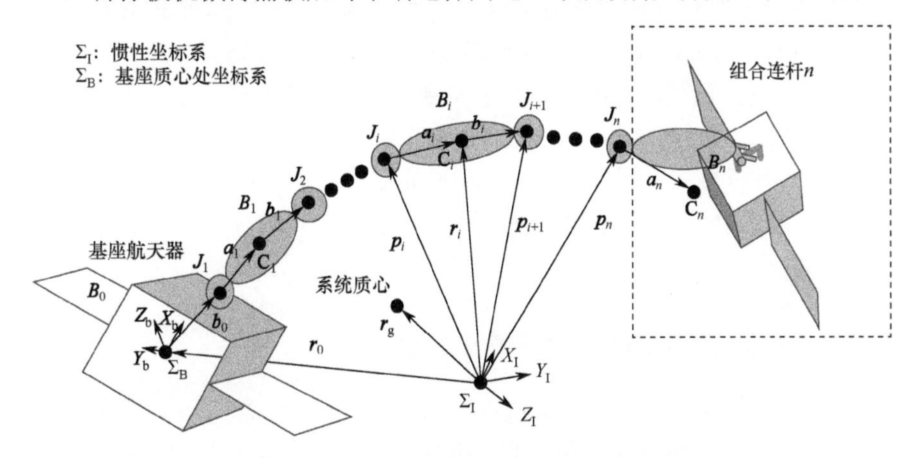

图 7-1 空间机器人捕获目标后形成的组合体

假设捕获后空间机器人的末端执行器与目标间没有相对运动，机械臂最后一个连杆和目标可以当作一个整体。为了简化参数辨识的模型，本章将直接辨识捕获目标后新的末端连杆的动力学参数，目标的动力学参数可以根据捕获前后末端连杆的动力学参数进行简单计算获得。这样在组合体中，最后一个连杆的惯性参数，包括质量、质心位置和惯性张量是未知的。考虑捕获后系统不受外力和外力矩作用，则整个系统的线动量和角动量是守恒的，因而可以利用系统动量守恒方程建立其辨识模型，并在此基础上设计系统未知参数的学习律。

系统的线动量和角动量由下式计算得到

$$\begin{bmatrix} \boldsymbol{P} \\ \boldsymbol{L} \end{bmatrix} = \begin{bmatrix} \sum_{i=0}^{n} m_i \dot{\boldsymbol{r}}_i \\ \sum_{i=0}^{n} \left(\boldsymbol{I}_i \boldsymbol{\omega}_i + \boldsymbol{r}_i \times m_i \dot{\boldsymbol{r}}_i \right) \end{bmatrix} \tag{7-1}$$

式中：$\boldsymbol{P} \in \mathbb{R}^3$ 和 $\boldsymbol{L} \in \mathbb{R}^3$ 分别为惯性坐标系下系统的线动量和角动量；n 为机械臂自由度的数目；$m_i \in \mathbb{R}$ 为连杆 i 质量；$\boldsymbol{I}_i \in \mathbb{R}^{3\times3}$ 为与惯性坐标系平行但原点位于连杆 i 质心的坐标系下该连杆的惯性张量；$\boldsymbol{\omega}_i \in \mathbb{R}^3$ 为连杆 i 的角速度；$\boldsymbol{r}_i \in \mathbb{R}^3$，$\dot{\boldsymbol{r}}_i \in \mathbb{R}^3$ 分别为惯性坐标系下连杆 i 质心的位置和线速度。

不失一般性，假设系统的线动量为零，式（7-1）可以表示为一组关于最后一个连杆未知参数的线性方程[4]，即

$$\boldsymbol{y}\left(\boldsymbol{\chi}_{\mathrm{b}}, \dot{\boldsymbol{x}}_{\mathrm{b}}, \boldsymbol{\theta}, \dot{\boldsymbol{\theta}}, t\right) = \boldsymbol{\Phi}\left(\boldsymbol{\chi}_{\mathrm{b}}, \dot{\boldsymbol{x}}_{\mathrm{b}}, \boldsymbol{\theta}, \dot{\boldsymbol{\theta}}, t\right) \boldsymbol{h} \tag{7-2}$$

式中：$\boldsymbol{y}$ 为输出向量；$\boldsymbol{\Phi}$ 为回归矩阵；$\boldsymbol{h} = \left[1/m_n, {}^n a_{nx}, {}^n a_{ny}, {}^n a_{nz}, {}^n I_{n,xx}, {}^n I_{n,xy}, {}^n I_{n,xz}, {}^n I_{n,yy}, {}^n I_{n,yz}, {}^n I_{n,zz} \right]^{\mathrm{T}}$ 为最后一个连杆未知参数组成的向量，$\boldsymbol{a}_n = \left[a_{nx}, a_{ny}, a_{nz} \right]^{\mathrm{T}}$ 为从关节 n 到连杆 n 质心的位置向量，左上标“n”表示未知参数表示在本体坐标系下；$\boldsymbol{\chi}_{\mathrm{b}} \in \mathrm{SE}(3)$ 为基座质心位置和基座姿态；$\dot{\boldsymbol{x}}_{\mathrm{b}} \in \mathbb{R}^6$ 为惯性坐标系下基座质心的线速度和基座角速度；$\boldsymbol{\theta} \in \mathbb{R}^n$ 和 $\dot{\boldsymbol{\theta}} \in \mathbb{R}^n$ 分别为关节角和关节角速度。

式（7-1）包含系统角动量 $\boldsymbol{L}$，如果抓捕前目标是旋转的，则 $\boldsymbol{L}$ 是非零且未知的。为了从辨识模型中消除未知的角动量 $\boldsymbol{L}$，考虑到 $\boldsymbol{L}$ 是守恒的且其导数为零，对式（7-1）求导，可以得到允许系统角动量非零的更一般的辨识模型

$$z\left(\boldsymbol{\chi}_{\mathrm{b}}, \dot{\boldsymbol{x}}_{\mathrm{b}}, \ddot{\boldsymbol{x}}_{\mathrm{b}}, \boldsymbol{\theta}, \dot{\boldsymbol{\theta}}, \ddot{\boldsymbol{\theta}}, t\right) = \boldsymbol{\Psi}\left(\boldsymbol{\chi}_{\mathrm{b}}, \dot{\boldsymbol{x}}_{\mathrm{b}}, \ddot{\boldsymbol{x}}_{\mathrm{b}}, \boldsymbol{\theta}, \dot{\boldsymbol{\theta}}, \ddot{\boldsymbol{\theta}}, t\right) \boldsymbol{h} \tag{7-3}$$

式中：z 和 $\boldsymbol{\Psi}$ 分别为 $\boldsymbol{y}$ 和 $\boldsymbol{\Phi}$ 的导数。

7.2.2 基于 QR 分解的递推最小二乘估计

式（7-3）为根据系统动量守恒原理得到的目标动力学参数辨识模型，由于该模型是一个含有 10 个未知数、6 个独立方程的欠定线性方程组，因此仅靠一组测

量数据无法得到确定的解，需要通过多组测量数据，构造一个以 $\boldsymbol{h}$ 为未知量的线性回归方程组进行求解。假设在每个采样点获取一组测量值，当完成第 k 次采样后，线性回归方程组可以表示为

$$\boldsymbol{\varPsi}^{(k)}\boldsymbol{h}=\boldsymbol{z}^{(k)} \tag{7-4}$$

式中

$$\boldsymbol{\varPsi}^{(k)}=\begin{bmatrix}\boldsymbol{\varPsi}_1\\ \boldsymbol{\varPsi}_2\\ \vdots\\ \boldsymbol{\varPsi}_k\end{bmatrix},\quad \boldsymbol{z}^{(k)}=\begin{bmatrix}\boldsymbol{z}_1\\ \boldsymbol{z}_2\\ \vdots\\ \boldsymbol{z}_k\end{bmatrix} \tag{7-5}$$

基于 QR 分解的递推最小二乘估计（QR Decomposition-based Recursive Least Square Algorithm，QRD-RLS）算法是通过对线性回归方程组的系数矩阵进行正交分解来求解线性方程组最小二乘解的方法，具有很好的数值稳定性[5]。与标准的 RLS 算法相比，QRD-RLS 算法得到的解更为准确和平滑，因此本节采用 QRD-RLS 算法对建立的线性回归方程组（7-4）进行求解。

对式（7-4）中的系数矩阵 $\boldsymbol{\varPsi}^{(k)}$ 进行 QR 分解可得

$$\boldsymbol{\varPsi}^{(k)}=\boldsymbol{Q}_k\boldsymbol{R}_k \tag{7-6}$$

式中：$\boldsymbol{Q}_k$ 为正交矩阵；$\boldsymbol{R}_k$ 为上三角矩阵。根据式（7-6）和式（7-4）可得

$$\boldsymbol{R}_k\hat{\boldsymbol{h}}_k=\boldsymbol{Q}_k^{\mathrm{T}}\boldsymbol{z}^{(k)} \tag{7-7}$$

式（7-7）为一个上三角方程组，通过回代过程可以很容易地得到方程组的解，即根据 k 组测量数据可得到目标动力学参数估计值 $\hat{\boldsymbol{h}}_k$ 。

考虑到线性回归方程组的系数矩阵 $\boldsymbol{\varPsi}^{(k)}$ 会随着采样次数的增大而不断增大，直接对 $\boldsymbol{\varPsi}^{(k)}$ 进行常规的 QR 分解将变得越来越困难，因此本节将利用 QR 分解得到的 $\boldsymbol{R}_k$ 矩阵下方若干行为零的特性通过递推计算减小 QR 分解所需的计算量，从而满足在线辨识对算法实时性的要求。

假设 $\boldsymbol{\varPsi}^{(k)}$ 为一个 m 行 n 列的矩阵，当 $m>n$ 时，可以将式（7-6）表示为如下形式

$$\boldsymbol{Q}_k^{\mathrm{T}}\boldsymbol{\varPsi}^{(k)}=\boldsymbol{R}_k=\begin{bmatrix}\boldsymbol{U}_k\\ \boldsymbol{0}\end{bmatrix} \tag{7-8}$$

式中：$\boldsymbol{U}_k$ 为一个 n 行 n 列的上三角阵；$\boldsymbol{0}$ 为一个 $(m-n)$ 行 n 列的零矩阵。

当加入第（k+1）次测量数据后，线性回归方程组的系数矩阵 $\boldsymbol{\varPsi}^{(k+1)}$ 可以表示为

$$\boldsymbol{\varPsi}^{(k+1)}=\begin{bmatrix}\boldsymbol{\varPsi}^{(k)}\\ \boldsymbol{\varPsi}_{k+1}\end{bmatrix} \tag{7-9}$$

根据式（7-8）和式（7-9）可得

$$\begin{bmatrix} \boldsymbol{Q}_k^{\mathrm{T}} & \boldsymbol{0} \\ \boldsymbol{0} & \boldsymbol{E} \end{bmatrix} \boldsymbol{\Psi}^{(k+1)} = \begin{bmatrix} \boldsymbol{Q}_k^{\mathrm{T}} & \boldsymbol{0} \\ \boldsymbol{0} & \boldsymbol{E} \end{bmatrix} \begin{bmatrix} \boldsymbol{\Psi}^{(k)} \\ \boldsymbol{\Psi}_{k+1} \end{bmatrix} = \begin{bmatrix} \boldsymbol{R}_k \\ \boldsymbol{A}_{k+1} \end{bmatrix} = \begin{bmatrix} \boldsymbol{U}_k \\ \boldsymbol{0} \\ \boldsymbol{A}_{k+1} \end{bmatrix} \tag{7-10}$$

由于式（7-10）最右侧矩阵中除前 n 行是一个 n 行 n 列的上三角阵 $\boldsymbol{U}_k$，后 6 行是根据新的测量数据计算得到的系数矩阵 $\boldsymbol{\Psi}_{k+1}$ 外，其余各行都为零，所以对其进行 Givens 变换获得上三角阵所需的计算量远远小于直接对 $\boldsymbol{\Psi}^{(k+1)}$ 进行 Givens 变换获得上三角阵所需的计算量。

对式（7-10）最右侧矩阵进行有限次 Givens 变换可将其变换为如下上三角阵

$$\boldsymbol{T}_{k+1} \begin{bmatrix} \boldsymbol{U}_k \\ \boldsymbol{0} \\ \boldsymbol{\Psi}_{k+1} \end{bmatrix} = \begin{bmatrix} \boldsymbol{U}_{k+1} \\ \boldsymbol{0} \end{bmatrix} \tag{7-11}$$

根据式（7-10）和式（7-11）可以将 $\boldsymbol{\Psi}^{(k+1)}$ 的 QR 分解表示为

$$\begin{cases} \boldsymbol{\Psi}^{(k+1)} = \boldsymbol{Q}_{k+1} \boldsymbol{R}_{k+1} \\ \boldsymbol{Q}_{k+1} = \left[\boldsymbol{T}_{k+1} \begin{bmatrix} \boldsymbol{Q}_k^{\mathrm{T}} & \boldsymbol{0} \\ \boldsymbol{0} & \boldsymbol{E} \end{bmatrix} \right]^{\mathrm{T}} = \begin{bmatrix} \boldsymbol{Q}_k & \boldsymbol{0} \\ \boldsymbol{0} & \boldsymbol{E} \end{bmatrix} \boldsymbol{T}_{k+1}^{\mathrm{T}} \\ \boldsymbol{R}_{k+1} = \begin{bmatrix} \boldsymbol{U}_{k+1} \\ \boldsymbol{0} \end{bmatrix} \end{cases} \tag{7-12}$$

因此，为了获得系数矩阵 $\boldsymbol{\Psi}^{(k+1)}$ 的 QR 分解，只需要利用矩阵 $\boldsymbol{\Psi}^{k}$ 的 QR 分解结果，再对式（7-10）最右侧矩阵进行有限次的 Givens 变换即可按照式（7-12）计算得到 $\boldsymbol{Q}_{k+1}$ 和 $\boldsymbol{R}_{k+1}$，而加入了第（k+1）次测量数据后，目标动力学参数新的估计值 $\hat{\boldsymbol{h}}_{k+1}$ 可根据下面的上三角方程组进行回代计算得到

$$\boldsymbol{R}_{k+1} \hat{\boldsymbol{h}}_{k+1} = \boldsymbol{Q}_{k+1}^{\mathrm{T}} \boldsymbol{z}^{(k+1)} \tag{7-13}$$

7.2.3 参数辨识激励轨迹优化

目标动力学参数辨识的准确性和快速性不仅与选用的参数辨识模型以及估计方法有关，也与选用的参数辨识激励轨迹有很大关系[1]。为了加快参数估计的收敛速度并提高参数估计的准确性，需要合理选择用于参数辨识的激励轨迹，保证用于辨识的测量信息满足持续激励（Persistent Excitation，PE）条件[7,8]。地面工业机器人一般是通过离线设计激励轨迹来满足 PE 条件，然而空间机器人捕获目标后由于还需要利用机械臂运动产生的耦合作用力和力矩保证基座姿态稳定，所以难以对离线设计的激励轨迹进行跟踪，因此本节提出一种新的空间机器人参数辨识轨迹优化方法，将满足 PE 条件的参数辨识激励输入映射到空间机器人耦合惯性矩阵的零空间上，既满足了参数辨识所需的 PE 条件，又不影响空间机器人基座的姿态稳定。

本章重点研究目标动力学参数辨识将在基座姿态无扰条件下完成的情况，因而将优化激励轨迹的关节角速度$\dot{\boldsymbol{\zeta}}$投影到基座无扰关节运动的零空间。其中，一种典型的方法是将$\dot{\boldsymbol{\zeta}}$取为标量目标函数$H(\boldsymbol{\theta})$的梯度，从而实现减小目标函数的目的，即有

$$\dot{\boldsymbol{\zeta}} = -k_H \nabla H(\boldsymbol{\theta}) \tag{7-14}$$

本节的优化目标是让参数辨识激励轨迹满足 PE 条件，一般采用两种指标来衡量参数辨识轨迹的激励水平，一是参数辨识模型中回归矩阵$\boldsymbol{\Psi}$的条件数，二是 Fisher 信息矩阵的行列式的对数[9-10]。但是本章采用的参数辨识模型中回归矩阵的形式比较复杂，采用上述两个指标时难以得到其梯度的显式表达式，因此本节参考文献[11]设计了如下的目标函数

$$H(\boldsymbol{\theta}) = \sum_{i=1}^{m}\sum_{j=1}^{m}\boldsymbol{q}_i^{\mathrm{T}}\boldsymbol{q}_j \tag{7-15}$$

式中：$i \neq j$；m为待辨识参数的个数；$\boldsymbol{q}_i$和$\boldsymbol{q}_j$分别为回归矩阵乘积之和$\boldsymbol{Q}$的第i列和第j列，$\boldsymbol{Q}$的表达式为

$$\boldsymbol{Q} = \left(\boldsymbol{\Psi}_k^{\mathrm{T}}\boldsymbol{\Psi}_k + \sum_{i=1}^{k-1}\boldsymbol{\Psi}_i^{\mathrm{T}}\boldsymbol{\Psi}_i\right) \tag{7-16}$$

式中：k为最近一次测量所对应的序号；$\boldsymbol{\Psi}_i$的表达式由式（7-3）给出。

因此，能够局部满足 PE 条件的激励输入$\dot{\boldsymbol{\zeta}}$的表达式为

$$\dot{\boldsymbol{\zeta}} = \left(-k_H \frac{\partial H}{\partial \boldsymbol{\theta}} / \| \frac{\partial H}{\partial \boldsymbol{\theta}} \|\right)^{\mathrm{T}} \tag{7-17}$$

将式（7-17）代入控制机械臂各关节的速度的零空间可以提高关节运动轨迹的参数辨识激励水平，但由于$\| \partial H / \partial \boldsymbol{\theta} \|$的值可能为零，因此将$\dot{\boldsymbol{\zeta}}$的表达式改为

$$\dot{\boldsymbol{\zeta}} = \begin{cases} \left(-k_H \dfrac{\partial H}{\partial \boldsymbol{\theta}} / \| \dfrac{\partial H}{\partial \boldsymbol{\theta}} \|\right)^{\mathrm{T}}, \| \dfrac{\partial H}{\partial \boldsymbol{\theta}} \| > \epsilon \\ \boldsymbol{K}\left[\sin(\omega_1 t + \theta_1), \cdots, \sin(\omega_n t + \theta_n)\right]^{\mathrm{T}}, \| \dfrac{\partial H}{\partial \boldsymbol{\theta}} \| \leqslant \epsilon \end{cases} \tag{7-18}$$

式中：$\boldsymbol{K}$为正常值的对角矩阵；ϵ为一个很小的数。当$\| \partial H / \partial \boldsymbol{\theta} \| \leqslant \epsilon$时，用抖动信号替换式（7-17）。

7.3 基于并行学习的目标参数辨识

7.2 节介绍了空间机器人基于最小二乘法的参数辨识方法，可以看出，需要优化参数辨识的激励轨迹，并使其保证满足持续激励条件，才能使待辨识的参数较好地收敛到真值。本节提出一种空间机器人的参数并行学习方法。首先，通过向量单位化方法对待辨识参数进行预处理，使得待辨识参数的数值具有相同的数量级来保

证所有参数辨识结果可以同时收敛到真值。之后，在参数辨识中同时使用组合体历史和当前时刻的激励运动信息使参数误差沿最速下降方向减小，使得提出的参数并行学习方法不依赖于持续激励条件而能够保持参数辨识误差全局范围内以指数速率收敛到零，并且参数收敛的条件仅需要判定相关矩阵的正定性，很容易在线完成[3]。

7.3.1 辨识参数预处理

式（7-3）模型中的多个未知参数的取值可能具有不同的数量级，因而将每个参数准确辨识出可能分别需要花费不同的时间。本小节通过向量单位化方法对待辨识参数进行预处理，使真实参数转化为一组大小数量级相同的辅助参数，并建立真实参数和辅助参数学习律之间的关系，使得所有的辅助参数和真实参数几乎可以同时被准确辨识。

通过向量单位化方法，对式（7-3）辨识模型做如下处理

$$\frac{\boldsymbol{z}(t)}{\|\boldsymbol{z}(t)\|_2}=\left(\frac{1}{\|\boldsymbol{z}(t)\|_2}\boldsymbol{\Psi}(t)\right)\boldsymbol{D}(t)\boldsymbol{D}(t)^{-1}\boldsymbol{h}(t) \tag{7-19}$$

式中：$\boldsymbol{D}(t)=\mathrm{diag}\left(d_1(t),d_2(t),\cdots,d_m(t)\right)$为对角矩阵，$m=10$是空间机器人未知惯性参数的数目，且

$$d_j(t)=\begin{cases}\dfrac{1}{\|\boldsymbol{c}_j(t)\|_2}, & \|\boldsymbol{c}_j(t)\|_2\neq 0\\ 1, & \|\boldsymbol{c}_j(t)\|_2=0\end{cases} \tag{7-20}$$

式中：$\boldsymbol{c}_j(t)$为矩阵$\dfrac{1}{\|\boldsymbol{z}(t)\|_2}\boldsymbol{\Psi}(t)$的第$j$列。

定义$\bar{\boldsymbol{z}}(t)\dfrac{\boldsymbol{z}(t)}{\|\boldsymbol{z}(t)\|_2},\bar{\boldsymbol{\Psi}}(t)=\left(\dfrac{1}{\|\boldsymbol{z}(t)\|_2}\boldsymbol{\Psi}(t)\right)\boldsymbol{D}(t),\bar{\boldsymbol{h}}(t)=\boldsymbol{D}(t)^{-1}\boldsymbol{h}(t)$，新的参数辨识模型可以表示为

$$\bar{\boldsymbol{z}}(t)=\bar{\boldsymbol{\Psi}}(t)\bar{\boldsymbol{h}}(t)=\sum_{j=1}^{m}\bar{\boldsymbol{\Psi}}_j(t)\,\bar{h}_j(t) \tag{7-21}$$

式中：$\bar{\boldsymbol{z}}(t)$、$\bar{\boldsymbol{\Psi}}(t)$、$\bar{\boldsymbol{h}}(t)$分别为辅助输出向量、辅助回归矩阵以及辅助参数。

$\bar{\boldsymbol{z}}(t)$和矩阵$\bar{\boldsymbol{\Psi}}(t)$的每一列$\bar{\boldsymbol{\Psi}}_j(t)$都是单位向量，因而，每一个辅助参数$\bar{h}_j(t)$有相同的数量级并且对$\bar{\boldsymbol{z}}(t)$产生相同的影响。使用式（7-21）辨识模型，可以期望能够同时准确辨识出所有的辅助参数$\bar{\boldsymbol{h}}(t)$。

使用7.3.2节中提出的参数并行学习方法，可以得到辅助参数$\bar{\boldsymbol{h}}(t)$的收敛速率$\dot{\bar{\boldsymbol{h}}}(t)$。之后，真实参数的收敛速率$\dot{\bar{\boldsymbol{h}}}(t)$可以通过下式计算得到

$$\dot{\boldsymbol{h}}(t)=\boldsymbol{D}(t)\dot{\bar{\boldsymbol{h}}}(t) \tag{7-22}$$

7.3.2 参数并行学习方法

给定空间机器人的辨识模型（7-21）参数真值和系统真实的输出分别记为 $\boldsymbol{h}^*$ 和 $\boldsymbol{v}$，则 $\boldsymbol{h}^*$ 和 $\boldsymbol{v}$ 满足如下关系

$$\boldsymbol{v}(t)=\boldsymbol{\Psi}(t)\boldsymbol{h}^* \tag{7-23}$$

值得说明的是，为了方便推导，式（7-21）中的回归矩阵 $\boldsymbol{\Psi}\left(\boldsymbol{\chi}_{\mathrm{b}},\dot{\boldsymbol{x}}_{\mathrm{b}},\ddot{\boldsymbol{x}}_{\mathrm{b}},\boldsymbol{\theta},\dot{\boldsymbol{\theta}},\ddot{\boldsymbol{\theta}},t\right)$ 在式（7-23）和后文中简记为 $\boldsymbol{\Psi}(t)$。类似地，输出向量 $\boldsymbol{z}\left(\boldsymbol{\chi}_{\mathrm{b}},\dot{\boldsymbol{x}}_{\mathrm{b}},\ddot{\boldsymbol{x}}_{\mathrm{b}},\boldsymbol{\theta},\dot{\boldsymbol{\theta}},\ddot{\boldsymbol{\theta}},t\right)$ 也简记为 $\boldsymbol{z}(t)$。定义输出误差 $\boldsymbol{e}(t)=\boldsymbol{v}(t)-\boldsymbol{z}(t)$，容易看出，如果 $t\to\infty$ 时 $\boldsymbol{h}(t)\to\boldsymbol{h}^*$，则在 $t\to\infty$ 时 $\boldsymbol{e}(t)\to\boldsymbol{0}$。自适应控制中保证 $\boldsymbol{e}(t)\to\boldsymbol{0}$ 的典型的参数学习律 $\dot{\boldsymbol{h}}(t)$ 是沿瞬时二次代价函数 $V(t)=\boldsymbol{e}(t)^{\mathrm{T}}\boldsymbol{e}(t)$ 最大的下降方向更新参数 $\boldsymbol{h}(t)$[12]，即

$$\dot{\boldsymbol{h}}(t)=-\boldsymbol{\Gamma}\boldsymbol{\Psi}(t)^{\mathrm{T}}\boldsymbol{e}(t) \tag{7-24}$$

式中：$\boldsymbol{\Gamma}>0$ 代表正定的学习速率矩阵。

使用参数学习律（7-24）的缺点同样是当且仅当系统的激励运动满足持续激励条件时才能保证 $\boldsymbol{h}\to\boldsymbol{h}^*$[12]。参数并行学习同时使用系统历史和当前时刻的运动数据，可以使参数辨识问题中不要求满足持续激励条件[13]。本章设计如下参数并行学习律，用于辨识空间机器人中未知的惯性参数

$$\dot{\boldsymbol{h}}(t)=-\boldsymbol{\Gamma}\boldsymbol{\Psi}(t)^{\mathrm{T}}\boldsymbol{e}(t)-\boldsymbol{\Gamma}\sum_{k=1}^{p}\left(\boldsymbol{\Psi}_k^{\mathrm{T}}\boldsymbol{e}_k\right) \tag{7-25}$$

式中：p 和 $k\in\{1,2,\cdots,p\}$ 分别表示使用的历史数据点的数目以及第 k 个历史数据；$\boldsymbol{\Psi}_k$ 为根据某个历史数据计算的对应的回归矩阵；$\boldsymbol{e}_k$ 通过下式计算得到，即

$$\boldsymbol{e}_k=\boldsymbol{\Psi}_k\boldsymbol{h}(t)-\boldsymbol{v}_k \tag{7-26}$$

式中：$\boldsymbol{v}_k$ 为存储的历史某个时间点上的输出向量。值得注意的是，在参数并行学习方法的具体应用过程中，为了保证所有的参数在同样的时间内收敛到真值，使用 $\bar{\boldsymbol{\Psi}}$ 代替式 $\boldsymbol{\Psi}$、$\bar{\boldsymbol{e}}(t)=\left(\boldsymbol{v}(t)-\|\boldsymbol{z}(t)\|_2\right)/\|\boldsymbol{z}(t)\|_2$ 代替 $\boldsymbol{e}(t)$ 来计算辅助参数的收敛速率 $\dot{\bar{\boldsymbol{h}}}(t)$，之后计算真实参数的收敛速率 $\dot{\tilde{\boldsymbol{h}}}(t)$。

定义参数辨识误差 $\tilde{\boldsymbol{h}}=\boldsymbol{h}-\boldsymbol{h}^*$，使用参数并行学习律，未知参数 $\tilde{\boldsymbol{h}}$ 的学习律可以表示为（注意 $\boldsymbol{h}^*$ 为常数）

$$\begin{aligned}\dot{\tilde{\boldsymbol{h}}}(t)=\dot{\boldsymbol{h}}(t)&=-\boldsymbol{\Gamma}\boldsymbol{\Psi}(t)^{\mathrm{T}}\boldsymbol{e}(t)-\boldsymbol{\Gamma}\sum_{k=1}^{p}\left(\boldsymbol{\Psi}_k^{\mathrm{T}}\boldsymbol{e}_k\right)\\&=-\boldsymbol{\Gamma}\boldsymbol{\Psi}(t)^{\mathrm{T}}\boldsymbol{\Psi}(t)\tilde{\boldsymbol{h}}(t)-\boldsymbol{\Gamma}\sum_{k=1}^{p}\left(\boldsymbol{\Psi}_k^{\mathrm{T}}\boldsymbol{\Psi}_k\tilde{\boldsymbol{h}}(t)\right)\\&=-\boldsymbol{\Gamma}\left(\boldsymbol{\Psi}(t)^{\mathrm{T}}\boldsymbol{\Psi}(t)+\sum_{k=1}^{p}\left(\boldsymbol{\Psi}_k^{\mathrm{T}}\boldsymbol{\Psi}_k\right)\right)\tilde{\boldsymbol{h}}(t)\end{aligned} \tag{7-27}$$

式（7-27）表示关于$\tilde{\boldsymbol{h}}$的线性时变方程。可以看出，通过适当选取历史数据点，可以使得参数误差$\tilde{\boldsymbol{h}}(t)$收敛到$\boldsymbol{0}$。为此，提出如下针对$\boldsymbol{\Psi}(t)$和$\boldsymbol{\Psi}_k$的条件 7-1。

条件 7-1 定义$\boldsymbol{\Theta}=\boldsymbol{\Psi}(t)^{\mathrm{T}}\boldsymbol{\Psi}(t)+\sum_{k=1}^{p}\left(\boldsymbol{\Psi}_k^{\mathrm{T}}\boldsymbol{\Psi}_k\right)$，选取历史数据使矩阵$\boldsymbol{\Theta}$正定。

给定条件 7-1，参数辨识误差$\tilde{\boldsymbol{h}}(t)$满足定理 7-1。

定理 7-1 如果条件 7-1 满足，使用提出的参数并行学习律参数可以保证辨识误差$\tilde{\boldsymbol{h}}(t)$全局以指数速率收敛到零。

证明：定义关于$\tilde{\boldsymbol{h}}(t)$的 Lyapunov 函数为

$$V\left(\tilde{\boldsymbol{h}}(t)\right)=\frac{1}{2}\tilde{\boldsymbol{h}}(t)^{\mathrm{T}}\tilde{\boldsymbol{h}}(t) \tag{7-28}$$

该 Lyapunov 函数的导数可以计算为

$$\begin{aligned}\dot{V}\left(\tilde{\boldsymbol{h}}(t)\right)&=\tilde{\boldsymbol{h}}(t)^{\mathrm{T}}\dot{\tilde{\boldsymbol{h}}}(t)\\&=-\tilde{\boldsymbol{h}}(t)^{\mathrm{T}}\boldsymbol{\Gamma}\left(\boldsymbol{\Psi}(t)^{\mathrm{T}}\boldsymbol{\Psi}(t)+\sum_{k=1}^{p}\left(\boldsymbol{\Psi}_k^{\mathrm{T}}\boldsymbol{\Psi}_k\right)\right)\tilde{\boldsymbol{h}}(t)\\&=-\tilde{\boldsymbol{h}}(t)^{\mathrm{T}}\boldsymbol{\Gamma}\boldsymbol{\Theta}\tilde{\boldsymbol{h}}(t)\end{aligned}$$

因为$\boldsymbol{\Gamma}$和$\boldsymbol{\Theta}$是正定的，存在$\lambda_M>0$使得$\dot{V}\left(\tilde{\boldsymbol{h}}(t)\right)\leqslant-\lambda_M\tilde{\boldsymbol{h}}(t)^{\mathrm{T}}\tilde{\boldsymbol{h}}(t)=-\lambda_M\|\tilde{\boldsymbol{h}}(t)\|^2$。因此，可以确定参数误差动力学零解$\tilde{\boldsymbol{h}}=0$是指数稳定的。此外，Lyapunov 函数的取值是无界的，因而保证了全局稳定性。**证毕。**

在提出的参数并行学习律中，记录的历史的运动数据和当前时刻的运动数据同时用于参数辨识，只需要满足条件 7-1 而非持续激励条件就能实现参数辨识误差全局指数速率收敛到零。只要系统已经进行一小段时间的激励运动，对一组系统历史的运动数据有要求的条件 7-1 总是可以被满足的。此外，条件 7-1 关于判断矩阵$\boldsymbol{\Theta}$的正定性，该操作很容易在线实现。不同的是，持续激励条件（根据文献[15]中的定义 3.2）还对系统未来的运动有要求，因此，该条件很难被保证满足且不易进行在线验证。

选择使用的历史的运动数据对于参数并行学习律中保证参数辨识误差快速收敛到零非常重要，因此，本小节同样研究所用历史数据的选取策略。为了使用提出的参数并行学习律，如式（7-25）所示，系统历史的运动数据（包括回归矩阵$\boldsymbol{\Phi}_k$和系统真实的输出$\boldsymbol{v}_k$）需要被记录并使用。选择的历史的运动数据和当前时刻的运动数据需要使得矩阵$\boldsymbol{\Theta}$正定。值得注意的是，$\boldsymbol{\Theta}$是$\boldsymbol{\Psi}(t)^{\mathrm{T}}\boldsymbol{\Psi}(t)$项和$\boldsymbol{\Psi}_k^{\mathrm{T}}\boldsymbol{\Psi}_k$项的求和，其中的每一项已经保证是非负定的。如果各项之间的欧氏距离越大，使得矩阵$\boldsymbol{\Theta}$更有可能是正定的。因此，通过满足如下条件选择系统历史的运动数据

$$\frac{\|\boldsymbol{\Psi}_k-\boldsymbol{\Psi}(t)\|_2}{\|\boldsymbol{\Psi}(t)\|_2}>\xi_1 \tag{7-29}$$

式中：$\|\cdot\|_2$ 代表矩阵的 ℓ^2 范数；ξ_1 为正的常数。

值得注意的是，条件 7-1 并没有限制要使用的历史的运动数据的数目。然而，在定理 7-1 的证明中，可以看出参辨识误差的收敛速率取决于矩阵 $\boldsymbol{\Theta}$ 的特征值的大小。使用越多的历史数据，矩阵 $\boldsymbol{\Theta}$ 会有更大的正特征值，从而会加快参数辨识误差的收敛速度。因此，定义指标

$$\xi_2=\|\boldsymbol{\Psi}(t)\boldsymbol{h}(t)-\boldsymbol{v}(t)\|_2=\|\boldsymbol{\Psi}(t)\tilde{\boldsymbol{h}}(t)\|_2\leqslant\|\boldsymbol{\Psi}(t)\|_2\|\tilde{\boldsymbol{h}}(t)\|_2 \tag{7-30}$$

当 ξ_2 较大时（表明参数辨识误差较大），在参数并行学习律（7-25）中使用较大数目的历史数据，以此制定历史数据选取和使用的策略。

7.4 空间机器人自适应控制

当系统产生激励运动时，保持基座姿态在期望姿态处对于空间机器人与地面通信以及其太阳帆板收集太阳能是非常重要的。本节研究空间机器人捕获目标后的基座无扰自适应控制器，保证基座姿态不被机械臂运动干扰。此外，考虑到关节运动范围有限，提出的控制器同时保证关节运动远离极限值。在任务优先级方法下，对分别使基座姿态无扰和关节运动远离极限的两种关节控制指令进行综合。

7.4.1 基座无扰的自适应控制

参照第 3 章空间机器人的逆动力学控制方法，为基座姿态设计如下参考角速度 $\boldsymbol{\eta}$ 和参考角加速度 $\dot{\boldsymbol{\eta}}$

$$\begin{aligned}\boldsymbol{\eta}&=\boldsymbol{\omega}_{\mathrm{b}}^{\mathrm{d}}+\boldsymbol{K}_{o1}\boldsymbol{\delta}\epsilon_{\mathrm{b}}\\ \dot{\boldsymbol{\eta}}&=\dot{\boldsymbol{\omega}}_{\mathrm{b}}^{\mathrm{d}}+\boldsymbol{K}_{o1}\dot{\boldsymbol{\delta}}\epsilon_{\mathrm{b}}+\boldsymbol{K}_{o2}\left(\boldsymbol{\omega}_{\mathrm{b}}^{\mathrm{d}}+\boldsymbol{K}_{o1}\boldsymbol{\delta}\epsilon_{\mathrm{b}}-\boldsymbol{\omega}_{\mathrm{b}}\right)\end{aligned} \tag{7-31}$$

式中：上标“d”表示期望值；单位四元数 $\boldsymbol{q}_{\mathrm{b}}=\{\eta_{\mathrm{b}},\epsilon_{\mathrm{b}}\}\in\mathbb{R}^4$ 用于表示基座姿态（$\eta_{\mathrm{b}},\epsilon_{\mathrm{b}}$ 分别是四元数的标量和向量部分）；$\boldsymbol{\delta}\epsilon_{\mathrm{b}}=\eta_{\mathrm{b}}\epsilon_{\mathrm{b}}^{\mathrm{d}}-\eta_{\mathrm{b}}^{\mathrm{d}}\epsilon_{\mathrm{b}}-\epsilon_{\mathrm{b}}^{\mathrm{d}}\times\epsilon_{\mathrm{b}}$ 表示基座姿态误差；$\boldsymbol{K}_{o1}$、$\boldsymbol{K}_{o2}$ 为正定的增益矩阵。

定义参考角速度的跟踪误差 $\boldsymbol{s}=\boldsymbol{\eta}-\boldsymbol{\omega}_{\mathrm{b}}$，如果 $\boldsymbol{s}=\boldsymbol{0}$，基于 Lyapunov 方法可以证明基座姿态跟踪误差渐近稳定地收敛至零[16]。为了保持基座姿态静止，参考角速度和参考角加速度轨迹中的期望值设置为 $\boldsymbol{\omega}_{\mathrm{b}}^{\mathrm{d}}=\boldsymbol{0}$ rad/s 以及 $\boldsymbol{q}_{\mathrm{b}}^{\mathrm{d}}$ 等于基座的初始姿态，并设计如下的基座无扰自适应控制律保证 $\boldsymbol{s}=\boldsymbol{0}$。

根据第 2 章中空间机器人的动力学方程式（2-49），可以从中得到如下描述关

节运动影响基座运动的动力学子部分

$$\boldsymbol{0}_{6\times1}=\begin{bmatrix} M\boldsymbol{E}_3 & \boldsymbol{H}_{v\omega} \\ \boldsymbol{H}_{v\omega}^{\mathrm{T}} & \boldsymbol{H}_{\omega} \end{bmatrix}\begin{bmatrix} \dot{\boldsymbol{v}}_{\mathrm{b}} \\ \dot{\boldsymbol{\omega}}_{\mathrm{b}} \end{bmatrix}+\begin{bmatrix} \boldsymbol{J}_{\mathrm{T}\omega} \\ \boldsymbol{H}_{\omega\theta} \end{bmatrix}\ddot{\boldsymbol{\theta}}+\begin{bmatrix} \boldsymbol{c}_{\mathrm{b}v} \\ \boldsymbol{c}_{\mathrm{b}\omega} \end{bmatrix} \tag{7-32}$$

当只考虑机械臂运动对基座姿态的影响时，式（7-32）可分解为如下两个子方程：

$$\boldsymbol{0}_{3\times1}=M\boldsymbol{E}_3\dot{\boldsymbol{v}}_{\mathrm{b}}+\boldsymbol{H}_{v\omega}\dot{\boldsymbol{\omega}}_{\mathrm{b}}+\boldsymbol{J}_{\mathrm{T}\omega}\ddot{\boldsymbol{\theta}}+\boldsymbol{c}_{\mathrm{b}v} \tag{7-33}$$

$$\boldsymbol{0}_{3\times1}=\boldsymbol{H}_{v\omega}^{\mathrm{T}}\dot{\boldsymbol{v}}_{\mathrm{b}}+\boldsymbol{H}_{\omega}\dot{\boldsymbol{\omega}}_{\mathrm{b}}+\boldsymbol{H}_{\omega\theta}\ddot{\boldsymbol{\theta}}+\boldsymbol{c}_{\mathrm{b}\omega} \tag{7-34}$$

由式（7-33）求解基座质心的线加速度 $\dot{\boldsymbol{v}}_{\mathrm{b}}$ 并代入式（7-34），可以得到描述机械臂运动对基座姿态影响的动力学方程

$$\boldsymbol{0}_{3\times1}=\boldsymbol{H}_{\mathrm{b},o}\dot{\boldsymbol{\omega}}_{\mathrm{b}}+\boldsymbol{H}_{\mathrm{bm},o}\ddot{\boldsymbol{\theta}}+\boldsymbol{c}_{\mathrm{b},o} \tag{7-35}$$

其中

$$\begin{cases} \boldsymbol{H}_{\mathrm{b},o}=\boldsymbol{H}_{\omega}-\boldsymbol{H}_{v\omega}^{\mathrm{T}}M^{-1}\boldsymbol{H}_{v\omega} \\ \boldsymbol{H}_{\mathrm{bm},o}=\boldsymbol{H}_{\omega\theta}-\boldsymbol{H}_{v\omega}^{\mathrm{T}}M^{-1}\boldsymbol{J}_{\mathrm{T}\omega} \\ \boldsymbol{c}_{\mathrm{b},o}=\boldsymbol{c}_{\mathrm{b}\omega}-\boldsymbol{H}_{v\omega}^{\mathrm{T}}M^{-1}\boldsymbol{c}_{\mathrm{b}v} \end{cases} \tag{7-36}$$

为了得到保证 $\boldsymbol{s}=\boldsymbol{0}$ 的基座无扰自适应控制律，设计如下关于 $\boldsymbol{s}$ 的 Lyapunov 函数

$$V(\boldsymbol{s})=\frac{1}{2}\boldsymbol{s}^{\mathrm{T}}\left(\hat{\boldsymbol{H}}_{\mathrm{b},o}+\boldsymbol{\Lambda}_2\right)\boldsymbol{s} \tag{7-37}$$

式中："^"表示变量的估计值；$\boldsymbol{H}_{\mathrm{b},o}$ 为式（7-35）中关于基座姿态运动的惯性矩阵，其通常是正定的。$\hat{\boldsymbol{H}}_{\mathrm{b},o}$ 使用了估计的参数，因而其可能是负定的。因此，对 $\hat{\boldsymbol{H}}_{\mathrm{b},o}$ 进行特征值分解并且设计

$$\boldsymbol{\Lambda}_2=\sum_{i=1}^{k}(\xi_3-\xi_i)\boldsymbol{\mu}_i\boldsymbol{\mu}_i^{\mathrm{T}} \tag{7-38}$$

式中：$\xi_i,\boldsymbol{\mu}_i,i=1,2,\cdots,k$ 为 $\hat{\boldsymbol{H}}_{\mathrm{b},o}$ 的负的特征值及其对应的特征向量；ξ_3 为正的常数。将 $\hat{\boldsymbol{H}}_{\mathrm{b},o}$ 与 $\boldsymbol{\Lambda}_2$ 相加可以消除 $\hat{\boldsymbol{H}}_{\mathrm{b},o}$ 所有负的特征值，从而保证 $\hat{\boldsymbol{H}}_{\mathrm{b},o}+\boldsymbol{\Lambda}_2$ 是正定的。因此，式（7-37）中给出的 Lyapunov 函数是正定的。

由式（7-35）可以得到 $\boldsymbol{0}_{3\times1}=\hat{\boldsymbol{H}}_{\mathrm{b},o}\dot{\boldsymbol{\omega}}_{\mathrm{b}}+\hat{\boldsymbol{H}}_{\mathrm{bm},o}\ddot{\boldsymbol{\theta}}+\hat{\boldsymbol{c}}_{\mathrm{b},o}$。对 $V(\boldsymbol{s})$ 求导得到

$$\begin{aligned} \dot{V}(\boldsymbol{s}) &= \boldsymbol{s}^{\mathrm{T}}\left(\hat{\boldsymbol{H}}_{\mathrm{b},o}+\boldsymbol{\Lambda}_2\right)\dot{\boldsymbol{s}}+\frac{1}{2}\boldsymbol{s}^{\mathrm{T}}\dot{\hat{\boldsymbol{H}}}_{\mathrm{b},o}\boldsymbol{s} \\ &= \boldsymbol{s}^{\mathrm{T}}\left(\hat{\boldsymbol{H}}_{\mathrm{b},o}\dot{\boldsymbol{\eta}}-\hat{\boldsymbol{H}}_{\mathrm{b},o}\dot{\boldsymbol{\omega}}_{\mathrm{b}}+\boldsymbol{\Lambda}_2\dot{\boldsymbol{s}}\right)+\frac{1}{2}\boldsymbol{s}^{\mathrm{T}}\dot{\hat{\boldsymbol{H}}}_{\mathrm{b},o}\boldsymbol{s} \\ &= \boldsymbol{s}^{\mathrm{T}}\left(\hat{\boldsymbol{H}}_{\mathrm{b},o}\dot{\boldsymbol{\eta}}+\hat{\boldsymbol{H}}_{\mathrm{bm},o}\ddot{\boldsymbol{\theta}}+\hat{\boldsymbol{c}}_{\mathrm{b},o}+\boldsymbol{\Lambda}_2\dot{\boldsymbol{s}}\right)+\frac{1}{2}\boldsymbol{s}^{\mathrm{T}}\dot{\hat{\boldsymbol{H}}}_{\mathrm{b},o}\boldsymbol{s} \end{aligned} \tag{7-39}$$

设计基座无扰自适应控制律为

$$\ddot{\boldsymbol{\theta}}_{\mathrm{c,b\ Attitude}} = -\hat{\boldsymbol{H}}_{\mathrm{bm},o}^{+}\left(\hat{\boldsymbol{H}}_{\mathrm{b},o}\dot{\boldsymbol{\eta}} + \hat{\boldsymbol{c}}_{\mathrm{b},o} + \boldsymbol{\Lambda}_1\boldsymbol{s} + \boldsymbol{\Lambda}_2\dot{\boldsymbol{s}}\right) \tag{7-40}$$

式中：符号“+”代表矩阵的伪逆。

使用基座无扰自适应控制律（7-40），式（7-37）中$V(\boldsymbol{s})$的导数可以计算为

$$\begin{aligned}
\dot{V}(\boldsymbol{s}) &= \boldsymbol{s}^{\mathrm{T}}\left(\hat{\boldsymbol{H}}_{\mathrm{b},o}\dot{\boldsymbol{\eta}} + \hat{\boldsymbol{H}}_{\mathrm{bm},o}\ddot{\boldsymbol{\theta}}_{\mathrm{c,bAttitude}} + \hat{\boldsymbol{c}}_{\mathrm{b},o} + \boldsymbol{\Lambda}_2\dot{\boldsymbol{s}}\right) + \frac{1}{2}\boldsymbol{s}^{\mathrm{T}}\dot{\hat{\boldsymbol{H}}}_{\mathrm{b},o}\boldsymbol{s} \\
&= \boldsymbol{s}^{\mathrm{T}}\left(\hat{\boldsymbol{H}}_{\mathrm{b},o}\dot{\boldsymbol{\eta}} - \left(\hat{\boldsymbol{H}}_{\mathrm{b},o}\dot{\boldsymbol{\eta}} + \hat{\boldsymbol{c}}_{\mathrm{b},o} + \boldsymbol{\Lambda}_1\boldsymbol{s} + \boldsymbol{\Lambda}_2\dot{\boldsymbol{s}}\right) + \hat{\boldsymbol{c}}_{\mathrm{b},o} + \boldsymbol{\Lambda}_2\dot{\boldsymbol{s}}\right) + \frac{1}{2}\boldsymbol{s}^{\mathrm{T}}\dot{\hat{\boldsymbol{H}}}_{\mathrm{b},o}\boldsymbol{s} \\
&= -\boldsymbol{s}^{\mathrm{T}}\boldsymbol{\Lambda}_1\boldsymbol{s} + \frac{1}{2}\boldsymbol{s}^{\mathrm{T}}\dot{\hat{\boldsymbol{H}}}_{\mathrm{b},o}\boldsymbol{s} \\
&= -\boldsymbol{s}^{\mathrm{T}}\left(\boldsymbol{\Lambda}_1 - \frac{1}{2}\dot{\hat{\boldsymbol{H}}}_{\mathrm{b},o}\right)\boldsymbol{s}
\end{aligned} \tag{7-41}$$

可以看出，只要使得$\boldsymbol{\Lambda}_1 > \frac{1}{2}\dot{\hat{\boldsymbol{H}}}_{\mathrm{b},o}$（比如，取$\boldsymbol{\Lambda}_1 = \frac{1}{2}\dot{\hat{\boldsymbol{H}}}_{\mathrm{b},o} + \xi_4\boldsymbol{E}_3$，$\xi_4$是正的常数），Lyapunov 函数$V(\boldsymbol{s})$的导数是负定的。因此，零解$\boldsymbol{s} = \boldsymbol{0}$是全局、渐近稳定的。因而，基座姿态误差能够渐近收敛到零[16]。

7.4.2 基于任务优先级的控制

因为机械臂自由度的数目大于基座姿态变量的数目（即$n > 3$），空间机器人系统是冗余的[17]。本小节将空间机器人剩余的自由度用于使关节运动远离极限，具体地，通过设计关节的 PD 控制器使各关节跟踪有界的期望轨迹来实现。最后，将使各关节跟踪有界期望轨迹的关节 PD 控制器与 7.4.1 节中基座无扰的自适应关节控制律通过任务优先级方法进行综合，得到最终的关节控制运动。

假设各关节跟踪有界的正弦轨迹，即$\theta_{\mathrm{i}}^{\mathrm{d}} = \theta_{i,\max}\sin\left(\frac{2\pi}{T_i}t\right), i = 1,2,\cdots,n$，使得各关节跟踪期望轨迹的 PD 控制器设计如下

$$\ddot{\theta}_{i\mathrm{c,bound}} = \ddot{\theta}_{\mathrm{i}}^{\mathrm{d}} + k_{\theta_i1}\left(\dot{\theta}_{\mathrm{i}}^{\mathrm{d}} - \dot{\theta}_i\right) + k_{\theta_i2}\left(\theta_{\mathrm{i}}^{\mathrm{d}} - \theta_i\right), i = 1,2,\cdots,n \tag{7-42}$$

式中：k_{θ_i1}、k_{θ_i2}为正的常值控制增益。

使用 PD 控制器后，关节角的误差动力学为

$$\left(\ddot{\theta}_{\mathrm{i}}^{\mathrm{d}} - \ddot{\theta}_i\right) + k_{\theta_i1}\left(\dot{\theta}_{\mathrm{i}}^{\mathrm{d}} - \dot{\theta}_i\right) + k_{\theta_i2}\left(\theta_{\mathrm{i}}^{\mathrm{d}} - \theta_i\right) = 0 \tag{7-43}$$

式（7-43）为一组关于关节角误差$\left(\theta_{\mathrm{i}}^{\mathrm{d}} - \theta_i\right)$的二阶线性微分方程。容易看出，

只要选择适当的控制增益$k_{\theta_i 1}$、$k_{\theta_i 2}$，可以保证关节角跟踪误差指数收敛至零。

给定基座无扰控制律（7-40）和关节跟踪控制律（7-42），关节完整的运动可以通过任务优先级方法将两种控制律综合得到[18]

$$\ddot{\boldsymbol{\theta}}_{\mathrm{c}} = \ddot{\boldsymbol{\theta}}_{\mathrm{c,b\ Attitude}} + \hat{\boldsymbol{H}}_{\mathrm{bm},o}^{\#} \ddot{\boldsymbol{\theta}}_{\mathrm{c,bound}} \tag{7-44}$$

式中：$\ddot{\boldsymbol{\theta}}_{\mathrm{c,bound}} = \left[\ddot{\theta}_{1\mathrm{c,bound}}, \cdots, \ddot{\theta}_{n\mathrm{c,bound}}\right]^{\mathrm{T}}$，

$$\hat{\boldsymbol{H}}_{\mathrm{bm},o}^{\#} = \boldsymbol{E}_n - \hat{\boldsymbol{H}}_{\mathrm{bm},o}^{+} \hat{\boldsymbol{H}}_{\mathrm{bm},o} \tag{7-45}$$

为矩阵$\hat{\boldsymbol{H}}_{\mathrm{bm},o}$的零空间。

在完整的控制律（7-44）中，不对基座姿态造成扰动的任务相比关节跟踪任务具有更高的优先级。将基于任务优先级的控制律（7-44）代入 7.4.1 节中 Lyapunov 函数的导数可以得到

$$\begin{aligned}
\dot{V}(\boldsymbol{s}) &= \boldsymbol{s}^{\mathrm{T}}\left(\hat{\boldsymbol{H}}_{\mathrm{b},o}\dot{\boldsymbol{\eta}} + \hat{\boldsymbol{H}}_{\mathrm{bm},o}\ddot{\boldsymbol{\theta}}_{\mathrm{c}} + \hat{\boldsymbol{c}}_{\mathrm{b},o} + \boldsymbol{\Lambda}_2\dot{\boldsymbol{s}}\right) + \frac{1}{2}\boldsymbol{s}^{\mathrm{T}}\dot{\hat{\boldsymbol{H}}}_{\mathrm{b},o}\boldsymbol{s} \\
&= \boldsymbol{s}^{\mathrm{T}}\left(\hat{\boldsymbol{H}}_{\mathrm{b},o}\dot{\boldsymbol{\eta}} + \hat{\boldsymbol{H}}_{\mathrm{bm},o}\ddot{\boldsymbol{\theta}}_{\mathrm{c,b\ Attitude}} + \hat{\boldsymbol{c}}_{\mathrm{b},o} + \boldsymbol{\Lambda}_2\dot{\boldsymbol{s}}\right) + \frac{1}{2}\boldsymbol{s}^{\mathrm{T}}\dot{\hat{\boldsymbol{H}}}_{\mathrm{b},o}\boldsymbol{s} \\
&= -\boldsymbol{s}^{\mathrm{T}}\left(\boldsymbol{\Lambda}_1 - \frac{1}{2}\dot{\hat{\boldsymbol{H}}}_{\mathrm{b},o}\right)\boldsymbol{s}
\end{aligned} \tag{7-46}$$

可以看出，限制关节运动范围的控制并不影响基座无扰控制，使用任务优先级综合后的控制律能够保证基座姿态静止。然而，具有较低优先级的任务只能使用剩余的机械臂自由度[18]，并没有足够的自由度能够保证关节跟踪有界轨迹的任务能严格执行。因而，关节的运动范围会受到限制，但有可能偶尔超出边界范围。

综上所述，本章提出将基于任务优先级综合后的控制律（7-44）应用于抓捕未知目标后的空间机器人系统，来实现基座无扰以及机械臂关节运动范围有限；同时，将空间机器人的运动数据进行存储并用于提出的参数并行学习律中进行参数辨识，实现了边控制边辨识的辨识和控制一体化。

7.5 仿真验证

7.5.1 基于递推最小二乘法的参数辨识仿真

为了展示递推最小二乘法的效果以及激励运动轨迹满足 PE 条件的重要性，空间机器人平面模型如图 7-2 所示，本小节利用该模型进行参数辨识仿真，空间机器人平面模型的运动学和动力学参数如表 7-1 所示。

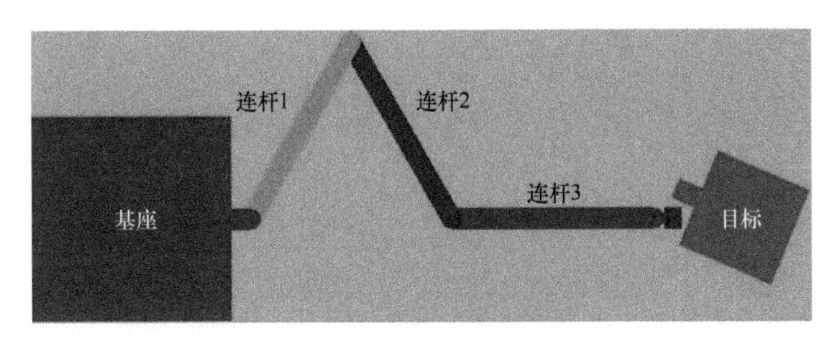

图 7-2　空间机器人平面模型

表 7-1　空间机器人平面模型的运动学和动力学参数

	质量/kg	长度/m			转动惯量/（kg·m²）
	m_i	l_i	a_i	b_i	I_{zz}
基座	500	1	—	0.5	83.61
连杆 1	10	1	0.5	0.5	1.05
连杆 2	10	1	0.5	0.5	1.05
连杆 3	10	1	0.5	0.5	1.05
目标	250	0.5	—	—	10.41

激励轨迹未优化时，平面模型目标质量、转动惯量和质心位置辨识曲线如图 7-3～图 7-5 所示。其中，点画线代表真实值，实线代表参数的估计值。需要说明的是，本章为了简化参数辨识的模型，将目标和与目标固连的末端连杆作为一个整体进行参数辨识，因此图 7-3～图 7-5 所示的目标动力学参数均为包含末端连杆之后的值。

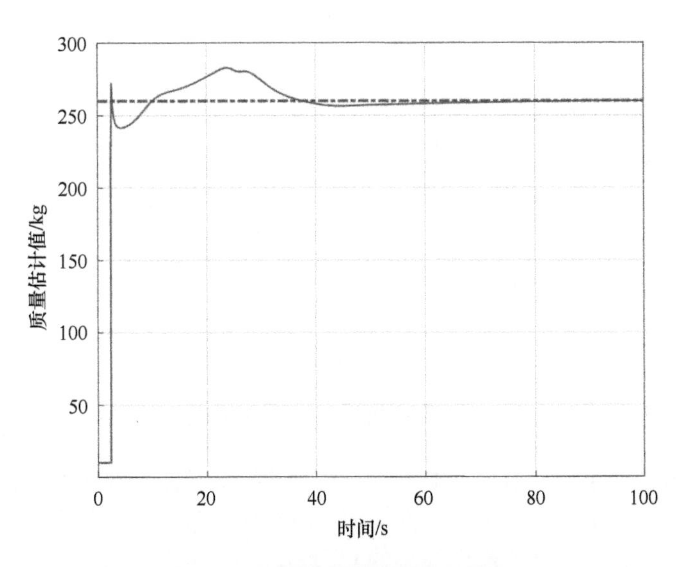

图 7-3　平面模型目标质量辨识曲线

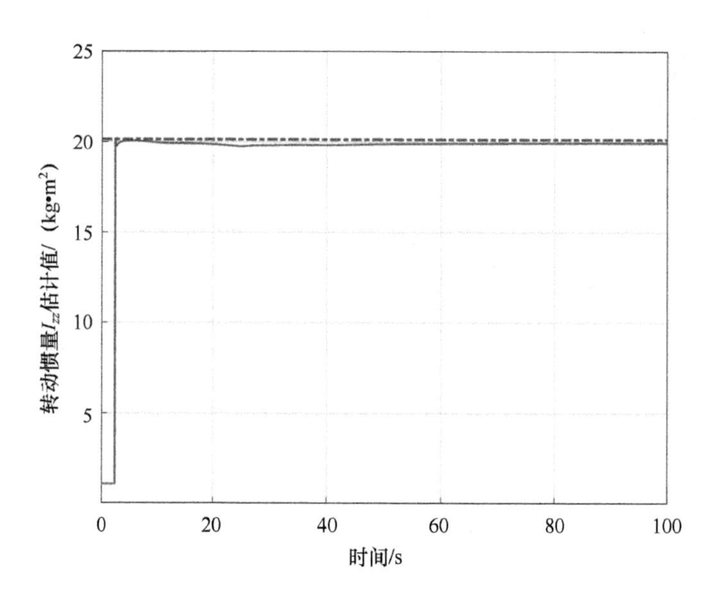

图 7-4 平面模型目标转动惯量辨识曲线

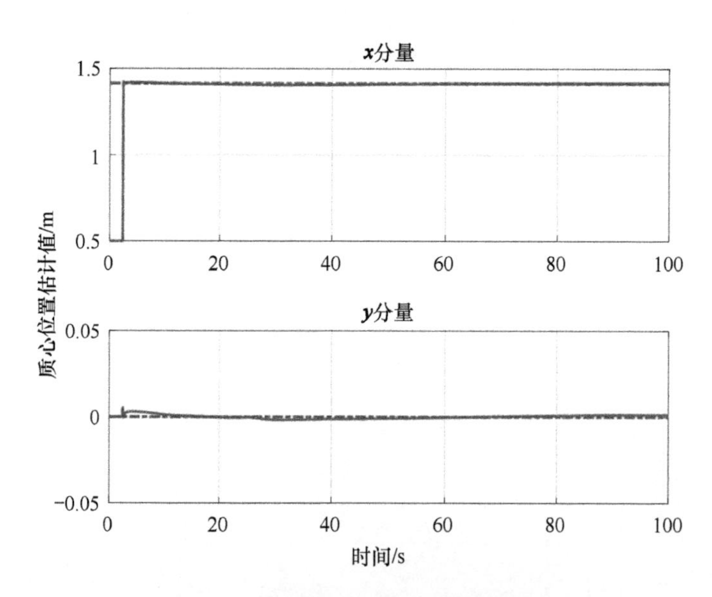

图 7-5 平面模型目标质心位置辨识曲线

从参数辨识结果可以看到，由于没有对待辨识参数进行预处理，目标转动惯量和质心的估计值在 10s 内就收敛至真实值，但目标质量的估计值用了 40s 才逐渐收敛至真实值。平面模型参数辨识模型的回归矩阵 $\boldsymbol{A}^{(k)}$ 的条件数如图 7-6 所示，图中曲线走势表明随着测量数据的不断增加，目标参数辨识逐渐满足了 PE 条件，同时也解释了为何目标质量在 40s 后才逐渐收敛至真实值。

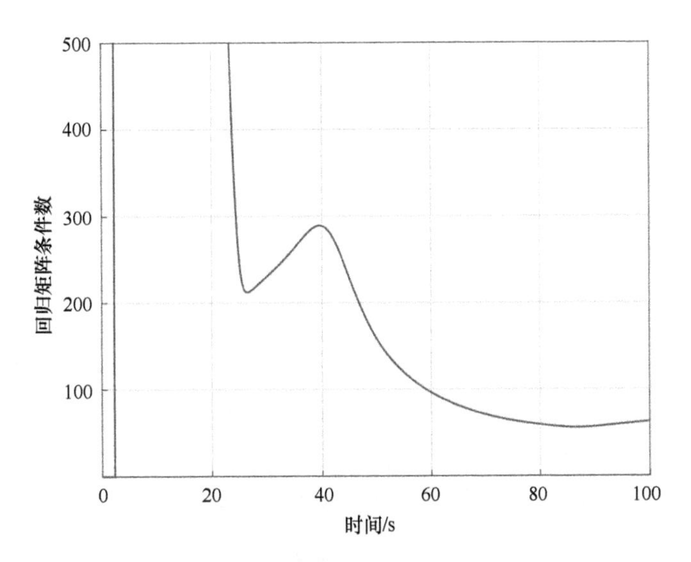

图 7-6　平面模型参数辨识模型的回归矩阵 $A^{(k)}$ 的条件数

采用 7.2.3 节中提出的激励轨迹优化方法后，平面模型目标质量、转动惯量和质心位置辨识曲线如图 7-7～图 7-9 所示。

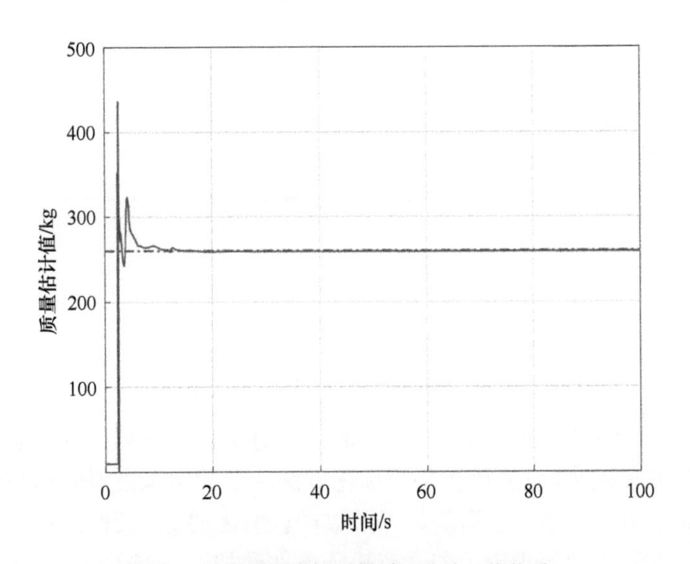

图 7-7　平面模型目标质量辨识曲线（优化后）

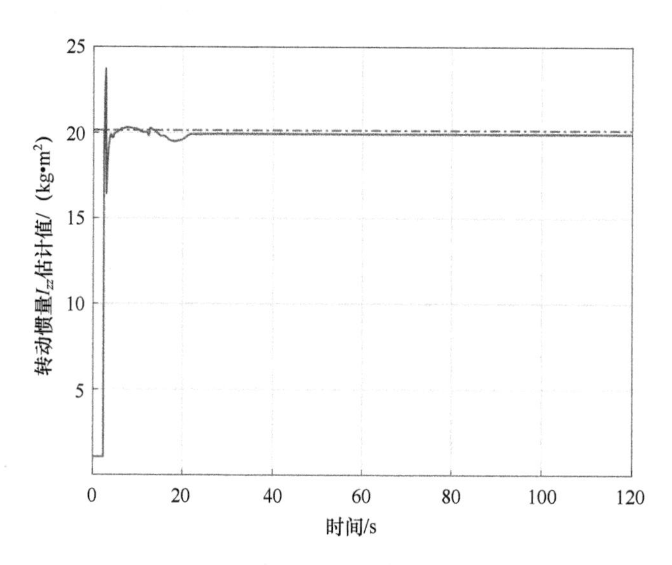

图 7-8 平面模型目标转动惯量辨识曲线（优化后）

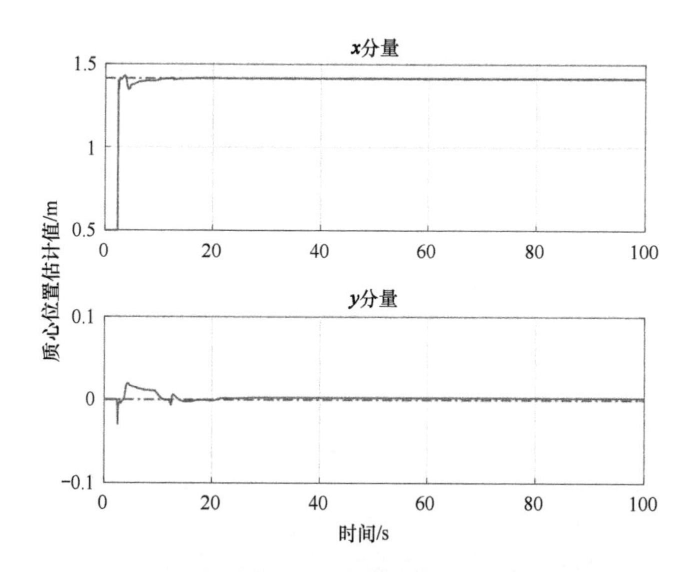

图 7-9 平面模型目标质心位置辨识曲线（优化后）

对比图 7-3 和图 7-5 可以看出，采用激励轨迹优化方法后，目标质量估计值的收敛速度得到显著提高，这是因为采用优化方法后参数辨识模型的回归矩阵条件数在 20s 内就降至 100 以下，从而满足了参数辨识所需的 PE 条件。其中，采用优化方法后，平面模型参数辨识模型的回归矩阵条件数如图 7-10 所示。

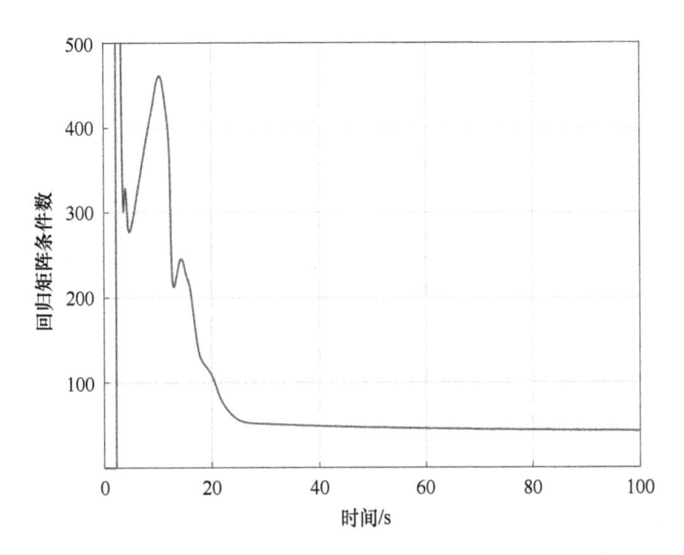

图 7-10 平面模型参数辨识模型的回归矩阵条件数（优化后）

此外，由于激励轨迹未优化时目标转动惯量（图 7-4）和目标质心位置的辨识速度（图 7-5）已经很快，所以激励轨迹优化后目标转动惯量（图 7-8）和目标质心位置的辨识速度（图 7-9）并未得到进一步的提升反而有所减慢，因此激励轨迹优化在参数辨识过程中的作用可以视为“取长补短”，即通过降低参数辨识模型中回归矩阵的条件数来保证待辨识的各个参数都尽可能快地收敛至其真实值，并避免一部分参数收敛较快而另一部分参数收敛较慢的现象发生。

7.5.2 基于参数并行学习的参数辨识仿真

为了验证本章提出的参数并行学习方法的有效性，本节将参数并行学习方法和综合后的控制律应用于捕获未知目标后的空间机器人系统，空间机器人的运动学和动力学参数如表 5-1 所示。其中，假设抓捕目标后，机械臂最后一个连杆和目标形成的组合体的参数为：$m_n = 55\,\text{kg}$，${}^{n}a_n = [0,0,0.741]^{\mathrm{T}}\ \text{m}$，${}^{n}I_{n,xx} = 22.32\text{kg}\cdot\text{m}^2$，${}^{n}I_{n,yy} = 22.32\text{kg}\cdot\text{m}^2$，${}^{n}I_{n,zz} = 20.3\text{kg}\cdot\text{m}^2$。首先，假设未知参数的初始估计值为真值的 80%，给出未知参数和辅助参数的辨识结果，从而验证所提出的参数并行学习方法和辨识参数预处理方法的有效性。同时给出基座姿态和关节角运动轨迹以验证提出的控制器能够保证基座无扰以及关节运动范围有界。然后，假设未知参数的初始估计值为真值的 10%，给出参数辨识结果以验证提出的参数并行学习方法的全局收敛特性。最后，将分别使用参数并行学习方法和只使用当前时刻数据进行参数辨识下的辨识结果进行比较来证明参数并行学习方法的优势。

设定未知参数的初始估计值为真值的 80%，并行学习方法和控制器的参数设置

如下

$$\boldsymbol{\varGamma}=\boldsymbol{E}_{10}, \xi_1=0.01, \xi_3=10^{-5}, \xi_4=0.1$$

$$p=\begin{cases}20, \xi_2>0.001\\ 3, \xi_2<0.001\end{cases}$$

$$\boldsymbol{K}_{o1}=5\boldsymbol{E}_3, \boldsymbol{K}_{o2}=5\boldsymbol{E}_3, k_{\theta_i 1}=5, k_{\theta_i 2}=10, i=1,2,\cdots,6$$

最后一个组合连杆的质量、质心位置和惯性张量的辨识结果分别如图 7-11～图 7-13 所示，可以看出，所有未知惯性参数的辨识结果都可以在 50s 内收敛到真值。

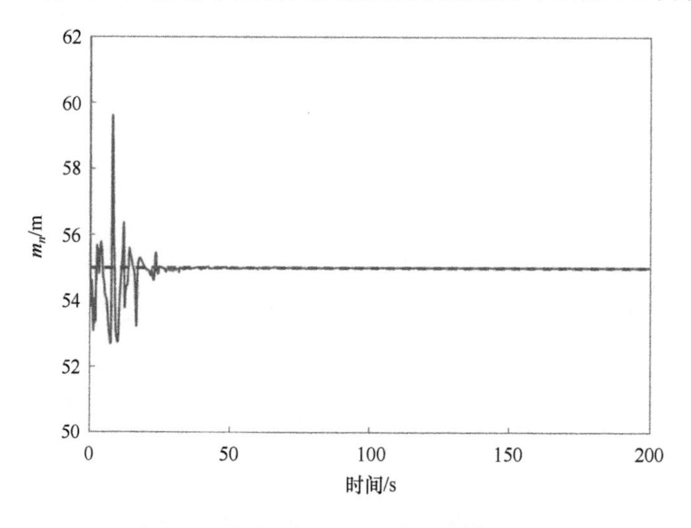

图 7-11　最后一个组合连杆的质量辨识结果

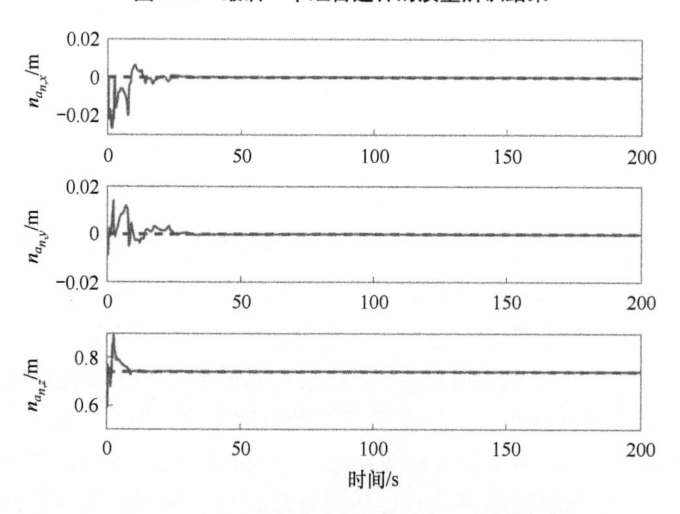

图 7-12　最后一个组合连杆的质心位置辨识结果

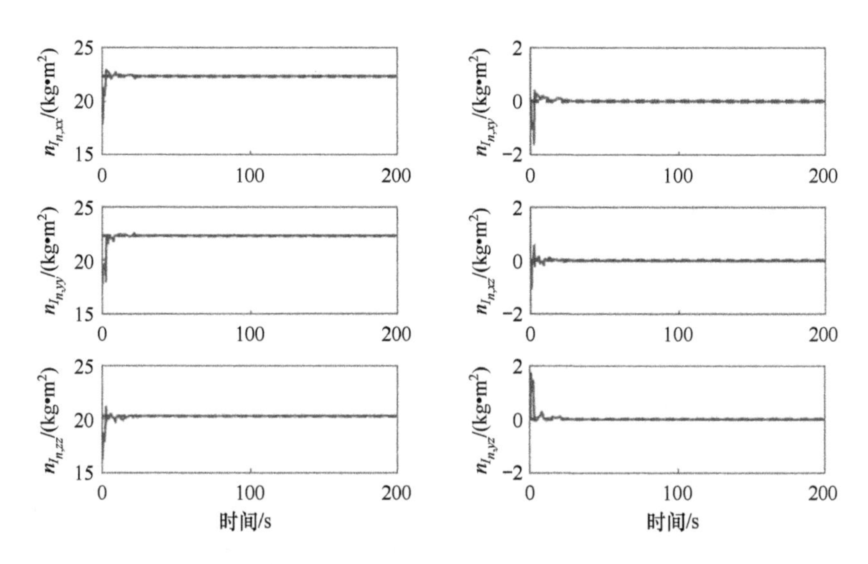

图 7-13　最后一个组合连杆的惯性张量辨识结果

预处理后，辅助参数的辨识结果如图 7-14 所示（具有相同大小数量级）。

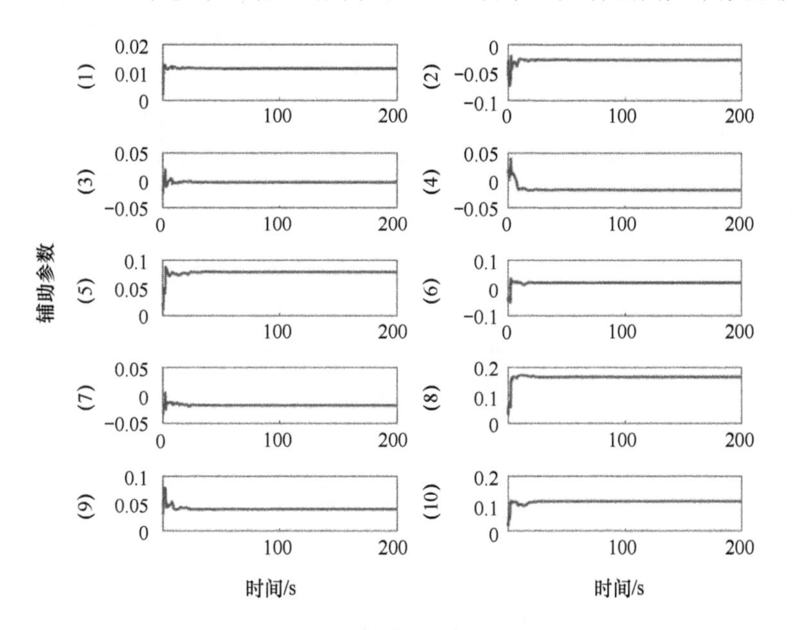

图 7-14　辅助参数辨识结果

尽管系统真实的惯性参数的取值具有明显不同的大小数量级，比如质量的倒数为 0.018 而转动惯量的取值在 20 左右，可以看出，所有辅助参数的取值都为 0～1，从而验证了参数预处理方法的有效性。

参数并行学习律中条件 7-1 要求矩阵$\boldsymbol{\Theta}$是正定的。矩阵$\boldsymbol{\Theta}$的最小的特征值如图 7-15 所示。可以看出，这些最小的特征值总是大于 0，表明在参数辨识过程中条件 7-1 总是被满足的。因而，正如图 7-11～图 7-13 所示，所有的未知惯性参数的辨识结果都能够收敛到真值。

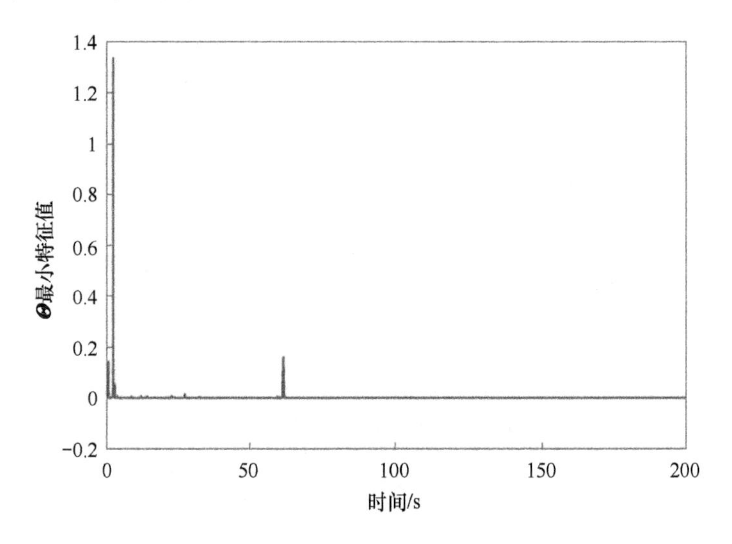

图 7-15　矩阵$\boldsymbol{\Theta}$的最小特征值

使用本章提出的空间机器人控制律，机械臂运动引起的基座姿态扰动如图 7-16 所示。可以看出，基座姿态受到的扰动很小，在大部分时间内都小于 0.002°。

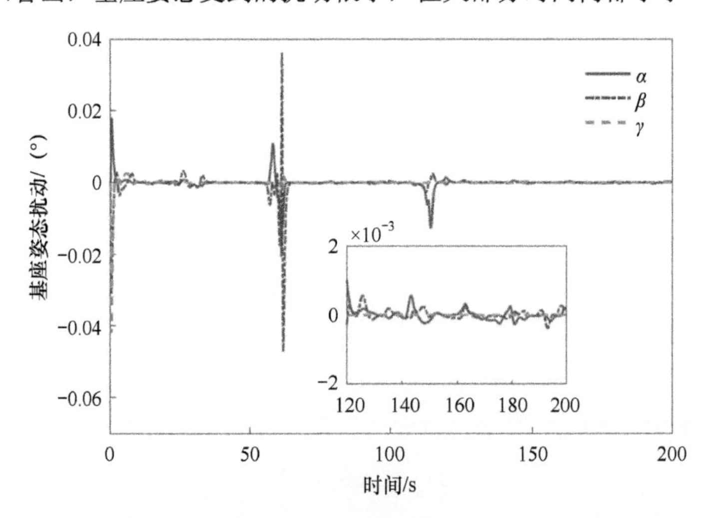

图 7-16　基座姿态轨迹

考虑受限的关节角轨迹如图 7-17 所示。值得说明的是，控制器设计中要求各关节跟踪正弦轨迹$\left(\boldsymbol{\theta}_{i,\max}=\dfrac{\pi}{3},\boldsymbol{T}_i=\dfrac{100}{i},i=1,2,\cdots,6\right)$。可以看出，由于缺少足够的机械臂自由度来执行具有较低优先级的关节跟踪控制任务，各关节角并没有严格地跟踪上期望轨迹。然而，各关节的轨迹被成功地限制在有界范围内振荡运动。

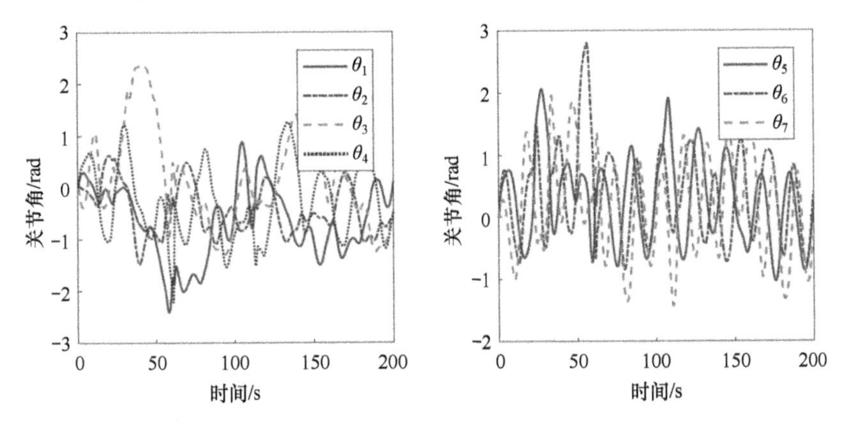

图 7-17　考虑受限的关节角轨迹

对空间机器人系统施加只考虑基座无扰而不考虑关节运动有限的控制律，不考虑受限的关节角轨迹如图 7-18 所示，一些关节进行了大范围的运动，如第 7 个关节角运动 200s 时几乎达到 150 rad，这可能违反关节物理限制。

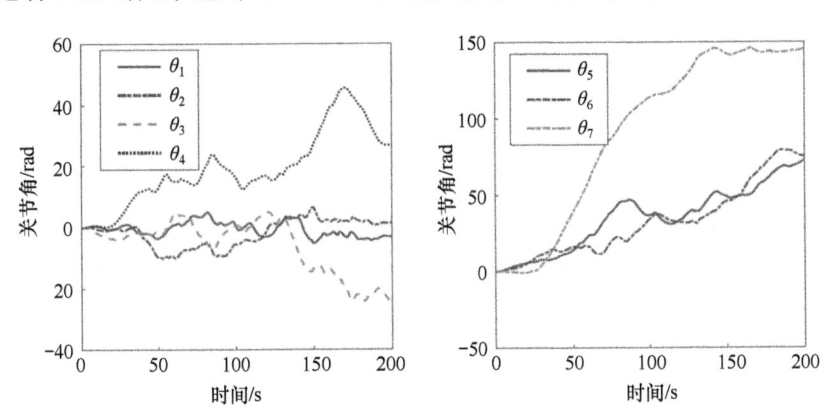

图 7-18　不考虑受限的关节角轨迹

上述仿真中满足持续激励条件的正弦曲线被用作关节角期望轨迹来限制关节运动范围，为了消除跟踪正弦轨迹使系统激励运动满足持续激励条件的可能性，在关节运动不受限下（即关节运动不跟踪正弦轨迹）使用参数并行学习方法进行参数辨识。不考虑关节运动受限时惯性参数辨识结果如图 7-19 所示，表明仅需要满足条件 7-1，使用提出的参数并行学习方法可以使参数辨识误差收敛至零。

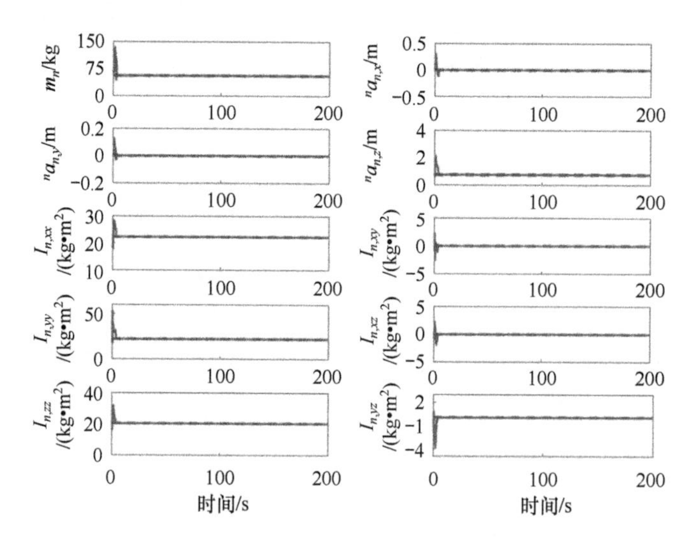

图 7-19　不考虑关节运动受限时惯性参数辨识结果

为了验证参数并行学习方法的全局收敛性，设定初始的参数估计值为真值的10%。惯性参数辨识结果如图 7-20 所示，可以看出，所有的惯性参数辨识结果都能够收敛到真值。

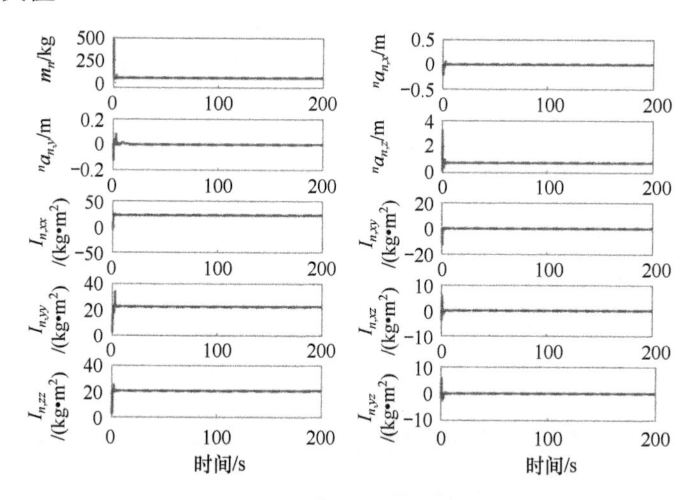

图 7-20　惯性参数辨识结果

式（7-24）中，只使用当前时刻运动数据的惯性参数辨识结果如图 7-21 所示。可以看出，与上述使用参数并行学习方法下的辨识结果相比，参数辨识结果需要花费更长的时间才能收敛到真值，从而验证了本章提出的参数并行学习方法具有较快的参数辨识速率。事实上，7.3.2 节中已经证明了并行学习方法下参数辨识具有指数收敛速率。

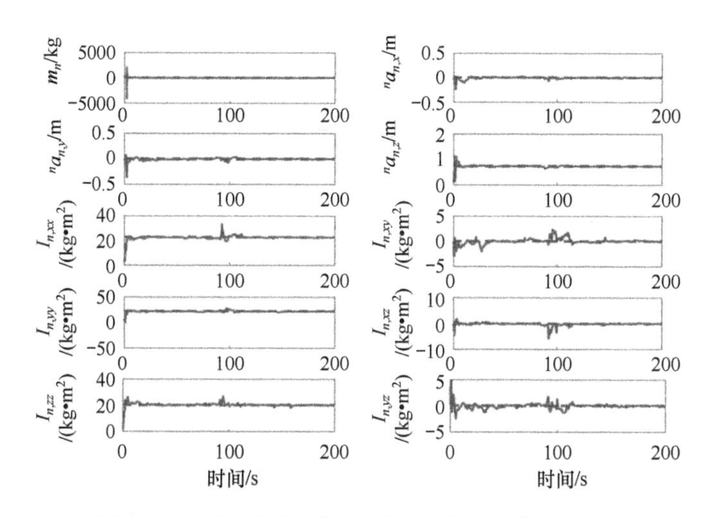

图 7-21　只使用当前时刻运动数据的惯性参数辨识结果

7.6 本章小结

本章针对空间机器人捕获目标后的参数辨识和稳定控制问题，基于边控制边辨识的思想，提出了一种空间机器人的参数并行学习方法以及基座无扰和关节运动受限的自适应控制方法。

在参数辨识方面，基于空间机器人动量守恒方程建立了参数辨识模型，首先对经典的递推最小二乘法完成参数辨识进行了回顾，包括对运动激励轨迹满足持续激励条件的要求。之后给出了本章提出的参数并行学习方法，包括将待辨识参数进行了预处理，使得辅助参数具有相同的大小数量级，以及同时使用系统过去和当前时刻的激励运动信息，证明了提出的参数并行学习方法不依赖持续激励条件而可以保证辨识的参数能够全局以指数速率收敛到真值。

在组合体控制方面，基于李雅普诺夫函数设计了空间机器人基座无扰的自适应控制器，之后，使用机械臂剩余的自由度限制各关节在指定的范围内运动，并在任务优先级方法框架下将空间机器人基座无扰的关节运动和限制运动范围的关节运动控制进行了综合。

本章提出的参数并行学习方法不依赖持续激励条件，可以保证辨识的参数全局以指数速率收敛到真值。通过对待辨识参数进行预处理，可以使所有的参数在同样的时间内收敛到真值。此外，参数收敛的条件跟判断矩阵的正定性有关，该矩阵只涉及系统过去和当前时刻的运动信息，因而很容易在线判定。本章提出的空间机器人的自适应控制方法可以保证参数辨识阶段系统的稳定性以及关节的运动不违反其物理限制，实现了参数辨识和组合体控制的一体化，通过仿真验证了方法的正确性和有效性。

参考文献

[1] 薛爽爽. 双臂空间机器人捕获翻滚目标后参数辨识和控制技术研究[D]. 西安: 西北工业大学, 2016.

[2] 李言俊, 张科. 系统辨识理论及应用[M]. 北京: 国防工业出版社, 2003.

[3] Zong L, Luo J, Wang M, et al. Parameters concurrent learning and reactionless control in post-capture of unknown targets by space manipulators[J]. Nonlinear Dynamics, 2019, 96(1): 443-457.

[4] Nguyen-Huynh T C, Sharf I. Adaptive reactionless motion and parameter identification in postcapture of space debris[J]. Journal of Guidance, Control, and Dynamics, 2013, 36(2): 404-414.

[5] Apolinrio J A, McWhirter J G. QRD-RLS Adaptive Filtering[J]. New York: Springer, 2009.

[6] Jin J, Gans N. Parameter identification for industrial robots with a fast and robust trajectory design approach[J]. Robotics and Computer-Integrated Manufacturing, 2015, 31: 21-29.

[7] Slotine J E, Li W. 应用非线性控制[M]. 北京: 机械工业出版社, 2006.

[8] Wu J, Wang J S, You Z. An overview of dynamic parameter identification of robots[J]. Robotics and Computer-integrated Manufacturing, 2010, 26(5): 414-419.

[9] Swevers J, Ganseman C, Tukel D B, et al. Optimal robot excitation and identification[J]. IEEE Transactions on Robotics & Automation, 1997, 13(5): 730-740.

[10] Calafiore G, Indri M, Bona B. Robot dynamic calibration: optimal excitation trajectories and experimental parameter estimation[J]. Journal of Robotic Systems, 2001, 18(2): 55-68.

[11] Weiss A, Leve F, Kolmanovsky I, et al. Reaction wheel parameter identification and control through receding horizon-based null motion excitation[M]. Berlin Heidelberg: Springer, 2015.

[12] 陈复扬, 姜斌. 自适应控制与应用[M]. 北京: 国防工业出版社, 2009.

[13] Chowdhary G, Johnson E. Concurrent learning for convergence in adaptive control without persistency of excitation[C]//49th IEEE Conference on Decision and Control (CDC). IEEE, 2010: 3674-3679.

[14] Astrom K J, Wittenmark B. Adaptive control[M]. MA: Addison-Wesley, 1995.

[15] Tao G. Adaptive Control Design and Analysis[M]. New York: Wiley, 2003.

[16] Chiaverini S, Siciliano B. The unit quaternion: a useful tool for inverse kinematics of robot manipulators[J]. Systems Analysis Modelling Simulation, 1999, 35(1): 45-60.

[17] Nenchev, D, Umetani, Y, Yoshida K. Analysis of a redundant free-flying spacecraft/manipulator system[J]. IEEE Transactions on Robotics & Automation, 1992, 8(1): 1-6.

[18] Nakamura Y, Hakamura H, Yoshihiko T. Task-priority based redundancy control of robot manipulators[J]. International Journal of Robotics Research, 1987, 6(2): 3-15.

08

第 8 章 捕获目标后的消旋轨迹规划与组合体协调控制

8.1 引言

在第 7 章中，通过参数辨识获得了组合体的动力学参数。由于抓捕前目标可能具有翻滚运动，同时参数辨识时激励运动也可能引起甚至加剧目标的翻滚，这些运动行为可能会导致捕获目标后目标及其附件与空间机器人发生碰撞，因而，需要尽快将翻滚目标消旋。然而，作为目标运动控制的执行机构和控制输入，末端执行器和目标上抓持装置之间的交互力/力矩不能过大，以免对空间机器人和目标造成损伤[1,2]。基于上述考虑，通常目标的最短时间消旋轨迹规划被描述为最优控制问题求解。由于该最优控制问题中包含目标姿态运动范围的状态不等式约束和交互作用力/力矩受限的输入不等式约束，只能使用直接法或者间接法中的庞特里亚金极小值原理求解，前者解的精度不如间接法求解精度高，而后者存在约束弧和奇异弧等问题[3]。为此，本章将使用间接法中的变分法对含状态和输入不等式约束的最短时间消旋最优控制问题进行求解，从而兼具最优解的精度高以及避免约束弧和奇异弧等问题的优点。在得到目标满足上述要求的最优消旋轨迹以后，为了使目标跟踪最优消旋轨迹同时保证空间机器人在期望的状态，还需要设计组合体的协调控制器。特别地，针对组合体控制过程中，由于目标参数辨识中存在不准确性，或者新的环境扰动或燃料消耗会导致捕获目标后的组合体系统存在不确定性情形，为了保证消旋过程中不出现末端执行器位置处交互作用力/力矩过大的问题，本章同时提出一种组合体的柔顺控制方法。

本章提出目标在姿态运动范围和输入受限条件下的最短时间消旋轨迹规划方法。首先，给出目标最短时间消旋的最优控制问题描述，之后，应用第 3 章中提出的不等式约束处理方法，将最优控制问题中状态和输入不等式约束分别表示为扩展动态子系统和饱和函数，从而目标最优控制问题形式的消旋轨迹规划问题可以通过标准变分法求解。本章同时提出消旋过程中组合体的协调控制方法，首先，对第 3 章中空间机器人的逆动力学控制方法进行拓展来设计组合体的位置协调控制器并证明其稳定性，保证目标能够跟踪最优的消旋轨迹并满足空间机器人基座的控制要求。上述组合体的位置协调控制器假设系统是确定已知的，进一步考虑组合体可能存在不确定性的情形，本章提出组合体的柔顺控制策略，保证存在系统不确定性的情形下目标消旋稳定过程中末端执行器和目标间也不出现过大的交互作用力/力矩，避免目标消旋和组合体操控过程中对空间机器人和目标造成损伤。

8.2 最短时间消旋轨迹规划

8.2.1 问题描述

空间机器人抓捕翻滚目标后示意图如图 8-1 所示。本章研究空间机器人捕获目标后对目标的消旋与转位等操作。主要任务有：①尽快完成对目标的消旋，以避免目标与空间机器人发生碰撞；②对目标进行转位操作，将目标质心控制至特定位置处，比如实现目标与基座的对接，从而方便进一步将目标带离当前轨道或对目标维修等操作。

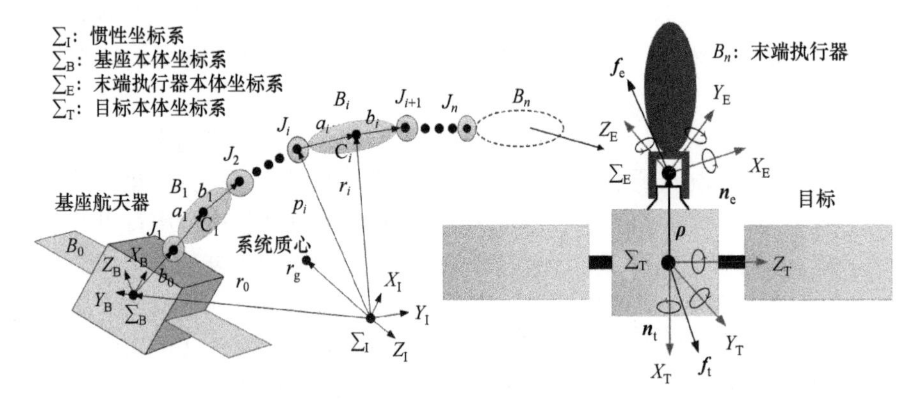

图 8-1 空间机器人抓捕翻滚目标后示意图

目标消旋阶段需要尽量得到目标时间最短的消旋轨迹。可将目标时间最短的消旋轨迹规划问题描述为考虑如下约束的最优控制问题：①为避免目标及其上附件与空间机器人发生碰撞，要求目标质心位置保持不变同时目标姿态只能在有限范围内变化；②要将抓捕点处末端执行器与目标间的交互作用力和力矩限制在一定范围内，以免引起空间机器人和目标的损伤；③为了提高最优解的精度，使用标准变分法求解最优控制问题。

在目标转位操作阶段，要求目标质心沿期望轨迹运动，同时保持目标姿态不变；为了使目标跟踪时间最短的消旋轨迹并且同时满足空间机器人的控制要求，研究空间机器人捕获目标后组合体的位置协调控制器；进一步考虑存在不确定性时的组合体的柔顺控制策略，保证即便存在不确定性的情形下，末端执行器与目标之间也不出现过大的交互作用力/力矩，并且在对目标操作的过程中不对基座姿态产生扰动。

1. 目标姿态运动方程

为了方便本章后续研究和叙述，以下对第 2 章建立的目标运动方程进行简要的回顾。

定义目标的姿态运动状态为 ${}^{\mathrm{T}}\boldsymbol{x}_{\mathrm{t}}=\left[\alpha_{\mathrm{t}},\beta_{\mathrm{t}},\gamma_{\mathrm{t}},{}^{\mathrm{T}}\boldsymbol{\omega}_{\mathrm{t}}{}^{\mathrm{T}}\right]^{\mathrm{T}}$ ，其中， $\boldsymbol{o}_{\mathrm{t}}=\left[\alpha_{\mathrm{t}},\beta_{\mathrm{t}},\gamma_{\mathrm{t}}\right]^{\mathrm{T}}$ 是目标的“*zyx*”欧拉角。

欧拉角速率可以通过下式计算[4]

$$\dot{\boldsymbol{o}}_{\mathrm{t}}=\boldsymbol{N}\cdot{}^{\mathrm{T}}\boldsymbol{\omega}_{\mathrm{t}} \tag{8-1}$$

式中： ${}^{\mathrm{T}}\boldsymbol{\omega}_{\mathrm{t}}$ 为目标的角速度，后文中类似，左上标“T”表示向量在目标本体坐标系中； $\boldsymbol{N}$ 为目标角速度和欧拉角速度之间的转换矩阵，具体为

$$\boldsymbol{N}=\begin{bmatrix}0 & \sin\gamma_{\mathrm{t}}\sec\beta_{\mathrm{t}} & \cos\gamma_{\mathrm{t}}\sec\beta_{\mathrm{t}}\\ 0 & \cos\gamma_{\mathrm{t}} & -\sin\gamma_{\mathrm{t}}\\ 1 & \sin\gamma_{\mathrm{t}}\tan\beta_{\mathrm{t}} & \cos\gamma_{\mathrm{t}}\tan\beta_{\mathrm{t}}\end{bmatrix} \tag{8-2}$$

考虑到捕获目标后操控的安全性，假设在目标消旋阶段要求其质心位置保持不变，因而，需要机械臂末端执行器施加给目标的外力为零，即存在 ${}^{\mathrm{T}}\boldsymbol{f}_{\mathrm{e}}=\mathbf{0}$。由式（2-109）和式（2-110）可以得到目标的姿态动力学方程为

$${}^{\mathrm{T}}\boldsymbol{I}_{\mathrm{t}}\cdot{}^{\mathrm{T}}\dot{\boldsymbol{\omega}}_{\mathrm{t}}+{}^{\mathrm{T}}\boldsymbol{\omega}_{\mathrm{t}}^{\times}\cdot{}^{\mathrm{T}}\boldsymbol{I}_{\mathrm{t}}{}^{\mathrm{T}}\boldsymbol{\omega}_{\mathrm{t}}=-\boldsymbol{R}_{\mathrm{E}}^{\mathrm{T}}{}^{\mathrm{E}}\boldsymbol{n}_{\mathrm{e}} \tag{8-3}$$

式中： ${}^{\mathrm{T}}\boldsymbol{I}_{\mathrm{t}}$ 为目标的惯量矩阵； $\boldsymbol{R}_{\mathrm{E}}^{\mathrm{T}}$ 为机械臂末端执行器坐标系到目标本体坐标系的转换矩阵； ${}^{\mathrm{E}}\boldsymbol{n}_{\mathrm{e}}$ 为机械臂末端执行器施加给目标的外力矩。将式（8-3）改写为如下形式

$${}^{\mathrm{T}}\dot{\boldsymbol{\omega}}_{\mathrm{t}}=-\left({}^{\mathrm{T}}\boldsymbol{I}_{\mathrm{t}}\right)^{-1}{}^{\mathrm{T}}\boldsymbol{\omega}_{\mathrm{t}}^{\times}\cdot{}^{\mathrm{T}}\boldsymbol{I}_{\mathrm{t}}{}^{\mathrm{T}}\boldsymbol{\omega}_{\mathrm{t}}-\left({}^{\mathrm{T}}\boldsymbol{I}_{\mathrm{t}}\right)^{-1}\boldsymbol{R}_{\mathrm{E}}^{\mathrm{T}}{}^{\mathrm{E}}\boldsymbol{n}_{\mathrm{e}} \tag{8-4}$$

因而，结合式（8-1）和式（8-3），目标的姿态运动方程可以表示为

$${}^{\mathrm{T}}\dot{\boldsymbol{x}}_{\mathrm{t}}=\boldsymbol{f}\left({}^{\mathrm{T}}\boldsymbol{x}_{\mathrm{t}}\right)+\boldsymbol{g}\cdot{}^{\mathrm{E}}\boldsymbol{n}_{\mathrm{e}} \tag{8-5}$$

式中

$$\boldsymbol{f}\left({}^{\mathrm{T}}\boldsymbol{x}_{\mathrm{t}}\right)=\begin{bmatrix}\boldsymbol{N}\cdot{}^{\mathrm{T}}\boldsymbol{\omega}_{\mathrm{t}}\\ -\left({}^{\mathrm{T}}\boldsymbol{I}_{\mathrm{t}}\right)^{-1}{}^{\mathrm{T}}\boldsymbol{\omega}_{\mathrm{t}}^{\times}\cdot{}^{\mathrm{T}}\boldsymbol{I}_{\mathrm{t}}{}^{\mathrm{T}}\boldsymbol{\omega}_{\mathrm{t}}\end{bmatrix},\ \boldsymbol{g}=\begin{bmatrix}\boldsymbol{0}_{3\times3}\\ -\left({}^{\mathrm{T}}\boldsymbol{I}_{\mathrm{t}}\right)^{-1}\boldsymbol{R}_{\mathrm{E}}^{\mathrm{T}}\end{bmatrix} \tag{8-6}$$

2. 最优控制问题描述

为了得到目标最短时间的消旋轨迹，选取目标最短时间消旋最优控制问题的代价函数为[5]

$$J=\int_{t_0}^{t_f}1\,\mathrm{d}t \tag{8-7}$$

为了避免目标及其附件与空间机器人发生碰撞，限制目标的姿态欧拉角在一定的范围内变化，即有

$$o_{\mathrm{t},i\min} \leqslant o_{\mathrm{t},i} \leqslant o_{\mathrm{t},i\max}, i=\alpha,\beta,\gamma \tag{8-8}$$

为了避免对空间机器人和目标造成损伤，将抓捕点处末端执行器和目标的交互力矩（同时也是驱动目标姿态运动的外力矩）限制在一定范围内，即有

$$-{}^{\mathrm{E}}\boldsymbol{n}_{\mathrm{e,max}} \leqslant {}^{\mathrm{E}}\boldsymbol{n}_{\mathrm{e}} \leqslant {}^{\mathrm{E}}\boldsymbol{n}_{\mathrm{e,max}} \tag{8-9}$$

综合考虑代价函数式（8-7）、目标姿态运动方程式（8-5），以及状态和输入约束式（8-8）和式（8-9），最短时间消旋的最优控制问题可以描述为

$$\min \quad J\left({}^{\mathrm{E}}\boldsymbol{n}_{\mathrm{e}}\right) := \int_{t_0}^{t_f} 1\,\mathrm{d}t$$

$$\text{s.t.} \quad \begin{cases} {}^{\mathrm{T}}\dot{\boldsymbol{x}}_{\mathrm{t}} = \boldsymbol{f}\left({}^{\mathrm{T}}\boldsymbol{x}_{\mathrm{t}}\right) + \boldsymbol{g}\cdot{}^{\mathrm{E}}\boldsymbol{n}_{\mathrm{e}} \\ o_{\mathrm{t},i\min} \leqslant o_{\mathrm{t},i} \leqslant o_{\mathrm{t},i\max}, i=\alpha,\beta,\gamma \\ -{}^{\mathrm{E}}\boldsymbol{n}_{\mathrm{e,max}} \leqslant {}^{\mathrm{E}}\boldsymbol{n}_{\mathrm{e}} \leqslant {}^{\mathrm{E}}\boldsymbol{n}_{\mathrm{e,max}} \\ {}^{\mathrm{T}}\boldsymbol{x}_{\mathrm{t}}\left(t_0\right) = {}^{\mathrm{T}}\boldsymbol{x}_{\mathrm{t}_0} \\ \boldsymbol{\eta}\left({}^{\mathrm{T}}\boldsymbol{x}_{\mathrm{t}}\left(t_f\right), t_f\right) = \boldsymbol{0} \end{cases} \tag{8-10}$$

式中：$\boldsymbol{x}_{\mathrm{t},0}$ 为目标初始的姿态状态；$\boldsymbol{\eta}(\cdot)$ 为施加在状态 $\boldsymbol{x}_{\mathrm{t}}$ 上的终端约束。

在接下来的 8.2.2 节，应用第 3 章中最优控制问题的不等式约束处理方法，将式（8-10）中的状态和输入不等式约束分别表示为扩展动态子系统和饱和函数，使得转化后的最优控制问题可以使用标准变分法求解。

8.2.2 约束处理与变分法求解

1. 状态不等式约束处理

将目标姿态的每个欧拉角 $o_{\mathrm{t},i}$ 表示为如下的饱和函数 ϕ_i

$$o_{\mathrm{t},i} = \phi_i\left(\xi_{i,1}\right), i=\alpha,\beta,\gamma \tag{8-11}$$

式中

$$\phi_i\left(\xi_{i,1}\right) = o_{\mathrm{t},i\max} - \frac{o_{\mathrm{t},i\max} - o_{\mathrm{t},i\min}}{1+\exp\left(k_o \xi_{i,1}\right)} \tag{8-12}$$

饱和函数 ϕ_i 如图 8-2 所示，可以看出饱和函数 $\phi_i : \mathbb{R} \to \left(o_{\mathrm{t},i\min},\ o_{\mathrm{t},i\max}\right)$ 平滑且单调递增，可以保证满足欧拉角约束。参数 k_o 调整点 $\xi_{i,1}$=0 处饱和函数的斜率，比如，取 k_o=4/($o_{\mathrm{t},i\max}$−$o_{\mathrm{t},i\min}$)，使点 $\xi_{i,1}$=0 处的斜率 $\dfrac{\partial o_{\mathrm{t},i}}{\partial \xi_{i,1}}$=1。

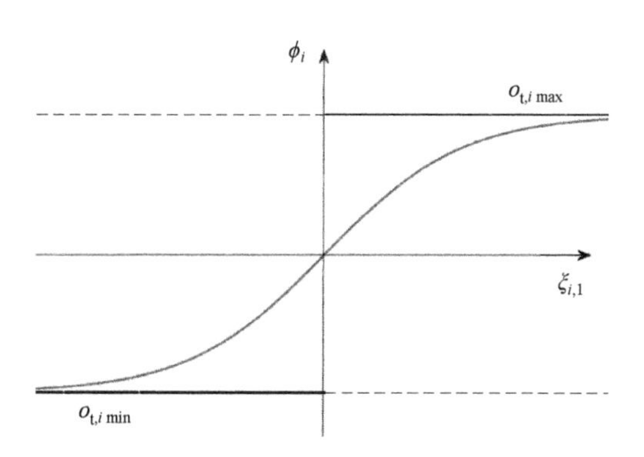

图 8-2　饱和函数 ϕ_i

饱和函数 $o_{t,i}$ 的相对阶为 2，这可以通过至少一个输入显式地出现在二阶导数 $\ddot{o}_{t,i}$ 中这一事实简单地看出[6]。式（8-11）的一阶和二阶导数可以计算为

$$o_{t,i}=\phi_i\left(\xi_{i,1}\right):=\mathcal{X}_{i,1}\left(\xi_{i,1}\right),i=\alpha,\beta,\gamma \tag{8-13}$$

$$\dot{o}_{t,i}=\frac{\partial\phi_i}{\partial\xi_{i,1}}\dot{\xi}_{i,1}:=\mathcal{X}_{i,2}\left(\xi_{i,1},\dot{\xi}_{i,1}\right) \tag{8-14}$$

$$\ddot{o}_{t,i}=\frac{\partial^2\phi_i}{\partial\xi_{i,1}^2}\left(\dot{\xi}_{i,1}\right)^2+\frac{\partial\phi_i}{\partial\xi_{i,1}}\ddot{\xi}_{i,1}:=\mathcal{X}_{i,3}\left(\xi_{i,1},\dot{\xi}_{i,1},\ddot{\xi}_{i,1}\right) \tag{8-15}$$

定义 $\dot{\xi}_{i,1}=\xi_{i,2}$，$\dot{\xi}_{i,2}=v_i$，状态 $\boldsymbol{\xi}_i=\left(\xi_{i,1},\xi_{i,2}\right)$，输入为 v_i，可以构建如下的动态子系统

$$\dot{\boldsymbol{\xi}}_i=\boldsymbol{p}_i\left(\boldsymbol{\xi}_i,v_i\right),i=\alpha,\beta,\gamma \tag{8-16}$$

式中：$\boldsymbol{p}_i=\left[\boldsymbol{\xi}_{i,2},v_i\right]^{\mathrm{T}}$；输入 v_i 满足如下等式约束

$$\ddot{o}_{t,i}=\mathcal{X}_{i,3}\left(\boldsymbol{\xi}_i,v_i\right) \tag{8-17}$$

为了计算扩展状态 $\dot{\boldsymbol{\xi}}_i$ 的初始值，由式（8-13）和式（8-14）可以得到

$$\begin{cases}\xi_{i,1}=\phi_i^{-1}\left(o_{t,i}\right):=\mathcal{X}_{i,1}^{-1}\left(o_{t,i}\right)\\ \xi_{i,2}=\dot{o}_{t,i}\Big/\left(\dfrac{\partial\phi_i}{\partial\xi_{i,1}}\right):=\mathcal{X}_{i,2}^{-1}\left(\xi_{i,1},\dot{o}_{t,i}\right)\end{cases} \tag{8-18}$$

将式（8-18）描述为向量形式 $\boldsymbol{\xi}_i=\boldsymbol{\mathcal{X}}_i^{-1}\left(o_{t,i},\dot{o}_{t,i}\right)$，给定初始值 $o_{t,i0}$、$\dot{o}_{t,i0}$，扩展状态 $\boldsymbol{\xi}_i$ 的初始值可以计算得到 $\boldsymbol{\xi}_i\left(t_0\right)=\boldsymbol{\mathcal{X}}_i^{-1}\left(o_{t,i0},\dot{o}_{t,i0}\right)$。因而，状态不等式约束可以表示为如下的扩展动态子系统

$$\begin{cases}\dot{\boldsymbol{\xi}}_i=\boldsymbol{p}_i\left(\boldsymbol{\xi}_i,v_i\right),\ \ \boldsymbol{\xi}_i\left(t_0\right)=\boldsymbol{\mathcal{X}}_i^{-1}\left(o_{t,i0},\dot{o}_{t,i0}\right)\\ 0=\ddot{o}_{t,i}-\mathcal{X}_{i,3}\left(\boldsymbol{\xi}_i,v_i\right),\ \ i=\alpha,\beta,\gamma\end{cases} \tag{8-19}$$

2. 输入不等式约束处理

与处理状态不等式约束不同，输入不等式约束式（8-9）可以直接表示为如下饱和函数（因为其相对阶为零）

$$\begin{cases} E_{n_{e,i}} = \psi_i(w_i),\ \ i = x, y, z \\ \psi_i(w_i) = E_{n_{e,i}\max} - \dfrac{E_{n_{e,i}\max} - E_{n_{e,i}\min}}{1 + \exp(k_n w_i)} \end{cases} \tag{8-20}$$

式中：w_i 为辅助输入变量。ψ_i 的几何曲线与图 8-2 类似，可以保证输入不等式约束被满足。

综上所述，目标的姿态欧拉角不等式约束可以表示为扩展动态子系统式（8-19），目标的输入不等式约束可以表示为饱和函数式（8-20），从而可以消除目标最短时间消旋最优控制问题中关于目标的状态和输入不等式约束。在消除最优控制问题的不等式约束后，根据第 3 章中给出的最优控制问题求解方法，转化后的最优控制问题可以使用标准变分法求解。

3. 变分法求解

引入扩展动态子系统式（8-19）和等式约束式（8-20）后，定义如下具有扩展状态 $\bar{\boldsymbol{x}}_t$ 和扩展输入 $\bar{\boldsymbol{n}}_e$ 的新的最优控制问题

$$\begin{cases} \bar{\boldsymbol{x}}_t = \left[{}^{T}\boldsymbol{x}_t^{T}, \boldsymbol{\xi}_\alpha^{T}, \boldsymbol{\xi}_\beta^{T}, \boldsymbol{\xi}_\gamma^{T}\right]^{T} \in \mathbb{R}^{6+2\times 3} \\ \bar{\boldsymbol{n}}_e = \left[{}^{E}\boldsymbol{n}_e^{T}, \boldsymbol{v}^{T}, \boldsymbol{w}^{T}\right]^{T} \in \mathbb{R}^{9} \end{cases} \tag{8-21}$$

将带有参数 ϵ 的附加调整项 $\epsilon\left(\boldsymbol{v}^{T}\boldsymbol{v} + \boldsymbol{w}^{T}\boldsymbol{w}\right)$ 添加到原最优控制问题（8-10）的代价函数中，可以得到如下只含有等式约束的最优控制问题

$$\min\quad \bar{J}(\bar{\boldsymbol{n}}_e) := J\left({}^{E}\boldsymbol{n}_e\right) + \epsilon\int_{t_0}^{t_f}\left(\boldsymbol{v}^{T}\boldsymbol{v} + \boldsymbol{w}^{T}\boldsymbol{w}\right)\mathrm{d}t$$

$$\text{s.t.}\quad \begin{cases} {}^{T}\dot{\boldsymbol{x}}_t = \boldsymbol{f}\left({}^{T}\boldsymbol{x}_t\right) + \boldsymbol{g}\cdot{}^{E}\boldsymbol{n}_e,\ {}^{T}\boldsymbol{x}_t(t_0) = {}^{T}\boldsymbol{x}_{t,0} \\ \dot{\boldsymbol{\xi}}_i = \boldsymbol{p}_i\left(\dot{\boldsymbol{\xi}}_i, v_i\right), i = \alpha, \beta, \gamma \\ \boldsymbol{\xi}_i(t_0) = \boldsymbol{\mathcal{X}}_i^{-1}\left(o_{t,i0}, \dot{o}_{t,i0}\right), i = \alpha, \beta, \gamma \\ \boldsymbol{\eta}\left({}^{T}\boldsymbol{x}_t(t_f), t_f\right) = \boldsymbol{0} \\ 0 = \ddot{o}_{t,i} - \mathcal{X}_{i,3}\left(\boldsymbol{\xi}_i, v_i\right), i = \alpha, \beta, \gamma \\ 0 = {}^{E}n_{e,i} - \psi_i(w_i), i = x, y, z \end{cases} \tag{8-22}$$

其中，带有参数 ϵ 的调节项的功能可以解释为：避免当式（8-8）和式（8-9）的约束达到边界时 $\boldsymbol{v}$ 和 $\boldsymbol{w}$ 取太大的数值。在实际中求解最优控制问题（8-22）时，需要逐渐减小 ϵ 的值进行迭代求解。当 $\epsilon \to 0$ 时，第 3 章中证明了原最优控制问题（8-10）

与转化后的最优控制问题（8-22）是等价的[7]。

使用变分法求解最优控制问题（8-22），哈密顿函数可表示为

$$\begin{aligned}H\left(\bar{\boldsymbol{x}}_{\mathrm{t}},\bar{\boldsymbol{n}}_{\mathrm{e}},\bar{\boldsymbol{\lambda}},\bar{\boldsymbol{\mu}},t\right)=1+\epsilon\left(\boldsymbol{v}^{\mathrm{T}}\boldsymbol{v}+\boldsymbol{w}^{\mathrm{T}}\boldsymbol{w}\right)+\boldsymbol{\lambda}_{\mathrm{T}x_{\mathrm{t}}}^{\mathrm{T}}\left(\boldsymbol{f}\left({}^{\mathrm{T}}\boldsymbol{x}_{\mathrm{t}}\right)+\boldsymbol{g}\cdot{}^{\mathrm{E}}\boldsymbol{n}_{\mathrm{e}}\right)+\\ \sum_{i=1}^{3}\boldsymbol{\lambda}_{\xi_i}^{\mathrm{T}}\boldsymbol{p}_i\left(\boldsymbol{\xi}_i,v_i\right)+\sum_{i=1}^{3}\boldsymbol{\mu}_{vi}\left(\ddot{o}_{\mathrm{t},i}-\mathcal{X}_{1,3}\left(\boldsymbol{\xi}_i,v_i\right)\right)+\sum_{i=1}^{3}\boldsymbol{\mu}_{\mathrm{E}_{n_{\mathrm{e},i}}}\left({}^{\mathrm{E}}n_{\mathrm{e},i}-\psi_i\left(w_i\right)\right)\end{aligned} \tag{8-23}$$

式中：$\bar{\boldsymbol{\lambda}}=\left[\boldsymbol{\lambda}_{\mathrm{T}_{x_{\mathrm{t}}}}^{\mathrm{T}},\boldsymbol{\lambda}_{\xi_\alpha}^{\mathrm{T}},\boldsymbol{\lambda}_{\xi_\beta}^{\mathrm{T}},\boldsymbol{\lambda}_{\xi_\gamma}^{\mathrm{T}}\right]^{\mathrm{T}}$ 为协状态；$\bar{\boldsymbol{\mu}}=\left[\boldsymbol{\mu}_{v}^{\mathrm{T}},\boldsymbol{\mu}_{\mathrm{E}_{n_{\mathrm{e}}}}^{\mathrm{T}}\right]^{\mathrm{T}}$ 为将等式约束引入哈密顿函数式（8-23）的拉格朗日乘子。

给定哈密顿函数式（8-23），最优控制问题（8-22）解的一阶最优性必要条件为

$$\frac{\partial H}{\partial^{\mathrm{E}}\boldsymbol{n}_{\mathrm{e}}}=\boldsymbol{\lambda}_{\mathrm{T}_{x_{\mathrm{t}}}}^{\mathrm{T}}\boldsymbol{g}+\sum_{i=1}^{3}\mu_{v_i}\frac{\partial\ddot{o}_{\mathrm{t},i}}{\partial^{\mathrm{E}}\boldsymbol{n}_{\mathrm{e}}}+\mu_{\mathrm{E}_{n_{\mathrm{e}}}}^{\mathrm{T}}=0 \tag{8-24}$$

$$\frac{\partial H}{\partial v_i}=2\epsilon v_i+\boldsymbol{\lambda}_{\xi_i}^{\mathrm{T}}\frac{\partial\boldsymbol{p}_i}{\partial v_i}-\mu_{v_i}\frac{\partial\mathcal{X}_{1,3}}{\partial v_i}=0,\quad i=\alpha,\beta,\gamma \tag{8-25}$$

$$\frac{\partial H}{\partial w_i}=2\epsilon w_i-\mu_{\mathrm{E}_{n_{\mathrm{e},i}}}\frac{\partial\psi_i\left(w_i\right)}{\partial w_i}=0,\quad i=x,y,z \tag{8-26}$$

协状态的动态方程满足$\dot{\bar{\boldsymbol{\lambda}}}^{\mathrm{T}}=-\dfrac{\partial H}{\partial\bar{\boldsymbol{x}}_t}$，可以得到

$$\boldsymbol{\lambda}_{\mathrm{T}_{x_{\mathrm{t}}}}^{\mathrm{T}}=-\frac{\partial H}{\partial^{\mathrm{T}}\boldsymbol{x}_{\mathrm{t}}}=-\boldsymbol{\lambda}_{\mathrm{T}_{x_{\mathrm{t}}}}^{\mathrm{T}}\frac{\partial\boldsymbol{f}}{\partial^{\mathrm{T}}\boldsymbol{x}_{\mathrm{t}}}-\sum_{i=1}^{3}\mu_{vi}\frac{\partial\ddot{o}_{\mathrm{t},i}}{\partial^{\mathrm{T}}\boldsymbol{x}_{\mathrm{t}}} \tag{8-27}$$

$$\dot{\boldsymbol{\lambda}}_{\xi_i}^{\mathrm{T}}=-\frac{\partial H}{\partial\boldsymbol{\xi}_i}=-\boldsymbol{\lambda}_{\xi_i}^{\mathrm{T}}\frac{\partial\boldsymbol{p}_i}{\partial\boldsymbol{\xi}_i}+\mu_{vi}\frac{\partial\mathcal{X}_{1,3}}{\partial\boldsymbol{\xi}_i},\quad i=\alpha,\beta,\gamma \tag{8-28}$$

$\bar{\boldsymbol{\lambda}}$ 需要满足如下的终端条件

$$\boldsymbol{\lambda}_{\mathrm{T}_{x_{\mathrm{t}}}}^{\mathrm{T}}\left(t_f\right)=\boldsymbol{\kappa}^{\mathrm{T}}\left.\frac{\partial\boldsymbol{\eta}}{\partial^{\mathrm{T}}\boldsymbol{x}_{\mathrm{t}}}\right|_{t_f},\boldsymbol{\lambda}_{\xi_i}\left(t_f\right)=\boldsymbol{0},\quad i=\alpha,\beta,\gamma \tag{8-29}$$

式中：$\boldsymbol{\kappa}$ 为额外的常值乘子。因为对$\boldsymbol{\lambda}_{\xi_i}$ 的终端取值没有要求，$\boldsymbol{\lambda}_{\xi_i}$ 的终端取值需要为零[8]。为了确定最优的消旋时间，需要满足如下的横截条件

$$H\left(\bar{\boldsymbol{x}}_{\mathrm{t}},\bar{\boldsymbol{n}}_{\mathrm{e}},\bar{\boldsymbol{\lambda}},\bar{\boldsymbol{\mu}},t\right)\Big|_{t_f}=-\boldsymbol{\kappa}^{\mathrm{T}}\left.\frac{\partial\boldsymbol{\eta}}{\partial t}\right|_{t_f} \tag{8-30}$$

捕获后目标的最短时间消旋轨迹需要满足方程式（8-24）～式（8-30）以及方程式（8-22）中的约束。容易看出，式（8-22）、式（8-24）～式（8-30）包括微分和代数方程以及初始/终端边界条件。因而，需要求解微分−代数方程组（differential-algebric equations, DAE）的两点边值问题（boundary value problem, BVP）来获得目标最短时间的消旋轨迹。在本章中，使用开源的 MATLAB 工具箱

bvpsuite[9]求解 DAE 的 BVP 问题，可以得到目标最短时间的消旋轨迹。值得说明的是，为了方便求解最优控制问题（8-22），对自由的终端时间 t_f 作如下时间变换

$$t = p\overline{t}, t_f = p, \frac{\mathrm{d}(\cdot)}{\mathrm{d}t} = \frac{1}{p}\frac{\mathrm{d}(\cdot)}{\mathrm{d}\overline{t}} \tag{8-31}$$

式中：比例因子 p 被视为自由参数，新的时间变量 $\overline{t}$ 代替了 $t \in \left[t_0, t_f\right]$，并且新的时间变量 $\overline{t}$ 具有标准化的时间间隔 $\overline{t}_0 \in [0,1]$，即将原来终段时刻不定的最优控制问题转化为了终端时刻确定的最优控制问题，使得转化后的最优控制问题可以更加容易地被求解。

8.3 组合体位置跟踪协调控制

在空间机器人捕获目标后的消旋稳定阶段，目标的最短时间消旋轨迹可以通过求解 8.2 节中的最优控制问题得到，同时期望目标质心位置保持不变。在转位操作阶段，目标质心沿期望位置轨迹运动，同时要求目标姿态保持不变。本节提出一种计算空间机器人基座控制力矩 $\boldsymbol{n}_{\mathrm{bc}}$ 和关节控制力矩 τ_{c} 的协调控制器，保证目标姿态及其质心位置可以在消旋和转位阶段沿期望轨迹运动，同时不对基座姿态造成扰动。

8.3.1 协调控制器

为了保证目标/基座姿态及其质心位置跟踪期望轨迹，本节拓展第 3 章中空间机器人的逆动力学控制方法来设计组合体的协调控制器，其中，根据 3.5.2 节中参考加速度的形式设计如下的目标和基座的参考加速度

$$\begin{cases} \dot{\boldsymbol{v}}_{\mathrm{tc}} = \ddot{\boldsymbol{p}}_{\mathrm{t}}^{\mathrm{d}} + \boldsymbol{K}_{\mathrm{t},p1}\left(\dot{\boldsymbol{p}}_{\mathrm{t}}^{\mathrm{d}} - \dot{\boldsymbol{p}}_{\mathrm{t}}\right) + \boldsymbol{K}_{\mathrm{t},p2}\left(\boldsymbol{p}_{\mathrm{t}}^{\mathrm{d}} - \boldsymbol{p}_{\mathrm{t}}\right) \\ \dot{\boldsymbol{\omega}}_{\mathrm{tc}} = \dot{\boldsymbol{\omega}}_{\mathrm{t}}^{\mathrm{d}} + \boldsymbol{K}_{\mathrm{t},o1}\boldsymbol{\delta}_{\boldsymbol{\sigma}\mathrm{t}} + \boldsymbol{K}_{\mathrm{t},o2}\left(\overline{\boldsymbol{\omega}}_{\mathrm{tc}} - \boldsymbol{\omega}_{\mathrm{t}}\right) \end{cases} \tag{8-32}$$

$$\begin{cases} \dot{\boldsymbol{v}}_{\mathrm{bc}} = \ddot{\boldsymbol{r}}_0^{\mathrm{d}} + \boldsymbol{K}_{\mathrm{b},p1}\left(\dot{\boldsymbol{r}}_0^{\mathrm{d}} - \dot{\boldsymbol{r}}_0\right) + \boldsymbol{K}_{b,p2}\left(\boldsymbol{r}_0^{\mathrm{d}} - \boldsymbol{r}_0\right) \\ \dot{\boldsymbol{\omega}}_{\mathrm{bc}} = \dot{\boldsymbol{\omega}}_{\mathrm{b}}^{\mathrm{d}} + \boldsymbol{K}_{\mathrm{b},o1}\dot{\boldsymbol{\delta}}_{\boldsymbol{\sigma}\mathrm{b}} + \boldsymbol{K}_{\mathrm{b},o2}\left(\overline{\boldsymbol{\omega}}_{\mathrm{bc}} - \boldsymbol{\omega}_{\mathrm{b}}\right) \end{cases} \tag{8-33}$$

式中

$$\overline{\boldsymbol{\omega}}_{\mathrm{tc}} = \boldsymbol{\omega}_{\mathrm{t}}^{\mathrm{d}} + \boldsymbol{K}_{\mathrm{t},o1}\boldsymbol{\delta}_{\boldsymbol{\sigma}\mathrm{t}}, \overline{\boldsymbol{\omega}}_{\mathrm{bc}} = \boldsymbol{\omega}_{\mathrm{b}}^{\mathrm{d}} + \boldsymbol{K}_{\mathrm{b},o1}\boldsymbol{\delta}_{\boldsymbol{\sigma}\mathrm{b}} \tag{8-34}$$

分别为目标和基座的参考角速度；右上标“d”代表期望值，目标姿态的期望值即为 8.2 节中得到的最短时间消旋轨迹；单位四元数 $\boldsymbol{q}_i = \{\eta_i, \boldsymbol{\sigma}_i\} \in \mathbb{R}^4, i = t, b$ 用于表示目标和基座的姿态（η_i 和 $\boldsymbol{\sigma}_i$ 分别是四元数的标量和向量部分）；$\boldsymbol{\delta}_{\sigma_i} = \eta_i\boldsymbol{\sigma}_i^{\mathrm{d}} - \eta_i^{\mathrm{d}}\boldsymbol{\sigma}_i - \boldsymbol{\sigma}_i^{\mathrm{d}} \times \boldsymbol{\sigma}_i$ 表示目标和基座的姿态误差。$\boldsymbol{K}_{\mathrm{t},p1}$、$\boldsymbol{K}_{\mathrm{t},p2}$、$\boldsymbol{K}_{\mathrm{t},o1}$、$\boldsymbol{K}_{\mathrm{t},o2}$、$\boldsymbol{K}_{\mathrm{b},p1}$、$\boldsymbol{K}_{\mathrm{b},p2}$、$\boldsymbol{K}_{\mathrm{b},o1}$、$\boldsymbol{K}_{\mathrm{b},o2}$ 为正定的增益矩阵。

目标和末端执行器的线速度和角速度满足如下关系式

$$\begin{bmatrix} \boldsymbol{v}_{\mathrm{e}} \\ \boldsymbol{\omega}_{\mathrm{e}} \end{bmatrix} = \begin{bmatrix} \boldsymbol{E}_3 & -\boldsymbol{\rho}^{\times} \\ \boldsymbol{0}_{3\times3} & \boldsymbol{E}_3 \end{bmatrix} \begin{bmatrix} \boldsymbol{v}_{\mathrm{t}} \\ \boldsymbol{\omega}_{\mathrm{t}} \end{bmatrix} \tag{8-35}$$

回顾式（2-111）中定义的目标的雅可比矩阵 $\boldsymbol{J}_{\mathrm{t}}$，当 $\boldsymbol{v}_{\mathrm{e}}$、$\boldsymbol{\omega}_{\mathrm{e}}$ 和 $\boldsymbol{v}_{\mathrm{t}}$、$\boldsymbol{\omega}_{\mathrm{t}}$ 表示在惯性坐标系下时，目标的雅可比矩阵具有如下形式

$$\boldsymbol{J}'_{\mathrm{t}} = \begin{bmatrix} \boldsymbol{E}_3 & -\boldsymbol{\rho}^{\times} \\ \boldsymbol{0}_{3\times3} & \boldsymbol{E}_3 \end{bmatrix} \tag{8-36}$$

式（8-35）的导数为

$$\begin{bmatrix} \dot{\boldsymbol{v}}_{\mathrm{e}} \\ \dot{\boldsymbol{\omega}}_{\mathrm{e}} \end{bmatrix} = \dot{\boldsymbol{J}}'_{\mathrm{t}} \begin{bmatrix} \boldsymbol{v}_{\mathrm{t}} \\ \boldsymbol{\omega}_{\mathrm{t}} \end{bmatrix} + \boldsymbol{J}'_{\mathrm{t}} \begin{bmatrix} \dot{\boldsymbol{v}}_{\mathrm{t}} \\ \dot{\boldsymbol{\omega}}_{\mathrm{t}} \end{bmatrix} \tag{8-37}$$

此外，给定如下空间机器人二阶正向运动学方程[10]

$$\begin{bmatrix} \dot{\boldsymbol{v}}_{\mathrm{e}} \\ \dot{\boldsymbol{\omega}}_{\mathrm{e}} \end{bmatrix} = \dot{\boldsymbol{J}}_{\mathrm{b}} \begin{bmatrix} \boldsymbol{v}_{\mathrm{b}} \\ \boldsymbol{\omega}_{\mathrm{b}} \end{bmatrix} + \boldsymbol{J}_{\mathrm{b}} \begin{bmatrix} \dot{\boldsymbol{v}}_{\mathrm{b}} \\ \dot{\boldsymbol{\omega}}_{\mathrm{b}} \end{bmatrix} + \dot{\boldsymbol{J}}_{\mathrm{m}}\dot{\boldsymbol{\theta}} + \boldsymbol{J}_{\mathrm{m}}\ddot{\boldsymbol{\theta}} \tag{8-38}$$

可以得到

$$\dot{\boldsymbol{J}}'_{\mathrm{t}} \begin{bmatrix} \boldsymbol{v}_{\mathrm{t}} \\ \boldsymbol{\omega}_{\mathrm{t}} \end{bmatrix} + \boldsymbol{J}'_{\mathrm{t}} \begin{bmatrix} \dot{\boldsymbol{v}}_{\mathrm{t}} \\ \dot{\boldsymbol{\omega}}_{\mathrm{t}} \end{bmatrix} = \dot{\boldsymbol{J}}_{\mathrm{b}} \begin{bmatrix} \boldsymbol{v}_{\mathrm{b}} \\ \boldsymbol{\omega}_{\mathrm{b}} \end{bmatrix} + \boldsymbol{J}_{\mathrm{b}} \begin{bmatrix} \dot{\boldsymbol{v}}_{\mathrm{b}} \\ \dot{\boldsymbol{\omega}}_{\mathrm{b}} \end{bmatrix} + \dot{\boldsymbol{J}}_{\mathrm{m}}\dot{\boldsymbol{\theta}} + \boldsymbol{J}_{\mathrm{m}}\ddot{\boldsymbol{\theta}} \tag{8-39}$$

使用目标和基座的参考加速度 $\dot{\boldsymbol{v}}_{\mathrm{tc}}$、$\dot{\boldsymbol{\omega}}_{\mathrm{tc}}$ 和 $\dot{\boldsymbol{\omega}}_{\mathrm{bc}}$，范数最小的关节参考加速度可以通过使用拉格朗日乘子法求解式（8-39）得到[11]

$$\ddot{\boldsymbol{\theta}}_{\mathrm{c}} = \boldsymbol{J}_{\mathrm{m}}^{+} \left(\dot{\boldsymbol{J}}'_{\mathrm{t}} \begin{bmatrix} \boldsymbol{v}_{\mathrm{t}} \\ \boldsymbol{\omega}_{\mathrm{t}} \end{bmatrix} + \boldsymbol{J}_{\mathrm{t}} \begin{bmatrix} \dot{\boldsymbol{v}}_{\mathrm{tc}} \\ \dot{\boldsymbol{\omega}}_{\mathrm{tc}} \end{bmatrix} - \dot{\boldsymbol{J}}_{\mathrm{b}} \begin{bmatrix} \boldsymbol{v}_{\mathrm{b}} \\ \boldsymbol{\omega}_{\mathrm{b}} \end{bmatrix} - \boldsymbol{J}_{\mathrm{b}} \begin{bmatrix} \dot{\boldsymbol{v}}_{\mathrm{b}} \\ \dot{\boldsymbol{\omega}}_{\mathrm{bc}} \end{bmatrix} - \dot{\boldsymbol{J}}_{\mathrm{m}}\dot{\boldsymbol{\theta}} \right) \tag{8-40}$$

式中："+"代表矩阵的广义逆，有

$$\boldsymbol{J}_{\mathrm{m}}^{+} = \boldsymbol{J}_{\mathrm{m}}^{\mathrm{T}} \left(\boldsymbol{J}_{\mathrm{m}} \boldsymbol{J}_{\mathrm{m}}^{\mathrm{T}} \right)^{-1} \tag{8-41}$$

协调控制器通过将基座参考角加速度 $\dot{\boldsymbol{\omega}}_{\mathrm{bc}}$ 和关节参考加速度 $\ddot{\boldsymbol{\theta}}_{\mathrm{c}}$ 代入空间机器人动力学方程式（2-49）得到，其表达式为

$$\begin{cases} \boldsymbol{n}_{\mathrm{bc}} = \boldsymbol{H}_{v\omega}^{\mathrm{T}} \dot{\boldsymbol{v}}_{\mathrm{b}} + \boldsymbol{H}_{\omega} \dot{\boldsymbol{\omega}}_{\mathrm{bc}} + \boldsymbol{H}_{\omega\theta} \ddot{\boldsymbol{\theta}}_{\mathrm{c}} + \boldsymbol{c}_{\mathrm{b}\omega} - \boldsymbol{J}_{\mathrm{b}\omega}^{\mathrm{T}} \boldsymbol{F}_{\mathrm{e}} \\ \boldsymbol{\tau}_{\mathrm{c}} = \boldsymbol{J}_{\mathrm{T}\omega}^{\mathrm{T}} \dot{\boldsymbol{v}}_{\mathrm{b}} + \boldsymbol{H}_{\omega\theta}^{\mathrm{T}} \dot{\boldsymbol{\omega}}_{\mathrm{bc}} + \boldsymbol{H}_{\mathrm{m}} \ddot{\boldsymbol{\theta}}_{\mathrm{c}} + \boldsymbol{c}_{\mathrm{m}} - \boldsymbol{J}_{\mathrm{m}}^{\mathrm{T}} \boldsymbol{F}_{\mathrm{e}} \end{cases} \tag{8-42}$$

式中：$\boldsymbol{F}_{\mathrm{e}}$ 为目标施加在末端执行器上的外力和外力矩，可由目标动力学方程式（2-112）计算得到。

值得说明的是，通过协调控制器（8-42），可以计算得到基座控制力矩 $\boldsymbol{n}_{\mathrm{bc}}$ 和关节控制力矩 $\boldsymbol{\tau}_{\mathrm{c}}$，但没有考虑对基座质心位置的控制。关于基座质心位置的控制，可以使用设计的基座参考线加速度 $\dot{\boldsymbol{v}}_{\mathrm{bc}}$，与式（8-42）类似，将 $\dot{\boldsymbol{v}}_{\mathrm{bc}}$ 代入空间机器人的动力学方程式（2-49），就能够方便地得到关于基座推力 $\boldsymbol{f}_{\mathrm{b}}$ 的控制器，用其对基座质心位置进行控制。

8.3.2 稳定性分析

将协调控制器（8-42）代入空间机器人动力学方程式（2-49），可以得到

$$\begin{cases} \boldsymbol{H}_{v\omega}^{\mathrm{T}}\dot{\boldsymbol{v}}_{\mathrm{b}}+\boldsymbol{H}_{\omega}\dot{\boldsymbol{\omega}}_{\mathrm{bc}}+\boldsymbol{H}_{\omega\theta}\ddot{\boldsymbol{\theta}}_{\mathrm{c}}+\boldsymbol{c}_{\mathrm{b}\omega}-\boldsymbol{J}_{\mathrm{b}\omega}^{\mathrm{T}}\boldsymbol{F}_{\mathrm{e}}+\boldsymbol{J}_{\mathrm{b}\omega}^{\mathrm{T}}\boldsymbol{F}_{\mathrm{e}}=\boldsymbol{H}_{v\omega}^{\mathrm{T}}\dot{\boldsymbol{v}}_{\mathrm{b}}+\boldsymbol{H}_{\omega}\dot{\boldsymbol{\omega}}_{\mathrm{b}}+\boldsymbol{H}_{\omega\theta}\ddot{\boldsymbol{\theta}}+\boldsymbol{c}_{\mathrm{b}\omega} \\ \boldsymbol{J}_{\mathrm{T}\omega}^{\mathrm{T}}\dot{\boldsymbol{v}}_{\mathrm{b}}+\boldsymbol{H}_{\omega\theta}^{\mathrm{T}}\dot{\boldsymbol{\omega}}_{\mathrm{bc}}+\boldsymbol{H}_{\mathrm{m}}\ddot{\boldsymbol{\theta}}_{\mathrm{c}}+\boldsymbol{c}_{\mathrm{m}}-\boldsymbol{J}_{\mathrm{m}}^{\mathrm{T}}\boldsymbol{F}_{\mathrm{e}}+\boldsymbol{J}_{\mathrm{m}}^{\mathrm{T}}\boldsymbol{F}_{\mathrm{e}}=\boldsymbol{J}_{\mathrm{T}\omega}^{\mathrm{T}}\dot{\boldsymbol{v}}_{\mathrm{b}}+\boldsymbol{H}_{\omega\theta}^{\mathrm{T}}\dot{\boldsymbol{\omega}}_{\mathrm{b}}+\boldsymbol{H}_{\mathrm{m}}\ddot{\boldsymbol{\theta}}+\boldsymbol{c}_{\mathrm{m}} \end{cases} \tag{8-43}$$

整理得到

$$\begin{cases} \boldsymbol{H}_{\omega}\left(\dot{\boldsymbol{\omega}}_{\mathrm{bc}}-\dot{\boldsymbol{\omega}}_{\mathrm{b}}\right)+\boldsymbol{H}_{\omega\theta}\left(\ddot{\boldsymbol{\theta}}_{\mathrm{c}}-\ddot{\boldsymbol{\theta}}\right)=\boldsymbol{0} \\ \boldsymbol{H}_{\omega\theta}^{\mathrm{T}}\left(\dot{\boldsymbol{\omega}}_{\mathrm{bc}}-\dot{\boldsymbol{\omega}}_{\mathrm{b}}\right)+\boldsymbol{H}_{\mathrm{m}}\left(\ddot{\boldsymbol{\theta}}_{\mathrm{c}}-\ddot{\boldsymbol{\theta}}\right)=\boldsymbol{0} \end{cases} \tag{8-44}$$

空间机器人对应基座姿态和机械臂的惯性矩阵 $\boldsymbol{H}_{\omega\mathrm{m}}=\left[\boldsymbol{H}_{\omega},\ \boldsymbol{H}_{\omega\theta};\ \boldsymbol{H}_{\omega\theta}^{\mathrm{T}},\boldsymbol{H}_{m}\right]$是可逆的。因而，存在 $\dot{\boldsymbol{\omega}}_{\mathrm{bc}}-\dot{\boldsymbol{\omega}}_{\mathrm{b}}=\boldsymbol{0}$ 以及 $\ddot{\boldsymbol{\theta}}_{\mathrm{c}}-\ddot{\boldsymbol{\theta}}=\boldsymbol{0}$ 。将 $\dot{\boldsymbol{\omega}}_{\mathrm{b}}=\dot{\boldsymbol{\omega}}_{\mathrm{bc}}$，$\ddot{\boldsymbol{\theta}}=\ddot{\boldsymbol{\theta}}_{\mathrm{c}}$ 代入式（8-39）并且使用式（8-40）中 $\ddot{\boldsymbol{\theta}}_{\mathrm{c}}$ 的表达式，可以得到

$$\dot{\boldsymbol{J}}_{\mathrm{t}}'\begin{bmatrix}\boldsymbol{v}_{\mathrm{t}}\\ \boldsymbol{\omega}_{\mathrm{t}}\end{bmatrix}+\boldsymbol{J}_{\mathrm{t}}'\begin{bmatrix}\dot{\boldsymbol{v}}_{\mathrm{t}}\\ \dot{\boldsymbol{\omega}}_{\mathrm{t}}\end{bmatrix}=\dot{\boldsymbol{J}}_{\mathrm{t}}'\begin{bmatrix}\boldsymbol{v}_{\mathrm{t}}\\ \boldsymbol{\omega}_{\mathrm{t}}\end{bmatrix}+\boldsymbol{J}_{\mathrm{t}}'\begin{bmatrix}\dot{\boldsymbol{v}}_{\mathrm{tc}}\\ \dot{\boldsymbol{\omega}}_{\mathrm{tc}}\end{bmatrix} \tag{8-45}$$

因为式(8-45)中雅可比矩阵 $\dot{\boldsymbol{J}}_{\mathrm{t}}'$ 是可逆的，存在 $\dot{\boldsymbol{v}}_{\mathrm{tc}}=\dot{\boldsymbol{v}}_{\mathrm{t}}$ 和 $\dot{\boldsymbol{\omega}}_{\mathrm{tc}}=\dot{\boldsymbol{\omega}}_{\mathrm{t}}$ 。使用式(8-32)中 $\dot{\boldsymbol{v}}_{\mathrm{tc}}$ 的表达式，$\dot{\boldsymbol{v}}_{\mathrm{tc}}=\dot{\boldsymbol{v}}_{\mathrm{t}}$ 可以表示为（注意 $\ddot{\boldsymbol{p}}_{\mathrm{t}}=\dot{\boldsymbol{v}}_{\mathrm{t}}$ ）

$$\left(\ddot{\boldsymbol{p}}_{\mathrm{t}}^{\mathrm{d}}-\ddot{\boldsymbol{p}}_{\mathrm{t}}\right)+\boldsymbol{K}_{\mathrm{t},p1}\left(\dot{\boldsymbol{p}}_{\mathrm{t}}^{\mathrm{d}}-\dot{\boldsymbol{p}}_{\mathrm{t}}\right)+\boldsymbol{K}_{\mathrm{t},p2}\left(\boldsymbol{p}_{\mathrm{t}}^{\mathrm{d}}-\boldsymbol{p}_{\mathrm{t}}\right)=\boldsymbol{0} \tag{8-46}$$

式（8-46）为关于末端执行器位置跟踪误差$\left(\boldsymbol{p}_{\mathrm{t}}^{\mathrm{d}}-\boldsymbol{p}_{\mathrm{t}}\right)$的二次线性微分方程组。容易看出，只要选择适当的控制增益 $\boldsymbol{K}_{\mathrm{t},p1}$ 和 $\boldsymbol{K}_{\mathrm{t},p2}$，就可以保证末端执行器位置跟踪误差指数速率收敛到零。

为了验证目标姿态跟踪误差在提出的协调控制器（8-42）下渐近收敛到零，定义如下关于参考角速度跟踪误差$\left(\bar{\boldsymbol{\omega}}_{\mathrm{tc}}-\boldsymbol{\omega}_{\mathrm{t}}\right)$的正定的李雅普诺夫函数

$$V=\frac{1}{2}\left(\bar{\boldsymbol{\omega}}_{\mathrm{tc}}-\boldsymbol{\omega}_{\mathrm{t}}\right)^{\mathrm{T}}\left(\bar{\boldsymbol{\omega}}_{\mathrm{tc}}-\boldsymbol{\omega}_{\mathrm{t}}\right) \tag{8-47}$$

其导数为

$$\dot{V}=\left(\bar{\boldsymbol{\omega}}_{\mathrm{tc}}-\boldsymbol{\omega}_{\mathrm{t}}\right)^{\mathrm{T}}\left(\dot{\bar{\boldsymbol{\omega}}}_{\mathrm{tc}}-\dot{\boldsymbol{\omega}}_{\mathrm{t}}\right) \tag{8-48}$$

使用关系式 $\dot{\boldsymbol{\omega}}_{\mathrm{tc}}=\dot{\boldsymbol{\omega}}_{\mathrm{t}}$ 以及式（8-32）中 $\dot{\boldsymbol{\omega}}_{\mathrm{tc}}$ 的表达式和式（8-34）中 $\bar{\boldsymbol{\omega}}_{\mathrm{tc}}$ 的表达式，存在

$$\dot{\bar{\boldsymbol{\omega}}}_{\mathrm{tc}}-\dot{\boldsymbol{\omega}}_{\mathrm{t}}=\dot{\bar{\boldsymbol{\omega}}}_{\mathrm{tc}}-\dot{\boldsymbol{\omega}}_{\mathrm{tc}}=-\boldsymbol{K}_{\mathrm{t},o2}\left(\bar{\boldsymbol{\omega}}_{\mathrm{tc}}-\boldsymbol{\omega}_{\mathrm{t}}\right) \tag{8-49}$$

将式（8-49）代入式（8-48），李雅普诺夫函数 V 的导数为

$$\dot{V}=-\left(\bar{\boldsymbol{\omega}}_{\mathrm{tc}}-\boldsymbol{\omega}_{\mathrm{t}}\right)^{\mathrm{T}}\boldsymbol{K}_{\mathrm{t},o2}\left(\bar{\boldsymbol{\omega}}_{\mathrm{tc}}-\boldsymbol{\omega}_{\mathrm{t}}\right) \tag{8-50}$$

显然，$\dot{V}$ 是负定的，这意味着使用所提出的协调控制器（8-42）时，误差 $\bar{\boldsymbol{\omega}}_{\mathrm{tc}}-\boldsymbol{\omega}_{\mathrm{t}}=\boldsymbol{0}$ 渐近收敛到零。给定 $\bar{\boldsymbol{\omega}}_{\mathrm{tc}}-\boldsymbol{\omega}_{\mathrm{t}}=\boldsymbol{0}$，第3章中证明了目标姿态误差 $\boldsymbol{\delta}_{\sigma_{\mathrm{t}}}$ 渐

近收敛到零。遵循同样的流程，可以证明使用所提出的协调控制器（8-42）时基座姿态误差 $\boldsymbol{\delta}_{\sigma_t}$ 同样渐近收敛到零。

8.4 组合体柔顺控制

8.4.1 柔顺控制的必要性

柔顺控制这一概念由 Hogan 于 1985 年提出[12]，并应用于协调操作以实现控制目标与外部环境存在相互作用力或内力的情形[13~16]。柔顺控制的目的在于根据接触交互作用力/力矩调整机器人的位置跟踪和运动控制，以减小/降低交互过程中产生的交互作用力/力矩。在地面机器人的控制研究中，为了避免交互作用力/力矩过大，现有文献提出了很多针对接触的柔顺控制方法。

在空间机器人抓捕目标后的组合体操控中，为了避免消旋稳定过程中目标抓捕点与空间机器人末端执行器因为过大的交互作用力/力矩而受到损伤，作为目标运动的控制输入，末端执行器和目标上抓持装置之间的交互力/力矩不能过大，因此需要考虑接触过程的柔顺控制。另外，利用空间机器人捕获具有参数不确定性的非合作目标目前仍然具有极大的技术挑战。当空间机器人与环境相互作用时要求在机器人的工作空间设计相应的控制方法。然而，环境建模中的不确定性对末端执行器产生了不期望的外力。针对惯性参数存在不确定性的目标，利用其惯性参数估值根据 8.2 节的方法可以得到参考消旋轨迹。该参考消旋轨迹可为空间机器人提供期望的消旋运动。但是，由于目标参数辨识可能存在不确定性影响，以及组合体运动过程中可能出现新的环境扰动和燃料消耗带来的不确定性，当空间机器人跟踪参考消旋轨迹时，末端执行器与目标交互的力/力矩可能无法满足运动过程中的约束。为了避免空间机器人在消旋稳定和对目标操控过程中的交互作用力/力矩过大，空间机器人的控制器需要具有柔顺性，即具有根据力/力矩反馈信息控制其大小的能力。因此，为了空间机器人与目标之间交互的安全，有必要采用柔顺控制的方法对捕获目标后的空间机器人系统进行控制。

8.4.2 组合体不确定性分析

为了有效地考虑空间机器人捕获翻滚目标后的不确定性影响，并根据交互力/力矩协调空间机器人对期望运动的跟踪，在介绍具体柔顺控制策略前首先需要对影响交互力/力矩的组合体不确定性进行分析。

由于被抓捕目标的惯性参数无法在抓捕前准确地获得，因此在抓捕后阶段的控制过程中，被抓捕目标的模型参数存在不确定性。因此，通常先利用被抓捕目标的惯性参数估计值规划组合体的参考期望运动轨迹，为空间机器人捕获目标后的消旋控制提供参考期望运动。由式（8-37）描述的抓捕点处运动约束可知，当目标惯

性参数存在不确定性时，空间机器人末端执行器与目标质心运动满足如下的运动学约束

$$\begin{bmatrix} \boldsymbol{v}_{\mathrm{e}} \\ \boldsymbol{\omega}_{\mathrm{e}} \end{bmatrix} = \boldsymbol{J}_{\mathrm{t}}' \begin{bmatrix} \boldsymbol{v}_{\mathrm{t}} \\ \boldsymbol{\omega}_{\mathrm{t}} \end{bmatrix} = \left(\boldsymbol{J}_{\mathrm{t}}' + \Delta \boldsymbol{J}_{\mathrm{t}}' \right) \begin{bmatrix} \hat{\boldsymbol{v}}_{\mathrm{t}} \\ \hat{\boldsymbol{\omega}}_{\mathrm{t}} \end{bmatrix} = \hat{\boldsymbol{J}}_{\mathrm{t}}' \begin{bmatrix} \hat{\boldsymbol{v}}_{\mathrm{t}} \\ \hat{\boldsymbol{\omega}}_{\mathrm{t}} \end{bmatrix} \tag{8-51}$$

式中：$\hat{\boldsymbol{J}}_{\mathrm{t}}'$ 为雅可比矩阵 $\boldsymbol{J}_{\mathrm{t}}'$ 的估计值；$\Delta \boldsymbol{J}_{\mathrm{t}}'$ 为真实值与估计值之间的偏差；$\hat{\boldsymbol{v}}_{\mathrm{t}}$ 和 $\hat{\boldsymbol{\omega}}_{\mathrm{t}}$ 为根据雅可比矩阵 $\hat{\boldsymbol{J}}_{\mathrm{t}}'$ 估值得到的被抓捕目标质心的线速度与角速度估计值。

当空间机器人跟踪基于目标惯性参数估计值设计的参考期望运动时，目标的动力学方程满足如下的关系

$$\boldsymbol{H}_{\mathrm{t}} \hat{\ddot{\boldsymbol{x}}}_{\mathrm{t}} + \hat{\dot{\boldsymbol{x}}}_{\mathrm{t}} \otimes \boldsymbol{H}_{\mathrm{t}} \hat{\dot{\boldsymbol{x}}}_{\mathrm{t}} = \boldsymbol{J}_{\mathrm{t}}'^{T} \left(\boldsymbol{f}_{\mathrm{e}}^{\mathrm{d}} + \Delta \boldsymbol{f}_{\mathrm{e}} \right) \tag{8-52}$$

式中：$\boldsymbol{H}_{\mathrm{t}} = \mathrm{diag}\left(\left[m_{\mathrm{t}}\, \boldsymbol{E}_3, \boldsymbol{I}_{\mathrm{t}} \right] \right)$ 为目标的广义惯量矩阵；$\dot{\boldsymbol{x}}_{\mathrm{t}} = \left[\boldsymbol{v}_{\mathrm{t}}, \boldsymbol{\omega}_{\mathrm{t}} \right]$ 为描述目标质心运动速度与角速度的广义向量；向量 $\boldsymbol{f}_{\mathrm{e}}^{\mathrm{d}}$ 为规划的空间机械臂末端与目标交互的力与力矩；$\Delta \boldsymbol{f}_{\mathrm{e}}$ 为实际交互力/力矩与规划值之差；符号 $\otimes$ 表示向量的空间叉乘算子：

$$\begin{bmatrix} \boldsymbol{x}_1 \\ \boldsymbol{x}_2 \end{bmatrix} \otimes = \begin{bmatrix} \boldsymbol{x}_2^{\times} & 0 \\ \boldsymbol{x}_1^{\times} & \boldsymbol{x}_2^{\times} \end{bmatrix} \tag{8-53}$$

由式（8-52）可以看出，由于空间机器人捕获翻滚目标后存在的不确定性，让机器人直接跟踪参考期望轨迹的运动存在损伤目标与空间机器人的风险。简单地采取位置跟踪策略可能造成过大的交互力/力矩。为了保证消旋控制过程中目标与空间机器人的交互安全，需要在控制的过程中考虑“交互力”的影响，采取柔顺的控制策略与方法。

8.4.3 柔顺控制策略

为了根据交互作用力/力矩调整空间机器人跟踪参考期望轨迹的程度，可以将空间机器人末端的跟踪误差与交互力/力矩描述为如下的二阶系统[12]

$$\boldsymbol{M}\ddot{\boldsymbol{e}} + \boldsymbol{D}\dot{\boldsymbol{e}} + \boldsymbol{K}\boldsymbol{e} = \boldsymbol{f}_{\mathrm{e}} \tag{8-54}$$

式中：$\boldsymbol{e}$ 为机械臂末端期望位姿与实际位姿之差；$\dot{\boldsymbol{e}} = \dot{\boldsymbol{x}}_{\mathrm{e}} - \dot{\boldsymbol{x}}_{\mathrm{e}}^{\mathrm{d}}$，$\dot{\boldsymbol{x}}_{\mathrm{e}} = \begin{bmatrix} \boldsymbol{v}_{\mathrm{e}} \\ \boldsymbol{\omega}_{\mathrm{e}} \end{bmatrix}$，为表述空间机器人末端速度的广义向量；$\boldsymbol{M}$、$\boldsymbol{D}$、$\boldsymbol{K}$ 为正定的对称矩阵。该二阶系统称为柔顺等式，$\boldsymbol{M}$、$\boldsymbol{D}$、$\boldsymbol{K}$ 是该柔顺等式的参数，分别代表柔顺等式所对应二阶系统的惯量、阻尼和刚度矩阵。当空间机器人与目标交互的动力学方程满足柔顺等式时，则称该交互为柔顺交互。

可以从不同的角度理解并实现柔顺等式。根据实现柔顺等式方式的不同，产生了不同的柔顺控制策略与方法。常见的柔顺控制策略有两类：阻抗控制与导纳控制。阻抗控制与导纳控制示意图如图 8-3 所示。阻抗控制从运动控制的角度思考柔顺等

式，通过设计控制律使系统的动力学方程满足柔顺等式。这种控制策略的特征在于控制律及其性能受到测量的交互力/力矩影响。在实际应用中具体的表现是阻抗控制律控制机器人运动顺从力/力矩的变化实现柔顺交互。导纳控制策略从运动规划的角度思考柔顺等式，通过规划或调整期望运动，使得系统的动力学方程满足柔顺等式。这种控制策略的特点是仅期望运动轨迹顺从力/力矩变化的影响，机器人轨迹跟踪控制律不受影响。在实际应用中的具体表现是导纳控制根据测量的交互力/力矩设计期望运动轨迹实现柔顺交互。

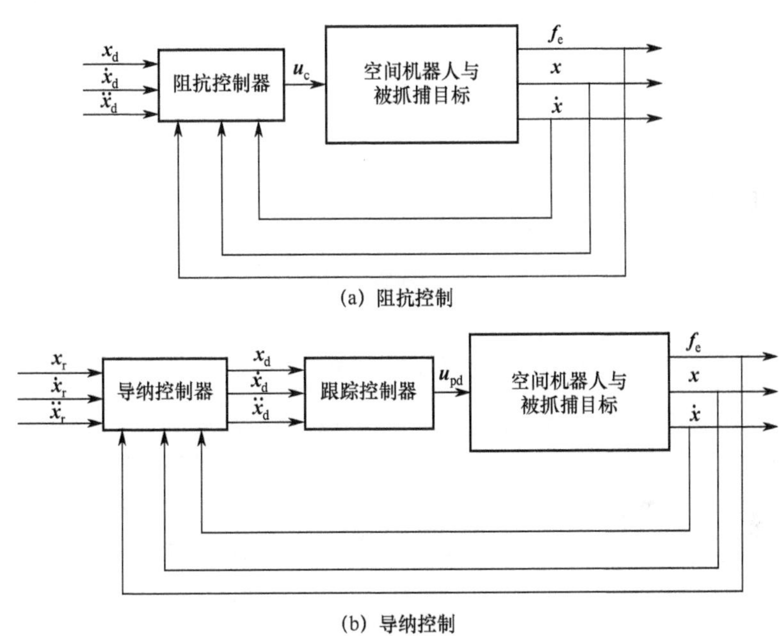

图 8-3 阻抗控制与导纳控制示意图

1. 阻抗控制

为了能够在实现柔顺交互的同时协调地控制基座的运动，根据空间机器人跟踪期望轨迹的误差与交互力/力矩，可以建立如下的柔顺等式

$$\boldsymbol{M}_\mathrm{s}\ddot{\boldsymbol{e}}_x + \boldsymbol{D}_\mathrm{s}\dot{\boldsymbol{e}}_x + \boldsymbol{K}_\mathrm{s}\boldsymbol{e}_x = \boldsymbol{F}_E \tag{8-55}$$

式中：$\boldsymbol{F}_E = \left[\boldsymbol{0}, \boldsymbol{f}_\mathrm{e}^\mathrm{T}\right]^\mathrm{T}$；$\boldsymbol{e}_x = \boldsymbol{x} - \boldsymbol{x}_\mathrm{d}$ 为跟踪误差（$\dot{\boldsymbol{x}} = [\boldsymbol{v}_\mathrm{b}, \boldsymbol{\omega}_\mathrm{b}, \boldsymbol{v}_\mathrm{e}, \boldsymbol{\omega}_\mathrm{e}]$ 为被控的广义向量，$\dot{\boldsymbol{x}}_\mathrm{d}$ 为其期望值）；$\boldsymbol{M}_\mathrm{s}$、$\boldsymbol{D}_\mathrm{s}$、$\boldsymbol{K}_\mathrm{s}$ 均为正定矩阵。

为了使被控的组合体系统动力学满足上述柔顺等式，由式（2-49）中空间机器人的动力学方程可以设计如下的组合体阻抗控制律

$$\boldsymbol{u}_\mathrm{c} = \boldsymbol{H}\ddot{\boldsymbol{x}}_\mathrm{d} + \boldsymbol{H}\boldsymbol{M}_\mathrm{s}^{-1}\left(\boldsymbol{F}_E - \boldsymbol{D}_\mathrm{s}\dot{\boldsymbol{e}}_x - \boldsymbol{K}_\mathrm{s}\boldsymbol{e}_x\right) + \boldsymbol{c} + \boldsymbol{J}^\mathrm{T}\boldsymbol{J}_\mathrm{e}^\mathrm{T}\boldsymbol{f}_\mathrm{e} \tag{8-56}$$

式中

$$
\boldsymbol{H}=\boldsymbol{J}^{\mathrm{T}}\boldsymbol{H}_0\boldsymbol{J},\boldsymbol{J}=\begin{bmatrix}\boldsymbol{E} & \boldsymbol{0}\\ \left(\boldsymbol{J}_{\mathrm{m}}^{\mathrm{T}}\boldsymbol{J}_{\mathrm{m}}\right)^{-1}\boldsymbol{J}_{\mathrm{m}}^{\mathrm{T}}\boldsymbol{J}_{\mathrm{b}} & \left(\boldsymbol{J}_{\mathrm{m}}^{\mathrm{T}}\boldsymbol{J}_{\mathrm{m}}\right)^{-1}\boldsymbol{J}_{\mathrm{m}}^{\mathrm{T}}\end{bmatrix}
$$

$$
\boldsymbol{c}=\boldsymbol{J}^{\mathrm{T}}\begin{bmatrix}\boldsymbol{c}_{\mathrm{b}\omega}\\ \boldsymbol{c}_{\mathrm{m}}+\left(\boldsymbol{J}_{\mathrm{m}}^{\mathrm{T}}\boldsymbol{J}_{\mathrm{m}}\right)^{-1}\boldsymbol{J}_{\mathrm{m}}^{\mathrm{T}}\dot{\boldsymbol{J}}_{\mathrm{e}}\dot{\boldsymbol{q}}\end{bmatrix}
$$

$\boldsymbol{J}_{\mathrm{e}}=\left[\boldsymbol{J}_{\mathrm{b}},\boldsymbol{J}_{\mathrm{m}}\right]$为空间机器人末端的雅可比矩阵。将阻抗控制律（8-56）代入式（2-49）中，可得柔顺等式（8-55）。可以看出，在使用该阻抗控制律时，当交互力/力矩为零时，平衡点位于零点，跟踪误差能够渐进收敛至零。当交互力/力矩不为零时，空间机器人的运动顺应交互力/力矩的影响，误差收敛至平衡点附近，且平衡点满足约束$\boldsymbol{f}_{\mathrm{e}}=\boldsymbol{K}_{\mathrm{s}}\boldsymbol{e}_{\boldsymbol{x}}$。

2. 导纳控制

在导纳控制中，为了使组合体系统的动力学方程满足式（8-54）的柔顺等式，需要对规划的期望运动轨迹进行调整。根据柔顺等式（8-54），目标运动的期望加速度满足如下关系

$$
\ddot{\boldsymbol{x}}_{\mathrm{d}}=\ddot{\boldsymbol{x}}_{\mathrm{r}}+\left[\boldsymbol{M}_{\mathrm{s}}s^2+\boldsymbol{D}_{\mathrm{s}}s+\boldsymbol{K}_{\mathrm{s}}\right]^{-1}\boldsymbol{F}_{\boldsymbol{E}}\left(s\right)\tag{8-57}
$$

式中：$\boldsymbol{x}_{\mathrm{r}}$为空间机器人的参考轨迹输入；$\boldsymbol{x}_{\mathrm{d}}$为存在外力情形下基于柔顺等式的轨迹修正。通过对调整后的期望加速度进行积分，即可得到调整后的期望运动轨迹。空间机器人需要跟踪根据柔顺等式调整后的期望轨迹运动，实现交互安全和柔顺控制。为了跟踪调整后的期望运动轨迹，根据空间机器人的动力学方程，设计PD跟踪控制律为

$$
\boldsymbol{u}_{\mathrm{pd}}=\boldsymbol{H}\boldsymbol{M}_{\mathrm{s}}^{-1}\left(\ddot{\boldsymbol{x}}_{\mathrm{d}}-\boldsymbol{K}_{\mathrm{d}}\dot{\boldsymbol{e}}_x-\boldsymbol{K}_{\mathrm{p}}\boldsymbol{e}_x\right)+\boldsymbol{c}+\boldsymbol{J}^{\mathrm{T}}\boldsymbol{J}_{\mathrm{e}}^{\mathrm{T}}\boldsymbol{f}_{\mathrm{e}}\tag{8-58}
$$

式中：$\boldsymbol{K}_{\mathrm{d}}$和$\boldsymbol{K}_{\mathrm{p}}$为PD控制器的控制参数。将该轨迹跟踪控制律代入式（2-49）中，可以看出，在适当选取控制器参数时，该跟踪控制器是指数稳定的。从而证明使用该跟踪控制律时，轨迹跟踪误差能够渐近收敛至零。

8.4.4 组合体协调柔顺控制方法

为了协调地控制基座与末端执行器，首先希望获得一个同时包含基座与末端执行器的广义速度的空间机器人系统动力学方程，即以$\dot{\boldsymbol{x}}_{\mathrm{b}}$和$\dot{\boldsymbol{x}}_{\mathrm{e}}$作为广义坐标。定义新的速度矢量$\dot{\boldsymbol{\Psi}}_{\mathrm{s}}$与输入向量$\boldsymbol{u}_{\mathrm{s}}$为

$$
\dot{\boldsymbol{\Psi}}_{\mathrm{s}}\triangleq\begin{bmatrix}\dot{\boldsymbol{x}}_{\mathrm{b}}\\ \dot{\boldsymbol{x}}_{\mathrm{e}}\end{bmatrix},\boldsymbol{u}_{\mathrm{s}}\triangleq\begin{bmatrix}\boldsymbol{f}_{\mathrm{b}}\\ \boldsymbol{\tau}\end{bmatrix}\tag{8-59}
$$

采用上述的广义坐标，参考文献[15]，空间机器人系统的动力学方程为

$$
\boldsymbol{H}_{\mathrm{s}}\ddot{\boldsymbol{\Psi}}_{\mathrm{s}}+\boldsymbol{c}_{\mathrm{s}}\left(\boldsymbol{\Psi}_{\mathrm{s}},\dot{\boldsymbol{\Psi}}_{\mathrm{s}}\right)=\boldsymbol{G}_{\mathrm{s}}\boldsymbol{u}_{\mathrm{s}}+\boldsymbol{J}_{\mathrm{s}}\boldsymbol{f}_{\mathrm{e}}\tag{8-60}
$$

$$\boldsymbol{H}_{\mathrm{s}}=\begin{bmatrix}\tilde{\boldsymbol{H}}_{\mathrm{b}} & \boldsymbol{0}_6\\ \boldsymbol{0}_6 & \tilde{\boldsymbol{H}}_{\mathrm{e}}\end{bmatrix},\ \boldsymbol{c}_{\mathrm{s}}=\begin{bmatrix}\tilde{\boldsymbol{c}}_{\mathrm{b}}\\ \tilde{\boldsymbol{c}}_{\mathrm{e}}\end{bmatrix},\boldsymbol{G}_{\mathrm{s}}=\begin{bmatrix}\boldsymbol{E}_6-\boldsymbol{H}_{\mathrm{bm}}\boldsymbol{H}_{\mathrm{m}}^{-1}\\ \tilde{\boldsymbol{J}}_{\mathrm{e}}-\boldsymbol{H}_{\mathrm{er}}\boldsymbol{H}_{\mathrm{r}}^{-1}\end{bmatrix},\ J_{\mathrm{s}}=\begin{bmatrix}\tilde{\boldsymbol{J}}_{\mathrm{b}}\\ \boldsymbol{E}_6\end{bmatrix} \tag{8-61}$$

通过整个空间机器人系统已知的运动可以计算末端执行器与目标之间交互的力/力矩。针对目标消旋，考虑一种只由空间机器人状态独立构成而不依赖目标信息的控制模型。因此可以将交互力/力矩看作虚拟外力来处理。当没有力的测量值时，基座与末端执行器的控制律可以设计为

$$\boldsymbol{g}_{\mathrm{s}}=\boldsymbol{H}_{\mathrm{s}}\boldsymbol{y}+\boldsymbol{c}_{\mathrm{s}} \tag{8-62}$$

$$\boldsymbol{y}=\ddot{\boldsymbol{\Psi}}_{\mathrm{s}}^{d}-\boldsymbol{M}_{\mathrm{s}}^{-1}\left(\boldsymbol{D}_{\mathrm{s}}\delta\dot{\boldsymbol{\Psi}}_{\mathrm{s}}+\boldsymbol{K}_{\mathrm{s}}\delta\boldsymbol{\Psi}_{\mathrm{s}}\right) \tag{8-63}$$

$$\delta\boldsymbol{\Psi}_{\mathrm{s}}=\begin{bmatrix}\delta\boldsymbol{x}_{\mathrm{b}}\\ \delta\boldsymbol{x}_{\mathrm{e}}\end{bmatrix},\delta\boldsymbol{x}_{(\cdot)}=\begin{bmatrix}\boldsymbol{r}_{(\cdot)}^{\mathrm{d}}-\boldsymbol{r}_{(\cdot)}\\ \boldsymbol{q}_{(\cdot)}^{\mathrm{d}}\otimes\boldsymbol{q}_{(\cdot)}\end{bmatrix} \tag{8-64}$$

式中：$\delta\boldsymbol{x}_{(\cdot)}$ 为操作空间状态 $\boldsymbol{x}_{(\cdot)}$ 与期望状态 $\boldsymbol{x}_{(\cdot)}^{\mathrm{d}}$ 之间的误差；$\boldsymbol{M}_{\mathrm{s}}$、$\boldsymbol{D}_{\mathrm{s}}$、$\boldsymbol{K}_{\mathrm{s}}$ 均为正定矩阵，其值说明了末端执行器和目标之间动态柔顺交互行为。此处，采用单位四元数 $\boldsymbol{q}=\{\eta,\boldsymbol{\varepsilon}\}\in\mathbb{R}^4$ 描述姿态并设计阻抗控制方案（η 是四元数的标量部分，$\boldsymbol{\varepsilon}$ 是四元数矢量部分）。$\boldsymbol{q}_1$ 和 $\boldsymbol{q}_2$ 之间的四元数误差可以通过下式计算（$\otimes$ 是四元数的乘法操作）

$$\{\delta\eta,\delta\varepsilon\}=\boldsymbol{q}_1\otimes\boldsymbol{q}_2^{-1}=\left\{\eta_1\eta_2+\varepsilon_1^{\mathrm{T}}\varepsilon_2,\eta_2\ \varepsilon_1-\eta_1\varepsilon_2-\tilde{\varepsilon}_1\varepsilon_2\right\} \tag{8-65}$$

一般地，期望捕获后基座的位姿得到保持，即 $\ddot{\boldsymbol{x}}_{\mathrm{b}}^{\mathrm{d}}=\dot{\boldsymbol{x}}_{\mathrm{b}}^{\mathrm{d}}=\boldsymbol{0}$。$\ddot{\boldsymbol{x}}_{\mathrm{e}}^{\mathrm{d}},\dot{\boldsymbol{x}}_{\mathrm{e}}^{\mathrm{d}},\boldsymbol{x}_{\mathrm{e}}^{\mathrm{d}}$ 可以由消旋规划的路径来确定。

当末端执行器与目标接触点上的交互力/力矩 $\boldsymbol{f}_{\mathrm{e}}$ 可测时，将空间机器人捕获后组合体系统的控制器可改写为

$$\ddot{\boldsymbol{\Psi}}_{\mathrm{s}}=\boldsymbol{y}+\boldsymbol{H}_{\mathrm{s}}^{-1}\boldsymbol{J}_{\mathrm{s}}\boldsymbol{f}_{\mathrm{e}} \tag{8-66}$$

由于 $\boldsymbol{f}_{\mathrm{e}}$ 的存在，引入了一个非线性耦合项。将式（8-63）代入（8-66）中得到

$$\boldsymbol{M}_{\mathrm{s}}\delta\ddot{\boldsymbol{\Psi}}_{\mathrm{s}}+\boldsymbol{D}_{\mathrm{s}}\delta\dot{\boldsymbol{\Psi}}_{\mathrm{s}}+\boldsymbol{K}_{\mathrm{s}}\delta\boldsymbol{\Psi}_{\mathrm{s}}=\boldsymbol{M}_{\mathrm{s}}\boldsymbol{H}_{\mathrm{s}}^{-1}\boldsymbol{J}_{\mathrm{s}}\boldsymbol{f}_{\mathrm{e}} \tag{8-67}$$

通过一般化的柔顺等式构建了操作空间中的状态矢量 $\delta\boldsymbol{\Psi}_{\mathrm{s}}$ 与合力 $\boldsymbol{M}_{\mathrm{s}}\boldsymbol{H}_{\mathrm{s}}^{-1}\boldsymbol{J}_{\mathrm{s}}\boldsymbol{f}_{\mathrm{e}}$ 的关系。可以看出，由于存在交互力/力矩，末端执行器与基座的姿态在捕获后都会受到影响。为了避免式（8-66）中 $\boldsymbol{H}_{\mathrm{s}}^{-1}\boldsymbol{J}_{\mathrm{s}}$ 的耦合运动，应测量末端执行器与目标之间的力和力矩。选择捕获目标后的组合体控制律为

$$\boldsymbol{g}_{\mathrm{s}}=\boldsymbol{H}_{\mathrm{s}}\boldsymbol{y}+\boldsymbol{c}_{\mathrm{s}}-\boldsymbol{J}_{\mathrm{s}}\boldsymbol{f}_{\mathrm{e}} \tag{8-68}$$

$$\boldsymbol{y}=\ddot{\boldsymbol{\Psi}}_{\mathrm{s}}^{\mathrm{d}}-\boldsymbol{M}_{\mathrm{s}}^{-1}\left(\boldsymbol{D}_{\mathrm{s}}\delta\dot{\boldsymbol{\Psi}}_{\mathrm{s}}+\boldsymbol{K}_{\mathrm{s}}\delta\boldsymbol{\Psi}_{\mathrm{s}}\right) \tag{8-69}$$

控制输入指令可以通过 $\boldsymbol{f}_{\mathrm{e}}$ 的函数得到，具体为

$$\boldsymbol{u}_{\mathrm{s}}=\boldsymbol{G}_{\mathrm{s}}^{+}\boldsymbol{g}_{\mathrm{s}}=\boldsymbol{G}_{\mathrm{s}}^{\mathrm{T}}\left(\boldsymbol{G}_{\mathrm{s}}\boldsymbol{G}_{\mathrm{s}}^{\mathrm{T}}\right)^{-1}\boldsymbol{g}_{\mathrm{s}} \tag{8-70}$$

将式（8-70）中的控制律代入式（8-60），假设空间机器人系统的模型参数与交互

力/力矩的测量均无误差，可得如下解耦形式的误差方程

$$\boldsymbol{M}_{\mathrm{sr}}\delta\ddot{\boldsymbol{r}}_{(\cdot)}+\boldsymbol{D}_{\mathrm{sr}}\delta\dot{\boldsymbol{r}}_{(\cdot)}+\boldsymbol{K}_{\mathrm{sr}}\delta\boldsymbol{r}_{(\cdot)}=\boldsymbol{0} \tag{8-71}$$

$$\boldsymbol{M}_{\mathrm{s}\omega}\delta\ddot{\boldsymbol{\omega}}_{(\cdot)}+\boldsymbol{D}_{\mathrm{s}\omega}\delta\dot{\boldsymbol{\omega}}_{(\cdot)}+\boldsymbol{K}_{\mathrm{s}\omega}\delta\boldsymbol{\omega}_{(\cdot)}=\boldsymbol{0} \tag{8-72}$$

显而易见，在适当地选择柔顺等式参数时，式（8-71）误差方程是指数稳定的。式（8-72）的稳定性可以利用李雅普诺夫函数进行证明。

证明：

$$V=\frac{1}{2}\delta\varepsilon_{(\cdot)}^{\mathrm{T}}\boldsymbol{K}_{\mathrm{s}\omega}\delta\varepsilon_{(\cdot)}+\frac{1}{2}\delta\boldsymbol{\omega}_{(\cdot)}^{\mathrm{T}}\boldsymbol{M}_{\mathrm{s}\omega}\delta\boldsymbol{\omega}_{(\cdot)} \tag{8-73}$$

通过替换式（8-72）四元数并计算 V 的时间导数，有

$$\dot{V}=-\delta\boldsymbol{\omega}_{(\cdot)}^{\mathrm{T}}\boldsymbol{D}_{\mathrm{s}\omega}\delta\boldsymbol{\omega}_{(\cdot)} \tag{8-74}$$

显然，在所有时间 t 下 $\dot{V}\leqslant 0$，因此，可以得知姿态误差全局渐近收敛。跟踪误差 $\delta\boldsymbol{x}_{(\cdot)}$ 的动态响应性能取决于 $\boldsymbol{M}_{\mathrm{s}}$、$\boldsymbol{D}_{\mathrm{s}}$、$\boldsymbol{K}_{\mathrm{s}}$ 的选择。因此，当 $t\to\infty$，可以得到 $\boldsymbol{x}_{\mathrm{b}}\to\boldsymbol{x}_{\mathrm{b}}^{\mathrm{d}}$ 和 $\boldsymbol{x}_{\mathrm{e}}\to\boldsymbol{x}_{\mathrm{e}}^{\mathrm{d}}$。证毕。

8.5 仿真验证

8.5.1 最优消旋轨迹与跟踪协调控制仿真

本节在带 7 自由度机械臂的空间机器人上验证 8.3 节提出的最短时间消旋轨迹规划方法和协调控制器的性能。空间机器人仿真模型的构型如图 5-5 所示，其运动学/动力学参数如表 5-1 所示。同时，假设捕获的翻滚目标的参数如下：$m_{\mathrm{t}}=50\mathrm{kg},\|\boldsymbol{\rho}\|=0.5\mathrm{m},{}^{\mathrm{T}}I_{xx}={}^{\mathrm{T}}I_{yy}={}^{\mathrm{T}}I_{zz}=20\mathrm{kg}\cdot\mathrm{m}^2$。

选取轨道固连坐标系作为惯性坐标系，其原点位于基座质心处。假设在初始时刻坐标轴指向与目标本体坐标系坐标轴指向相同。初始的机械臂构型为 $\theta_{i,0}=0\mathrm{rad}$，据此可得初始时刻目标质心及其姿态角分别处于 $\boldsymbol{p}_{\mathrm{t},0}=[0,0.1,2.636]^{\mathrm{T}}\mathrm{m}$ 和 $\boldsymbol{o}_{\mathrm{t},0}=[0,0,0]\mathrm{rad}$ 处。在消旋阶段，假设目标初始的翻滚角速度为 ${}^{\mathrm{T}}\boldsymbol{\omega}_{\mathrm{t},0}=[10,15-10](^{\circ})/\mathrm{s}$，目标最短时间消旋轨迹由 8.2 节中提出的方法得到，并假设目标质心位置期望保持不变。最短时间消旋轨迹规划中参数设置为

$$o_{\mathrm{t},i\max}=-o_{\mathrm{t},i\min}=\frac{\pi}{3}\mathrm{rad};{}^{\mathrm{E}}n_{\mathrm{e},i\max}=-{}^{\mathrm{E}}n_{\mathrm{e},i\min}=1\mathrm{N}\cdot\mathrm{m}$$

$$k_o=\frac{2}{o_{\mathrm{t},i\max}};\quad k_{\boldsymbol{n}}=\frac{2}{{}^{\mathrm{E}}n_{\mathrm{e},i\max}}$$

在转位阶段，目标质心在惯性坐标系下跟踪如下式正方形轨迹，同时保持目标姿态不变

$$(0,0.1,2.636) \to (0,0.3,2.636) \to \cdots$$
$$(0,0.3,2.836) \to (0,0.1,2.836) \to (0,0.1,2.636) \quad (8\text{-}75)$$

使用 8.3 节中提出的协调控制器，保证在消旋和转位阶段目标质心位置及其姿态能够跟踪期望轨迹，同时基座姿态不受扰动。

为了得到目标最短时间的消旋轨迹，随着ϵ值由 1 减为 0 迭代求解转化后的最优控制问题（8-22），其中，将上一次迭代中得到的最优解作为下一次求解时最优解的初始猜测值。不同ϵ值下最短消旋时间如表 8-1 所示，可以看出，将ϵ由 10^{-6} 减为 10^{-7} 几乎不再使得代价函数（消旋时间）减小。因而，如 8.2.2 节中指出的，转化后最优控制问题（8-22）在$\epsilon=10^{-7}$ 下的解等价于原最优控制问题（8-10）的最优解，相应的目标的最短消旋时间 p=5.236s。

表 8-1　不同ϵ值下最短消旋时间

ϵ	1	10^{-1}	10^{-2}	10^{-4}	10^{-6}	10^{-7}
$\bar{J}$	38.8129	8.4162	5.7196	5.2485	5.2363	5.2360
p/s	14.6134	5.5854	5.3418	5.2382	5.2360	5.2360

不同ϵ值下最短时间消旋的目标姿态角（欧拉角）变化曲线如图 8-4 所示。可以看出，不同ϵ值下目标姿态欧拉角都在指定的范围内。不同ϵ值下最短时间消旋的目标姿态角速度变化曲线如图 8-5 所示，不同ϵ值下目标的姿态角速度最终都收敛到零，说明目标成功地被消旋。

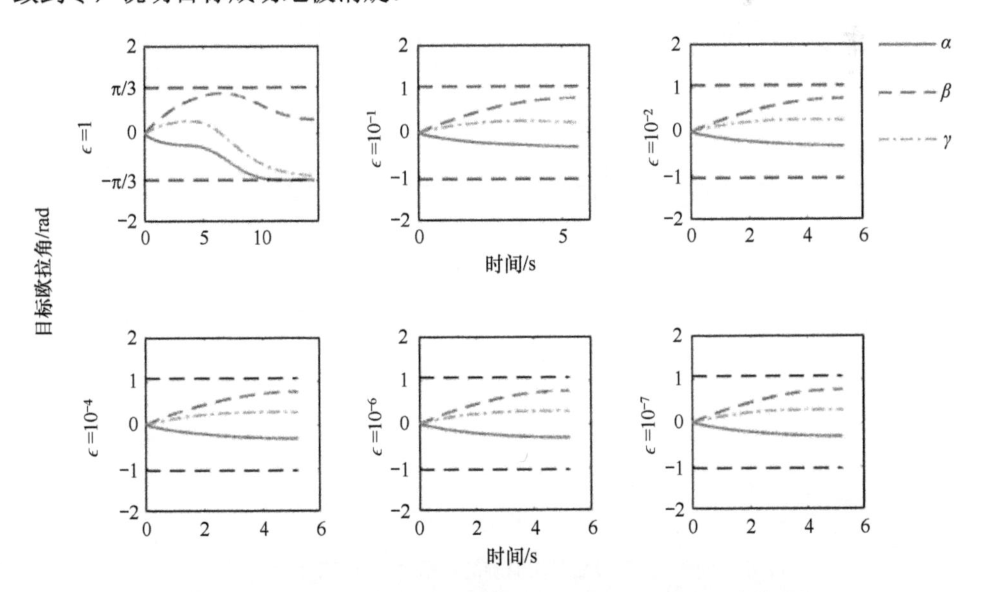

图 8-4　不同ϵ值下最短时间消旋的目标姿态角（欧拉角）变化曲线

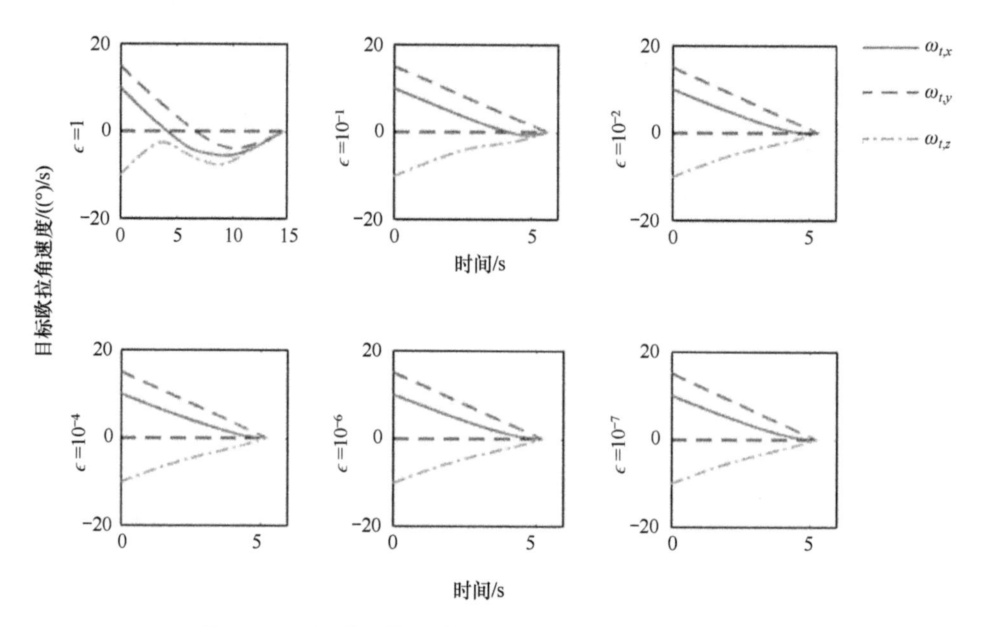

图 8-5　不同 ϵ 值下最短时间消旋的目标姿态角速度变化曲线

不同 ϵ 值下最短时间消旋的目标最优输入力矩变化曲线如图 8-6 所示。可以看出，不同 ϵ 值下得到的最优输入力矩都没有违反指定的输入力矩约束。同时，为了尽快地实现消旋，最优的 ${}^{\mathrm{E}}n_{\mathrm{e},y}$（$\epsilon=10^{-7}$ 时）总是取允许的最大值。

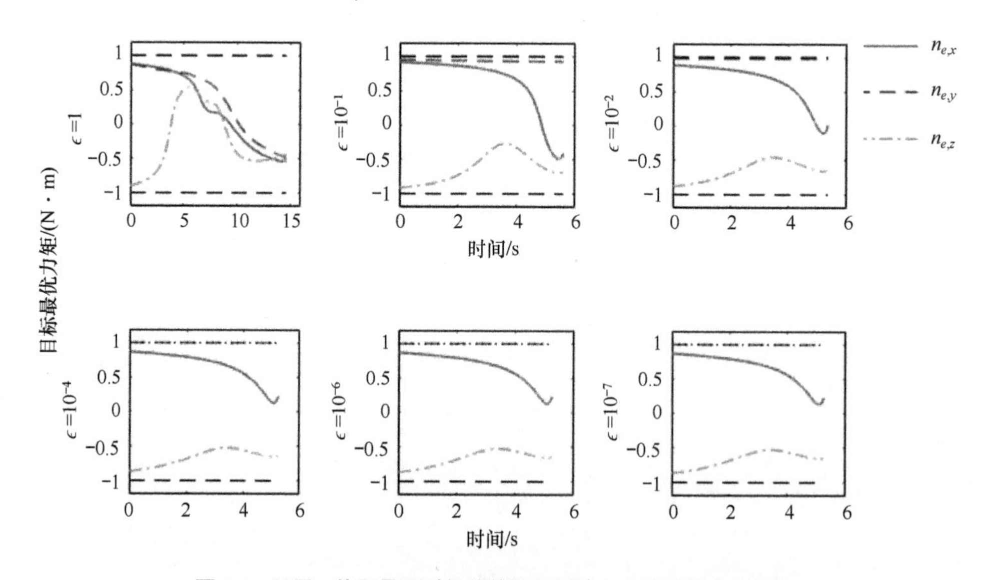

图 8-6　不同 ϵ 值下最短时间消旋的目标输入力矩变化变化曲线

使用 8.3 节中提出的协调控制器进行消旋和转位操作，在协同控制器作用下目标消旋和转位阶段过程中，目标姿态角跟踪误差变化曲线如图 8-7 所示。

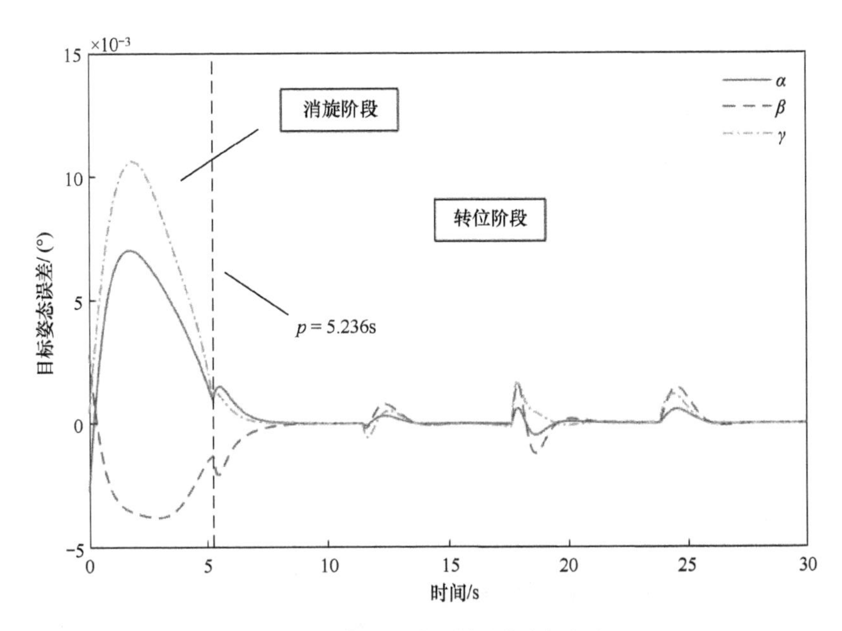

图 8-7　目标姿态角跟踪误差变化曲线

由图 8-7 可以看出，在协调控制器作用下，目标姿态角在消旋阶段成功地跟踪最优消旋轨迹并在转位阶段保持静止，目标姿态误差在消旋阶段比在转位阶段更大一些，但目标的姿态误差在两个阶段总是小于（1.5×10^{-2}）°。

目标消旋和转位阶段，目标姿态角速度变化曲线如图 8-8 所示。可以看出，目标的翻滚角速度在消旋阶段最后时刻减为零并在整个转位阶段保持为零。

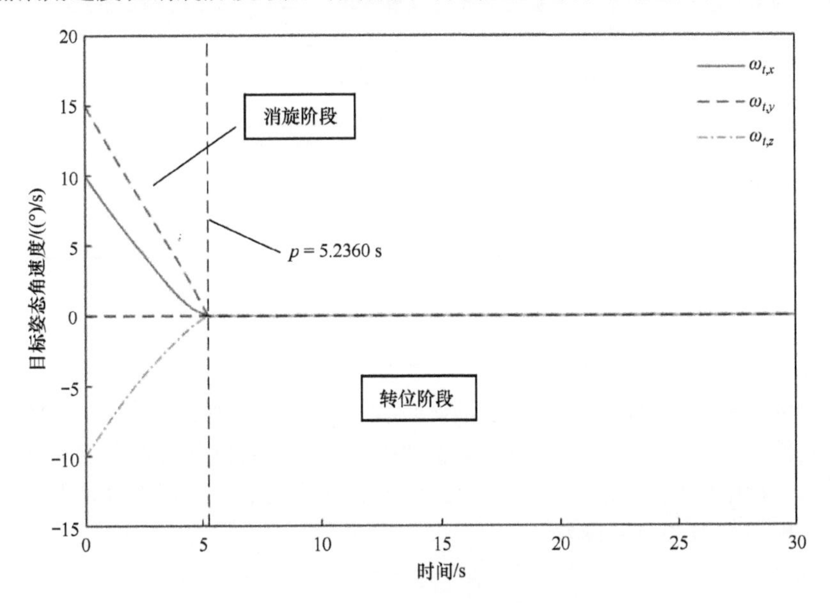

图 8-8　目标姿态角速度变化曲线

消旋和转位阶段，目标质心的位置及其跟踪误差变化曲线分别如图 8-9 和图 8-10 所示。

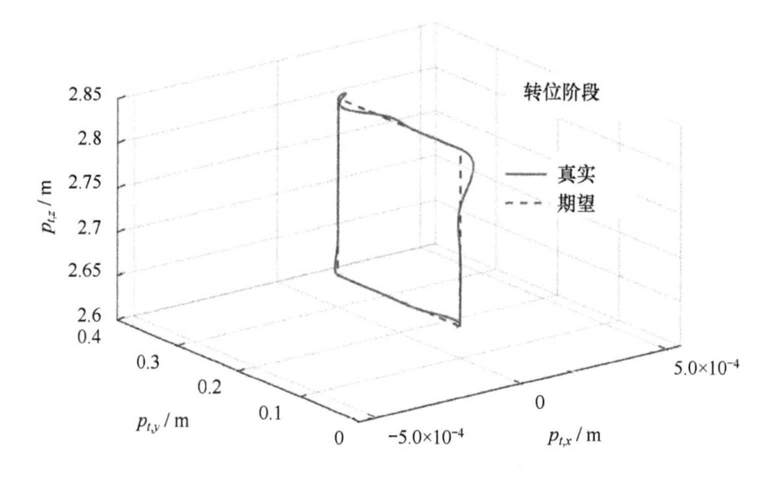

图 8-9　目标质心位置变化曲线

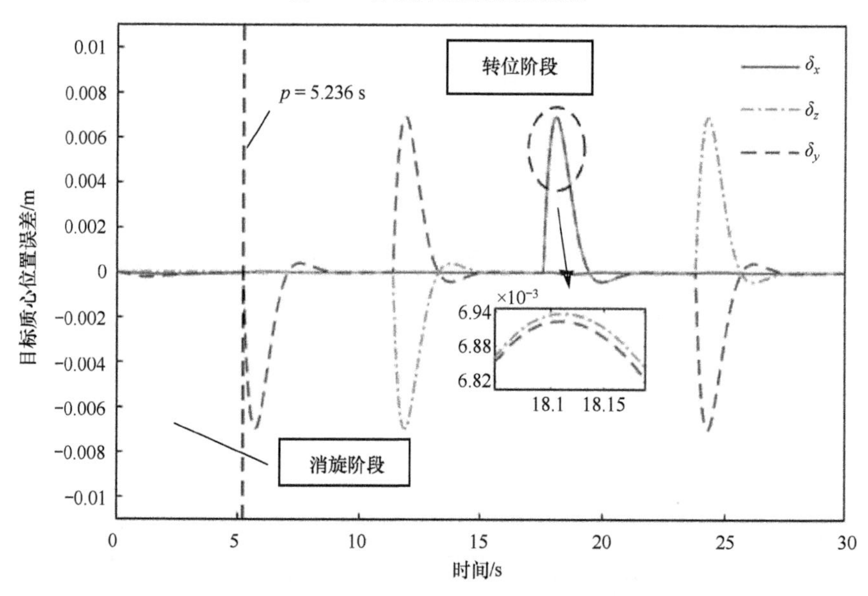

图 8-10　目标质心位置跟踪误差变化曲线

由图 8-9 可以看出，目标质心在消旋阶段保持在其初始位置处，并在转位阶段跟踪指定的正方形轨迹。由图 8-10 可以看出，目标质心位置误差在消旋阶段小于 2×10^{-4}m，而由于在正方形期望轨迹的四个顶点处不光滑，在转位阶段出现了四次相对较大的目标质心位置误差。

目标消旋和转位阶段，机械臂运动引起的基座姿态扰动变化曲线如图 8-11 所示，其中的姿态角使用“*zyx*”欧拉角表示。

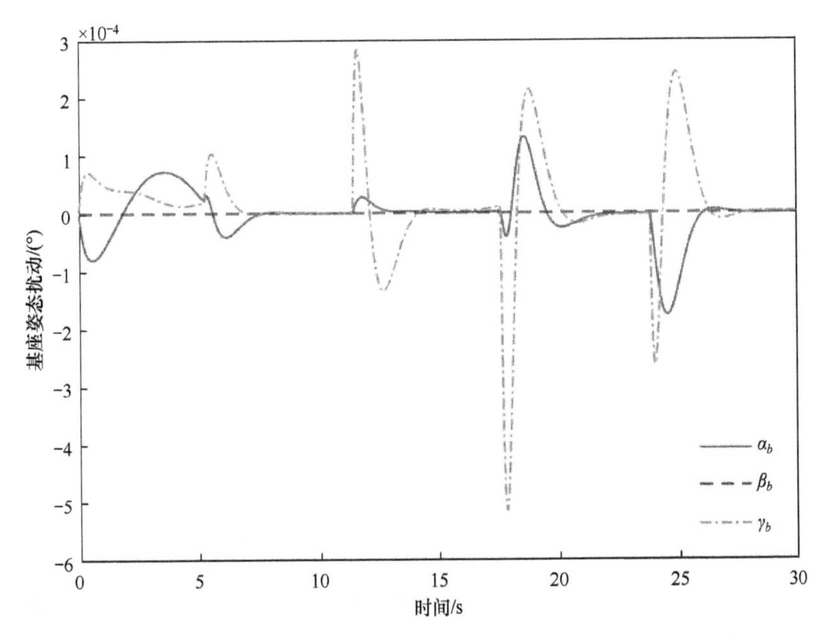

图 8-11　机械臂运动引起的基座姿态扰动变化曲线

可以看出，使用提出的位置跟踪协调控制器时，在整个消旋和转位阶段，基座姿态扰动都小于（6×10^{-4}）°。

目标消旋和转位阶段，基座控制力矩 $\boldsymbol{n}_{\mathrm{bc}}$ 和关节控制力矩 $\boldsymbol{\tau}_{\mathrm{c}}$ 的变化曲线分别如图 8-12 和图 8-13 所示。

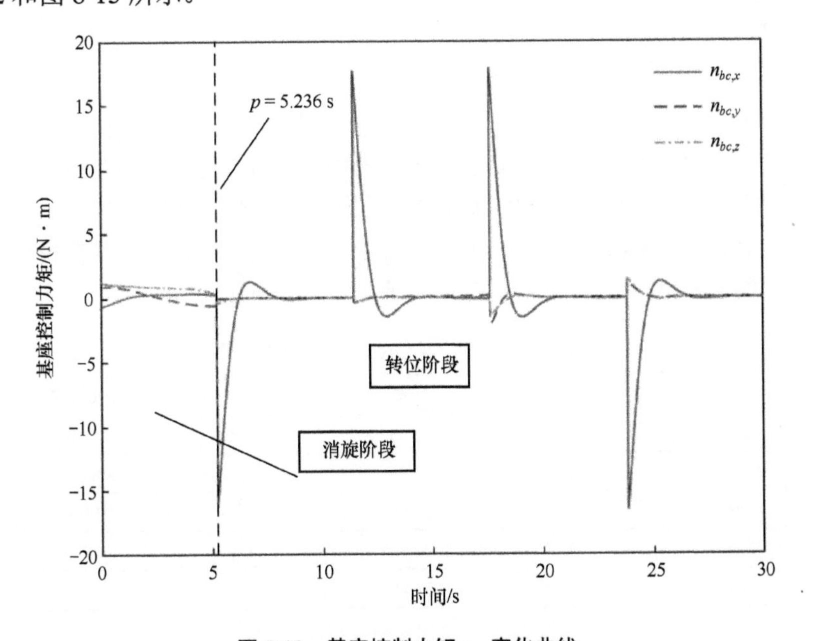

图 8-12　基座控制力矩 $\boldsymbol{n}_{\mathrm{bc}}$ 变化曲线

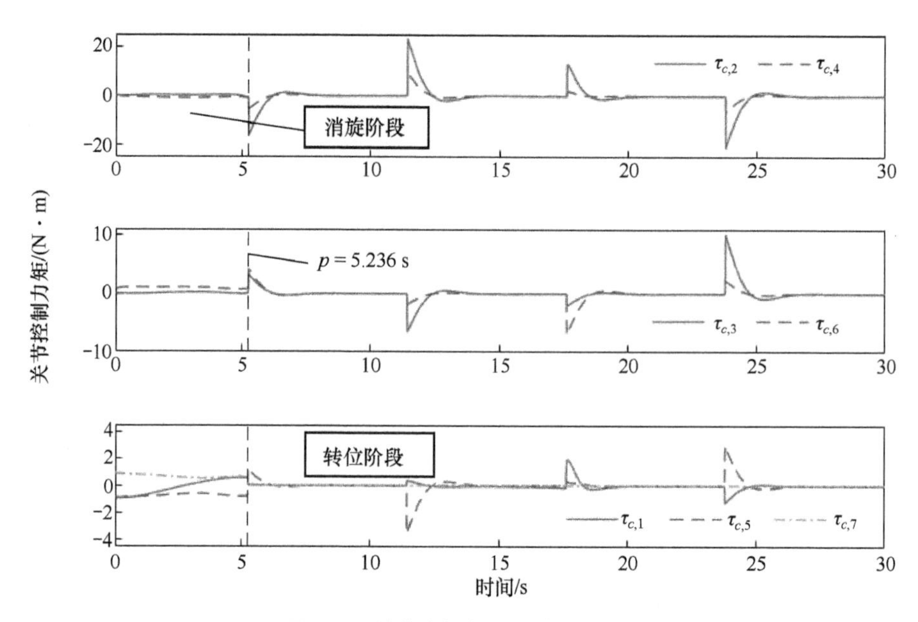

图 8-13 关节控制力矩 $\boldsymbol{\tau}_c$ 变化曲线

可以看出，在对应正方形期望轨迹四个顶点的时刻，基座和关节控制力矩出现了突然的变化。为了得到更光滑的控制力矩轨迹，在参考加速度式（8-32）和式（8-33）中可以选用较小的控制增益。此外，额外的后处理步骤或者引入加速度约束可以使得到的控制指令更容易施加在真实的物理对象上。

8.5.2 组合体柔顺控制仿真

由于不可能仅通过测量目标卫星的旋转运动辨识出其惯性参数的绝对值，因此仅能通过测量方法获得目标的无量纲惯性参数或惯量比。注意，当获得目标的无量纲惯量参数后，通过确定 $\mathrm{tr}(\boldsymbol{I}_t)$ 可以获得目标惯性参数的估计值。为了证实所提出的阻抗控制器的可行性与有效性，在设计消旋路径的过程中，引入目标惯性参数的不确定性。目标动力学参数标准值和估计值如表 8-2 所示。

表 8-2 目标动力学参数标准值和估计值

符号	标准	20%偏移
$\mathrm{tr}(\hat{\boldsymbol{I}}_t)$	66.84	80.208
m/kg	40.00	48.00
I_{xx}/（kg·m^2）	16.80	20.160
I_{yy}/（kg·m^2）	24.36	29.232
I_{zz}/（kg·m^2）	25.68	30.816

根据柔顺等式，在不同的柔顺等式参数下控制器的性能不同。阻抗控制器性能可参考二阶系统 $s^2+2\zeta\omega_n s+\omega_n^2=0$ 进行分析并确定柔顺等式参数，其中 ζ 为阻尼系数，ω_n 为无阻尼自然频率。根据式（8-71）和式（8-72）可得，$\zeta=\frac{D_{\mathrm{s}}}{2\sqrt{K_{\mathrm{s}}M_{\mathrm{s}}}}$ 和 $\omega_n=\sqrt{\frac{K_{\mathrm{s}}}{M_{\mathrm{s}}}}$。控制系统的瞬态响应依赖 $\boldsymbol{M}_{\mathrm{s}}$、$\boldsymbol{D}_{\mathrm{s}}$、$\boldsymbol{K}_{\mathrm{s}}$ 的选择。

为了分析基座与末端执行器的惯性、阻尼和刚度矩阵等不同柔顺等式参数选择对柔顺控制造成的影响，进行了三组不同柔顺等式参数取值的柔顺控制仿真。三组仿真案例的柔顺等式参数取值如表 8-3 所示。特别需要注意的是，柔顺等式参数的选择应在末端执行器捕获目标时尽量柔顺，以防止末端执行器被弹开。仿真中要求基座位置与姿态在捕获后不发生改变，即 $\ddot{\boldsymbol{r}}_{\mathrm{b}}^{\mathrm{d}}=\dot{\boldsymbol{r}}_{\mathrm{b}}^{\mathrm{d}}=\boldsymbol{0}$ 和 $\dot{\boldsymbol{\omega}}_{\mathrm{b}}^{\mathrm{d}}=\boldsymbol{\omega}_{\mathrm{b}}^{\mathrm{d}}=\boldsymbol{0}$。

表 8-3 期望柔顺等式参数表

	M_{sr}	D_{sr}	K_{sr}	$M_{\mathrm{s}\omega}$	$D_{\mathrm{s}\omega}$	$K_{\mathrm{s}\omega}$
仿真案例 1	100	300	100	300	300	500
仿真案例 2	1.0	1.0	1.0	30	40	50
仿真案例 3	10	40	50	10	40	50

参考文献[16]，设计考虑末端执行器约束的目标消旋轨迹，并求得最优消旋时间为 T=8s。通过式（8-35）和式（8-38）得到末端执行器的期望轨迹。图 8-14～图 8-16 分别给出了末端执行器线速度和角速度变化曲线、基座的线速度和角速度变化曲线和作用于末端执行器的力与力矩变化曲线。

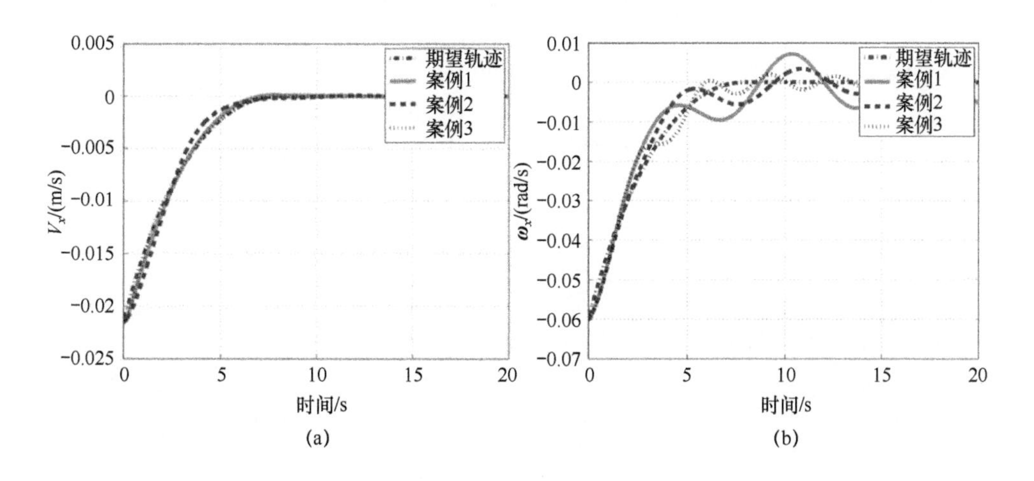

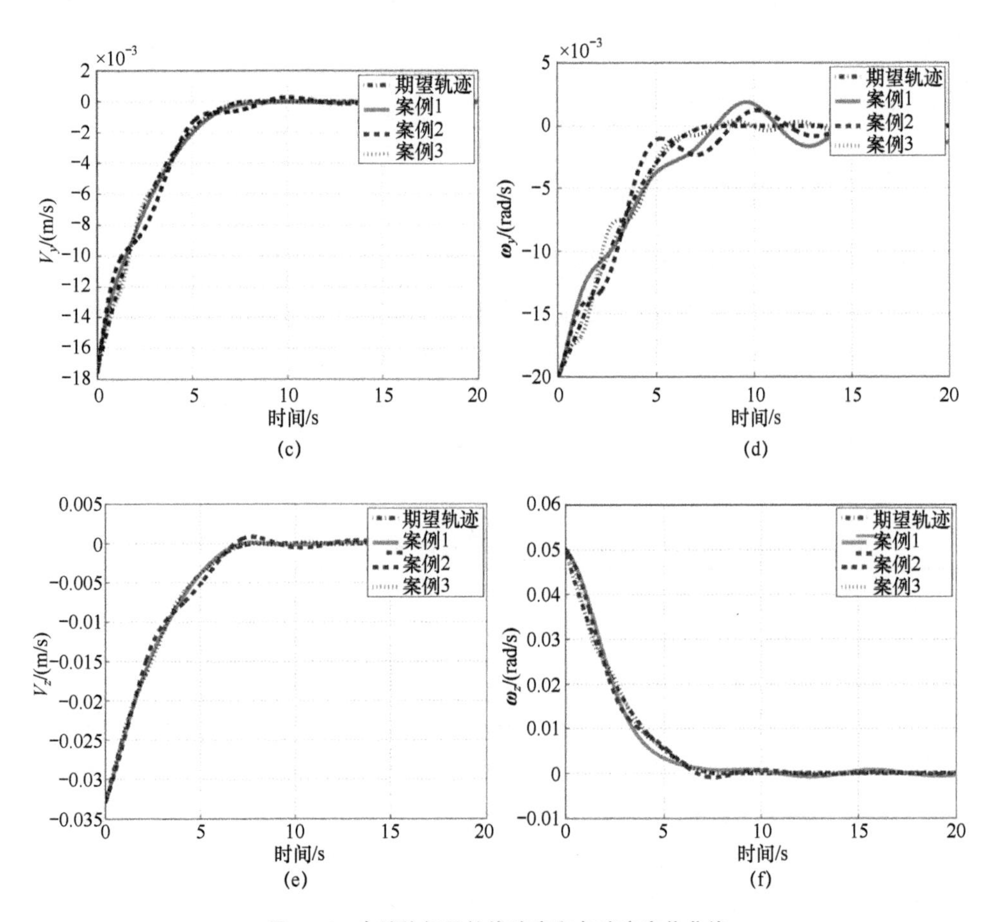

图 8-14 末端执行器的线速度和角速度变化曲线

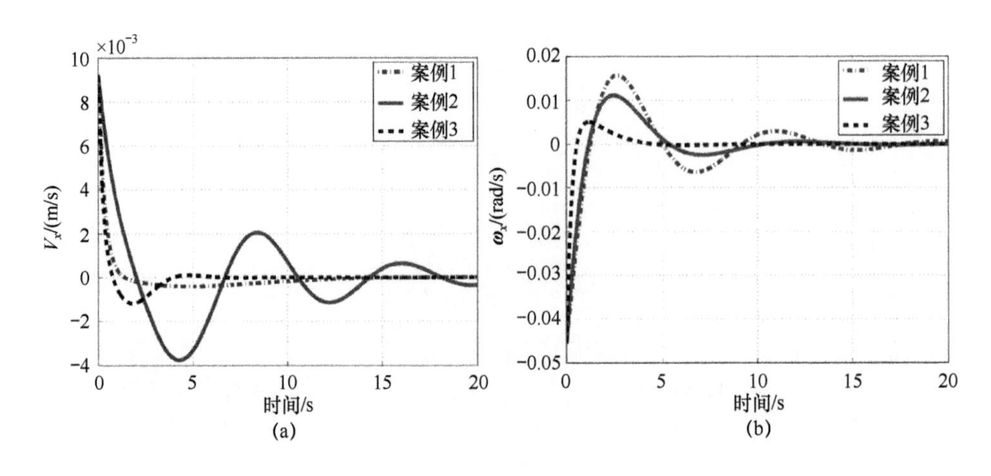

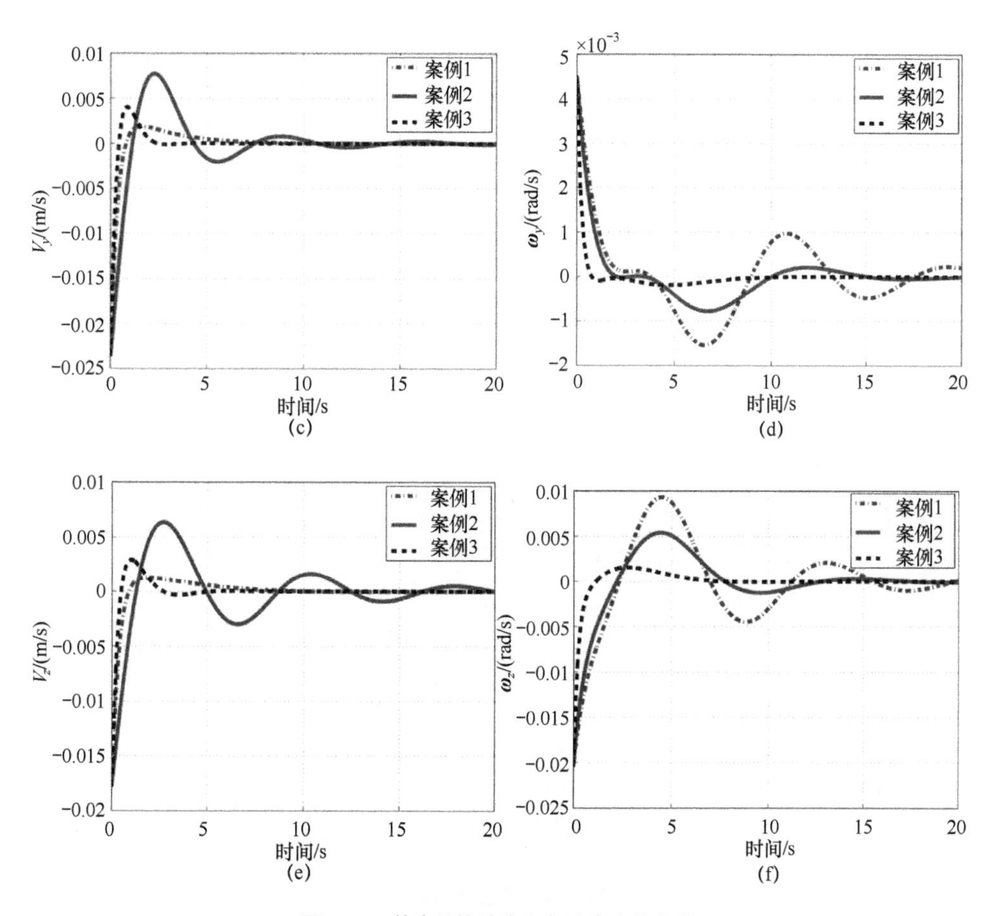

图 8-15 基座的线速度和角速度变化曲线

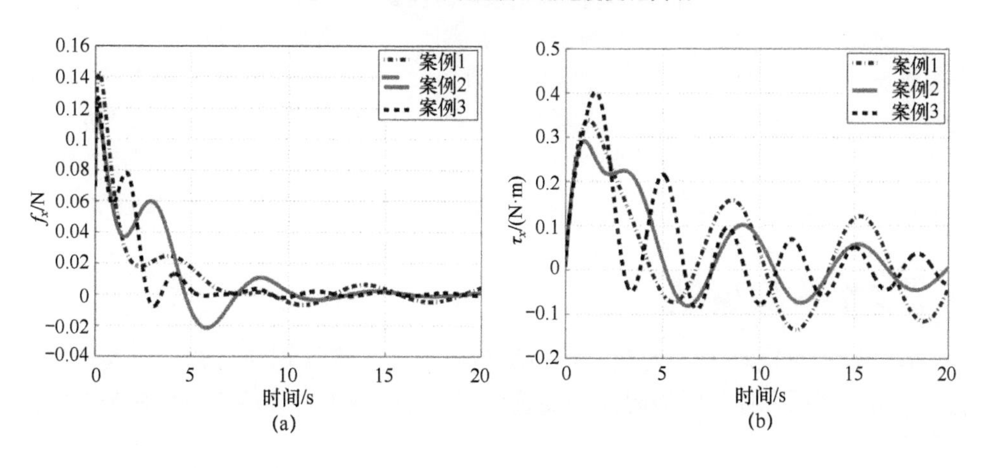

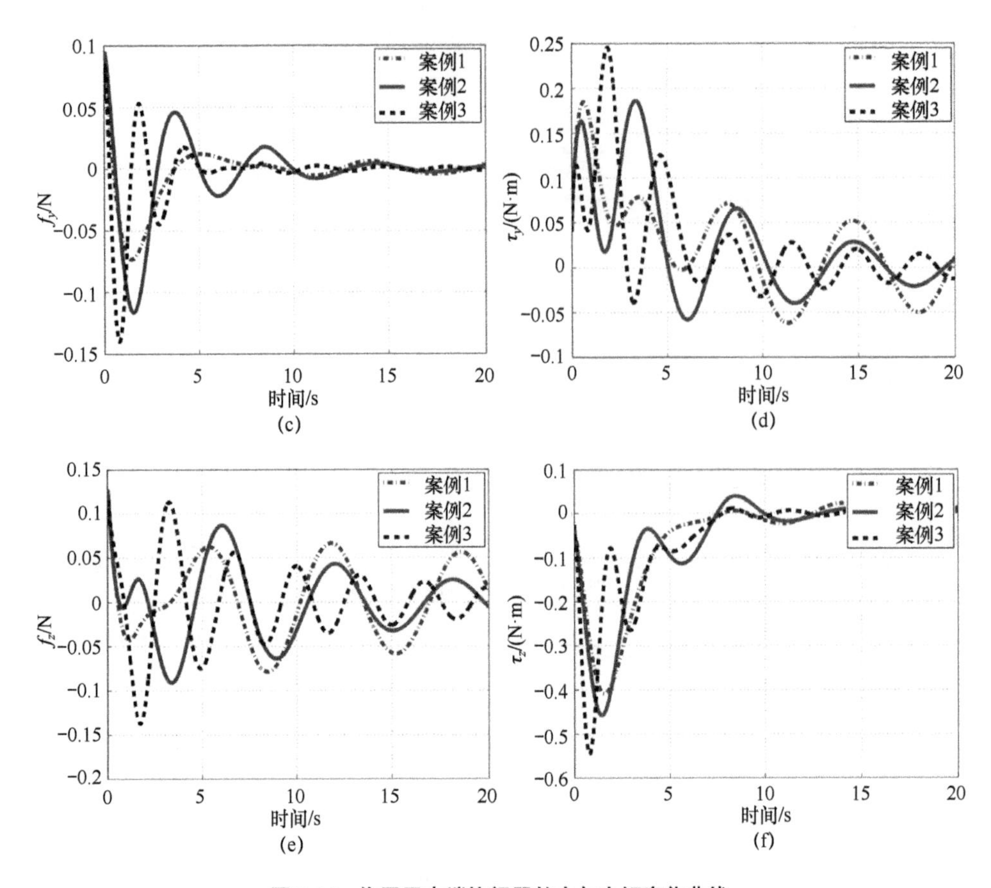

图 8-16 作用于末端执行器的力与力矩变化曲线

可以看出，末端执行器在三种柔顺特性情况下最终均收敛到期望轨迹。仿真案例 1 和仿真案例 2 能够有效地降低初始接触产生的交互力/力矩，瞬态响应性能优于仿真案例 3，而相较于仿真案例 1 和仿真案例 2，仿真案例 3 跟踪期望轨迹的瞬态与稳态性能则优于仿真案例 1 和仿真案例 2，仿真案例 3 中的参数选取使得空间机器人能够有效地跟踪上期望运动轨迹。仿真结果表明，柔顺等式参数选取的数量级和比例决定了柔顺控制的控制性能。在空间机器人稳定翻滚目标的控制过程中，需要针对具体任务和控制需求以及被抓捕目标的特点进行相应的选取与调整。

8.6 本章小结

本章针对空间机器人捕获翻滚目标后的消旋轨迹规划与组合体协调控制问题，提出了翻滚目标的最短时间消旋轨迹规划方法和组合体的协调控制与柔顺控制方法。

首先考虑目标姿态运动范围受限和输入力矩有限，构建了目标最短时间消旋的最优控制问题。之后，将最优控制问题中的状态和输入不等式约束分别表示为扩展的动态子系统和饱和函数，并使用标准变分法求解该最优控制问题，得到了目标最短时间的消旋轨迹。应用第 3 章提出的不等式约束处理方法，本章提出的翻滚目标消旋的最优控制问题可以使用标准变分法求解，具有间接法解的精度高的优点，在存在状态和输入不等式约束的情形下避免了使用庞特里亚金极小值原理及其可能遇到的奇异控制等问题。

在组合体协调控制器设计中，首先，设计了目标和基座的参考加速度，其利用实时位置/姿态和速度反馈信息修改期望加速度轨迹；然后，在逆动力学控制方法下使用参考加速度设计了组合体的协调控制器，并证明了其稳定性。在组合体的柔顺控制中，针对组合体系统可能存在的不确定性问题，分别提出了组合体系统的阻抗控制和导纳控制策略，保证了存在不确定性情况下末端执行器与目标间仍旧不出现过大的交互作用力/力矩，从而避免了对空间机器人或目标可能造成的损伤。将组合体协调控制和柔顺控制应用在空间机器人捕获翻滚目标后的系统上，可以实现目标质心位置及其姿态跟踪期望轨迹，不对基座姿态造成扰动，同时不出现末端执行器与目标之间出现交互力/力矩过大的情况，为安全最优地实施组合体消旋和操控任务提供了解决方案。

仿真结果验证了使用提出的轨迹规划方法可以得到满足状态和输入不等式约束的目标最短时间的消旋轨迹，并且使用协调控制和柔顺控制时，目标姿态和它的质心位置跟踪误差、基座姿态扰动以及末端执行器位置处的交互力/力矩都能够满足要求，实现了组合体消旋和操控的最优性和安全性。

参考文献

[1] Wang M, Luo J, Yuan J, et al. Detumbling strategy and coordination con-trol of kinematically redundant space robot after capturing a tumbling target[J]. Nonlinear Dynamics, 2018, 92(3): 1023-1043.

[2] Zong L, Luo J, Wang M. Optimal detumbling trajectory generation and coordinated control after space manipulator capturing tumbling targets[J]. Aerospace Science and Technology, 2021, 112: 106626.

[3] 吕显瑞, 黄庆道. 最优控制理论基础[M]. 北京：科学出版社, 2008.

[4] Siciliano B, Khatib O. Springer handbook of robotics[M]. Berlin: Springer, 2016.

[5] Oki T, Abiko S, Nakanishi H, et al. Time-optimal detumbling maneu-ver along an arbitrary arm motion during the capture of a target satellite[C]// IEEE/RSJ International Conference on Intelligent Robots and Systems, 2011.

[6] Isidori A. Nonlinear control systems [M]. Berlin: Springer Science & Business Media, 2013.

[7] Graichen K, Kugi A, Petit N, et al. Handling constraints in optimal control with saturation

functions and system extension[J]. Systems & Control Letters, 2010, 59(11): 671-679.

[8] Kane K B, Lynch J P, Scruggs J. Run-time efficiency of bilinear model predictive control using variational methods, with applications to hydronic cooling[J]. IEEE/ASME Transactions on Mechatronics. 2019, 24(2): 718-728.

[9] Kitzhofer G, Koch O, Pulverer G. A new Matlab solver for singular implicit boundary value problems, ASC Report No. 35.

[10] Cocuzza S, Pretto I, Debei S. Least-squares-based reaction control of space manipulators[J]. Journal of Guidance, Control, and Dynamics. 2012, 35(3): 976-986.

[11] Zong L J, Emami M R, Luo J J. Reactionless control of free-floating space manipulators[J]. IEEE Transactions on Aerospace and Electronic Systems. 2020, 56(2): 1490-1503.

[12] Hogan N. Impedance control: An approach to manipulation[C]//IEEE American Control Conference, 1984.

[13] Ott C, Mukherjee R, Nakamura Y. Unified impedance and admittance control[C]//Robotics and Automation (ICRA), 2010 IEEE International Conference on. IEEE, 2010: 554-561.

[14] Jung S, Hsia T C. Neural network impedance force control of robot manipulator[J]. IEEE Transactions on Industrial Electronics, 1998, 45(3): 451-461.

[15] Abiko S, Lampariello R, Hirzinger G. Impedance control for a free-floating robot in the grasping of a tumbling target with parameter uncertainty[C]//Intelligent Robots and Systems, 2006 IEEE/RSJ International Conference on. IEEE, 2006: 1020-1025.

[16] 王明明, 罗建军, 王嘉文, 等. 空间机器人捕获非合作目标后的消旋策略及阻抗控制[J]. 机器人, 2018, 40(5): 750-761.

09 第9章 空间机器人动力学与控制地面验证等效方法

9.1 引言

与其他空间系统类似，空间机器人在发射前必须在地面首先验证其相关技术，因此各个研究机构开发了大量空间机器人地面实验系统，这些实验系统在空间机器人技术与应用研究中发挥了重要应用，促进着空间机器人技术与应用的研究和发展。在地面实验和在轨平行实验任务中，如果要使用地面实验机器人（简称地面机器人）验证空间机器人的控制器，就要求地面机器人和空间机器人具有等效的动力学行为。而为了在地面机器人上验证为空间机器人设计的控制器，因为空间机器人的控制器并不能直接施加在地面机器人上，需要在不损害空间机器人和地面机器人动力学等效性的前提下对空间机器人控制器进行转化后才能在地面机器人上进行验证。目前，很少有研究关注空间机器人和地面机器人之间的动力学等效性条件以及满足上述要求的控制器转化准则，导致地面机器人的实验结果不能有效说明空间机器人的性能。同时显而易见的是，在真实情形下，由于地面机器人和空间机器人所处的动力学环境不同、基座的运动自由度数目不同以及系统制造过程中不可避免的制造误差，导致地面和空间机器人之间的理想的动力学等效条件往往无法被满足，从而加大了保证地面实验验证空间机器人性能有效性的难度。

本章面向在轨服务空间机器人操控技术的地面实验验证需求，尤其研究如何在地面机器人上有效验证空间机器人控制器的问题。一方面，本章研究空间机器人和地面机器人之间的动力学等效条件，在给定空间机器人后，与其动力学等效的地面机器人的动力学参数可以通过给出的动力学等效条件确定得到。进一步地考虑到，因为在机器人制造过程中存在不可避免的制造和测量误差，实际的地面机器人必然无法满足给定的与空间机器人理想的动力学等效条件，本章会讨论哪些动力学参数偏差会对二者之间动力学等效结果产生大的影响，从而在制造过程中追求这些参数更高的精度。产生的影响也会被定量地计算出来，可以用于对实验结果的修正。另一方面，本章研究空间机器人和地面机器人之间的控制相似律，用于将空间机器人的控制器进行相似变换后可以施加在地面机器人上进行验证。针对地面机器人和空间机器人基座运动自由度不同、仅地面机器人受到重力影响以及地面机器人存在的制造误差等导致的无法完全满足动力学等效条件的问题，由于无法在控制器相似变换中得到解决，本章基于反馈线性化技术提出一种地面机器人的动力学误差补偿方法，使得地面机器人具有与空间机器人等效的闭环动力学行为，从而保证在设计的地面机器人上能有效地验证空间机器人的控制器。

9.2 基于Π理论的机器人动力学等效分析方法

本节基于Π理论[1-3]建立空间机器人和地面机器人的动力学等效条件。这样，给定空间机器人动力学参数后，可以依据动力学等效条件设计地面机器人的动力学参数，使其与空间机器人具有理想的等效动力学行为。同时，针对地面机器人加工制造等过程中产生的动力学参数偏差问题，本节对动力学等效条件关于动力学参数偏差的灵敏性进行分析，对于那些具有较大影响的动力学参数，可以在地面机器人研制中注意提高其制造精度。

9.2.1 Π理论

自然现象和工程问题都可用一系列的物理量来进行描述。研究现象或问题的目的是寻求规律。首先，需要把问题所涉及的物理量按属性进行分类；其次，需要找出不同物理量之间的相互联系；再次，找出某些物理量与另外一些物理量之间所存在的因果或映射关系。

在对规律的认识过程中始终离不开物理量的度量。为了辨识某类物理量和区分不同类物理量，采用“量纲”这个术语来表示物理量的基本属性。例如长度、时间、质量显然具有不同的属性，因此它们具有不同的量纲。物理量总可以按照其属性分为两类：一类物理量的大小与度量时所选用的单位有关，称为有量纲量，例如长度、时间、质量、速度、加速度、力、动能、功等就是常见的有量纲量；另一类物理量的大小与度量时所选用的单位无关，则称为无量纲量，例如角度、两个长度之比、两个时间之比、两个力之比、两个能量之比等。对于任何一个物理问题来说，出现在其中的各个物理量的量纲或者由定义给出，或者由定律给出。

在一个问题中，总可以把与问题有关的物理量分成基本量和导出量两类。基本量是指具有独立量纲的物理量，它的量纲不能表示为其他物理量的量纲的组合；导出量则是指其量纲可以表示为基本量量纲的组合的物理量。

一个物理量X在选定了度量单位U以后就得到它的量值x，即

$$X = xU \tag{9-1}$$

量值的大小随选用单位的大小而定。

在对同一个物理或工程问题中诸多物理量所作的运算中，有两点值得注意：

①选用统一的单位制。如果使用了多种单位制，必须正确地进行换算，保证在统一的单位制下来进行运算和分析。②注意物理量的量纲，以及它与基本量的量纲之间的关系。如果讨论对象是一个力学问题，常取问题中的长度、质量和时间作为基本量，而速度、密度、力等则是导出量。

根据处理动力学系统的经验，可以直观地猜测：力学问题中任何一个物理量 X 的量纲都可以表示为长度、质量和时间这三个基本量的量纲的幂次表达式，即

$$[X]=L^{\alpha}M^{\beta}T^{\gamma} \tag{9-2}$$

式中：$[X]$ 表示 X 的量纲；L、M、T 分别表示长度、质量和时间的量纲；α、β、γ 则为实数。如果上式成立，那么物理量从某一单位系 U 转化到另一单位系 U' 时，其量值相应从 x 变化为 x'，即

$$X=xU=x'U' \tag{9-3}$$

如果在从 U 向 U' 转化时，长度、质量和时间各缩小 r_1、r_{m} 和 r_{t} 倍，那么量值 x 与 x' 之间应有以下的比例关系

$$x'/x=r_1^{\alpha}r_{\mathrm{m}}^{\beta}r_{\mathrm{t}}^{\gamma} \tag{9-4}$$

这一量值比值的表示形式和上面量纲的幂次表示形式互相对应。

J. C. Maxwell 在 1871 年就提出：对力学问题来说，任意物理量 X 的量纲在长度、质量和时间的 L-M-T 系统中，均可表示为[3]

$$[X]=L^{\alpha}M^{\beta}T^{\gamma} \tag{9-5}$$

而一个纯数的量纲与长度、质量和时间均无关，故可以表示为

$$[\text{纯数}]=L^0M^0T^0=1 \tag{9-6}$$

在上述量纲分析的研究中，Π 定理占据核心的地位，定理的主要内容首先是由 E. Buckingham 在 1914 年提出的。到了 1922 年，P. W. Bridgman 把这个定理称为 Π 定理，这是因为 Π 这个符号是由 Buckingham 在定理的推导和证明中用来表示无量纲量的缘故。Π 定理的推导和证明过程如下。

任何一个物理定律总可以表示为确定的函数关系。对于某一类物理问题来说，如果问题中有 n 个自变量 $a_1,a_2,\cdots,a_n$，那么因变量 a 就是这 n 个自变量的函数，即

$$a=f\left(a_1,a_2,\cdots,a_k,a_{k+1},\cdots,a_n\right) \tag{9-7}$$

可以在自变量中找出具有独立量纲的基本量，如果基本量的个数是 k，不妨把它们排在自变量的最前面，那么 $a_1,a_2,\cdots,a_k$ 就是基本量，其量纲分别是 A_1,A_2,A_k；其余 $(n-k)$ 个自变量 $a_{k+1},a_{k+2},\cdots,a_n$ 是导出量，其量纲分别可以表示为基本量的量纲的幂次式，即

$$\begin{cases}[a_{k+1}]=A_1^{p_1}A_2^{p_2}\cdots A_k^{p_k}\\ [a_{k+2}]=A_1^{q_1}A_2^{q_2}\cdots A_k^{q_k}\\ \vdots\\ [a_n]=A_1^{r_1}A_2^{r_2}\cdots A_k^{r_k}\end{cases} \tag{9-8}$$

而且因变量 a 也是导出量，其量纲是

$$[a]=A_1^{m_1}A_2^{m_2}\cdots A_k^{m_k} \tag{9-9}$$

式中：$p_1,p_2,\cdots,p_k;q_1,q_2,\cdots,q_k;r_1,r_2,\cdots,r_k;m_1,m_2,\cdots,m_k$ 等均为相应的方幂值。

用一个问题中的基本量 $a_1,a_2,\cdots,a_k$ 作为单位系统，来度量上述函数关系中的各量，由此得到的量值都是无量纲的纯数，它们满足的函数关系是

$$\begin{aligned}&a\Big/\left(a_1^{m_1}a_2^{m_2}\cdots a_k^{m_k}\right)=f\left(1,1,\cdots,1;a_{k+1}\Big/a_1^{p_1}a_2^{p_2}\cdots a_k^{p_k}\right),\\&a_{k+2}\Big/\left(a_1^{q_1}a_2^{q_2}\cdots a_k^{q_k}\right),\cdots,a_n\Big/\left(a_1^{r_1}a_2^{r_2}\cdots a_k^{r_k}\right)\end{aligned} \tag{9-10}$$

式（9-10）的左端乃是无量纲因变量，记作 Π；而右端函数 f 中前 k 个量都是常数1，对因变量 Π 不起作用，而后 $n-k$ 个量则是起作用的无量纲自变量，分别记作 $\Pi_1,\Pi_2,\cdots,\Pi_{n-k}$，可见因变量 Π 是 $n-k$ 个自变量 $\Pi_1,\Pi_2,\cdots,\Pi_{n-k}$ 的一个确定的函数，可写作

$$\Pi=f\left(\Pi_1,\Pi_2,\cdots,\Pi_{n-k}\right) \tag{9-11}$$

值得说明的是，在上述 Π 和 a 的表达式，即式（9-7）和式（9-11）中，都用 f 作为函数的符号；但此 f 非彼 f，它们的具体形式是不同的。这里采用的符号 f 只意味因变量和自变量之间有着某种函数关系，它并不代表函数的具体形式。应当指出，上述无量纲自变量 $\Pi_1,\Pi_2,\cdots,\Pi_{n-k}$ 是相互独立的；但其中任何一个 Π_i 可以用包含它自己在内以及其他 $\Pi_j\,(j\neq i)$ 的组合来替代，如可取 $\Pi_1'=\Pi_1^{\alpha_1}\Pi_2^{\alpha_2}\cdots\Pi_{n-k}^{\alpha_{n-k}}$ 来代替 Π_1，不过要求其中 Π_1 的方幂值 $\alpha_1\neq 0$。

可以把上面采用显函数的表述改用隐函数的表述方式。把物理问题的因变量和自变量都统一视作变量，若其总数为 N（相当于用显函数表述中的 $n+1$），记作 $a_1,a_2,\cdots,a_N$，那么物理规律可表示为下面的隐函数关系

$$f\left(a_1,a_2,\cdots,a_N\right)=0 \tag{9-12}$$

在 N 个变量中，选出 k 个基本量，不妨排在前面，它们是 $a_1,a_2,\cdots,a_k$，而后面 $(N-k)$ 个变量则是导出量。将这 k 个基本量取作单位，上面的函数关系即可转化为

$$f\left(1,1,\cdots,1;\Pi_1,\Pi_2,\cdots,\Pi_{N-k}\right)=0 \tag{9-13}$$

式中：$\Pi_1,\Pi_2,\cdots,\Pi_{N-k}$ 分别对应 $a_{k+1},a_{k+2},\cdots,a_N$ 的量值。在函数 f 的变量表中，最

前面有 k 个 1，它们都是不变化的常数；只有后面 $(N-k)$ 个 $\Pi_1,\Pi_2,\cdots,\Pi_{N-k}$ 才是对 f 起作用的无量纲变量。因此，函数关系可以改写为

$$f\left(\Pi_1,\Pi_2,\cdots,\Pi_{N-k}\right)=0 \tag{9-14}$$

综上所述，可以用一句话来概括 Π 定理的内容：问题中若有 N 个变量（包括 n 个自变量和 1 个因变量，$N=n+1$），而基本量的数目是 k，那么一定形成 $N-k$ 个无量纲变量（包括 $(N-k-1)$ 个无量纲自变量和 1 个无量纲因变量），它们之间形成确定的函数关系。

由 Π 定理可知，一个物理问题所服从的规律与其写成有量纲的因果关系，可以改写成更能反映其本质的无量纲的因果关系。一般地，一个物理问题的有量纲关系

$$a=f\left(a_1,a_2,\cdots,a_k,a_{k+1},\cdots,a_n\right) \tag{9-15}$$

式中：$a_1,a_2\cdots,a_k$ 为基本量；$a_{k+1},a_{k+2},\cdots,a_n$ 为导出量。可以写成更加反映本质的无量纲的因果关系

$$\Pi=f\left(\Pi_1,\Pi_2,\cdots,\Pi_{N-k}\right) \tag{9-16}$$

式中：Π 为对应于 a 的无量纲因变量；$\Pi_1,\Pi_2,\cdots,\Pi_{n-k}$ 则为分别对应于 $a_{k+1},\cdots,a_n$ 的无量纲自变量。

如果我们用理论分析或数值模拟来求取物理问题的解答，可以首先选好问题中的基本量，并作为单位系来度量问题中的所有量。如果求得了解答

$$\Pi=f\left(\Pi_1,\Pi_2,\cdots,\Pi_{N-k}\right) \tag{9-17}$$

那么对于一组确定的自变量（$\Pi_1,\Pi_2,\cdots,\Pi_{n-k}$），便可得到相应的因变量 Π。

此外，模型实验也是解决问题的有效方法，特别是对于那些物理模型和数学方程还不清楚的问题，更需要采用模型实验这个手段。

当我们通过模型实验或数值模拟，得到了如下关系式

$$\Pi=f\left(\Pi_1,\Pi_2,\cdots,\Pi_{N-k}\right) \tag{9-18}$$

那么只要让模型（m）和原型（p）的自变量 $\Pi_1,\Pi_2,\cdots,\Pi_{n-k}$ 分别对应相等，即

$$\left(\Pi_1\right)_m=\left(\Pi_1\right)_p,\left(\Pi_2\right)_m=\left(\Pi_2\right)_p,\cdots,\left(\Pi_{n-k}\right)_m=\left(\Pi_{n-k}\right)_p \tag{9-19}$$

就能保证模型和原型的因变量 Π 也相等，即

$$\left(\Pi\right)_m=\left(\Pi\right)_p \tag{9-20}$$

这就是模型实验或数值模拟所遵循的相似规律，简称相似律或模型律，而这里的无量纲自变量 $\Pi_1,\Pi_2,\cdots,\Pi_{N-k}$ 则称为决定问题本质的相似准数。

9.2.2 动力学等效条件

对于本书讨论的空间机器人（图 5-1）以及地面实验机器人（如图 9-1 所示），它们由移动的基座和机械臂组成。空间机器人的基座具有 6 个自由度，本章中使用在气浮平台上工作的地面机器人验证空间机器人的控制律，其基座可以在平面内自由移动或者绕垂直于平面的轴旋转，因而具有 3 个自由度。

选取基座姿态、基座质心位置和关节位移作为广义坐标，并假设没有外力和外力矩作用在机械臂末端执行器上，则空间机器人和地面机器人的动力学方程可以表示为[4,5]

$$\begin{bmatrix} \boldsymbol{F}_{\mathrm{b}} \\ \boldsymbol{\tau} \end{bmatrix} = \begin{bmatrix} \boldsymbol{H}_{\mathrm{bb}}(\boldsymbol{q}) & \boldsymbol{H}_{\mathrm{bm}}(\boldsymbol{q}) \\ \boldsymbol{H}_{\mathrm{bm}}^{\mathrm{T}}(\boldsymbol{q}) & \boldsymbol{H}_{\mathrm{mm}}(\boldsymbol{q}) \end{bmatrix} \begin{bmatrix} \ddot{\boldsymbol{x}}_{\mathrm{b}} \\ \ddot{\boldsymbol{\theta}} \end{bmatrix} + \begin{bmatrix} \boldsymbol{c}_{\mathrm{b}}(\boldsymbol{q},\dot{\boldsymbol{q}}) \\ \boldsymbol{c}_{\mathrm{m}}(\boldsymbol{q},\dot{\boldsymbol{q}}) \end{bmatrix} + \begin{bmatrix} \boldsymbol{g}_{\mathrm{b}}(\boldsymbol{q}) \\ \boldsymbol{g}_{\mathrm{m}}(\boldsymbol{q}) \end{bmatrix} \tag{9-21}$$

式中，相关符号的定义在第 2 章中作了解释。$\boldsymbol{g}_{\mathrm{b}}$ 和 $\boldsymbol{g}_{\mathrm{m}}$ 分别是地面机器人基座和机械臂所受的重力项；对于空间机器人而言，其所受的重力可以忽略不计。

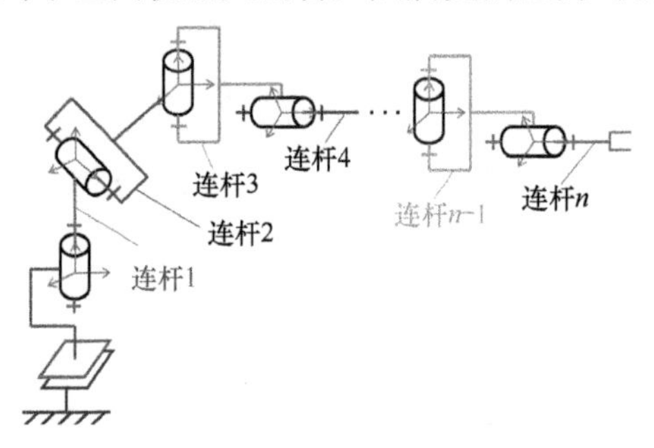

图 9-1 地面实验机器人

根据 9.2.1 节中的介绍，空间机器人和地面机器人作为动力学系统，其动力学参数的量纲都可以表示为长度、质量和时间这三个基本量的量纲 L、M 和 T 的幂次表达式。具体地，根据式（9-21）所示的空间和地面机器人的动力学模型，空间和地面机器人的动力学参数及其量纲如表 9-1 所示，其中，各个动力学参数的符号在第 2 章中已经作了介绍。从表 9-1 可以看出：空间机器人和地面机器人动力学参数的量纲具有 $[M]^{w_k}[L]^{s_k}[T]^{t_k}$ 的形式，其中，幂 w_k、s_k、t_k 是无量纲的整数。如 9.2.1 节中所讲，为了建立空间和地面机器人之间的动力学等效条件，关键是要找到两个系统无量纲的动力学参数因变量，为此，需要首先确定两个系统动力学参数中的基本量。通过观察发现，空间机器人和地面机器人最少有三个动力学参数，其量纲是独立且完整的，即这三个参数的量纲是无法互相表示的，但剩余参数的量纲都可以由这三个参数的量纲表示，这样的三个参数称为动力学系统的基本量，本章中称为空间机器人和地面机器人的动力学参数的基参数[3]。值得说明的是，这样的一组基参数的选取不是唯一的，比如，空间机器人和地面机器人的三个基参数可以选为 m_0、$(I_0)_{zz}$ 和

Ω，其量纲分别为$[M]$、$[M][L]^2$和$[T]^{-1}$，就满足上述对基参数量纲的要求。

表 9-1　空间机器人和地面机器人的动力学参数及其量纲

参　　数	符　　号	单　　位	量　　纲
基座质量	m_0	kg	$[M]$
基座转动惯量	$\boldsymbol{I}_0$	$\mathrm{kg \cdot m^2}$	$[M][L]^2$
基座质心到关节 1 位置向量	$\boldsymbol{b}_0$	m	$[L]$
连杆 i 质量	m_i	kg	$[M]$
连杆 i 转动惯量	$\boldsymbol{I}_i$	$\mathrm{kg \cdot m^2}$	$[M][L]^2$
关节 i 到连杆 i 质心位置向量	$\boldsymbol{a}_i$	m	$[L]$
连杆 i 质心到关节 $i+1$ 位置向量	$\boldsymbol{b}_i$	m	$[L]$
重力加速度（地面机器人）	$\boldsymbol{g}$	$\mathrm{m \cdot s^{-2}}$	$[L][T]^{-2}$
时间缩放因子	Ω	$\mathrm{s^{-1}}$	$[T]^{-1}$

选定空间和地面机器人的基参数后，根据 9.2.1 节中介绍的内容，空间机器人和地面机器人的每一个动力学参数v_k，其量纲都可以表示为三个基参数量纲的幂次表达式，即

$$[v_k]=\left[m_0^{N_{k1}}(I_0)_{zz}^{N_{k2}}\ \Omega^{N_{k3}}\right]=[M]^{N_{k1}}\left([M][L]^2\right)^{N_{k2}}\left([T]^{-1}\right)^{N_{k3}} \tag{9-22}$$

式中：幂N_{k1}、N_{k2}、N_{k3}为无量纲的整数。通常情况下，其取值可以简答地通过观察得到，也可以通过求解如下的代数方程组得到，即给定某个动力学参数的量纲$[v_k]=[M]^{w_k}[L]^{s_k}[T]^{t_k}$，存在如下关系

$$\begin{cases}N_{k1}+N_{k2}=w_k\\2N_{k2}=s_k\\-N_{k3}=t_k\end{cases} \tag{9-23}$$

从式（9-23）中可以解得未知数N_{k1}、N_{k2}、N_{k3}。

根据Π理论，空间机器人和地面机器人无量纲的动力学参数，称为动力学参数的π群，可以通过如下方程计算得到

$$\pi_{vk}=\frac{v_k}{m_0^{N_{k1}}(J_0)_{zz}^{N_{k2}}\ \Omega^{N_{k3}}} \tag{9-24}$$

式中：m_0、$(J_0)_{zz}$、Ω幂的乘积与v_k具有相同的量纲。

计算后，空间机器人和地面机器人动力学参数的π群如表 9-2 所示，其中，正如Π理论中所讲，动力学基参数m_0、$(I_0)_{zz}$、Ω的π群为 1，因为其是不变化的常数，并不对空间和地面机器人之间的动力学等效产生影响，因而不再在表 9-2 中给出。

为计算方便，引入的中间变量 $l=\sqrt{\dfrac{(I_0)_{zz}}{m_0}}$ 的量纲为 $[L]$。

表 9-2　空间机器人和地面机器人动力学参数的 π 群

对象	π 群
基座	$\left.\begin{array}{l}\pi_{(I_0)_{xx}}=\dfrac{(I_0)_{xx}}{(I_0)_{zz}},\pi_{(I_0)_{yy}}=\dfrac{(I_0)_{yy}}{(I_0)_{zz}}\\ \pi_{(I_0)_{xy}}=\dfrac{(I_0)_{xy}}{(I_0)_{zz}},\pi_{(I_0)_{yz}}=\dfrac{(I_0)_{yz}}{(I_0)_{zz}},\pi_{(I_0)_{xz}}=\dfrac{(I_0)_{xz}}{(I_0)_{zz}}\end{array}\right\}$（仅空间机器人） $\pi_{(b_0)_x}=\dfrac{(b_0)_x}{l},\pi_{(b_0)_y}=\dfrac{(b_0)_y}{l},\pi_{(b_0)_z}=\dfrac{(b_0)_z}{l}$
连杆 i	$\pi_{m_i}=\dfrac{m_i}{m_0},\pi_{(I_i)_{xx}}=\dfrac{(I_i)_{xx}}{(I_0)_{zz}},\pi_{(I_i)_{yy}}=\dfrac{(I_i)_{yy}}{(I_0)_{zz}},\pi_{(I_i)_{zz}}=\dfrac{(I_i)_{zz}}{(I_0)_{zz}}$ $\pi_{(I_i)_{xy}}=\dfrac{(I_i)_{xy}}{(I_0)_{zz}},\pi_{(I_i)_{yz}}=\dfrac{(I_i)_{yz}}{(I_0)_{zz}},\pi_{(I_i)_{xz}}=\dfrac{(I_i)_{xz}}{(I_0)_{zz}}$ $\pi_{(a_i)_x}=\dfrac{(a_i)_x}{l},\pi_{(a_i)_y}=\dfrac{(a_i)_y}{l};\pi_{(a_i)_z}=\dfrac{(a_i)_z}{l}$ $\pi_{(b_i)_x}=\dfrac{(b_i)_x}{l},\pi_{(b_i)_y}=\dfrac{(b_i)_y}{l},\pi_{(b_i)_z}=\dfrac{(b_i)_z}{l}$
重力	$\pi_g=\dfrac{g}{l\Omega^2}$（仅地面机器人）

根据 Π 理论，如果空间和地面机器人的动力学参数的 π 群一一对应相等，则两个系统具有等效的动力学行为。因而，本章将要求空间机器人和地面机器人系统的无量纲动力学参数相等，来使二者具有等效的动力学行为，定义为空间机器人和地面机器人的动力学等效条件[6,7]。如下文所示，对于给定的空间机器人动力学参数，根据两个机器人无量纲动力学参数相等的条件可以确定地面机器人的动力学参数取值，并且根据该参数制造的地面机器人与空间机器人是动力学等效的。

值得说明的是，正如表 9-2 所示，在真实情形下中，由于存在以下三个方面原因，使得地面机器人不能完全和空间机器人动力学等效：①只有地面机器人受重力影响（只有地面机器人包含与重力相关的 π 群）；②地面机器人的基座不能和空间机器人的航天器基座一样做 6 自由度运动（只有空间机器人包含 $\pi_{(I_0)_{xx}}$ 等与基座相关的 π 群）；③空间机器人和地面机器人的测量和制造过程中不可避免地存在误差，使得不可能通过让两个机器人所有的 π 群相等来使二者具有等效的闭环动力学行为。因此，为了研制和使用地面机器人系统验证空间机器人的控制器，还需要进行动力学参数灵敏性分析、设计地面和空间机器人的控制相似律并进行动力学等效误差补偿，使得地面机器人具有与空间机器人等效的闭环动力学行为，从而保证在地面机器人实验系统上能有效地验证空间机器人的控制器。

下面首先进行空间和地面机器人无量纲的运动状态对其动力学参数的 π 群的

灵敏度分析，为地面机器人设计和研制提供参考。然后，在 9.3 节介绍地面和空间机器人控制相似律设计方法，以及地面机器人的动力学等效误差补偿策略。

9.2.3 动力学参数灵敏性分析

在 9.2.2 节中给出了要求空间和地面机器人动力学参数π群相等的理想的动力学等效条件，而当由于制造误差等原因导致一个系统的动力学参数π群偏离其动力学等效条件要求的理想取值，必然会导致两个系统不再具有等效的动力学。

在本小节中，进行空间和地面机器人无量纲的系统运动状态对动力学参数π群的灵敏度分析，来说明某一个动力学参数的π群偏离动力学等效条件要求的理想值时，会对系统动力学等效的运动产生多大的影响。

根据空间机器人和地面机器人的动力学方程式（9-21），无量纲的系统动力学方程可以表示为[8]

$$\widetilde{\boldsymbol{\mathcal{F}}}=\widetilde{\boldsymbol{H}}(\tilde{\boldsymbol{q}})\ddot{\tilde{\boldsymbol{q}}}+\tilde{\boldsymbol{c}}\left(\tilde{\boldsymbol{q}},\dot{\tilde{\boldsymbol{q}}}\right)+\tilde{\boldsymbol{g}}(\tilde{\boldsymbol{q}}) \tag{9-25}$$

式中：$\boldsymbol{\mathcal{F}}=\left[\boldsymbol{F}_{\mathrm{b}}^{\mathrm{T}},\boldsymbol{\tau}^{\mathrm{T}}\right]^{\mathrm{T}}\in\mathbb{R}^{n_{\mathrm{b}}+n_{\mathrm{m}}}$ 为空间机器人和地面机器人的广义力；符号“~”代表无量纲变量。值得注意的是，$\widetilde{\boldsymbol{H}}$、$\tilde{\boldsymbol{c}}$ 和 $\tilde{\boldsymbol{g}}$ 是π群的函数。因而，无量纲的广义坐标 $\tilde{\boldsymbol{q}}$ 及其导数 $\dot{\tilde{\boldsymbol{q}}}$、$\ddot{\tilde{\boldsymbol{q}}}$ 同样是 π_{v_k} 的函数。

在本章中，动力学参数灵敏度定义为无量纲的广义坐标 $\tilde{\boldsymbol{q}}$ 及其导数 $\dot{\tilde{\boldsymbol{q}}}$、$\ddot{\tilde{\boldsymbol{q}}}$ 相对于动力学参数π群的变化率[6]。

将式（9-25）表示为

$$\begin{aligned}\widetilde{\boldsymbol{\mathcal{F}}}(\tilde{t})=&\widetilde{\boldsymbol{H}}\left(\tilde{\boldsymbol{q}}\left(\pi_{v_k},\tilde{t}\right),\pi_{v_k}\right)\cdot\ddot{\tilde{\boldsymbol{q}}}\left(\pi_{v_k},\tilde{t}\right)\\&+\tilde{\boldsymbol{c}}\left(\tilde{\boldsymbol{q}}\left(\pi_{v_k},\tilde{t}\right),\dot{\tilde{\boldsymbol{q}}}\left(\pi_{v_k},\tilde{t}\right),\pi_{v_k}\right)+\tilde{\boldsymbol{g}}\left(\tilde{\boldsymbol{q}}\left(\pi_{v_k},\tilde{t}\right),\pi_{v_k}\right)\end{aligned} \tag{9-26}$$

式中：$\tilde{t}$ 为无量纲的时间变量。求解式（9-26）关于 π_{v_k} 的偏导数，可以得到

$$\begin{aligned}\boldsymbol{0}=&\widetilde{\boldsymbol{H}}\frac{\partial\ddot{\tilde{\boldsymbol{q}}}}{\partial\pi_{v_k}}+\left(\frac{\partial\widetilde{\boldsymbol{H}}}{\partial\pi_{v_k}}+\sum_{i=1}^{n_{\mathrm{b}}+n_{\mathrm{m}}}\frac{\partial\widetilde{\boldsymbol{H}}}{\partial\tilde{q}_i}\frac{\partial\tilde{q}_i}{\partial\pi_{v_k}}\right)\ddot{\tilde{\boldsymbol{q}}}+\frac{\partial\tilde{\boldsymbol{c}}}{\partial\pi_{v_k}}+\sum_{i=1}^{n_{\mathrm{b}}+n_{\mathrm{m}}}\frac{\partial\tilde{\boldsymbol{c}}}{\partial\tilde{q}_i}\frac{\partial\tilde{q}_i}{\partial\pi_{v_k}}\\&+\sum_{i=1}^{n_{\mathrm{b}}+n_{\mathrm{m}}}\frac{\partial\tilde{\boldsymbol{c}}}{\partial\dot{\tilde{q}}_i}\frac{\partial\dot{\tilde{q}}_i}{\partial\pi_{v_k}}+\frac{\partial\widetilde{\boldsymbol{g}}}{\partial\pi_{v_k}}+\sum_{i=1}^{n_{\mathrm{b}}+n_{\mathrm{m}}}\frac{\partial\widetilde{\boldsymbol{g}}}{\partial\tilde{q}_i}\frac{\partial\tilde{q}_i}{\partial\pi_{v_k}}\end{aligned} \tag{9-27}$$

因为惯性矩阵 $\boldsymbol{H}$ 的可逆性在其无量纲形式 $\widetilde{\boldsymbol{H}}$ 中仍然得到保留，由式（9-27）可以推导出

$$\ddot{\tilde{\boldsymbol{q}}}=-\widetilde{\boldsymbol{H}}^{-1}\left(\tilde{\boldsymbol{c}}+\tilde{\boldsymbol{g}}-\tilde{\boldsymbol{\mathcal{F}}}\right) \tag{9-28}$$

将式（9-28）代入式（9-26）得到

$$
\begin{aligned}
\frac{\partial \ddot{\tilde{\boldsymbol{q}}}}{\partial \pi_{v_k}} = & \widetilde{\boldsymbol{H}}^{-1}\left(\frac{\partial \widetilde{\boldsymbol{H}}}{\partial \pi_{v_k}}+\sum_{i=1}^{n_b+n_m}\frac{\partial \widetilde{\boldsymbol{H}}}{\partial \tilde{q}_i}\frac{\partial \tilde{q}_i}{\partial \pi_{v_k}}\right)\widetilde{\boldsymbol{H}}^{-1}\left(\tilde{\boldsymbol{c}}+\tilde{\boldsymbol{g}}-\tilde{\boldsymbol{\mathcal{F}}}\right)-\widetilde{\boldsymbol{H}}^{-1}\frac{\partial \tilde{\boldsymbol{c}}}{\partial \pi_{v_k}} \\
& -\widetilde{\boldsymbol{H}}^{-1}\sum_{i=1}^{n_b+n_m}\frac{\partial \tilde{\boldsymbol{c}}}{\partial \tilde{q}_i}\frac{\partial \tilde{q}_i}{\partial \pi_{v_k}}-\widetilde{\boldsymbol{H}}^{-1}\sum_{i=1}^{n_b+n_m}\frac{\partial \tilde{\boldsymbol{c}}}{\partial \dot{\tilde{q}}_i}\frac{\partial \dot{\tilde{q}}_i}{\partial \pi_{v_k}}-\widetilde{\boldsymbol{H}}^{-1}\frac{\partial \tilde{\boldsymbol{g}}}{\partial \pi_{v_k}} \\
& -\widetilde{\boldsymbol{H}}^{-1}\sum_{i=1}^{n_b+n_m}\frac{\partial \tilde{\boldsymbol{g}}}{\partial \tilde{q}_i}\frac{\partial \tilde{q}_i}{\partial \pi_{v_k}}
\end{aligned} \tag{9-29}
$$

根据动力学参数灵敏度的定义，即无量纲的广义坐标 $\tilde{\boldsymbol{q}}$ 及其导数 $\dot{\tilde{\boldsymbol{q}}}$、$\ddot{\tilde{\boldsymbol{q}}}$ 相对于动力学参数 π 群的变化率，可以定义描述动力学参数灵敏度的变量为 $\boldsymbol{z}=\frac{\partial \tilde{\boldsymbol{q}}}{\partial \pi_{v_k}}$，根据式（9-29）可以得到如下关于 z 的二阶微分方程组

$$
\frac{\mathrm{d}^2 \boldsymbol{z}}{\mathrm{d}\tilde{t}^2}=\boldsymbol{A}_z\boldsymbol{z}+\boldsymbol{B}_z\frac{\mathrm{d}\boldsymbol{z}}{\mathrm{d}\tilde{t}}+\boldsymbol{c}_z \tag{9-30}
$$

式中

$$
\boldsymbol{A}_z=\left[\boldsymbol{A}_{z,1},\boldsymbol{A}_{z,2},\cdots,\boldsymbol{A}_{z,n_b+n_m}\right] \tag{9-31}
$$

$$
\boldsymbol{A}_{z,i}=\frac{\partial \widetilde{\boldsymbol{H}}}{\partial \tilde{q}_i}\widetilde{\boldsymbol{H}}^{-1}\left(\tilde{\boldsymbol{c}}+\tilde{\boldsymbol{g}}-\tilde{\boldsymbol{\mathcal{F}}}\right)-\widetilde{\boldsymbol{H}}^{-1}\frac{\partial\left(\tilde{\boldsymbol{c}}+\tilde{\boldsymbol{g}}\right)}{\partial \tilde{q}_i} \tag{9-32}
$$

$$
\boldsymbol{B}_z=\left[-\widetilde{\boldsymbol{H}}^{-1}\frac{\partial \tilde{\boldsymbol{c}}}{\partial \tilde{q}_1},-\widetilde{\boldsymbol{H}}^{-1}\frac{\partial \tilde{\boldsymbol{c}}}{\partial \tilde{q}_2},\cdots,-\widetilde{\boldsymbol{H}}^{-1}\frac{\partial \tilde{\boldsymbol{c}}}{\partial \tilde{q}_{n_b+b_m}}\right] \tag{9-33}
$$

$$
\boldsymbol{c}_z=\widetilde{\boldsymbol{H}}^{-1}\frac{\partial \widetilde{\boldsymbol{H}}}{\partial \pi_{v_k}}\widetilde{\boldsymbol{H}}^{-1}\left(\tilde{\boldsymbol{c}}+\tilde{\boldsymbol{g}}-\tilde{\boldsymbol{\mathcal{F}}}\right)-\widetilde{\boldsymbol{H}}^{-1}\frac{\partial\left(\tilde{\boldsymbol{c}}+\tilde{\boldsymbol{g}}\right)}{\partial \pi_{v_k}} \tag{9-34}
$$

给定式（9-30）以及 $\boldsymbol{z}$ 和 $\dot{\boldsymbol{z}}$ 的初值，$\boldsymbol{z}$ 和 $\dot{\boldsymbol{z}}$（即 $\frac{\partial \tilde{\boldsymbol{q}}}{\partial \pi_{v_k}}$ 和 $\frac{\partial \dot{\boldsymbol{q}}}{\partial \pi_{v_k}}$）的解可以通过数值积分得到。使用近似关系 $\frac{\partial \tilde{\boldsymbol{q}}}{\partial \pi_{v_k}}\approx\frac{\Delta \tilde{\boldsymbol{q}}}{\Delta \pi_{v_k}}$ 和 $\frac{\partial \dot{\boldsymbol{q}}}{\partial \pi_{v_k}}\approx\frac{\Delta \dot{\boldsymbol{q}}}{\Delta \pi_{v_k}}$，由于 π 群的偏差 $\Delta\pi_{v_k}$ 导致的 $\tilde{\boldsymbol{q}}$ 和 $\dot{\tilde{\boldsymbol{q}}}$ 的变化可以通过下式计算得到

$$
\Delta\tilde{\boldsymbol{q}}\approx\frac{\partial \tilde{\boldsymbol{q}}}{\partial \pi_{v_k}}\Delta\pi_{v_k},\Delta\dot{\tilde{\boldsymbol{q}}}\approx\frac{\partial \dot{\boldsymbol{q}}}{\partial \pi_{v_k}}\Delta\pi_{v_k} \tag{9-35}
$$

值得注意的是，式（9-30）虽然形式简单，但其系数中的一些项并不容易计算，这些项主要包括

$$
\frac{\partial \widetilde{\boldsymbol{H}}}{\partial \tilde{q}_i},\frac{\partial\left(\tilde{\boldsymbol{c}}+\tilde{\boldsymbol{g}}\right)}{\partial \tilde{q}_i},\frac{\partial \tilde{\boldsymbol{c}}}{\partial \dot{\tilde{q}}_i},\frac{\partial \widetilde{\boldsymbol{H}}}{\partial \pi_{v_k}},\frac{\partial\left(\tilde{\boldsymbol{c}}+\tilde{\boldsymbol{g}}\right)}{\partial \pi_{v_k}}
$$

为此，本章提出了改进递归牛顿–欧拉算法，如表 9-3 所示，对上述计算困难项进行求解[6]。

表 9-3 改进递归牛顿-欧拉算法

算法 9-1：改进的递归牛顿-欧拉算法
1. 定义 $\dfrac{\partial \mathcal{F}}{\partial \pi_i} = \boldsymbol{T}_1\left(\tilde{\boldsymbol{q}},\dot{\tilde{\boldsymbol{q}}},\ddot{\tilde{\boldsymbol{q}}}\right) \triangleq \dfrac{\partial \widetilde{\boldsymbol{H}}}{\partial \pi_i}\ddot{\tilde{\boldsymbol{q}}} + \dfrac{\partial\left(\tilde{\boldsymbol{c}}\left(\tilde{\boldsymbol{q}},\dot{\tilde{\boldsymbol{q}}}\right)+\tilde{\boldsymbol{g}}\left(\tilde{\boldsymbol{q}}\right)\right)}{\partial \pi_i}$，则
• $\dfrac{\partial\left(\tilde{\boldsymbol{c}}\left(\tilde{\boldsymbol{q}},\dot{\tilde{\boldsymbol{q}}}\right)+\tilde{\boldsymbol{g}}\left(\tilde{\boldsymbol{q}}\right)\right)}{\partial \pi_i} = \boldsymbol{T}_1\left(\tilde{\boldsymbol{q}},\dot{\tilde{\boldsymbol{q}}},\boldsymbol{0}\right)$
• $\dfrac{\partial \widetilde{\boldsymbol{H}}}{\partial \pi_i}$ 的第 k 列 $\left(\dfrac{\partial \widetilde{\boldsymbol{H}}}{\partial \pi_i}\right)_k = \boldsymbol{T}_1\left(\tilde{\boldsymbol{q}},\boldsymbol{0},\boldsymbol{e}_k\right)$，其中 $\boldsymbol{g}=\boldsymbol{0},\boldsymbol{e}_k$ 的第 k 个元素为 1，其他为 0
2. 定义 $\dfrac{\partial \mathcal{F}}{\partial \tilde{q}_i} = \boldsymbol{T}_2\left(\tilde{\boldsymbol{q}},\dot{\tilde{\boldsymbol{q}}},\ddot{\tilde{\boldsymbol{q}}}\right) \triangleq \dfrac{\partial \widetilde{\boldsymbol{H}}}{\partial q_i}\ddot{\tilde{\boldsymbol{q}}} + \dfrac{\partial\left(\tilde{\boldsymbol{c}}\left(\tilde{\boldsymbol{q}},\dot{\tilde{\boldsymbol{q}}}\right)+\tilde{\boldsymbol{g}}\left(\tilde{\boldsymbol{q}}\right)\right)}{\partial q_i}$，则
• $\dfrac{\partial\left(\tilde{\boldsymbol{c}}\left(\tilde{\boldsymbol{q}},\dot{\tilde{\boldsymbol{q}}}\right)+\tilde{\boldsymbol{g}}\left(\tilde{\boldsymbol{q}}\right)\right)}{\partial \tilde{q}_i} = \boldsymbol{T}_2\left(\tilde{\boldsymbol{q}},\dot{\tilde{\boldsymbol{q}}},\boldsymbol{0}\right)$
• $\dfrac{\partial \widetilde{\boldsymbol{H}}}{\partial \tilde{q}_i}$ 的第 k 列 $\left(\dfrac{\partial \widetilde{\boldsymbol{H}}}{\partial q_i}\right)_k = \boldsymbol{T}_2\left(\tilde{\boldsymbol{q}},\boldsymbol{0},\boldsymbol{e}_k\right)$，其中 $\boldsymbol{g}=\boldsymbol{0},\boldsymbol{e}_k$ 的第 k 个元素为 1，其他为 0
3. 定义 $\dfrac{\partial \mathcal{F}}{\partial \dot{\tilde{q}}_i} = \boldsymbol{T}_3\left(\tilde{\boldsymbol{q}},\dot{\tilde{\boldsymbol{q}}}\right) \triangleq \dfrac{\partial \widetilde{\boldsymbol{H}}}{\partial \dot{\tilde{q}}_i}\ddot{\tilde{\boldsymbol{q}}} + \dfrac{\partial\left(\tilde{\boldsymbol{c}}\left(\tilde{\boldsymbol{q}},\dot{\tilde{\boldsymbol{q}}}\right)+\tilde{\boldsymbol{g}}\left(\tilde{\boldsymbol{q}}\right)\right)}{\partial \dot{\tilde{q}}_i} = \dfrac{\partial\left(\tilde{\boldsymbol{c}}\left(\tilde{\boldsymbol{q}},\dot{\tilde{\boldsymbol{q}}}\right)\right)}{\partial \dot{\tilde{q}}_i}$ 则
• $\dfrac{\partial\left(\tilde{\boldsymbol{c}}\left(\tilde{\boldsymbol{q}},\dot{\tilde{\boldsymbol{q}}}\right)\right)}{\partial \dot{\tilde{q}}_i} = \boldsymbol{T}_3\left(\tilde{\boldsymbol{q}},\dot{\tilde{\boldsymbol{q}}}\right)$

在使用地面机器人验证空间机器人性能的过程中，如果地面机器人和空间机器人满足动力学等效条件，则地面机器人实时的运动测量可以作为空间机器人反馈控制器计算中对应的真实运动状态来对待。因而，本小节提出的灵敏性分析可以评估动力学参数 π 群出现偏差对地面机器人验证空间机器人控制器有效性的影响。在设计和研制地面机器人实验系统前，灵敏性分析结果可以用于确定哪些动力学参数出现偏差对系统运动影响较大，从而确定在设计与研制时哪些参数应该追求更高的精度。同时，地面机器人由于重力影响、基座缺少足够的自由度以及不可避免的制造误差导致动力学参数 π 群出现偏差时，灵敏性分析结果也可以定量地确定地面机器人运动由此偏离动力学等效条件要求运动的大小。

9.3 机器人控制相似律设计方法

本节基于 Π 理论建立空间机器人和地面机器人的控制相似律，将设计的空间机器人的控制器经过控制相似律转化后施加在地面机器人上，则空间机器人的控制器性能可以通过地面机器人进行验证。当然，最理想的情形是地面机器人和空间机器人首先满足动力学等效条件，或者在一定动力学不等效误差范围内接受控制器性能的验证结果。针对地面机器人偏离动力学等效条件的情形，本节也提出一种地面机器人的误差补偿策略，使得地面机器人和空间机器人具有等效的闭环动力学行为，从而空间机器人的控制器性能可以在地面机器人上进行验证。

9.3.1 控制相似律设计准则

为了在地面机器人上验证空间机器人的控制器，需要按照一定的规律将空间机器人的控制器转化为要施加在地面机器人上的控制器，保证地面机器人和空间机器人的闭环系统具有等效的动力学行为。本小节基于Π理论研究空间机器人和地面机器人之间的控制相似律，给定空间机器人控制器后，根据控制相似律确定地面机器人的控制器参数，使得两个机器人具有等效的闭环动力学行为。

假设空间机器人一般的控制器具有如下r个控制参数

$$\boldsymbol{\Phi}=(\phi_1,\phi_2,\cdots,\phi_r) \tag{9-36}$$

控制器参数ϕ_i的量纲满足如下关系

$$[\phi_i]=[M]^{N_{k4}}[L]^{N_{k5}}[T]^{N_{k6}}[K]^{N_{k7}}[A]^{N_{k8}}[I_v]^{N_{k9}} \tag{9-37}$$

式（9-37）右边从左到右依次为国际单位制（SI）中六个基本物理量的量纲：质量$[M]$、长度$[L]$、时间$[T]$、温度$[K]$、电流$[A]$和光强I_v[3]。

为了保证空间机器人和地面机器人具有等效的闭环动力学行为，使用相同的基参数（即$m_0,(J_0)_{zz}\ \Omega$）以及特定取值的温度ζ、电流A_0与光强Ψ计算控制参数的π群，即

$$\pi_{\phi i}=\frac{\phi_r}{m_0^{N_{k4}}l^{N_{k5}}\Omega^{-N_{k6}}\zeta^{N_{k7}}A_0^{N_{k8}}\Psi^{N_{k9}}} \tag{9-38}$$

式中：无量纲的整数$N_{k4}\sim N_{k9}$的取值可以通过观察或者求解类似式（9-23）的方程得到。使两个动力学系统的控制器参数的π群一一对应相等，称为控制相似律[6-7]。如果空间机器人和地面机器人本身已经满足动力学等效条件，一旦二者的控制器满足控制相似律，则两个系统的闭环动力学相关的所有参数的π群都相等。根据Π理论，空间机器人和地面机器人具有等效的闭环动力学行为，意味着空间机器人的控制器可以在地面机器人上进行验证。

9.3.2 PID 控制相似律设计

本小节以 PID 控制器为例，基于上述控制相似律准则要求，给出空间机器人和地面机器人的关节 PID 控制相似律。

一般地，机器人机械臂第i个关节的 PID 控制器可以表示为

$$\tau_i(t)=k_{P_i}e_i(t)+k_{I_i}\int_{t_0}^{t}e_i(\tau)\mathrm{d}\tau+k_{D_i}\dot{e}_i(t),i=1,2,\cdots,n \tag{9-39}$$

式中：k_{P_i}、k_{I_i}、k_{D_i}分别为 PID 控制器比例、积分、微分增益；$e_i(t)=\theta_i^d(t)-\theta_i(t)$为关节位移跟踪误差。

关节控制力矩的量纲是$[M][L]^2[T]^{-2}$，以及$e_i(t)$、$\int_{t0}^{t}e_i(\tau)\mathrm{d}\tau$和$\dot{e}_i(t)$三项的量纲分别是 1、$[T]$和$[T]^{-1}$。为保持量纲一致，控制参数$k_{P_i}$、$k_{I_i}$、$k_{D_i}$的量纲分别为

$[M][L]^2[T]^{-2}$、$[M][L]^2[T]^{-3}$、$[M][L]^2[T]^{-1}$。因此，机械臂关节 PID 控制器参数对应的π群可以由下式得到

$$\pi_{k_{P_i}} = \frac{k_{P_i}}{m_0 l^2 \Omega^2}, \pi_{k_{I_i}} = \frac{k_{I_i}}{m_0 l^2 \Omega^3}, \pi_{k_{D_i}} = \frac{k_{D_i}}{m_0 l^2 \Omega} \tag{9-40}$$

为满足控制相似律，采用式（9-40）分别计算空间机器人和地面机器人 PID 控制器参数对应的π群，并使其相等。

9.3.3 滑模控制相似律设计

本小节以滑模控制器为例，给出空间机器人和地面机器人的关节滑模控制相似律。

由机器人动力学方程可以得到如下关于关节变量$\boldsymbol{x} = \left[\boldsymbol{\theta}^{\mathrm{T}}, \dot{\boldsymbol{\theta}}^{\mathrm{T}}\right]^{\mathrm{T}} \in \mathbb{R}^{2n}$一般形式的一阶的状态方程

$$\dot{\boldsymbol{x}} = \boldsymbol{f}(\boldsymbol{x}) + \boldsymbol{B}(\boldsymbol{x})\boldsymbol{\tau} \tag{9-41}$$

定义如下关于关节变量的滑模面

$$s_i(\boldsymbol{x}, t) = \tilde{x}_{n+i} + \lambda_i \tilde{x}_i, i = 1, 2, \cdots, n \tag{9-42}$$

式中：$\tilde{\boldsymbol{x}} = \boldsymbol{x}^{\mathrm{d}} - \boldsymbol{x}$为关节变量的跟踪误差。

根据文献[9]，滑模控制器中的等价控制计算为

$$\boldsymbol{\tau}_{\mathrm{eq}} = (\boldsymbol{\Theta}\boldsymbol{B})^{-1}\left(-\boldsymbol{\Theta}\boldsymbol{f} + \boldsymbol{\Theta}\dot{\boldsymbol{x}}^{d}\right) \tag{9-43}$$

式中

$$\boldsymbol{\Theta} = \left[\mathrm{diag}\{\lambda_1, \lambda_2, \cdots, \lambda_n\}, \boldsymbol{E}_n\right]$$

为了将关节运动状态控制到滑模面上，同时避免“抖振”现象，将关节i上的滑模控制输入设计为

$$\boldsymbol{\tau}_{\mathrm{c}} = \boldsymbol{\tau}_{\mathrm{eq}} + (\boldsymbol{\Theta}\boldsymbol{B})^{-1}\boldsymbol{K}\mathrm{sat}\left(\frac{s}{\Delta}\right) \tag{9-44}$$

式中：$\boldsymbol{K} = \mathrm{diag}\{k_1, k_2, \cdots, k_n\}$，$k_i$是取值为正的控制参数；$\Delta_i$为滑模面边界层的厚度，有

$$\mathrm{sat}\left(\frac{s_i}{\Delta_i}\right) = \begin{cases} 1, & s_i/\Delta_i > 1 \\ s_i/\Delta_i, & -1 \leqslant s_i/\Delta_i \leqslant 1 \\ -1, & s_i/\Delta_i < -1 \end{cases} \tag{9-45}$$

由式（9-45）可知，空间机器人和地面机器人的滑模控制器的控制参数包括

$$\boldsymbol{\Phi} = (\lambda_1, \lambda_2, \cdots, \lambda_n, k_1, k_2, \cdots, k_n, \Delta_1, \Delta_2, \cdots, \Delta_n) \tag{9-46}$$

为了保证方程式（9-42）、式（9-44）、式（9-45）中的量纲一致性，可以确定空间机器人和地面机器人的滑模控制器控制参数λ_i、k_i、Δ_i的量纲分别为

$[T]^{-1}$、$[T]^{-2}$、$[T]^{-1}$。相应地，滑模控制器控制参数的π群可以通过下式计算得到

$$\pi_{\lambda_i}=\frac{\lambda_i}{\Omega},\pi_{k_i}=\frac{k_i}{\Omega^2},\pi_{\Delta_i}=\frac{\Delta_i}{\Omega} \tag{9-47}$$

为满足控制相似律，采用式（9-47）分别计算空间机器人和地面机器人滑模控制器参数对应的π群，并使其相等。

9.3.4 动力学等效误差补偿策略

综合以上动力学等效条件和控制相似律设计的分析，我们先后提出了空间机器人和地面机器人的四类π群，它们分别与基座动力学参数、机械臂动力学参数、重力加速度以及控制器参数相关。通过使两个机器人系统的所有π群一一对应相等，可以使得两个机器人具有等效的闭环动力学行为，从而空间机器人的控制器可以进行相似变换后在相应的地面机器人上进行实验验证。然而，由于空间机器人和地面机器人基座运动自由度、重力环境不同，以及加工制造误差等因素，使得空间机器人和地面机器人的一些相关的π群无法相等，本小节基于反馈线性化技术提出一种地面机器人的动力学误差补偿策略，使得地面机器人的闭环动力学与空间机器人应用其给定控制器后的闭环动力学等效，从而可以在地面机器人上检验和验证空间机器人控制器的有效性。

对于自由漂浮空间机器人，其基座不受外力和外力矩作用（即$\boldsymbol{F}_{\mathrm{b}}=\boldsymbol{0}$）。从自由漂浮空间机器人的动力学方程式（9-21）中消除基座线/角加速度，可以得到

$$\boldsymbol{\tau}_{\mathrm{S}}=\bar{\boldsymbol{H}}_{\mathrm{S}}(\boldsymbol{q}_{\mathrm{S}})\ddot{\boldsymbol{\theta}}_{\mathrm{S}}+\bar{\boldsymbol{c}}_{\mathrm{S}}(\boldsymbol{q}_{\mathrm{S}},\dot{\boldsymbol{q}}_{\mathrm{S}}) \tag{9-48}$$

式中：下标“S”代表空间机器人；$\boldsymbol{q}_{\mathrm{S}}=\left[\boldsymbol{x}_{\mathrm{b,S}}^{\mathrm{T}},\boldsymbol{\theta}_{\mathrm{S}}^{\mathrm{T}}\right]^{\mathrm{T}}\in\mathbb{R}^{n+6}$为空间机器人的广义坐标集合，以及

$$\bar{\boldsymbol{H}}_{\mathrm{S}}(\boldsymbol{q}_{\mathrm{S}})=\boldsymbol{H}_{\mathrm{mm,S}}-\boldsymbol{H}_{\mathrm{bm,S}}^{\mathrm{T}}\boldsymbol{H}^{-1}{}_{\mathrm{bb,S}}\boldsymbol{H}_{\mathrm{bm,S}} \tag{9-49}$$

$$\bar{\boldsymbol{c}}_{\mathrm{S}}(\boldsymbol{q}_{\mathrm{S}},\dot{\boldsymbol{q}}_{\mathrm{S}})=\boldsymbol{c}_{\mathrm{m,S}}-\boldsymbol{H}_{\mathrm{bm,S}}^{\mathrm{T}}\boldsymbol{H}_{\mathrm{bb,S}}^{-1}\boldsymbol{c}_{\mathrm{b,S}} \tag{9-50}$$

类似地，地面机器人消除了基座线/角加速度的动力学方程可以表示为

$$\boldsymbol{\tau}_{\mathrm{G}}=\bar{\boldsymbol{H}}_{\mathrm{G}}(\boldsymbol{q}_{\mathrm{G}})\ddot{\boldsymbol{\theta}}_{\mathrm{G}}+\bar{\boldsymbol{c}}_{\mathrm{G}}(\boldsymbol{q}_{\mathrm{G}},\dot{\boldsymbol{q}}_{\mathrm{G}}) \tag{9-51}$$

式中：下标“G”代表地面机器人；$\boldsymbol{q}_{\mathrm{G}}=\left[\boldsymbol{x}_{\mathrm{b,G}}^{\mathrm{T}},\boldsymbol{\theta}_{\mathrm{G}}^{\mathrm{T}}\right]^{\mathrm{T}}\in\mathbb{R}^{n+3}$为地面机器人的广义坐标集合，以及

$$\bar{\boldsymbol{H}}_{\mathrm{G}}(\boldsymbol{q}_{\mathrm{G}})=\boldsymbol{H}_{\mathrm{mm,G}}-\boldsymbol{H}_{\mathrm{bm,G}}^{\mathrm{T}}\boldsymbol{H}_{\mathrm{bb,G}}^{-1}\boldsymbol{H}_{\mathrm{bm,G}} \tag{9-52}$$

$$\bar{\boldsymbol{c}}_{\mathrm{G}}(\boldsymbol{q}_{\mathrm{G}},\dot{\boldsymbol{q}}_{\mathrm{G}})=(\boldsymbol{c}_{\mathrm{m,G}}+\boldsymbol{g}_{\mathrm{m,G}})-\boldsymbol{H}_{\mathrm{bm,G}}^{\mathrm{T}}\boldsymbol{H}_{\mathrm{bb,G}}^{-1}(\boldsymbol{c}_{\mathrm{b,G}}+\boldsymbol{g}_{\mathrm{b,G}}) \tag{9-53}$$

为了使空间机器人和地面机器人具有等效的动力学行为，应建立空间机器人和地面机器人关节力矩的关系，并使得两个机器人在无量纲的时间上具有相同的关节角变化轨迹，同时引入适当的时间比例因子$\Omega_{\mathrm{G}}/\Omega_{\mathrm{S}}$，从而确保在地面机器人平台上完整地再现空间机器人期望的任务周期。因此，有

$$\boldsymbol{\theta}_{\mathrm{S}}=\boldsymbol{\theta}_{\mathrm{G}},\dot{\boldsymbol{\theta}}_{\mathrm{S}}=\frac{\mathrm{d}\boldsymbol{\theta}_{\mathrm{S}}}{\mathrm{d}t_{\mathrm{S}}}=\frac{\Omega_{\mathrm{S}}}{\Omega_{\mathrm{G}}}\cdot\left(\frac{\mathrm{d}\boldsymbol{\theta}_{\mathrm{G}}}{\mathrm{d}t_{\mathrm{G}}}\right)=\frac{\Omega_{\mathrm{S}}}{\Omega_{\mathrm{G}}}\dot{\boldsymbol{\theta}}_{\mathrm{G}} \tag{9-54}$$

同时，因为自由漂浮空间机器人满足动量守恒定理，得到关节速度后其基座速度可以通过下式计算得到[10]

$$\dot{\boldsymbol{x}}_{\mathrm{b,S}}=-\boldsymbol{H}_{\mathrm{bb,S}}^{-1}\boldsymbol{H}_{\mathrm{bm,S}}\frac{\Omega_{\mathrm{S}}}{\Omega_{\mathrm{G}}}\dot{\boldsymbol{\theta}}_{\mathrm{G}} \tag{9-55}$$

使用地面机器人验证空间机器人控制器，地面机器人的关节角和角速度$\boldsymbol{\theta}_{\mathrm{G}}$、$\dot{\boldsymbol{\theta}}_{\mathrm{G}}$可以测量得到，之后$\boldsymbol{\theta}_{\mathrm{S}}$、$\dot{\boldsymbol{\theta}}_{\mathrm{S}}$、$\dot{\boldsymbol{x}}_{\mathrm{b,s}}$和$\boldsymbol{x}_{\mathrm{b,s}}$（由$\dot{\boldsymbol{x}}_{\mathrm{b,s}}$积分得到）可以通过式（9-54）和式（9-55）得到，并在空间机器人控制器计算中作为其真实的运动状态使用。

使用设计的空间机器人控制器计算其关节控制力矩$\boldsymbol{\tau}_{\mathrm{S}}$后，因为惯性矩阵$\bar{\boldsymbol{H}}_{\mathrm{S}}$是可逆的[11]，可以通过式（9-48）计算其对应的关节加速度$\ddot{\boldsymbol{\theta}}_{\mathrm{S}}$，即有

$$\ddot{\boldsymbol{\theta}}_{\mathrm{S}}=\bar{\boldsymbol{H}}_{\mathrm{S}}^{-1}(\boldsymbol{q}_{\mathrm{S}})\cdot\left(\boldsymbol{\tau}_{\mathrm{S}}-\bar{\boldsymbol{c}}_{\mathrm{S}}(\boldsymbol{q}_{\mathrm{S}},\dot{\boldsymbol{q}}_{\mathrm{S}})\right) \tag{9-56}$$

为了使地面机器人产生式（9-54）要求的等效的关节运动，地面机器人的关节加速度设计为

$$\ddot{\boldsymbol{\theta}}_{\mathrm{G}}=\frac{\mathrm{d}^2\boldsymbol{\theta}_{\mathrm{G}}}{\mathrm{d}t_{\mathrm{G}}^2}=\frac{\Omega_{\mathrm{G}}^2}{\Omega_{\mathrm{S}}^2}\frac{\mathrm{d}^2\boldsymbol{\theta}_{\mathrm{S}}}{\mathrm{d}t_{\mathrm{S}}^2}=\frac{\Omega_{\mathrm{G}}^2}{\Omega_{\mathrm{S}}^2}\ddot{\boldsymbol{\theta}}_{\mathrm{S}} \tag{9-57}$$

使用反馈线性化技术[5]，可以设计地面机器人的控制器如下

$$\boldsymbol{\tau}_{\mathrm{G}}=\bar{\boldsymbol{H}}_{\mathrm{G}}(\boldsymbol{q}_{\mathrm{G}})\boldsymbol{\eta}+\bar{\boldsymbol{c}}_{\mathrm{G}}(\boldsymbol{q}_{\mathrm{G}},\dot{\boldsymbol{q}}_{\mathrm{G}}) \tag{9-58}$$

从而保证地面机器人能够跟踪上期望的加速度轨迹。

将式（9-58）代入式（9-51），地面机器人的闭环动力学方程变为如下双积分系统

$$\ddot{\boldsymbol{\theta}}_{\mathrm{G}}=\boldsymbol{\eta} \tag{9-59}$$

式中：$\boldsymbol{\eta}$为线性系统（9-59）的输入。

使用式（9-57）中的关节加速度作为$\boldsymbol{\eta}$，地面机器人的闭环动力学产生与空间机器人等效的关节运动，以及地面机器人的关节力矩可以通过将$\boldsymbol{\eta}$代入式（9-58）计算得到

$$\begin{aligned}\boldsymbol{\tau}_{\mathrm{G}}=&-\frac{\Omega_{\mathrm{G}}^2}{\Omega_{\mathrm{S}}^2}\cdot\bar{\boldsymbol{H}}_{\mathrm{G}}(\boldsymbol{q}_{\mathrm{G}})\cdot\bar{\boldsymbol{H}}_{\mathrm{S}}^{-1}(\boldsymbol{q}_{\mathrm{S}})\cdot\bar{\boldsymbol{c}}_{\mathrm{S}}(\boldsymbol{q}_{\mathrm{S}},\dot{\boldsymbol{q}}_{\mathrm{S}})\\&+\bar{\boldsymbol{c}}_{\mathrm{G}}(\boldsymbol{q}_{\mathrm{G}},\dot{\boldsymbol{q}}_{\mathrm{G}})+\frac{\Omega_{\mathrm{G}}^2}{\Omega_{\mathrm{S}}^2}\cdot\bar{\boldsymbol{H}}_{\mathrm{G}}(\boldsymbol{q}_{\mathrm{G}})\cdot\bar{\boldsymbol{H}}_{\mathrm{S}}^{-1}(\boldsymbol{q}_{\mathrm{S}})\cdot\boldsymbol{\tau}_{\mathrm{S}}\end{aligned} \tag{9-60}$$

式（9-60）给出了$\boldsymbol{\tau}_{\mathrm{G}}$和$\boldsymbol{\tau}_{\mathrm{S}}$的关系式，该关系式使得地面机器人和空间机器人的闭环动力学在产生相同的关节角轨迹意义上是等效的。这样，为空间机器人设计的控制器可以在地面机器人上进行验证。

空间机器人控制地面实验验证流程图如图 9-2 所示，该图给出了在地面机器人

（Ground Manipulator，GM）上验证空间机器人（Space Manipulator，SM）控制器的完整流程。值得指出的是，当两个机器人使用不同的时间尺度时（即 $\Omega_S \neq \Omega_G$），可以引入“采样器”和“零阶保持器”，使得地面机器人运行 Δt_Gs 时空间机器人可以仿真 $\Delta t_s \left(= \dfrac{\Omega_G}{\Omega_S} \Delta t_G\right)$ s，即空间机器人的仿真比地面机器人的实时运行快 $\dfrac{\Omega_G}{\Omega_S}$ 倍，因而一个更长时间的空间机器人任务可以在实验时间更短的地面机器人上进行验证。

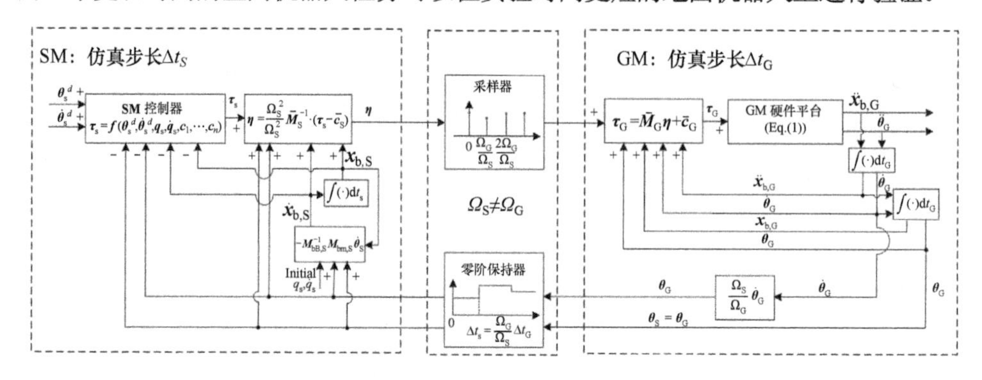

图 9-2 空间机器人控制器地面实验验证流程图

9.4 仿真验证

本节通过仿真案例说明如何根据 9.2 节的动力学等效分析和 9.3 节的控制相似律设计方法，确定与空间机器人动力学等效的地面机器人的动力学参数，进行动力学等效地面机器人的设计和控制相似律的设计，验证所提出的空间机器人和地面机器人动力学等效条件、控制相似律设计准则以及误差补偿策略的有效性。首先，对于给定的空间机器人，根据动力学等效条件设计地面机器人动力学参数。为了验证得到的地面机器人和空间机器人具有尽可能等效的动力学行为，在假设地面机器人不受重力影响并且其基座可以做 6 自由度运动的条件下，基于控制相似律将空间机器人的控制器进行相似变换后作用在地面机器人上，并比较空间机器人和地面机器人的输出。之后，在地面机器人受重力影响并且其基座只具有 3 个自由度的真实情形下，验证设计的地面机器人在动力学误差补偿策略下与受其控制器作用下的空间机器人具有等效的闭环动力学行为（产生相同的关节角轨迹），从而可以在地面机器人上有效检验和验证空间机器人控制器的性能。

9.4.1 机器人参数设计与动力学等效分析仿真

本节仿真案例中空间机器人对象选为与工程试验卫星-7（ETS-Ⅶ）具有相同的运动学和动力学参数[12]，机械臂的构型如图 9-2 所示。真实空间机器人的运动学/动力学参数如表 9-4 所示。

表 9-4 真实空间机器人的运动学/动力学参数

连杆长度						
单位：m	1	2	3	4	5	6
a	0.175	0.435	0.315	0.13	0.14	0.265*
b	0.175	0.435	0.315	0.13	0.14	0.265*
基座惯性参数						
单位：kg	单位：$kg{\cdot}m^2$					
m	I_{xx}	I_{yy}	I_{zz}	I_{xy}	I_{xz}	I_{yz}
2550	6200	3540	7090	48.2	78.5	−29.2
连杆惯性参数						
编号	1	2	3	4	5	6
m	35	22.5	21.9	16.5	26	18.5
I_{xx}	2	3.75	2.53	0.1	0.13	0.3
I_{yy}	2	6	5	0.1	0.2	0.3
I_{zz}	1.69	6	5	0.072	0.2	0.26
* 连杆 6 包含末端执行器；						
** 机械臂在基座的附着点位置在基座本体系下为 $\boldsymbol{b}_{0,\mathrm{S}}=(-0.79,-0.29,1)\mathrm{m}$						

选择 $m_{0,\mathrm{S}}$、$(I_0)_{zz,\mathrm{S}}$、Ω_S 作为空间机器人的基参数，其中，Ω_S 设为 $1\,s^{-1}$，根据表 9-2 可以计算得到空间机器人动力学参数的 π 群，空间机器人动力学参数 π 群取值如表 9-5 所示。

表 9-5 空间机器人动力学参数 π 群取值

连杆长度						
编号	1	2	3	4	5	6
π_a	0.1050	0.2609	0.1889	0.0780	0.0840	0.1589
π_b	0.1050	0.2609	0.1889	0.0780	0.0840	0.1589
基座惯性参数						
π_m	πI_{xx}	πI_{yy}	πI_{zz}	πI_{xy}	πI_{xz}	πI_{yz}
—	0.8745	0.4993	—	0.0068	0.0111	−0.0041
连杆惯性参数						
编号	1	2	3	4	5	6
π_m	0.0137	0.0088	0.0086	0.0065	0.0102	0.0073
$\pi I_{xx}(\times 10^{-3})$	0.2821	0.5289	0.3568	0.0141	0.0183	0.0423
$\pi I_{yy}(\times 10^{-3})$	0.2821	0.8463	0.7052	0.0141	0.0282	0.0423
$\pi I_{zz}(\times 10^{-3})$	0.2384	0.8463	0.7052	0.0102	0.0282	0.0367
$^*\pi_{(b_0)_x,\mathrm{S}}=-0.474,\pi_{(b_0)_y,\mathrm{S}}=-0.174,\pi_{(b_0)_z,\mathrm{S}}=0.60$						

为了设计与空间机器人动力学等效的地面机器人，选取 $m_{0,\mathrm{G}}=20\mathrm{kg}$，$(I_0)_{zz,\mathrm{G}}=20\mathrm{kg\cdot m^2}$，以及 $\Omega_\mathrm{G}=2\mathrm{s}^{-1}$ 作为地面机器人的基参数。Ω_G 的取值需要考虑地面机器人设备能够运行的实验时间，使得时间比例因子 $\Omega_\mathrm{G}/\Omega_\mathrm{S}$ 足够大，从而确保地面机器人能够验证完整的空间机器人任务。根据动力学等效条件，使地面机器人和空间机器人动力学参数的 π 群（表 9-5）相等，从而可以确定地面机器人的运动学/动力学参数取值如表 9-6 所示。

表 9-6 地面机器人的运动学/动力学参数取值

连杆长度						
单位：m	1	2	3	4	5	6
a	0.1050	0.2609	0.1889	0.0780	0.0840	0.1589
b	0.1050	0.2609	0.1889	0.0780	0.0840	0.1589
基座惯性参数						
单位：kg	单位：$\mathrm{kg\cdot m^2}$					
m	I_{xx}	I_{yy}	I_{zz}	I_{xy}	I_{xz}	I_{yz}
20	17.490	9.986	20	0.136	0.222	−0.082
连杆惯性参数						
编号	1	2	3	4	5	6
m	0.2745	0.1765	0.1718	0.1294	0.2039	0.1451
I_{xx}	0.0056	0.0106	0.0071	0.0003	0.0004	0.0008
I_{yy}	0.0056	0.0169	0.0141	0.0003	0.0006	0.0008
I_{zz}	0.0048	0.0169	0.0141	0.0002	0.0006	0.0007
机械臂在基座的附着点位置在基座本体系下为 $\boldsymbol{b}_{0,\mathrm{G}}=(-0.474,-0.174,0.60)\mathrm{m}$						

以 ETS-Ⅶ为例，其运动对动力学参数偏差的灵敏性使用 9.2.3 节的式（9-30）~式（9-35）和所提出的修正的递归牛顿–欧拉算法（算法 9-1）进行计算。

在不失一般性的情况下，选择基座质量 m_0、重力加速度 g 和连杆 1 长度 $(a_1)_z$ 作为三个典型的动态参数来说明这三个参数的误差会引起多大的系统运动偏差。假设一组幅度为 1N、1N·m 和 10^{-3} N·m 的阶跃输入分别作为基座推力、基座力矩和关节力矩施加到系统上。z 和 $\dot{z}$ 的初始值都被设定为 $10^{-4}\times\mathbf{1}_{12}$，其中，$\mathbf{1}_{12}\in\mathbb{R}^{12}$ 的所有元素都是 1。无量纲系统运动量对基座质量、重力、连杆 1 长度的灵敏性变化曲线如图 9-3 所示。

可以看出，重力参数的误差比连杆 1 长度的误差引起的系统运动偏差要更大，引起系统运动偏差最小的是基座质量的误差。这意味着，为了减少系统的运动偏差和满足动力学等效条件，我们应该把重点放在地面创造良好的微重力环境上（因此，如 9.4.2 小节所示，需要较大的额外控制输入来补偿重力影响）。为了同一目的，我们应该追求更高精度的连杆 1 长度，而非基座质量。

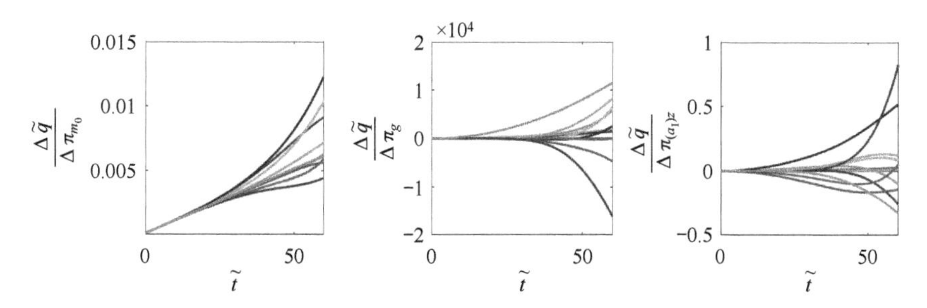

图 9-3　无量纲系统运动对基座质量、重力、连杆 1 长度的灵敏性变化曲线

为了证明提出的灵敏性分析方法的正确性，基座质心位置和基座姿态对基座质量和重力的灵敏性如图 9-4 所示。

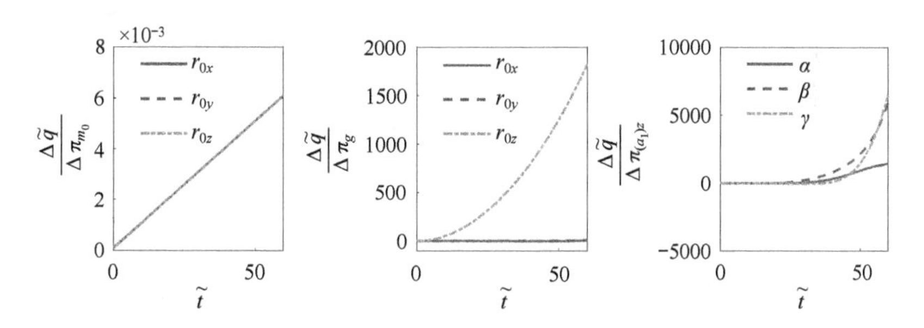

图 9-4　基座质心位置和基座姿态对基座质量和重力的灵敏性

可以看出，基座质量的偏差会导致沿三个惯性轴方向产生相同的基座质心位置的平移偏差，而重力偏差在重力方向（即惯性 Z 轴）上，相比与其他两个方向上，会引起明显较大的基座质心位置偏差和较小的基座姿态偏差。其中，(α,β,γ)表示“ zyx ”顺序的姿态欧拉角。

9.4.2　控制相似律设计仿真

空间机器人和地面机器人的动力学等效性可以通过给两个机器人系统分别施加满足控制相似律的关节控制器并比较两个机器人的关节角轨迹进行验证。以 PID 控制器和滑模控制器为例，满足控制相似律式（9-40）和式（9-47）的空间机器人和地面机器人的 PID 控制器和滑模控制器参数取值分别如表 9-7 和表 9-8 所示。

表 9-7　空间机器人和地面机器人的 PID 控制器参数取值

	空间机器人						地面机器人					
k_{P_i}	100	100	100	30	30	20	1.128	1.128	1.128	0.339	0.339	0.226
k_{I_i}	2	2	2	1	1	1	0.045	0.045	0.045	0.023	0.023	0.023
k_{D_i}	80	80	80	30	30	10	0.451	0.451	0.451	0.169	0.169	0.056

表 9-8　空间机器人和地面机器人的滑模控制器参数取值

	空间机器人						地面机器人					
λ_i	2	2	2	2	2	2	4	4	4	4	4	4
k_i	10	10	10	10	10	10	40	40	40	40	40	40
Δ_i	2	2	2	2	2	2	4	4	4	4	4	4

假设使用 PID 和滑模控制器时空间机器人和地面机器人各关节的期望值为 $\theta^{\mathrm{d}}=\left[\frac{\pi}{2},\frac{\pi}{6},\frac{\pi}{4},-\frac{\pi}{2},-\frac{\pi}{4},\frac{\pi}{3}\right]^{\mathrm{T}}$，空间机器人和地面机器人的关节角运动轨迹如图 9-5 所示，其中，曲线“S_{ji}/G_{ji}”分别代表空间机器人和地面机器人第 i 个关节角变化轨迹。空间机器人和地面机器人的关节角均方根（Root Mean Squares, RMS）误差如图 9-6 所示，其计算公式为

$$\delta=\sqrt{\frac{\sum_{i=1}^{n_m=6}\left(\theta_{i,\mathrm{G}}-\theta_{i,\mathrm{S}}\right)^2}{n_m}} \tag{9-61}$$

可以看出，空间机器人和地面机器人 6 个关节角之间的均方根误差均小于 $3\times10^{-15}\,\mathrm{rad}$，这表明两个机器人系统具有相同的关节角运动轨迹，意味着两个机器人是动力学等效的。值得指出的是，因为设置了时间比例因子 $\Omega_{\mathrm{G}}/\Omega_{\mathrm{S}}=2$，地面机器人只花费了一半的时间就产生了与空间机器人相同的关节角轨迹。

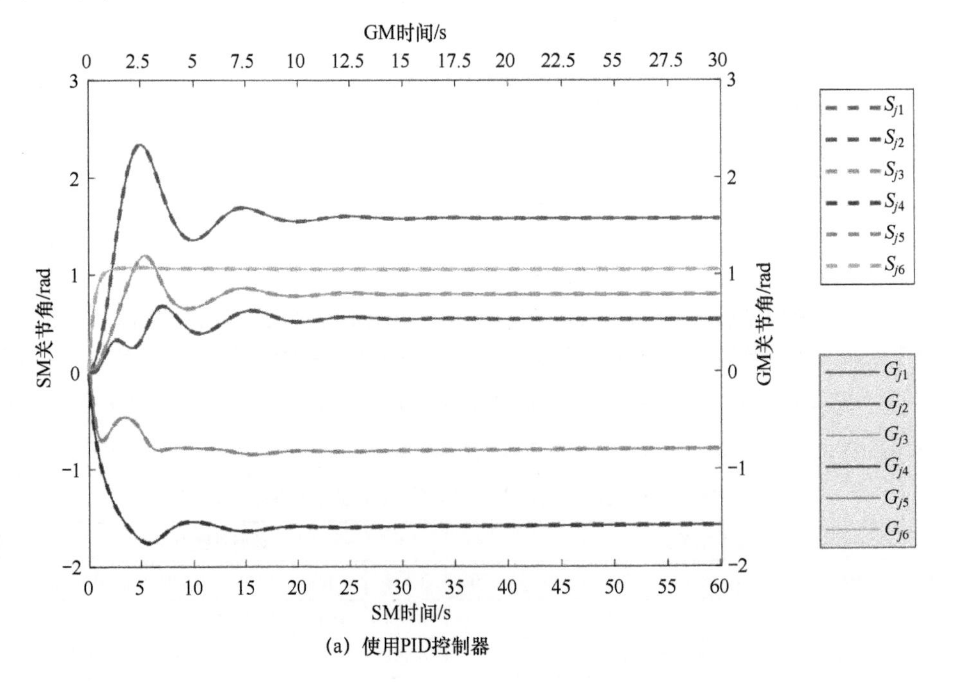

(a) 使用PID控制器

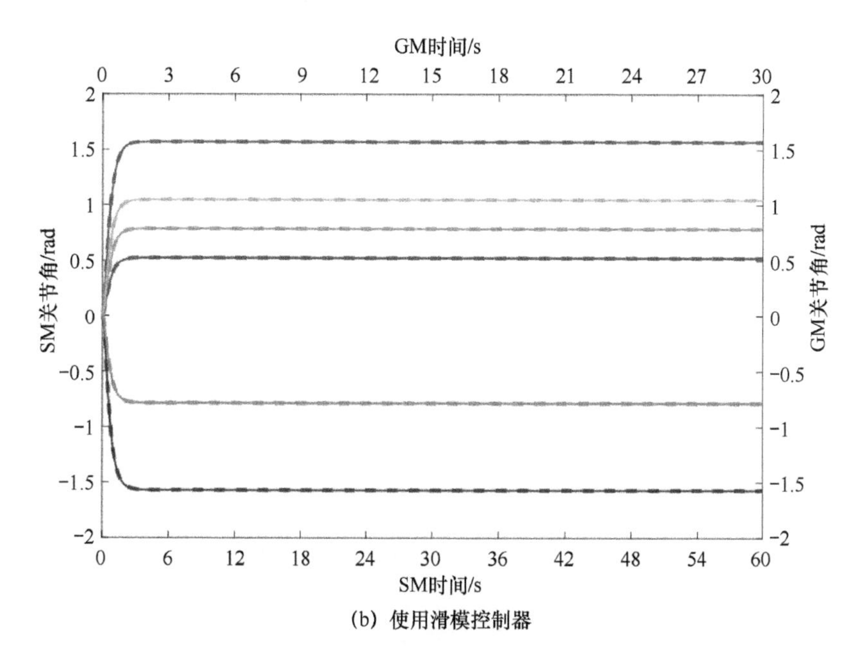

(b) 使用滑模控制器

图 9-5 空间机器人和地面机器人的关节角运动轨迹

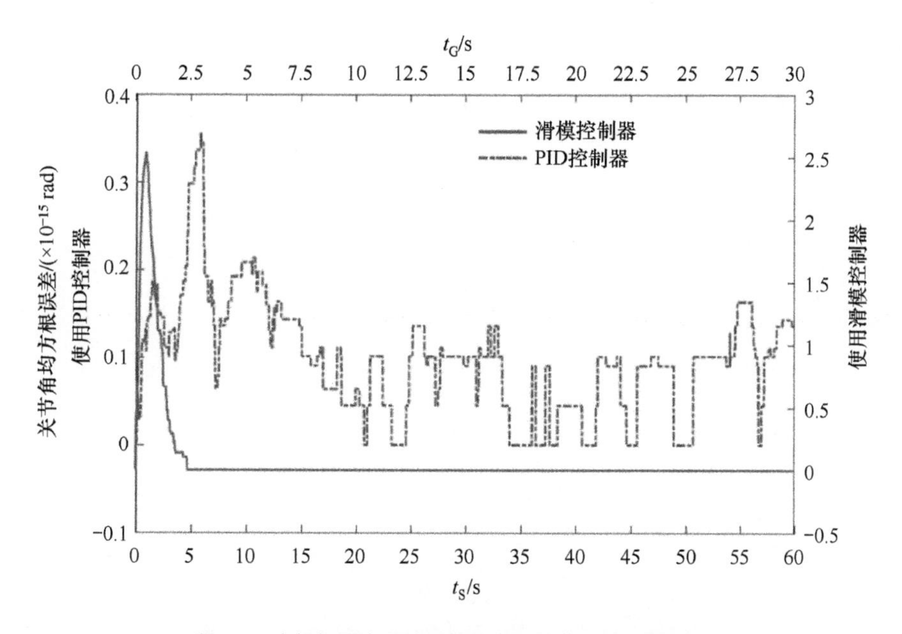

图 9-6 空间机器人和地面机器人的关节角均方根误差

空间机器人和地面机器人有/无量纲的基座质心位移变化曲线分别如图 9-7 和

图 9-8 所示，其中，曲线“$Sr_{0_{x,y,z}} / Gr_{0_{x,y,z}}$”分别表示空间/地面机器人的基座质心位置变化曲线。因为两个机器人是动力学等效的，如图 9-7 所示，它们基座质心真实的位移表现出了相似的变化趋势。

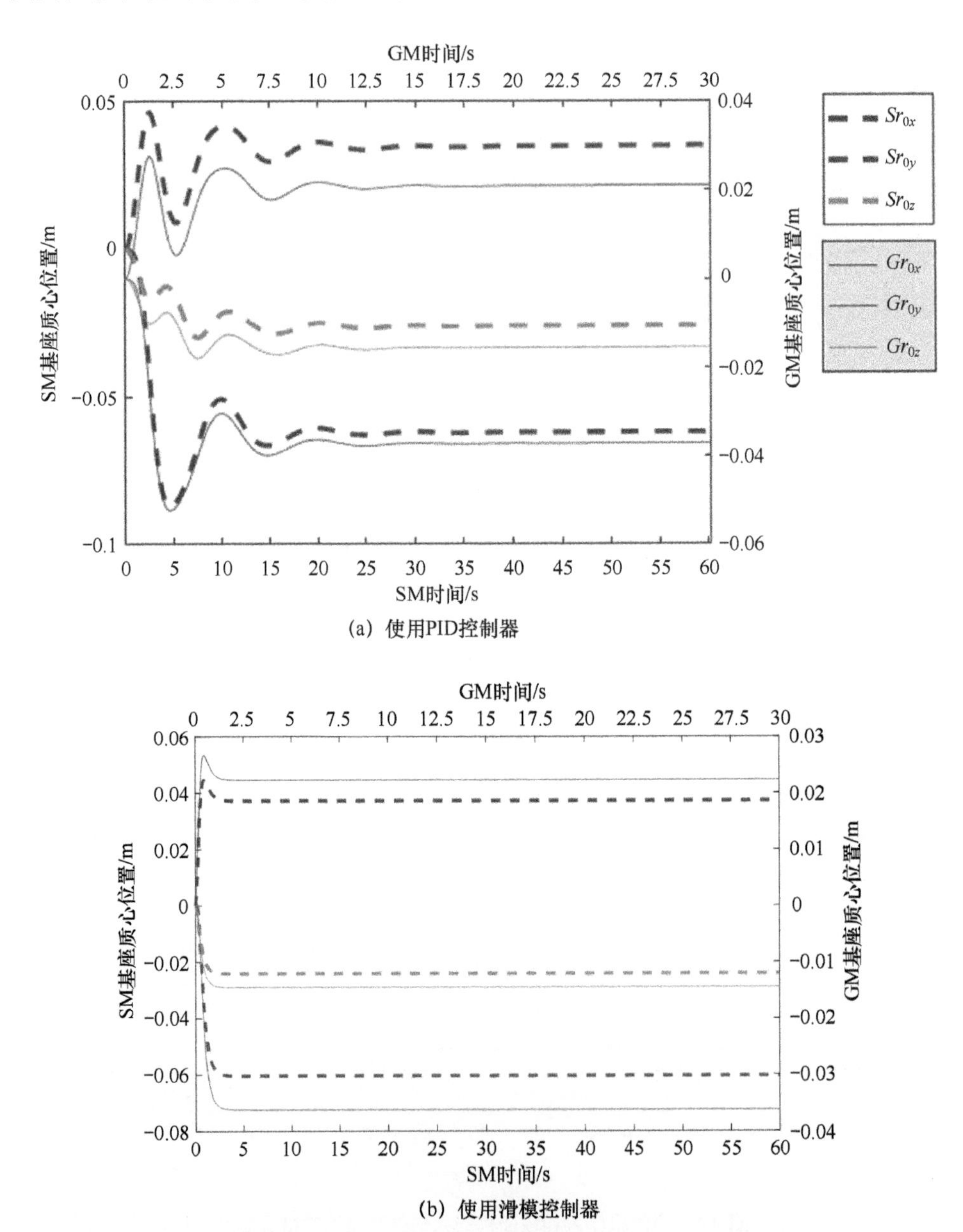

(a) 使用PID控制器

(b) 使用滑模控制器

图 9-7 空间机器人和地面机器人有量纲的基座质心位移变化曲线

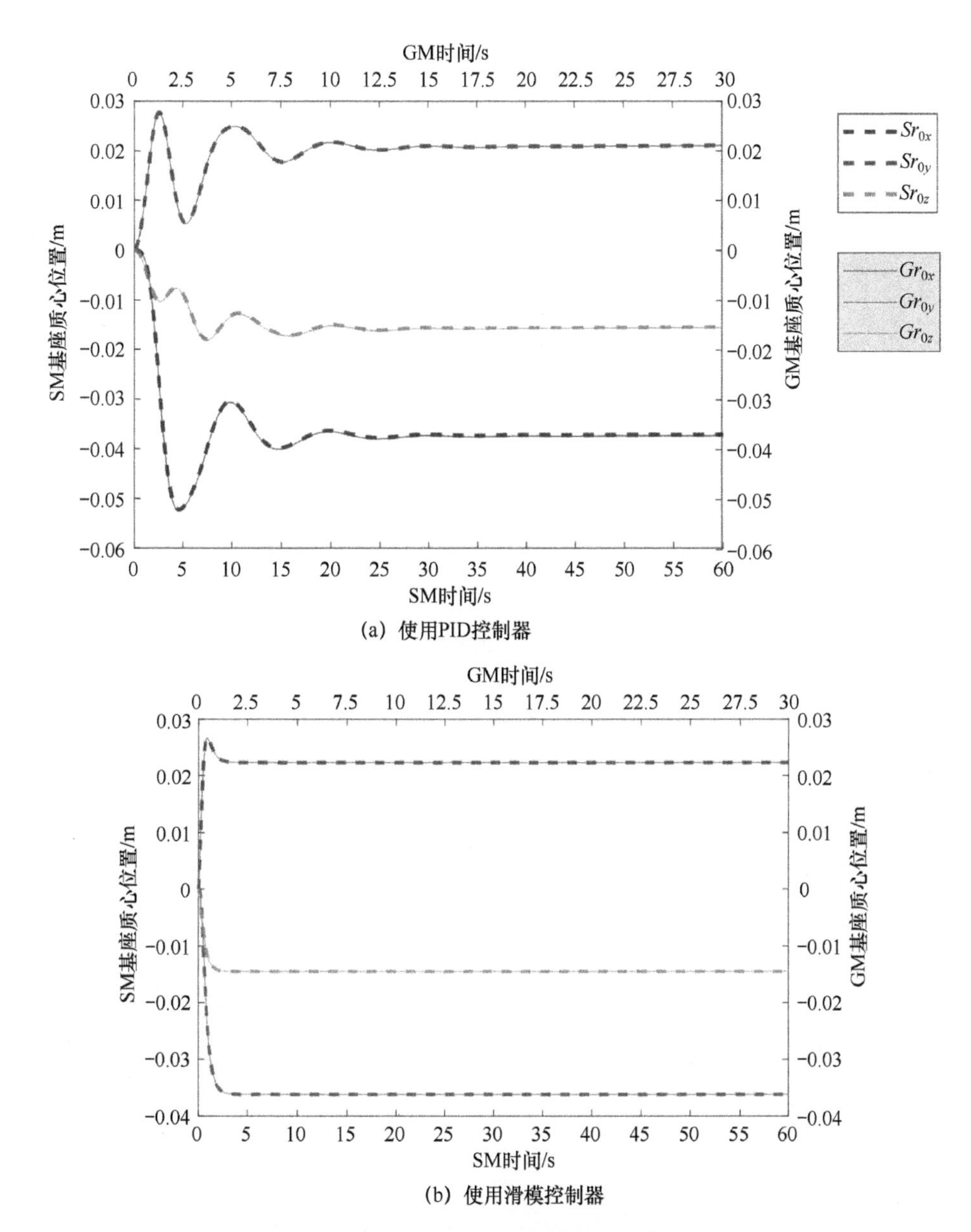

(a) 使用PID控制器

(b) 使用滑模控制器

图9-8 空间机器人和地面机器人无量纲的基座质心位移变化曲线

此外，空间机器人和地面机器人基座质心无量纲位移均方根误差如图9-9所示，该误差小于4×10^{-13}，可以认为两个机器人无量纲的基座质心位移完全相同。值得说明的是，因为本仿真案例中没有对基座状态进行控制，该均方根误差表现出了一定的发散趋势。

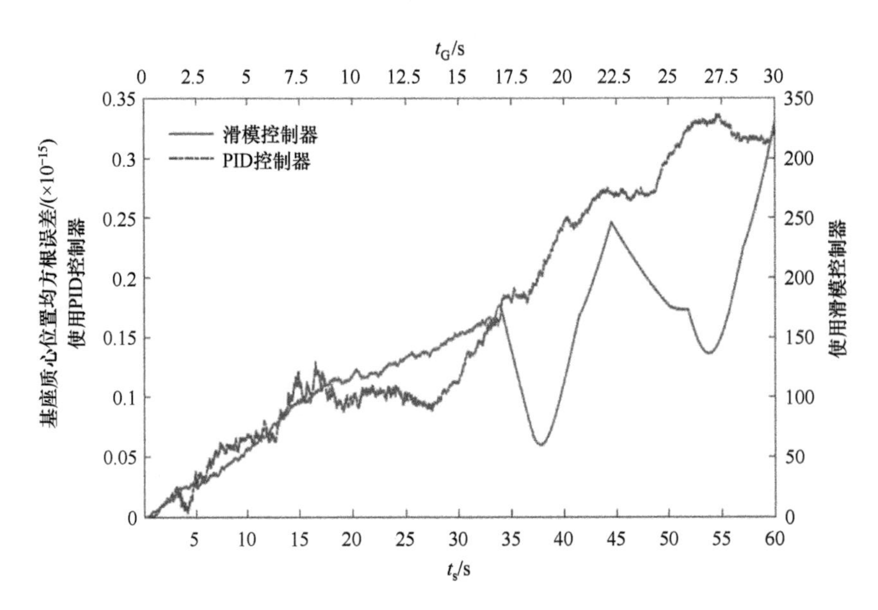

图 9-9 空间机器人和地面机器人基座质心无量纲位移均方根误差

空间机器人和地面机器人的基座姿态变化曲线（使用“*zyx*”欧拉角表示）及其均方根误差（$<4\times10^{-16}$rad）变化曲线分别如图 9-10 和图 9-11 所示。

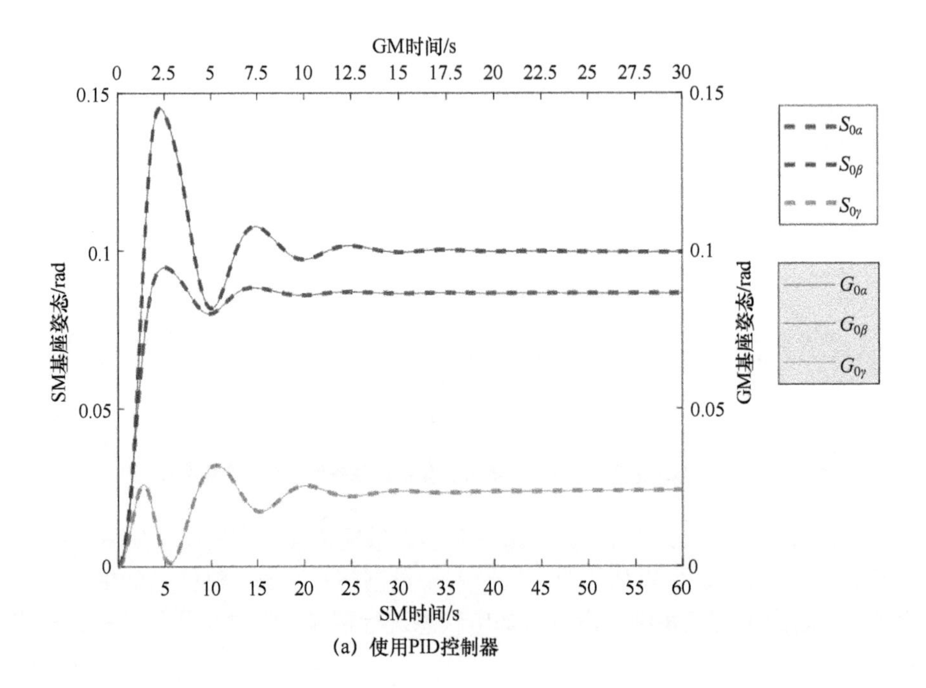

(a) 使用PID控制器

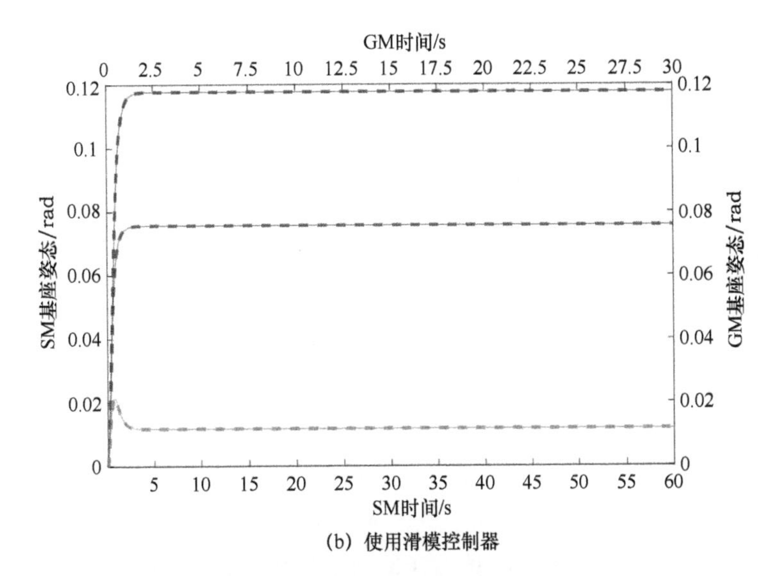

(b) 使用滑模控制器

图 9-10 空间机器人和地面机器人的基座姿态变化曲线

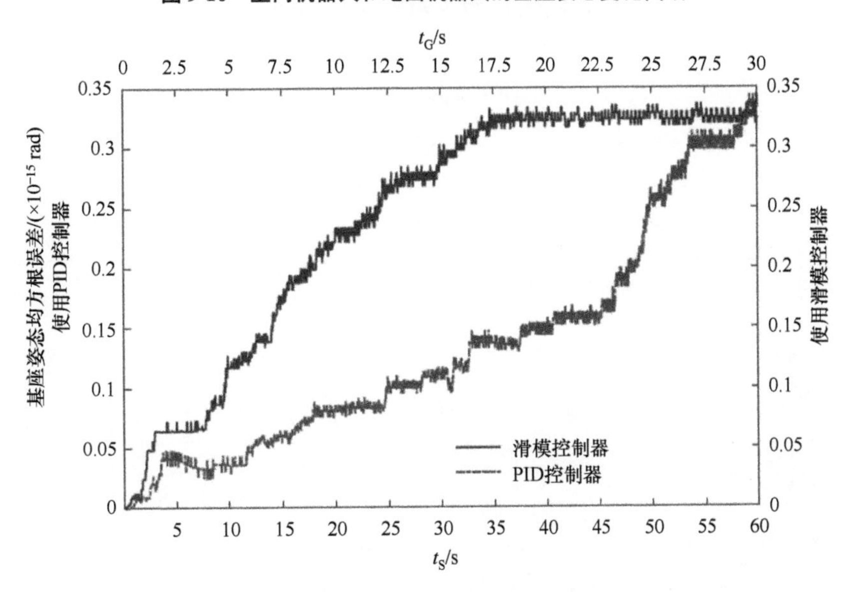

图 9-11 空间机器人和地面机器人的基座姿态均方根误差变化曲线

结果表明，两个机器人具有相同的基座姿态轨迹。由以上仿真结果可以看出，空间机器人和地面机器人所有的无量纲的运动状态（包括关节角、基座姿态及其质心位置）全都相同，这充分说明根据动力学等效条件设计的地面机器人与给定的空间机器人是动力学等效的，验证了基于 Π 理论的空间机器人和地面机器人动力学等效分析方法和控制相似律设计方法的正确性和有效性。

9.4.3 动力学等效误差补偿仿真

真实的地面机器人基座只有 3 个自由度并且系统受重力影响，使得地面机器人无法理想地与空间机器人动力学等效。在本仿真案例中，演示使用动力学误差补偿策略的地面机器人与受其控制器作用的空间机器人具有等效的闭环动力学，其中，地面机器人的关节控制力矩由给定的空间机器人控制器计算得到。因而，空间机器人的控制器可以在地面机器人上验证。

以验证空间机器人的 PID 控制器为例，PID 控制器的参数与空间机器人关节角的期望值与 9.4.2 节中的仿真案例相同，地面机器人的关节控制力矩由式（9-60）计算得到。为了验证误差补偿策略具有处理地面机器人设计与制造等引起参数不准确的能力，任意地引入如下地面机器人的参数误差：$m_{0,\mathrm{G}}$,50% 误差；$\boldsymbol{I}_{0,\mathrm{G}}$,100% 误差；$\boldsymbol{I}_{i,\mathrm{G}}$,100% 误差；$\boldsymbol{a}_{i,\mathrm{G}}$,50% 误差；$\boldsymbol{b}_{i,\mathrm{G}}$,50% 误差。

空间（使用 PID 控制器）和地面（使用误差补偿策略）机器人的关节角轨迹如图 9-12 所示。可以看出，两个机器人系统具有相同的关节角变化轨迹并且都达到了期望值。

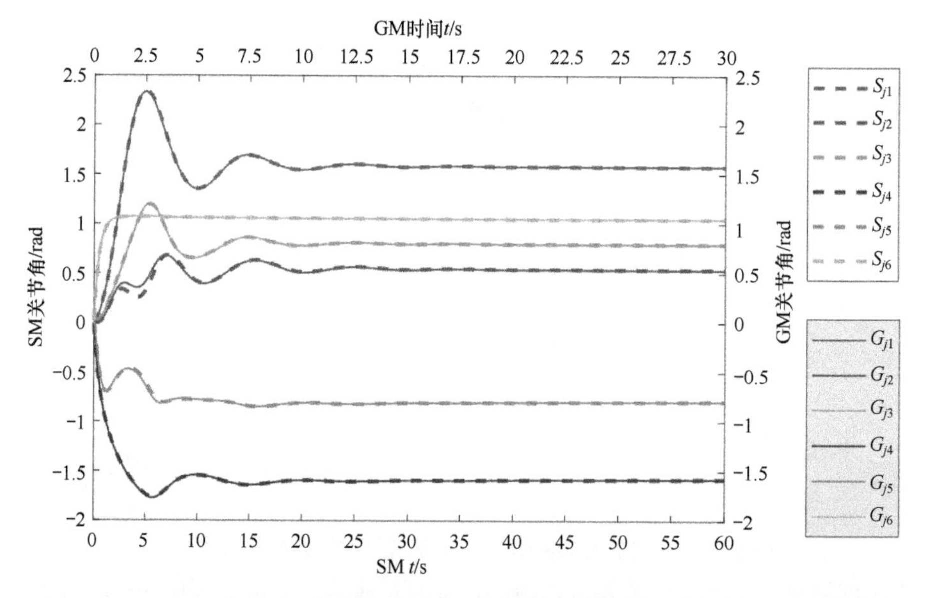

图 9-12　空间（使用 PID 控制器）和地面（使用误差补偿策略）机器人的关节角轨迹

空间（使用 PID 控制器）和地面（使用误差补偿策略）机器人的关节角均方根误差如图 9-13 所示。

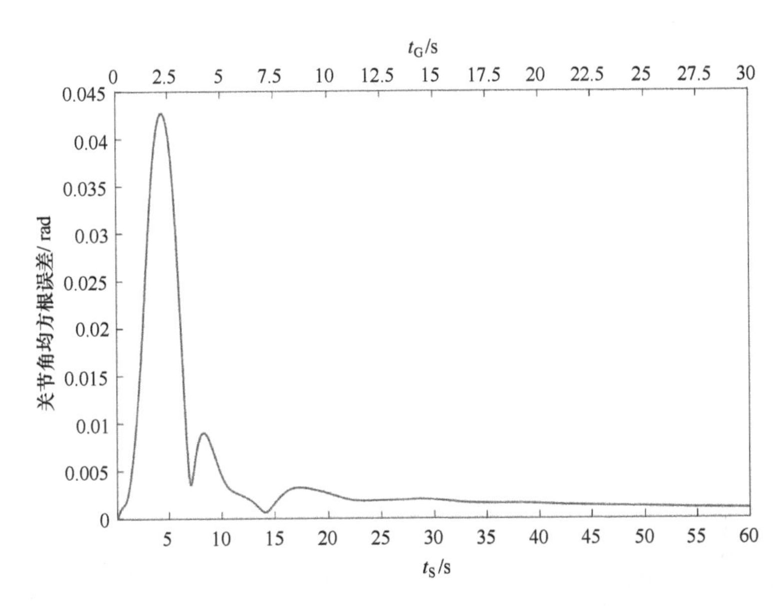

图9-13 空间（使用PID控制器）和地面（使用误差补偿策略）机器人的关节角均方根误差

所有关节角之间的均方根误差在整个过程中均小于4.5×10^{-2} rad，这表明地面机器人使用误差补偿策略后可以有效地验证空间机器人的控制器。

空间（使用 PID 控制器）和地面（使用误差补偿策略）机器人的关节控制力矩如图9-14所示。

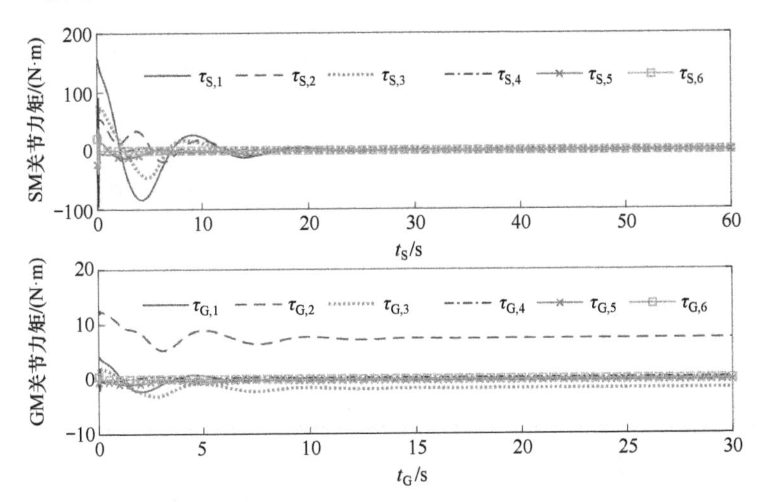

图9-14 空间（使用PID控制器）和地面（使用误差补偿策略）机器人的关节控制力矩

值得说明的是，当关节角到达期望值处（关节角误差收敛为零），空间机器人的关节控制力矩减小为零；然而，为了平衡重力的影响，地面机器人的关节控制力矩仍然维持在一定的水平。

9.5 本章小结

本章研究了使用地面机器人有效地验证空间机器人控制器及其性能的方法。首先基于量纲分析理论建立了空间机器人和地面机器人的动力学等效条件和控制相似律；分别以 PID 控制器和滑模控制器为例，展示了如何将空间机器人控制器转化为等效的地面机器人控制器。由于空间机器人和地面机器人所处的动力学环境不同、二者基座的运动自由度数目不同以及不可避免的制造误差等因素，会导致两个机器人的运动偏离动力学等效条件。因此，本章对空间机器人和地面机器人的运动相对于其动力学参数误差的灵敏性进行了分析，并基于反馈线性化技术提出了一种地面机器人的动力学误差补偿策略，使得地面机器人和空间机器人具有等效的闭环动力学行为。

在给定空间机器人及为其设计控制器后，使用本章提出的动力学等效条件可以确定与空间机器人动力学等效的地面机器人的动力学参数，而且使用本章提出的控制相似律可以将空间机器人的控制器转化后在地面机器人上进行验证。根据空间机器人和地面机器人运动对参数误差的灵敏性分析结果，可以对得到的实验结果进行修正，同时对那些引起较大运动偏差的动力学参数可以在地面实验系统设计与研制时追求更高的参数精度，这些为地面机器人实验系统的开发提供了有益指导。同时，本章提出的地面机器人动力学误差补偿策略，可以保证在地面机器人和空间机器人所处动力学环境不同、二者的基座运动自由度不同，以及存在制造误差等情形下，使用地面机器人有效地验证空间机器人控制器的性能，这为空间机器人动力学与控制的地面验证研究提供了解决方案和技术支持。

本章通过仿真验证了提出的动力学等效条件和控制相似律的有效性；以使用地面机器人验证空间机器人的 PID 控制器为例，验证了本章提出的动力学误差补偿策略的有效性。结果表明，使用本章提出的动力学误差补偿策略能保证地面机器人和空间机器人具有等效的闭环动力学行为，从而可以使用地面机器人有效地验证空间机器人控制器的性能。

参考文献

[1] 谈庆明. 量纲分析[M].合肥: 中国科学技术大学出版社, 2005.

[2] Kline S J. Similitude and approximation theory[M]. Berlin Heidelberg Springer Science & Business Media, 2012.

[3] Sonin A. A. The physical basis of dimensional analysis[J]. Department of Mechanical Engineering, MIT Cambridge MA, USA, 2001.

[4] Zong L, Emami M R, Luo J. Reactionless control of free-floating space manipulators[J]. IEEE

Transactions on Aerospace and Electronic Systems, 2019, 56(2): 1490-1503.

[5] Spong M W, Hutchinson S, Vidyasagar M. Robot modeling and control[M]. New York: Wiley, 2006.

[6] Zong L, Emami M R. Control verifications of space manipulators using ground platforms[J]. IEEE Transactions on Aerospace and Electronic Systems, 2020, 57(1): 341-354.

[7] 宗立军, 罗建军, 王明明, 等. 地面和空间机械臂的动力学等效条件与控制相似律[J]. 控制理论与应用, 2018, 35(10): 1521-1529.

[8] Lin Y J, Zhang H Y. Simplification of manipulator dynamic formulations utilizing a dimensionless method[J]. Robotica, 1993, 11(2): 139-147.

[9] Slotine J J E, Li W. Applied nonlinear control[M]. Englewood Cliffs, NJ: Prentice Hall, 1991.

[10] Wang M, Luo J, Walter U. Novel synthesis method for minimizing attitude disturbance of the free-floating space robots[J]. Journal of Guidance, Control, and Dynamics, 2016, 39(3): 695-704.

[11] Gu Y L, Xu Y. A normal form augmentation approach to adaptive control of space robot systems[J]. Dynamics and Control, 1995, 5(3): 275-294.

[12] Yoshida K. Engineering test satellite VII flight experiments for space robot dynamics and control: theories on laboratory test beds ten years ago, now in orbit[J]. The International Journal of Robotics Research, 2003, 22(5): 321-335.

内 容 简 介

本书面向空间飞行器在轨服务对空间机器人操作与控制的需求，以空间机器人捕获翻滚目标过程中的动力学、运动规划和协调控制为主线，主要内容包括：空间机器人捕获翻滚目标的动力学建模、捕获目标过程中的约束处理与协调控制策略、基于机器学习的翻滚目标运动预测与抓捕决策、抓捕目标时机确定和最优抓捕轨迹规划与控制、空间机器人接近目标和捕获目标后消旋的最优轨迹规划与控制、捕获目标后的参数辨识与自适应控制，以及地面验证实验中空间和地面机器人之间的动力学等效条件、控制相似律和动力学误差补偿策略等。

本书是空间机器人动力学与控制领域的一本科技专著，适合于空间机器人技术与应用、航空宇航科学与技术、控制理论与工程等领域的科学研究和工程技术人员阅读和研究参考，也可作为高等院校相关专业研究生的教材或教学参考书。

This book is oriented to the needs of spacecraft on-orbit services about space robot operations and control. It focuses on the dynamics, motion planning and coordinated control in the process of space robots capturing space tumbling targets. The main contents include: dynamic modeling of space robots capturing tumbling targets, constraint handlings and coordinated control strategies in the process of capturing targets, machine learning-based motion prediction for targets and capturing decision-makings for space robots, grasping opportunity and optimal trajectory planning and control for space robots capturing targets, optimal trajectory planning and control methods for space robots approaching and de-tumbling the target after capturing, parameter identification and adaptive control after capturing targets, as well as dynamic equivalent conditions between the space robot and the ground robot in ground verification experiments, similar control laws and dynamic error compensation strategies.

The book is a monograph about space robot dynamics and control. It is not only suitable for scientific researchers and engineers in the fields of space robot technology and applications, aerospace science and technology, and control theory and engineering, but also can be used as a textbook or a reference book for postgraduates in related majors.